# CorelDRAW 平面视觉创意300例

杨路平　李彪　编著

清华大学出版社
北　京

## 内 容 简 介

本书从CorelDRAW实际应用出发，以实例为讲解对象，通过实例入门熟悉软件操作命令和绘图工具，实例进阶掌握软件的操作技法，实例提高加强实战训练。本书具体内容包括基本图形绘制、图案与图标绘制、卡通形象绘制、标志设计、文字效果、卡片设计、插画设计、产品造型设计、电脑POP设计、包装设计、书籍装帧设计、广告设计、服装与配饰设计、VI设计。

本书通过大量应用实例，由浅入深、循序渐进，一步步地引导读者学习基本技能和各类平面设计实例的制作，轻松迅速地掌握平面设计制作中CorelDRAW X6的应用方法和技巧，从而快速制作出让客户满意的设计作品；将基本操作技能与平面设计实践有机结合，力争启发读者的理性思考，指导读者提高实践能力。

本书内容翔实，实例丰富，适用性广，可作为职业技术院校以及培训学校的参考教材或者上机实训手册，也可供平面设计人员、印刷人员自学使用。



图书在版编目(CIP)数据

CorelDRAW平面视觉创意300例 / 杨路平，李彪编著. —北京：清华大学出版社，2015
ISBN 978-7-302-38902-6

Ⅰ. ①C… Ⅱ. ①杨… ②李… Ⅲ. ①图形软件 Ⅳ. ①TP391.41

中国版本图书馆CIP数据核字(2015)第004877号

责任编辑：黄 芝 王冰飞
封面设计：熊藕英
责任校对：徐俊伟
责任印制：何 芊

出版发行：清华大学出版社
网 址：http://www.tup.com.cn, http://www.wqbook.com
地 址：北京清华大学学研大厦A座 邮 编：100084
社 总 机：010-62770175 邮 购：010-62786544
投稿与读者服务：010-62776969, c-service@tup.tsinghua.edu.cn
质 量 反 馈：010-62772015, zhiliang@tup.tsinghua.edu.cn
课 件 下 载：http://www.tup.com.cn, 010-62791865
印 刷 者：北京鑫丰华彩印有限公司
装 订 者：三河市溧源装订厂
经 销：全国新华书店
开 本：185mm×260mm 印 张：28 字 数：1097千字
版 次：2015年6月第1版 印 次：2015年6月第1次印刷
印 数：1～2000
定 价：99.00元

---

产品编号：062537-01

# 前 言

## 关于本图书

感谢您翻开本书。在茫茫的书海中，或许您曾经为寻找一本技术全面、案例丰富的 CorelDRAW X6 教程图书而苦恼，或许您为担心自己是否能做出书中案例效果而犹豫，或许您为了自己应该买一本入门教程而仔细挑选，或许您正在为自己进步太慢而缺少信心……

现在我们就为您奉献一本优秀的学习用书——“CorelDRAW 平面视觉创意 300 例”，它采用完全适合自学的“零起点学习软件操作、典型实例提高软件操作技能、应用实例提升设计水平”的编写思路。希望通过本书能够帮助您解决学习中的难题，提高技术水平，快速成为高手。

## 特色打造

- 实例丰富，技能全面。书中设计了大量案例，由浅入深、从易到难，可以让您在实战中循序渐进地学习到相应的软件知识和操作技巧，同时力求以多种形式帮助读者理解各个知识点，掌握相应的行业应用知识。
- 专业技能，实用性强。书中把许多大的案例化整为零，让您在不知不觉中学习到专业应用案例的制作方法和流程，书中还设计了许多技巧提示，恰到好处地对您进行点拨，到了一定程度后，您就可以自己动手，自由发挥，制作出相应的专业案例效果。
- 边学边练，轻松掌握。本书采用了经典案例精解，提高实例实战的学习模式，达到边学边练、举一反三的学习效果。另外，本书的每个案例都有素材和源文件，可以从清华大学出版社网站（www.tup.tsinghua.edu.cn）下载，方便读者学习参考和使用。

## 关于本书

本书通过 300 个经典范例，循序渐进地介绍了中文 CorelDRAW X6 的基本功能和制作专业作品的方法和技巧。本书共分为 3 篇（14 章）：基础入门篇（第 1 章、第 2 章），讲解了 CorelDRAW X6、基本图形、图案与图标的绘制；技能进阶提高篇（第 2 ～ 5 章），讲解了卡通形象绘制、标志设计、文字效果等内容；设计提高篇（第 6 ～ 14 章），讲解了卡片设计、插画设计、产品造型设计、电脑 POP 设计、包装设计、书籍装帧设计、广告设计、服装与配饰设计、VI 设计等大量应用型内容。全书包括大量商业性质的广告实例及实物绘画技巧，只要读者能够耐心地按照书中的步骤去完成一个个实例，绝对能提高 CorelDRAW X6 的实战技能，以及提高艺术审美能力和设计水平，快速步入设计师行列。

本书由王进修主编，在成书的过程中，得到了李彪、杨路平、尹新梅、王政、杨仁毅、李勇、胥桂蓉、邓建功、唐蓉、何耀、陈冲、邓春华、王海鸥、黄刚等人的大力帮助和支持，在此表示感谢。由于作者知识水平有限，书中难免有错误和疏漏之处，恳请广大读者批评、指正。读者在学习的过程中，如果遇到问题，可以联系作者（电子邮箱 452009641@qq.com）。

编者

2015 年 1 月

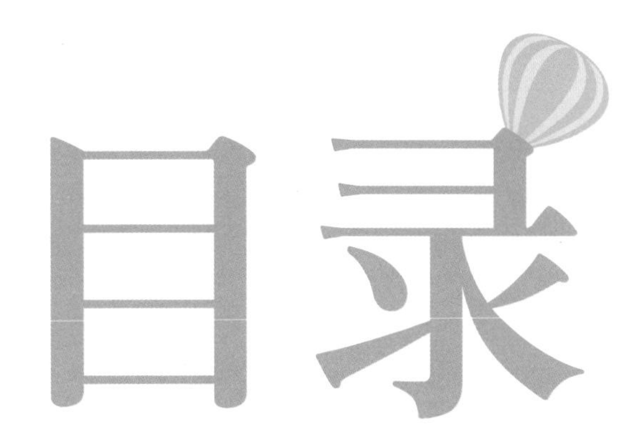


第1章

# 基本图形绘制

# 图案与图标绘制

第3章

卡通形象绘制



第4章

标志设计

## 第5章

## 文字效果



## 第6章

## 卡片设计

第7章

## 插画设计



第8章

## 产品造型设计

第9章

## 电脑 POP 设计



第10章

## 包装设计

## 书籍装帧设计

## 广告设计

## 服装与配饰设计

第14章

## VI设计

# 第1章 基本图形绘制

本章介绍在 CorelDRAW 中绘制基本图形的方法，通过本章的学习，读者将了解 CorelDRAW X6 软件的强大的绘图功能。通过大量入门实例的学习以及进阶实例和提高实例的练习后，相信读者将对 CorelDRAW X6 的基本操作和基本绘图功能有一个初步的掌握。

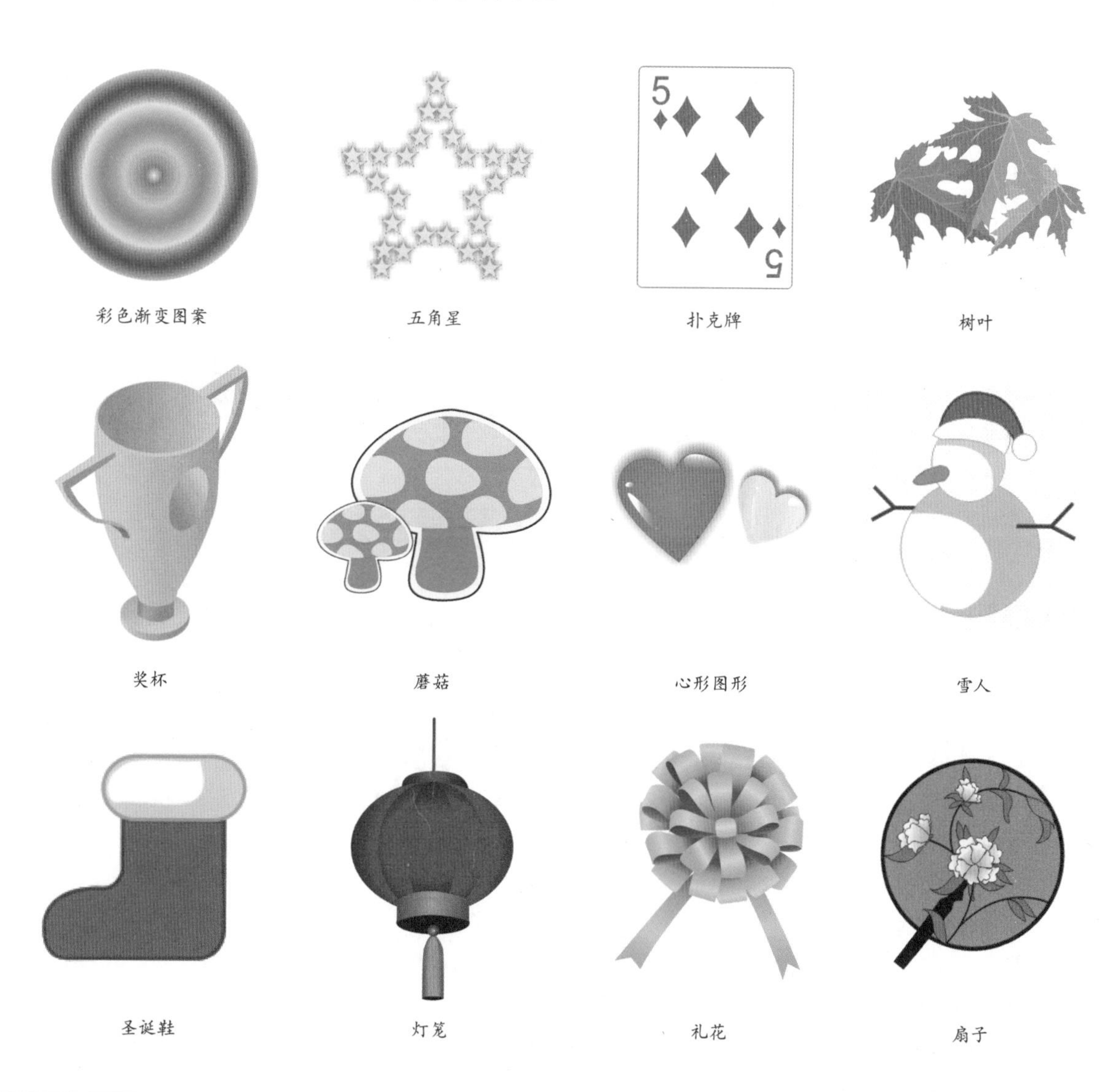

彩色渐变图案　五角星　扑克牌　树叶

奖杯　蘑菇　心形图形　雪人

圣诞鞋　灯笼　礼花　扇子

# 实 例 入 门

## 01 绘制几何笑脸图形

**案例说明**

本例将绘制如图 1-1 所示的几何笑脸图形，在绘制过程中会用到多边形工具、椭圆工具、钢笔工具等基本工具。

图 1-1 实例的最终效果

### 操作步骤

（1）新建一个空白文件，如图 1-2 所示。

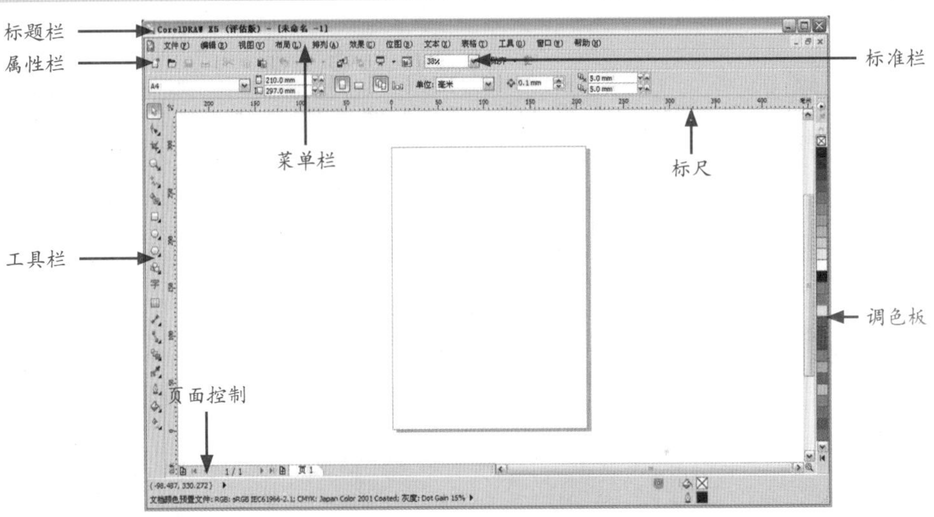


图 1-2 CorelDRAW X6 工作界面

下面简要介绍工作界面的主要内容。

1．标题栏：和所有的 Windows 应用程序一样，标题栏位于整个窗口的顶部，显示应用程序名称和当前文件名。标题栏右边的按钮包含了窗口最小化、窗口最大化和关闭窗口 3 个选项，用于控制文件窗口的显示大小。

2．菜单栏：菜单栏又叫下拉式菜单，它包含了 CorelDRAW 的大部分命令，读者可以直接通过菜单选项选择所要执行的命令。当光标指向主菜单某项后，该标题变亮，即可选中此项，并显示相应的下拉菜单。在下拉菜单中上下移动光标，当要选择的菜单项变亮后，单击即可执行此菜单项的命令。如果菜单项右边有…号，执行此项后将弹出与之有关的对话框；如果菜单项右边有▶按钮，则表示还有下一级子菜单。

3．标准栏：标准栏集合了一些常用的功能命令，读者只需要将鼠标光标放在某个按钮上，然后单击即可执行相关命令。通过标准栏的操作，可以大大简化操作步骤，从而提高工作效率。

4．属性栏：属性栏提供了控制对象属性的选项，其内容根据所选择的工具或对象的不同而变化，它显示对象或工具的有关信息以及可进行的编辑操作等。

5．工具栏：工具栏默认在软件的最左边，包含 CorelDRAW 的所有绘图命令，其中每一个按钮都代表一个命令，只需将鼠标光标放在某个按钮上，然后单击即可执行相关命令。其中有些工具按钮右下角显示有黑色的小三角，表示该工具包含子工具组，单击黑色小三角，即可弹出子工具栏。

6．页面控制栏：CorelDRAW 可以在一个文档中创建多个页面，并通过页面控制栏查看每个页面的情况。右击页面控制栏，会弹出快捷菜单，选择相应的命令可以增加或删除页面。

7．调色板：调色板位于窗口的右边缘，默认单列显示，默认的调色板是根据四色印刷 CMYK 模式的色彩比例设定的。使用调色板时，在选取对象的前提下单击调色板上的颜色可以为对象填充颜色；右击调色板上的颜色可以为对象添加轮廓线颜色。如果在调色板中的某种颜色上单击并等待几秒钟，CorelDRAW 将显示一组与该颜色相近的颜色，读者可以从中选择更多的颜色。

8．标尺：执行“查看 / 标尺”命令，可以显示标尺。标尺可以帮助用户确定图形的位置，它由水平标尺、垂直标尺和原点设置 3 个部分组成。用鼠标在标尺上单击，并在不释放鼠标按键的同时拖动鼠标到绘图工作区，即可拖出辅助线。

9．状态栏：状态栏位于窗口的底部，分为两个部分，左侧显示鼠标光标所在屏幕位置的坐标，右侧显示所选对象的填充色、轮廓线颜色和宽度，并随着所选对象的填充和轮廓属性做动态变化。执行“窗口 / 工具栏 / 状态栏”命令，可以关闭状态栏。

（2）选择工具栏中的多边形工具，在属性栏中设置星形的边数为 3，在按住 Ctrl 键的同时拖动鼠标绘制三角形，如图 1-3 所示。

**提示**

按住 Ctrl 键绘制的三角形是等边三角形。

（3）单击调色板中的红色图标，填充三角形的颜色为红色，如图 1-4 所示。在属性栏中的轮廓宽度下拉列表框中选择轮廓宽度为 4mm，效果如图 1-5 所示。

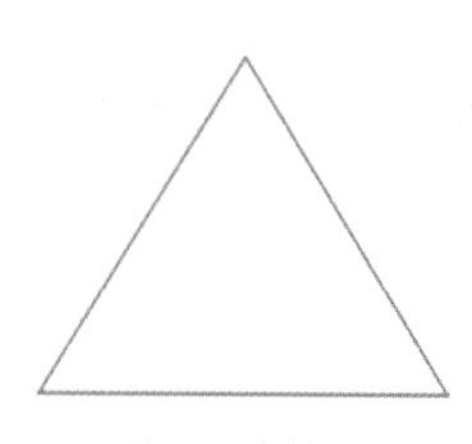

图 1-3　绘制图形

图 1-4　填色

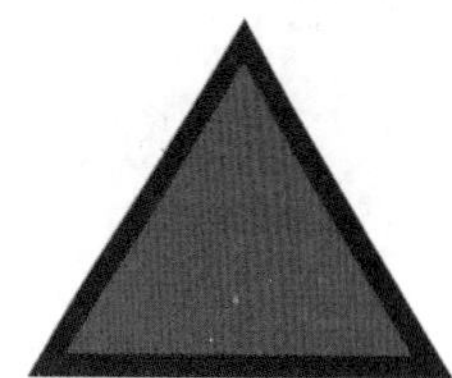

图 1-5　改变轮廓色及宽度

（4）按 F7 键激活椭圆工具，按住 Ctrl 键绘制一个小圆，如图 1-6 所示。单击调色板中的黑色图标，填充小圆的颜色为黑色，如图 1-7 所示。

图 1-6　绘制圆

图 1-7　填色

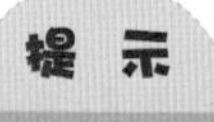

**提示**

按 F7 键激活椭圆工具，这时绘制的图形是椭圆，如果在绘制过程中按住 Ctrl 键不放即可绘制圆。

（5）选中所有的小圆，在按住 Ctrl 键的同时按住鼠标左键不放，将小圆水平向右移动一定距离后右击复制小圆，如图 1-8 所示。

（6）使用工具箱中的钢笔工具，绘制如图 1-9 所示的嘴巴曲线。

（7）按 F7 键激活椭圆工具，绘制一个大圆，如图 1-10 所示。单击调色板中的绿色图标，填充圆的颜色为绿色，改变轮廓宽度为 4mm，效果如图 1-11 所示。

图 1-8 复制圆

图 1-9 绘制曲线

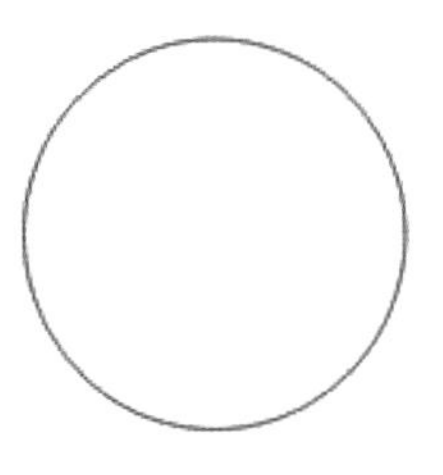

图 1-10 绘制圆

图 1-11 填色

（8）使用工具箱中的选择工具选择三角形图形中的眼睛和嘴，如图 1-12 所示。按 Ctrl+G 组合键，将其群组。按小键盘上的“+”键，在原处复制一个群组对象，再将它移到大圆中，如图 1-13 所示。

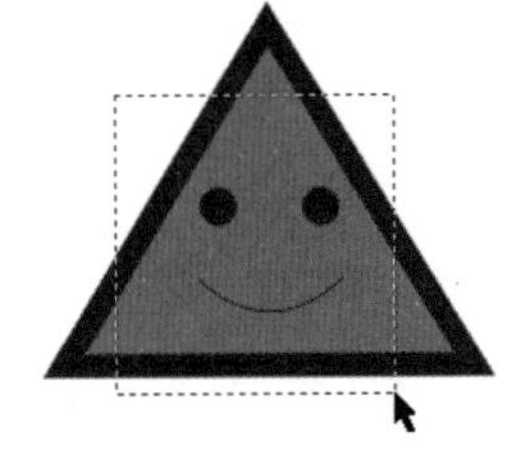

图 1-12 框选

图 1-13 复制图形

**提 示**

按 Ctrl+G 键，可将几个选中的图形群组成一组图形。按小键盘上的 + 键，可将选中的图形原位进行复制。

（9）选择工具箱中的多边形工具，在属性栏中设置星形的边数为 5，在按住 Ctrl 键的同时拖动鼠标绘制多边形，如图 1-14 所示。

（10）单击调色板中的黄色图标，填充三角形的颜色为黄色。在属性栏的轮廓宽度下拉列表框中选择轮廓宽度为 4mm，效果如图 1-15 所示。

图 1-14 绘制多边形

图 1-15 填色

（11）再复制一个眼睛与嘴的群组对象，将它移到多边形中，如图 1-16 所示。这样，本例的制作就完成了。

图 1-16 复制图形

## 公告栏 标准填充

1. 使用调色板填色

CorelDRAW 有预制的十多个调色板，可通过执行“窗口 / 调色板”命令将其打开，其中最常使用的是默认的 CMYK 调色板和默认的 RGB 调色板。

先选中填色的目标对象，然后在调色板中选定的颜色上按下鼠标左键，就可以应用该颜色填充目标对象；也可将调色板中的颜色拖曳至目标对象上，当光标变为 形状时松开，即可完成对对象的填充。

2. 使用自定义标准填充

虽然 CorelDRAW 拥有十多个默认的调色板，但对于数量上百万的可用颜色来说，也只是其中很少的一部分。在很多情况下，都需要用户自行对标准填充所使用的颜色进行设定，用户可以在通过工具箱打开的“标准填充”对话框中完成。其操作步骤如下：

（1）先选中要填色的目标对象，再单击工具箱中的填充颜色工具，打开“标准填充”对话框，如图 1-17 所示。

（2）在对话框的颜色窗口中可以直观地选定所需的颜色，也可以在右侧通过准确地输入颜色值进行设置。单击“确定”按钮，就能应用所设定的颜色对对象进行填充。

图 1-17 “标准填充”对话框

# 实例 02 绘制立体实心球

**案例说明**

本例将绘制如图 1-18 所示的球体，主要练习椭圆工具、渐变填充工具和交互式透明工具等工具的使用。

图 1-18 实例的最终效果

## 操作步骤

（1）选择工具箱中的椭圆工具，按住 Ctrl 键在绘图页面中绘制一个圆形，如图 1-19 所示。

（2）渐变填充。用鼠标选中圆，选择“填充工具组”中的渐变填充工具，打开“渐变填充”对话框，将填充 4 组颜色的 CMYK 值分别设置为（C：0；M：0；Y：0；K：100）、（C：20；M：0；Y：20；K：0）、（C：60；M：60；Y：0；K：0）、（C：0；M：0；Y：0；K：0），其他属性参数设置如图 1-20 所示。

图 1-19 绘制圆

图 1-20 设置填充参数

(3) 所有参数设置完毕后，单击“确定”按钮即可得到如图 1-21 所示的效果。

(4) 绘制投影。使用工具箱中的椭圆工具绘制一个如图 1-22 所示的椭圆，并将颜色填充为黑色，如图 1-23 所示。

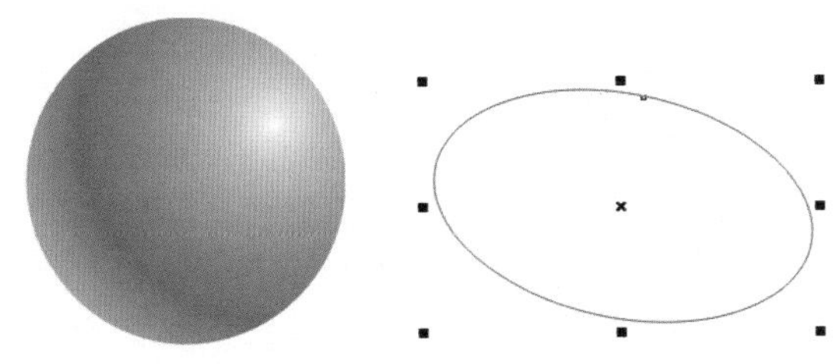

图 1-21 填充后的圆　　图 1-22 绘制投影轮廓

(5) 将填充好的椭圆放置到球体下面合适的位置，并按 Shift+PageDown 键将其组合，效果如图 1-24 所示。

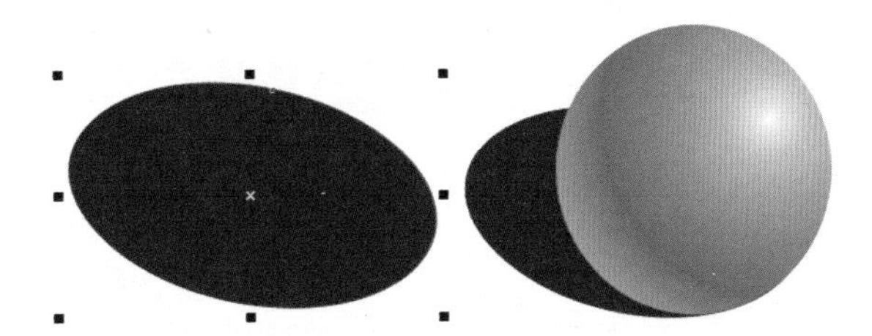

图 1-23 填充后的投影效果　　图 1-24 放置投影

(6) 为阴影制作渐变透明效果。由于球体阴影有点生硬，使用交互式透明工具为投影制作渐变透明效果。在属性栏中设置透明度类型为“线性”，透明度操作为“正常”，透明中心点为 90，透明度目标为“全部”，具体操作方法如图 1-25 所示，这样便可得到球体的最终效果。

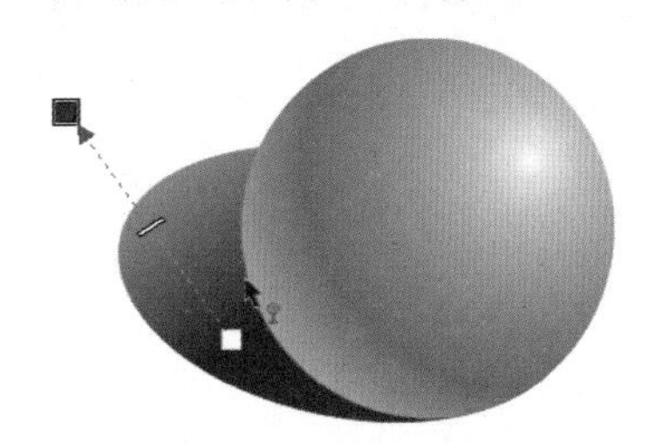

图 1-25 透明操作演示图

## 公告栏

交互式填充工具实际是对以上各种填充工具集合后的快捷方式。它的操作方式非常灵活，只需要在选取需要的图形后在属性栏的选项下拉列表框中选择需要的填充模式即可，如图 1-26 所示。

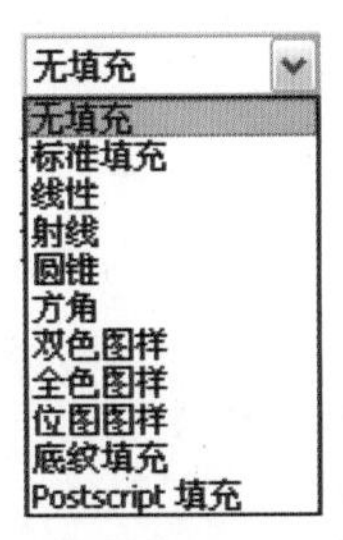


图 1-26 交互式填充工具的填充方式

# 实例 03 绘制彩色渐变图案

**案例说明**

本例将绘制一个如图 1-27 所示的彩色渐变图案，主要练习椭圆工具、渐变填充工具等基本工具的应用技巧。

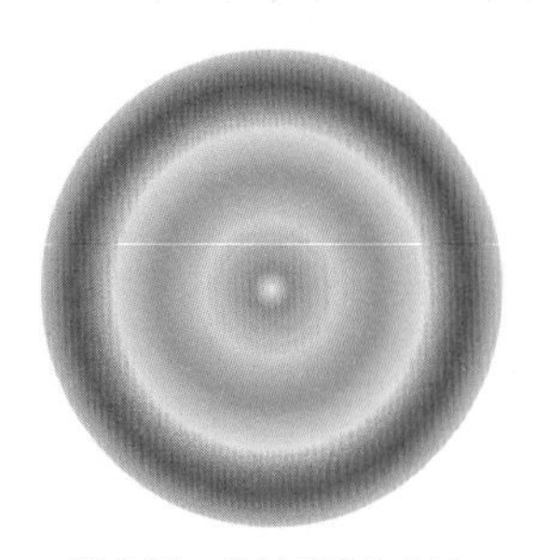

图 1-27 实例的最终效果

## 操作步骤

（1）新建一个空白文件，选择工具箱中的椭圆工具，按住 Ctrl 键绘制一个正圆，效果如图 1-28 所示。

（2）按 F11 键打开“渐变填充”对话框，为其应用辐射渐变填充，设置起点色块的颜色为白色，中间色块的颜色依次为白色、（C：0；M：100；Y：100；K：0）、黄色、（C：100；M：0；Y：100；K：0）、（C：40；M：0；Y：0；K：0）、（C：100；M：20；Y：0；K：0），终点色块的颜色为白色，具体参数设置如图 1-29 所示。

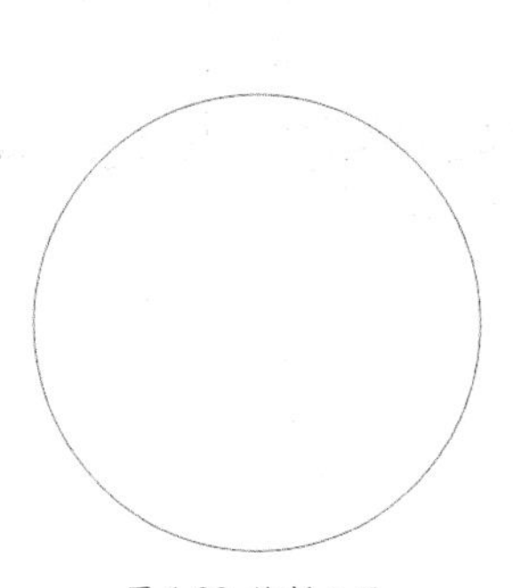

图 1-28 绘制正圆

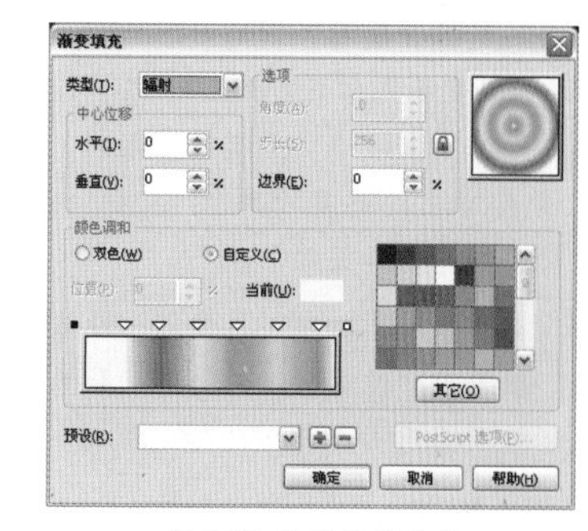


图 1-29 设置渐变参数

（3）参数设置完成后单击“确定”按钮。

（4）选择轮廓线并删除轮廓线，就可以得到最终效果图。

**提示**

去掉绘制图形轮廓的方法一般采用下面两种。

第 1 种方法：选中对象，单击调色板中的无轮廓按钮☒即可去掉轮廓。

第 2 种方法：单击工具箱中的“轮廓工具”按钮，弹出如图 1-30 所示的轮廓工具的展开工具栏，单击无轮廓按钮✕，可以去掉对象的轮廓。

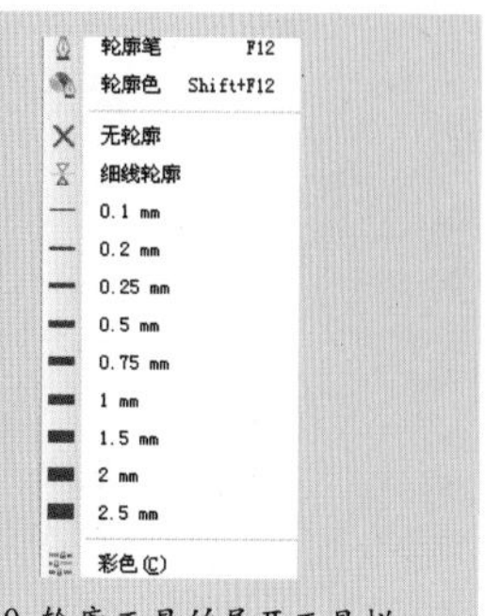


图 1-30 轮廓工具的展开工具栏

## 公告栏 渐变填充

渐变填充也称喷泉式填充，在 CorelDRAW X5 中为用户提供了线性、辐射、圆锥和正方形 4 种渐变填充类型；颜色的调和方式主要提供了双色和自定义调和两种。双色调和用于简单的渐变填充，自定义调和的渐变填充用于多种渐变色的填充，需要用户在渐变轴上自定义设置颜色的控制点和颜色参数。

选择“填充工具组”中的渐变填充工具，将打开如图 1-31 所示的“渐变填充”对话框。下面分别对双色渐变填充和自定义渐变填充进行讲解。

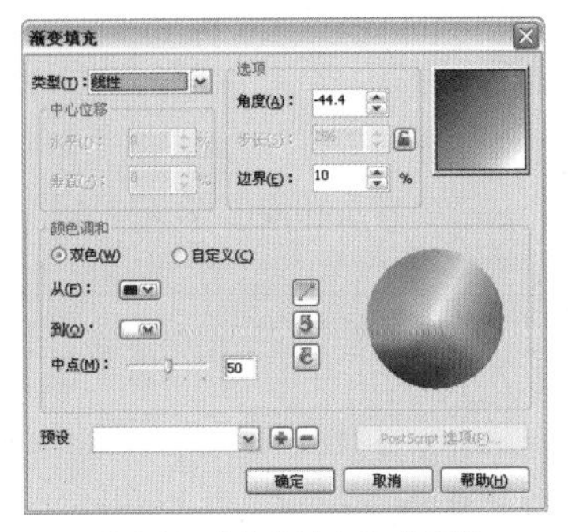

图 1-31 “渐变填充”对话框

1. 双色渐变填充

CorelDRAW 中的渐变主要提供了线性、辐射、圆锥和正方形 4 种渐变填充方式，可以在“类型”下拉列表框中设置需要的渐变填充方式，图 1-32 所示为双色填充的 4 种渐变效果。

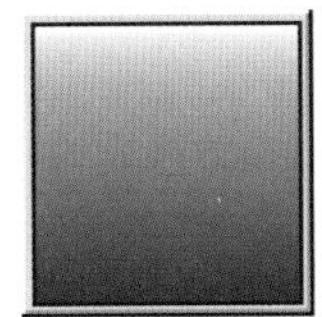

线性填充

辐射填充

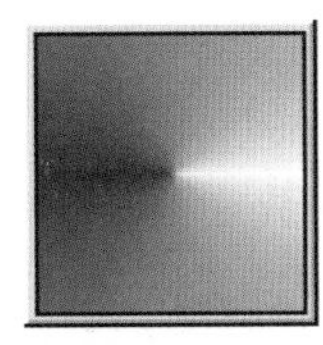

圆锥填充

正方形填充

图 1-32 渐变填充方式

在“选项”栏中，角度用于设置渐变填充的角度，其范围为 -360° ～ 360° 。

步长用于设置渐变的层数，默认设置为 256。数值越大，渐变的层次越多，对渐变色的表现就越细腻。

边界填充用于设置边缘的宽度，其取值范围为 0 ～ 49，数值越大，相邻颜色间的边缘就越窄，其颜色的变化就越明显。

在“颜色调和”选项组中提供了两个颜色挑选器，用于选择渐变填充的起始色，中点滑块用于设置两种颜色的中心点位置，图 1-33 为不同中间点时的同一渐变效果。

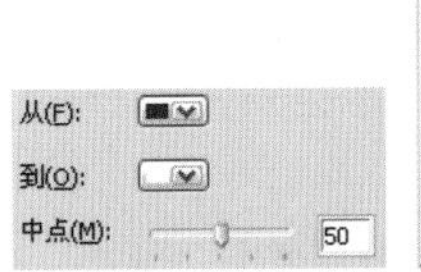

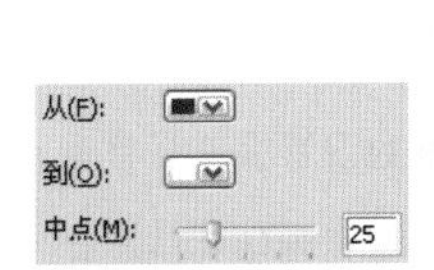

图 1-33 不同中间点时的渐变效果

在“颜色调和”选项组中还为用户提供了选择颜色线性变化方式的 3 个按钮，渐变中的取色将由线条曲线经过色彩的路径进行设置。

：在双色渐变中，两种颜色在色轮上以直线方向渐变，如图 1-34 所示。

：在双色渐变中，两种颜色在色轮上以逆时针方向渐变，如图 1-35 所示。

图 1-34 以直线方向渐变

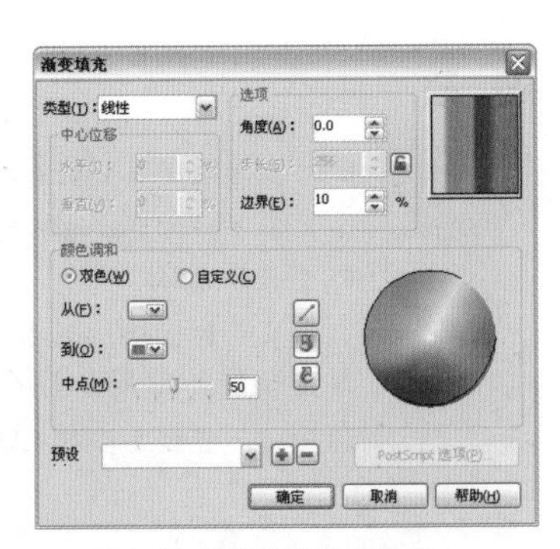

图 1-35 以逆时针方向渐变

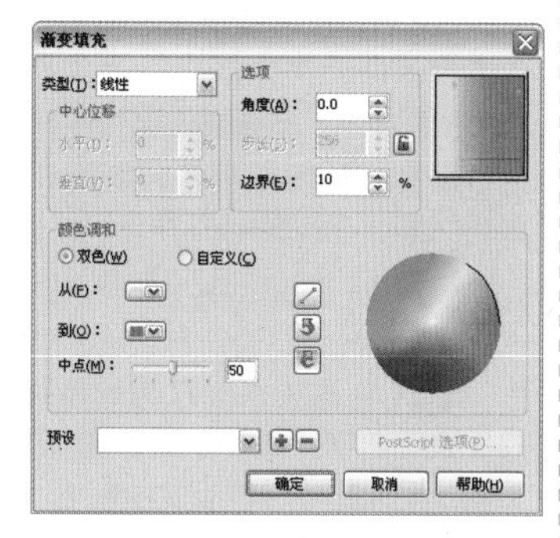


图 1-36 以顺时针方向渐变

：在双色渐变中，两种颜色在色轮上以顺时针方向渐变，如图 1-36 所示。

2. 自定义渐变填充

选择自定义填充时，用户可以在渐变色彩轴上双击增加控制点，然后在右边的调色板中设置颜色，如图 1-37 所示。

- 位置：显示当前控制点所占的相对位置。
- 当前：显示当前控制点的颜色。

通过在渐变色彩轴上双击，可以插入颜色点；在倒三角形上双击，可以删除已有的颜色点。单击三角形将它选中，此时三角形显示为黑色选中状态，单击右侧的“其他”按钮，就可以在打开的选择颜色对话框中设置所需的颜色。

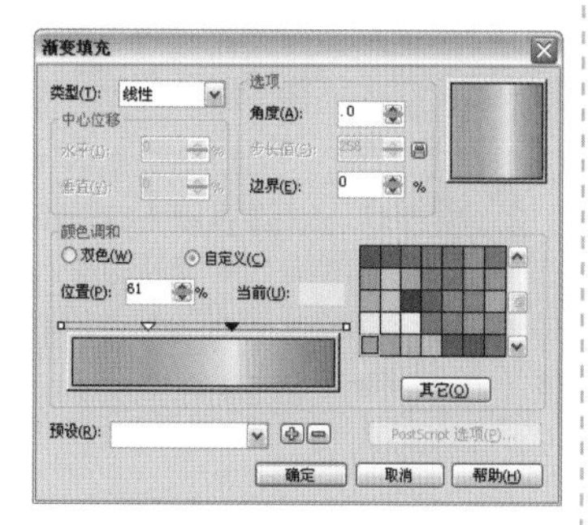


图 1-37 “渐变填充”对话框

## 实例 04 绘制蘑菇

### 案例说明

本例将绘制如图 1-38 所示的蘑菇，在绘制过程中会用到贝塞尔工具。

图 1-38 实例的最终效果

## 操作步骤

(1) 使用工具箱中的贝塞尔工具绘制如图 1-39 所示的图形，然后选择工具箱中的形状工具或按 F10 键，显示节点，如图 1-40 所示。

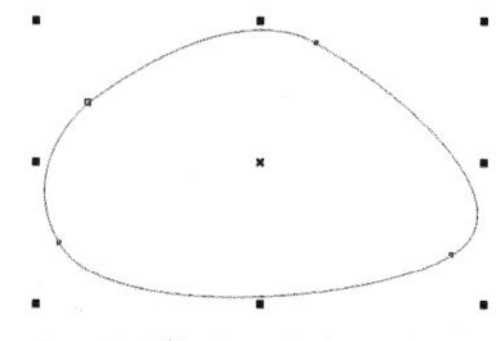

图 1-39 使用贝塞尔工具绘图

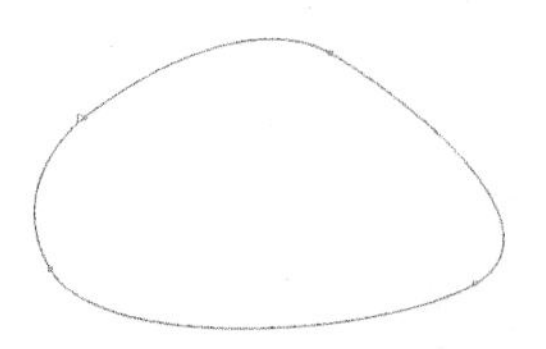

图 1-40 显示节点

（2）单击图 1-41 中的节点，该节点会变成黑色的小方块，表明已选中此节点，两端会出现指向线，单击并拖动指向线可改变该节点处曲线的形状，如图 1-42 所示。

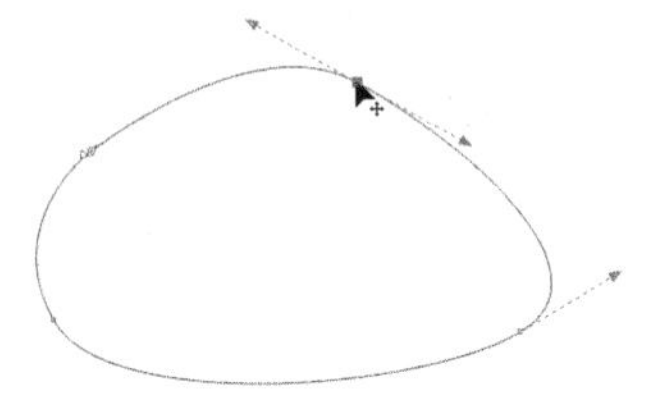

图 1-41 选中节点

图 1-42 单击并拖动

（3）选中图 1-42 中的节点，按住鼠标左键不放移动节点的位置，如图 1-43 所示，然后填充图形颜色为（C：0；M：60；Y：80；K：0），并去掉轮廓，如图 1-44 所示。

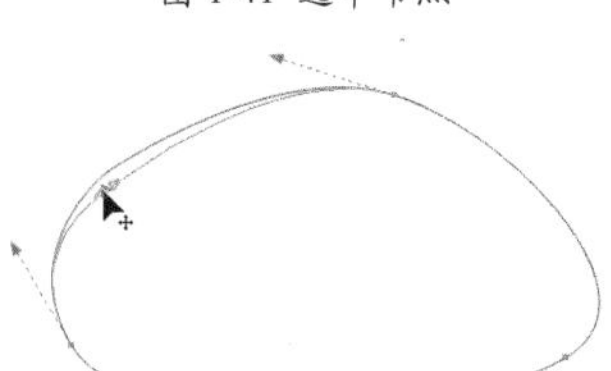

图 1-43 移动节点的位置

图 1-44 填充颜色

（4）使用工具箱中的贝塞尔工具绘制如图1-45所示的图形，然后填充图形颜色为（C：0；M：0；Y：100；K：0），并去掉轮廓，如图1-46所示。

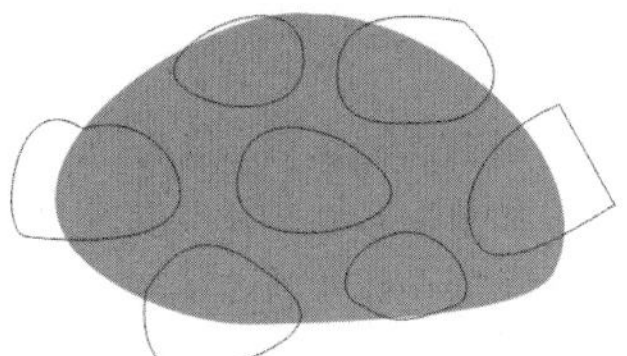

图 1-45 再次使用贝塞尔工具绘图

图 1-46 填充颜色

（5）按住 Shift 键，同时选中这几个黄色图形，按 Ctrl+G 组合键将图形群组。选中群组图形，按住鼠标右键不放，将图形拖动到下面的大图形中，当光标变为⊕形状时松开鼠标，在弹出的快捷菜单中选择“图框精确剪裁内部”命令，得到如图 1-47 所示的效果。

（6）使用工具箱中的贝塞尔工具绘制如图 1-48 所示的图形，然后填充图形颜色为（C：100；M：0；Y：100；K：0），并去掉轮廓，如图 1-49 所示。

图 1-47 图框精确剪裁内部

图 1-48 使用贝塞尔工具绘图

（7）使用工具箱中的贝塞尔工具绘制如图 1-50 所示的图形，在属性栏中改变曲线的轮廓宽度为 2.8mm，如图 1-51 所示。

（8）选择蘑菇，复制一个蘑菇图形，将其缩小后放到大蘑菇的左下方，得到本例的最终效果。

图 1-49 填充颜色

图 1-50 使用贝塞尔工具画曲线

图 1-51 改变曲线轮廓宽度

## 公告栏 贝塞尔工具

1. 使用贝塞尔工具绘制直线

使用贝塞尔工具绘制直线的具体操作步骤如下：

（1）单击工具箱中的手绘工具右下角的三角形按钮，在弹出的工具组中单击“贝塞尔工具”按钮，在工作区中单击确定直线的起点。

（2）拖曳鼠标指针到需要的位置，再单击鼠标左键可绘制出一条直线，如图 1-52 所示。

（3）如果继续确定下一个点就可以绘制一个折线，再继续确定节点，可绘制出多个折角的折线，如图 1-53 所示，完成后按空格键即可完成直线或折线的绘制，如图 1-54 所示。

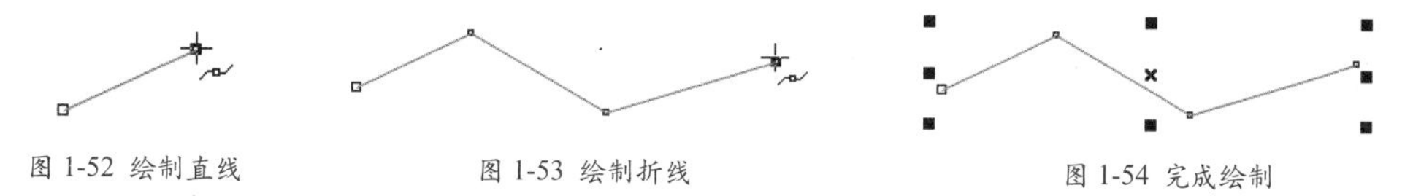

图 1-52 绘制直线　图 1-53 绘制折线　图 1-54 完成绘制

使用工具箱中的贝塞尔工具可以精确地绘制直线和圆滑的曲线，它是通过改变节点的位置来控制及调整曲线的弯曲程度的。

2. 使用贝塞尔工具绘制曲线

使用贝塞尔工具绘制曲线的具体操作步骤如下：

（1）单击工具箱中的手绘工具右下角的三角形按钮，在弹出的工具组中单击“贝塞尔工具“按钮。

（2）在绘图区中的适当位置单击确定曲线的起始点，然后在需要的位置单击确定第二个点，并按住鼠标左键不放拖动鼠标，此时将显示一条带有两个节点和一个控制点的蓝色虚线调节杆，如图 1-55 所示。

（3）调节调节杆确定曲线的形状，然后按空格键完成曲线的绘制，如图 1-56 所示。

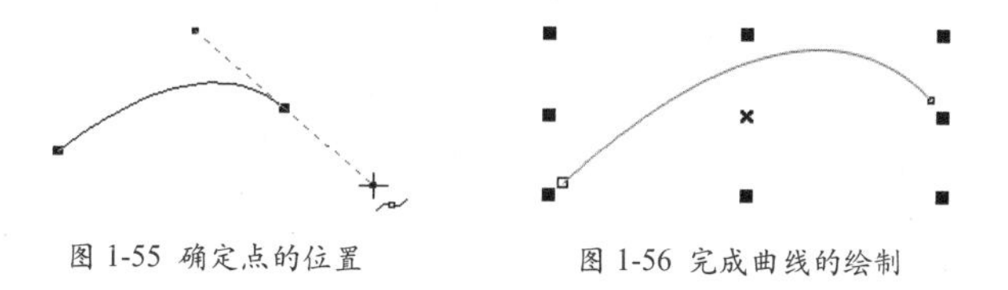

图 1-55 确定点的位置　图 1-56 完成曲线的绘制

## 实例 05 绘制小铃铛

**案例说明**

本例将绘制如图 1-57 所示的小铃铛，在绘制过程中需要用到贝塞尔工具、椭圆工具、交互式透明工具等，学习之后读者能够掌握交互式透明工具的应用。

图 1-57 实例的最终效果

## 操作步骤

（1）使用工具箱中的贝塞尔工具结合形状工具绘制图形，填充图形颜色为黄色，效果如图 1-58 所示。按 F12 键打开“轮廓笔”对话框，设置轮廓宽度为 1.0mm、颜色为（C：0；M：60；Y：100；K：0），其余参数设置如图 1-59 所示，单击“确定”按钮，得到如图 1-60 所示的效果。

图 1-58 绘制图形

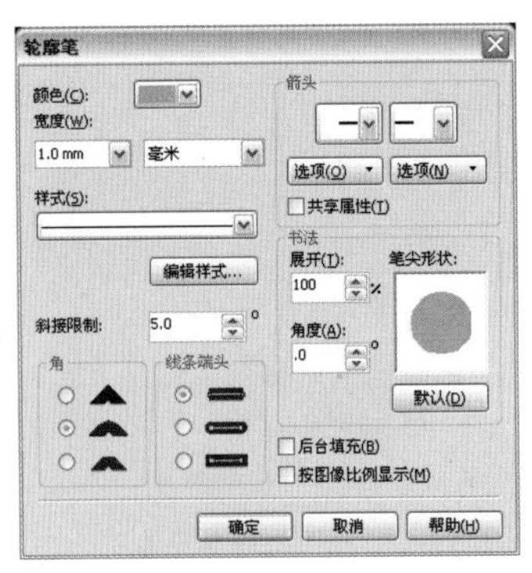


图 1-59 设置轮廓笔参数

图 1-60 轮廓笔效果

（2）按F7键激活椭圆工具，绘制一个椭圆，并填充图形颜色为黄色，效果如图1-61所示。按F12键打开“轮廓笔”对话框，设置轮廓宽度为0.7mm、颜色为（C：0；M：60；Y：100；K：0），效果如图1-62所示。使用同样的方法绘制白色椭圆，并设置椭圆的轮廓笔，效果如图1-63所示。

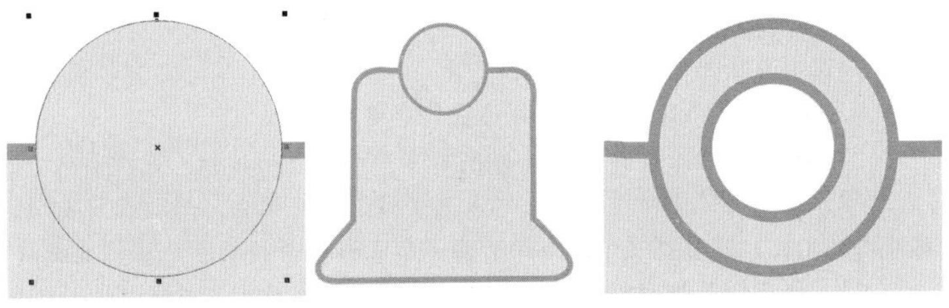

图 1-61 绘制黄色椭圆　图 1-62 设置图形的轮廓笔　图 1-63 绘制白色图形

（3）使用工具箱中的选择工具选择椭圆图形，按Ctrl+G组合键将其群组，然后按Shift+PageDown键将图形置于最底层，效果如图1-64所示。选中椭圆群组，在按住Shift键的同时单击下面的图形，按C键，使椭圆与黄色图形居中对齐，然后在属性栏中单击“简化”按钮，得到如图1-65所示的图形。

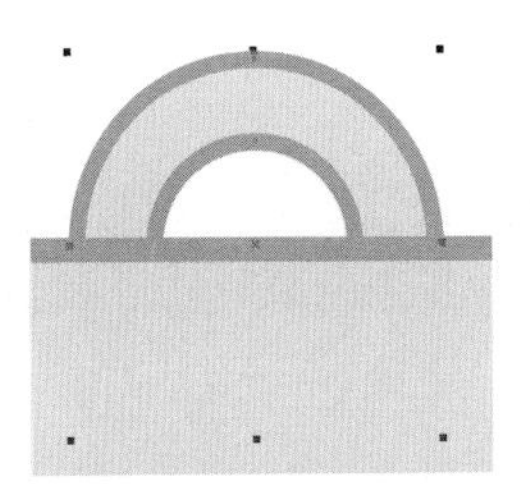

图 1-64 排列图形顺序

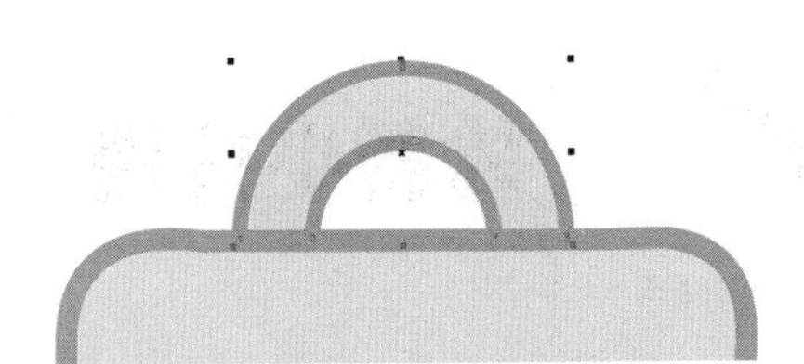

图 1-65 简化图形效果

（4）使用工具箱中的贝塞尔工具结合形状工具绘制图形，填充图形颜色为（C：0；M：20；Y：100；K：0），并去掉轮廓，如图1-66所示。为图形添加交互式透明效果，使用工具箱中的交互式透明工具，在属性栏的透明度类型中选择“线性”，调整色块的起始位置如图1-67所示。

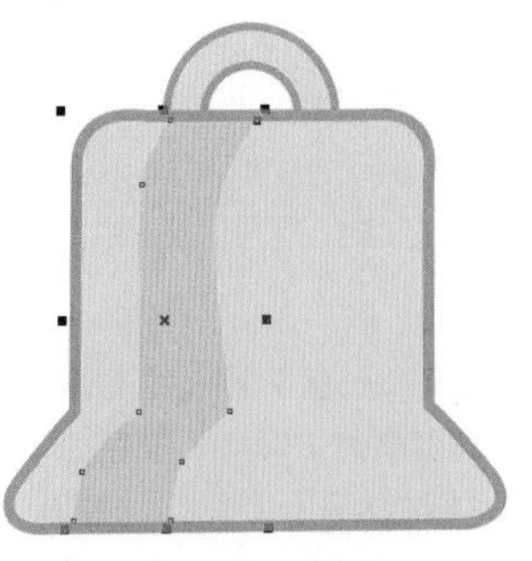

图 1-66 绘制图形

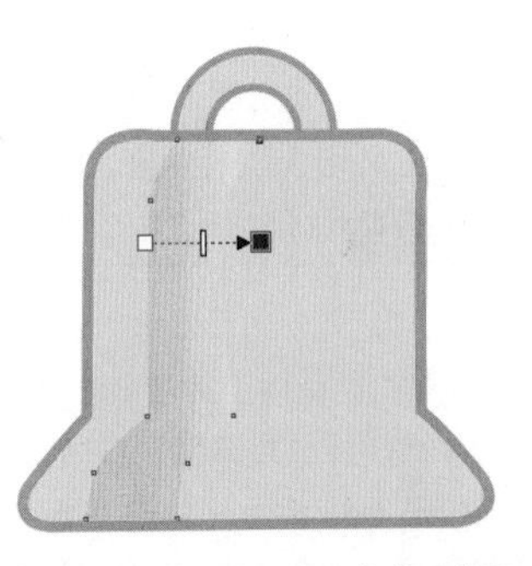

图 1-67 为图形添加交互式透明效果

（5）使用同样的方法绘制图形，并为图形应用交互式透明效果，如图 1-68 所示。

（6）使用工具箱中的贝塞尔工具结合形状工具绘制两个图形，填充图形颜色为（C：4；M：27；Y：96；K：0），并去掉轮廓，如图 1-69 所示。

图 1-68 绘制图形并添加交互式透明效果

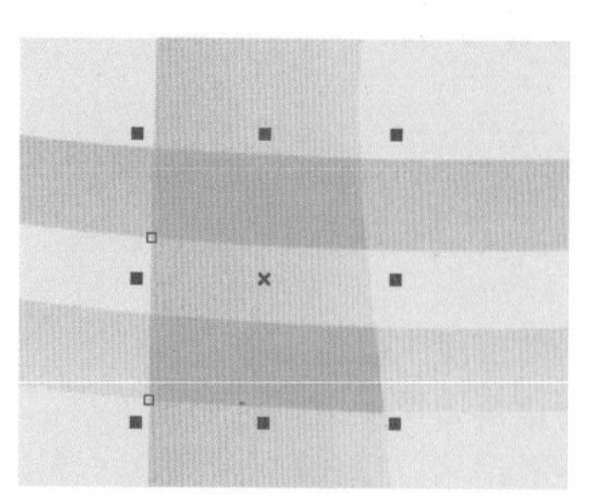

图 1-69 绘制图形

（7）使用选择工具选择所有对象，并按 Ctrl+G 组合键将其群组。这样，一个简单的小铃铛就绘制完成了，得到最终效果图。

## 公告栏 调整对象顺序

在 CorelDRAW 中创建对象时，对象是按创建的先后顺序在页面中排列的，最先绘制的对象位于最底层，最后绘制的对象位于最上层。在绘制过程中，当多个对象重叠在一起时，上面的对象会把下面的对象遮住。在 CorelDRAW 中可以执行“排列 / 顺序”命令调整图形的顺序。

1. “到图层前面”和“到图层后面”命令

使用工具箱中的选择工具选中对象，执行“排列 / 顺序 / 到图层前面”命令或按 Shift+PageUp 键，可以快速地将对象移到最前面。

使用选择工具选中对象，执行“排列 / 顺序 / 到图层后面”命令或按 Shift+PageDown 键，可以快速地将对象移到最后面。

2. “向前一位”和“向后一位”命令

选中对象，执行“向前一位”命令或按 Ctrl+PageUp 键，可以使选中的对象上移一层。

选中对象，执行“向后一位”命令或按 Ctrl+PageDown 键，可以使选中的对象下移一层。

3. “在前面…”和“在后面…”命令

选中对象，执行“在前面…”命令，当光标变为➡形状时，将光标放到另一对象上单击，选中的对象就移到了另一对象的上面。

选中对象，执行“在后面…”命令，当光标变为➡形状时，把光标放到另一对象上单击，选中的对象就移到了另一对象的下面。

# 实例 06 绘制圣诞鞋

**案例说明**

本例将绘制如图 1-70 所示的圣诞鞋，在绘制过程中会用到贝塞尔工具、形状工具、矩形工具等以及矩形边角圆滑度的设置。

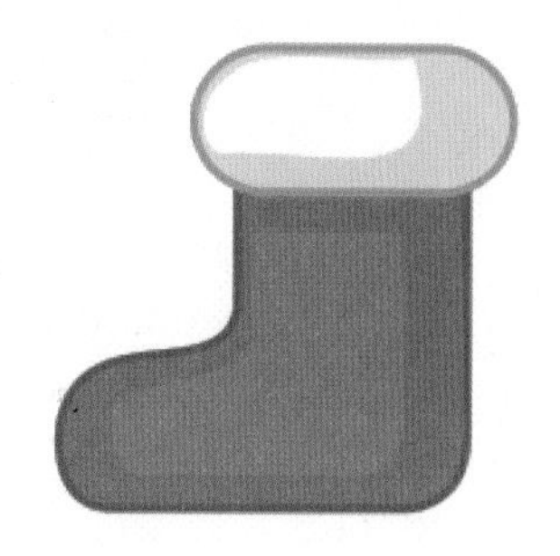

图 1-70 实例的最终效果

## 操作步骤

(1) 使用工具箱中的矩形工具绘制一个矩形，如图 1-71 所示。然后在属性栏的“边角圆滑度”数值框中设置矩形的边角圆滑度为 10，如图 1-72 所示。

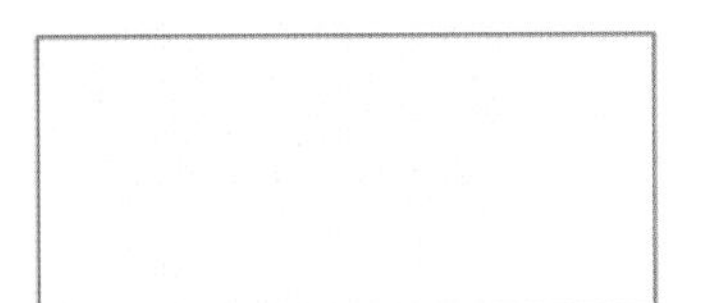

图 1-71 绘制矩形

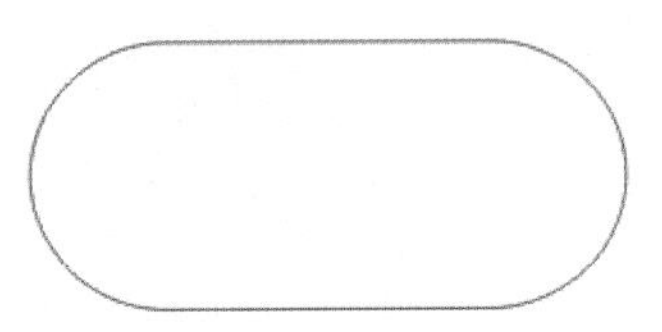

图 1-72 设置边角圆滑度

(2) 选择图中的图形，执行“窗口 / 泊坞窗 / 颜色”命令，打开“颜色”泊坞窗，设置颜色为（C：14；M：4；Y：5；K：0），如图 1-73 所示，设置完毕后单击“填充”按钮，效果如图 1-74 所示。

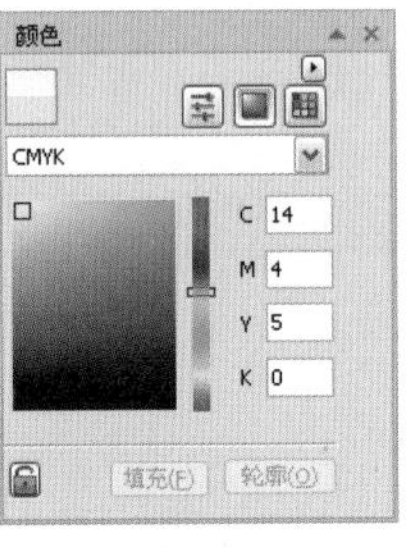


图 1-73 “颜色”泊坞窗

图 1-74 填充颜色

(3) 按 F12 键打开“轮廓笔”对话框，设置轮廓宽度为 1.0mm、颜色为（C：60；M：0；Y：20；K：0），其余参数设置如图 1-75 所示，单击“确定”按钮，得到如图 1-76 所示的效果。

图 1-75 “轮廓笔”对话框

图 1-76 设置后的效果

(4) 使用工具箱中的贝塞尔工具结合形状工具绘制如图 1-77 所示的图形，然后填充图形颜色为（C：9；M：95；Y：90；K：0），并按 Shift+PageDown 键，将图形排列到下一层，如图 1-78 所示。

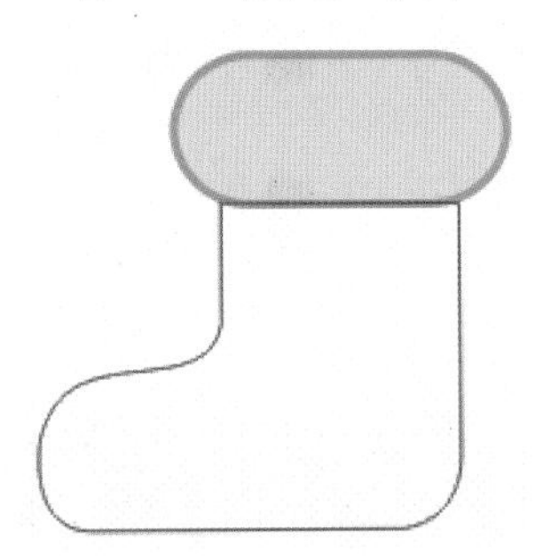

图 1-77 绘制图形

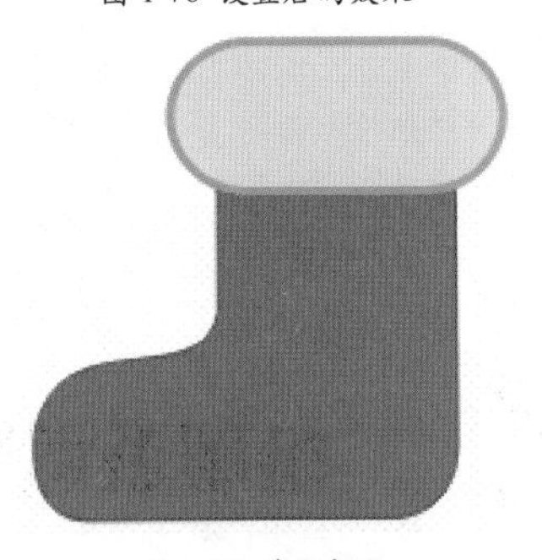

图 1-78 填充颜色

(5) 按 F12 键打开“轮廓笔”对话框，设置轮廓宽度为 1.0mm、颜色为（C：31；M：100；Y：97；K：1），其余参数设置如图 1-79 所示，单击“确定”按钮，得到如图 1-80 所示的效果。

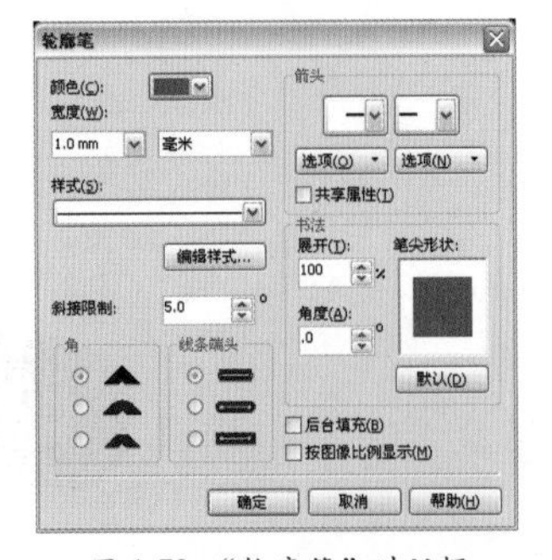


图 1-79 “轮廓笔”对话框

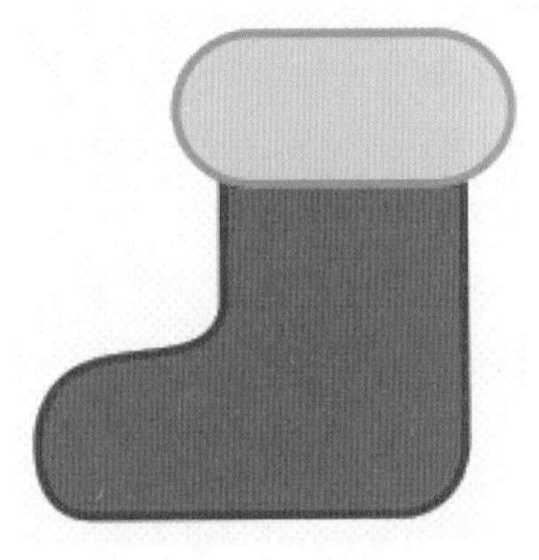

图 1-80 设置后的效果

（6）使用工具箱中的贝塞尔工具结合形状工具绘制如图 1-81 所示的图形，并填充图形颜色为红色，如图 1-82 所示。

（7）使用同样的方法绘制一个闭合图形，填充颜色为白色，并移动到合适的位置，得到本例的最终效果。

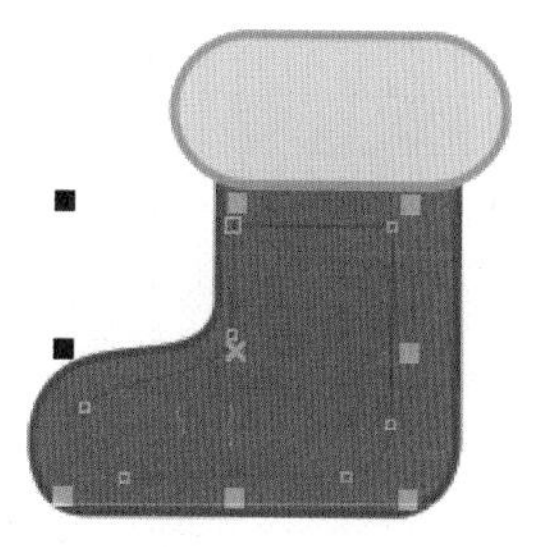
图 1-81 绘制图形

图 1-82 填充颜色

## 公告栏 轮廓线的编辑

轮廓线是一个图形对象的边缘，与颜色、大小一样都属于对象的属性。在“轮廓笔”对话框中可以设置轮廓线的颜色、粗细、样式等，下面介绍轮廓线的相关知识。

1. 轮廓工具的使用

单击工具箱中的“轮廓工具”按钮，弹出如图 1-83 所示的轮廓工具的展开工具栏。其中工具按钮的含义如下。

- ：单击此按钮，可以打开“轮廓笔”对话框，如图 1-84 所示。
- ：单击此按钮，可以打开“轮廓色”对话框，设置轮廓的颜色。
- ×：单击此按钮，可以去掉对象的轮廓。

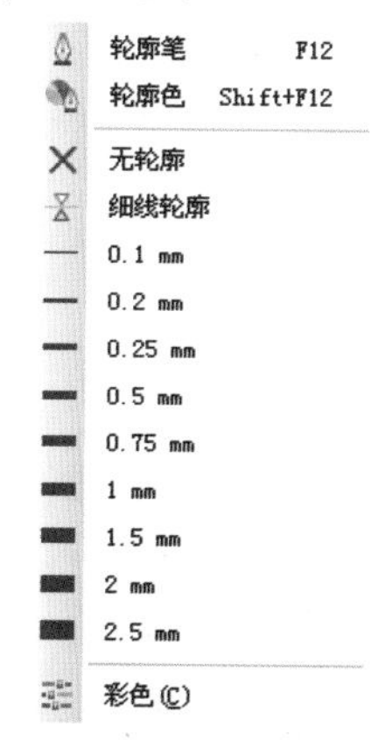

图 1-83 轮廓工具的展开工具栏

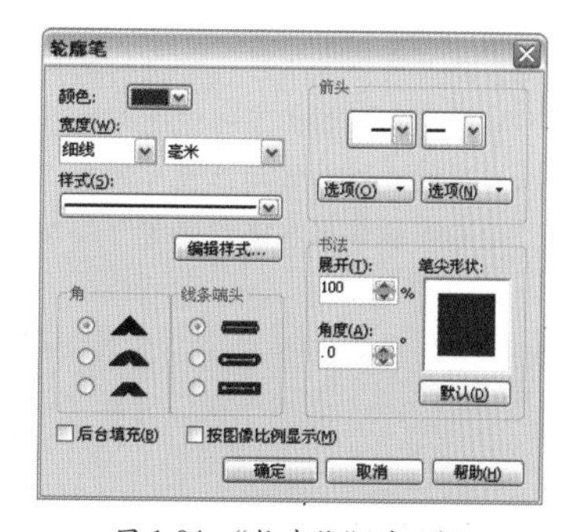

图 1-84 “轮廓笔”对话框

- ：轮廓的宽度，分别是细线轮廓、1/2 点轮廓、1 点轮廓、2 点轮廓、8 点轮廓、16 点轮廓和 24 点轮廓。
- ：单击此按钮，可以打开“颜色”泊坞窗，在泊坞窗中设置好颜色参数后，单击“轮廓”按钮，可以改变轮廓颜色。

2. 精确地设置轮廓线的颜色

在调色板中右击可以改变轮廓的颜色，如果要精确地设置轮廓线的颜色，可以使用“轮廓笔”对话框和“颜色”泊坞窗，同时还可以使用“轮廓笔”对话框。下面介绍如何在“轮廓笔”对话框中设置轮廓线的颜色，其操作步骤如下：

（1）单击工具箱中的“轮廓工具”按钮，打开“轮廓笔”对话框，然后单击对话框中的颜色下拉箭头，弹出如图 1-85 所示的颜色选择器。

（2）单击颜色选择器中的“其他…”按钮，弹出“选择颜色”对话框。在对话框中设置好轮廓的颜色后，单击“确定”按钮，如图 1-86 所示。

（3）单击“轮廓笔”对话框中的“确定”按钮，即可改变轮廓色。

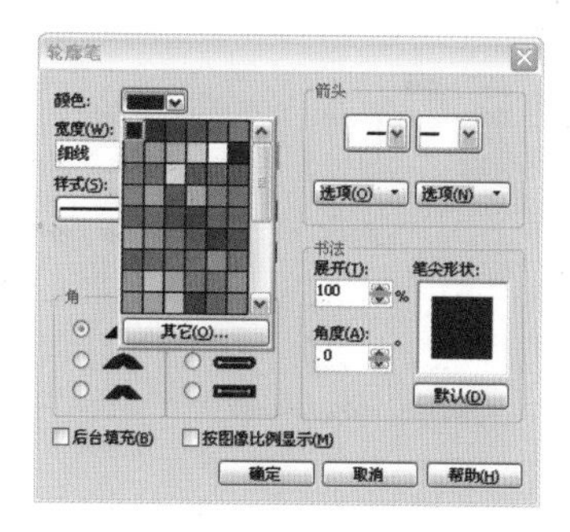

图 1-85 “轮廓笔”对话框

图 1-86 “选择颜色”对话框

3. 设置轮廓线的粗细及样式

在“轮廓笔”对话框中可以设置轮廓线的粗细及样式，其操作步骤如下：

（1）选中对象，单击工具箱中的“轮廓工具”按钮，打开“轮廓笔”对话框。

（2）在“宽度”下拉列表框中选择轮廓线的粗细，如图 1-87 所示，也可以在文本框中直接输入需要的轮廓宽度。

（3）单击“样式”下拉列表框，选择轮廓线的样式，如图 1-88 所示。

（4）单击“确定”按钮，完成轮廓线的粗细及样式的设置。

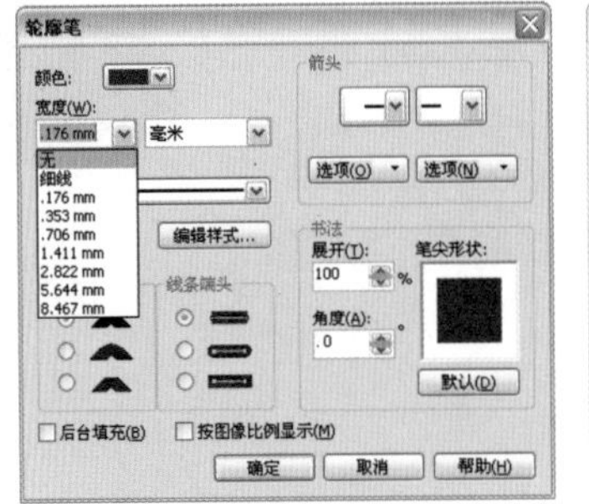


图 1-87 选择轮廓宽度

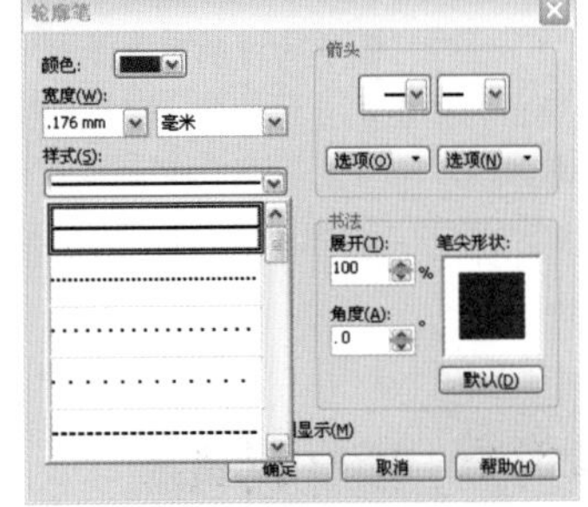


图 1-88 选择轮廓样式

4. 设置轮廓线的拐角和末端形状

在“轮廓笔”对话框中还可以设置轮廓线的拐角和末端形状，其操作步骤如下：

（1）单击工具箱中的“选择工具”按钮，选择对象，再单击工具箱中的“轮廓工具”按钮，打开“轮廓笔”对话框，如图 1-89 所示。

（2）在“角”栏中选择需要的拐角形状，其中有尖角、圆角和平角 3 种形状。

（3）在“线条端头”栏中选择轮廓线线端的形状。

（4）在对话框右侧的“展开”及“角度”数量框中设置轮廓线的展开程度和绘制线条时笔尖与页面的角度。

（5）完成设置后单击“确定”按钮。

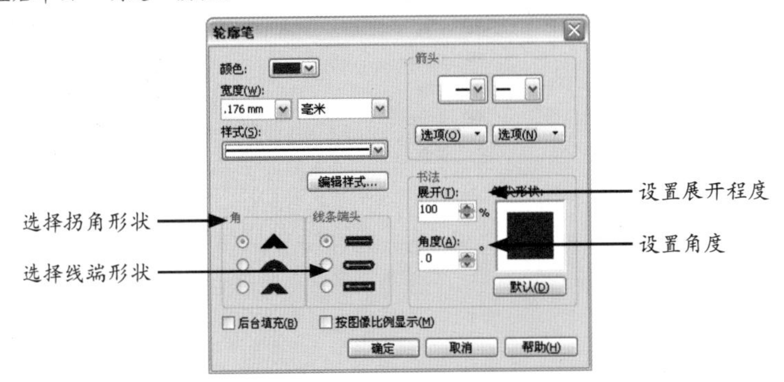


图 1-89 “轮廓笔”对话框

5. 设置箭头样式

在“轮廓笔”对话框中还可以设置轮廓线的箭头样式。选中对象，在对话框右上方的“箭头”下拉列表框中选择箭头样式即可，如图 1-90 所示。

用户还可以在选择箭头样式后对样式进行编辑，单击“箭头”下拉列表框中的“选项”按钮，选择下拉菜单中的“新建”或“编辑”命令，打开“编辑箭头尖”对话框，如图 1-91 所示，拖动节点及控制点编辑箭头的形状，完成后单击“确定”按钮。

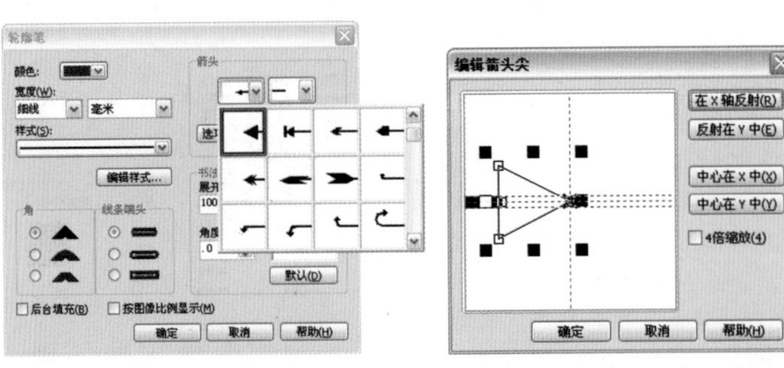


图 1-90 选择箭头样式

图 1-91 “编辑箭头尖”对话框

# 实例 07 绘制心形图形

**案例说明**

本例将绘制一个如图 1-92 所示的可爱心形图形，在绘制过程中需要用到基本形状工具、交互式阴影工具、交互式透明工具等。在学习本例之后，读者将了解交互式阴影工具的运用及基本形状图形的绘制技巧。

图 1-92 实例的最终效果

## 操作步骤

(1) 单击工具箱中的“基本形状”工具按钮，在属性栏中单击“完美形状”按钮右下方的小三角，在弹出的面板中选择，绘制一个心形，填充颜色为（C：0；M：100；Y：0；K：0），并去掉轮廓，效果如图 1-93 所示。

(2) 单击工具箱中的椭圆工具右下角的三角形符号，在弹出的工具组中单击“3 点椭圆形”工具按钮，绘制 3 个白色的椭圆，并去掉轮廓，效果如图 1-94 所示。

图 1-93 绘制心形

图 1-94 绘制白色椭圆

(3) 选择工具箱中的交互式透明工具，在属性栏的透明度类型中选择“线性”，为图形添加交互式透明效果，并调整色块的起始位置，如图 1-95 所示。然后使用同样的方法制作其余两个椭圆的交互式透明效果，如图 1-96 所示。

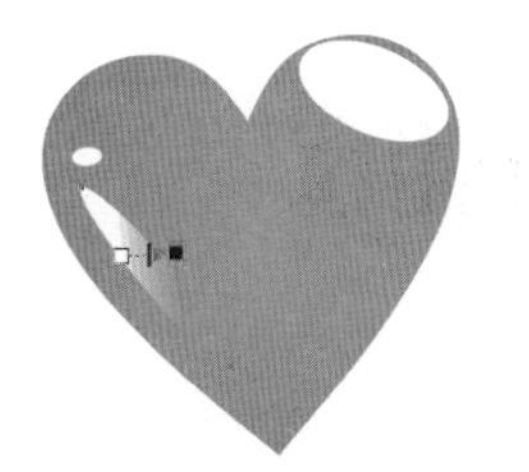

图 1-95 设置色块的起始位置

图 1-96 添加图形透明效果

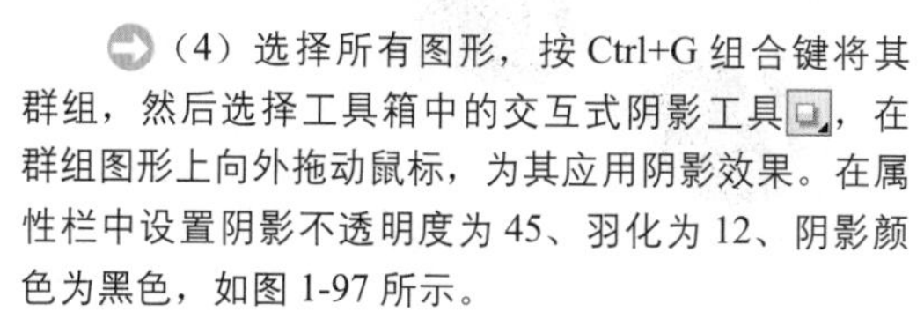

(4) 选择所有图形，按 Ctrl+G 组合键将其群组，然后选择工具箱中的交互式阴影工具，在群组图形上向外拖动鼠标，为其应用阴影效果。在属性栏中设置阴影不透明度为 45、羽化为 12、阴影颜色为黑色，如图 1-97 所示。

(5) 绘制一个心形，为其应用交互式填充，设置起点色块的颜色为黄色、终点色块的颜色为 20% 的黄色，并调整色块的起始位置，效果如图 1-98 所示。

图 1-97 添加交互式阴影效果

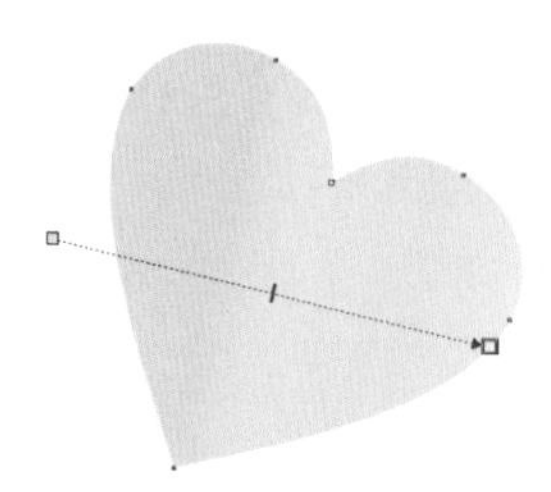

图 1-98 交互式填充效果

(6) 选中图 1-99 所示的图形，按小键盘上的“+”键，复制图形。然后为图形添加交互式阴影效果，在属性栏中设置阴影不透明度为 35、羽化为 10、阴影颜色为黑色，如图 1-100 所示。

图 1-99 复制图形

图 1-100 添加交互式阴影效果

（7）选择所有图形，按 Ctrl+G 组合键将其群组，则一个可爱的心形图案的绘制就完成了，得到最终效果图。

## 公告栏 交互式阴影工具

为对象添加阴影效果可以使对象产生立体效果。阴影效果是与对象连接在一起的，在对象外观改变的同时，阴影效果也会随之发生变化。

通过拖动阴影控制线中间的调节按钮，可以调节阴影的不透明度。靠近白色方块，不透明度较小，阴影也随之变淡；反之，不透明度变大，阴影也会比较浓。用户也可以通过交互式阴影工具的属性栏精确地设置所添加阴影的效果，属性栏如图 1-101 所示。

图 1-101 交互式阴影工具的属性栏

该属性栏中各参数的含义如下。

- “阴影偏移量”数值框：用来设定阴影相对于对象的坐标值。
- “阴影角度”：用来设定阴影效果的角度。
- “阴影不透明度”滑轨框：用来设定阴影的不透明度。
- “阴影羽化效果”：用来设定阴影的羽化效果。
- “阴影羽化方向”按钮：用来设定阴影的羽化方向为在内、中间、在外或平均。
- “阴影羽化边缘”按钮：用来设定阴影羽化边缘的类型为直线形、正方形、反转方形等。
- “阴影淡化 / 伸展”：用来设定阴影的淡化及伸展。
- “阴影颜色”按钮：用来设定阴影的颜色。

# 实例 08 绘制太阳镜

**案例说明**

本例将绘制效果如图 1-102 所示的太阳镜，主要介绍了矩形工具、椭圆工具、钢笔工具、形状工具、填充工具等工具的使用方法和技巧。

图 1-102 实例的最终效果

## 操作步骤

（1）使用工具箱中的矩形工具绘制一个矩形（长：297mm；宽：210mm），并将其颜色填充为白色，然后按 F12 键，在打开的“轮廓笔”对话框中设置颜色为（C：39；M：74；Y：0；K：0），轮廓宽度为 0.75mm，样式如图 1-103 所示。在完成设置后，单击“确定”按钮，效果如图 1-104 所示。

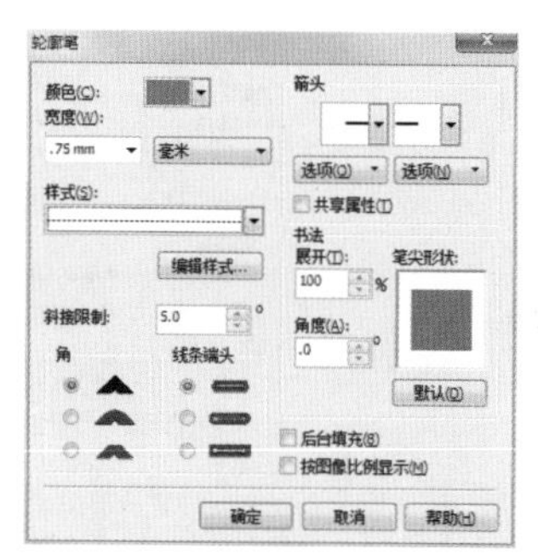


图 1-103 “轮廓笔”对话框

图 1-104 绘制矩形

（2）使用钢笔工具结合形状工具绘制太阳镜镜片处的镜框，如图 1-105 所示。

（3）再次使用钢笔工具结合形状工具绘制太阳镜的镜脚，如图 1-106 所示。

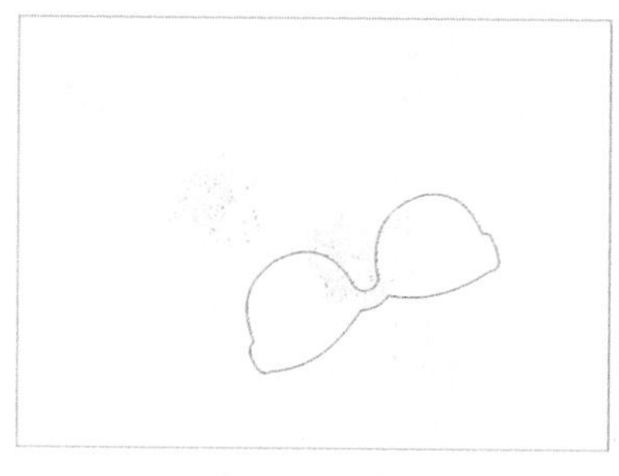

图 1-105 绘制镜框

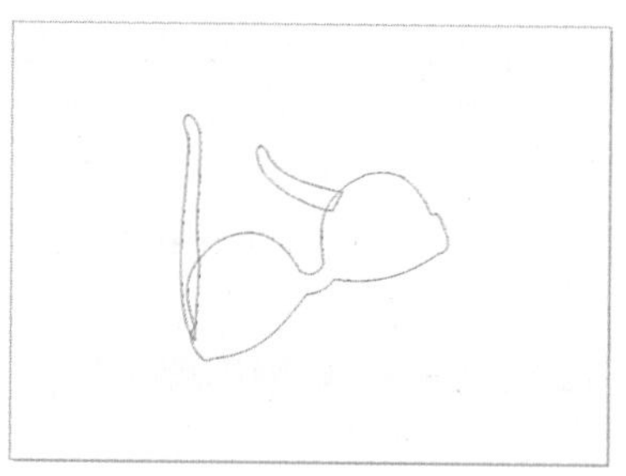

图 1-106 绘制镜脚

（4）将绘制的眼镜图形全部选中，然后单击属性栏中的“合并”按钮，效果如图 1-107 所示。

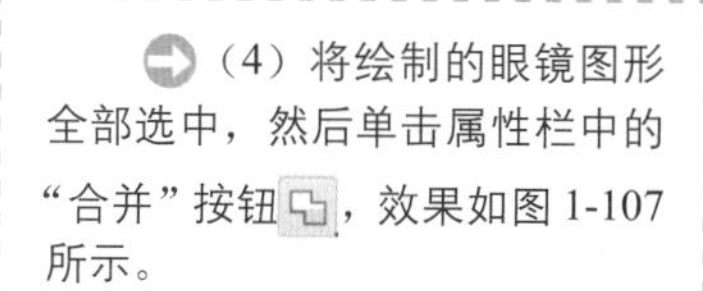

（5）按 Shift+F11 键，为眼镜填充颜色为（C：26；M：38；Y：75；K：0）。然后按 F12 键，在打开的“轮廓笔”对话框中设置轮廓颜色为（C：78；M：87；Y：95；K：73）、轮廓宽度为 0.75mm，效果如图 1-108 所示。

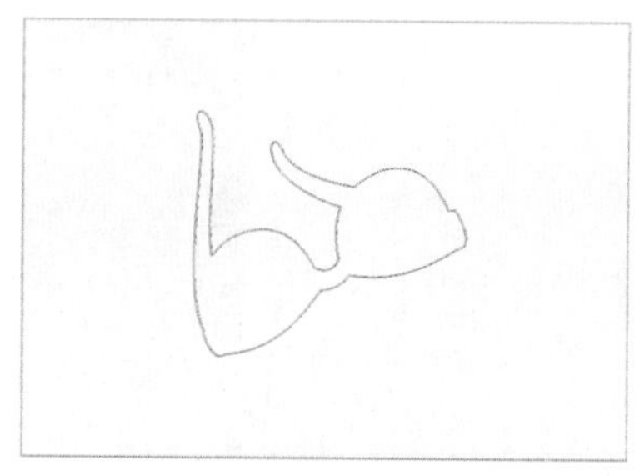

图 1-107 合并图形

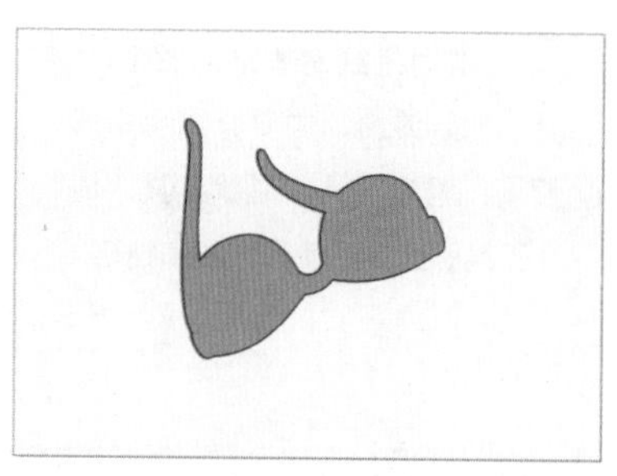

图 1-108 填充颜色

（6）使用钢笔工具结合形状工具绘制太阳镜的镜片，并为其填充颜色为（C：79；M：84；Y：96；K：72），如图 1-109 所示。

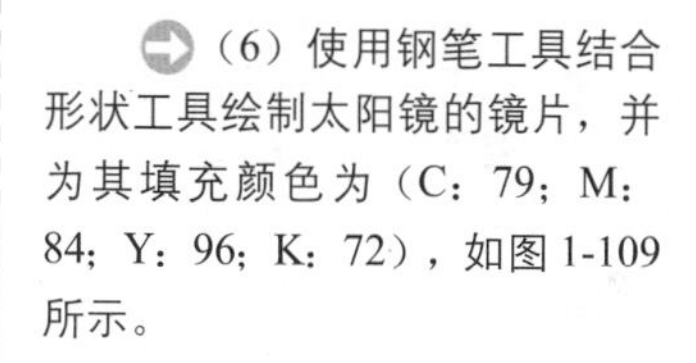

（7）使用钢笔工具结合形状工具绘制太阳镜镜片的高光，并为其填充白色，然后去掉轮廓线，效果如图 1-110 所示。

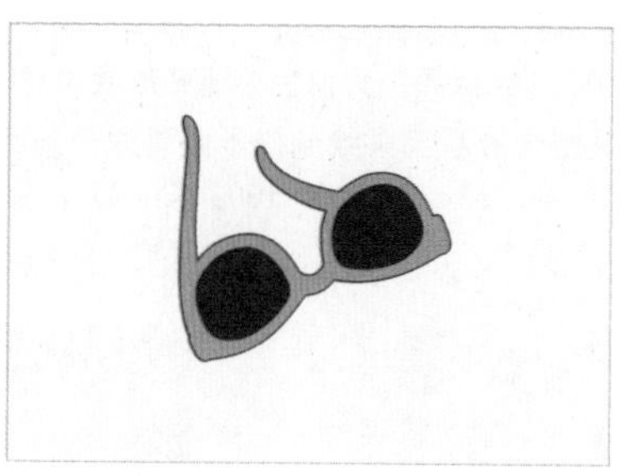

图 1-109 绘制镜片并填充

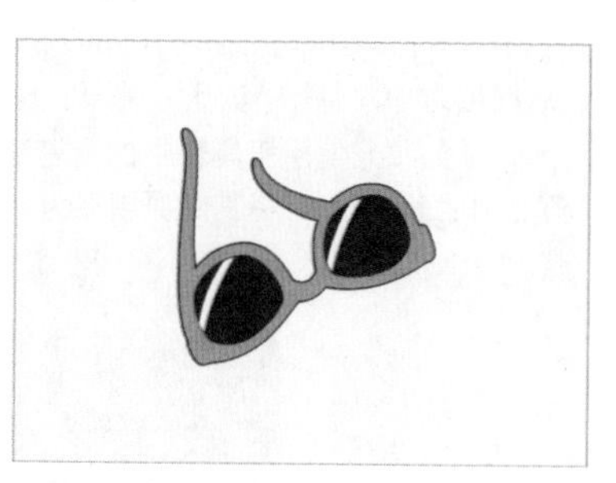

图 1-110 绘制镜片高光

（8）使用工具箱中的椭圆工具在眼镜的镜框上绘制圆形，为其填充颜色为（C：16；M：22；Y：36；K：0），然后去掉轮廓线，并将整个眼镜群组，效果如图 1-111 所示。

(9) 使用钢笔工具结合形状工具绘制一个心形的轮廓线，为其填充起点色为(C: 6; M: 26; Y：0; K：0)、中间色为(C：33; M：72; Y：0; K：0)、终点色为(C: 6; M: 26; Y: 0; K: 0)的渐变颜色，设置填充的角度为 90，如图 1-112 所示，然后去掉轮廓线，效果如图 1-113 所示。

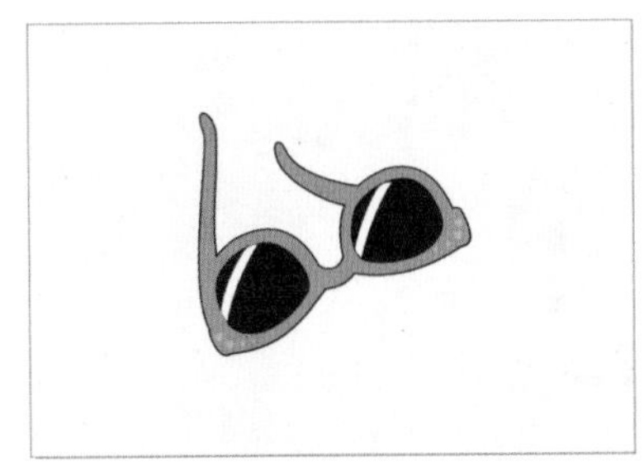

图 1-111 在镜框上绘制圆形

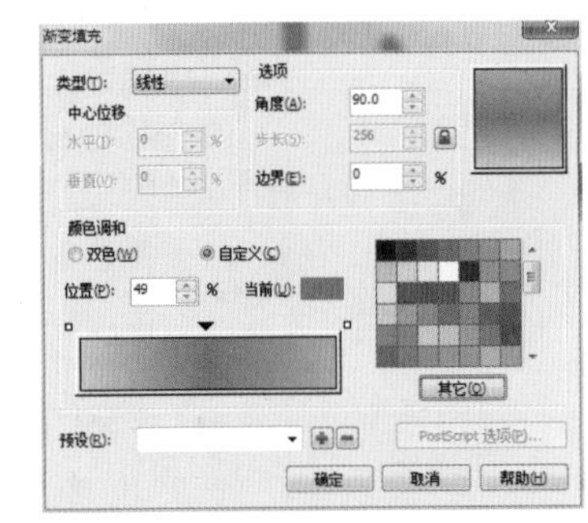


图 1-112 设置轮廓线

(10) 将绘制的心形进行复制，然后分别进行大小变化和角度变化，效果如图 1-114 所示。

图 1-113 绘制心形轮廓线

图 1-114 绘制完成

## 实例 09 绘制沙滩椅

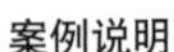

**案例说明**

本例将绘制效果如图 1-115 所示的沙滩椅，主要介绍了矩形工具、钢笔工具、形状工具、填充工具等工具的使用方法和技巧。

图 1-115 实例的最终效果

## 操作步骤

(1) 按 F6 键激活矩形工具绘制一个矩形，或双击工具箱中的矩形工具按钮，在工作区中自动生成一个矩形（长：297mm；宽：210mm），并为其进行渐变色填充，即按 F11 键，在打开的“渐变填充”对话框中设置起点颜色为（C：84；M：37；Y：0；K：0）、终点颜色为白色、填充角度为 -40，再为其去掉轮廓线，如图 1-116 所示。

(2) 使用工具箱中的钢笔工具结合形状工具绘制椅子竖着的一条腿，将其亮面填充为（C：16；M：45；Y：76；K：0）、将其暗面填充为（C：44；M：74；Y：100；K：7），然后群组，如图 1-117 所示。

图 1-116 绘制并填充矩形

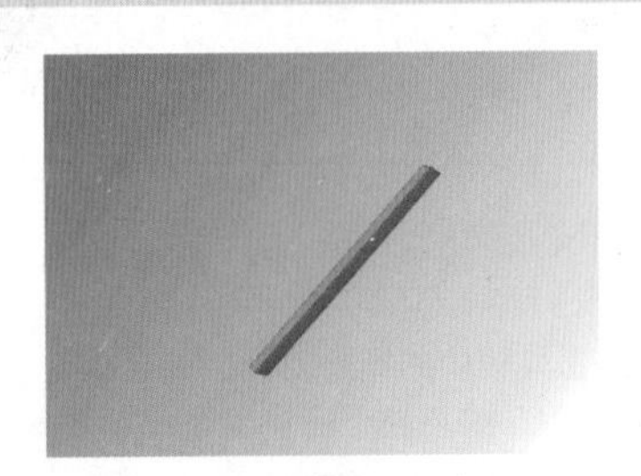

图 1-117 绘制椅子的一条腿

(3)使用工具箱中的钢笔工具结合形状工具绘制椅子横着的一条腿，将其亮面填充为（C：0；M：26；Y：49；K：0）、灰色面填充为（C：16；M：45；Y：76；K：0）、暗面填充为（C：44；M：74；Y：100；K：7），然后群组，如图1-118所示。

(4)将绘制的椅子的两条腿进行复制，放置在如图1-119所示的位置。

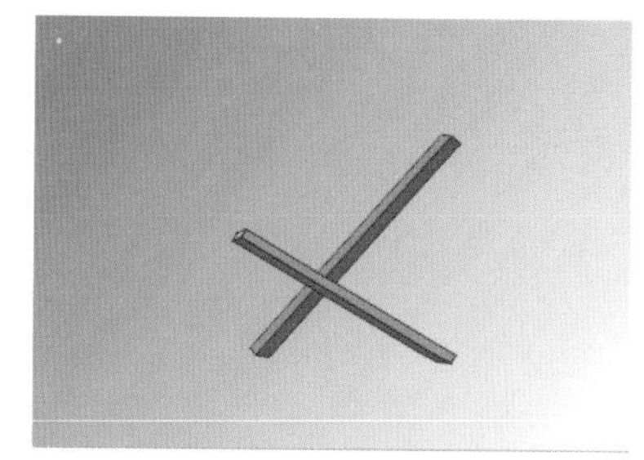
图1-118 绘制椅子的一条腿

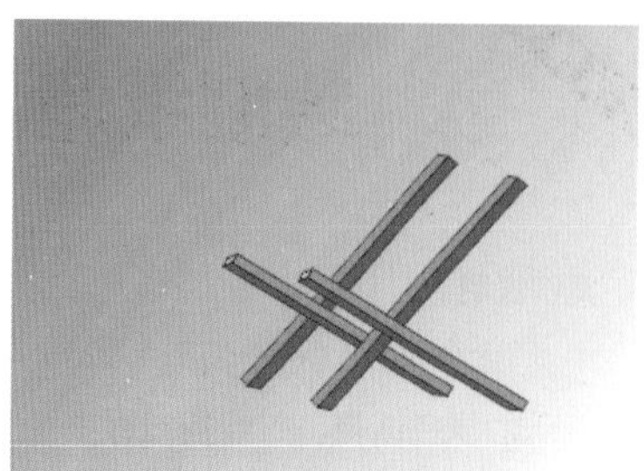
图1-119 复制两条腿

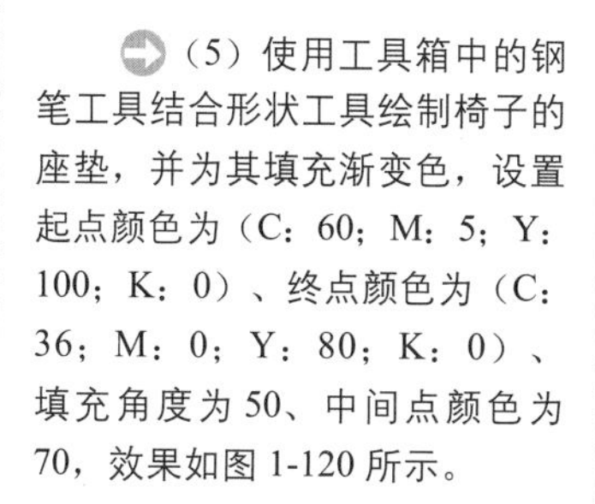
(5)使用工具箱中的钢笔工具结合形状工具绘制椅子的座垫，并为其填充渐变色，设置起点颜色为（C：60；M：5；Y：100；K：0）、终点颜色为（C：36；M：0；Y：80；K：0）、填充角度为50、中间点颜色为70，效果如图1-120所示。

(6)选中椅子的座垫，右击椅子左边横着的椅腿，选择“顺序/置于此对象前”命令，效果如图1-121所示。

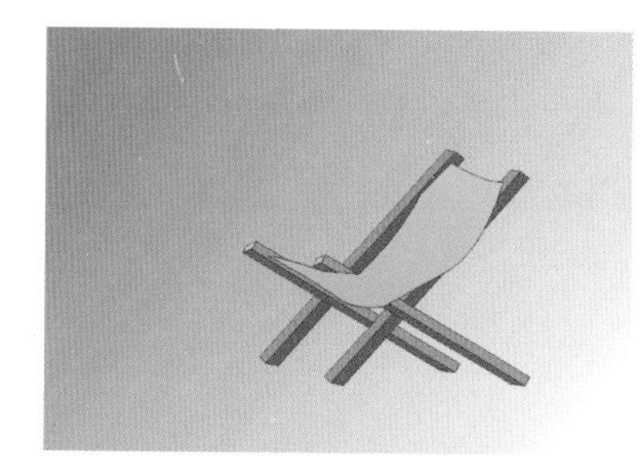
图1-120 绘制椅子的座垫

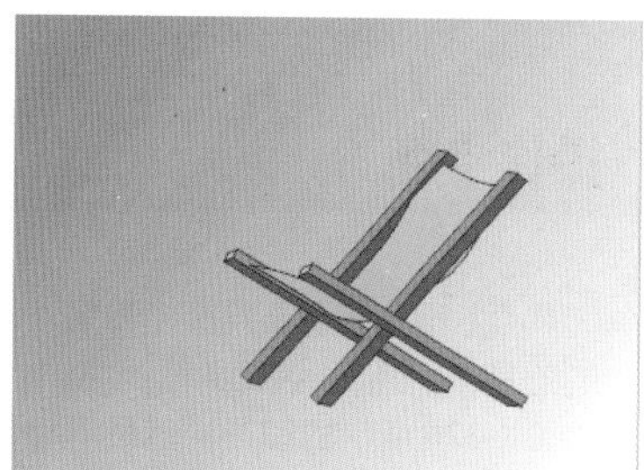
图1-121 调整顺序

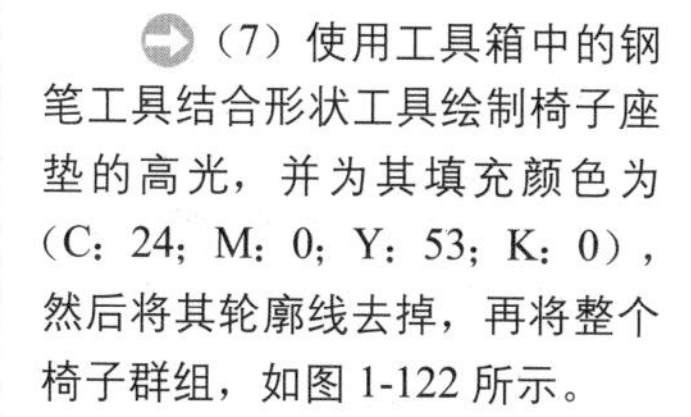
(7)使用工具箱中的钢笔工具结合形状工具绘制椅子座垫的高光，并为其填充颜色为（C：24；M：0；Y：53；K：0），然后将其轮廓线去掉，再将整个椅子群组，如图1-122所示。

(8)使用工具箱中的钢笔工具结合形状工具绘制云朵图形，并为其填充颜色为白色，然后将其轮廓线去掉，如图1-123所示。

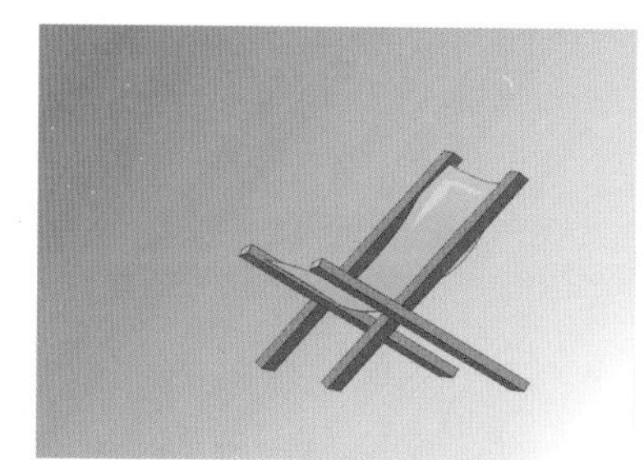
图1-122 绘制椅子座垫的高光

图1-123 绘制云朵图形

(9)将绘制的云朵进行复制，然后分别进行大小变化和角度变化，并放置在如图1-124所示的位置。

图1-124 完成效果

# 实例 10 绘制纸箱

### 案例说明

本例将绘制一个如图 1-125 所示的绿色纸箱，在绘制过程中需要用到矩形工具、钢笔工具、形状工具等基本工具。在学习本例之后，读者将初步了解将轮廓转换为对象的作用及“透镜”泊坞窗的运用。

图 1-125 实例的最终效果

## 操作步骤

(1) 使用工具箱中的钢笔工具结合形状工具绘制如图 1-126 所示的图形，然后填充颜色为（C：20；M：0；Y：80；K：0），并去掉轮廓，如图 1-127 所示。

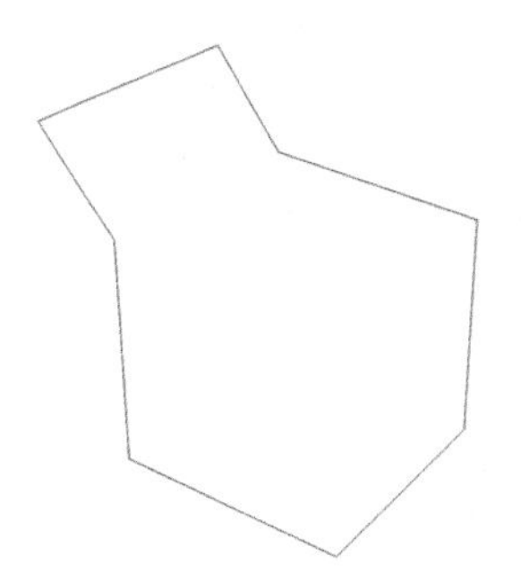

图 1-126 绘制闭合曲线

图 1-127 填充颜色

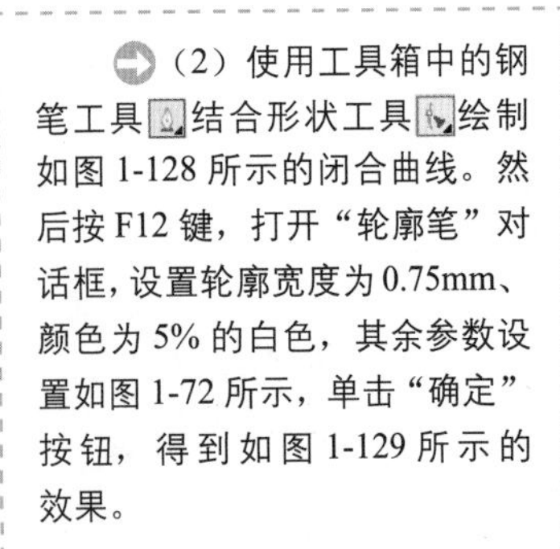

(2) 使用工具箱中的钢笔工具结合形状工具绘制如图 1-128 所示的闭合曲线。然后按 F12 键，打开“轮廓笔”对话框，设置轮廓宽度为 0.75mm、颜色为 5% 的白色，其余参数设置如图 1-72 所示，单击“确定”按钮，得到如图 1-129 所示的效果。

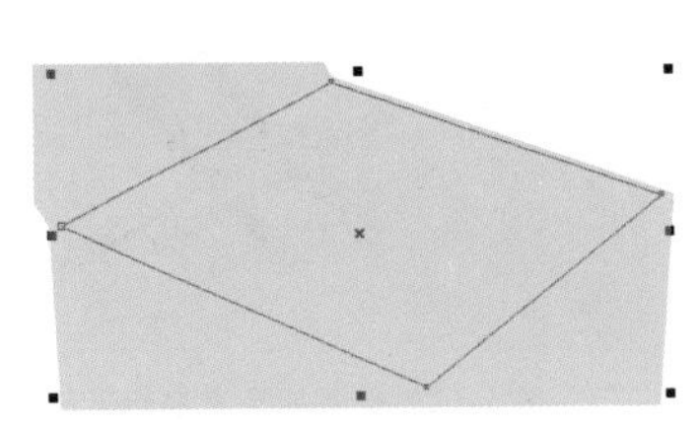

图 1-128 绘制闭合曲线

图 1-129 设置轮廓参数

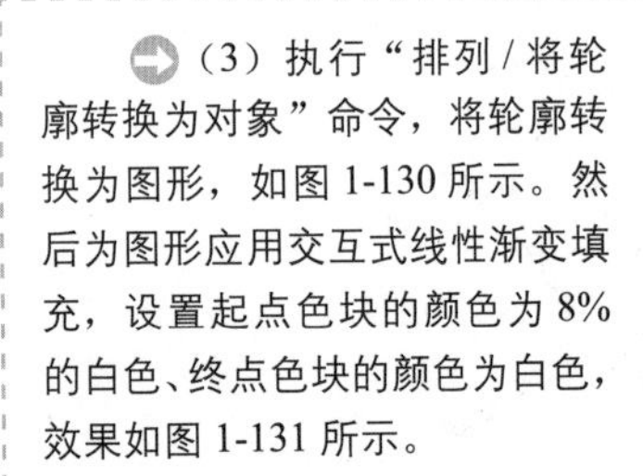

(3) 执行“排列 / 将轮廓转换为对象”命令，将轮廓转换为图形，如图 1-130 所示。然后为图形应用交互式线性渐变填充，设置起点色块的颜色为 8% 的白色、终点色块的颜色为白色，效果如图 1-131 所示。

图 1-130 轮廓效果

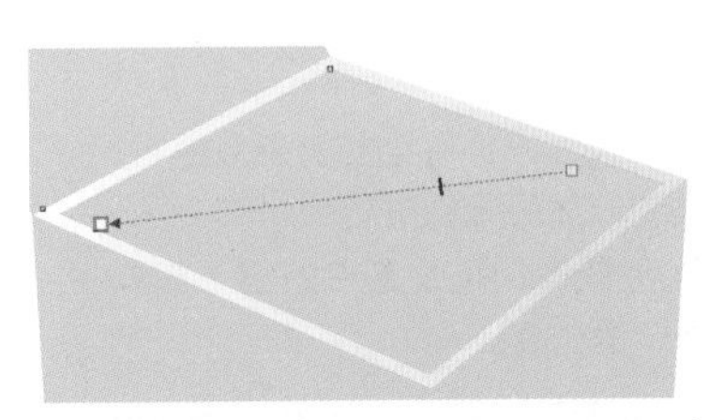

图 1-131 将轮廓转换为对象并为其应用交互式填充

（4）按 F6 键激活矩形工具，绘制一个矩形，填充颜色为（C：55；M：0；Y：80；K：0），并去掉轮廓，效果如图 1-132 所示。按 Ctrl+Q 组合键，将图形转换为曲线，并结合形状工具进行编辑，得到如图 1-133 所示的效果。

（5）使用同样的方法绘制并编辑图形，填充颜色为（C：75；M：0；Y：80；K：10），并去掉轮廓，效果如图 1-134 所示。

（6）使用同样的方法绘制并编辑图形，填充颜色为（C：75；M：0；Y：80；K：10），并去掉轮廓，效果如图 1-135 所示。

（7）执行“窗口 / 泊坞窗 / 透镜”命令，打开“透镜”泊坞窗，设置参数如图 1-136 所示，单击“应用”按钮，效果如图 1-137 所示。

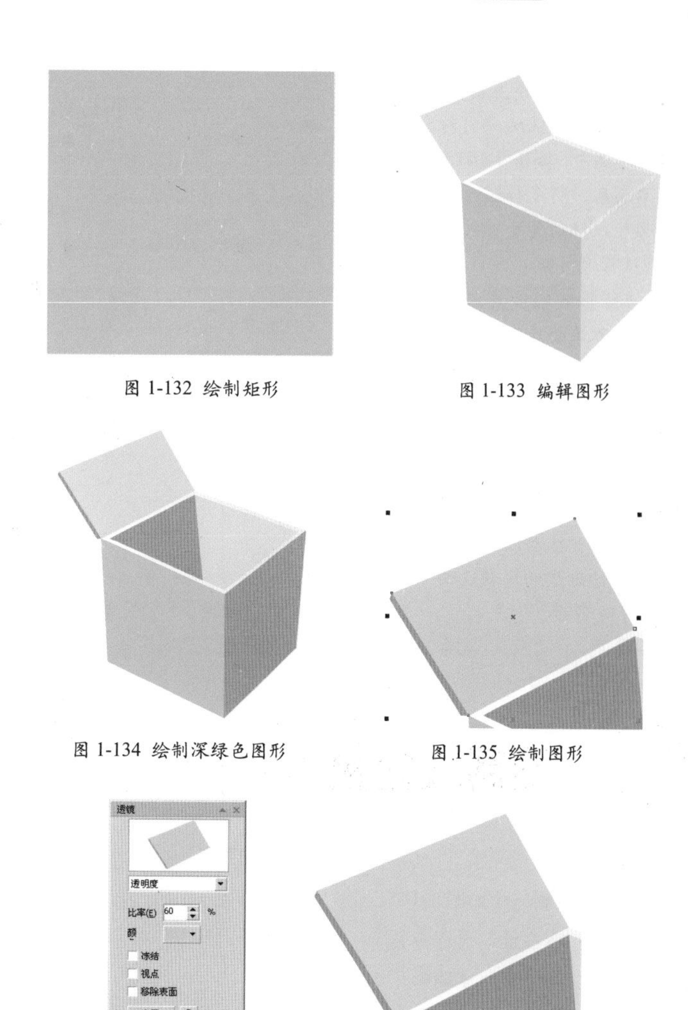


图 1-132 绘制矩形　　图 1-133 编辑图形

图 1-134 绘制深绿色图形　　图 1-135 绘制图形

图 1-136 设置参数　　图 1-137 透明度效果

（8）使用选择工具选择所有对象，并按 Ctrl+G 组合键将其群组，这样一个简单的绿色纸箱就绘制完成了，得到最终效果图。

## 公告栏 使用形状工具编辑节点

使用工具箱中的形状工具可以对曲线进行任意编辑，其操作步骤如下：

（1）使用选择工具选中需要进行编辑的对象，然后单击工具箱中的形状工具，被选中曲线对象的所有节点将会显现出来，如图 1-138 所示。

（2）如果使用形状工具单击某个节点，则该节点会变成黑色的小方块，表明已选中此节点，如图 1-139 所示。

（3）选中节点后，按住鼠标左键并拖动即可移动节点，如图 1-140 所示。

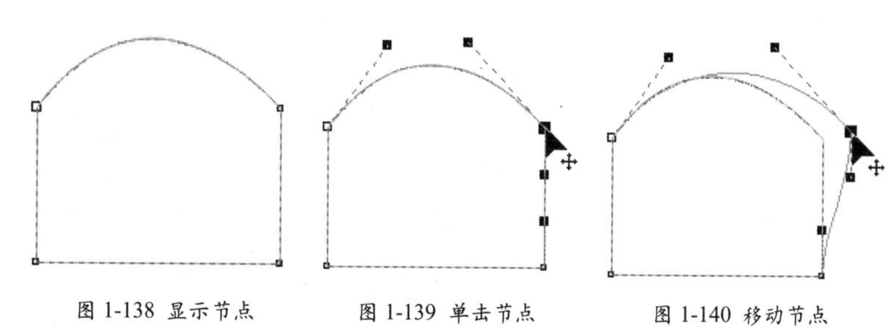

图 1-138 显示节点　　图 1-139 单击节点　　图 1-140 移动节点

（4）使用形状工具框选节点，则被框选区域内的所有节点都会被选中，如图 1-141 所示；选中节点后，将光标移至节点上并拖动可以移动整个曲线对象，如图 1-142 所示。

（5）如果组成某段曲线的两个节点都是曲线性质的，则使用形状工具单击该段曲线并拖动就可以改变此段曲线的曲率或移动此曲线，如图 1-143 所示。

（6）如果选择的节点是曲线性质的，则其两端就会出现指向线，单击并拖动指向线可以改变该节点处曲线的形状及曲率，如图 1-144 所示。

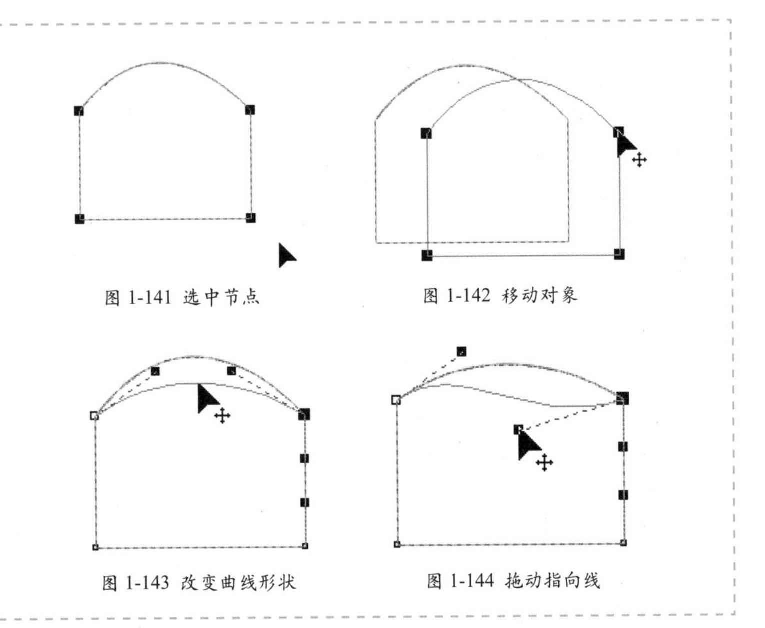

图 1-141 选中节点

图 1-142 移动对象

图 1-143 改变曲线形状

图 1-144 拖动指向线

## 实例 11 绘制五角星

**案例说明**

本例将绘制一个如图 1-145 所示的五角星，在绘制过程中需要用到星形工具、交互式阴影工具、渐变填充工具等。在学习本例之后，读者将掌握多节点渐变填充工具的应用及正方形渐变填充的应用。

图 1-145 实例的最终效果

## 操作步骤

（1）单击工具箱中的多边形工具右下角的三角形符号，在弹出的工具组中单击“星形” 工具按钮，绘制一个星形，效果如图 1-146 所示。

（2）按 F11 键，打开“渐变填充”对话框，为图形应用正方形渐变填充，设置起点色块的颜色为（C：100；M：0；Y：100；K：0），中间色块的颜色为（C：92；M：0；Y：92；K：0）、（C：0；M：0；Y：100；K：0）、（C：100；M：0；Y：100；K：0）、（C：0；M：0；Y：100；K：0）、（C：100；M：0；Y：100；K：0）、（C：0；M：0；Y：100；K：0）、（C：100；M：0；Y：100；K：0）、（C：0；M：0；Y：100；K：0）、（C：0；M：0；Y：100；K：0），终点色块的颜色为白色，具体参数设置如图 1-147 所示。

图 1-146 绘制星形

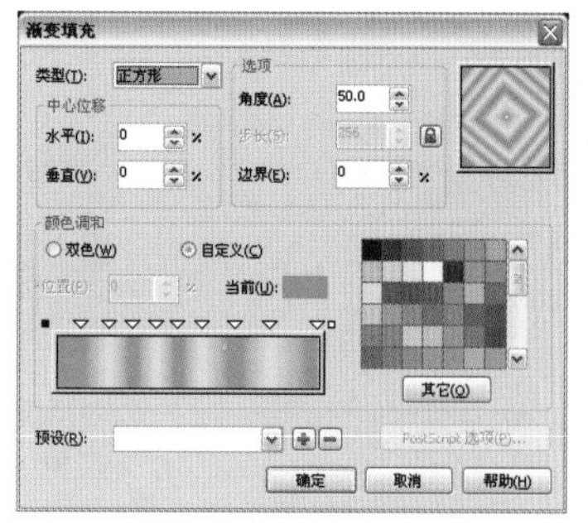


图 1-147 设置渐变填充参数

(3) 单击“确定”按钮，得到如图 1-148 所示的效果。

图 1-148 渐变填充效果

(4) 选中图 1-148 所示的图形，按小键盘上的“+”键，复制一个星形，并按 F11 键，打开“渐变填充”对话框，为其应用辐射渐变填充，设置起点色块的颜色为（C：20；M：0；Y：60；K：0）、终点色块的颜色为黄色，具体参数设置如图 1-149 所示。单击“确定”按钮，完成后去掉轮廓，在按住 Shift 键的同时单击下面的星形，并按 C 键和 E 键，使两个星形居中对齐，效果如图 1-150 所示。接着选择星形图形，按 Ctrl+G 组合键群组星形。

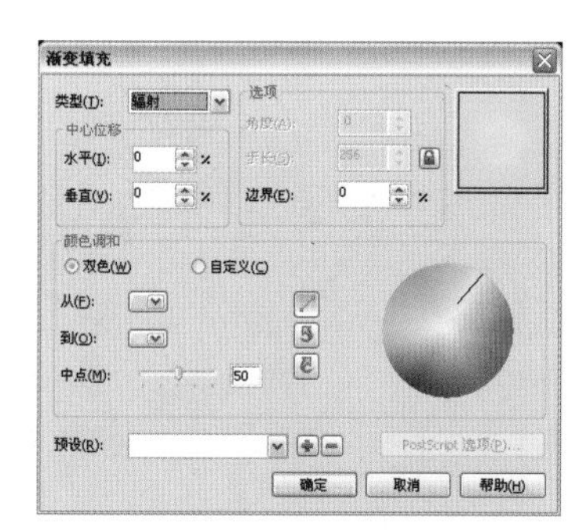


图 1-149 设置渐变填充参数

图 1-150 辐射渐变填充效果

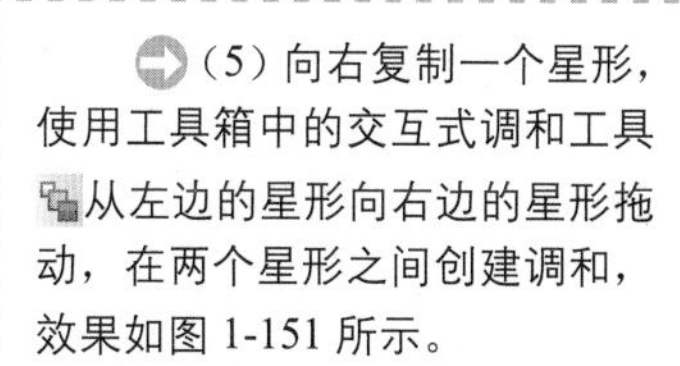

(5) 向右复制一个星形，使用工具箱中的交互式调和工具从左边的星形向右边的星形拖动，在两个星形之间创建调和，效果如图 1-151 所示。

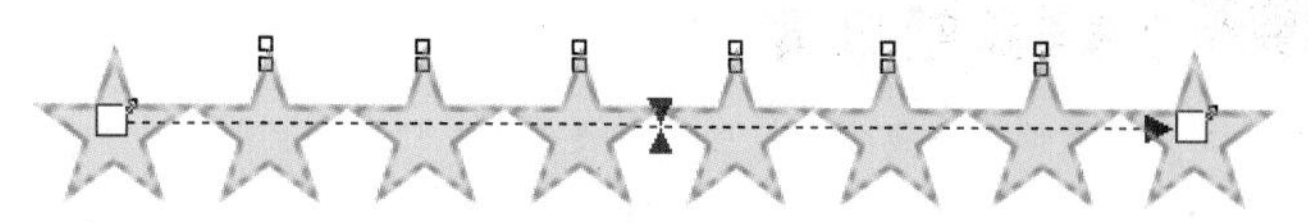

图 1-151 调和星形

(6) 再次使用工具箱中的星形工具，在按住 Ctrl 键的同时绘制一个星形。选中调和图形，单击属性栏中“路径属性”按钮右下角的三角形符号，在弹出的菜单中选择“新建路径”命令，光标变为一个箭头符号，把光标放在星形路径上，如图 1-152 所示，然后单击，得到如图 1-153 所示的图形。

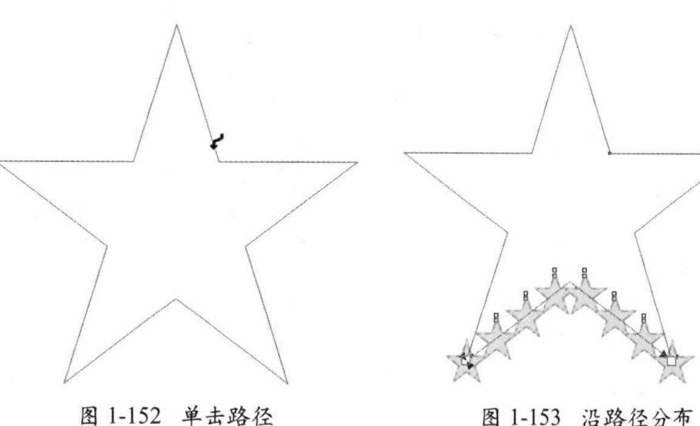

图 1-152 单击路径　　图 1-153 沿路径分布

(7) 单击属性栏中“更多调和选项”按钮右下角的三角形符号，在打开的面板中选中“沿全路径调和”复选框，如图 1-154 所示，则调和图形就布满了整个路径，如图 1-155 所示。

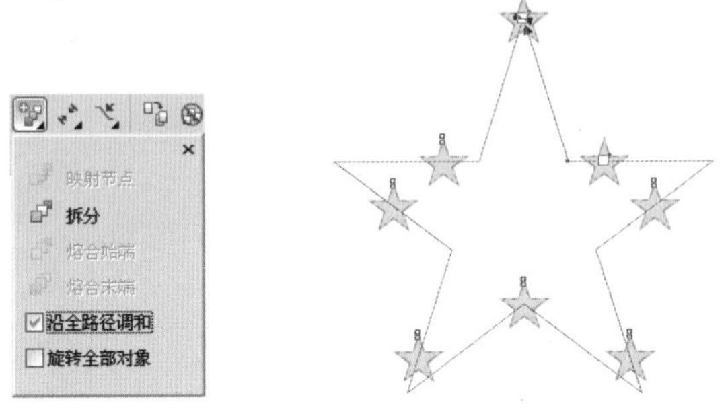


图 1-154 选中“沿全路径调和” 图 1-155 调和图形布满了整个路径

(8) 在属性栏的“调和步幅 / 间距”数值框中输入调和步数为 25，效果如图 1-156 所示。

图 1-156 增加步数

(9) 执行“排列 / 拆分”命令，拆分星形图形和路径，然后选中星形路径，按 Delete 键删除路径，如图 1-157 所示。

(10)选择所有星形图形，按 Ctrl+G 组合键群组星形。然后使用工具箱中的交互式阴影工具，在星形上向外拖动鼠标，为其应用阴影效果。最后在属性栏中设置阴影不透明度为 50、羽化值为 15、阴影颜色为黑色，效果如图 1-158 所示。

图 1-157 删除路径 图 1-158 添加阴影效果

## 公告栏 交互式调和工具

使用交互式调和工具可以在两个矢量图形之间产生形状、颜色、轮廓及尺寸上的渐变过渡效果。

选择工具箱中的交互式调和工具，将光标移到图形对象上，当光标变为形状时，按下鼠标左键不放拖动鼠标到矩形上，释放鼠标后，在两个对象之间创建调和。

调和对象的属性栏如图 1-159 所示，在属性栏中可以改变调和步数、调和形状等属性。

图 1-159 交互式调和工具属性栏

- 样式列表：可以选择系统预置的调和样式。
- “对象位置”和“对象尺寸”数值框：可以设定对象的坐标值及尺寸大小。
- “调和步幅 / 间距”数值框：可以设定两个对象之间的调和步数及过渡对象之间的间距值。
- “调和方向”数值框：用来设定过渡中对象旋转的角度。
- “环绕调和”按钮：可以在将调和中产生旋转的过渡对象拉直的同时，以两个对象的中间位置作为旋转中心进行环绕分布。
- “直接调和”按钮、“顺时针调和”按钮和“逆时针调和”按钮：用来设定调和对象之间颜色过渡的方向。

- “对象和色彩加速调和”按钮：用来调整调和对象及调和颜色的加速度。
- “加速尺寸调和”按钮：用来设定调和时过渡对象调和尺寸的加速变化。
- “改变起止点对象属性”按钮：可以显示或重新设定调和的起始及终止对象。
- 路径属性按钮：可以使调和对象沿绘制好的路径分布。
- “更多调和选项”按钮：在打开的面板中选中“沿全路径调和”复选框，可以使调和对象自动充满整个路径。
- “旋转全部对象”复选框：可以使调和对象的方向与路径一致。
- “映射节点”按钮：可以指定起始对象的某一节点与终止对象的某一节点对应，以此产生特殊的调和效果。若单击“拆分”按钮，可以将过渡对象分割成独立的对象，并可以与其他对象再次调和。
- “复制调和属性”按钮：可以复制对象的调和效果。
- “消除调和”按钮：可以取消对象中的调和效果。

## 实例 12 绘制树叶

### 案例说明

本例将绘制一个如图 1-160 所示的树叶图形，在绘制过程中需要用到形状工具、贝塞尔工具等基本工具。通过对本例的学习，读者能够掌握使用形状工具将直线转换为曲线的操作技巧。

图 1-160 实例的最终效果

## 操作步骤

(1) 使用工具箱中的贝塞尔工具结合形状工具绘制如图 1-161 所示的图形，然后填充颜色为（C：2；M：87；Y：91；K：0），并去掉轮廓，如图 1-162 所示。

图 1-161 绘制并编辑图形

图 1-162 填充颜色

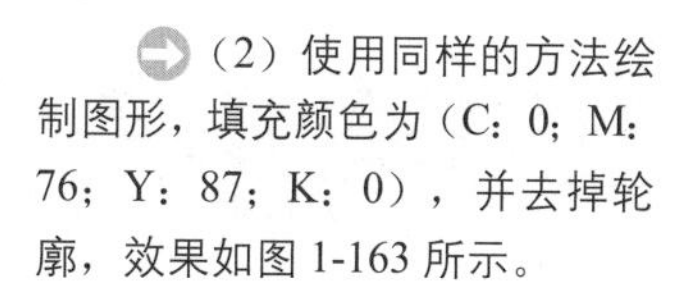

(2) 使用同样的方法绘制图形，填充颜色为（C：0；M：76；Y：87；K：0），并去掉轮廓，效果如图 1-163 所示。

(3) 使用工具箱中的贝塞尔工具结合形状工具绘制图形，然后填充颜色为（C：0；M：59；Y：77；K：0），并去掉轮廓，效果如图 1-164 所示。

图 1-163 绘制图形

图 1-164 绘制叶脉图形

(4) 复制树叶，将复制的树叶旋转一定的角度，如图1-165所示。然后改变左边图形的颜色为（C：0；M：42；Y：80；K：0）、右边图形的颜色为（C：7；M：56；Y：95；K：0）、叶纹图形的颜色为（C：0；M：26；Y：73；K：0），如图1-166所示。

图 1-165 旋转图形

图 1-166 改变图形的颜色

(5) 复制树叶，将复制的树叶旋转一定的角度，如图1-167 所示。然后改变左边图形的颜色为（C：75；M：32；Y：100；K：0）、右边图形的颜色为（C：62；M：11；Y：98；K：0）、叶纹图形的颜色为（C：49；M：0；Y：82；K：0），如图 1-168 所示。

图 1-167 旋转图形

图 1-168 改变图形的颜色

(6) 将 3 片不同颜色的树叶叠放在一起，得到本例的最终效果。

**公告栏 旋转对象**

旋转对象的具体操作步骤如下：

(1) 使用工具箱中的选择工具选中对象，然后将光标移到对象的中心位置单击，对象的 4 个角上的控制点会变为形状，将光标移至对象的任意角的控制点上，如图 1-169 所示。

(2) 单击并拖动鼠标到需要的位置，释放鼠标即可旋转对象，如图 1-170 所示。

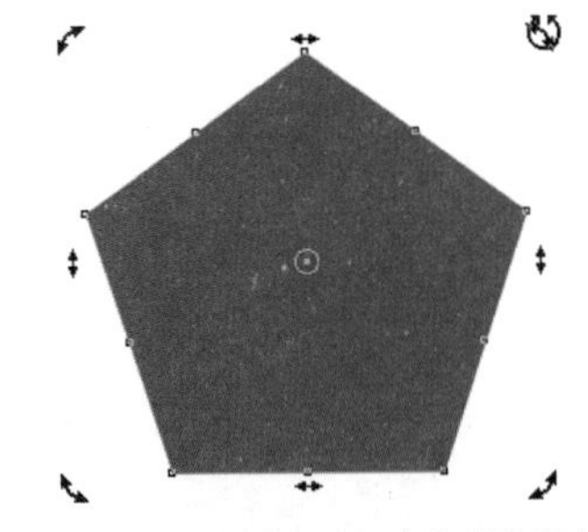

图 1-169 将光标移至对象的任意角的控制点上

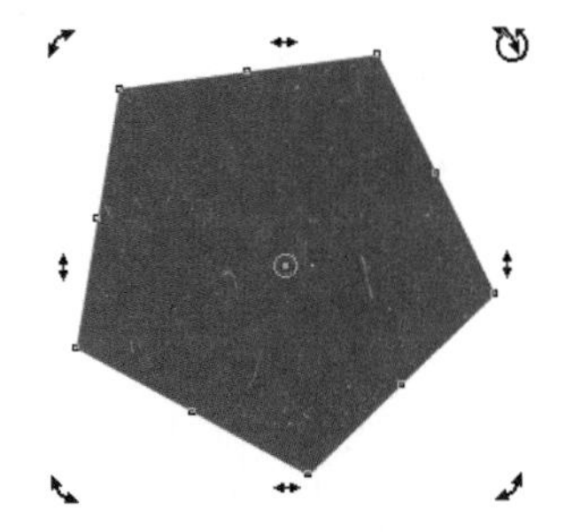

图 1-170 旋转对象

## 实例 13 绘制水晶球

### 案例说明

本例将绘制一个如图 1-171 所示的水晶球图形，在绘制过程中需要用到椭圆工具、交互式填充工具、交互式透明工具等工具。学完本例之后，读者将了解交互式透明效果的制作及交互式填充工具的运用，对以后制作特殊效果有重要意义。

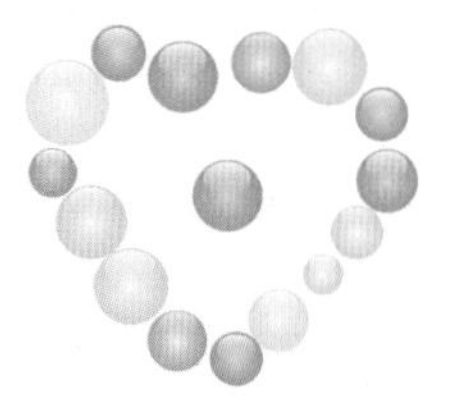

图 1-171 实例的最终效果

## 操作步骤

(1) 选择工具箱中的椭圆工具，按住Ctrl键绘制一个圆形，如图1-172所示。选择工具箱中的交互式填充工具，在属性栏中设置填充类型为“辐射”，起点色块的颜色为黄色、终点色块的颜色为（C：0；M：60；Y：100；K：0），并调整色块的起始位置，效果如图1-173所示，完成后去掉轮廓。

图 1-172 绘制圆形

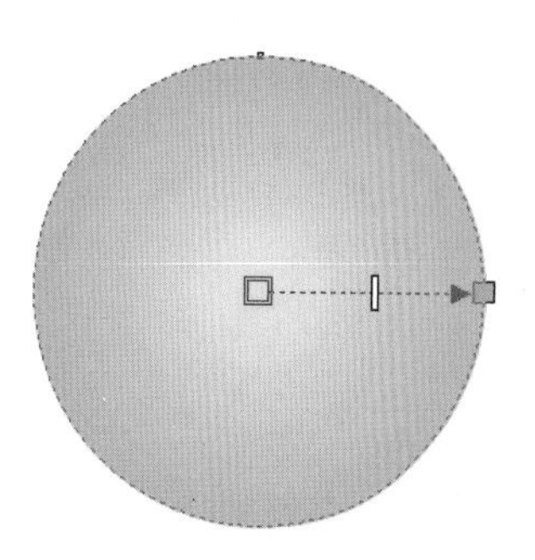

图 1-173 交互式填充效果

(2) 按F7键激活椭圆工具，绘制一个白色的椭圆，并去掉轮廓线，效果如图1-174所示。选择工具箱中的交互式透明工具，在属性栏的透明度类型中选择“线性”，为图形添加交互式透明效果，并调整色块的起始位置，如图1-175所示。

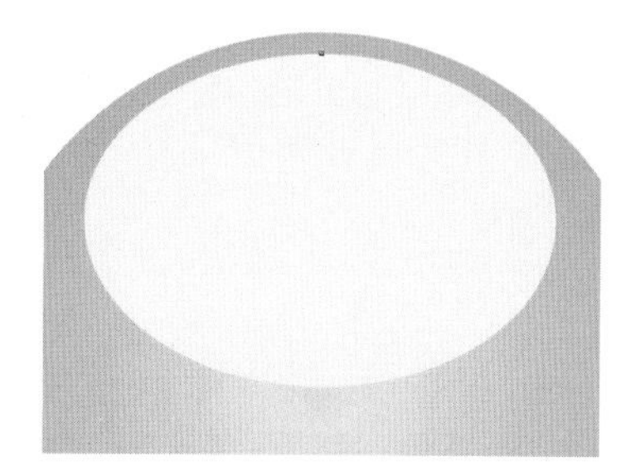

图 1-174 绘制椭圆

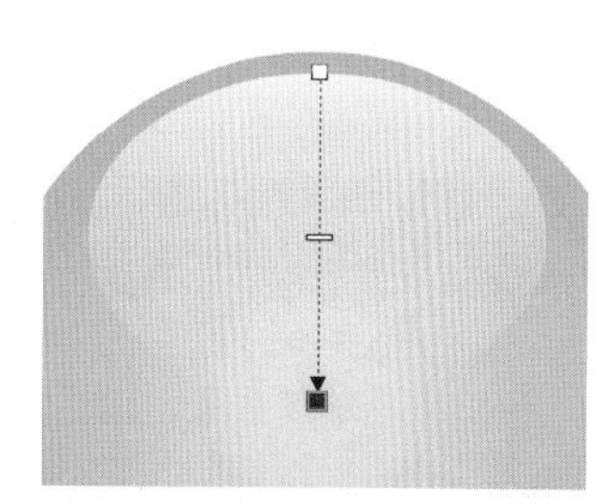

图 1-175 添加交互式透明效果

(3) 选择这两个图形，按Ctrl+G组合键将其群组，效果如图1-176所示。按小键盘上的“+”键，复制一个图形，再按Ctrl+U组合键解散群组，并将大圆的终点色块的颜色更改为（C：100；M：0；Y：100；K：0），效果如图1-177所示。

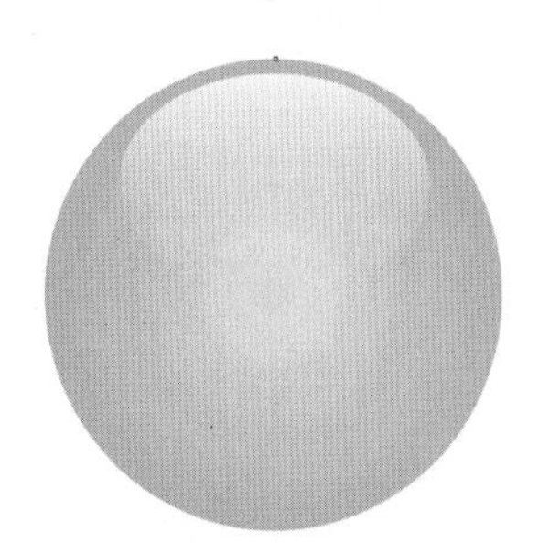

图 1-176 群组图形

图 1-177 复制图形并更改颜色

(4) 使用同样的方法再制作4个不同颜色的图形，设置图形的起点色块的颜色为白色，终点色块的颜色分别为（C：20；M：20；Y：0；K：0）、（C：38；M：1；Y：5；K：0）、（C：0；M：0；Y：100；K：0）、（C：2；M：50；Y：5；K：0），效果如图1-178所示。

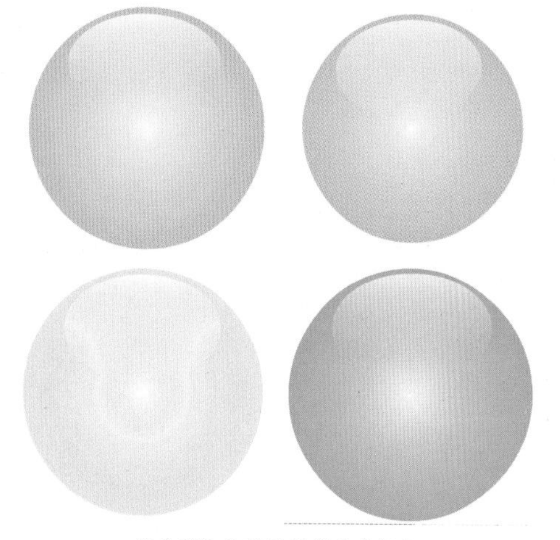

图 1-178 复制图形并更改颜色

（5）选择工具箱中的基本形状工具，在属性栏中单击“完美形状”按钮，弹出选项面板，在面板中选择如图 1-179 所示的心形。然后在工作区中按住鼠标左键并拖动，绘制心形，如图 1-180 所示。

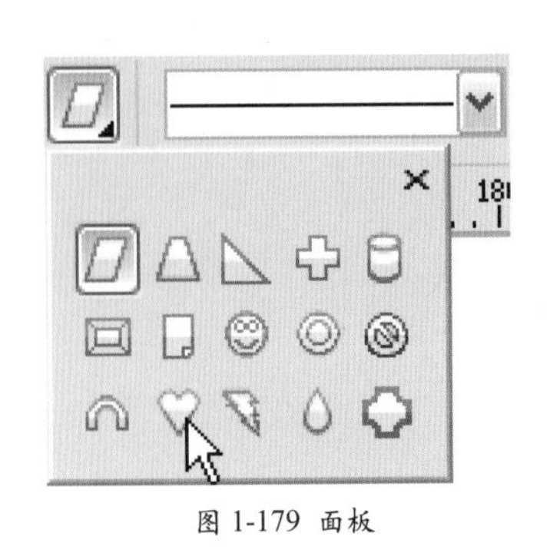

图 1-179 面板

图 1-180 绘制星形

（6）复制多个图形，以心形路径为参照，分别调整图形的大小和位置，如图 1-181 所示。选中心形路径，按 Delete 键将其删除，这样一个简单又梦幻的水晶图形的绘制就完成了。

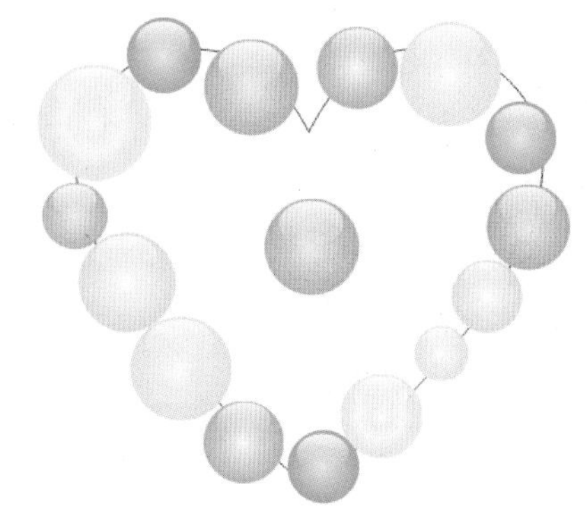

图 1-181 复制并排列图形

## 实例 14 绘制元宝

**案例说明**

本例将绘制一个如图 1-182 所示的元宝，主要练习形状工具、贝塞尔工具、椭圆工具等基本绘图工具的使用。

图 1-182 实例的最终效果

## 操作步骤

（1）使用工具箱中的贝塞尔工具结合形状工具绘制闭合路径，然后将图形的颜色填充为黄色，效果如图 1-183 所示。

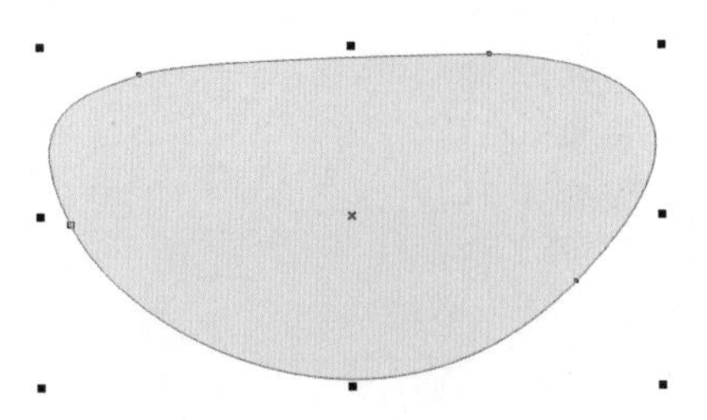

图 1-183 绘制闭合路径

（2）按 F12 键，打开“轮廓笔”对话框，设置轮廓宽度为 4.0mm、颜色为（C：0；M：60；Y：100；K：0），其余参数设置如图 1-184 所示，单击“确定”按钮，得到如图 1-185 所示的效果。

图 1-184 设置轮廓笔参数

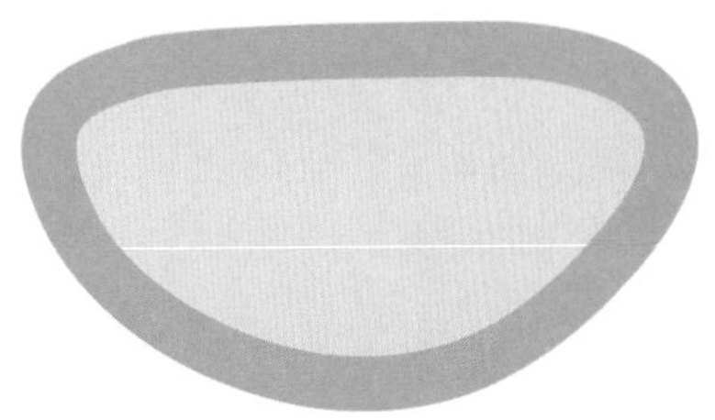

图 1-185 轮廓笔填充效果

（3）使用工具箱中的贝塞尔工具结合形状工具绘制图形，填充颜色为（C：2；M：22；Y：96；K：0），并去掉轮廓，效果如图 1-186 所示。使用同样的方法绘制其他图形，分别填充颜色为白色、（C：0；M：60；Y：100；K：0），并去掉轮廓，调整到适当位置，效果如图 1-187 所示。

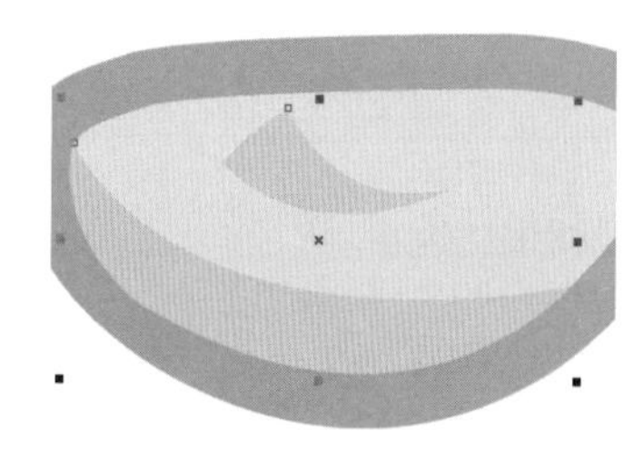

图 1-186 绘制土黄色图形

图 1-187 绘制图形

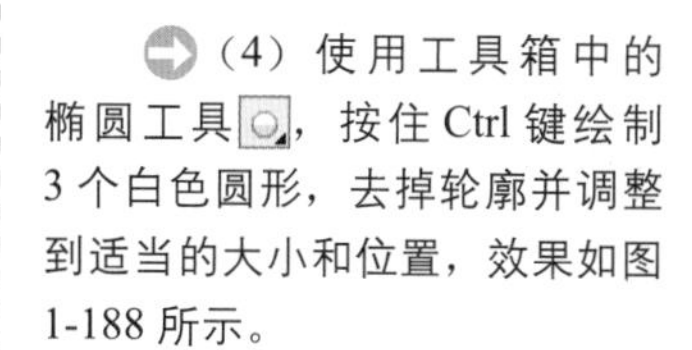

（4）使用工具箱中的椭圆工具，按住 Ctrl 键绘制 3 个白色圆形，去掉轮廓并调整到适当的大小和位置，效果如图 1-188 所示。

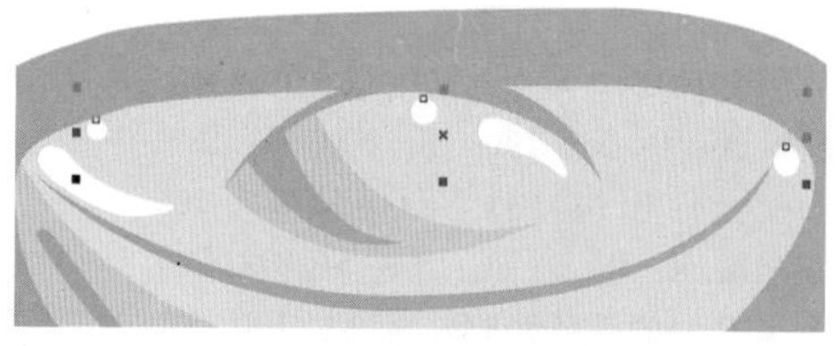

图 1-188 绘制白色圆形

（5）单击工具箱中的椭圆工具右下角的三角形符号，在弹出的工具组中单击“3 点椭圆形”按钮，绘制一个白色的 3 点椭圆，并去掉轮廓线，效果如图 1-189 所示。

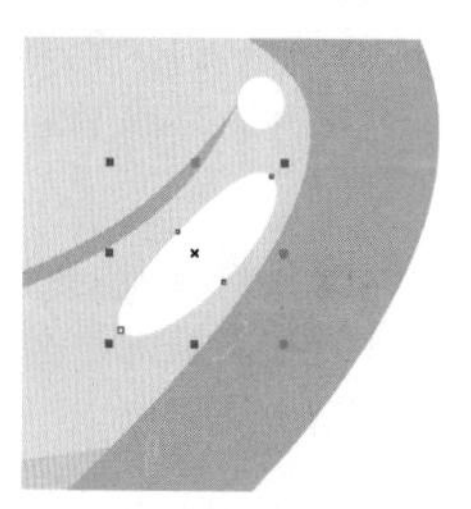

图 1-189 绘制 3 点椭圆

（6）使用工具箱中的选择工具选择所有图形，然后按 Ctrl+G 组合键将其群组，这样元宝的绘制就完成了，得到最终效果图。

## 实例 15 绘制卡通笔

**案例说明**

本例将绘制一个如图 1-190 所示的可爱的卡通笔，在过程中需要用到矩形工具、渐变填充工具、手绘工具等。

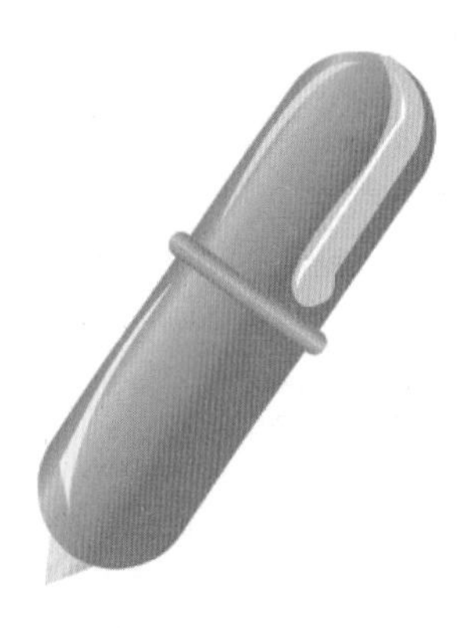

图 1-190 实例的最终效果

## 操作步骤

(1) 按 F6 键激活矩形工具，在属性栏的“边角圆滑度”数值框中设置矩形的边角圆滑度为 100，在工作区中拖动鼠标，绘制一个圆角矩形，如图 1-191 所示。

图 1-191 绘制圆角矩形

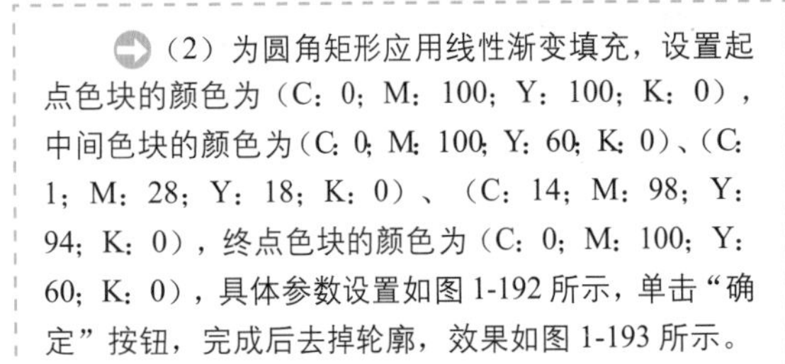

(2) 为圆角矩形应用线性渐变填充，设置起点色块的颜色为（C：0；M：100；Y：100；K：0），中间色块的颜色为（C：0；M：100；Y：60；K：0）、（C：1；M：28；Y：18；K：0）、（C：14；M：98；Y：94；K：0），终点色块的颜色为（C：0；M：100；Y：60；K：0），具体参数设置如图 1-192 所示，单击“确定”按钮，完成后去掉轮廓，效果如图 1-193 所示。

图 1-192 设置渐变参数

图 1-193 渐变填充效果

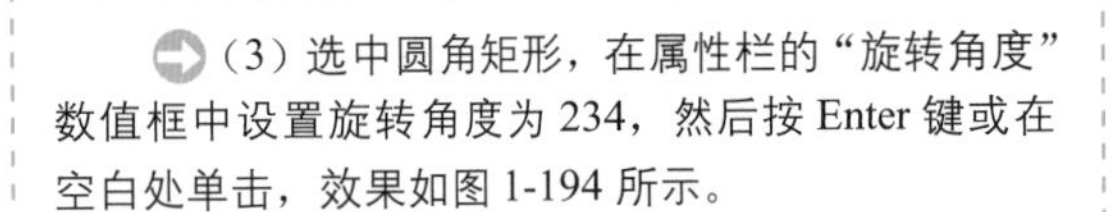

(3) 选中圆角矩形，在属性栏的“旋转角度”数值框中设置旋转角度为 234，然后按 Enter 键或在空白处单击，效果如图 1-194 所示。

(4) 使用同样的方法，绘制其他图形，并为其应用线性渐变效果，如图 1-195 所示。

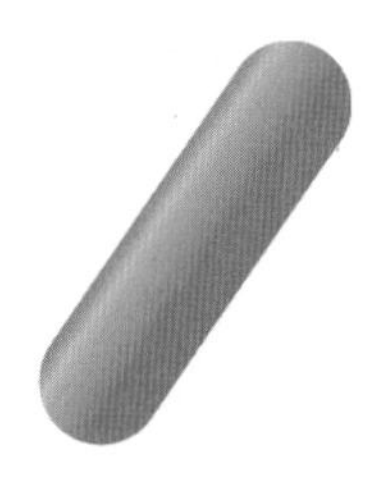

图 1-194 旋转图形

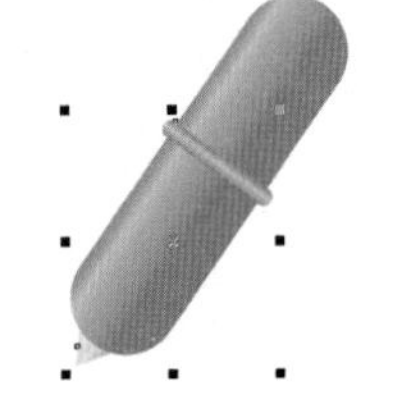

图 1-195 绘制其他图形

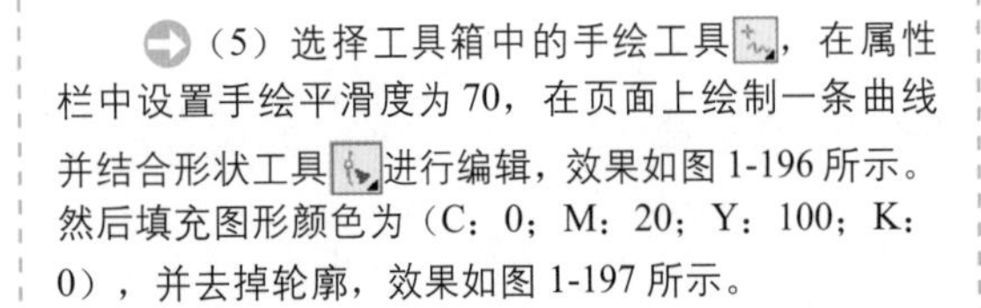

(5) 选择工具箱中的手绘工具，在属性栏中设置手绘平滑度为 70，在页面上绘制一条曲线并结合形状工具进行编辑，效果如图 1-196 所示。然后填充图形颜色为（C：0；M：20；Y：100；K：0），并去掉轮廓，效果如图 1-197 所示。

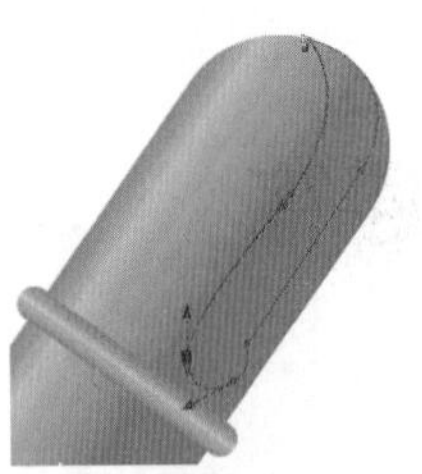

图 1-196 绘制闭合曲线

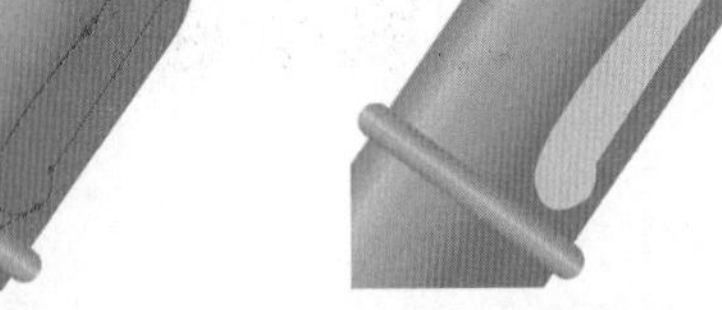

图 1-197 填充图形颜色

(6) 使用同样的方法绘制白色图形，并调整到合适的位置，然后选择所有图形，按Ctrl+G组合键将其群组。这样，一个可爱的卡通笔就完成了，得到最终效果图。

## 公告栏 手绘工具

使用手绘工具可以绘制直线和曲线，下面分别介绍其使用方法。

1. 使用手绘工具绘制直线

使用手绘工具绘制直线的具体操作步骤如下：

（1）选择工具箱中的手绘工具，鼠标指针将变成形状，如图1-198所示。

（2）在绘图页面中单击任意点作为直线的起点，然后移动鼠标指针到需要的位置，单击鼠标左键作为直线的终点，则直线的绘制就完成了，如图1-199所示。

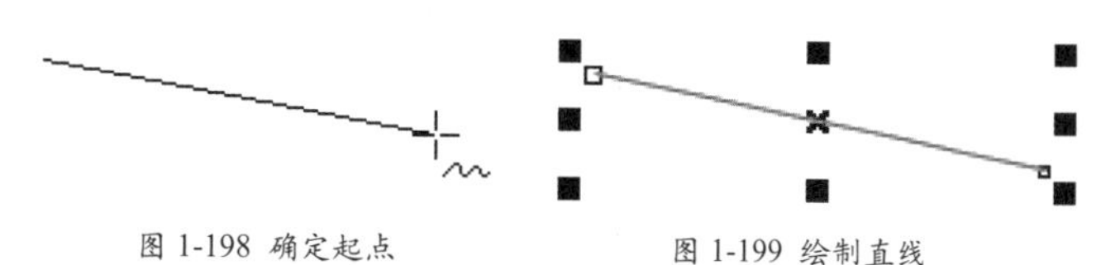

图1-198 确定起点　　图1-199 绘制直线

手绘工具是使用鼠标在绘图页面上直接绘制直线或曲线的一种工具，其使用方法非常简单。手绘工具除了可以绘制简单的直线（或曲线）外，还可以结合其属性栏的设置绘制出各种粗细、线型的直线（或曲线）以及箭头符号。

2. 使用手绘工具绘制曲线

使用手绘工具绘制曲线的具体操作步骤如下：

（1）选择工具箱中的手绘工具，在属性栏中设置手绘平滑度。

（2）在页面上单击任意点，确定曲线的起点。

（3）在起点位置按住鼠标左键不放，拖动鼠标绘制曲线，如图1-200所示，直至拖到所需的位置时释放鼠标左键，在鼠标经过的地方就绘制出一条曲线，如图1-201所示。

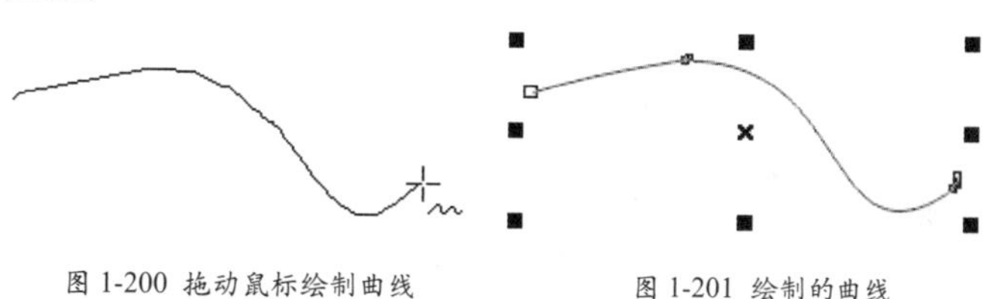

图1-200 拖动鼠标绘制曲线　　图1-201 绘制的曲线

# 实例16 绘制精美礼品盒

**案例说明**

本例将绘制一个如图1-202所示的精美礼品盒，在绘制过程中需要用到矩形工具、渐变填充工具、椭圆工具、贝塞尔工具等。学习本例之后，读者能够熟练掌握渐变填充工具的运用。

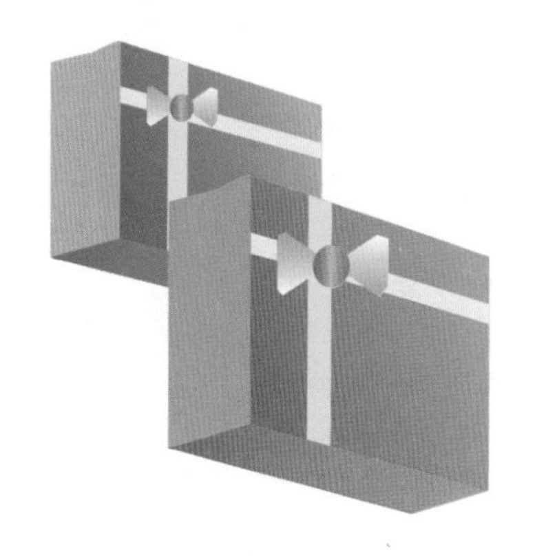

图1-202 实例的最终效果

## 操作步骤

（1）使用工具箱中的矩形工具绘制矩形，为矩形应用线性渐变填充，设置起点色块的颜色为（C：0；M：100；Y：0；K：0）、终点色块的颜色为（C：5；M：44；Y：6；K：0），具体参数设置如图 1-203 所示，单击“确定”按钮，完成后去掉轮廓，效果如图 1-204 所示。

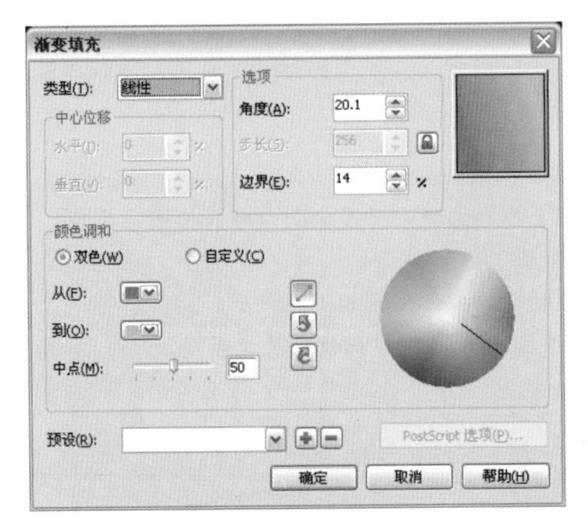


图 1-203 设置渐变参数

图 1-204 渐变填充效果

（2）选中矩形，将光标移到对象的中心位置，然后单击，对象的周围将出现倾斜控制点。将光标移至右侧的倾斜控制点上，光标变为倾斜符号，单击并拖动鼠标到需要的位置，完成后释放鼠标，效果如图 1-205 所示。

（3）执行“排列 / 转换为曲线”命令，将图形转换为曲线，然后结合形状工具编辑节点，使其符合透视规律，并去掉轮廓，效果如图 1-206 所示。

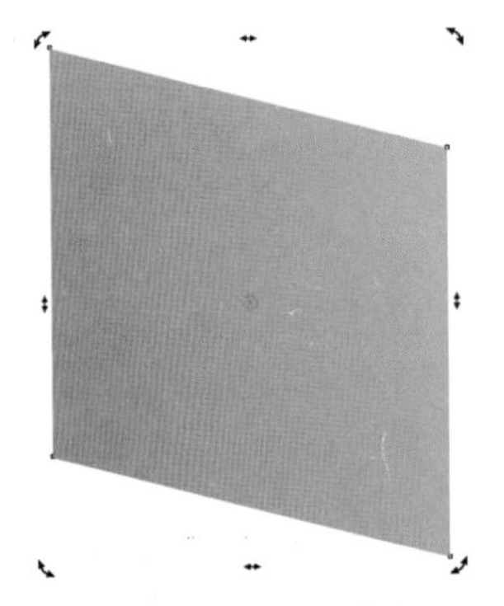

图 1-205 倾斜图形效果

图 1-206 转换为曲线并编辑节点

（4）使用同样的方法绘制图形，并分别填充颜色为（C：5；M：44；Y：6；K：0）、（C：88；M：40；Y：13；K：0），并去掉轮廓，效果如图 1-207 所示。

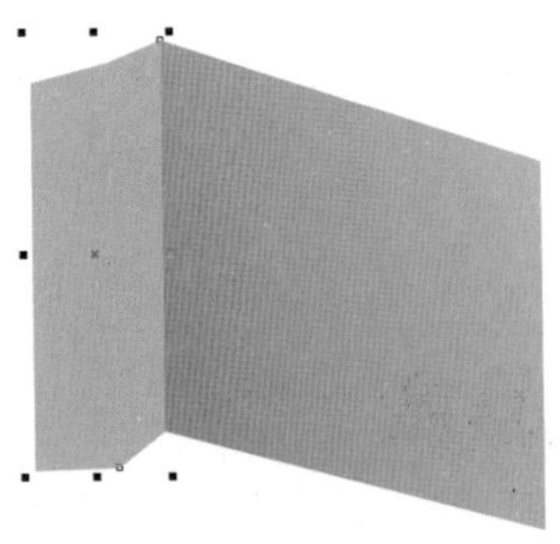

图 1-207 绘制粉红色图形和蓝色图形

（5）按小键盘上的“+”键，复制前面的图形，并结合形状工具编辑图形，得到如图 1-208 所示的效果。

（6）按照步骤（1）、（2）、（3）的方法绘制图形，并填充其中一个图形为黄色，另一个图形应用交互式线性填充，设置起点色块的颜色为 40% 的黄色，终点色块的颜色为 20% 的黄色，效果如图 1-209 所示。

图 1-208 复制图形

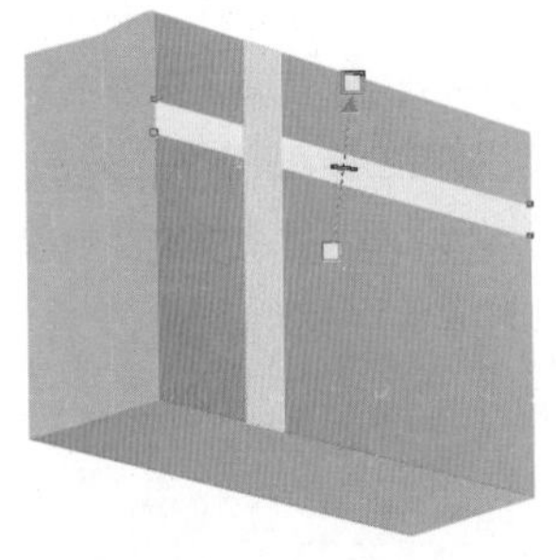

图 1-209 绘制图形并填充

（7）选择工具箱中的贝塞尔工具结合形状工具绘制如图 1-210 所示的图形。为图形应用线性渐变填充，设置起点色块的颜色为（C：40；M：0；Y：0；K：0）、终点色块的颜色为白色，如图 1-211 所示，完成后去掉轮廓。

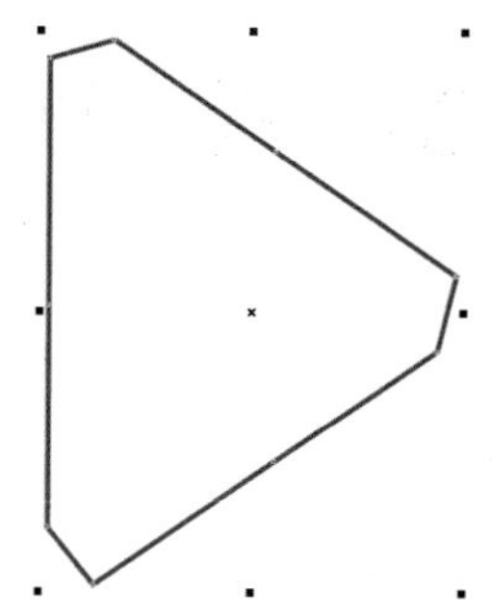

图 1-210 绘制图形

图 1-211 应用线性渐变填充

（8）按小键盘上的“+”键，复制图形，然后在属性栏中单击“水平镜像”按钮和“垂直镜像”按钮，两次镜像后得到如图 1-212 所示的图形。

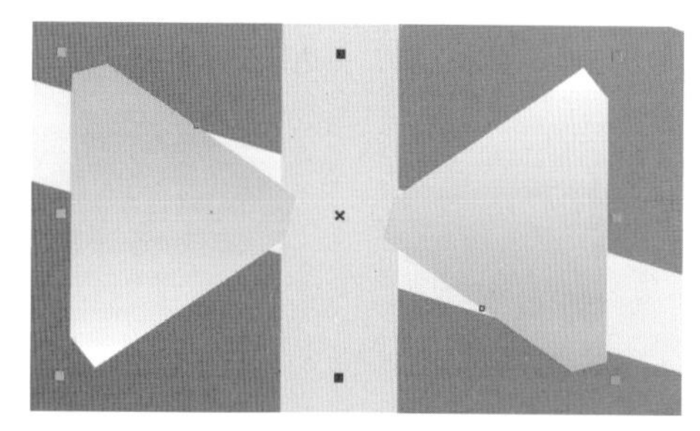

图 1-212 镜像复制图形

（9）按 F7 键激活椭圆工具，绘制一个椭圆，为椭圆应用线性渐变填充，设置起点色块的颜色为（C：100；M：20；Y：0；K：0）、中间色块的颜色为（C：22；M：3；Y：8；K：0）、终点色块的颜色为（C：100；M：0；Y：0；K：0），具体参数设置如图 1-213 所示，`单击“确定”按钮，完成后去掉轮廓，效果如图 1-214 所示。

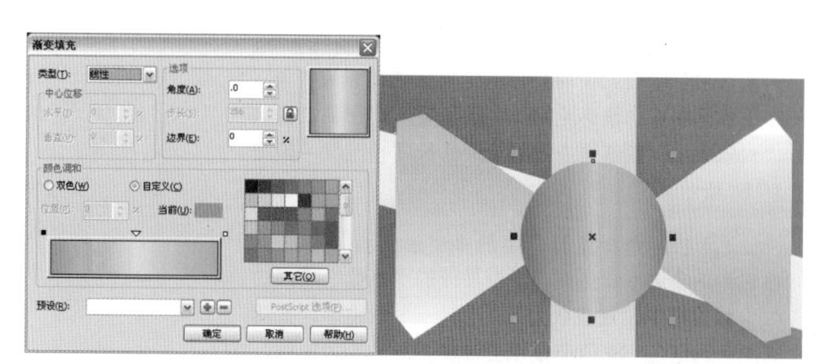


图 1-213 设置渐变参数

图 1-214 绘制椭圆并填充渐变效果

（10）选择所有图形，并按 Ctrl+G 组合键将其群组，效果如图 1-215 所示。

（11）使用同样的方法绘制另一个礼品盒，效果如图 1-216 所示。

图 1-215 群组图形

图 1-216 绘制另一个礼品盒

（12）执行“排列 / 顺序”命令，排列群组图形的顺序，然后选择所有图形，按 Ctrl+G 组合键将其群组。这样，精美礼品盒的绘制就完成了，得到最终效果图。

# 实 例 进 阶

## 实例 17 绘制扑克牌

**案例说明**

本例将绘制如图 1-217 所示的扑克牌，主要练习矩形工具、形状工具、文本工具、多边形工具等基本绘图工具的使用。

图 1-217 实例的最终效果

## 步骤提示

（1）按 F6 键激活矩形工具，在属性栏的“边角圆滑度”数值框中将矩形的边角圆滑度设置为 6，在工作区中拖动鼠标绘制一个圆角矩形，在属性栏的“对象大小”数值框中设置矩形的长度和宽度，如图 1-218 所示。

（2）选择工具箱中的多边形工具，在属性栏中的多边形、星形和复杂星形的“点数”或“边数”数值框中设置参数为 4，绘制一个四边形，并填充颜色为红色。按 Ctrl+Q 组合键将图形转换为曲线，然后结合形状工具调整图形的节点，并去掉轮廓，得到如图 1-219 所示的图形。

图 1-218 绘制矩形

图 1-219 编辑图形

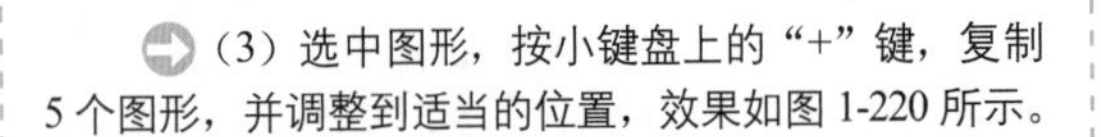

（3）选中图形，按小键盘上的“+”键，复制 5 个图形，并调整到适当的位置，效果如图 1-220 所示。

（4）使用同样的方法再复制一个图形，然后选中对象，将光标移至对象的任意角的控制点上，光标变为倾斜的箭头符号，单击并拖动鼠标到需要的位置后释放鼠标左键，即完成对象大小的调整，效果如图 1-221 所示。

图 1-220 复制图形

图 1-221 复制并编辑图形

（5）按 F8 键激活文本工具，输入数字“5”，在属性栏中选择合适的字体和字号，设置颜色为红色。

(6)选择数字和小图形，执行“排列/对齐与分布”命令，打开“对齐与分布”对话框，选中垂直居中对齐选项，单击“应用”按钮，效果如图1-222所示。

(7)按小键盘上的“+”键，复制一个图形，然后在属性栏中单击“垂直镜像”按钮，并调整到适当的位置，效果如图1-223所示。

图1-222 对齐与分布效果　图1-223 垂直镜像复制图形

(8)使用工具箱中的选择工具选择所有的红色四边形和文字，按Ctrl+G组合键将其群组，然后在按住Shift键的同时单击矩形，再按C键和E键，使群组图形和矩形居中对齐，这样，本例的制作就完成了，得到最终效果图。

## 公告栏 对齐与分布对象

当页面上有多个对象时，通常需要将这些对象进行对齐和分布操作。CorelDRAW X6提供了对齐和分布功能，通过该功能可以方便地组织和排列对象，使画面更整齐、美观。

1. 对齐对象

使用CorelDRAW X6提供的对齐功能可以使多个对象在水平或垂直方向上对齐，其操作方法如下：

(1)使用工具箱中的选择工具在页面中同时选中两个或两个以上的对象。

(2)执行“排列/对齐与分布”命令，打开“对齐与分布”对话框，用户也可以单击属性栏中的“对齐与分布”按钮打开该对话框，如图1-224所示。

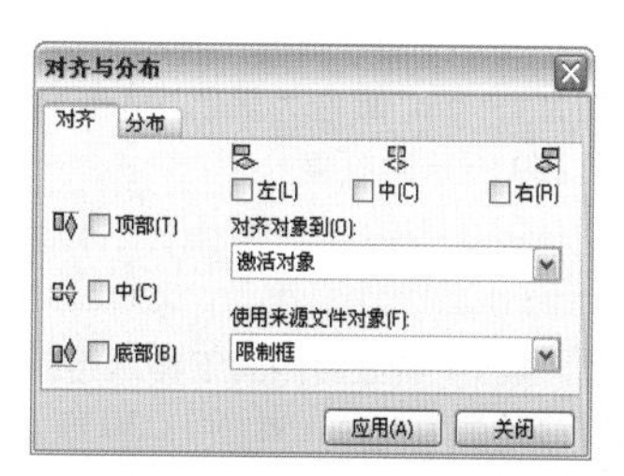

图1-224 “对齐与分布”对话框

(3)在“对齐”选项卡中设置所选对象在水平或垂直方向上的对齐方式。其中，水平方向上提供了左、中、右3种对齐方式，垂直方向上提供了顶部、中、底部3种对齐方式。

在该对话框的“对齐对象到”下拉列表框中还提供了对齐到激活对象、页边缘、页中心、网格和指定点等多种对齐方式，如图1-225所示。

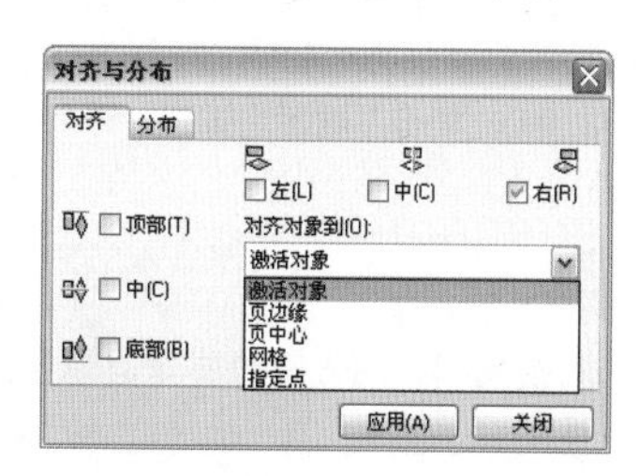

图1-225 “对齐对象到”下拉列表框

2. 分布对象

使用CorelDRAW X6提供的分布功能可以使多个对象在水平或垂直方向上有规律地分布，其操作方法如下：

(1)使用工具箱中的选择工具在页面中同时选中两个或两个以上的对象。

(2)执行“排列/对齐与分布”命令，打开“对齐与分布”对话框，切换到“分布”选项卡，如图1-226所示。

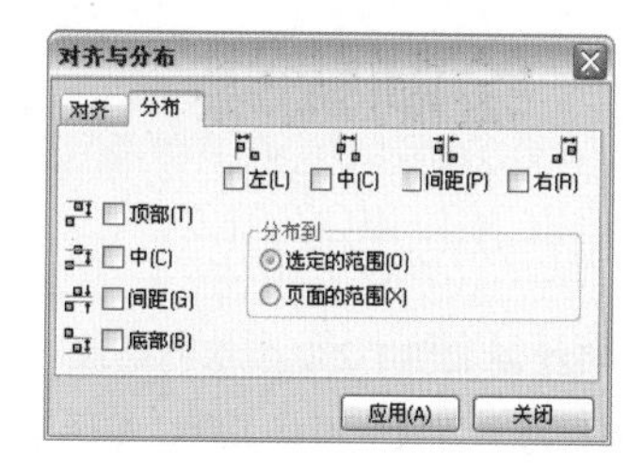

图1-226 “分布”选项卡

(3)在“分布”选项卡中选择需要的分布方式，如顶部、水平居中、上下间隔、底部、左、垂直居中、左右间隔、右，并且它们可以组合使用。

(4)在“分布到”选项组中提供了“选定的范围”和“页面的范围”两种选择对象的分布范围，完成设置后单击“应用”按钮。

# 实例 18 绘制圣诞树

### 案例说明

本例将绘制如图 1-227 所示的圣诞树，在绘制过程中将用到贝塞尔工具、形状工具、椭圆工具等工具。

图 1-227 实例的最终效果

## 步骤提示

(1) 使用工具箱中的贝塞尔工具结合形状工具绘制图形，然后填充颜色为（C：1；M：38；Y：52；K：0），如图 1-228 所示。

(2) 按 F12 键，打开“轮廓笔”对话框，设置轮廓宽度为 1.4mm、颜色为黑色，单击“确定”按钮，得到如图 1-229 所示的效果。

图 1-228 填充颜色

图 1-229 设置后的效果

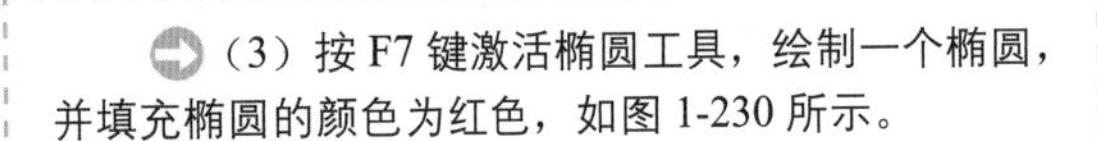

(3) 按 F7 键激活椭圆工具，绘制一个椭圆，并填充椭圆的颜色为红色，如图 1-230 所示。

(4) 按 F12 键激活椭圆工具，打开“轮廓笔”对话框，设置轮廓宽度为 1.4mm、颜色为（C：100；M：0；Y：0；K：0），单击“确定”按钮，得到如图 1-231 所示的效果。

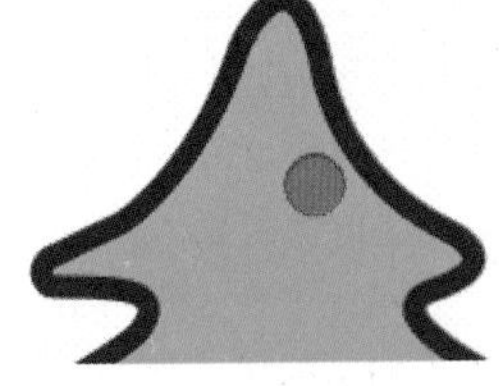

图 1-230 绘制椭圆

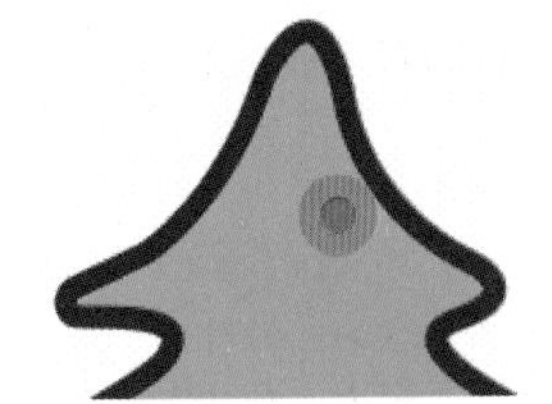

图 1-231 设置后的效果

(5) 使用同样的方法绘制其他颜色的椭圆，得到本例的最终效果。

# 实例 19 绘制蝴蝶

### 案例说明

本例将绘制如图 1-232 所示的蝴蝶，在绘制过程中会用到贝塞尔工具、形状工具、矩形工具、渐变填充工具以及手绘工具等。

图 1-232 实例的最终效果

## 步骤提示

（1）按F6键激活椭圆工具，绘制一个矩形，为矩形应用线性渐变填充，设置起点色块的颜色为（C：27；M：4；Y：7；K：0）、终点色块的颜色为白色，并去掉轮廓线，效果如图1-233所示。

（2）使用工具箱中的贝塞尔工具结合形状工具绘制图形，然后填充颜色为（C：2；M：2；Y：18；K：0），并去掉轮廓线，如图1-234所示。

图1-233 填充效果

图1-234 填充颜色

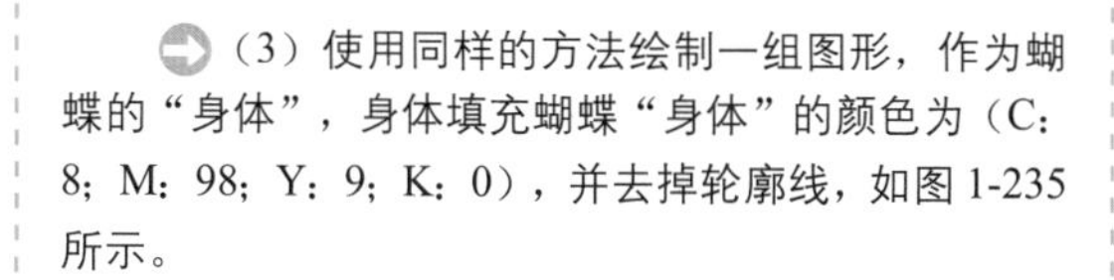

（3）使用同样的方法绘制一组图形，作为蝴蝶的“身体”，身体填充蝴蝶“身体”的颜色为（C：8；M：98；Y：9；K：0），并去掉轮廓线，如图1-235所示。

（4）选择工具箱中的手绘工具，在属性栏中设置手绘平滑度为70，在页面上绘制一条曲线。按F12键，打开“轮廓笔”对话框，设置轮廓宽度为0.5mm、颜色为（C：40；M：100；Y：0；K：0）。使用同样的方法绘制另外一条曲线，效果如图1-236所示。

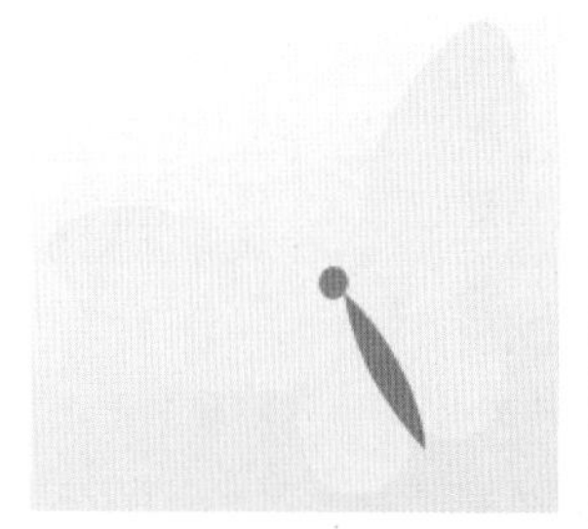

图1-235 绘制图形

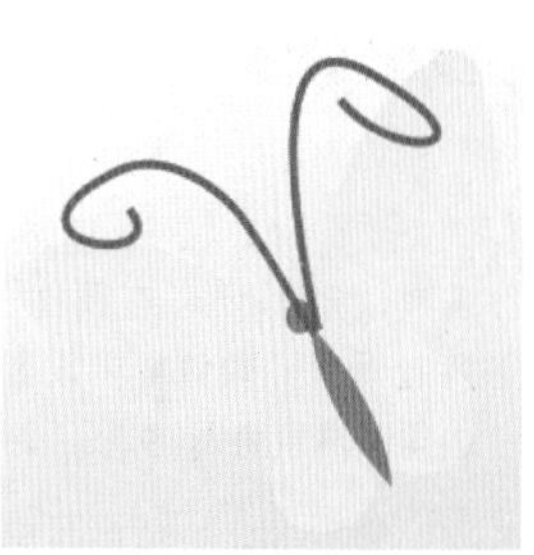

图1-236 绘制曲线

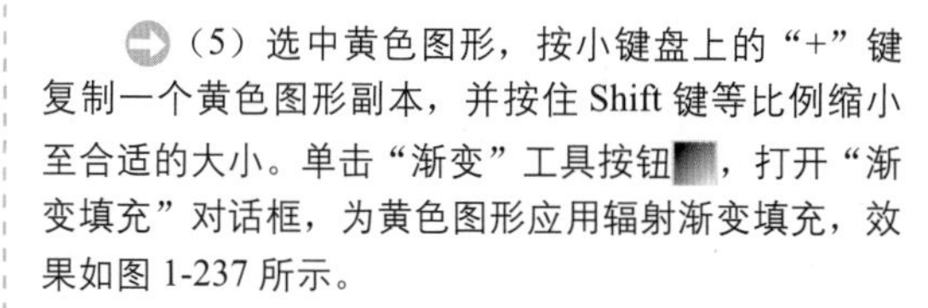

（5）选中黄色图形，按小键盘上的“+”键复制一个黄色图形副本，并按住Shift键等比例缩小至合适的大小。单击“渐变”工具按钮，打开“渐变填充”对话框，为黄色图形应用辐射渐变填充，效果如图1-237所示。

（6）使用工具箱中的贝塞尔工具结合形状工具绘制一个蝴蝶的闭合图形，并填充颜色为白色。按Shift+Pagedown键，将图形排列到黄色图形与背景的中间层，如图1-238所示。

图1-237 渐变填充效果

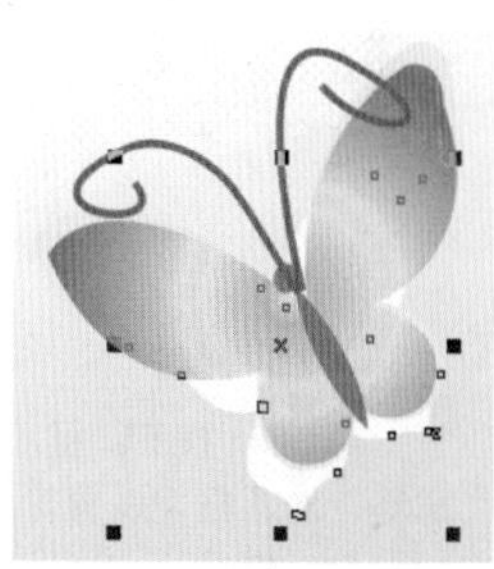

图1-238 排列顺序

（7）复制两个白色蝴蝶图形，并排列大小和位置，如图1-239所示。为了便于识别，为两个图形设置不同颜色的边框。排列完毕后用鼠标选择两个图形，执行“排列/结合”命令，将结合后的图形的颜色设置为（C：2；M：2；Y：18；K：0），并去掉轮廓线，排列到如图1-240所示的位置。

图1-239 复制图形

图1-240 结合图形

（8）使用同样的方法绘制其他蝴蝶，并根据个人喜好设置不同的颜色，得到本例的最终效果。

# 实例 20 绘制笔记本

**案例说明**

本例将绘制如图 1-241 所示的笔记本，在绘制过程中会用到矩形工具、渐变填充工具以及文本工具等。

图 1-241 实例的最终效果

## 步骤提示

(1) 按 F6 键激活矩形工具，绘制矩形，在属性栏的“边角圆滑度”数值框中设置矩形的边角圆滑度为 31，如图 1-242 所示。

(2) 为矩形应用线性渐变填充，设置起点色块的颜色为（C：100；M：20；Y：0；K：0）、终点色块的颜色为（C：100；M：20；Y：0；K：0），设置完毕后单击“确定”按钮，效果如图 1-243 所示。

图 1-242 设置边角圆滑度

图 1-243 填充后的效果

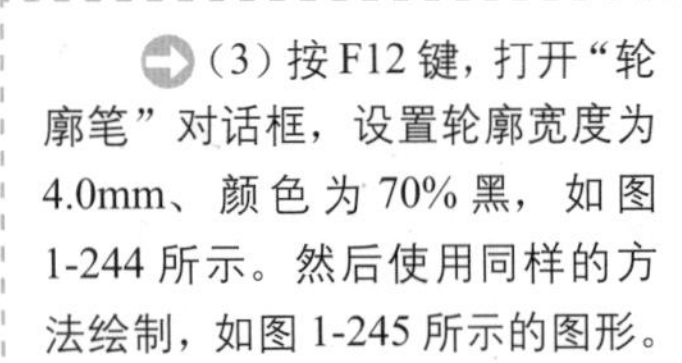

(3) 按 F12 键，打开“轮廓笔”对话框，设置轮廓宽度为 4.0mm、颜色为 70% 黑，如图 1-244 所示。然后使用同样的方法绘制，如图 1-245 所示的图形。

图 1-244 设置轮廓

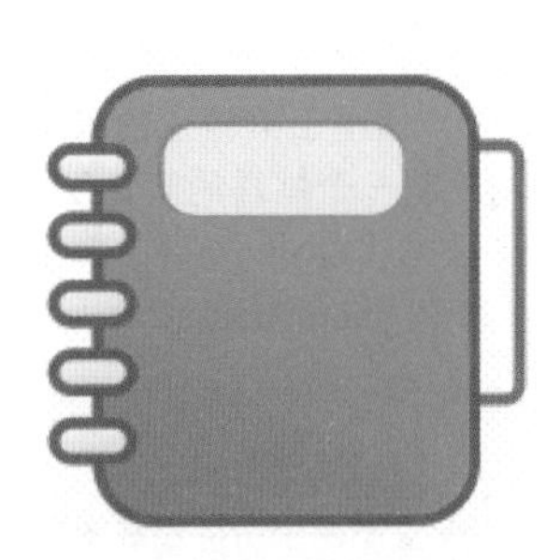

图 1-245 绘制图形

(4) 使用工具箱中的矩形工具绘制一个矩形，填充颜色为（C：0；M：100；Y：0；K：0），并去掉轮廓，如图 1-246 所示。然后使用同样的方法绘制其他矩形，并填充相应的颜色，如图 1-247 所示。

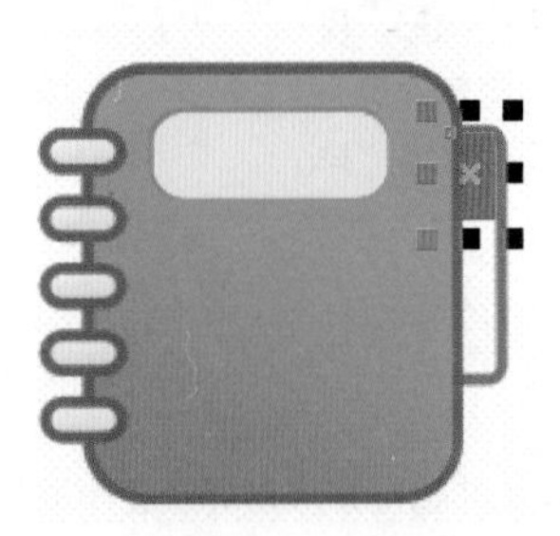

图 1-246 绘制矩形

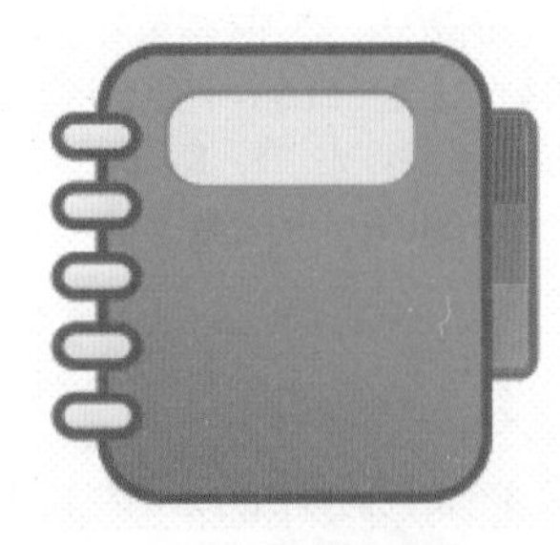

图 1-247 绘制矩形

（5）按F8键激活文本工具，输入英文“BOOK”，设置字体为“文鼎广告体繁”、颜色为黄色，排列到笔记本正面的合适位置，得到本例的最终效果。

# 实例 21 绘制雪人

**案例说明**

本例将绘制如图1-248所示的雪人，在绘制过程中会用到贝塞尔工具、形状工具、椭圆工具等基本工具。

图1-248 实例的最终效果

## 步骤提示

（1）按F7键激活椭圆工具，绘制一个椭圆。按F12键打开“轮廓笔”对话框，设置轮廓宽度为1.0mm、颜色为（C：60；M：0；Y：20；K：0），如图1-249所示。

（2）使用工具箱中的贝塞尔工具结合形状工具绘制图形，然后填充颜色为（C：21；M：3；Y：8；K：0），并去掉轮廓，如图1-250所示。

图1-249 设置轮廓

图1-250 绘制图形

（3）用同样的方法绘制下一组图形，并填充相应的颜色，如图1-251所示。

（4）使用工具箱中的贝塞尔工具结合形状工具绘制一个图形，填充图形颜色为白色。按F12键打开“轮廓笔”对话框，设置轮廓宽度为1.0mm、颜色为（C：60；M：0；Y：20；K：0），如图1-252所示。

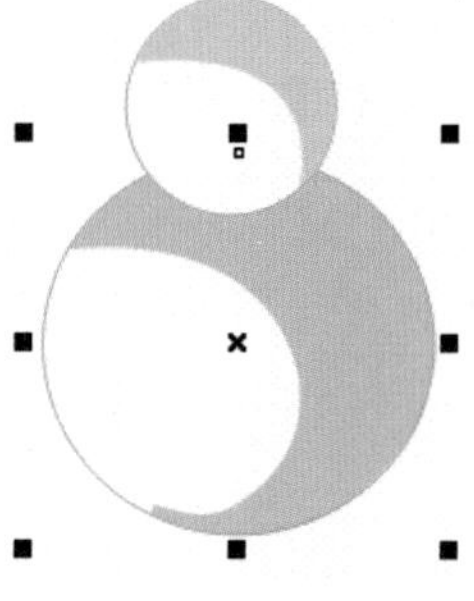

图1-251 绘制图形

图1-252 绘制图形

(5)使用同样的方法绘制一组图形,并填充相应的颜色,如图 1-253 所示。

(6)使用工具箱中的贝塞尔工具结合形状工具绘制图形。按 F12 键打开“轮廓笔”对话框,设置轮廓宽度为 2.0mm、颜色为(C:68;M:91;Y:72;K:27),并按 Shift+PageDown 键将图形排列到下一层,如图 1-254 所示。

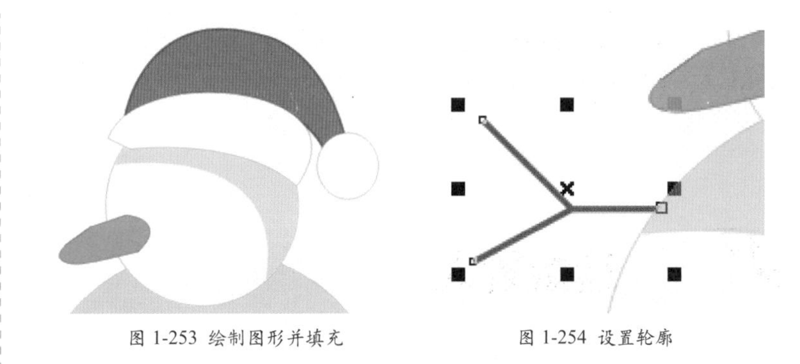
图 1-253 绘制图形并填充

图 1-254 设置轮廓

(7)使用同样的方法绘制雪人的另外一个“胳膊”,得到本例的最终效果。

## 实例 22 绘制水果

**案例说明**

本例将绘制如图 1-255 所示的新鲜水果,在绘制过程中会用到贝塞尔工具、形状工具、渐变填充工具、交互式透明工具等基本工具。

图 1-255 实例的最终效果

## 步骤提示

(1)使用工具箱中的贝塞尔工具结合形状工具绘制图形,并填充颜色为黑色,去掉轮廓。使用工具箱中的交互式透明工具,在属性栏的透明度类型中选择“标准”,为图形添加交互式透明效果,如图 1-256 所示。

(2)复制一个图形,单击属性栏中的“清除透明度”按钮,取消透明效果。选中图形,单击“渐变”工具按钮,打开“渐变填充”对话框,为图形应用线性渐变填充,设置起点色块的颜色为(C:3;M:35;Y:84;K:0)、中间色块的颜色为(C:6;M:64;Y:90;K:0)、终点色块的颜色为(C:9;M:93;Y:96;K:1),效果如图 1-257 所示。

图 1-256 透明效果

图 1-257 渐变填充效果

（3）使用同样的方法绘制下一组透明效果的图形，然后用同样的方法再绘制两个水果，并排列到如图 1-258 所示的位置。

（4）使用工具箱中的贝塞尔工具结合形状工具绘制图形。单击“渐变”工具按钮，打开“渐变填充”对话框，为图形应用线性渐变填充，设置起点色块的颜色为（C：47；M：0；Y：98；K：0）、中间色块的颜色为（C：70；M：19；Y：98；K：17）、终点色块的颜色为（C：93；M：38；Y：100；K：35）。

（5）设置完毕后单击“确定”按钮，并按 Shift+PageDown 键将图形排列到下一层，如图 1-259 所示。

图 1-258 再绘制两个图形

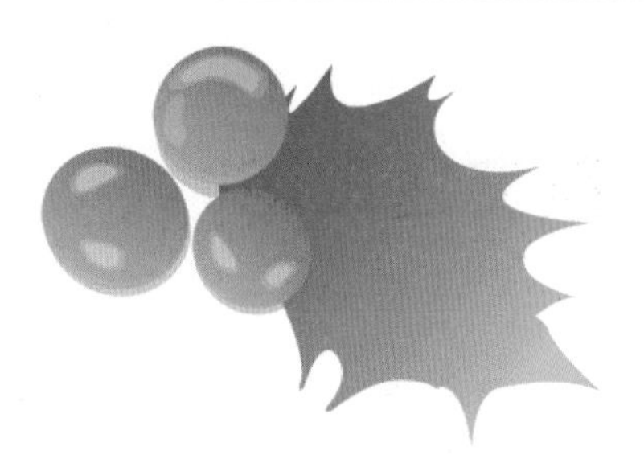

图 1-259 排列顺序

（6）使用工具箱中的贝塞尔工具结合形状工具绘制图形，然后填充颜色为（C：16；M：0；Y：47；K：0），并去掉轮廓，如图 1-260 所示。

（7）为图形添加透明效果，并按 Shift+PageDown 键将图形排列到下一层，如图 1-261 所示。

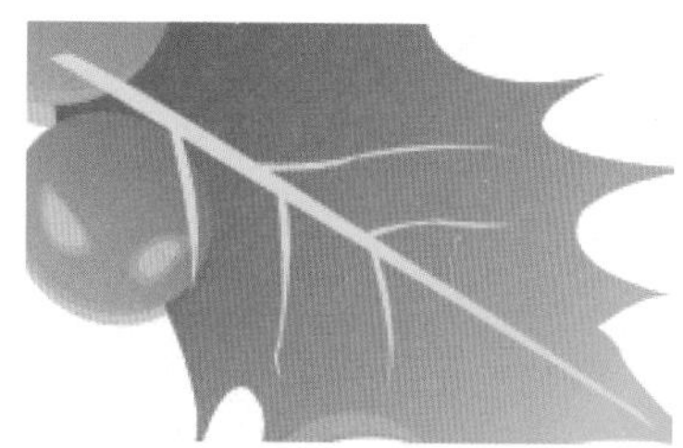

图 1-260 填充颜色

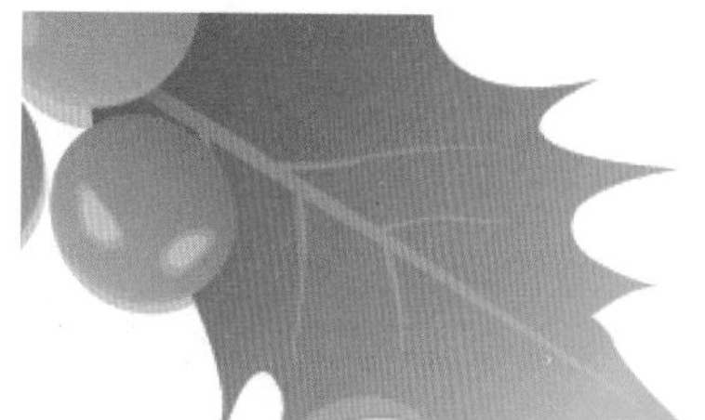

图 1-261 排列图形顺序

（8）使用同样的方法添加树叶上的其他透明效果，得到本例的最终效果。

## 公告栏 交互式透明工具

使用交互式透明工具可以方便地为对象添加“标准”、“线性”、“辐射”及“圆锥”等透明效果。透明效果常常运用到立体效果的绘制中，层层叠加后的透明图案可以显示出丰富的视觉效果。

（1）在属性栏的“透明类型”下拉列表框中选择“标准”，其属性栏如图 1-262 所示。通过拖动“开始透明”中的滑块设定对象的起始透明度；在“应用透明对象”下拉列表框中选择将透明效果应用于填充、轮廓或全部。

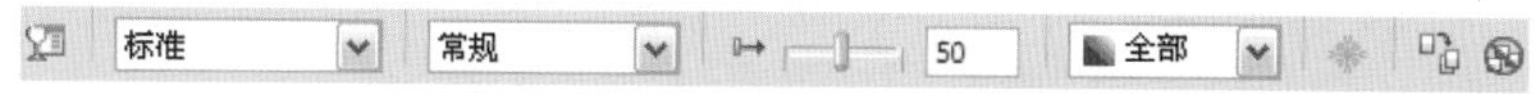


图 1-262 选择“标准”时的属性栏

（2）在属性栏的“透明类型”下拉列表框中选择“线性”，在“渐变透明的角度与锐角”数值中设定渐变透明的角度及锐度，其属性栏如图 1-263 所示。

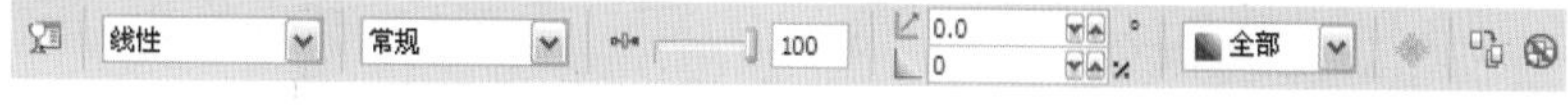


图 1-263 选择“线性”时的属性栏

（3）在属性栏的“透明类型”下拉列表框中选择“辐射”，其属性栏如图 1-264 所示。

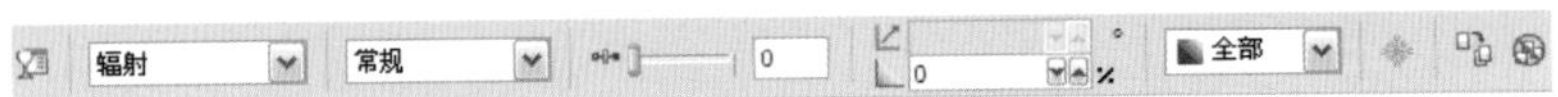

图 1-264 选择“辐射”时的属性栏

（4）在属性栏的“透明类型”下拉列表框中选择“圆锥”，其属性栏如图 1-265 所示。

图 1-265 选择“圆锥”时的属性栏

# 23 绘制交通设施

**案例说明**

本例将绘制如图 1-266 所示的交通设施，在绘制过程中会用到贝塞尔工具、形状工具、交互式阴影工具、渐变工具等基本工具。

图 1-266 实例的最终效果

## 步骤提示

（1）使用工具箱中的贝塞尔工具结合形状工具绘制图形。单击“渐变”工具按钮，打开“渐变填充”对话框，设置起点色块的颜色为（C：1；M：30；Y：18；K：0），中间色块的颜色为（C：0；M：75；Y：67；K：0）、（C：1；M：72；Y：65；K：0）、（C：0；M：99；Y:95；K：0）、（C：0；M：63；Y：56；K：0），终点色块的颜色为白色，如图 1-267 所示。

（2）使用同样的方法绘制其他渐变效果的图形，如图 1-268 所示。

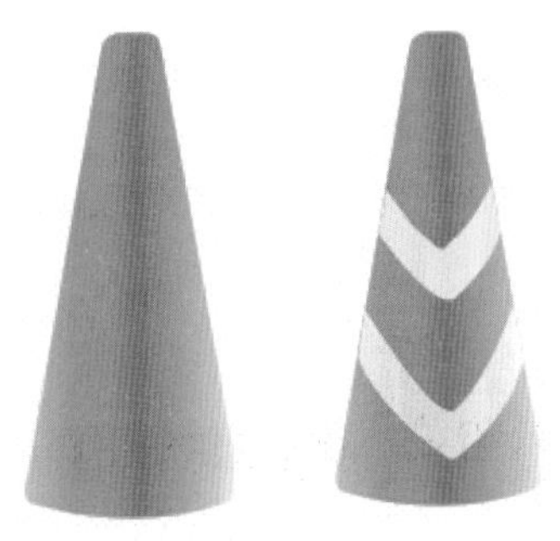

图 1-267 渐变效果 图 1-268 绘制其他图形

（3）使用工具箱中的贝塞尔工具结合形状工具绘制图形，并为图形填充渐变颜色，如图 1-269 所示。

（4）使用工具箱中的交互式阴影工具在复制的椭圆上向外拖动鼠标，为其应用阴影效果。然后在属性栏中设置阴影不透明度为 50、羽化为 15、阴影颜色为黑色，如图 1-270 所示。

图 1-269 渐变填充效果

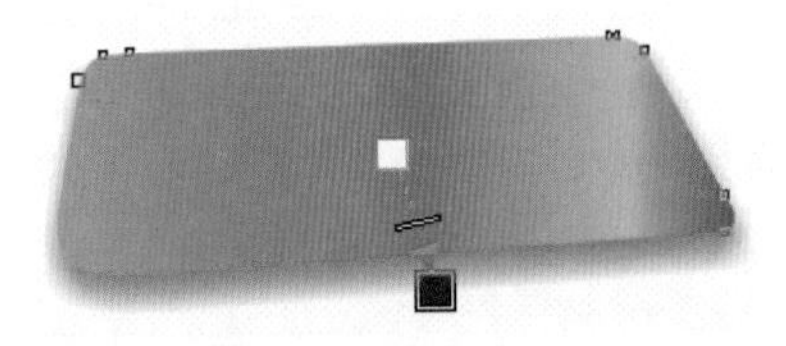

图 1-270 添加阴影效果

（5）将绘制好的交通设施底座移动到合适的位置，得到本例的最终效果。

# 实例 24 绘制奖杯

**案例说明**

本例将绘制如图 1-271 所示的奖杯，在绘制过程中会用到钢笔工具、椭圆工具、渐变填充工具等。

图 1-271 实例的最终效果

## 步骤提示

（1）使用工具箱中的钢笔工具绘制图形，然后为图形应用线性渐变填充，设置起点色块的颜色为（C：0；M：62；Y：96；K：0）、终点色块的颜色为（C：1；M：18；Y：96；K：0），如图 1-272 所示，完成后去掉轮廓。

（2）按 F7 键激活椭圆工具，绘制一个椭圆，并填充椭圆的颜色为（C：1；M：18；Y：96；K：0），并去掉轮廓，如图 1-273 所示。

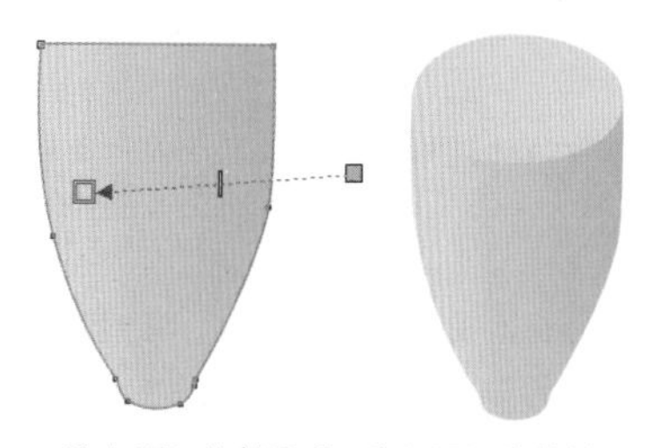

图 1-272 绘制图形　图 1-273 绘制椭圆

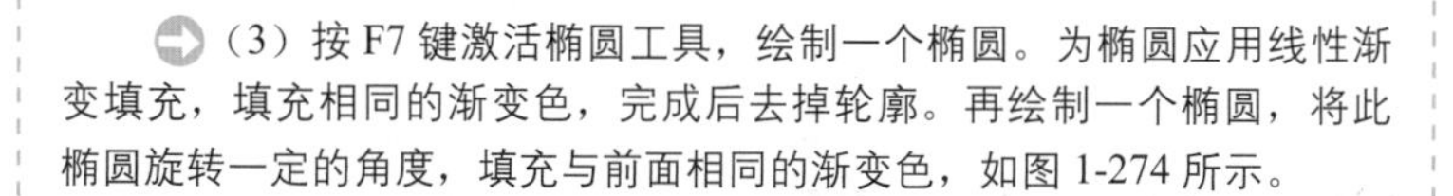

（3）按 F7 键激活椭圆工具，绘制一个椭圆。为椭圆应用线性渐变填充，填充相同的渐变色，完成后去掉轮廓。再绘制一个椭圆，将此椭圆旋转一定的角度，填充与前面相同的渐变色，如图 1-274 所示。

（4）绘制椭圆，为椭圆应用线性渐变填充，填充相同的渐变色。再绘制椭圆，填充与前面相同的渐变色，如图 1-275 所示。

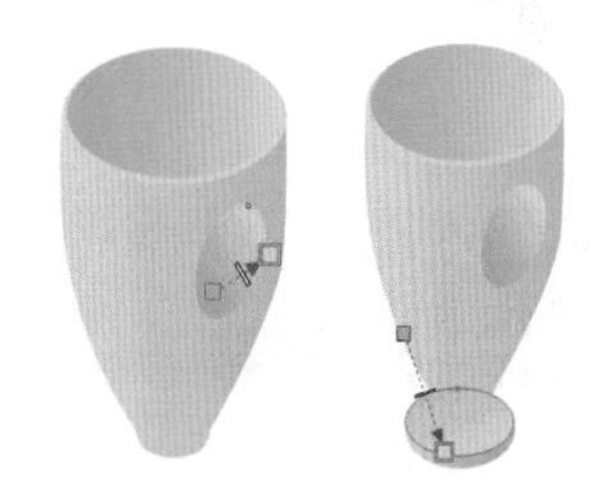

图 1-274 绘制椭圆并填色　图 1-275 绘制椭圆并填色

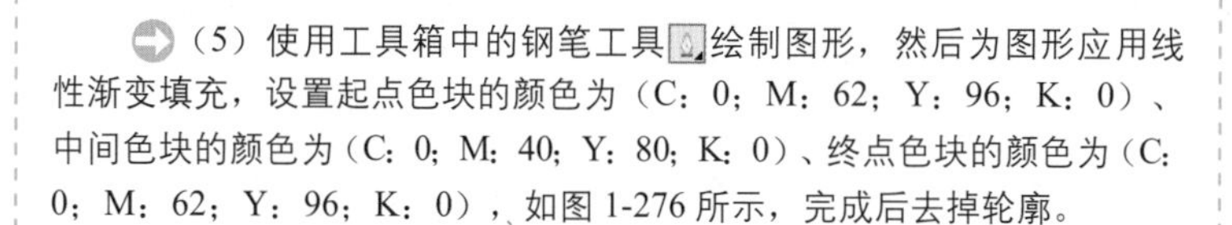

（5）使用工具箱中的钢笔工具绘制图形，然后为图形应用线性渐变填充，设置起点色块的颜色为（C：0；M：62；Y：96；K：0）、中间色块的颜色为（C：0；M：40；Y：80；K：0）、终点色块的颜色为（C：0；M：62；Y：96；K：0），如图 1-276 所示，完成后去掉轮廓。

（6）同时选中下面的 3 个图形，按 Shift+PageDown 键，将图形调整到最下面一层，如图 1-277 所示。

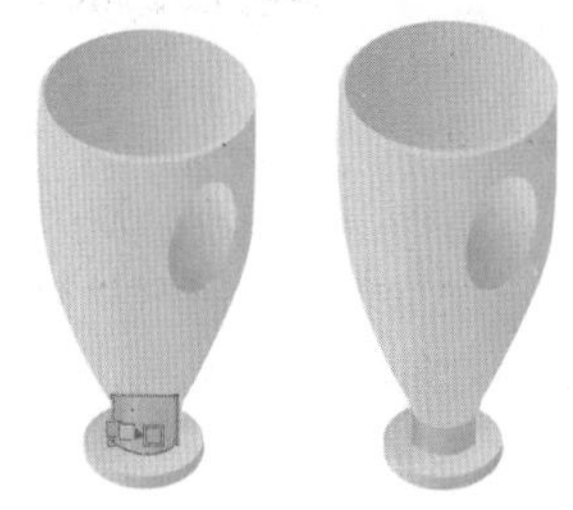

图 1-276 填色　图 1-277 调整图形顺序

（7）使用钢笔工具绘制杯柄，填充为黄色和橘黄色，并去掉轮廓。

## 公告栏 钢笔工具

1．使用钢笔工具绘制直线

使用钢笔工具绘制直线的具体操作步骤如下：

（1）单击工具箱中手绘工具右下角的三角形按钮，在弹出的工具组中单击“钢笔工具”按钮。

（2）在工作区中的任意位置单击确定直线的起点，然后拖曳鼠标指针到需要的位置，再单击鼠标可以绘制出一条直线，如图 1-278 所示。

（3）如果继续确定下一个点就可以绘制一条折线，再继续确定节点，可以绘制出多个折角的折线，如图 1-279 所示，完成后双击可完成直线或折线的绘制，如图 1-280 所示。

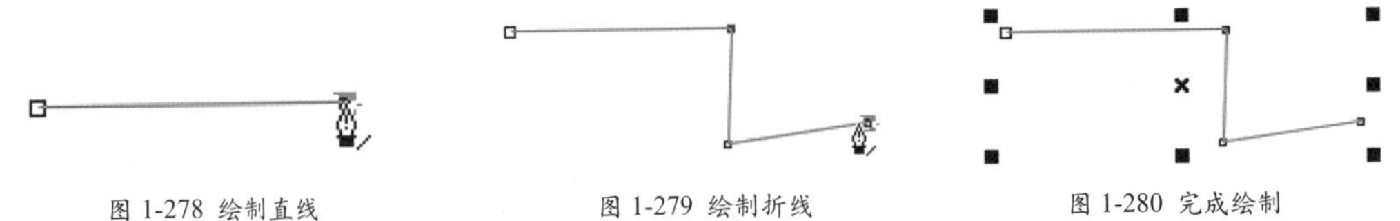

图 1-278 绘制直线　　图 1-279 绘制折线　　图 1-280 完成绘制

工具箱中的钢笔工具与贝塞尔工具的功能相似，既可以绘制直线，也可以绘制曲线。在绘制曲线时，使用钢笔工具更加方便。

2．使用钢笔工具绘制曲线

使用钢笔工具绘制曲线的具体操作步骤如下：

（1）单击工具箱中手绘工具右下角的三角形按钮，在弹出的工具组中单击“钢笔工具”按钮。

（2）在工作区中的任意位置单击确定直线的起点，然后在需要的位置单击确定第二个点，并按住鼠标左键不放拖动鼠标，此时将显示出一条带有两个节点和一个控制点的蓝色虚线调节杆，如图 1-281 所示。

（3）移动鼠标，在第一个节点和光标之间会生成一条弯曲的线，随着鼠标的移动，弯曲的线的形状也会发生变化，移动鼠标到需要的位置后，双击即可完成曲线的绘制，如图 1-282 所示。

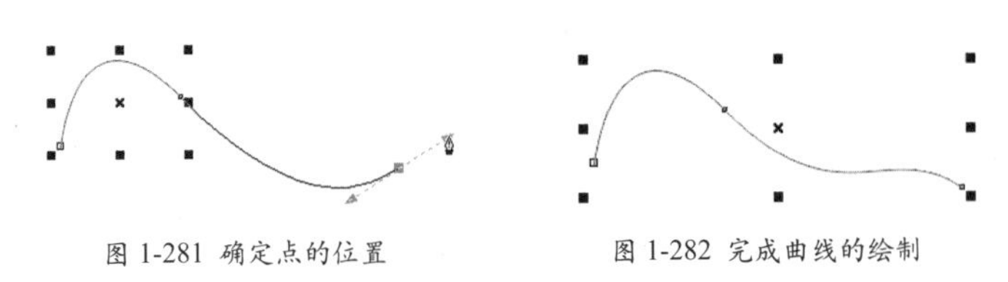

图 1-281 确定点的位置　　图 1-282 完成曲线的绘制

# 实例提高

## 实例 25 绘制蜘蛛网

**案例说明**

使用贝塞尔工具、形状工具、“轮廓线”对话框等绘制如图 1-283 所示的蜘蛛网。

图 1-283 实例的最终效果

## 实例 26 绘制围裙

**案例说明**

使用直线工具、钢笔工具、贝塞尔工具、形状工具、艺术笔工具等基本工具绘制如图 1-284 所示的围裙。

图 1-284 实例的最终效果

## 实例 27 绘制蜡烛

**案例说明**

使用贝塞尔工具、形状工具、交互式透明工具、渐变工具等基本工具绘制如图 1-285 所示的蜡烛。

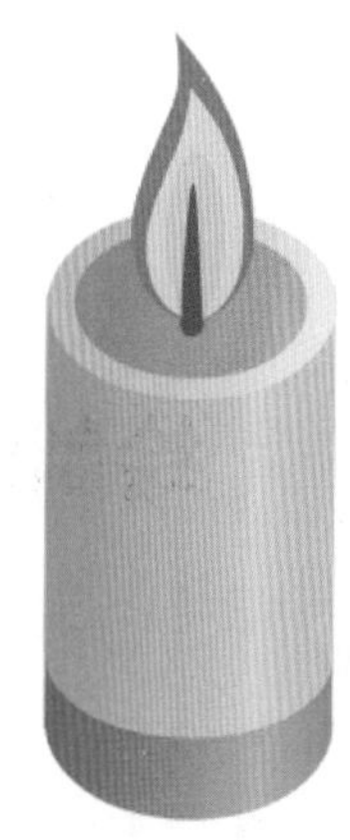

图 1-285 实例的最终效果

## 实例 28 绘制红酒杯

**案例说明**

使用贝塞尔工具、形状工具、交互式阴影工具、渐变工具等基本工具绘制如图 1-286 所示的红酒杯。

图 1-286 实例的最终效果

## 29 绘制扇子

**案例说明**

使用钢笔工具、图样填充工具等基本工具绘制如图1-287所示的扇子。

图1-287 实例的最终效果

## 30 绘制礼花

**案例说明**

使用钢笔工具、形状工具、“转换”泊坞窗、渐变工具等基本工具绘制如图1-288所示的礼花。

图1-288 实例的最终效果

## 31 绘制灯笼

**案例说明**

使用交互式阴影工具、交互式调和工具、渐变工具等基本工具绘制如图1-289所示的灯笼。

图1-289 实例的最终效果

## 32 绘制信封

**案例说明**

使用矩形工具、文本工具、“轮廓笔”对话框、钢笔工具等基本工具绘制如图1-290所示的信封。

图1-290 实例的最终效果

# 第2章 图案与图标绘制

本章将学习制作漂亮的图标与图案。图形的绘制包括几何对象的绘制、直线的绘制和曲线的绘制。色彩填充是绘画工作的重点，不同的色彩、不同的填充方式在视觉上会给人不同的感觉。

锯齿图案

装饰图案

警示图标

超市购物车图标

金币图标

锁标志

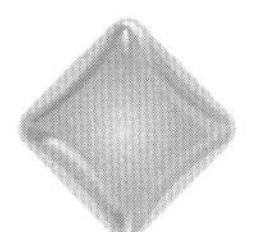

水晶图标

促销图标

广告图标

# 实 例 入 门

## 实例 01 绘制特效图案

**案例说明**

本例将绘制如图 2-1 所示的特效图案，在绘制过程中主要使用多边形工具、形状工具、渐变色的填充等。

图 2-1 实例的最终效果

### 操作步骤

(1) 使用工具箱中的多边形工具，在属性栏中设置边数为 20，在工作区中拖动鼠标绘制一个多边形，如图 2-2 所示。

**提 示**

选择任意绘图工具，按住 Shift 键拖动鼠标，即可绘制出以鼠标单击点为中心的图形。

(2) 使用工具箱中的形状工具选中最上方的节点，如图 2-3 所示，按住鼠标左键不放向下拖动，顺时针拖动节点到正下方，得到如图 2-4 所示的图形。

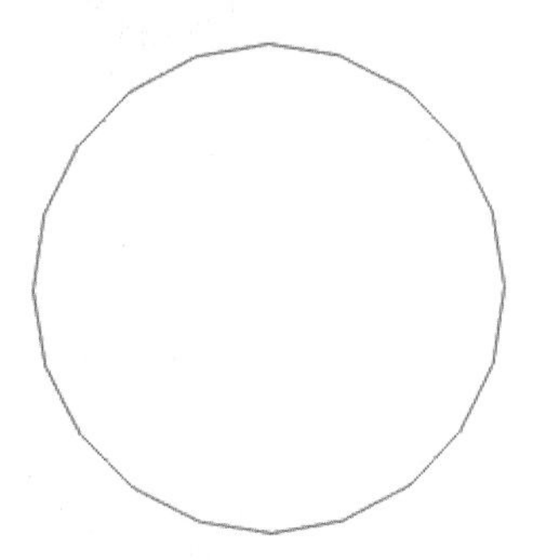

图 2-2 绘制多边形

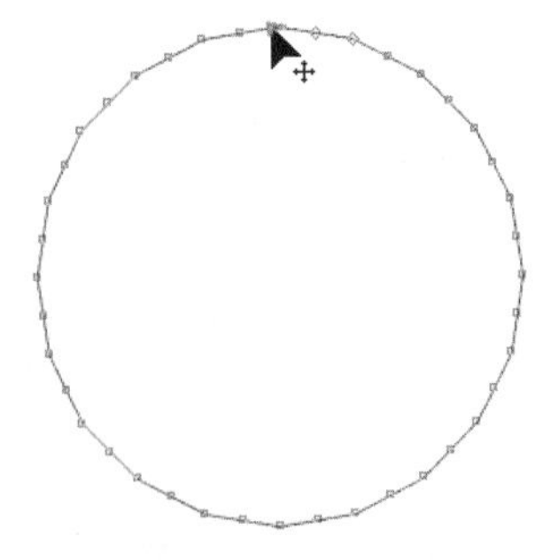

图 2-3 选中最上方的节点

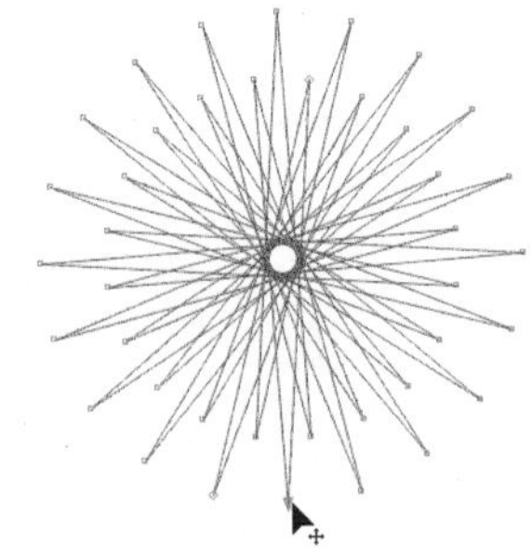

图 2-4 拖动节点到正下方

(3) 选择“填充工具组”中的渐变填充工具，打开“渐变填充”对话框，单击“预设”下拉箭头，在弹出的下拉列表框中选择“线性 - 彩虹色”，如图 2-5 所示，单击“确定”按钮，得到如图 2-6 所示的效果。

（4）右击调色板中的无轮廓☒图标，去掉轮廓，如图 2-7 所示。

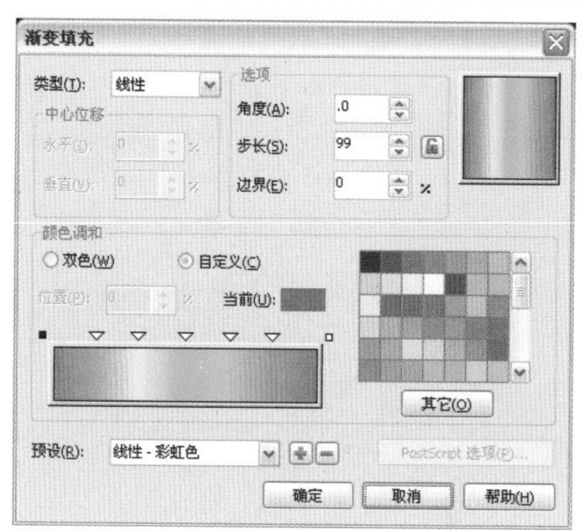


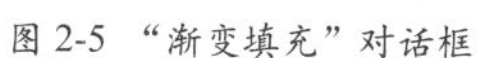
图 2-5 “渐变填充”对话框

图 2-6 填充渐变色

图 2-7 去掉轮廓

（5）选中图形，按小键盘上的“+”键，在原处复制一个图形，然后按住 Shift 键，向内等比例缩小图形，本例的制作就完成了。

## 实例 02 绘制剪纸花图案

**案例说明**

本例将绘制如图 2-8 所示的剪纸花图案，在绘制过程中主要使用交互式变形工具中的“拉链变形”、“推拉变形”等。

图 2-8 实例的最终效果

## 操作步骤

（1）使用工具箱中的多边形工具，在属性栏中设置边数为 10，在工作区中拖动鼠标绘制一个多边形，如图 2-9 所示。

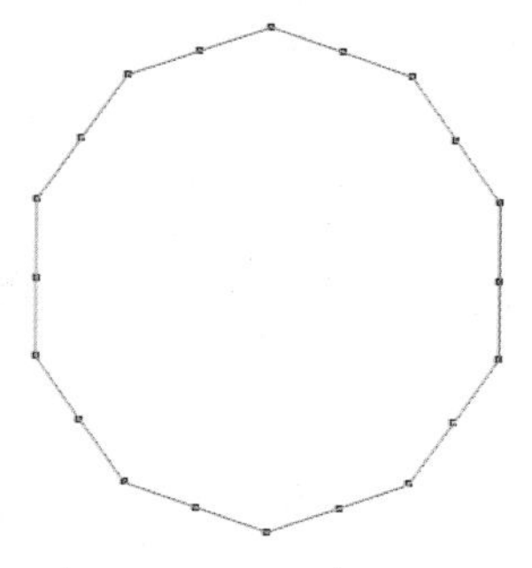
图 2-9 绘制多边形

（2）使用工具箱中的交互式变形工具，单击属性栏中的“推拉变形”按钮。然后选中多边形，按住鼠标左键从圆的中心向左拖动鼠标，属性栏如图2-10所示，得到如图2-11所示的效果。单击属性栏中的“中心变形”按钮，得到如图2-12所示的效果。

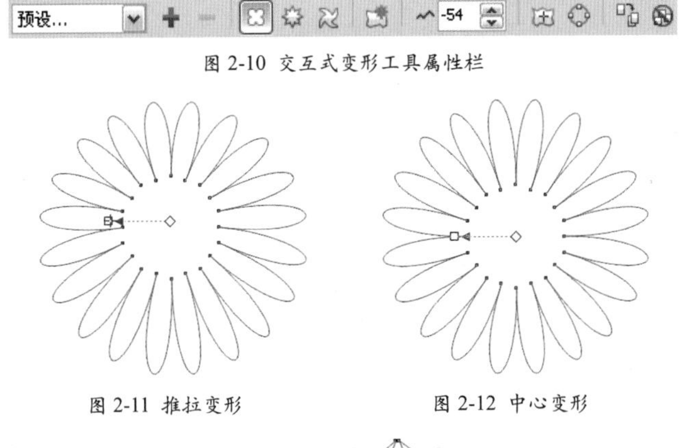

图 2-10 交互式变形工具属性栏

图 2-11 推拉变形

图 2-12 中心变形

（3）在属性栏中单击“拉链变形”按钮，选中要变形的对象，按住鼠标左键拖动到适当的位置后释放鼠标，效果如图2-13所示。

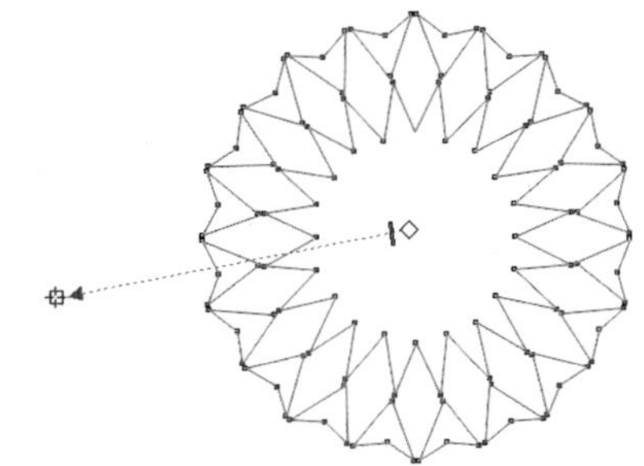

图 2-13 拉链变形

（4）填充图形颜色为红色，并右击去掉轮廓线，如图2-14所示。选中图形，按小键盘上的“+”键，在原处复制一个图形，然后按住Shift键，向内等比例缩小图形，如图2-15所示。

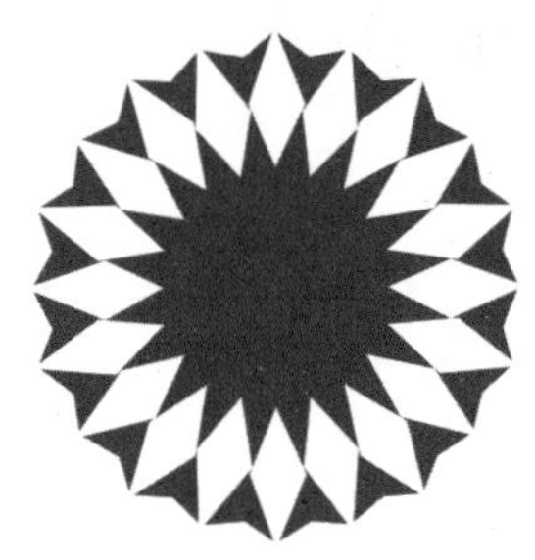

图 2-14 填色

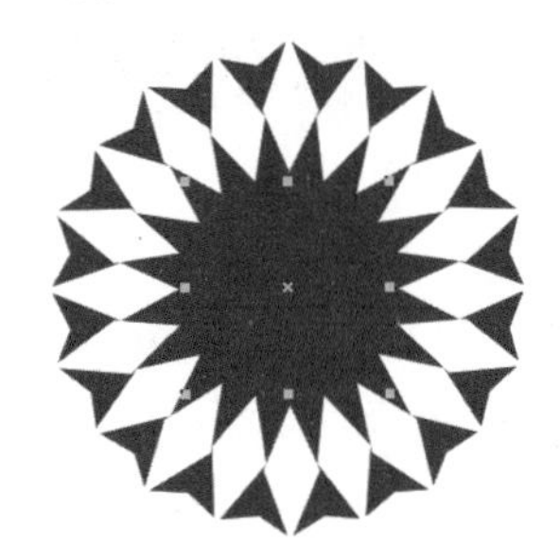

图 2-15 复制并缩小图形

（5）改变复制的图形的颜色为白色，本例的制作就完成了。

## 公告栏 交互式变形工具

变形效果是让对象的外形产生不规则的变化，通过交互式变形工具可以快速、方便地改变对象的外观。

交互式变形工具中有推拉变形、拉链变形和扭曲变形3种方式，3种方式可以单独使用也可以结合使用，其属性栏如图2-16所示。

推拉变形属性栏

拉链变形属性栏

扭曲变形属性栏

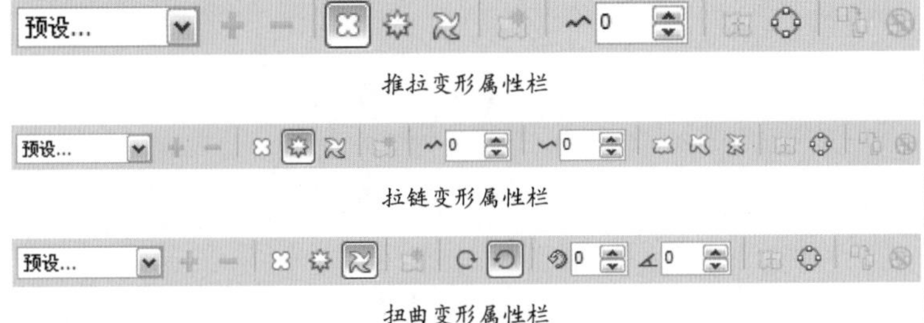

图 2-16 属性栏

“拉链幅度”数值框用来设定变形的幅度，“拉链频率”数值框用来设定变形的数量。通过属性栏中的相关设定，可以使对象产生随机、平滑或局部的拉链变形。

# 实例 03 绘制装饰图案

**案例说明**

本例将绘制效果如图 2-17 所示的装饰图案，主要练习矩形工具、椭圆工具、“旋转”命令等的使用。

图 2-17 实例的最终效果

## 操作步骤

(1) 使用工具箱中的矩形工具绘制一个矩形，填充颜色为（C：20；M：20；Y：50；K：25），并去掉轮廓，如图 2-18 所示。

(2) 按 F7 键激活椭圆工具，绘制一个椭圆，并填充颜色为白色，如图 2-19 所示。选择两个图形，单击属性栏中的“修剪”按钮，如图 2-20 所示。

图 2-18 绘制矩形

图 2-19 绘制椭圆

(3) 选中椭圆图形，按住 Shift 键等比例缩小至合适的大小，填充颜色为红色，并去掉轮廓，如图 2-21 所示。

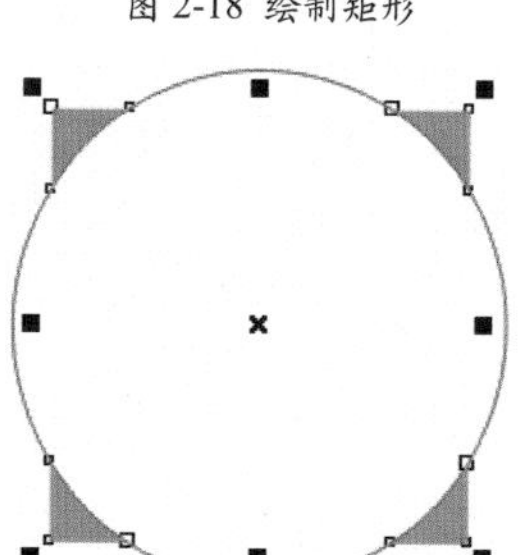

图 2-20 修剪图形

图 2-21 填充颜色

**提 示**

在等比例缩放图形对象时，必须按住 Shift 键，然后进行操作。

(4) 绘制一个矩形，填充颜色为白色，并去掉轮廓，如图 2-22 所示。选中矩形，执行“排列 / 变换 / 旋转”命令，打开“转换”泊坞窗，在泊坞窗中设定旋转角度为 45°、在“副本”数值框中输入 3，单击“应用”按钮，得到如图 2-23 所示的效果。

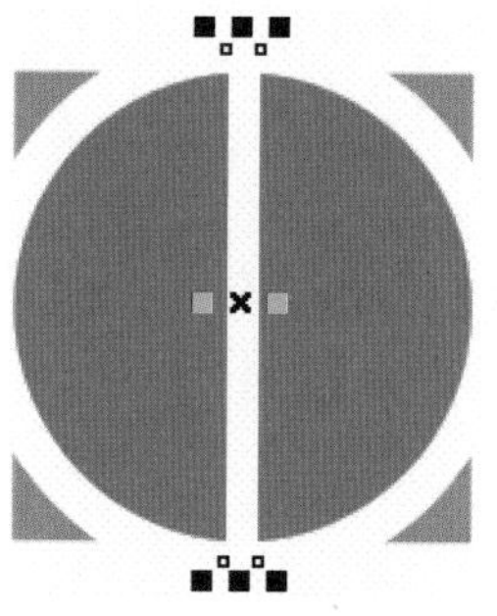

图 2-22 绘制矩形

图 2-23 旋转复制图形

（5）选择矩形与红色椭圆，单击属性栏中的“修剪”按钮，如图2-24所示。然后为修剪后的图案填充相应的颜色，如图2-25所示。

（6）按F7键激活椭圆工具，绘制一个椭圆，填充椭圆的颜色为白色，并去掉轮廓，如图2-26所示。选中椭圆图形，按住Shift键等比例缩小至合适的大小，填充颜色为（C：0；M：75；Y：75；K：0），并去掉轮廓，本例的最终效果如图2-27所示。

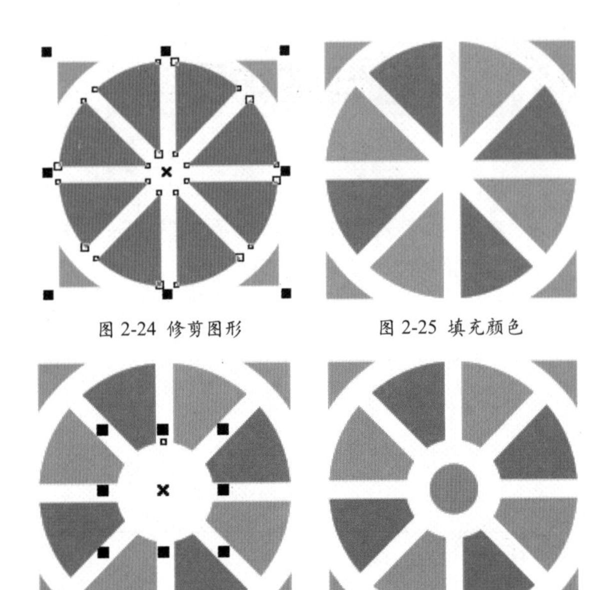

图2-24 修剪图形　　图2-25 填充颜色

图2-26 绘制椭圆　　图2-27 本例的最终效果

## 公告栏 利用“转换”泊坞窗变换对象

1．精确地移动对象

（1）选中对象，执行“排列/变换/位置”命令，打开“转换”泊坞窗中的“位置”面板，如图2-28所示。

（2）在泊坞窗中设置横坐标与纵坐标的位置，“H”表示对象所在位置的横坐标，“V”表示对象所在位置的纵坐标，完成后单击“应用”按钮。

（3）选中“相对位置”复选框，对象将相对于原位置的中心进行移动。单击“应用”按钮，即可将对象进行精确的移动。

2．精确地旋转对象

使用“旋转”命令可以精确地旋转对象，其具体操作如下：

（1）选中对象，执行“排列/变换/旋转”命令，打开“转换”泊坞窗中的“旋转”面板，如图2-29所示。

（2）在泊坞窗的“角度”数值框中输入要旋转的角度值，然后单击“应用”按钮。

在“中心”选项区的两个数值框中，通过设置水平和垂直方向上的数值确定对象的旋转中心。在默认情况下，旋转中心为对象的中心。选中“相对中心”复选框，可以在下方的指示器中选择旋转中心的相对位置。

3．精确地镜像对象

（1）选中对象，执行“排列/变换/比例”命令，打开“转换”泊坞窗中的“比例”面板，如图2-30所示。

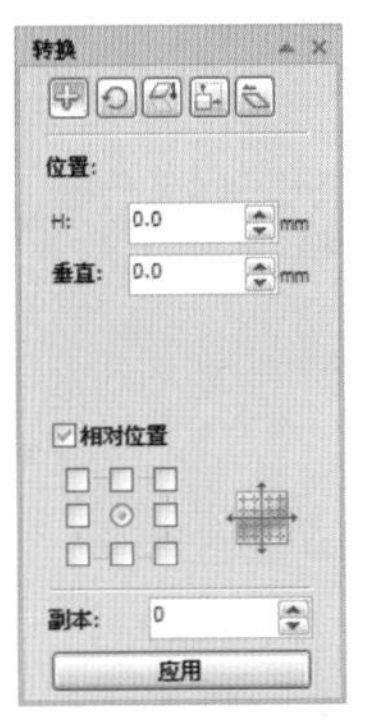


图2-28 “转换”泊坞窗

图2-29 “旋转”面板

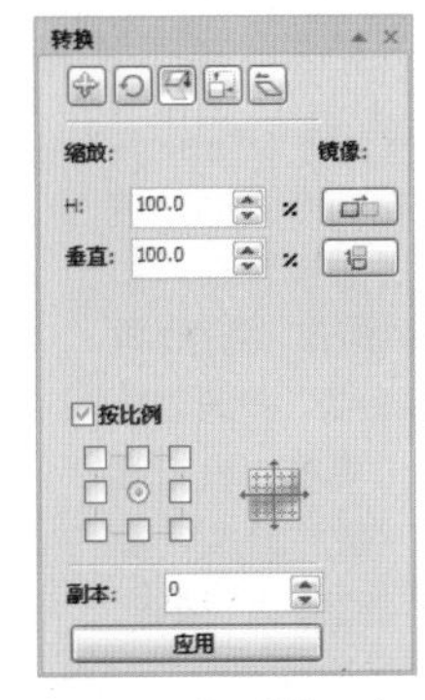


图2-30 “比例”面板

（2）在“H”中设置对象在水平方向上的缩放比例，在“V”中设置对象在垂直方向上的缩放比例。单击“水平镜像”按钮可以使对象沿水平方向翻转镜像，单击“垂直镜像”按钮可以使对象沿垂直方向翻转镜像，完成后单击“应用”按钮。

4．精确地设定对象大小

（1）选中对象，执行“排列 / 变换 / 大小”命令，打开“转换”泊坞窗中的“大小”面板，如图 2-31 所示。

（2）在“H”中设置对象在水平方向上的大小，在“V”中设置对象在垂直方向上的大小，完成后单击“应用”按钮。

如果取消选中“按比例”复选框，水平方向上的大小和垂直方向上的大小互不影响；如果选中该复选框，改变其中一个方向的大小，另一个方向也会相应变化。

5．倾斜对象

（1）选中对象，执行“排列 / 变换 / 倾斜”命令，打开“转换”泊坞窗中的“倾斜”面板，如图 2-32 所示。

（2）在“H”中设置对象在水平方向上的倾斜角度，在“V”中设置对象在垂直方向上的倾斜角度，完成后单击“应用”按钮。

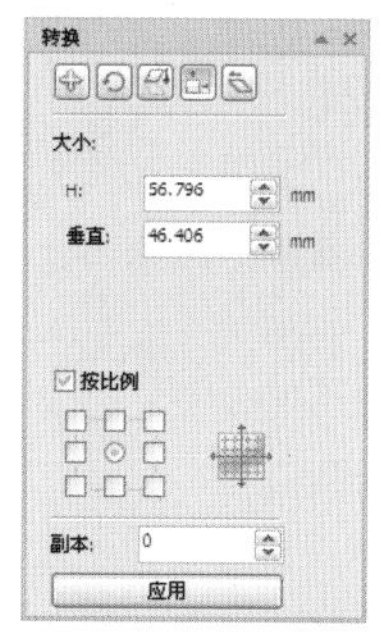

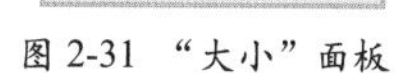

图 2-31 “大小”面板

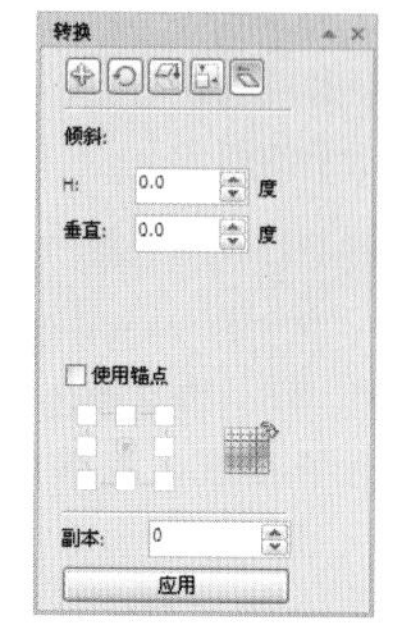


图 2-32 “倾斜”面板

## 实例 04 绘制生命之花

**案例说明**

本例将绘制如图 2-33 所示的生命之花图案，在绘制过程中主要使用了多边形工具、形状工具、交互式调和工具等。

图 2-33 实例的最终效果

## 操作步骤

（1）使用工具箱中的多边形工具，在属性栏中设置边数为 20，在工作区中拖动鼠标绘制一个多边形，如图 2-34 所示。

（2）使用工具箱中的形状工具选中最上方的节点，按住鼠标左键不放向上拖动，得到如图 2-35 所示的图形。

（3）填充颜色为绿色，然后去掉轮廓线，效果如图 2-36 所示。

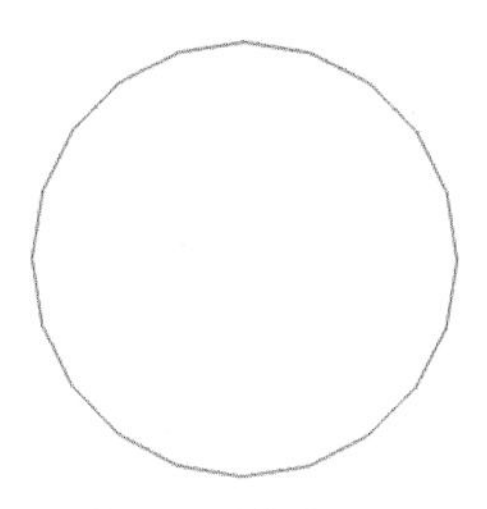

图 2-34 绘制多边形

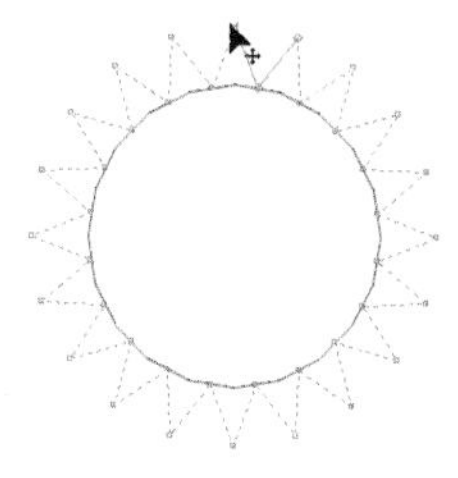

图 2-35 拖动节点

图 2-36 填色

（4）使用工具箱中的多边形工具，在属性栏中设置边数为 20，在工作区中拖动鼠标绘制一个多边形，如图 2-37 所示。

（5）使用工具箱中的形状工具选中最上方的节点，如图 2-38 所示，按住鼠标左键不放顺时针拖动节点，得到如图 2-39 所示的图形。

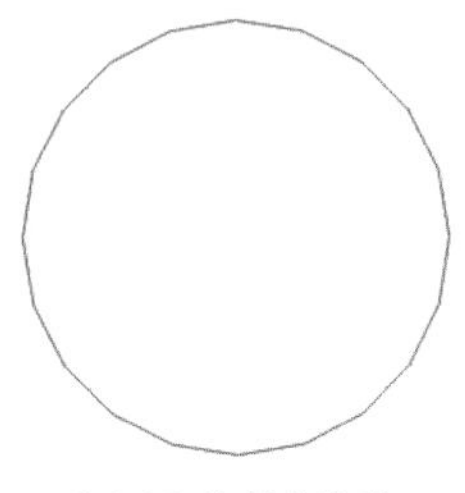

图 2-37 绘制多边形

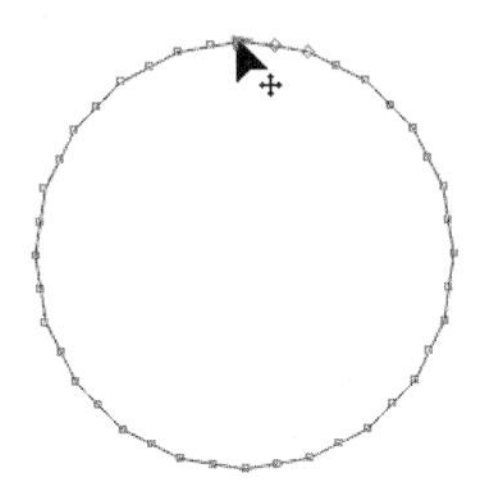

图 2-38 选中最上方的节点

（6）填充颜色为黄色，并去掉轮廓线，效果如图 2-40 所示。

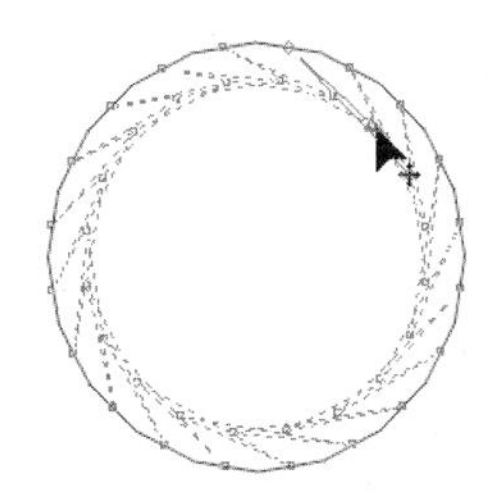

图 2-39 拖动节点

图 2-40 填色

（7）同时选中两个图形，按 C 键和 E 键，将图形对齐，如图 2-41 所示。

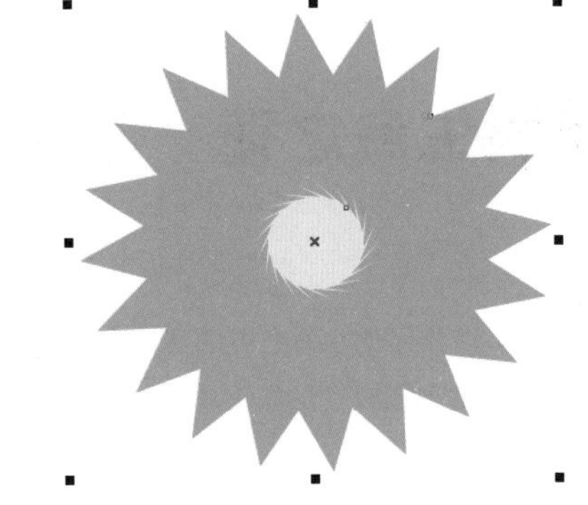

图 2-41 对齐图形

（8）使用工具箱中的交互式调和工具在两个图形之间创建调和，得到本例的最终效果，旋转图形可以得到不同的效果。

## 实例 05 绘制放大镜图标

**案例说明**

本例将绘制效果如图 2-42 所示的放大镜图标，在绘制过程中需要使用钢笔工具、形状工具、椭圆工具和填充工具等基本工具。

图 2-42 实例的最终效果

## 操作步骤

(1) 新建文件，使用工具箱中的钢笔工具，结合形状工具，绘制如图2-43所示的图形。

(2) 为图形应用线性渐变填充，设置起点色块的颜色为（C：100；M：0；Y：100；K：0）、中间色块的颜色为（C：20；M：0；Y：60；K：0）、终点色块的颜色为（C：40；M：0；Y：100；K：0），完成后去掉轮廓，如图2-44所示。

图2-43 绘制图形　　图2-44 填充渐变颜色

(3) 按F7键激活椭圆工具，绘制一个椭圆，然后填充椭圆的颜色为（C：0；M：0；Y：40；K：0），并去掉轮廓，如图2-45所示。

**提示**

如果要快速填充矢量图形（或文字），可以直接拖动调色板上的色块到矢量图形（或文字）上，注意光标的变化，当显示为实心小色块时，是对其进行标准填充，当显示为空心色块时，是设置其轮廓线颜色。

用户还可以选中要设置的矢量图形或文字，然后单击色块，进行标准填充，如果右击色块，则是设置轮廓线颜色。

(4) 使用钢笔工具和形状工具绘制一个图形，填充颜色为（C：40；M：0；Y：40；K：0），并去掉轮廓，如图2-46所示。

图2-45 绘制椭圆　　图2-46 绘制图形

(5) 使用同样的方法绘制一个图形，填充颜色为白色，并为白色图形添加透明效果，如图2-47所示。这样，本例的制作就完成了。

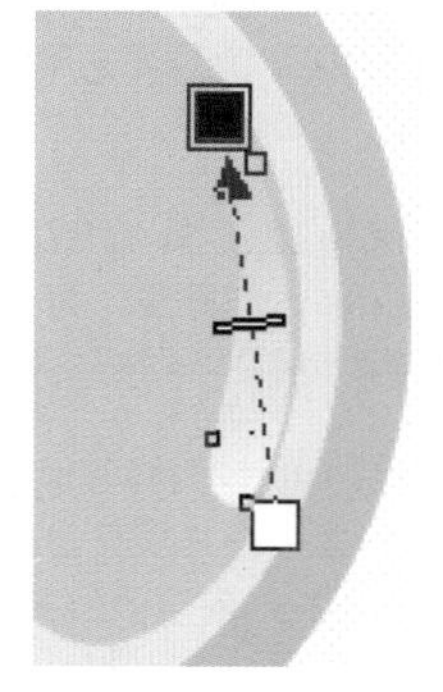

图2-47 绘制透明图形

# 06 绘制警示图标

**案例说明**

本例将绘制效果如图 2-48 所示的标志，主要介绍了钢笔工具、填充工具、形状工具、文本工具、椭圆工具等工具的使用。

图 2-48 实例的最终效果

## 操作步骤

（1）使用矩形工具，在按住 Ctrl 键的同时绘制一个正方形（长：140mm；宽：140mm），并为其填充黑色，如图 2-49 所示。

（2）使用工具箱中的椭圆形工具，在按住 Shift+Ctrl 键的同时在正方形的中心位置绘制一个以正方形中心为基点的圆，其直径为 120mm，并为其填充颜色为白色，如图 2-50 所示。

图 2-49 绘制正方形

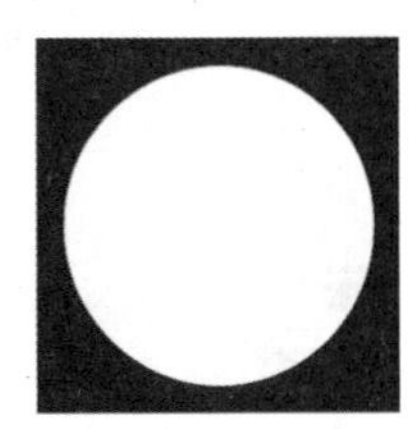

图 2-50 绘制并填充圆

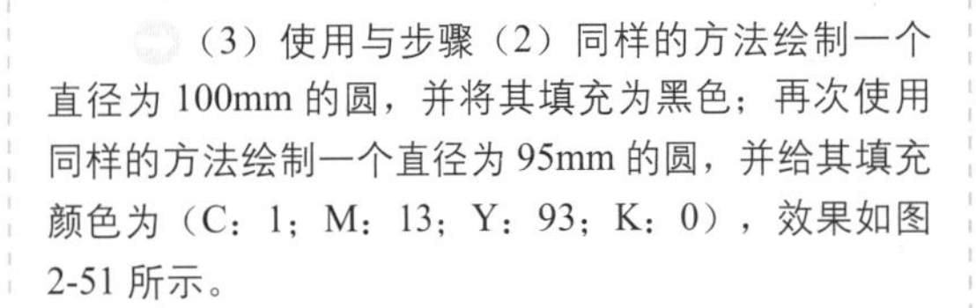

（3）使用与步骤（2）同样的方法绘制一个直径为 100mm 的圆，并将其填充为黑色；再次使用同样的方法绘制一个直径为 95mm 的圆，并给其填充颜色为（C：1；M：13；Y：93；K：0），效果如图 2-51 所示。

（4）在按住 Ctrl 键的同时使用椭圆工具绘制一个直径为 42mm 的圆，将其填充为黑色，并放置在如图 2-52 所示的位置。

图 2-51 绘制圆

图 2-52 绘制并填充圆

（5）使用椭圆工具绘制一个横直径为 9.5mm、竖直径为 13mm 的椭圆，为其填充黑色，并放置在如图 2-53 所示的位置。

（6）使用椭圆工具绘制一个横直径为 13mm、竖直径为 18mm 的椭圆，为其填充白色，然后将其复制，放置在如图 2-54 所示的位置。

（7）在按住 Ctrl 键的同时使用椭圆工具绘制一个直径为 3mm 的圆，将其填充为黑色，然后将其复制，并放置在如图 2-55 所示的位置。

图 2-53 绘制椭圆

图 2-54 绘制并复制圆

图 2-55 绘制并复制黑色的圆形

(8）使用工具箱中的钢笔工具结合形状工具绘制一个“骨头”图形，将其填充为黑色，并放置在如图 2-56 所示的位置。

(9）使用钢笔工具结合形状工具绘制一个“图钉”图形，将其填充为黑色；然后使用同样的方法绘制其高光，并放置在如图 2-57 所示的位置。

(10）使用钢笔工具结合形状工具绘制一个“箭头”图形，将其填充为黑色，并放置在如图 2-58 所示的位置。

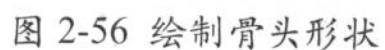

图 2-56 绘制骨头形状　图 2-57 绘制图钉图形

图 2-58 绘制箭头

(11）使用钢笔工具结合形状工具绘制一个“电话”图形，将其填充为（C：0；M：93；Y：100；K：0），如图 2-59 所示。

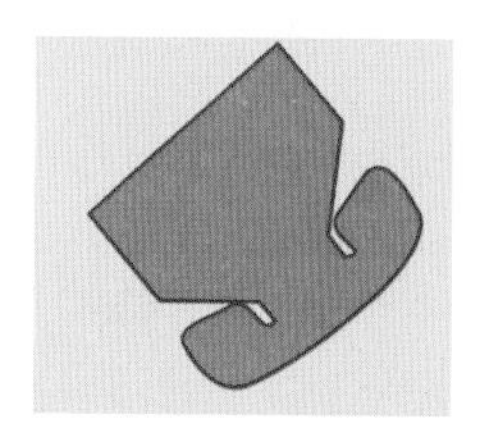

图 2-59 绘制电话图形

(12）使用椭圆工具绘制一个横直径为 4.0mm、竖直径为 3.0mm 的椭圆，再使用矩形工具绘制一个矩形（长：2.5mm；宽：1.2mm），然后将椭圆和矩形放置在如图 2-60 所示的位置。

(13）将绘制好的“电话”图形全部选中，去掉轮廓线，再单击属性栏中的“修剪”按钮，效果如图 2-61 所示。

图 2-60 绘制椭圆和矩形　图 2-61 去掉轮廓线并修剪

(14）使用工具箱中的文本工具分别输入汉字“小”、“心”、“坠”、“物”和两个感叹号“！！”，设置其字体为“方正新舒体简体”，大小为 18pt，然后进行如图 2-62 所示的排列。

图 2-62 输入文字

## 实例 07 绘制道路提示牌

**案例说明**

本例将绘制如图 2-63 所示的道路提示牌，主要练习填充工具、矩形工具、贝塞尔工具、形状工具、文本工具等的使用。

图 2-63 实例的最终效果

## 操作步骤

(1) 使用工具箱中的贝塞尔工具结合形状工具绘制如图 2-64 所示的轮廓图形。

(2) 将图形的轮廓颜色设置为红色，如图 2-65 所示。

图 2-64 绘制轮廓图形

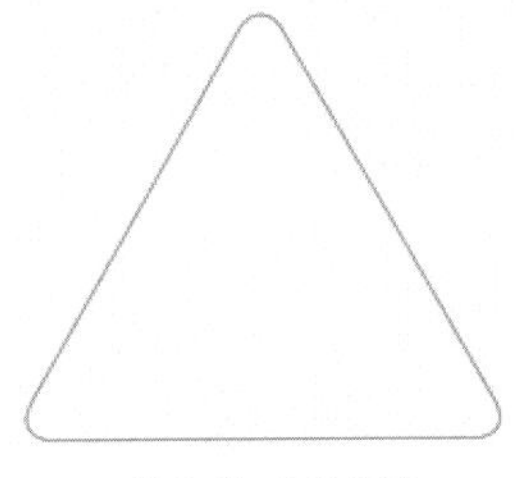

图 2-65 设置颜色

(3) 选中图形，同时按住 Shift 键和鼠标右键等比例缩小并复制图形，如图 2-66 所示。然后对复制的图形进行渐变填充，设置相应的渐变颜色，并去掉轮廓，如图 2-67 所示。

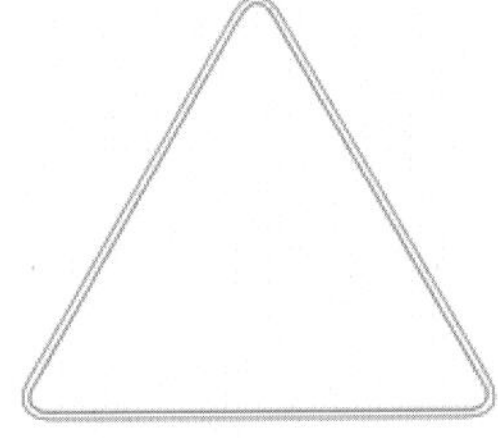

图 2-66 复制图形

图 2-67 填充渐变颜色

(4) 使用同样的方法绘制一个三角形，填充颜色为（C：2；M：11；Y：96；K：0），然后去掉轮廓，如图 2-68 所示。

图 2-68 绘制图形

(5) 使用工具箱中的贝塞尔工具结合形状工具绘制如图 2-69 所示的图形，并填充颜色为黑色，去掉轮廓，如图 2-70 所示。

图 2-69 绘制图形

图 2-70 填充颜色

(6) 使用同样的方法绘制一个“三脚架”，填充颜色为 70% 黑，效果如图 2-71 所示。将“三脚架”移动到提示牌的中间位置，并按 Shift+PageDown 键将图形排列到下一层，如图 2-72 所示。

图 2-71 绘制“三脚架”

图 2-72 移动“三脚架”

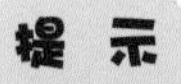

**提 示**

使用手绘工具可以绘制折线，先在绘图页面中单击鼠标左键，作为折线的起点，然后在每一个转折处双击，到达终点时再单击鼠标，即可完成折线的绘制。

(7) 使用工具箱中的矩形工具绘制一个矩形，填充颜色为白色，如图 2-73 所示。然后绘制一个渐变填充效果的矩形，如图 2-74 所示。

(8) 按 F8 键激活文本工具，输入文字“车辆绕行”，最终效果如图 2-75 所示。

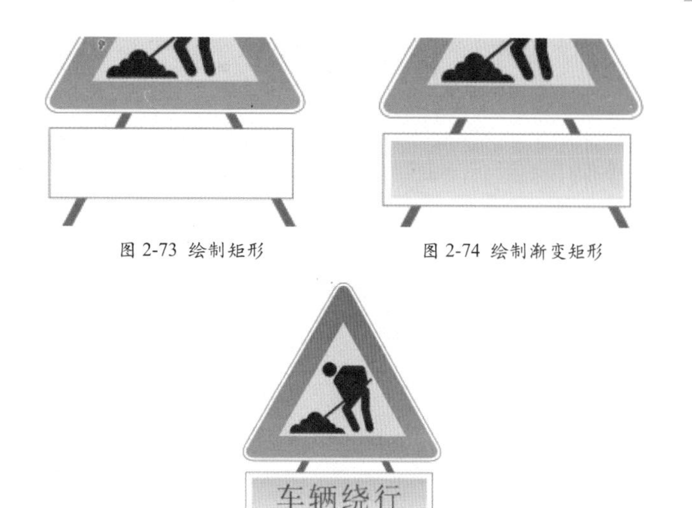


图 2-73 绘制矩形

图 2-74 绘制渐变矩形

图 2-75 本例的最终效果

## 实例 08 绘制水晶图标

**案例说明**

本例将绘制效果如图 2-76 所示的水晶图标，主要练习填充工具、矩形工具、贝塞尔工具、形状工具、交互式透明工具等的使用。

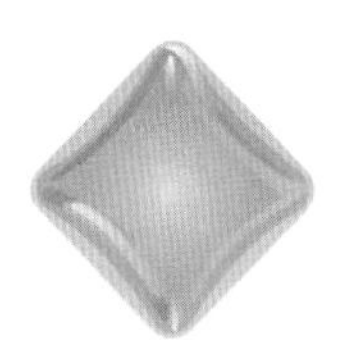

图 2-76 实例的最终效果

### 操作步骤

(1) 新建文件，使用工具箱中的矩形工具绘制一个长、宽均为 70mm 的矩形，在属性栏中将矩形的 4 个边角圆滑度均设置为 26、将旋转角度设置为 45，效果如图 2-77 所示。

(2) 选中矩形对象，设置其填充颜色为（C：18；M：2；Y：96；K：0），填充后的效果如图 2-78 所示。

图 2-77 绘制圆角矩形

图 2-78 填充颜色

(3) 使用矩形工具结合形状工具绘制一个如图 2-79 所示的闭合图形，然后单击工具箱中的“填充工具”按钮，打开“渐变填充”对话框，在“类型”下拉列表框中选择“辐射”，选中“自定义”单选按钮，设置渐变颜色为（C：40；M：0；Y：100；K：0）和（C：0；M：20；Y：100；K：0），填充效果如图 2-80 所示。

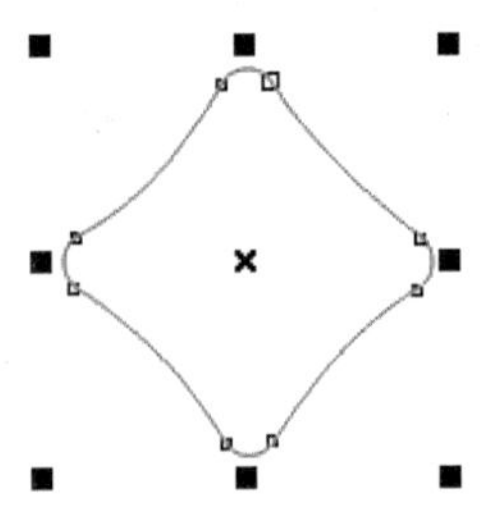

图 2-79 绘制闭合图形

图 2-80 填充渐变颜色

（4）使用贝塞尔工具结合形状工具绘制一个如图 2-81 所示的闭合图形，填充颜色为黄色，并去掉轮廓，然后使用交互式透明工具对闭合图形进行透明操作，直到出现如图 2-82 所示的效果。

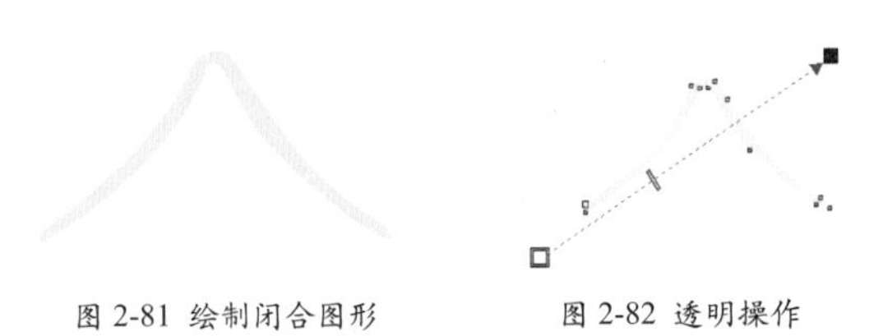

图 2-81 绘制闭合图形　　图 2-82 透明操作

（5）将绘制好的闭合图形放到合适的位置，如图 2-83 所示。然后使用相同的方法绘制另一个闭合图形，填充颜色为（C：17；M：0；Y：27；K：0），并执行相同的透明操作，效果如图 2-84 所示。

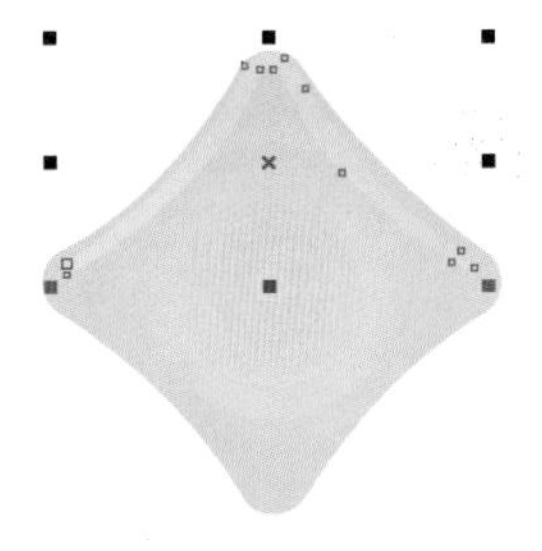

图 2-83 调整位置

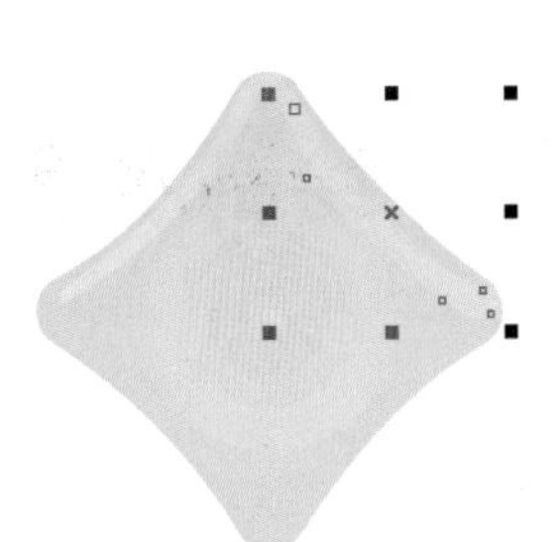

图 2-84 添加透明效果

（6）使用相同的方法添加其他部位的透明效果，如图 2-85 所示。

（7）使用选择工具选择所有图形，然后按 Ctrl+G 组合键将对象群组，并调整位置，效果如图 2-86 所示。

图 2-85 添加其他部位的透明效果

图 2-86 移动图形

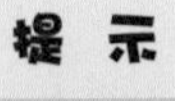

在选择工具和其他工具之间切换可以按空格键。

（8）将制作完成的水晶按钮复制两个，填充其他颜色，便可得到本例的最终效果，如图 2-87 所示。

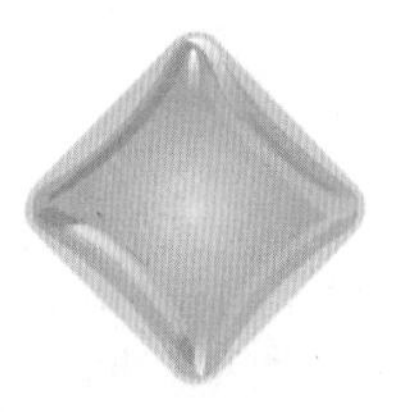

图 2-87 本例的最终效果

# 09 绘制橘子图标

**案例说明**

本例将绘制如图 2-88 所示的橘子图标，在绘制过程中主要使用交互式变形工具、椭圆工具、刻刀工具等。

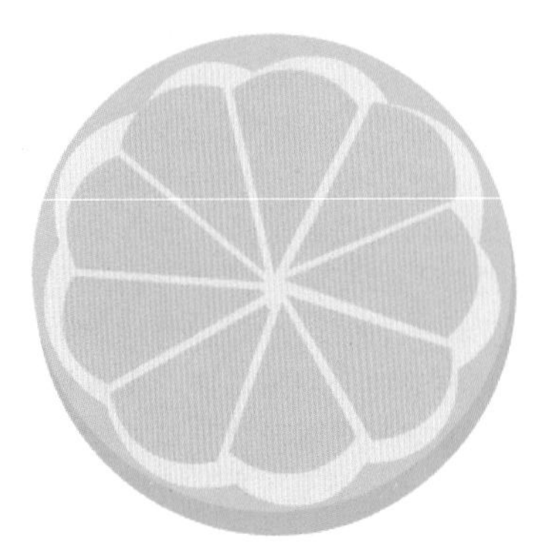

图 2-88 实例的最终效果

## 操作步骤

（1）按 F7 键激活椭圆工具，绘制一个圆，并填充颜色为（C：49；M：11；Y：93；K：0），并去掉轮廓，如图 2-89 所示。然后再绘制一个圆，填充颜色为（C：29；M：4；Y：86；K：0），并去掉轮廓，如图 2-90 所示。

图 2-89 绘制圆并填色

图 2-90 绘制圆并填色

（2）再绘制一个圆，填充颜色为（C：4；M：3；Y：15；K：0），并去掉轮廓。按 Ctrl+Q 组合键将圆转换为曲线，然后使用工具箱中的形状工具添加如图 2-91 所示的几个节点。

**提示**

按 Ctrl+Q 组合键，可以将选择的图形对象转换为曲线。

（3）选择工具箱中的交互式变形工具，单击属性栏中的“推拉变形”按钮。然后选中圆，按住鼠标左键从圆的中心向左拖动鼠标，属性栏如图 2-92 所示，得到如图 2-93 所示的效果。

图 2-91 添加节点

图 2-92 交互式变形工具属性栏

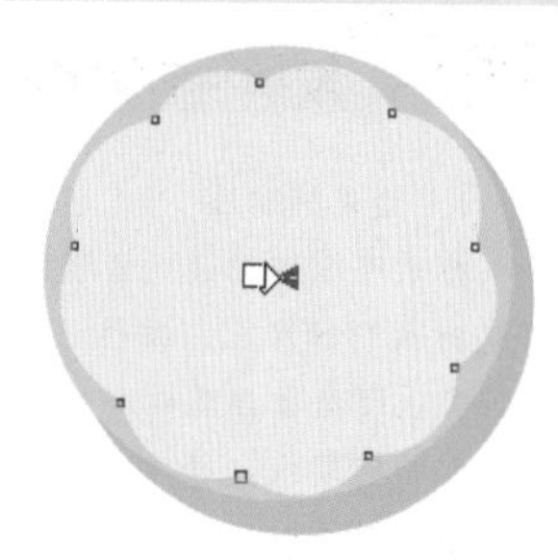

图 2-93 复制并变形

（4）选中图形，按小键盘上的“+”键，在原处复制一个图形，然后按住 Shift 键，向内等比例缩小图形，并改变图形的颜色为（C：11；M：11；Y：80；K：0），如图 2-94 所示。

（5）添加两条辅助线。按 Ctrl+Q 组合键将对象转换为曲线，然后选择工具箱中的刻刀工具，在属性栏中选择“剪切时自动闭合”按钮，在按住 Shift 键的同时将光标移动到节点上，当光标变为形状时单击，如图 2-95 所示。

图 2-94 变形效果

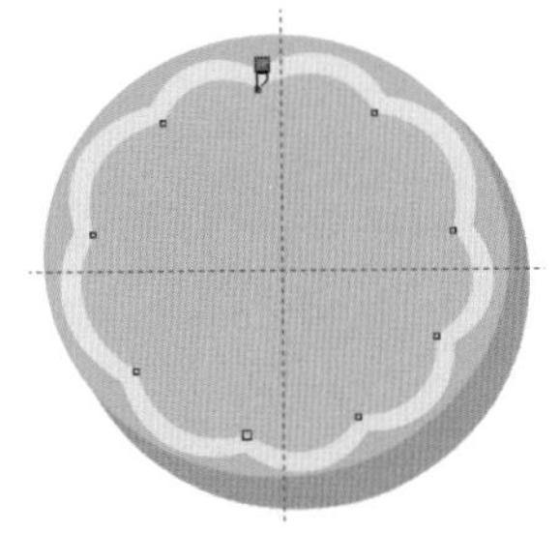

图 2-95 将光标移动到节点上

**提 示**

（1）创建与编辑辅助线。将鼠标指针移到水平或垂直标尺上，按住并拖动，此时会拖出一根辅助线并显示为当前对象，如果保持选中辅助线，再次单击，转动辅助线上两端的双向箭头，还可以旋转。如果要精确地设置其坐标和旋转角度，双击它，在打开的“选项”对话框中精确设置，如果不需要辅助线，按 Delete 键删除它。

（2）快速设置标尺 / 辅助线 / 网格。在标尺可见的前提下，右击标尺，将弹出一个快捷菜单，在此可以快捷地设置标尺 / 辅助线 / 网格。用户也可以使用“辅助线设置”命令设置辅助线，使用该命令，将进入“选项”对话框，在此对话框中可以设置并添加辅助线。

（6）将光标移动到两个辅助线的交点处，单击鼠标左键将光标移到另一个节点上，单击鼠标左键，则图形被分为两个部分，将分开的部分适当地向外移动一定的距离，如图 2-96 所示。

（7）使用相同的方法将其他部分分开，如图 2-97 所示。这样，本例的制作就完成了。

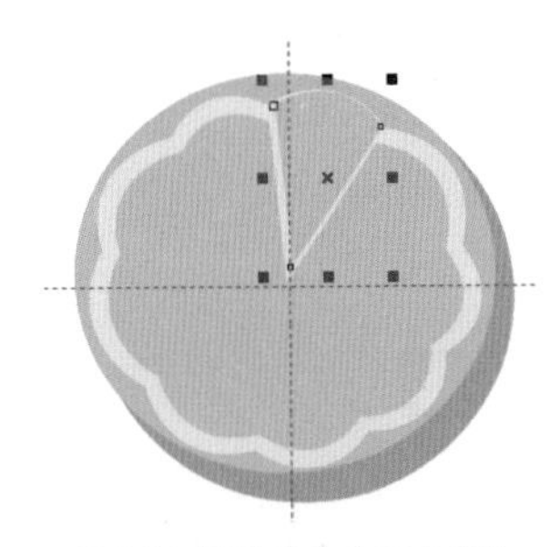

图 2-96 图形被分为两个部分

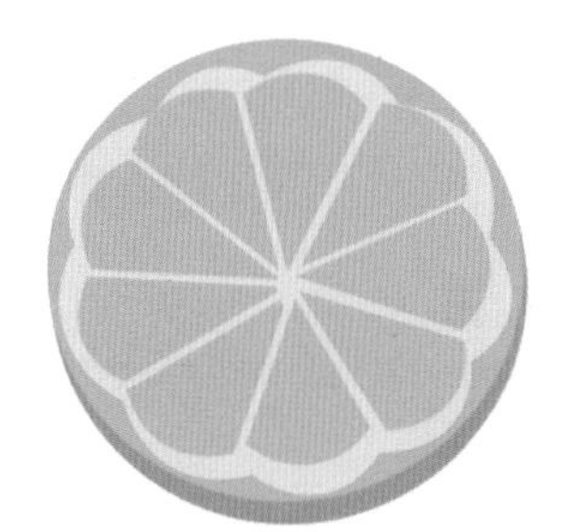

图 2-97 本例的最终效果

## 公告栏 绘图辅助设置

1．设置辅助线

标尺可以协助设计者确定物体的大小或设定精确的位置。标尺由水平标尺、垂直标尺和原点设置 3 个部分组成。将光标放到标尺上，按住鼠标左键不放向工作区拖动，即可拖出辅助线。从水平标尺上可拖出水平辅助线，从垂直标尺上可拖出垂直辅助线。

双击辅助线，将打开如图 2-98 所示的“选项”对话框，在此对话框中可以设置辅助线的角度、位置、单位等，还可以在精确的坐标位置处添加或删除辅助线。

图 2-98 “选项”对话框

2. 设置网格

网格的功能和辅助线一样，适用于更严格的定位需求和更精细的制图标准，例如进行标志设计，网格尤其重要。用户可执行“查看/网格”命令显示网格，如果不需要显示网格，再次执行“查看/网格”命令即可。

# 实 例 进 阶

## 实例 10 绘制农业图标

### 案例说明

本例将绘制效果如图 2-99 所示的图标，主要练习矩形工具、填充工具、“合并”命令等的使用。

图 2-99 实例的最终效果

### 步骤提示

(1) 使用矩形工具，同时按住 Ctrl 键绘制一个正方形（长：150mm；宽：150mm），并为其填充颜色为白色，如图 2-100 所示。

(2) 在正方形中绘制如图 2-101 所示的图形。

图 2-100 绘制正方形

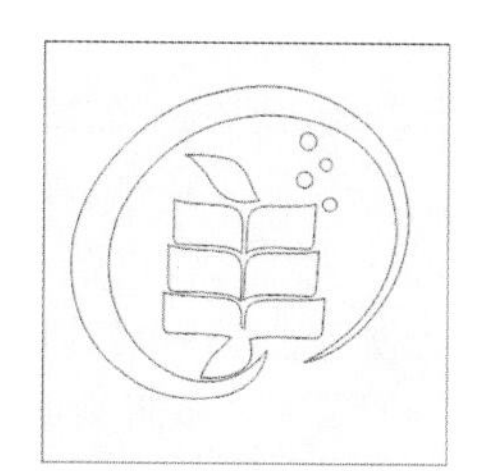

图 2-101 绘制图形

(3) 将图形全部框选，然后右击，选择“合并”命令。按 F11 键打开“渐变填充”对话框，为标志填充颜色，设置起点色块的颜色为（C：11；M：0；Y：96；K：0）、终点色块的颜色为（C：85；M：25；Y：90；K：11）、角度为 -90，如图 2-102 所示，完成设置后单击“确定”按钮，效果如图 2-103 所示。

（4）将标志选中，右击调色板中的☒按钮，将其轮廓去掉，如图 2-104 所示。

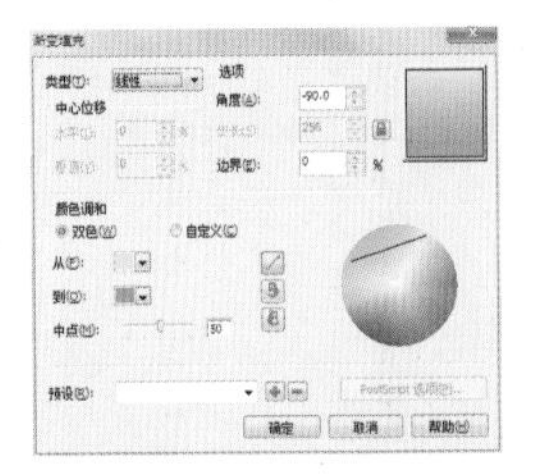
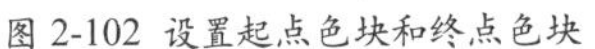

图 2-102 设置起点色块和终点色块

图 2-103 完成设置后的效果

图 2-104 去掉轮廓

## 实例 11 绘制超市购物车图标

**案例说明**

本例将绘制效果如图 2-105 所示的超市购物车图标，主要练习钢笔工具、矩形工具、填充工具、交互式透明工具等的使用。

图 2-105 实例的最终效果

## 步骤提示

（1）按 F6 键激活矩形工具，在属性栏的“边角圆滑度”数值框中设置矩形的边角圆滑度为 25，绘制一个圆角矩形。然后填充矩形的颜色为红色，并设置轮廓宽度和轮廓颜色，得到如图 2-106 所示的效果。

（2）使用同样的方法绘制其他图形，为图形应用线性渐变填充，设置相应的渐变颜色，并去掉轮廓，将图形排列到如图 2-107 所示的位置。

图 2-106 填充图形颜色并设置轮廓

图 2-107 绘制并添加渐变填充

（3）使用工具箱中的钢笔工具结合形状工具绘制一个图形，填充图形的颜色为 20% 黑，并去掉轮廓，如图 2-108 所示。然后为图形添加透明效果，在属性栏的透明度类型中选择“标准”，设置透明度操作为“添加”、开始透明度为 0，效果如图 2-109 所示。

图 2-108 绘制图形

图 2-109 添加透明效果

（4）使用工具箱中的钢笔工具结合形状工具绘制一组图形，并设置轮廓颜色和轮廓宽度，如图2-110所示。

（5）按F7键激活椭圆工具，绘制一组椭圆，然后填充椭圆的颜色为白色，并去掉轮廓，并排列图形到适当的位置，得到本例的最终效果，如图2-111所示。

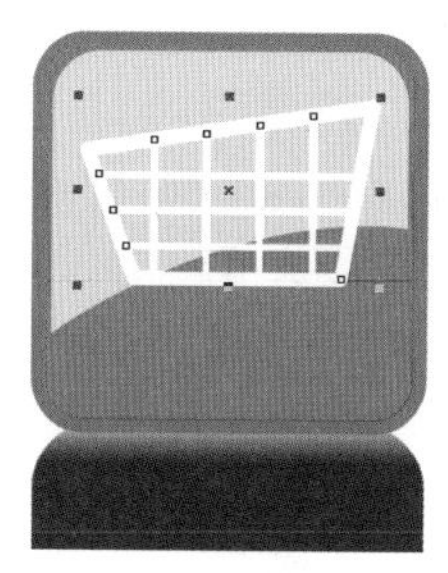

图2-110 绘制图形

图2-111 本例的最终效果

## 实例 12 绘制太阳图标

**案例说明**

本例将绘制效果如图2-112所示的图标，主要练习钢笔工具、矩形工具、形状工具、“旋转”命令等的使用。

图2-112 实例的最终效果

## 步骤提示

（1）使用矩形工具绘制一个矩形（长：175mm；宽：77mm），为其填充颜色为（C：16；M：12；Y：11；K：0），并去掉其轮廓，如图2-113所示。

（2）使用钢笔工具绘制如图2-114所示的图形，为其填充颜色为（C：3；M：1；Y：97；K：0），并将其轮廓去掉。

图2-113 绘制矩形

图2-114 绘制图形

（3）选中绘制的图形，执行“排列/变换/旋转”命令，在打开的泊坞窗中设置“角度”为-30、“旋转基点”为右、“副本”为8，如图2-115所示，效果如图2-116所示。

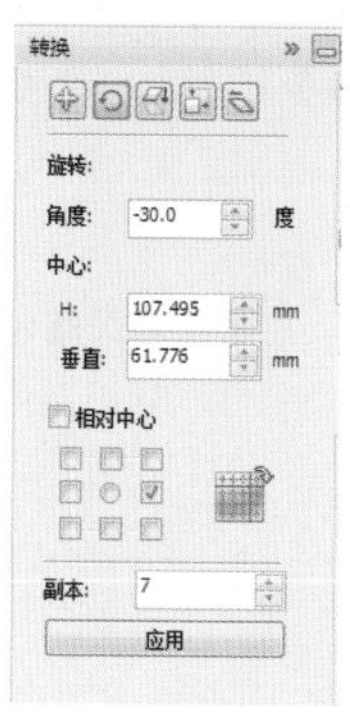


图2-115 “转换”泊坞窗

图2-116 设计角度和旋转基点

（4）使用钢笔工具绘制如图 2-117 所示的图形，并填充为白色，在属性栏中设置其轮廓宽度为 0.5mm。

（5）使用椭圆工具在白色图形的中心按住 Ctrl 键绘制一个直径为 15mm 的圆，并在属性栏中设置其轮廓宽度为 0.5mm，然后按 F11 键，在弹出的“渐变填充”对话框中设置其填充类型为“线性”、角度为 40、起点颜色为（C：4；M：7；Y：88；K：0）、终点颜色为（C：4；M：34；Y：95；K：0），效果如图 2-118 所示。

图 2-117 绘制并填充图形

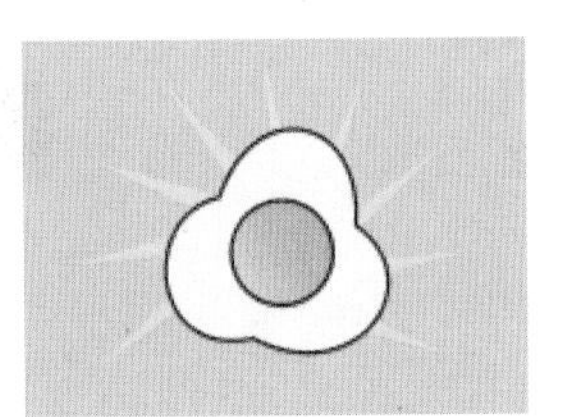

图 2-118 绘制并填充圆

（6）使用钢笔工具绘制如图 2-119 所示的图形，将其填充为白色，并去掉轮廓线；再次使用钢笔工具绘制如图 2-120 所示的图形，将其填充为（C：22；M：16；Y：19；K：0），并去掉轮廓线。

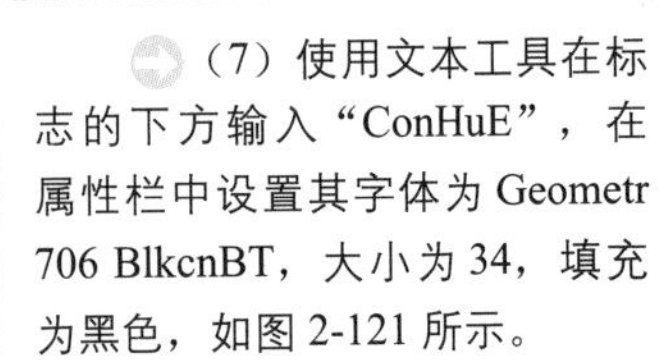

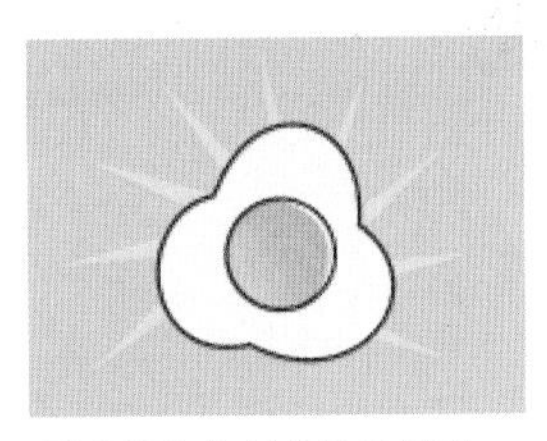

图 2-119 绘制并设置图形

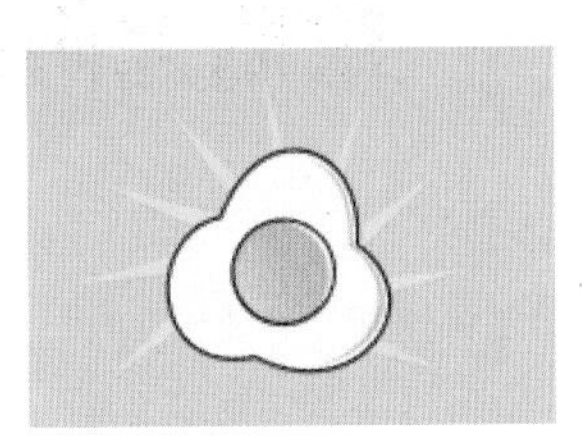

图 2-120 绘制并设置图形

（7）使用文本工具在标志的下方输入“ConHuE”，在属性栏中设置其字体为 Geometr 706 BlkcnBT，大小为 34，填充为黑色，如图 2-121 所示。

（8）将文字选中，然后右击，在弹出的快捷菜单中选择“转换为曲线”命令，然后使用工具箱中的形状工具，对文字进行变形，效果如图 2-122 所示。

图 2-121 输入并设置文字

图 2-122 将文字转换为曲线并进行变形

## 实例 13 绘制草莓图标

**案例说明**

本例将绘制效果如图 2-123 所示的草莓图标，主要练习贝塞尔工具、形状工具、椭圆工具、填充工具等的使用。

图 2-123 实例的最终效果

## 步骤提示

(1) 使用工具箱中的贝塞尔工具结合形状工具绘制图形。然后为图形应用线性渐变填充，设置相应的渐变颜色，并去掉轮廓，如图 2-124 所示。

(2) 使用同样的方法绘制如图 2-125 所示的白色图形。

(3) 按 F7 键激活椭圆工具，绘制一组椭圆，并填充椭圆为蓝色，去掉轮廓，效果如图 2-126 所示。

图 2-124 绘制图形并应用渐变填充

图 2-125 绘制白色图形

图 2-126 绘制椭圆

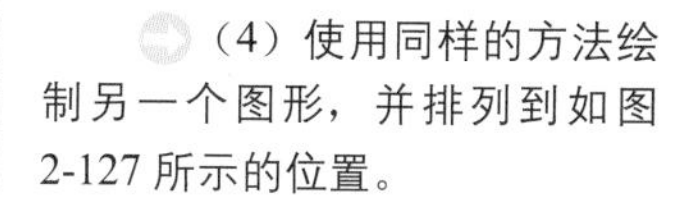

(4) 使用同样的方法绘制另一个图形，并排列到如图 2-127 所示的位置。

(5) 按 F7 键激活椭圆工具，绘制一组椭圆图形，然后为图形应用线性渐变填充，设置相应的渐变颜色，并去掉轮廓，如图 2-128 所示。

(6) 选中这组椭圆图形，调整图形的大小并排列到适当的位置，得到最终效果，如图 2-129 所示。

图 2-127 绘制图形　图 2-128 绘制椭圆并应用渐变填充　图 2-129 本例的最终效果

## 实例 14 绘制警示图标

**案例说明**

本例将绘制如图 2-130 所示的警示图标，在绘制过程中主要使用了钢笔工具以及对象的复制与等比例缩小操作。

图 2-130 实例的最终效果

## 步骤提示

(1) 按 F6 键激活矩形工具，在属性栏的“边角圆滑度”数值框中设置矩形的边角圆滑度为 28，在工作区中拖动鼠标，绘制一个圆角矩形，并填充为黑色，如图 2-131 所示。

(2) 复制矩形，按住 Shift 键向内等比例缩小矩形，并改变复制的矩形的颜色为黄色，如图 2-132 所示。

图 2-131 绘制矩形

图 2-132 复制图形

(3) 再次复制矩形，按住 Shift 键向内等比例缩小矩形，并去除矩形的填充色，如图 2-133 所示。然后将所有图形旋转 45°，如图 2-134 所示。

图 2-133 绘制矩形

图 2-134 旋转图形

(4) 使用工具箱中的钢笔工具绘制手形，填充颜色为黑色。这样，本例的制作就完成了。

# 实例 15 绘制镂空图案

**案例说明**

本例将绘制如图 2-135 所示的镂空图案，在绘制过程中主要使用了“转换”泊坞窗、钢笔工具等。

图 2-135 实例的最终效果

## 步骤提示

(1) 使用工具箱中的钢笔工具绘制图形，填充颜色为红色，并去掉轮廓，如图 2-136 所示。

(2) 保持对象处于选中状态，然后单击，对象四角将出现旋转符号，将中心点移到如图 2-137 所示的位置。

图 2-136 绘制图形并填色

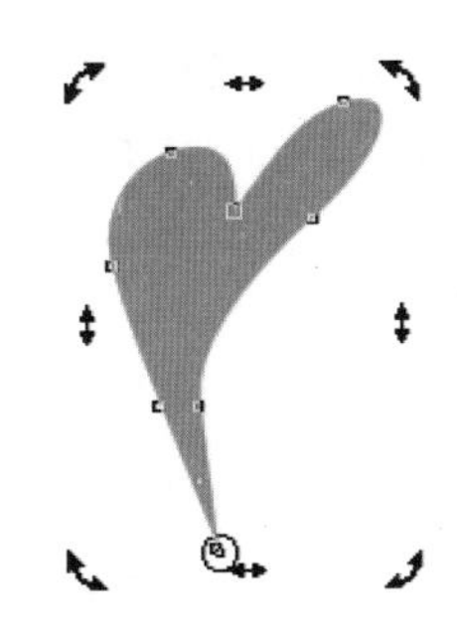

图 2-137 改变中心点

（3）执行“排列/变换/旋转”命令，打开“转换”泊坞窗，在泊坞窗中设置旋转角度为 15°，如图 2-138 所示，然后单击“应用”按钮，得到如图 2-139 所示的效果。

（4）选择所有图形，按 Ctrl+G 组合键将其群组，然后选中群组对象，按小键盘上“+”键，在原处复制一个对象，按住 Shift 键，向内等比例缩小对象，并改变复制的对象的颜色为白色。这样，本例的制作就完成了。

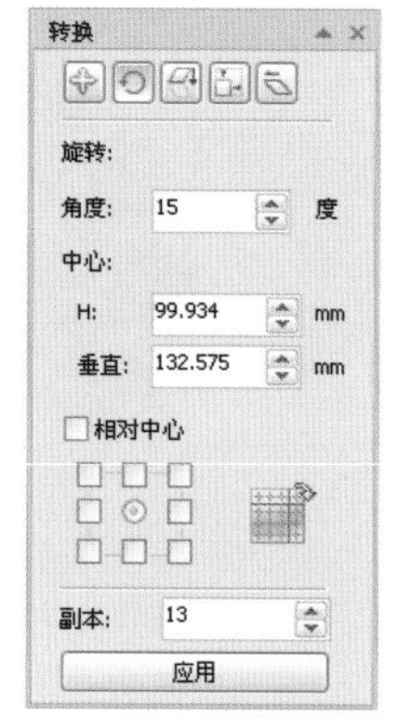

图 2-138 “转换”泊坞窗

图 2-139 旋转复制图形

## 实例 16 绘制绚烂图案

**案例说明**

本例将绘制如图 2-140 所示的绚烂图案，在绘制过程中主要使用了交互式调和工具、对象的旋转复制等。

图 2-140 实例的最终效果

## 步骤提示

（1）使用工具箱中的钢笔工具绘制图形，填充图形为黄色、轮廓色为红色。然后复制图形，将其等比例缩小，如图 2-141 所示。

（2）使用工具箱中的交互式调和工具在两个图形之间创建调和，效果如图 2-142 所示。然后群组图形，将中心点移到如图 2-143 所示的位置。

图 2-141 绘制并复制图形

图 2-142 调和图形

（3）在“转换”泊坞窗中设置旋转角度为 30°，单击“应用”按钮，使图形变为如图 2-144 所示的效果。然后选择所有图形，按 Ctrl+G 组合键将其群组。

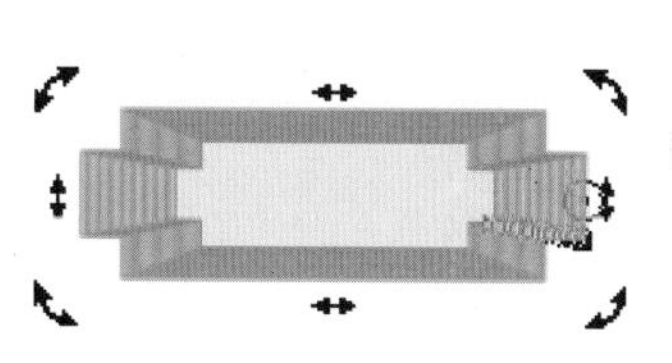
图 2-143 移动中心点位置

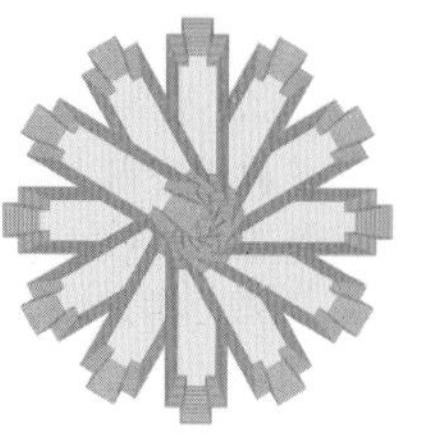
图 2-144 复制图形

（4）复制群组图形，将其缩小，如图 2-145 所示，并改变图形的颜色为黑色，如图 2-146 所示。

（5）在原处复制两个图形，将它们等比例缩小，这样本例的制作就完成了。

图 2-145 复制图形

图 2-146 改变图形颜色

## 实例 17 绘制锯齿图案

**案例说明**

本例将绘制如图 2-147 所示的锯齿图案，在绘制过程中主要使用了多边形工具、形状工具、交互式调和工具等。

图 2-147 实例的最终效果

## 步骤提示

（1）选择工具箱中的多边形工具，在属性栏中设置边数为 20，在工作区中拖动鼠标绘制一个多边形，如图 2-148 所示。然后填充图形为冰蓝色，并去掉轮廓，如图 2-149 所示。

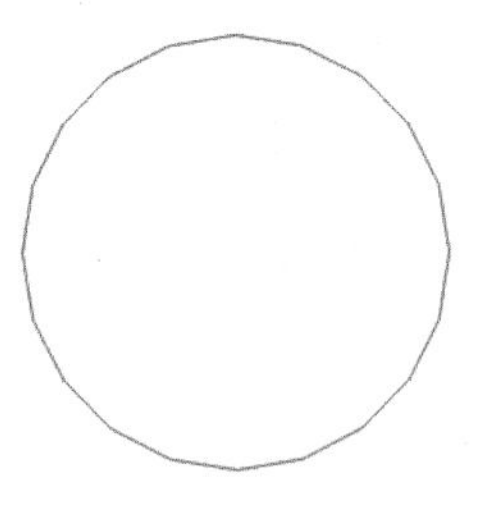

图 2-148 绘制图形

图 2-149 填色

（2）使用工具箱中的形状工具选中最上方的节点，按住鼠标左键不放，沿顺时针方向拖动节点，得到如图 2-150 所示的图形。

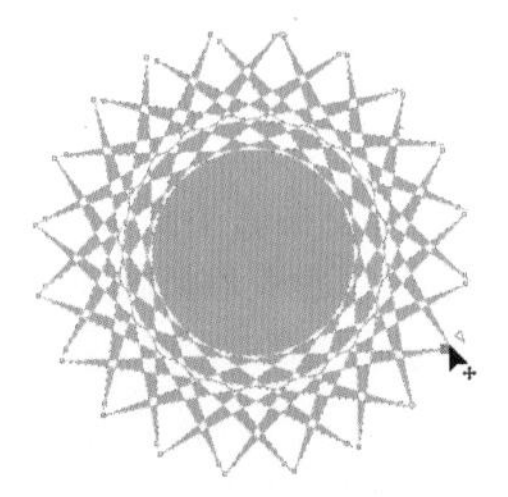

图 2-150 改变图形形状

（3）选中图形，按小键盘上的“+”键，在原处复制一个图形，然后按住 Shift 键，向内等比例缩小图形，并单击调色板中的黄色色块，改变复制的图形为黄色，如图 2-151 所示。

（4）使用工具箱中的交互式调和工具在两个图形之间创建调和，调和数为 6，效果如图 2-152 所示。然后选中黄色图形，将其旋转 320°，本例的制作就完成了。

图 2-151 复制图形

图 2-152 本例的最终效果

# 实例 18 绘制昆虫图标

**案例说明**

本例将绘制如图 2-153 所示的昆虫图标，在绘制过程中主要使用了交互式调和工具、交互式透明工具、“高斯式模糊”命令等。

图 2-153 实例的最终效果

## 步骤提示

（1）使用钢笔工具绘制两个图形，然后使用工具箱中的交互式调和工具在两个图形之间创建调和，效果如图 2-154 所示。

（2）使用钢笔工具绘制两个图形，然后使用工具箱中的交互式调和工具在两个图形之间创建调和，效果如图 2-155 所示。

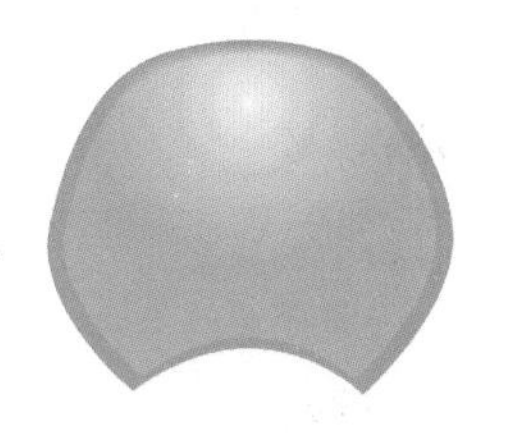

图 2-154 绘制图形并创建调和

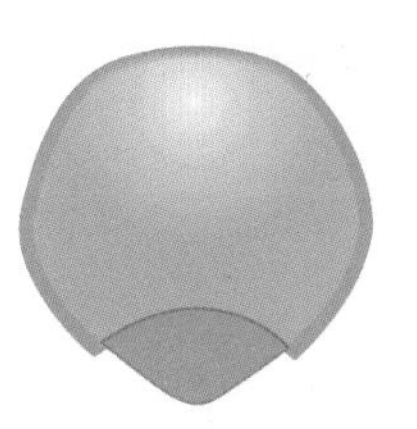

图 2-155 创建调和

（3）使用钢笔工具绘制一个矩形，并为矩形应用辐射透明，如图 2-156 所示。然后使用钢笔工具绘制一个触角，改变它的轮廓色和轮廓宽度，如图 2-157 所示。

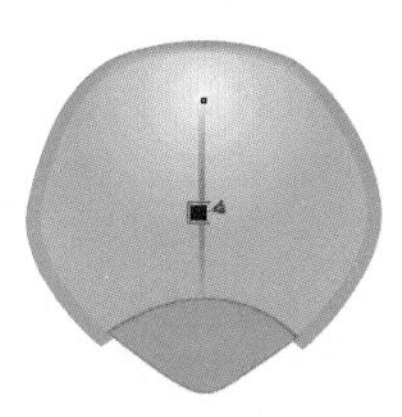

图 2-156 绘制矩形

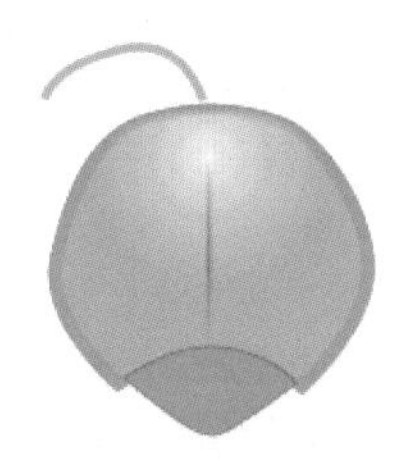

图 2-157 绘制曲线

（4）绘制圆，使用工具箱中的交互式透明工具为图形应用透明效果，在属性栏的透明度类型中选择“线性”，调整色块的起始位置，然后使用相同的方法制作另一个透明的圆，如图2-158所示。

（5）复制触角并进行水平镜像，得到如图2-159所示的效果。

图2-158 透明效果

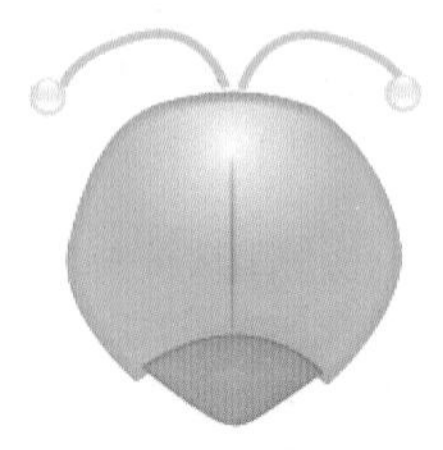

图2-159 镜像图形

（6）使用钢笔工具绘制一个椭圆，旋转一定角度后填充为黑色，然后使用钢笔工具绘制一个白色的图形，如图2-160所示。

（7）将图形转换为位图，然后执行“位图/模糊/高斯式模糊”命令模糊图形，如图2-161所示。最后复制眼睛并进行水平镜像，本例的制作就完成了。

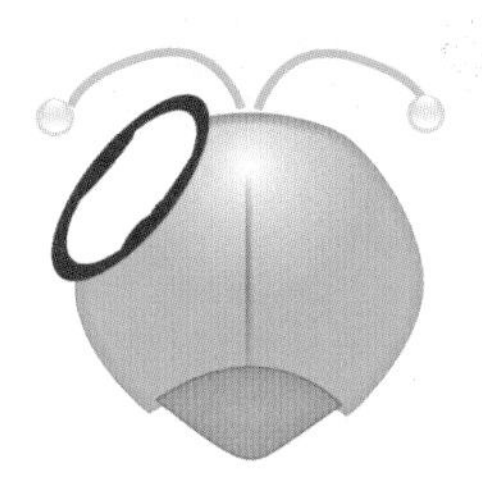

图2-160 绘制图形并填色

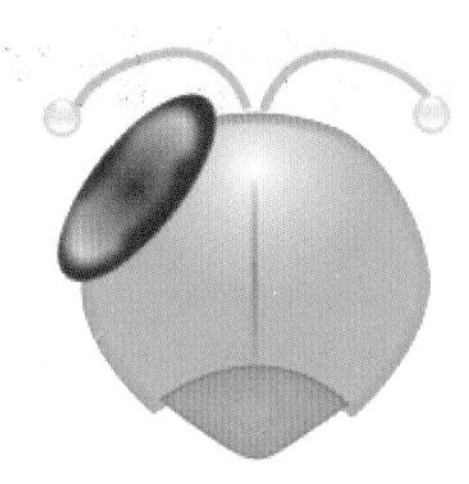

图2-161 模糊图形

## 公告栏 矢量图与位图的相互转换

1．将矢量图转换为位图

在编辑矢量图的过程中，有时要对矢量图的某些细节进行修改，就必须先将矢量图转换为位图。使用工具箱中的选择工具选择需要转换的图形，执行“位图/转换为位图”命令，打开如图2-162所示的“转换为位图”对话框。

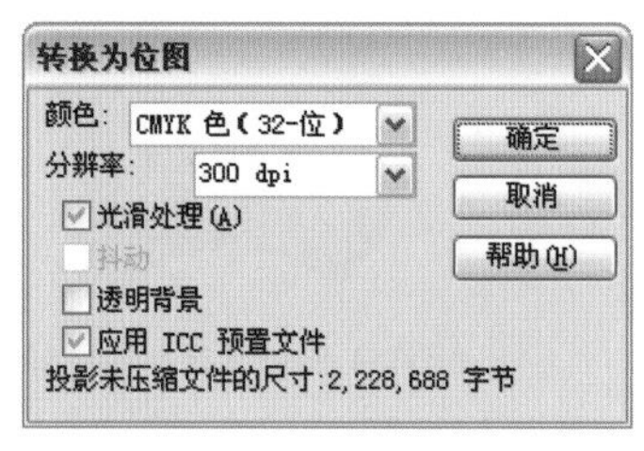


图2-162 “转换为位图”对话框

- 颜色：在“颜色”下拉列表框中选择矢量图转换成位图后的颜色类型。
- 分辨率：在“分辨率”下拉列表框中选择转换成位图后的分辨率。
- “光滑处理”复选框：可以使图形在转换的过程中消除锯齿，使边缘更加平滑。
- “应用ICC预置文件”复选框：可以使用ICC色彩将矢量图转换为位图。

设置完毕后单击“确定”按钮，即可将所选的矢量图转换为位图。

2．将位图转换为矢量图

使用“快速临摹”命令可以将位图转换为矢量图。使用工具箱中的选择工具选取图像，然后执行“位图/快速临摹”命令，系统将自动根据位图临摹出一幅矢量图。

# 实例 19 绘制立体动物图标

**案例说明**

本例将绘制如图 2-163 所示的立体动物图标，在绘制过程中主要使用了交互式透明工具、底纹填充、“高斯式模糊”命令等。

图 2-163 实例的最终效果

## 步骤提示

(1) 使用钢笔工具绘制马的形状，并设置颜色为（C：69；M：91；Y：100；K：66），如图 2-164 所示。

(2) 复制马的形状，按 F10 键激活形状工具，修改图形的形状，然后为图形进行底纹填充，选择如图 2-165 所示的底纹，效果如图 2-166 所示。

图 2-164 绘制图形并填色

图 2-165 “底纹填充”对话框

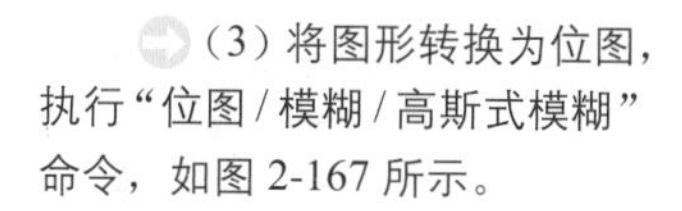

(3) 将图形转换为位图，执行“位图 / 模糊 / 高斯式模糊”命令，如图 2-167 所示。

(4) 使用钢笔工具绘制高光形状，并填充为白色。然后将图形转换为位图，执行“位图 / 模糊 / 高斯式模糊”命令，对其进行模糊，如图 2-168 所示。

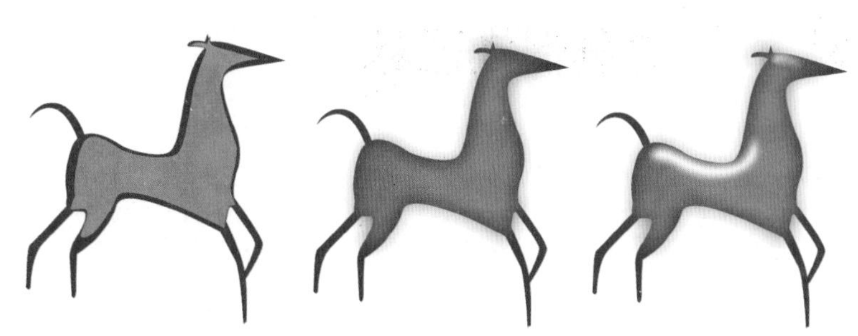

图 2-166 底纹效果　图 2-167 模糊马　图 2-168 模糊高光形状

(5) 选择工具箱中的交互式透明工具，设置透明度类型为“标准”、“开始透明度”为 50，得到本例的最终效果。

## 公告栏 图样填充

1. “图样填充”对话框

选中要填充的对象，单击工具箱中的图样工具，即可打开“图样填充”对话框，CorelDRAW 为用户提供了 3 种图案填充模式，分别是双色、全色和位图模式，如图 2-169 所示。

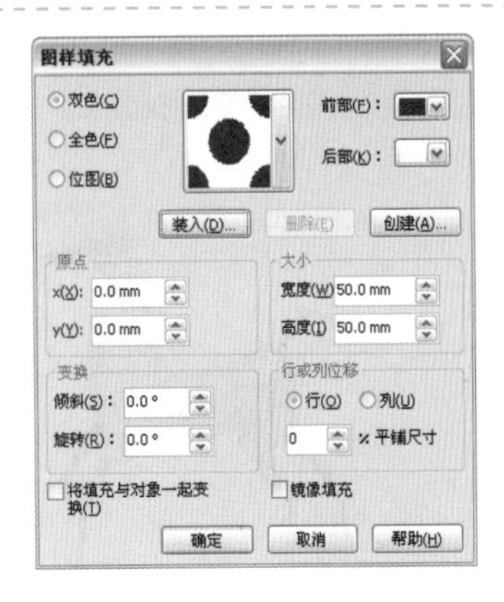


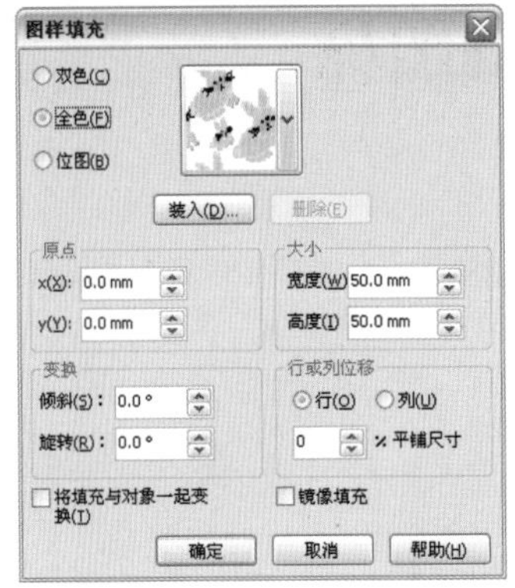


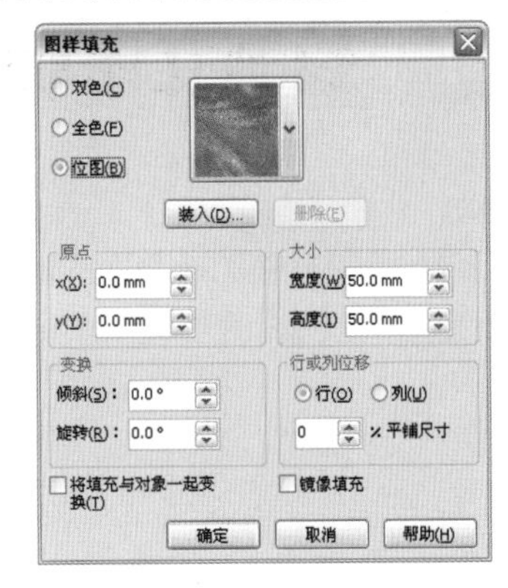


图 2-169 “图样填充”对话框

- 双色填充：双色填充实际上是为简单的图案设置不同的前景色和背景色形成的填充效果，可以通过对前部和后部的颜色进行设置来修改双色图样的颜色。
- 全色填充：在全色填充模式下，可以选择 CorelDRAW X6 提供的 44 种矢量图案样式进行填充。
- 位图填充：使用位图填充，可以用 CorelDRAW X6 提供的 60 种精美的位图样式进行填充。

2. 底纹填充

通过底纹填充，可以将模拟的各种材料底纹、材质或纹理填充到对象中，同时，还可以修改、编辑这些纹理的属性。

CorelDRAW 为用户提供了 300 多种底纹样式，有水彩类、石材类等图案，可以在“底纹列表”中进行选择。在选择一种样式后，还可以在“底纹填充”对话框中调整各项参数，得到一些效果迥异的底纹图案。图 2-170 所示为“底纹填充”对话框。

图 2-170 “底纹填充”对话框

## 实例 20 绘制促销图标

**案例说明**

本例将绘制如图 2-171 所示的促销图标，在绘制过程中主要使用了文本工具、椭圆工具、钢笔工具等。

图 2-171 实例的最终效果

## 步骤提示

（1）绘制一个圆，为圆填充渐变色，如图 2-172 所示。保持圆处于选中状态，按住 Shift 键，将光标放到 4 个角的任意一个控制点上，按住鼠标左键不放向内等比例缩小对象，到一定位置后右击，复制圆，如图 2-173 所示。

图 2-172 绘制渐变圆

图 2-173 复制渐变圆

（2）使用钢笔工具绘制一条直线，并改变直线的轮廓色与轮廓宽度，如图 2-174 所示。

（3）使用工具箱中的文本工具字输入文字，并改变文字的字体、大小及颜色，如图 2-175 所示。

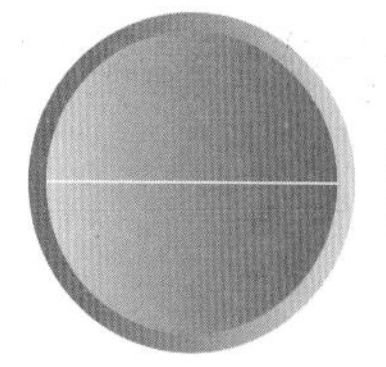
图 2-174 绘制直线

图 2-175 输入文字

（4）绘制一个圆，按 F12 键打开“轮廓笔”对话框，改变圆的样式和轮廓色，得到本例的最终效果。

# 实 例 提 高

## 实例 21 绘制金币图标

**案例说明**

本例将绘制如图 2-176 所示的金币图标，在绘制过程中主要使用了椭圆工具、渐变色的填充、钢笔工具等。

图 2-176 实例的最终效果

## 实例 22 绘制漂亮的图案

**案例说明**

本例将绘制如图 2-177 所示的漂亮图案，在绘制过程中主要使用了对象的旋转复制、钢笔工具等。

图 2-177 实例的最终效果

## 实例 23 绘制菊花图案

**案例说明**

本例将绘制如图 2-178 所示的菊花图案，在绘制过程中主要使用了钢笔工具、“转换”泊坞窗、交互式调和工具等。

图 2-178 实例的最终效果

## 24 绘制多彩星形图案

**案例说明**

本例将绘制如图 2-179 所示的多彩星形图案，在绘制过程中主要使用了星形工具、对象的复制和填充等。

图 2-179 实例的最终效果

## 25 绘制锁图标

**案例说明**

本例将绘制如图 2-180 所示的锁图标，在绘制过程中主要使用了多边形工具、椭圆工具、钢笔工具等。

图 2-180 实例的最终效果

## 26 绘制喇叭图标

**案例说明**

本例将绘制如图 2-181 所示的喇叭图标，在绘制过程中主要使用了多边形工具、椭圆工具、钢笔工具、填充工具等。

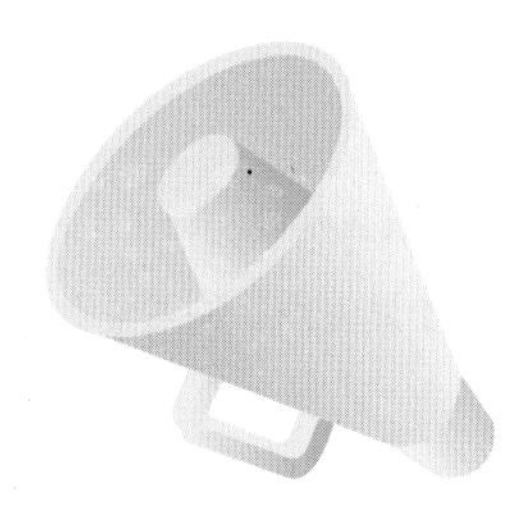

图 2-181 实例的最终效果

## 27 绘制广告图标

**案例说明**

本例将绘制如图 2-182 所示的广告图标，在绘制过程中主要使用了多边形工具、椭圆工具、钢笔工具、渐变填充、文本工具等。

图 2-182 实例的最终效果

# 第3章 卡通形象绘制

在生活中随处可见各种可爱的卡通形象，本章我们就来学习和练习绘制可爱的卡通形象。在设计卡通形象时，重点把握卡通形象的状态、表情、姿势等。在绘制过程中一般先绘制卡通形象的基本轮廓图形，然后再对其进行上色等操作。

卡通小鸡

可爱的猫

环保晶晶

爱运动的小牛

卡通信封

小兔

卡通小子

卡通树叶

凤凰

摄影女孩

可爱的小狗

时尚潮人

# 实 例 入 门

## 实例 01 绘制卡通树叶

**案例说明**

本例将绘制一个如图 3-1 所示的卡通树叶效果，在绘制过程中使用了形状工具、贝塞尔工具、椭圆工具等基本工具。

图 3-1 实例的最终效果

## 操作步骤

（1）使用工具箱中的贝塞尔工具结合形状工具绘制如图 3-2 所示的图形，然后填充图形的颜色为黑色，并去掉轮廓，如图 3-3 所示。

图 3-2 绘制图形

图 3-3 填充颜色

（2）用同样的方法绘制一组图形，填充图形的颜色为（C：70；M：0；Y：100；K：0），并移动到合适的位置，效果如图 3-4 所示。

（3）按 F7 键激活椭圆工具，绘制一个椭圆并填充椭圆的颜色为白色，去掉轮廓，效果如图 3-5 所示。

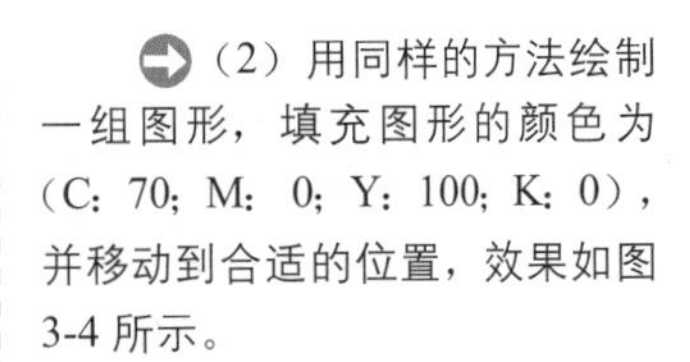

图 3-4 绘制图形

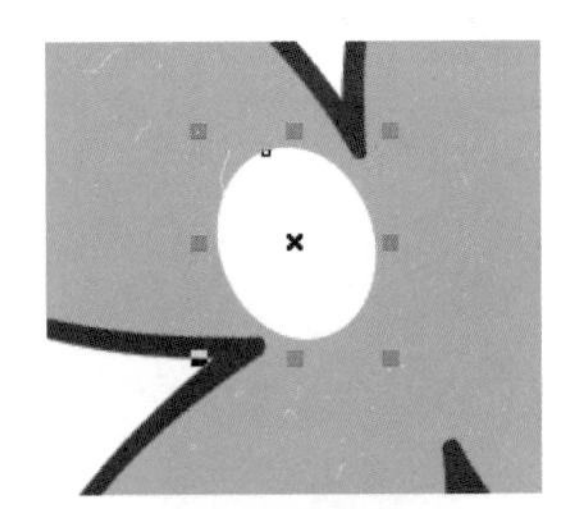

图 3-5 绘制椭圆

（4）选中白色的椭圆，按住 Shift 键等比例缩至合适的大小并右击复制图形，填充图形的颜色为黑色，效果如图 3-6 所示。用同样的方法再绘制一个白色的小椭圆，效果如图 3-7 所示。

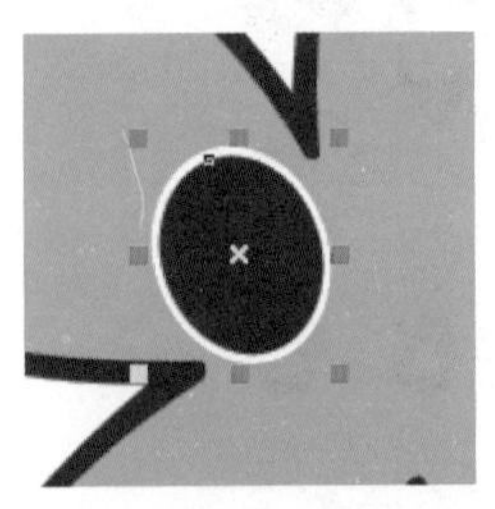

图 3-6 复制椭圆

图 3-7 绘制椭圆

（5）使用工具箱中的贝塞尔工具结合形状工具绘制如图 3-8 所示的图形，为图形应用线性渐变填充，设置起点色块的颜色为白色，中间色块的颜色为（C：0；M：100；Y：100；K：0），终点色块的颜色为（C：0；M：40；Y：0；K：0），完成后去掉轮廓，如图 3-9 所示。

图 3-8 绘制图形

图 3-9 填充效果

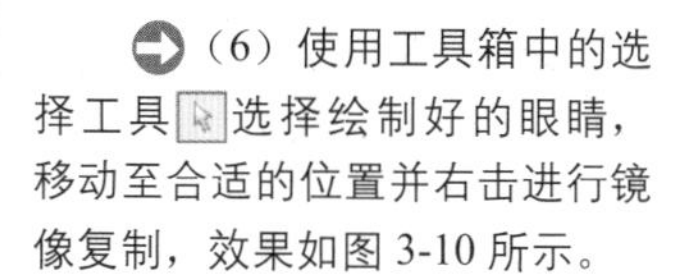

（6）使用工具箱中的选择工具选择绘制好的眼睛，移动至合适的位置并右击进行镜像复制，效果如图 3-10 所示。

（7）使用工具箱中的贝塞尔工具结合形状工具绘制如图 3-11 所示的“嘴巴”图形，填充图形颜色为红色，并去掉轮廓，如图 3-12 所示。

图 3-10 绘制眼睛

图 3-11 绘制嘴巴

图 3-12 填充颜色

## 实例 02 绘制环保晶晶

**案例说明**

本例绘制效果如图 3-13 所示的环保晶晶，在绘制过程中主要使用了贝塞尔工具、形状工具、椭圆工具、填充工具、交互式透明工具等。

图 3-13 实例的最终效果

## 操作步骤

（1）使用工具箱中的椭圆工具，按住键盘上的 Ctrl 键在绘图页面中绘制一个圆形，填充颜色为（C：0；M：0；Y：20；K：0），如图 3-14 所示。按 F12 键，打开“轮廓笔”对话框，设置轮廓宽度为 5.12mm、颜色为黑色，设置完毕后单击“确定”按钮，得到如图 3-15 所示的效果。

图 3-14 绘制圆形

图 3-15 设置轮廓宽度

（2）使用工具箱中的贝塞尔工具结合形状工具绘制如图3-16所示的曲线。按F12键，打开“轮廓笔”对话框，设置轮廓宽度为1.91mm、颜色为黑色，设置完毕后单击“确定”按钮，并移动到如图3-17所示的位置。

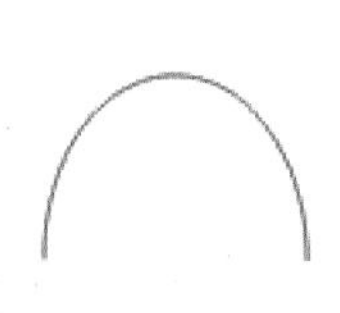
图 3-16 绘制曲线

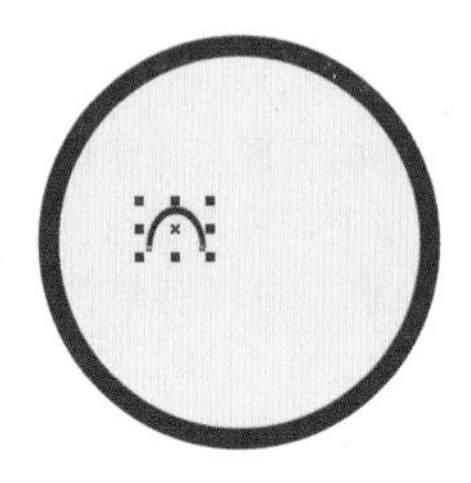
图 3-17 设置轮廓宽度并移动

（3）用同样的方法绘制另外一条曲线，作为卡通人物的“眉毛”，将轮廓宽度设置为1.0 mm，如图3-18所示。选中眉毛和眼睛，水平移动并复制，然后单击属性栏中的“水平镜像”按钮，对复制的图形进行水平镜像操作，如图3-19所示。

图 3-18 绘制眼睛

图 3-19 绘制眉毛和眼睛

（4）使用工具箱中的贝塞尔工具结合形状工具绘制如图3-20所示的图形，并设置图形颜色为（C：0；M：27；Y：0；K：0）。按F12键，打开“轮廓笔”对话框，设置轮廓宽度为5.124mm、颜色为黑色，设置完毕后单击“确定”按钮，并移动到如图3-21所示的位置。

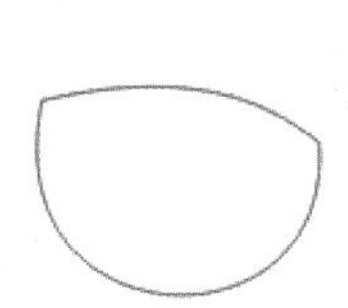
图 3-20 绘制图形

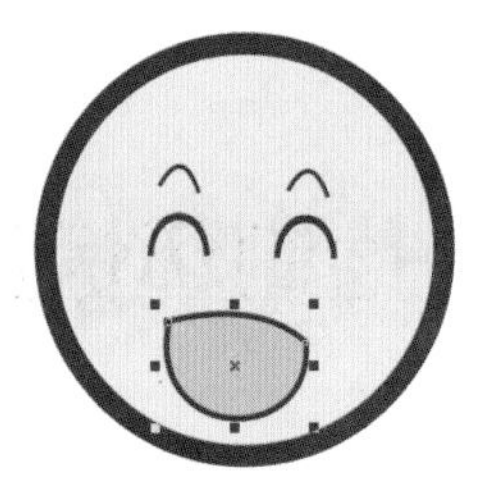
图 3-21 填充颜色

（5）使用工具箱中的椭圆工具，绘制一个如图3-22所示的椭圆，填充颜色为红色，并移动到如图3-23所示的位置。

图 3-22 绘制椭圆

图 3-23 填充颜色

（6）使用工具箱中的贝塞尔工具结合形状工具绘制如3-24所示的图形，并设置图形颜色为（C：0；M：27；Y：0；K：0）。按F12键，打开“轮廓笔”对话框，设置轮廓宽度为1.0mm、颜色为黑色，设置完毕后单击“确定”按钮，并移动到如图3-25所示的位置。

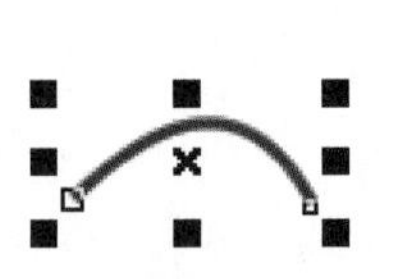
图 3-24 绘制曲线

图 3-25 移动图形

(7) 使用工具箱中的贝塞尔工具结合形状工具绘制如图3-26所示的图形，并填充图形颜色为（C：66；M：0；Y：100；K：0）。按F12键，打开“轮廓笔”对话框，设置轮廓宽度为4.41mm、颜色为黑色，设置完毕后单击“确定”按钮，并移动到如图3-27所示的位置。

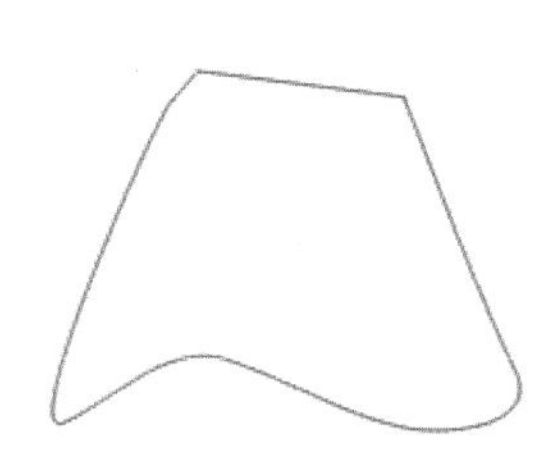

图 3-26 绘制图形

图 3-27 填充颜色

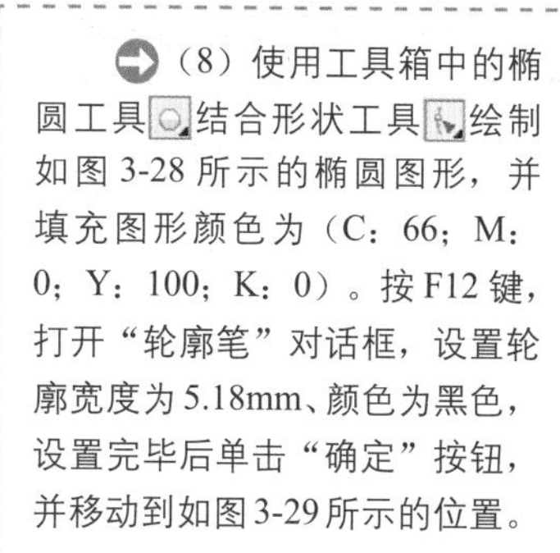

(8) 使用工具箱中的椭圆工具结合形状工具绘制如图3-28所示的椭圆图形，并填充图形颜色为（C：66；M：0；Y：100；K：0）。按F12键，打开“轮廓笔”对话框，设置轮廓宽度为5.18mm、颜色为黑色，设置完毕后单击“确定”按钮，并移动到如图3-29所示的位置。

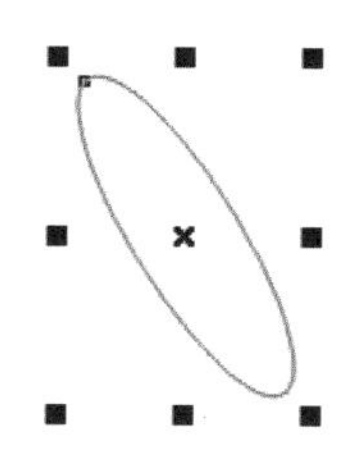

图 3-28 绘制图形

图 3-29 填充颜色

(9) 选中绘制好的一只胳膊，按住键盘上的Ctrl键，水平移动至合适的位置并右击复制，然后单击属性栏中的“水平镜像”按钮，对复制的图形应用水平镜像操作，如图3-30所示。

(10) 复制一个绘制好的“胳膊”图形，并旋转一定的角度移动至如图3-31所示的位置，作为卡通人物的腿，按Shift+PageDown键将其置于底层。用同样的方法绘制另外一条腿，如图3-32所示。

图 3-30 绘制胳膊

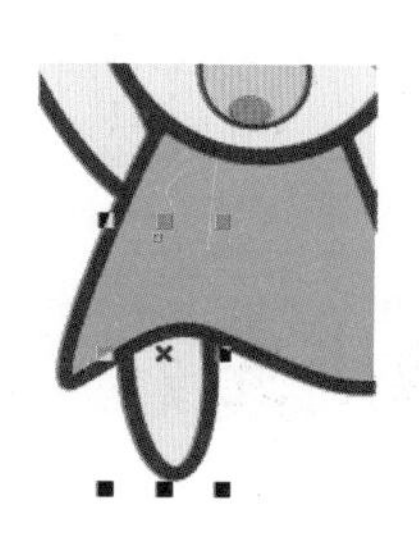

图 3-31 绘制腿

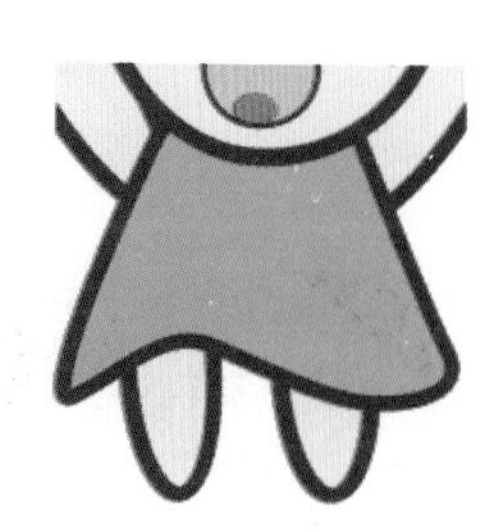

图 3-32 绘制另一条腿

(11) 使用工具箱中的贝塞尔工具结合形状工具绘制如图3-33所示的图形，并填充图形颜色为绿色。按F12键，打开“轮廓笔”对话框，设置轮廓宽度为2.58mm、颜色为黑色，设置完毕后单击“确定”按钮，如图3-34所示。

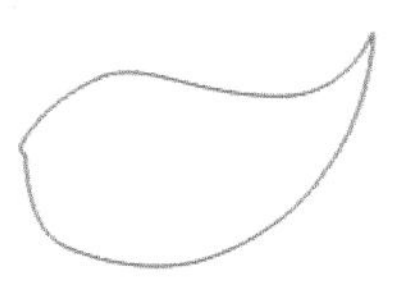

图 3-33 绘制图形

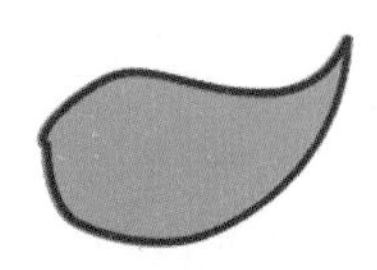

图 3-34 填充颜色

（12）选择工具箱中的手绘工具，在属性栏中设置手绘平滑度为 70，在页面上绘制一条曲线并结合形状工具进行编辑，如图 3-35 所示。

（13）用同样的方法绘制其他曲线，如图 3-36 所示。按住键盘上的 Shift 键将曲线全部选中，按 F12 键，打开“轮廓笔”对话框，设置轮廓宽度为 1.47mm、颜色为黑色，设置完毕后单击“确定”按钮，如图 3-37 所示。

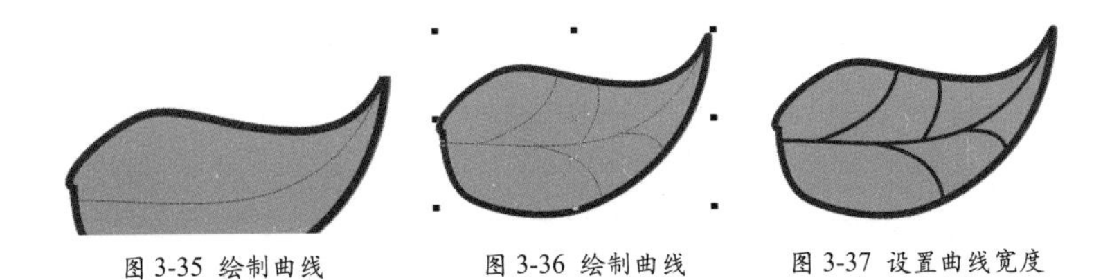

图 3-35 绘制曲线　图 3-36 绘制曲线　图 3-37 设置曲线宽度

（14）使用工具箱中的贝塞尔工具结合形状工具绘制如图 3-38 所示的图形，然后填充图形颜色为（C：0；M：0；Y：21；K：0），并去掉外轮廓，并移动到“叶子”的下端，如图 3-39 所示。使用工具箱中的交互式透明工具，在属性栏的透明度类型中选择“线性”，调整色块的起始位置如图 3-40 所示。

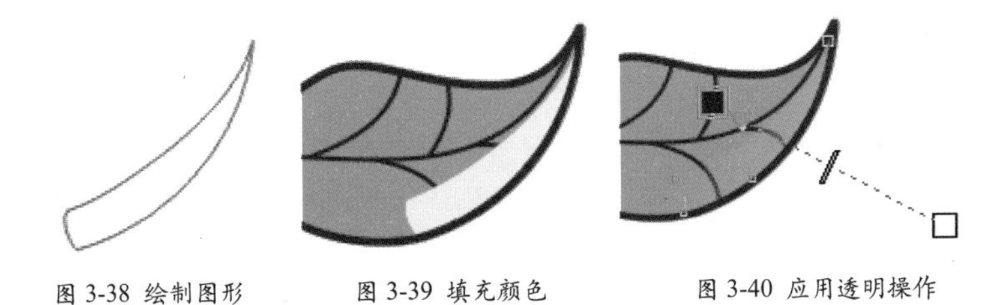

图 3-38 绘制图形　图 3-39 填充颜色　图 3-40 应用透明操作

（15）将绘制好的一片树叶移动至卡通晶晶的头部，得到本例的最终效果。

## 实例 03 绘制小兔

**案例说明**

本例将绘制一个可爱的小兔，最终效果如图 3-41 所示，在绘制过程中需要用到椭圆工具、贝塞尔工具、形状工具、填充工具、轮廓工具等基本工具。

图 3-41 实例的最终效果

## 操作步骤

(1)使用工具箱中的贝塞尔工具结合形状工具绘制如图3-42所示的图形，然后为图形应用辐射渐变填充，单击工具箱中的填充工具右下角的三角形符号，在弹出的工具组中单击“渐变”工具按钮，打开“渐变填充”对话框，设置起点色块的颜色为(C：0；M：50；Y：50；K：0)，终点色块的颜色为白色，效果如图3-43所示。

图3-42 绘制图形

图3-43 填充后的效果

(2)使用工具箱中的贝塞尔工具结合形状工具绘制如图3-44所示的图形，填充图形颜色为(C：20；M：0；Y：60；K：0)，如图3-45所示。用相同的方法绘制小兔的“手”和“脚”，如图3-46所示。

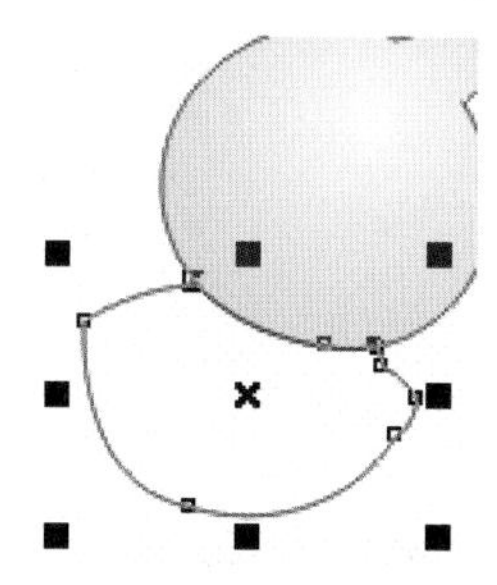

图3-44 绘制图形

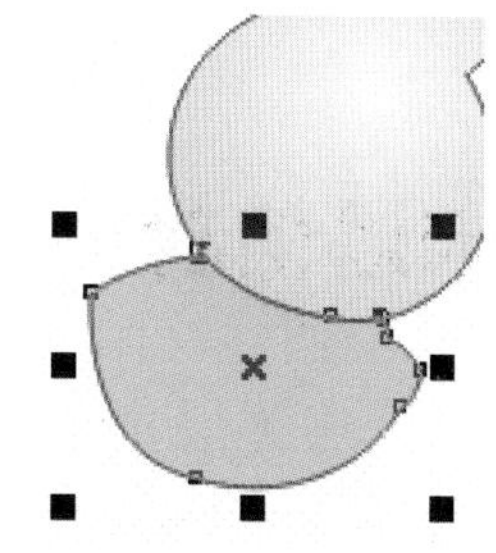

图3-45 填充颜色

图3-46 绘制“手”和“脚”

(3)绘制小兔的“嘴巴”和“眼睛”。使用工具箱中的椭圆工具绘制一组椭圆，并移动到如图3-47所示的位置。

(4)单击工具箱中的“手绘工具”按钮，在属性栏中设置手绘平滑度为70，绘制一条曲线并结合形状工具进行编辑，如图3-48所示。

图3-47 绘制“眼睛”和“嘴巴”

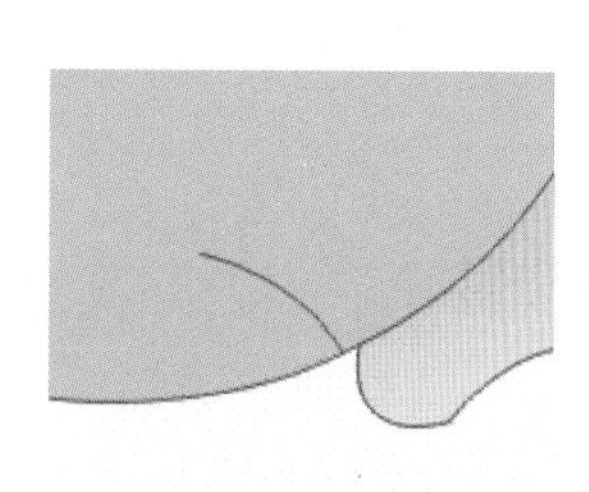

图3-48 绘制曲线

(5)使用工具箱中的贝塞尔工具结合形状工具绘制一个图形，填充图形颜色为白色，并移动到小白兔后面的一层，如图3-49所示。用同样的方法绘制一个图形，填充颜色为(C：0；M：20；Y：100；K：0)，如图3-50所示。

图3-49 绘制图形

图3-50 绘制图形

（6）使用工具箱中的矩形工具绘制一组矩形，并填充相应的颜色，如图 3-51 所示。

图 3-51 绘制图形

（7）单击工具箱中的“手绘工具”按钮，在属性栏中设置手绘平滑度为 70，在页面上绘制一条曲线并结合形状工具进行编辑，如图 3-52 所示。按 F12 键，打开“轮廓笔”对话框，设置轮廓宽度为 1mm、颜色为白色，其余参数设置如图 3-53 所示，设置完毕后单击“确定”按钮，得到如图 3-54 所示的效果。

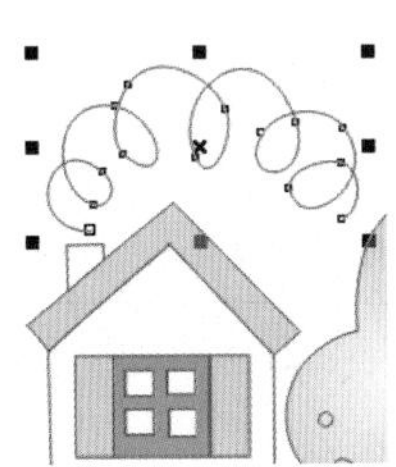
图 3-52 绘制图形

图 3-53 “轮廓笔”对话框

图 3-54 设置后的效果

## 实例 04 绘制卡通信封

**案例说明**

本例将绘制如图 3-55 所示的卡通信封，在绘制过程中会用到贝塞尔工具、形状工具、交互式阴影工具、椭圆工具、渐变工具等基本工具。

图 3-55 实例的最终效果

## 操作步骤

（1）使用工具箱中的矩形工具绘制一个如图 3-56 所示的矩形。

（2）单击工具箱中的填充工具右下角的三角形符号，在弹出的工具组中单击“渐变”工具按钮，打开“渐变填充”对话框，为矩形应用线性渐变填充，设置起点色块的颜色为（C：40；M：0；Y：0；K：0），终点色块的颜色为白色，设置完毕后单击“确定”按钮，去掉边框线，得到如图 3-57 所示的效果。

图 3-56 绘制矩形

图 3-57 填充后的效果

(3)用同样的方法绘制一个小矩形，并填充相应的渐变颜色，效果如图3-58所示。

(4)选中黄色的渐变图形，使用工具箱中的交互式阴影工具，在复制的椭圆上向外拖动鼠标，为其应用阴影效果。在属性栏中设置阴影不透明度为50，羽化为10，阴影颜色为黑色，如图3-59所示。

图3-58 绘制黄色的渐变图形

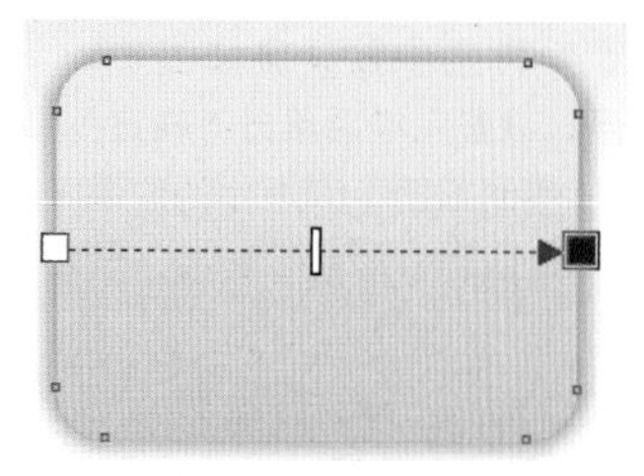

图3-59 添加阴影效果

(5)使用工具箱中的贝塞尔工具结合形状工具绘制如图3-60所示的图形。单击工具箱中的填充工具右下角的三角形符号，在弹出的工具组中单击“渐变”工具按钮，打开“渐变填充”对话框，为图形应用线性渐变填充，设置起点色块的颜色为（C：0；M：20；Y：100；K：0）、终点色块的颜色为（C：0；M：0；Y：40；K：0）。

(6)设置完毕后单击“确定”按钮，去掉边框线，得到如图3-61所示的效果。用同样的方法绘制其他渐变效果的图形，并填充相应的渐变颜色，效果如图3-62所示。

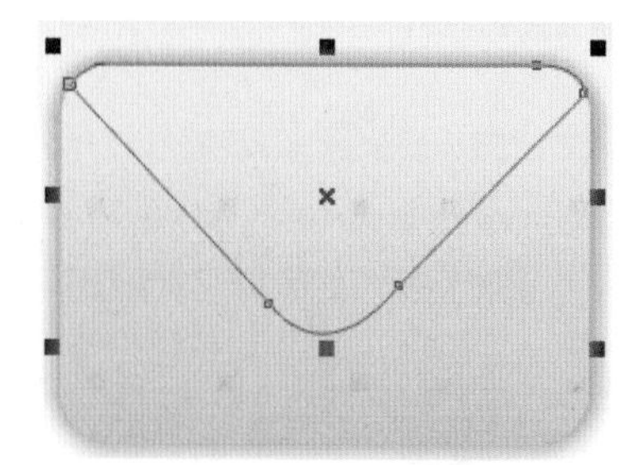

图3-60 绘制图形

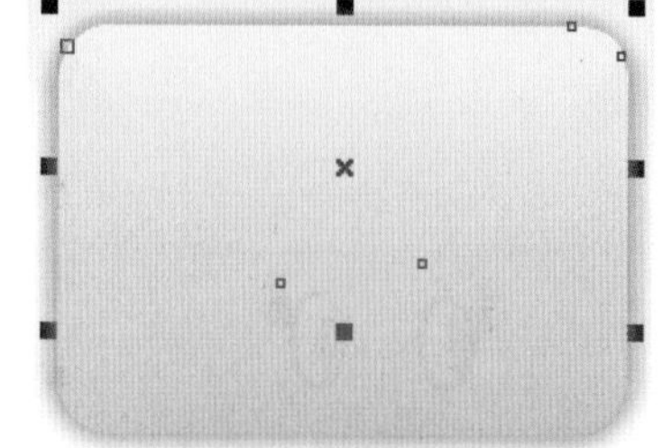

图3-61 填充后的效果

图3-62 绘制渐变图形

(7)单击工具箱中的“基本形状”工具按钮，在属性栏中单击“完美形状”按钮右下方的小三角，在弹出的面板中选择，绘制一个心形，填充颜色为红色，并调整形状，如图3-63所示。

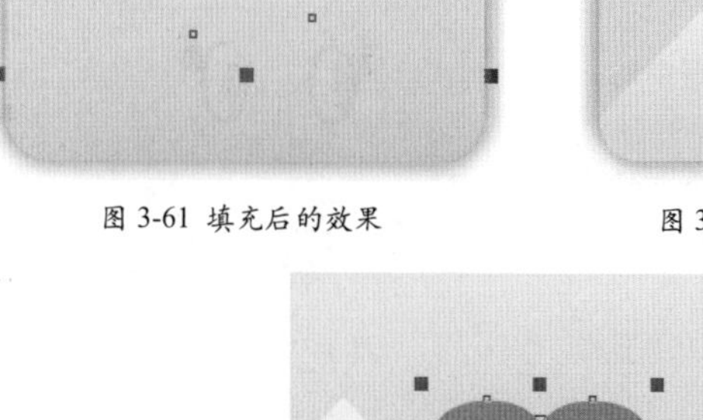

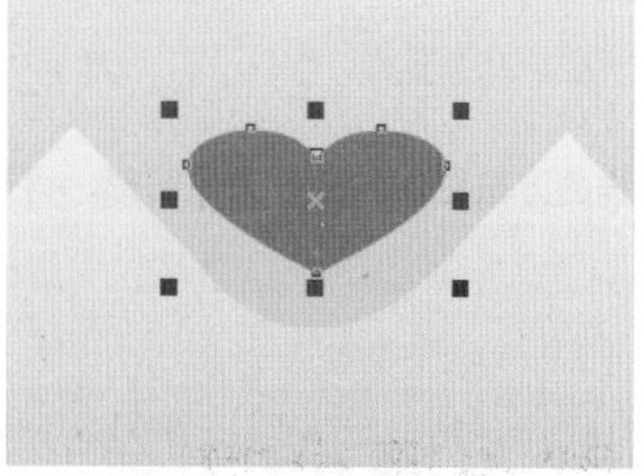

图3-63 绘制“心”形

(8)为图形添加交互式透明效果。使用工具箱中的交互式透明工具，在属性栏的透明度类型中选择“线性”，调整色块的起始位置，如图3-64所示。

(9)用同样的方法绘制其他透明效果的图形，如图3-65所示。

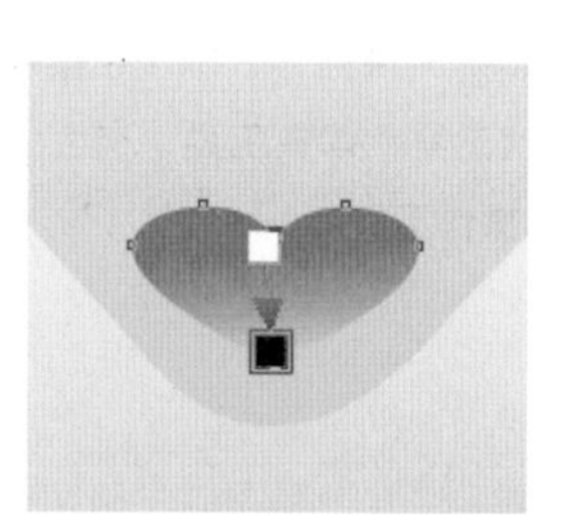

图3-64 添加透明效果

图3-65 绘制透明效果图形

（10）使用工具箱中的椭圆工具绘制一个椭圆，按F12键，打开“轮廓笔”对话框，设置轮廓宽度为0.5mm、颜色为黑色，其余参数设置如图3-66所示，设置完毕后单击“确定”按钮，得到如图3-67所示的效果。

图3-66 “轮廓笔”对话框

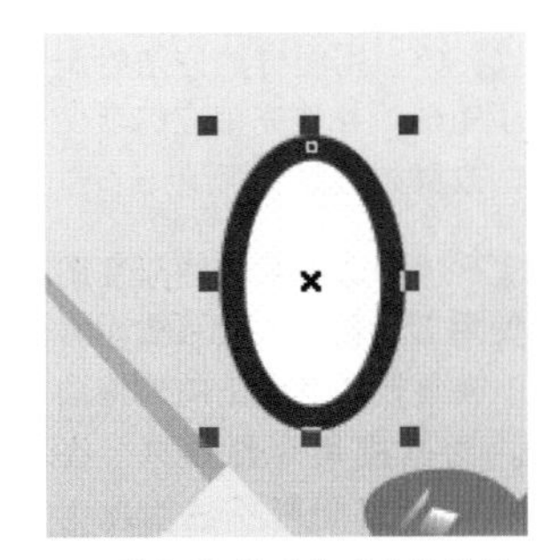
图3-67 设置轮廓后的效果

（11）用同样的方法绘制一个椭圆，填充椭圆的颜色为（C：73；M：89；Y：86；K：44），如图3-68所示。

（12）选择工具箱中的手绘工具，在属性栏中设置手绘平滑度为70，在页面中绘制一组曲线，并结合形状工具进行编辑，如图3-69所示。然后参照步骤9的方法设置轮廓宽度，如图3-70所示。

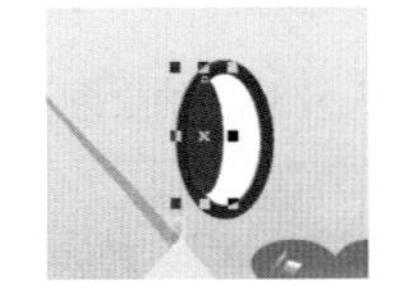
图3-68 绘制椭圆

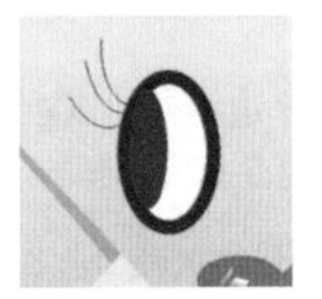
图3-69 绘制曲线

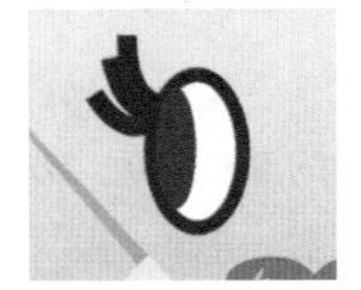
图3-70 设置曲线宽度

（13）用同样的方法绘制另外一只眼睛，效果如图3-71所示。

（14）使用工具箱中的贝塞尔工具结合形状工具绘制如图3-72所示的图形，填充图形颜色为30%黑，并去掉轮廓，如图3-73所示。

图3-71 绘制眼睛

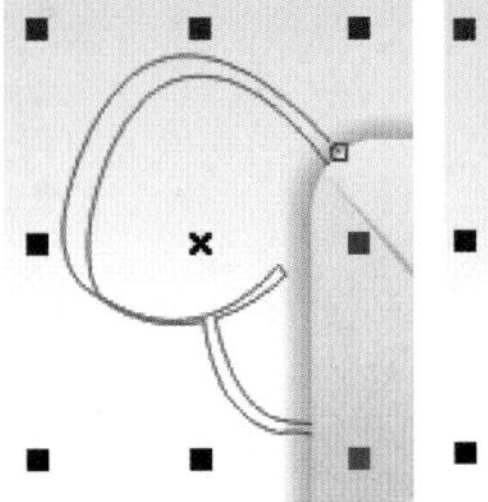
图3-72 绘制图形

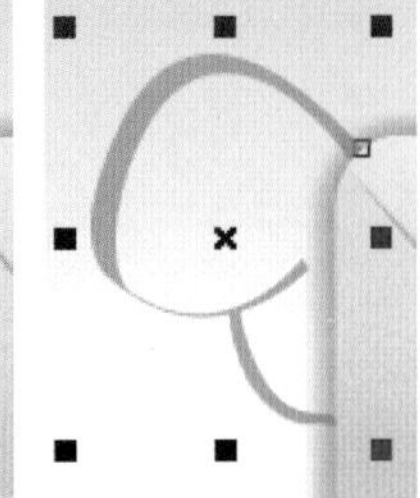
图3-73 填充颜色

（15）用同样的方法绘制其他效果的图形，得到本例的最终效果。

## 实例 05 绘制卡通小鸡

**案例说明**

本例将绘制一个卡通小鸡，最终效果如图3-74所示。本例在绘制过程中需要用到椭圆工具、贝塞尔工具、形状工具、填充工具、交互式填充工具、交互式变形工具、粗糙笔刷等基本操作工具。

图3-74 实例的最终效果

## 操作步骤

（1）使用工具箱中的椭圆工具绘制一个椭圆，效果如图3-75所示。按Ctrl+Q组合键，将图形转换为曲线，并结合形状工具进行编辑，效果如图3-76所示，然后填充图形颜色为（C：2；M：9；Y：20；K：0），并去掉轮廓，效果如图3-77所示。

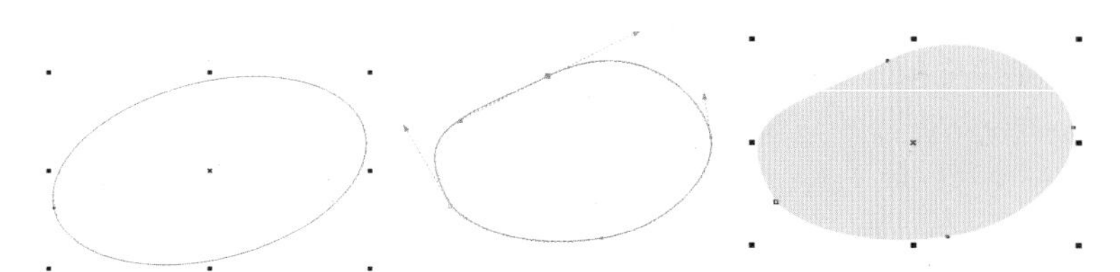

图3-75 绘制椭圆　　图3-76 编辑图形　　图3-77 填充颜色

（2）使用工具箱中的贝塞尔工具结合形状工具绘制如图3-78所示的图形，填充颜色为（C：35；M：63；Y：96；K：29），效果如图3-79所示。

图3-78 绘制图形

图3-79 填充颜色

（3）按F12键，打开“轮廓笔”对话框，设置轮廓宽度为0.7mm、颜色为（C：43；M：69；Y：96；K：55），其余参数设置如图3-80所示，单击“确定”按钮，得到如图3-81所示的效果。完成后按Ctrl+Shift+Q组合键，将轮廓转换为对象。

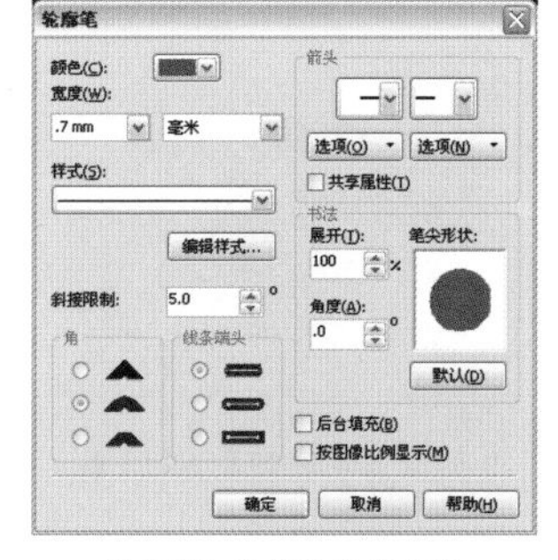


图3-80 设置轮廓笔参数

图3-81 更改轮廓宽度及颜色

（4）使用工具箱中的贝塞尔工具结合形状工具绘制如图3-82所示的图形，填充图形颜色为（C：43；M：69；Y：96；K：55），并去掉轮廓，效果如图3-83所示。

图3-82 绘制图形

图3-83 填充颜色

（5）使用同样的方法绘制下面的图形，填充图形颜色为（C：7；M：24；Y：34；K：1），并去掉轮廓，效果如图3-84所示。按Ctrl+PageDown组合键，将其排列到如图3-85所示的位置。

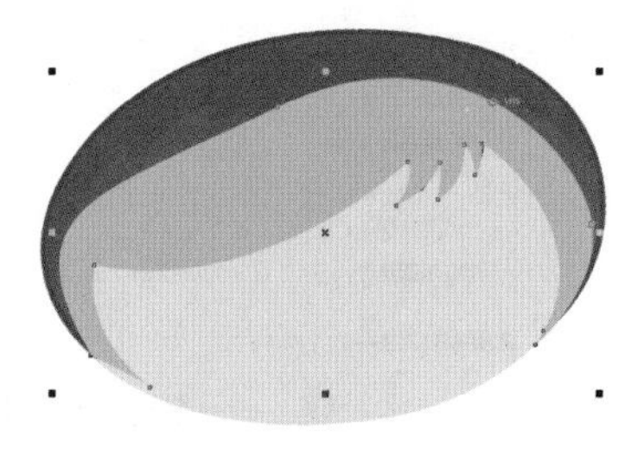

图3-84 绘制图形并填充颜色

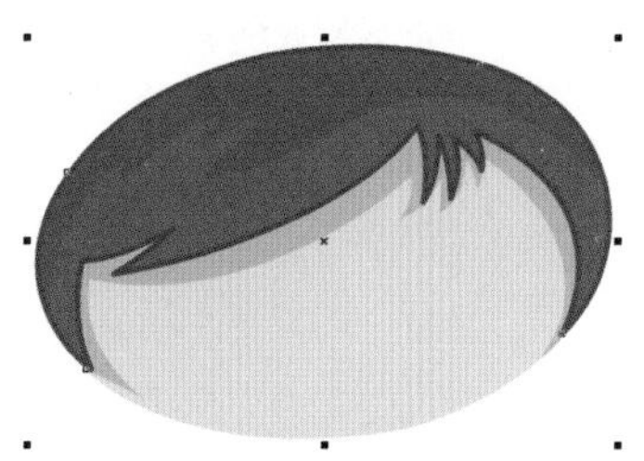

图3-85 排列图形顺序

(6) 使用工具箱中的贝塞尔工具结合形状工具绘制一条曲线，然后按F12键打开“轮廓笔”对话框，设置轮廓宽度为0.706mm，其余参数设置如图3-86所示，单击“确定”按钮，得到图如3-87所示的效果。

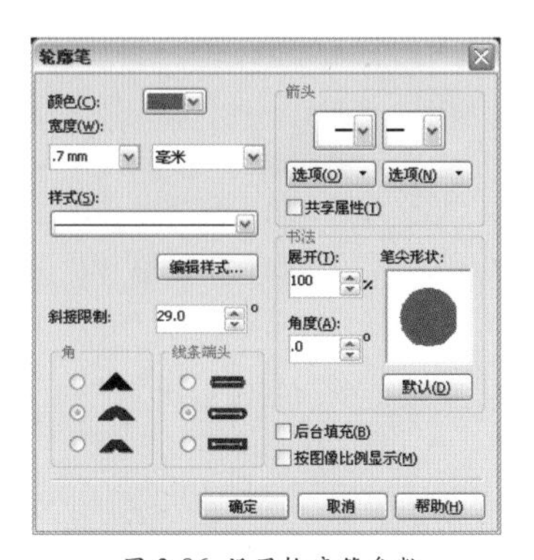


图3-86 设置轮廓笔参数

图3-87 圆角曲线

(7) 使用相同的方法绘制黑色图形，如图3-88所示。按小键盘上的“+”键复制图形，单击属性栏上的“水平镜像”按钮，对复制的图形进行水平镜像操作，并将其旋转，移动到如图3-89所示的位置。

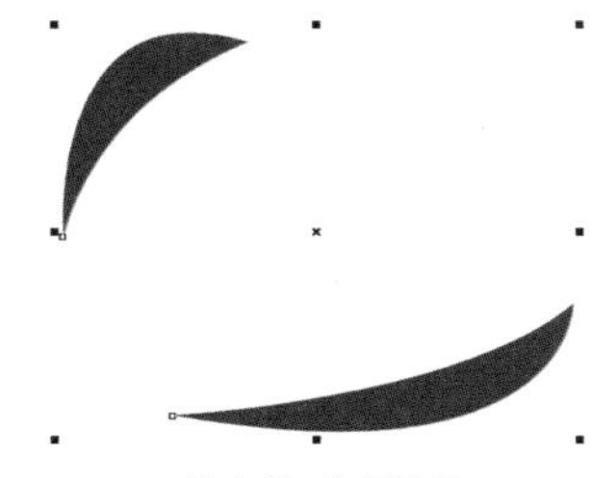

图3-88 绘制图形

图3-89 镜像复制图形并移动

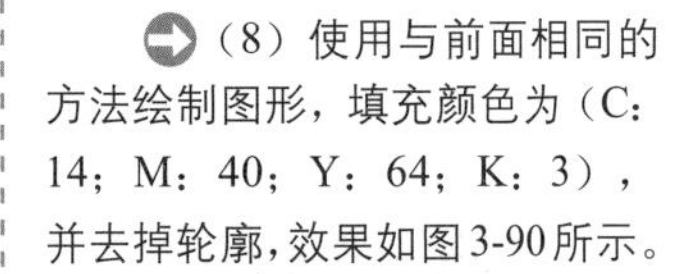

(8) 使用与前面相同的方法绘制图形，填充颜色为（C：14；M：40；Y：64；K：3），并去掉轮廓，效果如图3-90所示。

(9) 使用工具箱中的椭圆工具绘制一个椭圆，效果如图3-91所示。

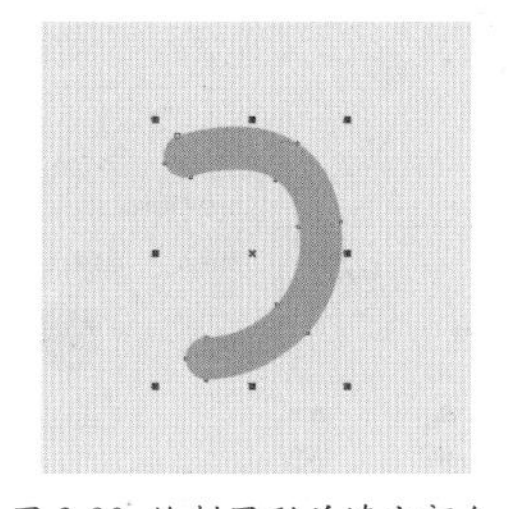

图3-90 绘制图形并填充颜色

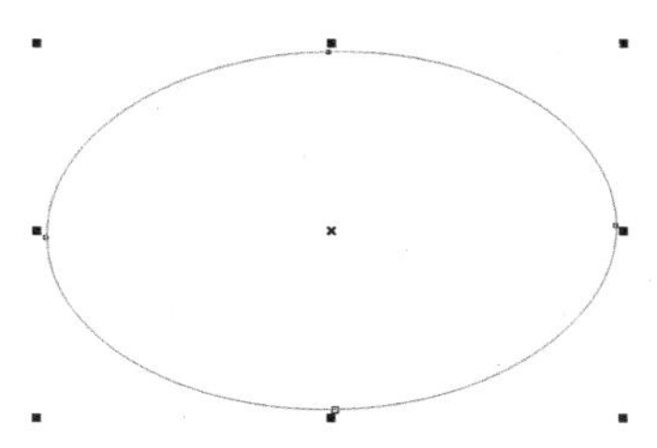

图3-91 绘制椭圆

(10) 单击工具箱中的“填充工具组”按钮右下角的三角形符号，在弹出的工具组中单击“渐变”工具按钮，打开“渐变填充”对话框，为图形应用辐射渐变填充，设置起点色块的颜色为（C：3；M：16；Y：34；K：0）、终点色块的颜色为（C：4；M：38；Y：92；K：0），单击“确定”按钮，并去掉轮廓，效果如图3-92所示。

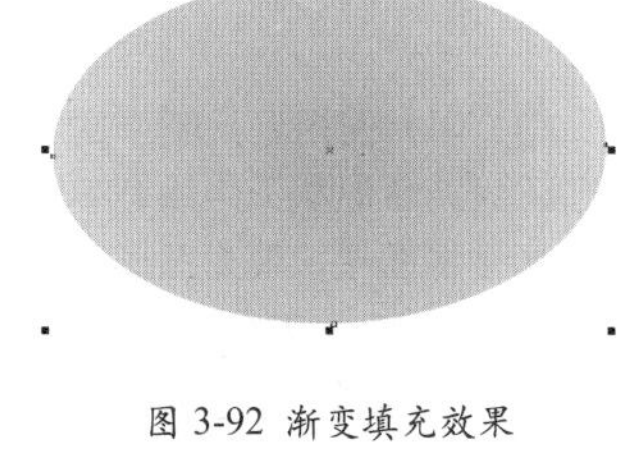

图3-92 渐变填充效果

(11) 执行“位图/转换为位图”命令，打开“转换为位图”对话框，设置参数如图3-93所示，单击“确定”按钮，效果如图3-94所示。

图3-93 “转换为位图”对话框

图3-94 “转换为位图”效果

(12) 执行“位图/模糊/高斯式模糊”命令，打开“高斯式模糊”对话框，设置参数如图3-95所示，单击“确定”按钮，效果如图3-96所示。

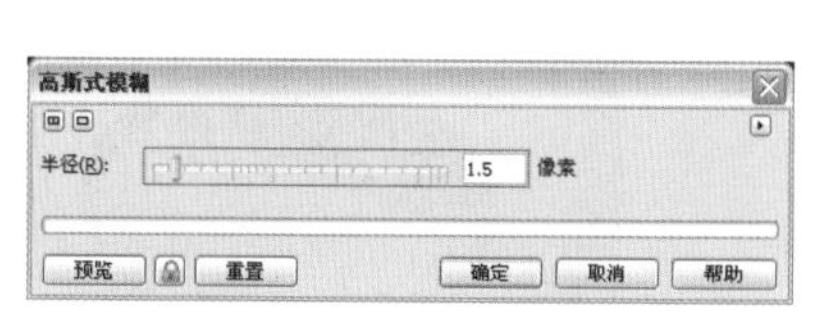

图 3-95 设置“高斯式模糊”参数

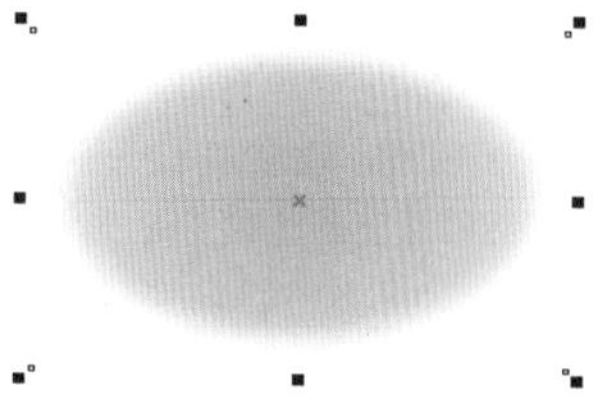
图 3-96 高斯式模糊效果

(13) 按小键盘上的“+”键复制图形，排列到合适的位置并调整旋转角度，效果如图3-97所示。

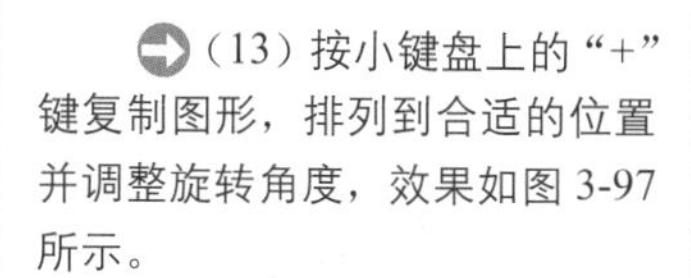

(14) 使用选择工具选择所有图形，然后按Ctrl+G组合键将其群组，效果如图3-98所示。

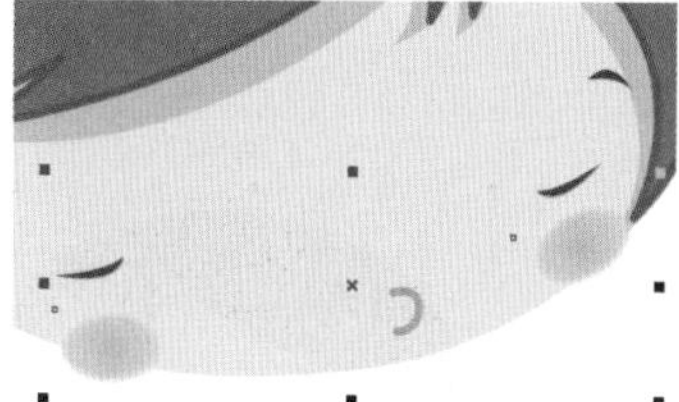
图 3-97 复制并移动图形

图 3-98 群组图形

(15) 使用工具箱中的椭圆工具绘制两个白色椭圆，并去掉轮廓，效果如图3-99所示。将其排列到合适的位置，然后选择这两个椭圆，单击属性栏中的“修剪”按钮，删除小圆部分，得到如图3-100所示的图形。

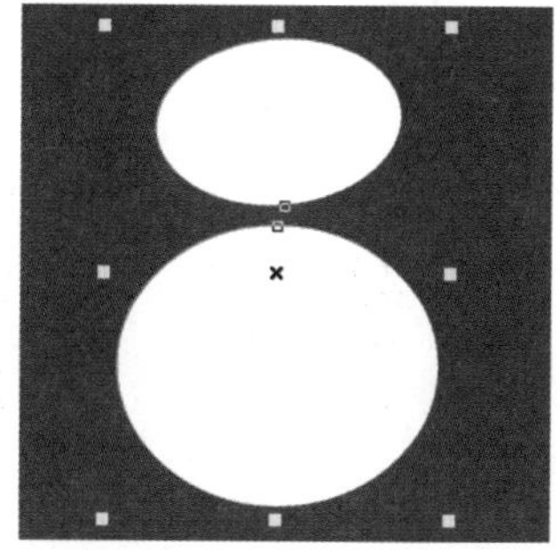
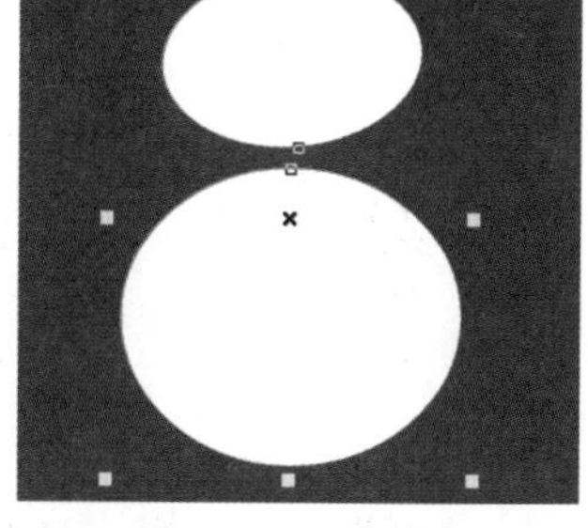
图 3-99 绘制白色椭圆

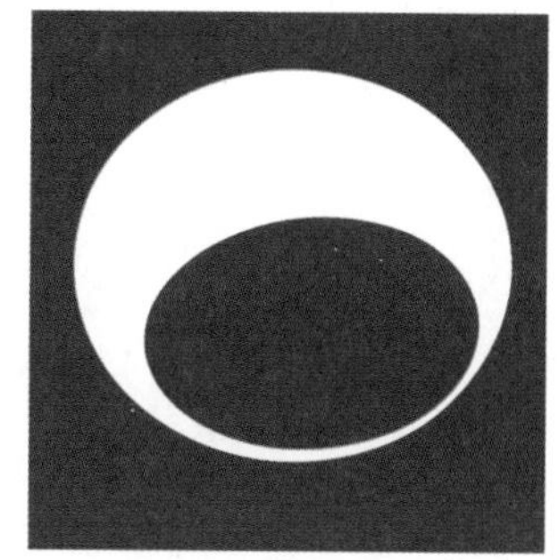
图 3-100 修剪图形效果

(16) 使用同样的方法绘制椭圆，并按F12键打开“轮廓笔”对话框，设置轮廓宽度为0.8mm、颜色为（C：56；M：42；Y：42；K：33），其余参数设置如图3-101所示，设置完毕后单击“确定”按钮，得到如图3-102所示的效果。

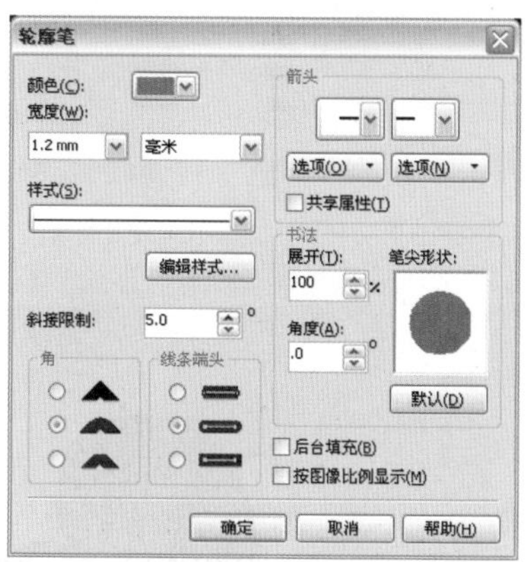

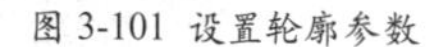
图 3-101 设置轮廓参数

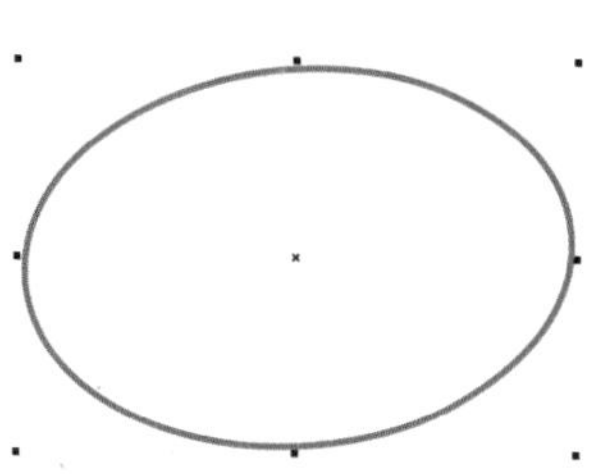
图 3-102 绘制椭圆并设置轮廓宽度

(17) 使用同样的方法绘制椭圆，并执行“编辑/复制属性自”命令，参数设置如图3-103所示，单击“确定”按钮，鼠标指针变为黑色的粗箭头，在图3-102中的轮廓上单击，得到如图3-104所示的效果。

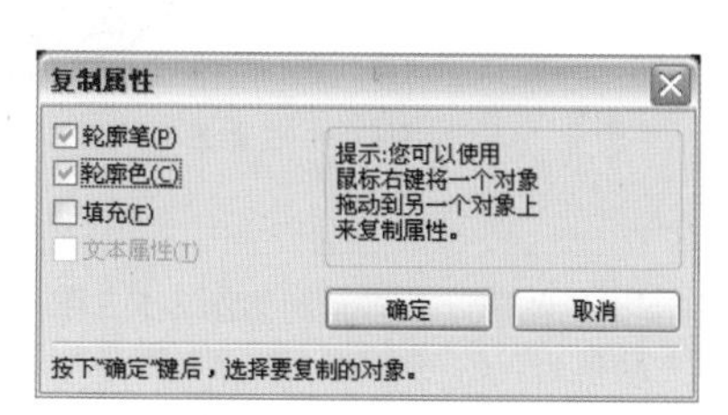

图 3-103 设置“复制属性”参数

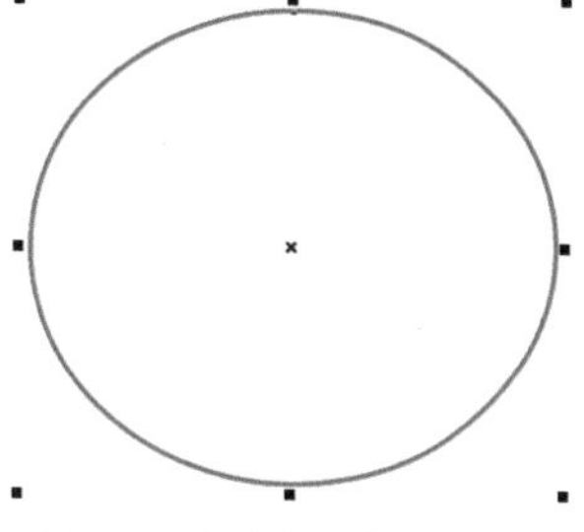
图 3-104 绘制椭圆并复制属性

（18）使用工具箱中的贝塞尔工具，结合形状工具，绘制闭合曲线，效果如图3-105所示，然后填充颜色为（C：5；M：15；Y：10；K：5），并去掉轮廓，效果如图3-106所示。

图3-105 绘制图形

图3-106 填充颜色

（19）使用相同的方法绘制其他图形，效果如图3-107所示，然后执行“编辑/复制属性自”命令，在打开的对话框中选择“填充”复选框，单击“确定”按钮，当鼠标指针变为黑色的粗箭头时在图3-104上单击，并去掉轮廓，效果如图3-108所示。

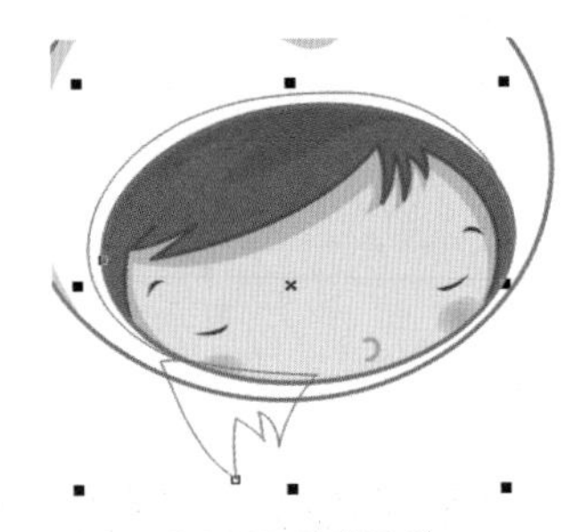
图3-107 绘制图形

图3-108 复制填充属性效果

（20）使用工具箱中的贝塞尔工具结合形状工具绘制闭合曲线，然后按F12键打开“轮廓笔”对话框，设置轮廓宽度为0.8mm、颜色为（C：33；M：94；Y：95；K：25），其余参数设置如图3-109所示，单击“确定”按钮，得到如图3-110所示的效果。

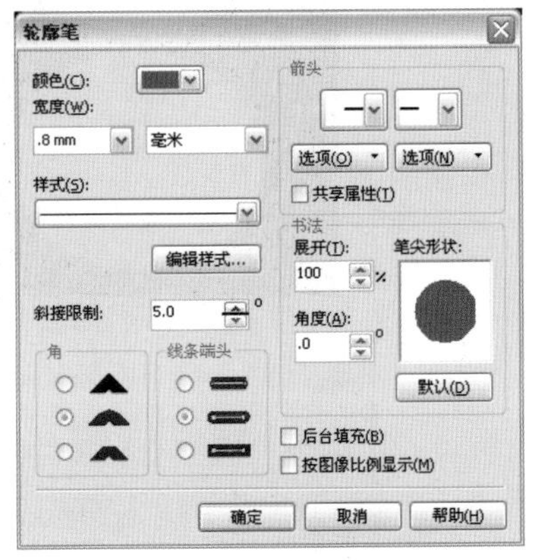

图3-109 设置轮廓笔参数

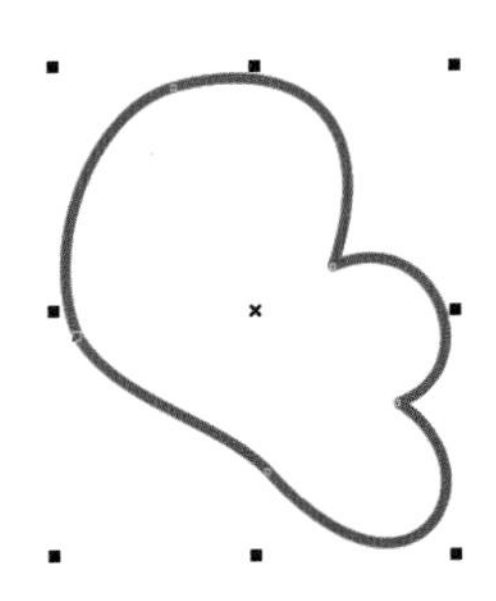
图3-110 绘制图形效果

（21）选中图形对象，填充图形颜色为（C：1；M：96；Y：91；K：0），效果如图3-111所示，然后按Ctrl+Shift+Q组合键将轮廓转换为对象。

（22）使用与前面相同的方法绘制图形，并填充颜色为（C：10；M：93；Y：96；K：2），去掉轮廓，然后移动图形到适当的位置，效果如图3-112所示。

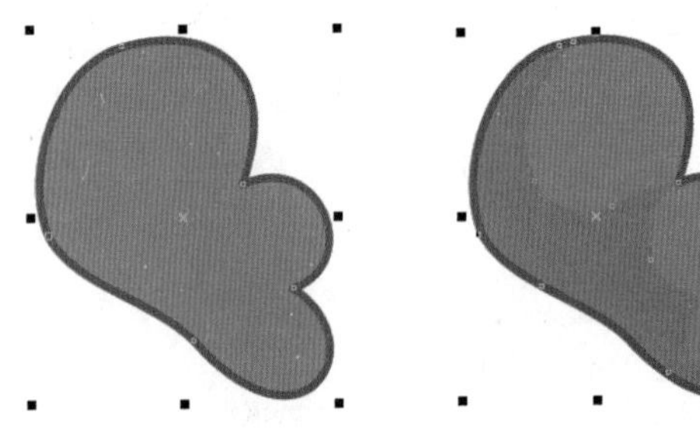
图3-111 复制图形并填充颜色　图3-112 绘制图形并填充颜色

（23）使用同样的方法绘制下面的图形，并排列到如图3-113所示的位置。然后使用工具箱中的椭圆工具，按住Ctrl键，绘制一个圆图形，填充颜色为（C：9；M：7；Y：5；K：0），并去掉轮廓，效果如图3-114所示。

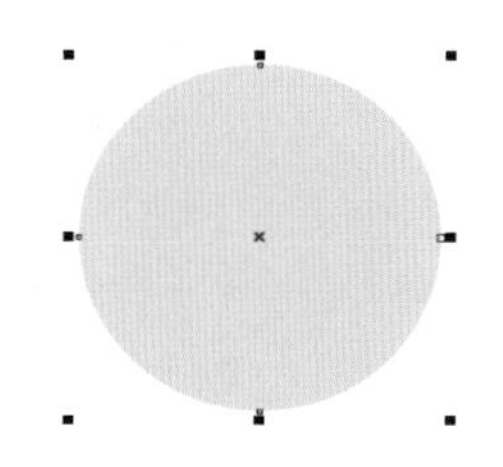

图 3-113 绘制图形　　图 3-114 绘制圆

（24）使用同样的方法绘制圆，并分别填充颜色为白色、（C：56；M：42；Y：42；K：33），并去掉轮廓，效果如图 3-115 所示。执行“排列 / 对齐与分布”命令，打开“对齐与分布”对话框，设置参数如图 3-116 所示，然后单击“确定”按钮，得到如图 3-117 所示的效果。

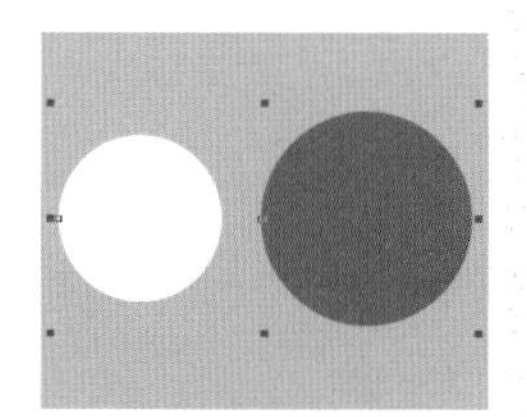

图 3-115 绘制圆

图 3-116 设置对齐与分布参数

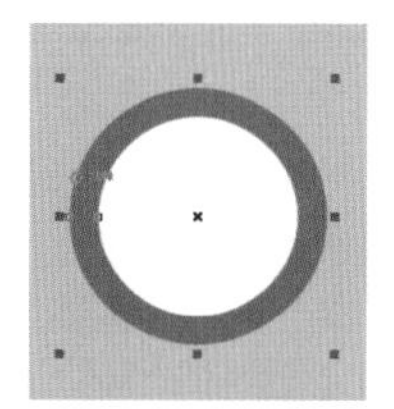

图 3-117 对齐效果

（25）使用步骤（24）的方法绘制黑色的圆，效果如图 3-118 所示。然后将图形对象排列到适当位置，按 Ctrl+G 组合键将其群组，效果如图 3-119 所示。

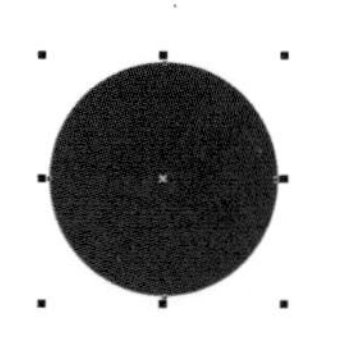

图 3-118 绘制黑色圆

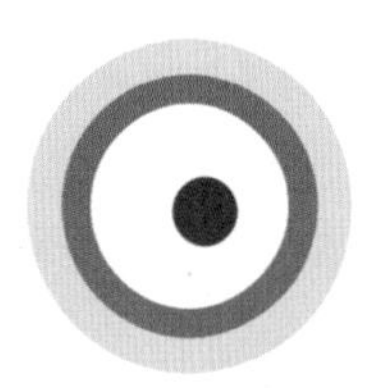

图 3-119 群组图形

（26）按小键盘上的“+”键复制图 3-119，并排列到如图 3-120 所示的位置。

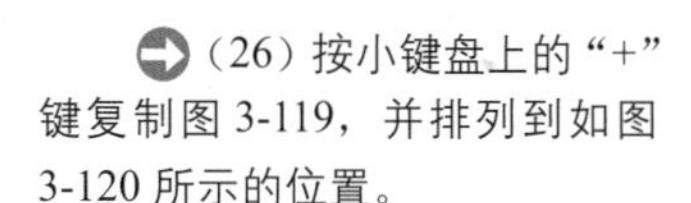

（27）使用工具箱中的贝塞尔工具结合形状工具绘制图形，填充图形颜色为（C：3；M：2；Y：91；K：0），效果如图 3-121 所示。

图 3-120 复制并排列图形

图 3-121 绘制图形

（28）按 F12 键打开“轮廓笔”对话框，设置轮廓宽度为 0.7mm、颜色为（C：15；M：49；Y：95；K：4），其余参数设置如图 3-122 所示，单击“确定”按钮，得到如图 3-123 所示的效果。完成后按 Ctrl+Shift+Q 组合键，将轮廓转换为对象。

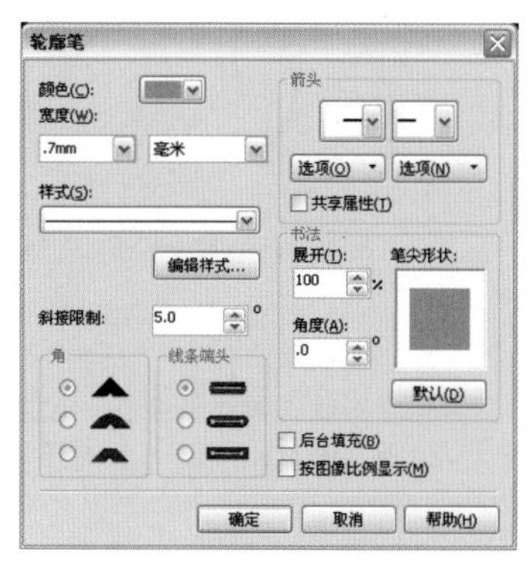



图 3-122 设置轮廓笔参数

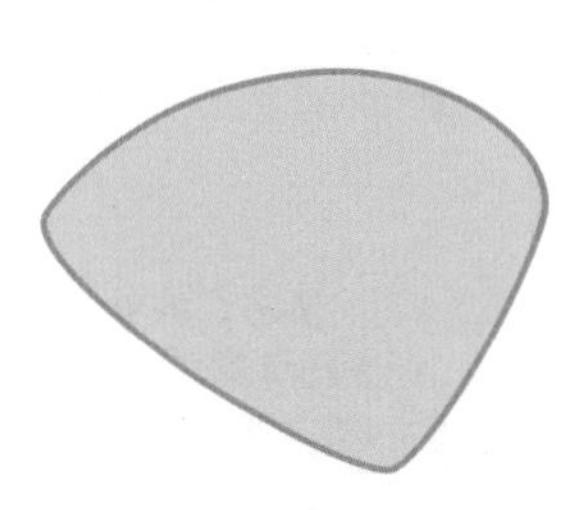

图 3-123 更改轮廓宽度和颜色

（29）使用相同的方法绘制图形，填充颜色为（C：3；M：11；Y：93；K：0），并去掉轮廓，效果如图3-124所示。然后使用选择工具选择图3-123、图3-124中的图形，按Ctrl+G组合键将其群组，并排列到如图3-125所示的位置。这样，卡通人物的头部就完成了。

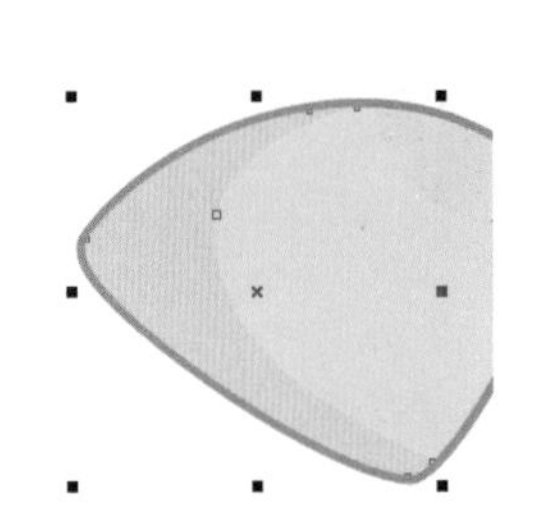

图 3-124 绘制图形并填充颜色

图 3-125 群组并移动图形

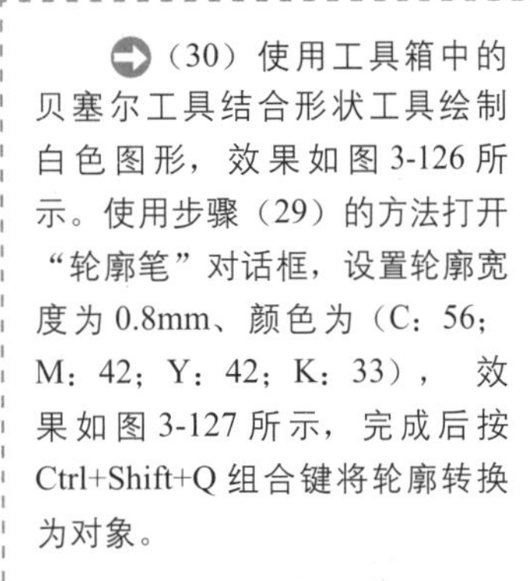

（30）使用工具箱中的贝塞尔工具结合形状工具绘制白色图形，效果如图3-126所示。使用步骤（29）的方法打开“轮廓笔”对话框，设置轮廓宽度为0.8mm、颜色为（C：56；M：42；Y：42；K：33），效果如图3-127所示，完成后按Ctrl+Shift+Q组合键将轮廓转换为对象。

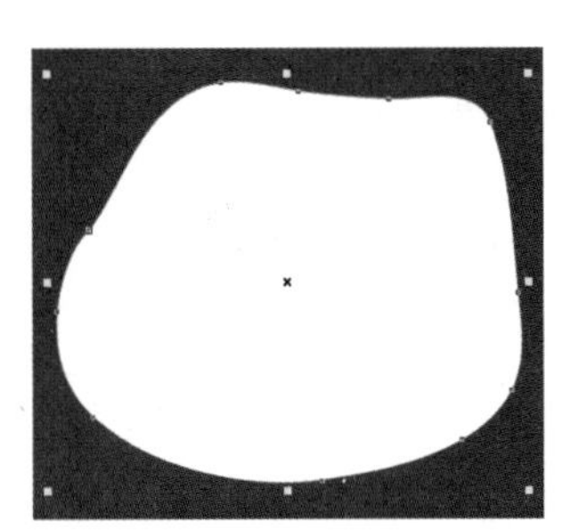

图 3-126 绘制白色图形

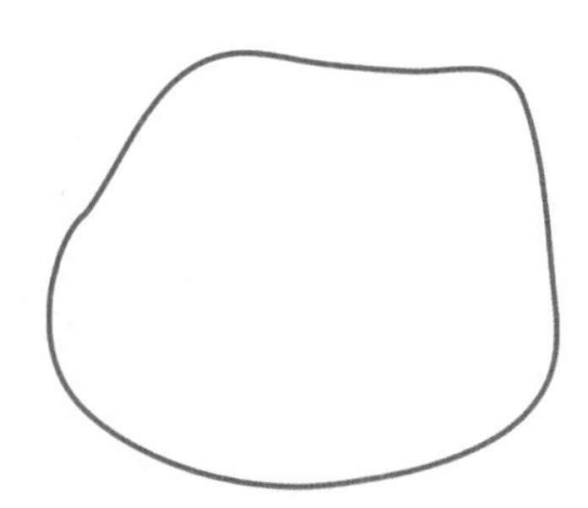

图 3-127 设置轮廓宽度和颜色

（31）使用同样的方法绘制其他图形，效果如图3-128所示。排列图形到合适的位置，按Ctrl+G组合键将其群组，效果如图3-129所示，完成后按Ctrl+Shift+Q组合键将轮廓转换为对象。

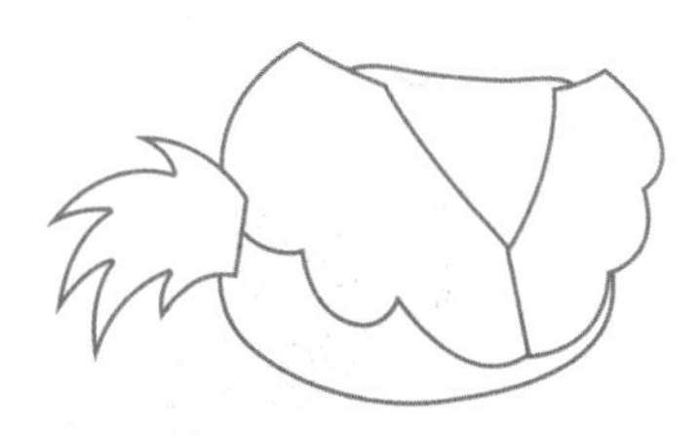

图 3-128 绘制图形

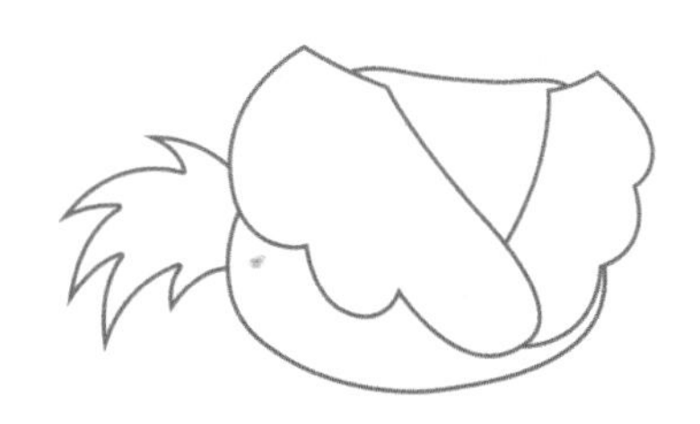

图 3-129 排列图形位置

（32）使用工具箱中的贝塞尔工具结合形状工具绘制多个图形，填充颜色为（C：5；M：15；Y：10；K：5），效果如图3-130所示。然后调整图形的位置和顺序，得到如图3-131所示的效果。

图 3-130 绘制图形并填充颜色

图 3-131 排列图形顺序

（33）使用工具箱中的贝塞尔工具结合形状工具绘制曲线，效果如图3-132所示。按F12键打开“轮廓笔”对话框，设置轮廓颜色为（C：22；M：42；Y：92；K：9），其他参数如图3-133所示，单击“确定”按钮，效果如图3-134所示。

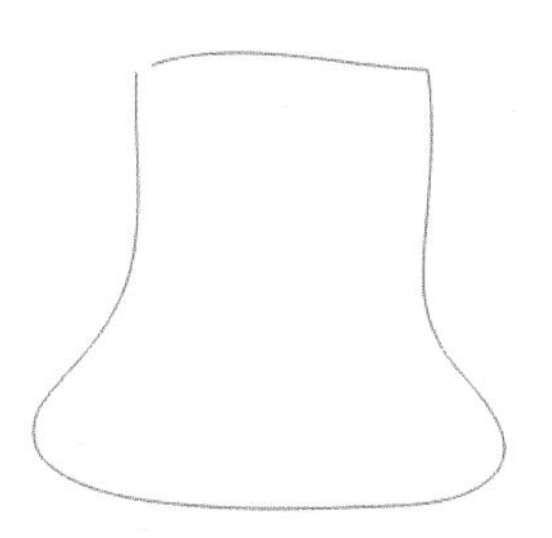

图 3-132 绘制曲线

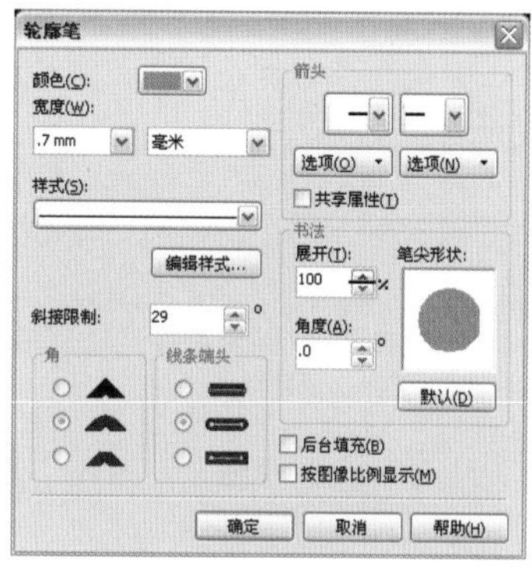


图 3-133 设置轮廓参数

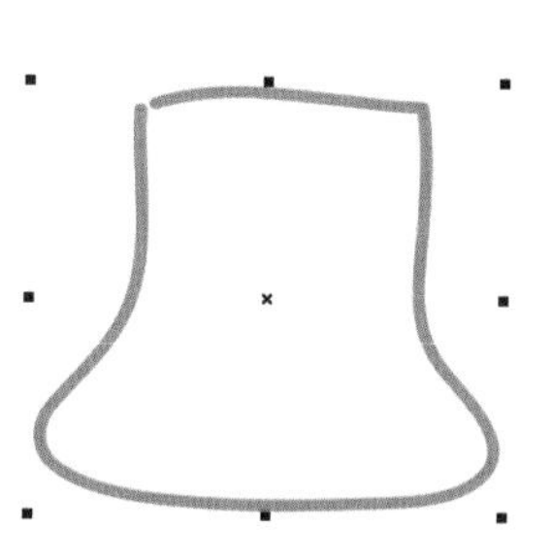

图 3-134 更改轮廓宽度和颜色

(34)使用同样的方法绘制曲线，效果如图 3-135 所示，然后填充颜色为（C：7；M：33；Y：78；K：1），并去掉轮廓，效果如图 3-136 所示。

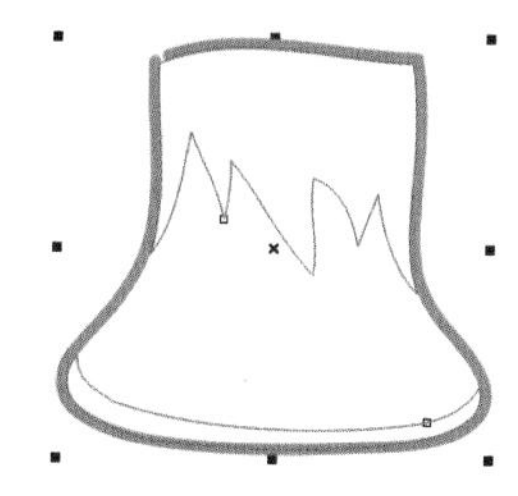

图 3-135 绘制图形

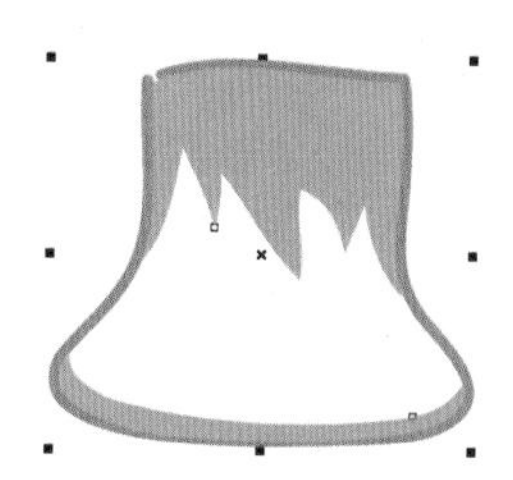

图 3-136 填充颜色

(35)使用相同的方法绘制一条曲线，执行“编辑 / 复制属性自”命令，打开“复制属性”对话框，设置参数如图 3-137 所示，单击“确定”按钮，鼠标指针变为黑色的粗箭头，然后在图 3-62 中的轮廓上单击，效果如图 3-138 所示。

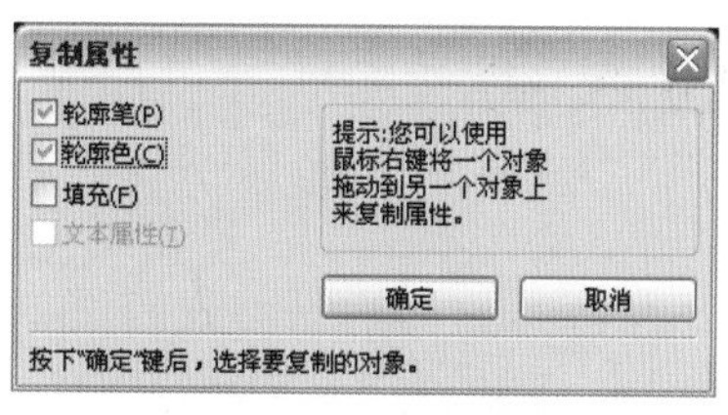


图 3-137 设置复制属性

图 3-138 绘制曲线并复制属性

(36)使用同样的方法绘制另一只鞋子，效果如图 3-139 所示。使用工具箱中的贝塞尔工具结合形状工具绘制曲线，效果如图 3-140 所示。

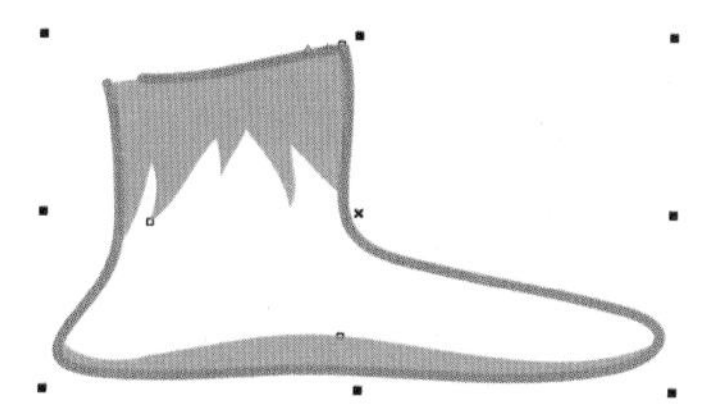

图 3-139 绘制鞋子

图 3-140 绘制曲线

(37)按 F12 键打开“轮廓笔”对话框，设置轮廓颜色为（C：5；M：15；Y：10；K：5），其他参数设置如图 3-141 所示，单击“确定”按钮，效果如图 3-142 所示。

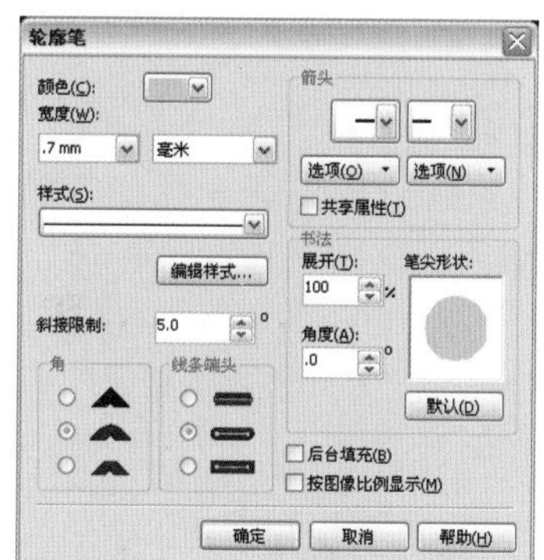


图 3-141 设置轮廓笔参数

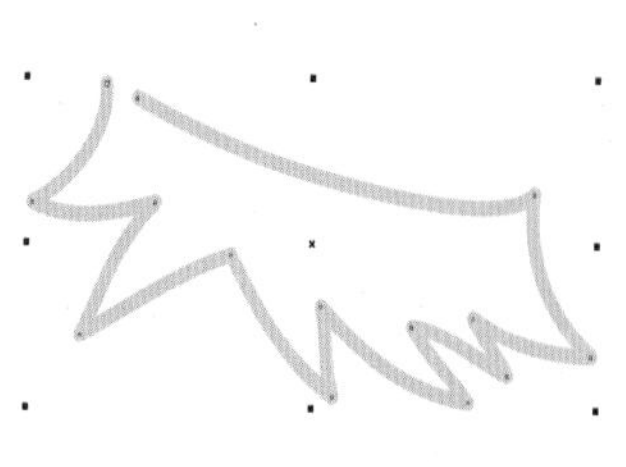

图 3-142 更改轮廓宽度和颜色

(38) 使用工具箱中的贝塞尔工具结合形状工具绘制多个图形，效果如图 3-143 所示，然后填充颜色为（C：5；M：15；Y：10；K：5），并去掉轮廓，效果如图 3-144 所示。

图 3-143 绘制曲线

图 3-144 填充颜色

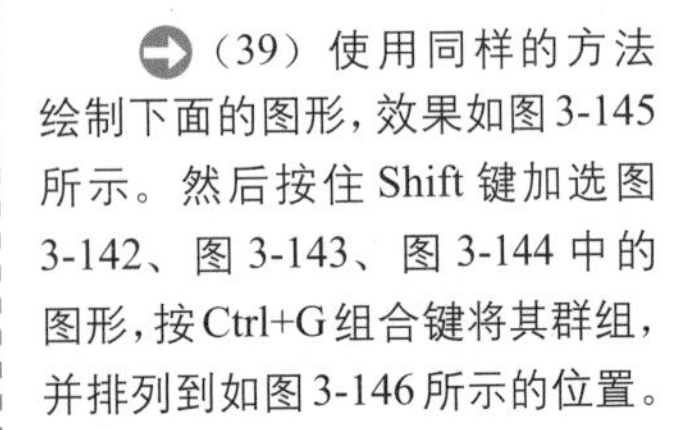

(39) 使用同样的方法绘制下面的图形，效果如图 3-145 所示。然后按住 Shift 键加选图 3-142、图 3-143、图 3-144 中的图形，按 Ctrl+G 组合键将其群组，并排列到如图 3-146 所示的位置。

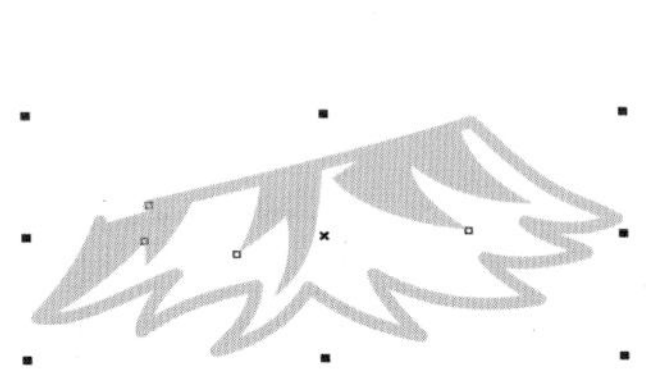
图 3-145 绘制图形

图 3-146 群组图形并排列位置

(40) 使用工具箱中的选择工具选择所有图形，并按 Ctrl+G 组合键将其群组，得到本例的最终效果。

## 实例 06 绘制卡通人物

**案例说明**

本例将绘制效果如图 3-147 所示的卡通人物，在绘制过程中主要用到贝塞尔工具、手绘工具、形状工具、交互式填充工具等基本工具。

图 3-147 实例的最终效果

## 操作步骤

(1) 使用工具箱中的手绘工具，在属性栏中设置手绘平滑度为 70，在窗口中绘制闭合路径，效果如图 3-148 所示。

(2) 使用工具箱中的形状工具编辑图形节点，填充颜色为黑色，并去掉轮廓，效果如图 3-149 所示。

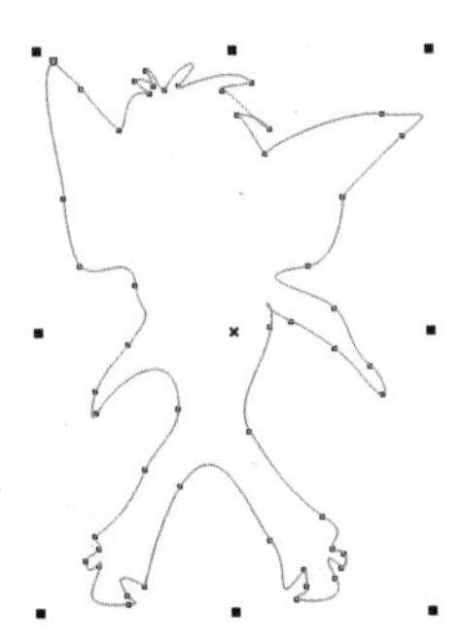
图 3-148 绘制闭合路径

图 3-149 编辑图形节点

（3）使用工具箱中的手绘工具在页面上绘制图形，并结合形状工具进行编辑，填充颜色为（C：5；M：89；Y：12；K：0），并去掉轮廓，效果如图3-150所示。

（4）使用同样的方法绘制图形，并执行“编辑/复制属性自”命令，在打开的“复制属性”对话框中选择“轮廓色”，单击“确定”按钮后在图3-150上单击，填充为与其相同的颜色，并去掉轮廓，效果如图3-151所示。

图3-150 绘制图形

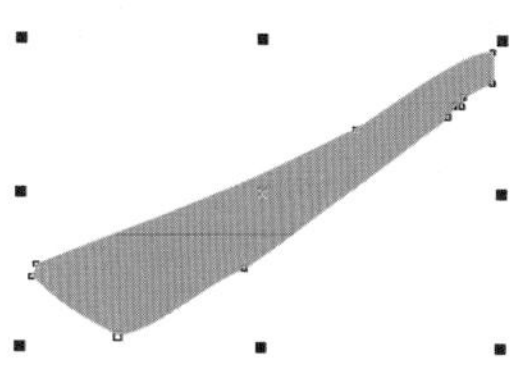

图3-151 复制的颜色属性效果

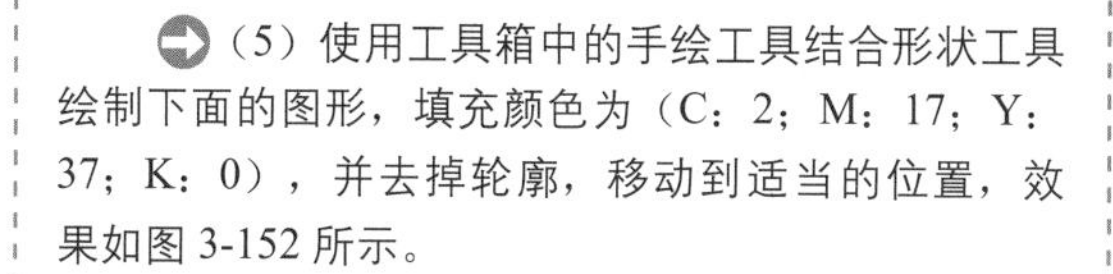

（5）使用工具箱中的手绘工具结合形状工具绘制下面的图形，填充颜色为（C：2；M：17；Y：37；K：0），并去掉轮廓，移动到适当的位置，效果如图3-152所示。

（6）使用同样的方法绘制图形，分别填充颜色为白色、（C：73；M：3；Y：4；K：0），并去掉轮廓，移动到适当的位置，效果如图3-153所示。

图3-152 绘制脸部图形

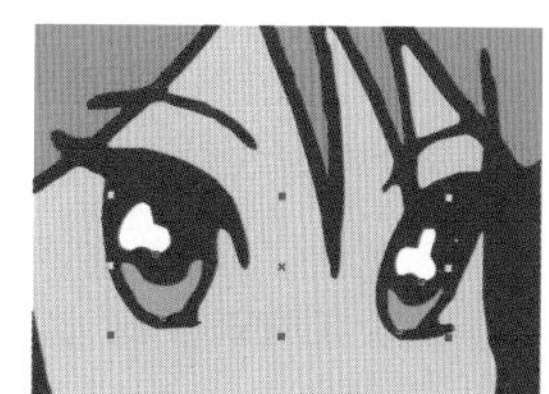

图3-153 绘制眼部图形

（7）使用相同的方法绘制嘴巴图形，分别填充颜色为白色、（C：0；M：100；Y：100；K：0），并去掉轮廓，效果如图3-154所示。

（8）使用相同的方法绘制图形，并执行“编辑/复制属性自”命令，打开“复制属性”对话框，设置参数如图3-155所示，单击“确定”按钮后在图上单击，填充为与其相同的颜色，并去掉轮廓，效果如图3-156所示。

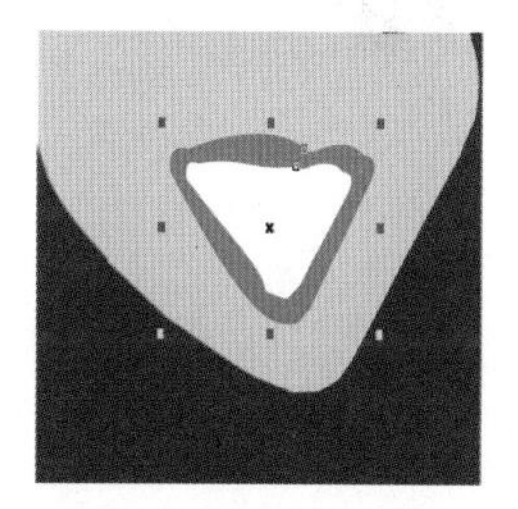

图3-154 绘制嘴巴图形

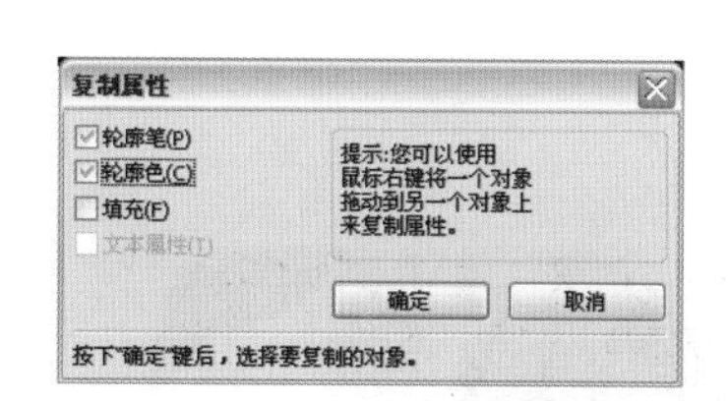


图3-155 “复制属性”对话框

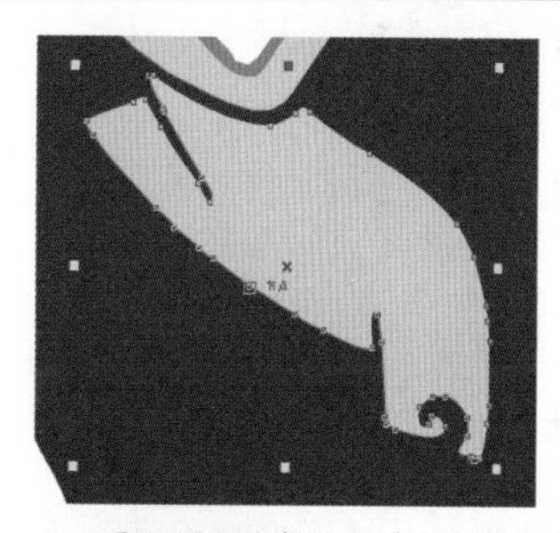

图3-156 绘制图形并复制颜色属性

（9）使用步骤（8）的方法绘制下面的图形并复制颜色属性，效果如图3-157所示。

（10）使用工具箱中的手绘工具在页面上绘制一条闭合曲线，并结合形状工具进行编辑，填充颜色为（C：73；M：3；Y：4；K：0），并去掉轮廓，移动到适当的位置，效果如图3-158所示。

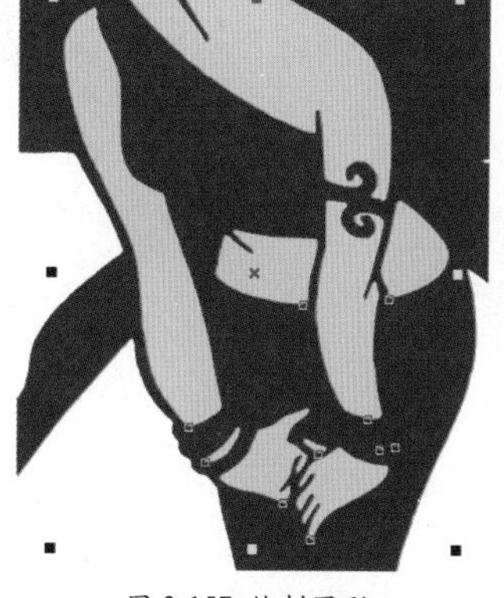

图3-157 绘制图形

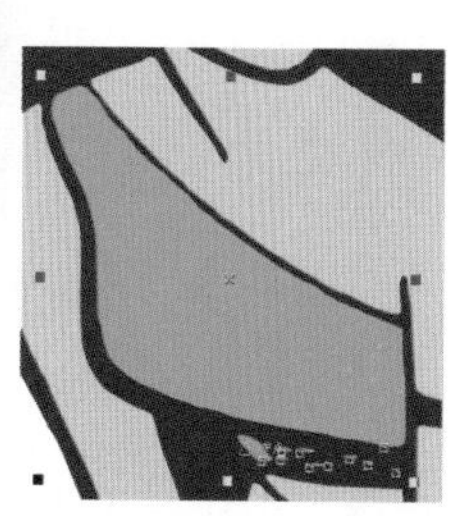

图3-158 绘制蓝色图形

(11) 使用工具箱中的贝塞尔工具结合形状工具绘制如图 3-159 所示的图形，分别填充颜色为（C：5；M：5；Y：93；K：0）、（C：40；M：0；Y：0；K：0）、（C：0；M：78；Y：96；K：0），并去掉轮廓，效果如图 3-160 所示。

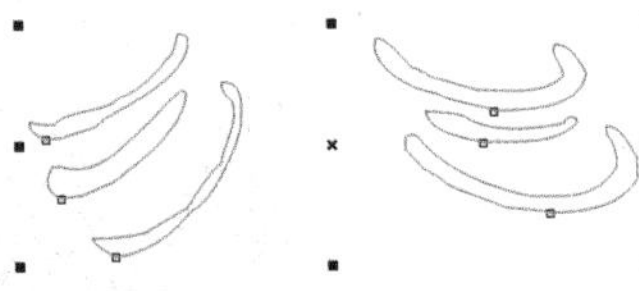

图 3-159 绘制图形

图 3-160 填充图形颜色

(12) 使用工具箱中的贝塞尔工具绘制闭合路径，效果如图 3-161 所示。

(13) 使用工具箱中的形状工具编辑图形，效果如图 3-162 所示。

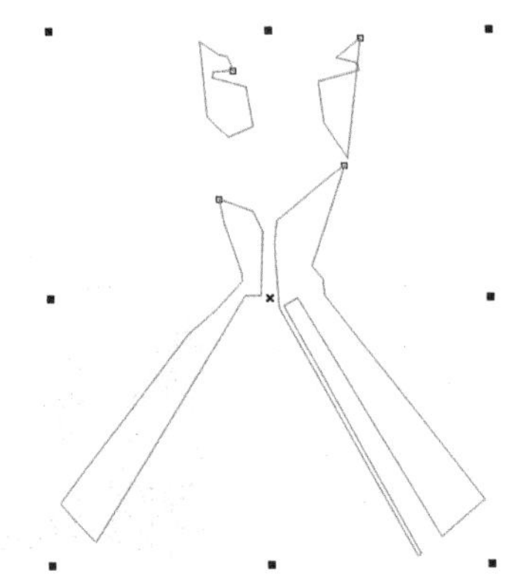

图 3-161 绘制闭合路径

图 3-162 编辑节点

(14) 单击工具箱中“填充工具组”右下角的三角形符号，在弹出的工具组中单击“颜色”按钮或按 Shift+F11 组合键，打开“颜色”对话框，设置填充颜色，效果如图 3-163 所示。

图 3-163 颜色填充效果

(15) 使用同样的方法绘制图形，并填充图形颜色为（C：73；M：3；Y：4；K：0），然后去掉轮廓，移动到适当的位置，效果如图 3-164 所示。

(16) 使用工具箱中的贝塞尔工具结合形状工具绘制图形，并分别填充颜色为（C：2；M：17；Y：37；K：0）、（C：40；M：0；Y：0；K：0），然后去掉轮廓，移动到适当的位置，效果如图 3-165 所示。

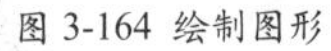

图 3-164 绘制图形

图 3-165 绘制脚和鞋子的高光

(17) 使用工具箱中的选择工具选择所有图形，按 Ctrl+G 组合键将其群组，效果如图 3-166 所示。

(18) 使用工具箱中的贝塞尔工具结合形状工具绘制图形，并填充颜色为（C：5；M：29；Y：6；K：0），并去掉轮廓，如图 3-167 所示。

图 3-166 群组图形

图 3-167 绘制头发高光

(19)使用同样的方法绘制图形，效果如图3-168所示，然后单击工具箱中的“交互式填充工具”按钮，在属性栏中设置填充类型为线性，为其应用线性渐变效果，分别设置起点色块的颜色为（C：0；M：40；Y：60；K：20）、中间色块的颜色为（C：0；M：40；Y：60；K：20）、终点色块的颜色为（C：2；M：17；Y：37；K：0），并去掉轮廓，移动到适当的位置，效果如图3-169所示。

图 3-168 绘制图形

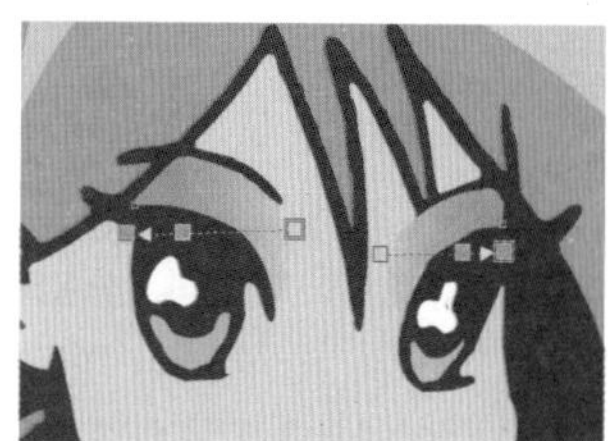
图 3-169 交互式填充效果

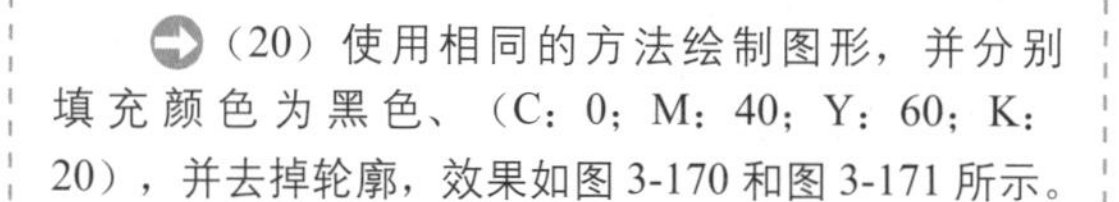

(20)使用相同的方法绘制图形，并分别填充颜色为黑色、（C：0；M：40；Y：60；K：20），并去掉轮廓，效果如图3-170和图3-171所示。

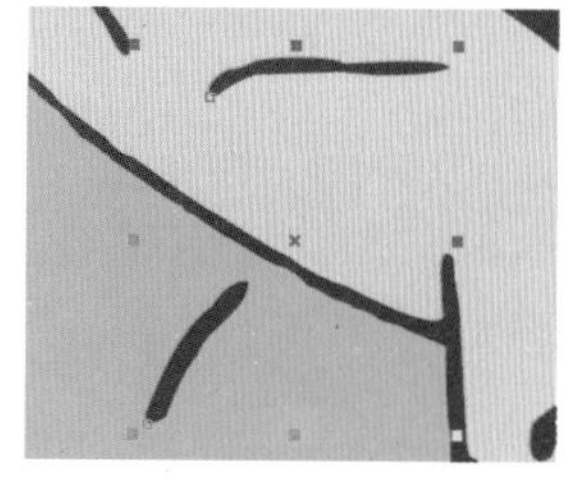
图 3-170 绘制黑色图形

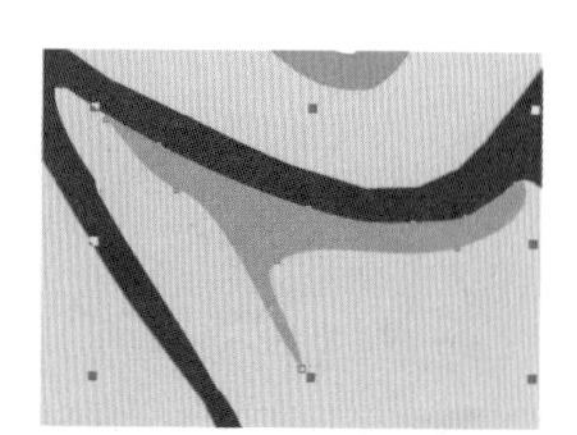
图 3-171 绘制阴影图形

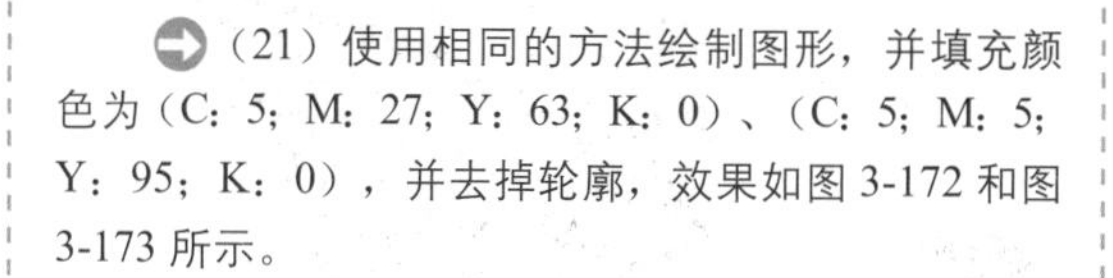

(21)使用相同的方法绘制图形，并填充颜色为（C：5；M：27；Y：63；K：0）、（C：5；M：5；Y：95；K：0），并去掉轮廓，效果如图3-172和图3-173所示。

图 3-172 绘制阴影图形

图 3-173 绘制黄色图形

(22)使用工具箱中的贝塞尔工具结合形状工具绘制不规则的黑色小图形，并按Ctrl+G组合键将其群组，效果如图3-174所示。

(23)使用选择工具选中图形对象，按小键盘上的“+”键复制图形，在属性栏中单击“水平镜像”按钮，对复制的图形进行水平镜像操作，移动到适当的位置并调整图形的大小、顺序，效果如图3-175所示。

图 3-174 绘制黑色图形

图 3-175 复制并移动图形

（24）使用相同的方法绘制图形，效果如图 3-176 所示，然后单击工具箱中的“交互式填充工具”按钮，在属性栏中设置填充类型为线性，为其应用线性渐变效果，分别设置起点色块的颜色为（C：2；M：42；Y：98；K：0），中间色块的颜色为（C：2；M：42；Y：98；K：0）、（C：7；M：2；Y：93；K：0），终点色块的颜色为（C：7；M：2；Y：93；K：0），并去掉轮廓，效果如图 3-177 所示。

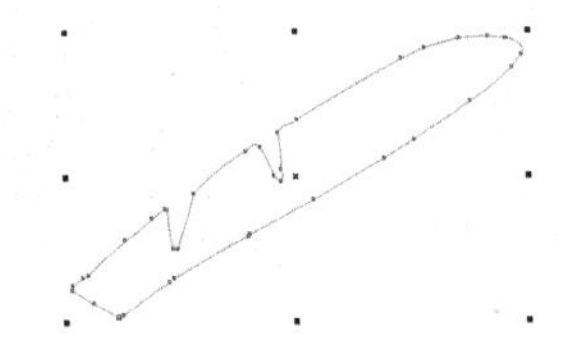
图 3-176 绘制图形

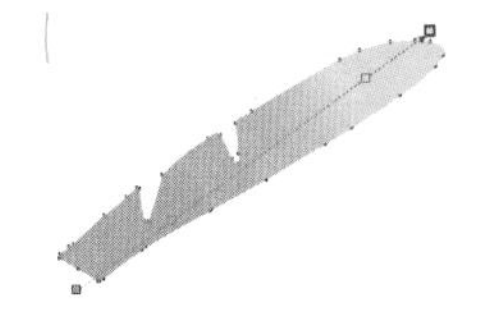
图 3-177 交互式填充图形颜色

（25）使用工具箱中的贝塞尔工具结合形状工具绘制多个图形，效果如图 3-178 所示。

（26）使用工具箱中“填充工具组”按钮右下角的三角形符号，在弹出的工具组中单击“颜色”按钮，打开“颜色”对话框，从上到下分别设置图形的填充颜色为（C：6；M：4；Y：93；K：0）、（C：6；M：4；Y：92；K：0）、（C：3；M：12；Y：100；K：0）、（C：2；M：42；Y：98；K：0）、（C：2；M：41；Y：98；K：0）、（C：3；M：61；Y：98；K：0）、（C：5；M：100；Y：95；K：0），并去掉轮廓，效果如图 3-179 所示。

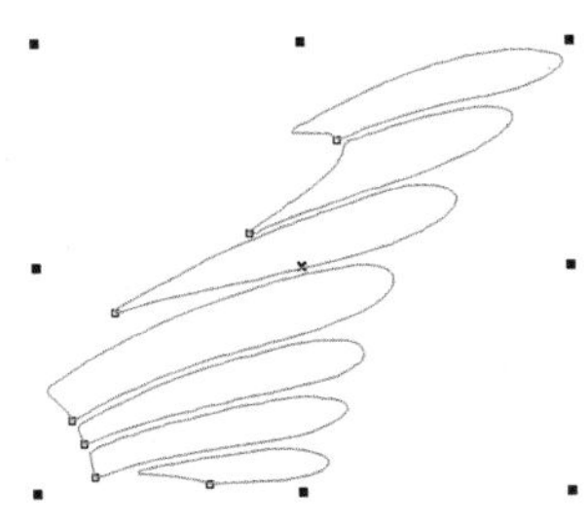
图 3-178 绘制图形

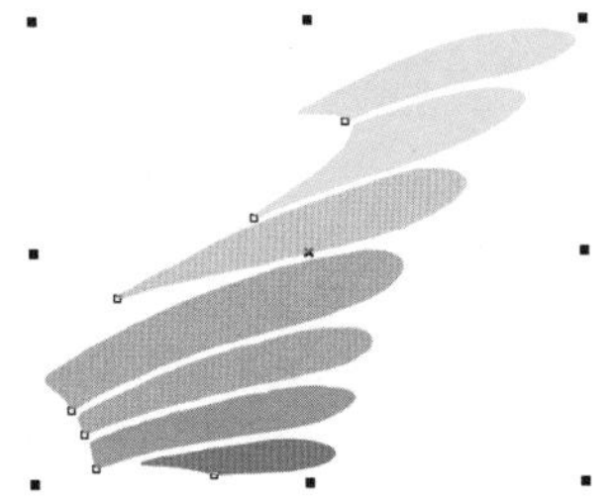
图 3-179 填充图形颜色

（27）使用工具箱中的手绘工具在页面上绘制黑色图形，并结合形状工具进行编辑，效果如图 3-180 所示。

（28）使用相同的方法绘制图形，并分别填充颜色为黑色、白色，然后选中刚才绘制的图形，按 Ctrl+G 组合键将其群组，并调整图形到适当的位置，效果如图 3-181 所示。

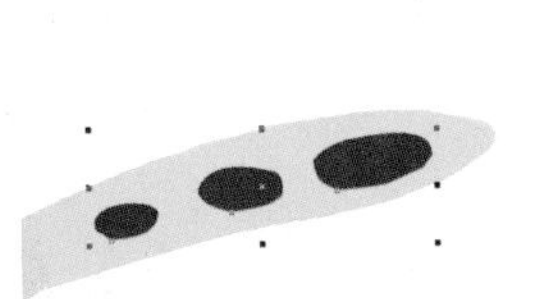
图 3-180 绘制黑色图形

图 3-181 绘制并移动图形

（29）使用同样的方法绘制其他几部分图形，并移动到适当的位置，效果如图 3-182 所示。

（30）使用选择工具选择所有图形，并按 Ctrl+G 组合键将其群组，效果如图 3-183 所示。

图 3-182 绘制图形

图 3-183 群组图形

# 实例 07 绘制卡通人物背景

**案例说明**

本例将绘制卡通人物背景，最终效果如图 3-184 所示，在绘制过程中需要用到椭圆工具、贝塞尔工具、手绘工具、形状工具、文本工具、交互式填充工具、交互式透明工具等基本工具。

图 3-184 实例的最终效果

## 操作步骤

(1) 使用工具箱中的手绘工具，在页面上绘制一条闭合曲线，并结合形状工具进行编辑，效果如图 3-185 所示。

(2) 选择工具箱中的交互式填充工具，在属性栏中设置填充类型为线性，为闭合曲线应用线性渐变效果，分别设置起点色块的颜色为（C：11；M：43；Y：41；K：2）、中间色块的颜色为（C：11；M：43；Y：41；K：2）、终点色块的颜色为（C：5；M：11；Y：29；K：0），并去掉轮廓，效果如图 3-186 所示。

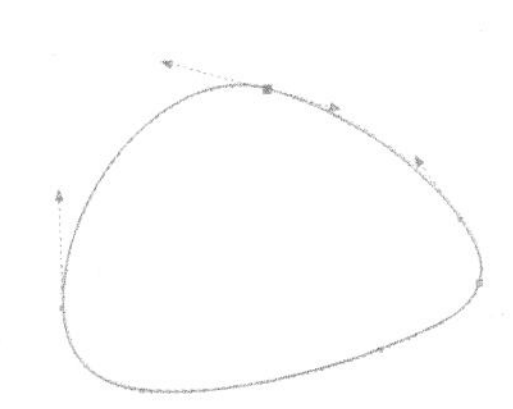

图 3-185 绘制并编辑图形

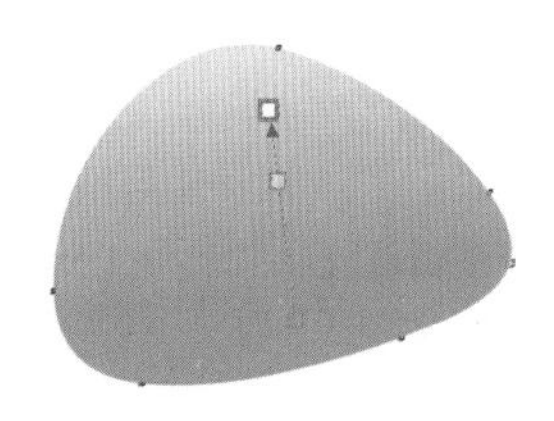

图 3-186 交互式填充效果

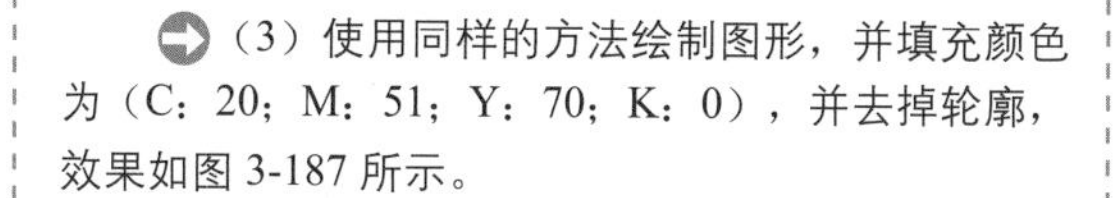

(3) 使用同样的方法绘制图形，并填充颜色为（C：20；M：51；Y：70；K：0），并去掉轮廓，效果如图 3-187 所示。

(4) 选择工具箱中的交互式透明工具，在属性栏的透明度类型中选择“标准”，设置透明度操作为“正常”、开始透明度为 80、透明度目标为“全部”，效果如图 3-188 所示。

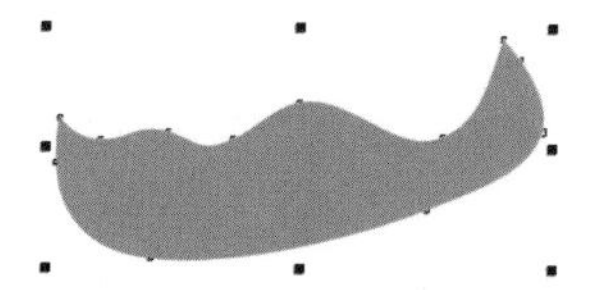

图 3-187 绘制并填充图形

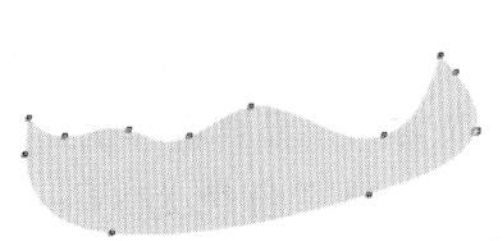

图 3-188 制作透明效果

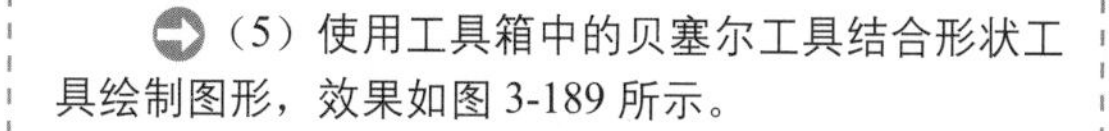

(5) 使用工具箱中的贝塞尔工具结合形状工具绘制图形，效果如图 3-189 所示。

(6) 选择工具箱中的交互式填充工具，在属性栏中设置填充类型为线性，为图形应用线性渐变效果，分别设置起点色块的颜色为（C：81；M：5；Y：68；K：0）、中间色块的颜色为（C：64；M：0；Y：64；K：0）、终点色块的颜色为（C：64；M：0；Y：64；K：0），并去掉轮廓，效果如图 3-190 所示。

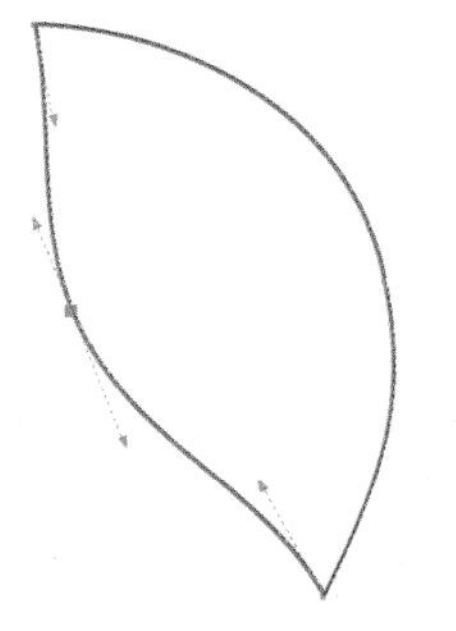

图 3-189 绘制并编辑图形

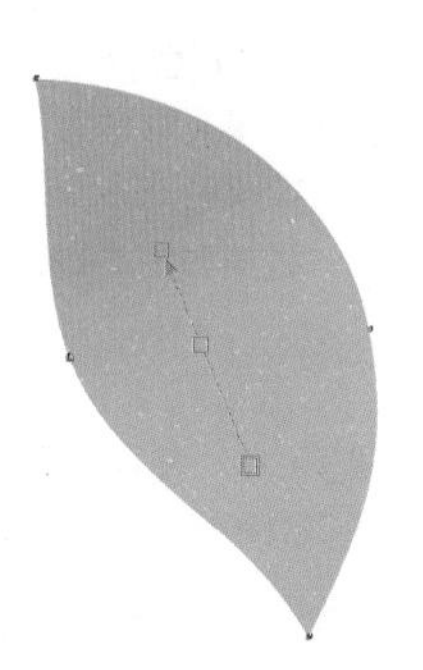

图 3-190 交互式填充效果

(7) 使用相同的方法绘制图形，填充颜色为（C：87；M：37；Y：98；K：5），并去掉轮廓，效果如图3-191所示。

(8) 选择工具箱中的交互式透明工具，在属性栏的透明度类型中选择“标准”，设置透明度操作为“正常”、开始透明度值为0、透明度目标为“全部”，效果如图3-192所示。

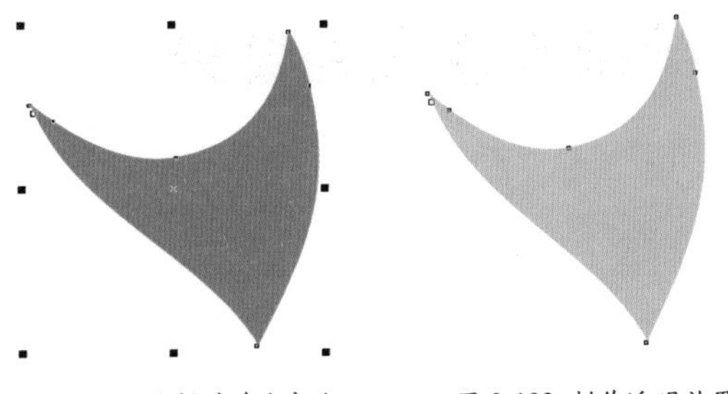

图3-191 绘制并填充颜色　　图3-192 制作透明效果

(9) 使用同样的方法绘制白色图形，如图3-193所示，然后用步骤（8）的方法制作透明效果，如图3-194所示。

(10) 使用工具箱中的选择工具将图形移动到适当的位置，并按Ctrl+G组合键将其群组，效果如图3-195所示。

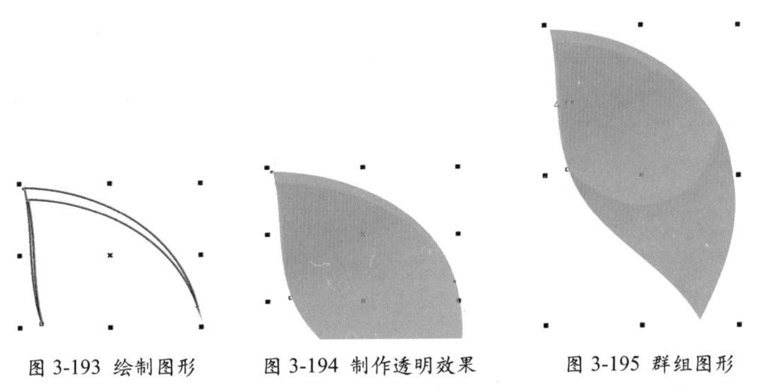

图3-193 绘制图形　　图3-194 制作透明效果　　图3-195 群组图形

(11) 使用相同的方法绘制其他3个图形，并按Ctrl+G组合键将其群组，效果如图3-196所示。

(12) 按小键盘上的“+”键复制图形，并移动到适当的位置，效果如图3-197所示。

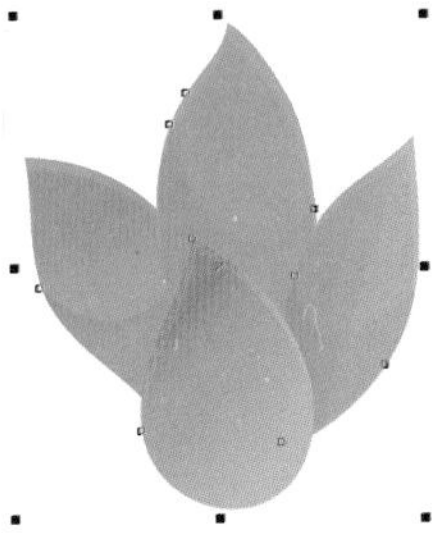

图3-196 绘制图形并群组 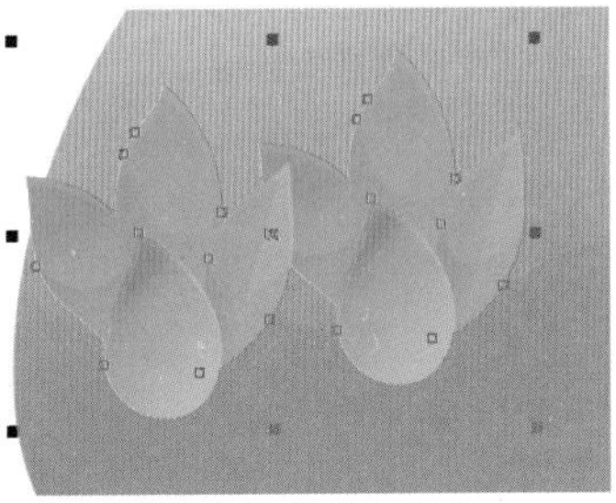　　图3-197 复制图形

(13) 使用工具箱中的贝塞尔工具结合形状工具绘制图形，填充颜色为（C：11；M：35；Y：73；K：0），并去掉轮廓，效果如图3-198所示。

(14) 使用同样的方法绘制图形，填充颜色为（C：59；M：57；Y：89；K：15），并去掉轮廓，效果如图3-199所示。

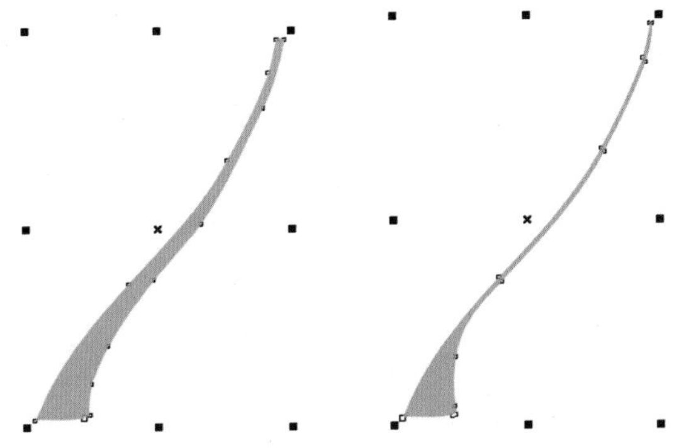

图3-198 绘制图形并填充颜色　　图3-199 绘制图形并填充颜色

(15) 使用相同的方法绘制多个图形，并调整图形的位置、大小和旋转角度，按Ctrl+G组合键将其群组，如图3-200所示。然后填充颜色为（C：31；M：68；Y：99；K：0），效果如图3-201所示。

(16) 将图形移动到适当的位置，并调整图形大小，然后按Ctrl+G组合键将其群组，效果如图3-202所示。

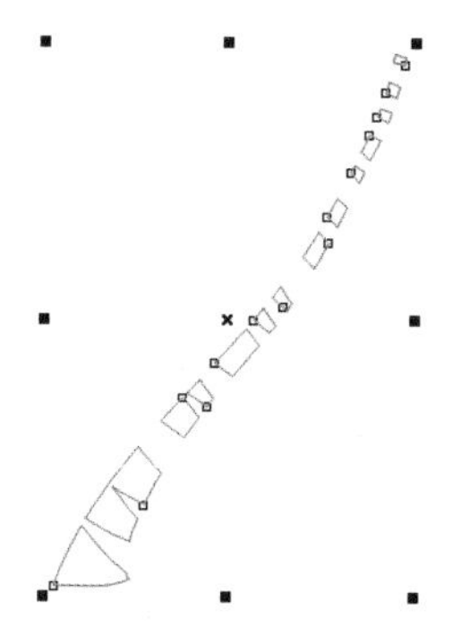
图 3-200 绘制并编辑图形

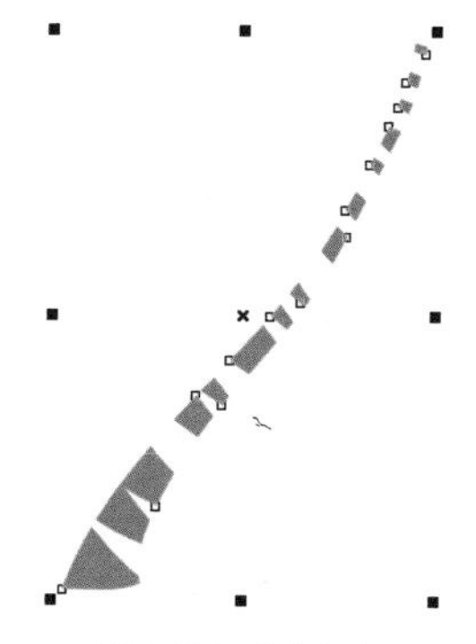
图 3-201 填充颜色

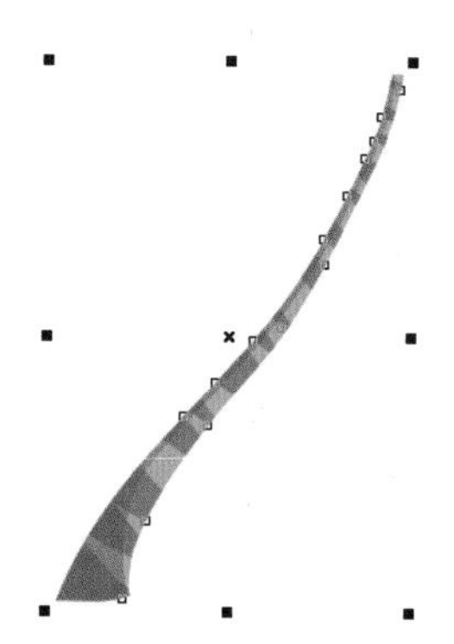
图 3-202 移动并群组图形

（17）使用工具箱中的贝塞尔工具结合形状工具绘制图形，如图 3-203 所示，然后填充颜色为（C：48；M：9；Y：84；K：0），并去掉轮廓，效果如图 3-204 所示。

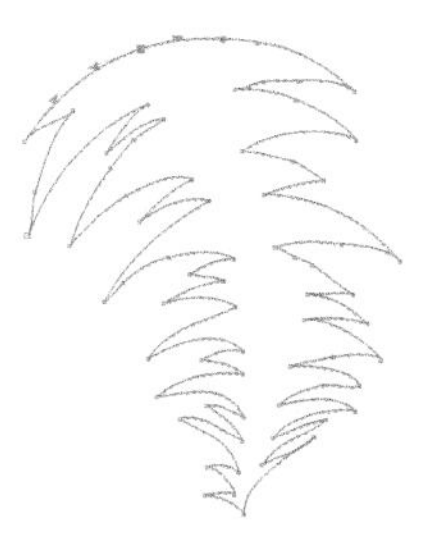
图 3-203 绘制图形

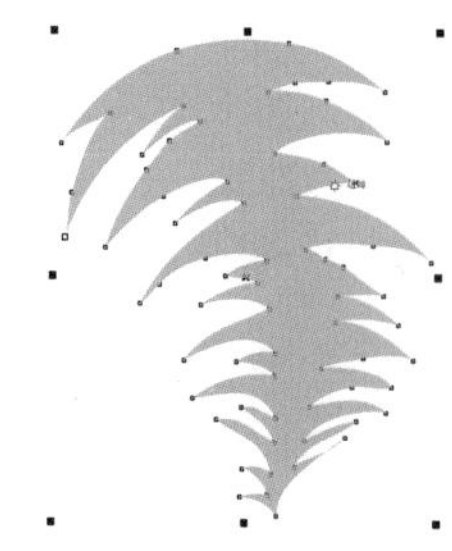
图 3-204 填充颜色

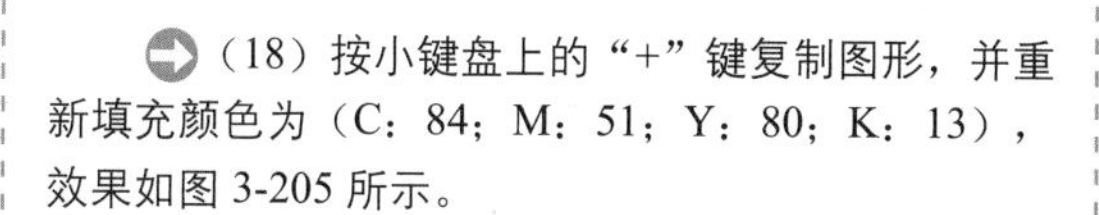

（18）按小键盘上的“+”键复制图形，并重新填充颜色为（C：84；M：51；Y：80；K：13），效果如图 3-205 所示。

（19）选择工具箱中的交互式透明工具，在属性栏的透明度类型中选择“标准”，设置透明度操作为“正常”，开始透明度值为 23，透明度目标为“全部”，效果如图 3-206 所示。

图 3-205 复制并填充图形颜色

图 3-206 制作透明效果

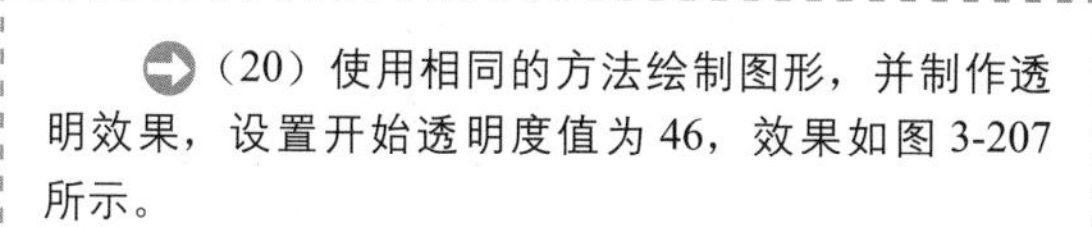

（20）使用相同的方法绘制图形，并制作透明效果，设置开始透明度值为 46，效果如图 3-207 所示。

（21）将图形移动到适当的位置，并调整图形的大小、顺序，然后按 Ctrl+G 组合键将其群组，效果如图 3-208 所示。

图 3-207 绘制并制作透明效果　图 3-208 移动并群组图形

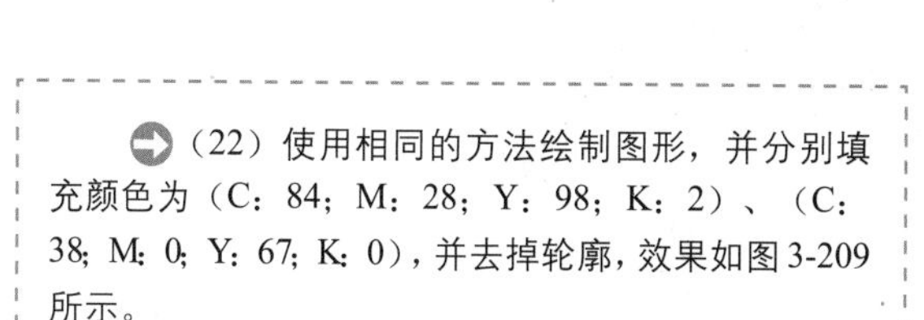

（22）使用相同的方法绘制图形，并分别填充颜色为（C：84；M：28；Y：98；K：2）、（C：38；M：0；Y：67；K：0），并去掉轮廓，效果如图 3-209 所示。

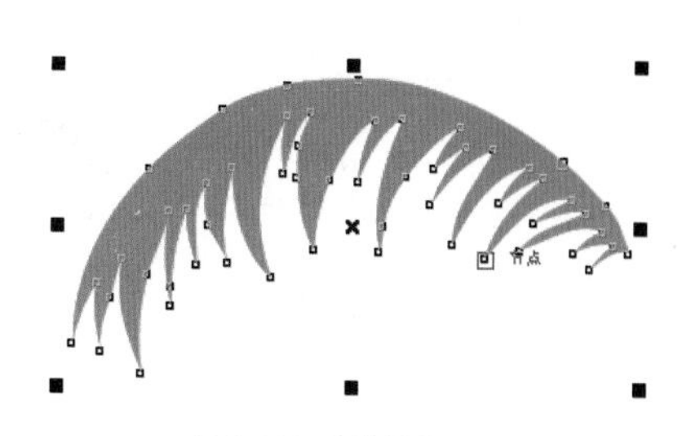
图 3-209 绘制深色图形

(23) 按小键盘上的“+”键复制深色图形，并重新填充颜色为（C：26；M：1；Y：26；K：0），效果如图 3-210 所示。

(24) 使用步骤（19）的方法制作图形的透明效果，并设置开始透明度值为 78，效果如图 3-211 所示。

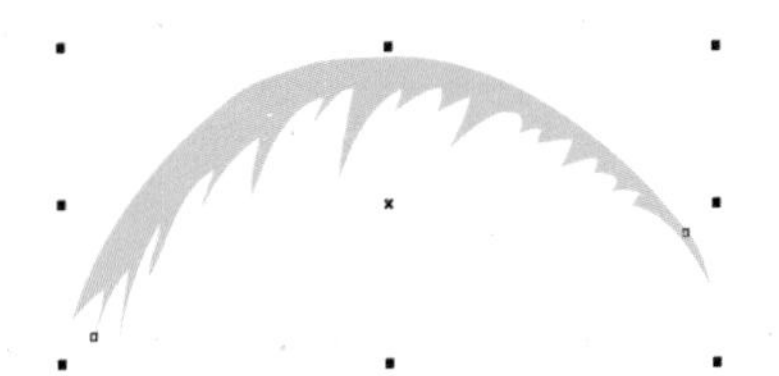

图 3-210 复制并填充颜色

图 3-211 制作透明效果

(25) 使用同样的方法制作透明效果，并设置开始透明度值为 46，效果如图 3-212 所示。

(26) 将图形移动到适当的位置，并调整图形的大小、顺序，然后按 Ctrl+G 组合键将其群组，效果如图 3-213 所示。

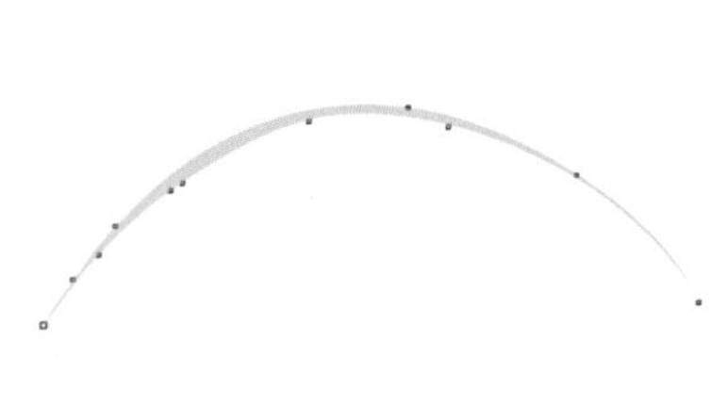

图 3-212 制作透明效果

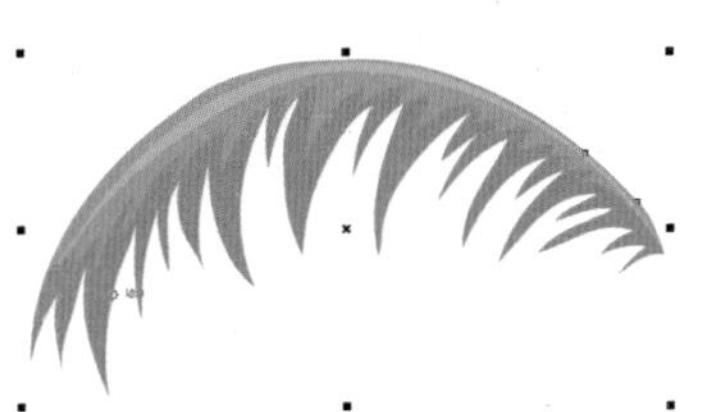

图 3-213 群组图形

(27) 选中图形，将光标移至图形的中心位置，然后单击，图形的中心变成⊙符号，将鼠标指针放到⊙符号上，按住鼠标左键不放，把符号⊙移到图 3-214 所示的位置；将光标移至对象左上角的控制点上，当光标变为旋转符号时，单击并拖动鼠标到需要的位置后右击，再释放鼠标即可完成图形的复制，效果如图 3-215 所示。

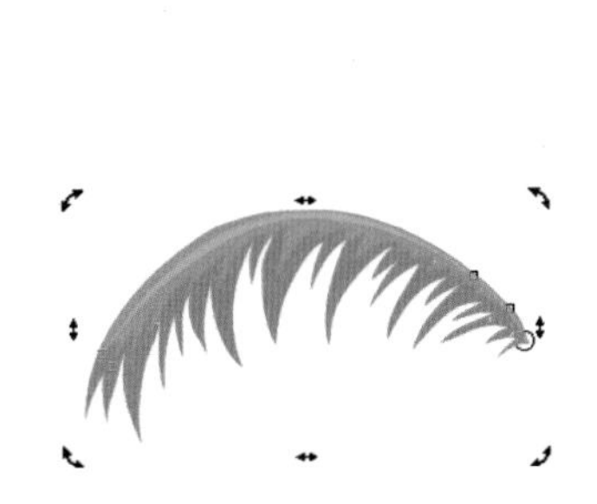

图 3-214 移动旋转中心

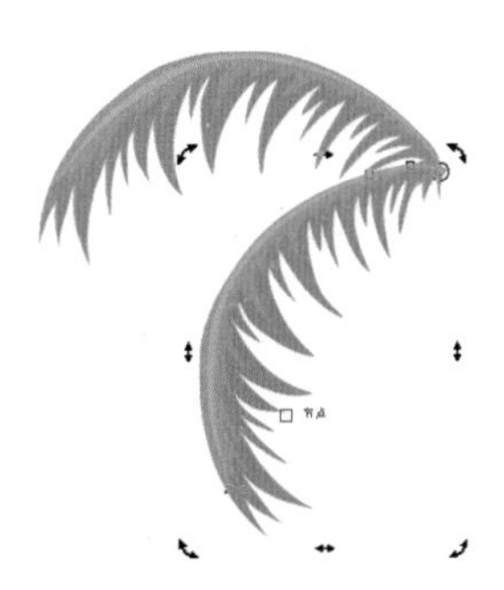

图 3-215 旋转复制图形

(28) 使用同样的方法再复制两个图形，并分别编辑它们的大小、形状，然后按 Ctrl+G 组合键将其群组，移动到适当的位置，效果如图 3-216 所示。

(29) 使用工具箱中的椭圆工具绘制一个椭圆，然后按 Ctrl+Q 组合键将图形转换为曲线，并结合形状工具进行编辑，效果如图 3-217 所示。

图 3-216 复制图形

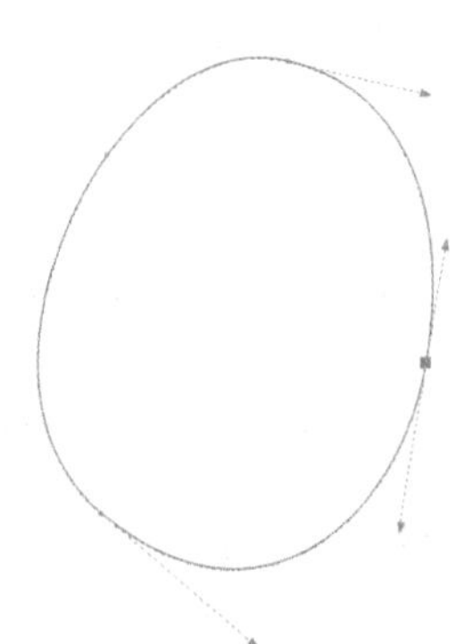

图 3-217 绘制并编辑图形

(30) 选择工具箱中的交互式填充工具，在属性栏中设置填充类型为辐射，为图形应用辐射渐变效果，分别设置起点色块的颜色为（C：23；M：47；Y：84；K：10）、中间色块的颜色为（C：2；M：34；Y：87；K：0）、终点色块的颜色为（C：25；M：65；Y：58；K：12），并去掉轮廓，效果如图3-218所示。

(31) 使用工具箱中的贝塞尔工具结合形状工具绘制图形，填充颜色为（C：24；M：84；Y：78；K：0），并去掉轮廓，效果如图3-219所示。

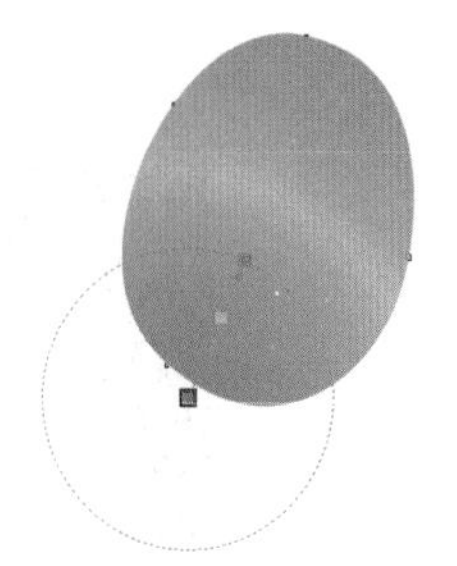
图3-218 辐射渐变填充

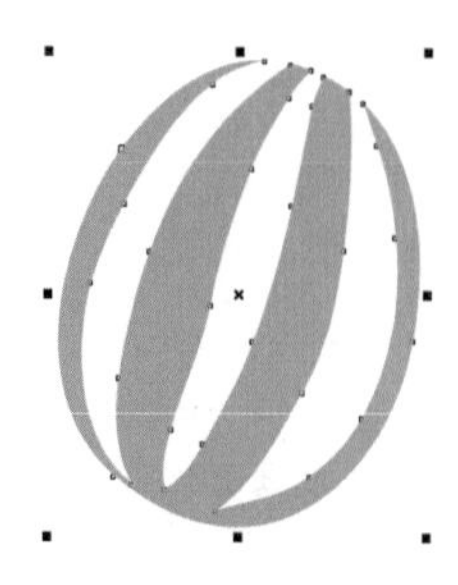
图3-219 绘制图形并填充颜色

(32) 使用同样的方法绘制图形，并填充图形颜色为（C：56；M：79；Y：75；K：6），并去掉轮廓，效果如图3-220所示。

(33) 选择工具箱中的交互式透明工具，在属性栏的透明度类型中选择“标准”，设置透明度操作为“正常”，开始透明度为68，透明度目标为“全部”，效果如图3-221所示。

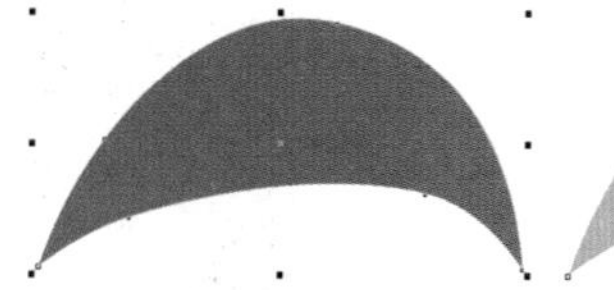
图3-220 绘制图形并填充颜色

图3-221 制作透明效果

(34) 使用同样的方法绘制图形，填充颜色为（C：1；M：1；Y：13；K：0），效果如图3-222所示。

(35) 使用相同的方法制作图形的透明效果，设置图形的开始透明度为59，并去掉轮廓，效果如图3-223所示。

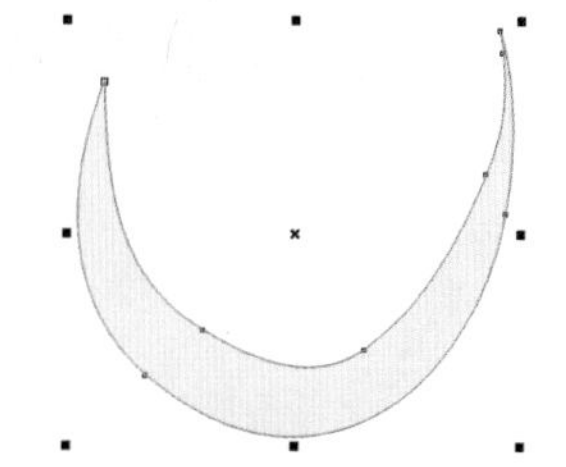
图3-222 绘制图形并填充颜色

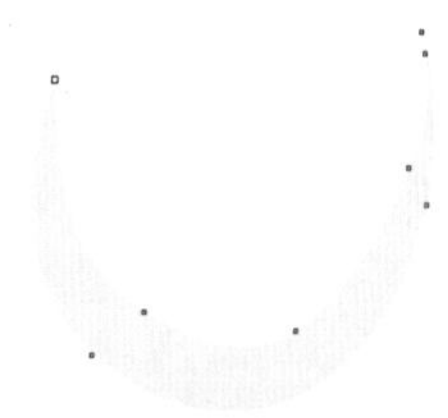
图3-223 制作图形透明效果

(36) 将图形移动到适当的位置，并调整图形的大小、顺序，然后按Ctrl+G组合键将其群组，效果如图3-224所示。

(37) 按小键盘上的“+”键复制6个图形，并移动到适当位置，调整图形的形状、大小和顺序，然后按Ctrl+G组合键将其群组，效果如图3-225所示。

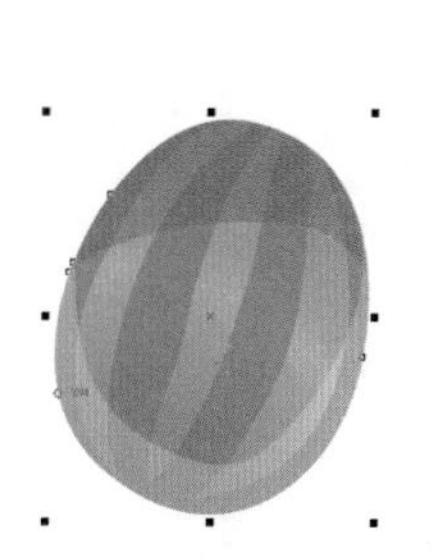
图3-224 群组图形

图3-225 复制并编辑图形

(38) 将图形移动到适当位置，并调整图形的大小、顺序，然后按Ctrl+G组合键将其群组，效果如图3-226所示。

(39) 按小键盘上的“+”键复制图形，并按Shift键等比例缩小到适当大小，移动到适当位置，效果如图3-227所示。

图3-226 移动并群组图形

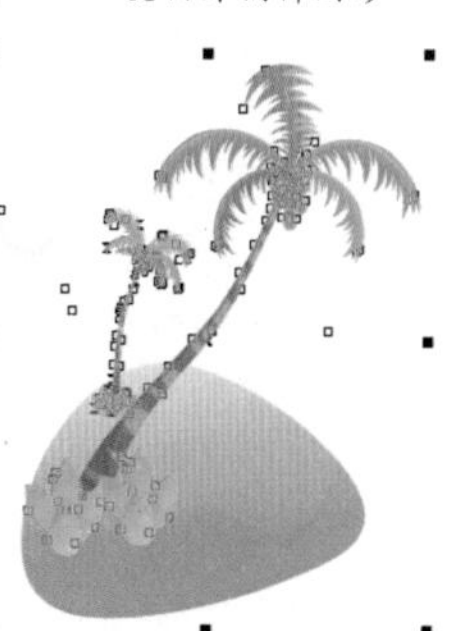
图3-227 复制图形

(40) 使用工具箱中的手绘工具在页面上绘制一条闭合曲线，并结合形状工具进行编辑，填充颜色为白色，并去掉轮廓，效果如图 3-228 所示。

(41) 按小键盘上的“+”键复制图形，然后使用前面的方法制作图形的透明效果，并设置开始透明度为 59，排列到适当位置，效果如图 3-229 所示。

图 3-228 绘制白色图形

图 3-229 制作复制图形的透明效果

(42) 将图形移动到适当位置，调整图形的顺序和大小，并按 Ctrl+G 组合键将其群组，效果如图 3-230 所示。

(43) 选择工具箱中的矩形工具，在属性栏的“边角圆滑度”数值框中设置矩形的边角圆滑度为 10，在工作区中拖动鼠标，绘制一个圆角矩形，并填充图形颜色为（C：85；M：29；Y：2；K：0），并去掉轮廓，效果如图 3-231 所示。

图 3-230 群组图形

图 3-231 绘制圆角矩形

(44) 选择工具箱中的交互式填充工具，在属性栏中设置填充类型为线性，为矩形应用线性渐变效果，并设置滑块位置，效果如图 3-232 所示。

(45) 使用工具箱中的矩形工具绘制一个矩形，效果如图 3-233 所示，然后按 Ctrl+Q 组合键将图形转换为曲线，再结合形状工具进行编辑，效果如图 3-234 所示。

图 3-232 设置滑块位置

图 3-233 绘制矩形

图 3-234 编辑图形

(46) 使用选择工具选中图形，将光标移至图形的中心位置，然后单击，图形的中心变成⊙符号，执行“排列 / 变换”命令调出“转换”泊坞窗，设置参数如图 3-235 所示，单击“应用”按钮复制 6 个图形，效果如图 3-236 所示。

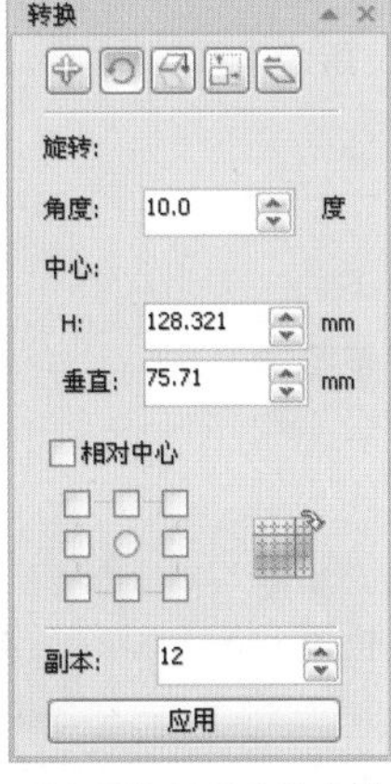

图 3-235 设置旋转参数

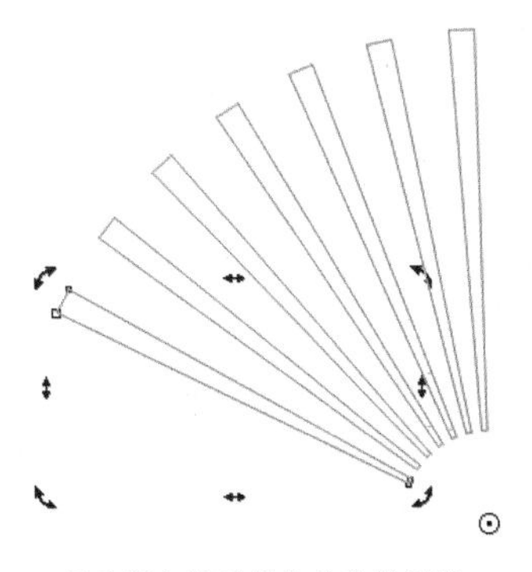
图 3-236 逆时针旋转复制图形

(47) 使用同样的方法设置旋转角度为“-10”，旋转中心不变，效果如图 3-237 所示。

(48) 使用选择工具选择所有图形，按 Ctrl+G 组合键将其群组，然后使用工具箱中的交互式透明工具，在属性栏的透明度类型中选择“标准”，设置透明度操作为“正常”，开始透明度为 60，透明度目标为“全部”，效果如图 3-238 所示。

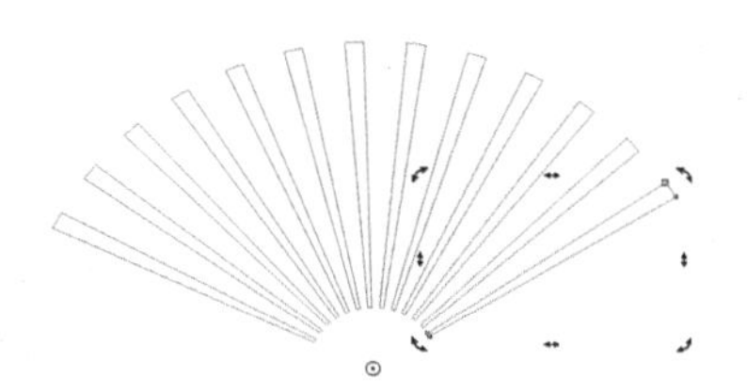

图 3-237 顺时针旋转复制图形

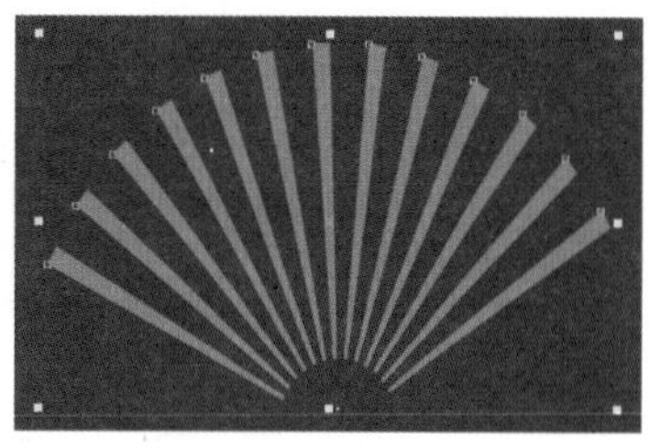

图 3-238 群组图形并制作透明效果

(49) 执行“效果 / 图框精确剪裁 / 放置在容器中”命令，将图形放置到蓝色渐变图形中，效果如图 3-239 所示。

(50) 在图形上右击，在弹出的快捷菜单中选择“编辑内容”命令，并调整图形的大小、位置，效果如图 3-240 所示。

图 3-239 执行“放置在容器中”命令

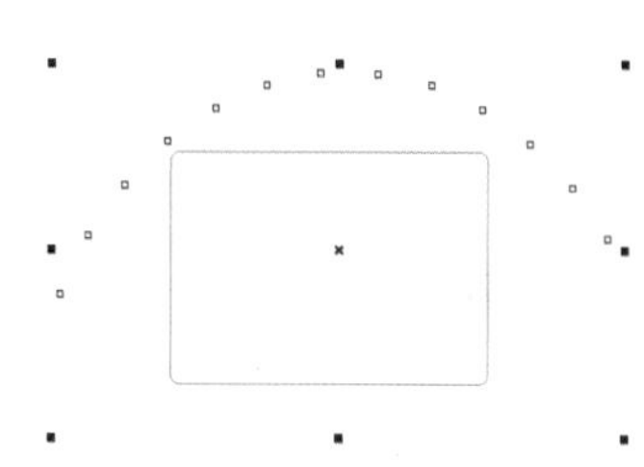

图 3-240 编辑内容

(51) 在图形上右击，在弹出的快捷菜单中选择“结束编辑”命令，效果如图 3-241 所示。

(52) 使用工具箱中的手绘工具结合形状工具绘制图形，填充颜色为（C：74；M：9；Y：2；K：0），并去掉轮廓，效果如图3-242所示

图 3-241 完成编辑图形

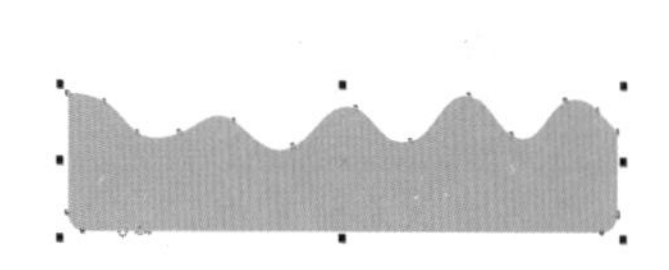

图 3-242 绘制图形

(53) 选择工具箱中的交互式填充工具，在属性栏中设置填充类型为线性，为图形应用线性渐变效果，并设置滑块位置，效果如图 3-243 所示。

(54) 使用同样的方法绘制其他图形，并制作交互式渐变填充效果，移动到适当位置，效果如图 3-244 所示。

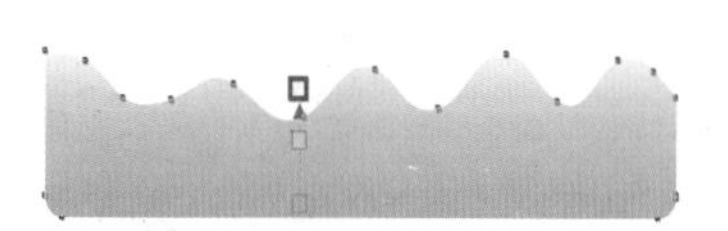

图 3-243 制作交互式渐变填充效果

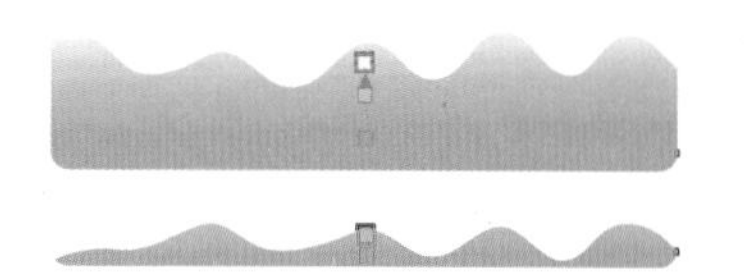

图 3-244 制作交互式渐变填充效果

(55) 将图形移动到适当位置，并按 Ctrl+G 组合键将其群组，效果如图 3-245 所示。

(56) 使用工具箱中的文本工具输入文本，并分别设置文本的字体类型，效果如图 3-246 所示。

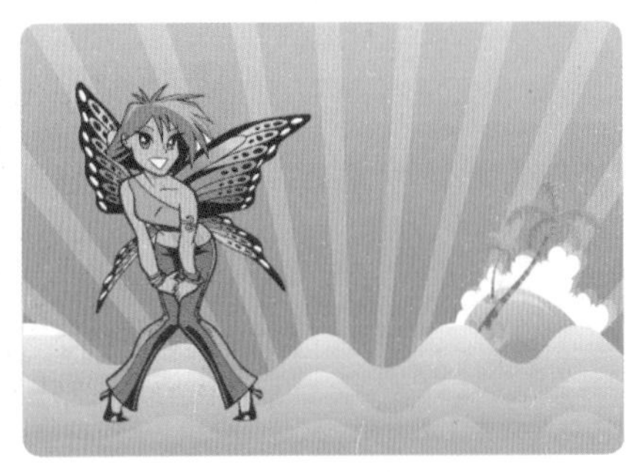

图 3-245 移动并群组图形

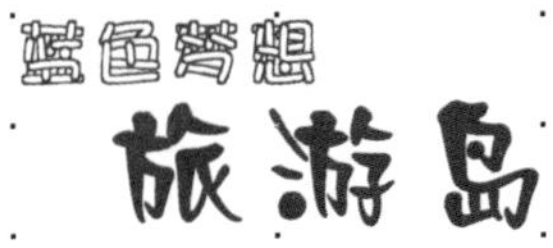

蓝色梦想
旅游岛

图 3-246 输入文本

(57) 按小键盘上的“+”键复制文本，然后使用步骤（53）的方法为文本应用交互式线性渐变填充，分别设置起点色块的颜色为（C：2；M：42；Y：98；K：0），中间色块的颜色（C：2；M：42；Y：98；K：0）、（C：7；M：2；Y：93；K：0），终点色块的颜色为（C：7；M：2；Y：93；K：0），并去掉轮廓，移动到适当位置，效果如图 3-247 所示。

(58) 使用工具箱中的椭圆工具绘制多个白色椭圆，并调整它们的大小、形状和旋转角度，并去掉轮廓，效果如图 3-248 所示。

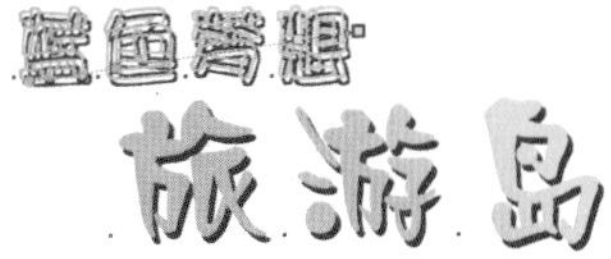

蓝色梦想
旅游岛

图 3-247 应用交互式线性渐变

蓝色梦想
旅游岛

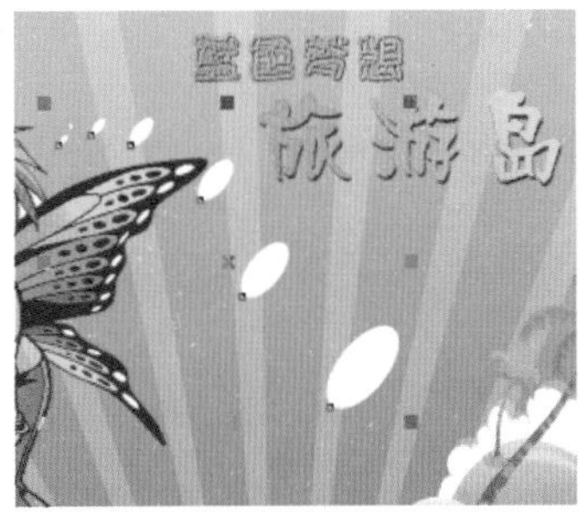

图 3-248 绘制椭圆

(59) 按 Ctrl+G 组合键将椭圆图形群组，然后选择工具箱中的交互式透明工具，在属性栏的透明度类型中选择“线性”，调整色块的起始位置如图 3-249 所示。

(60) 使用与前面相同的方法输入文本，并结合形状工具调整文字之间的距离，填充颜色为（C：85；M：29；Y：2；K：0），移动到适当位置，效果如图 3-250 所示。

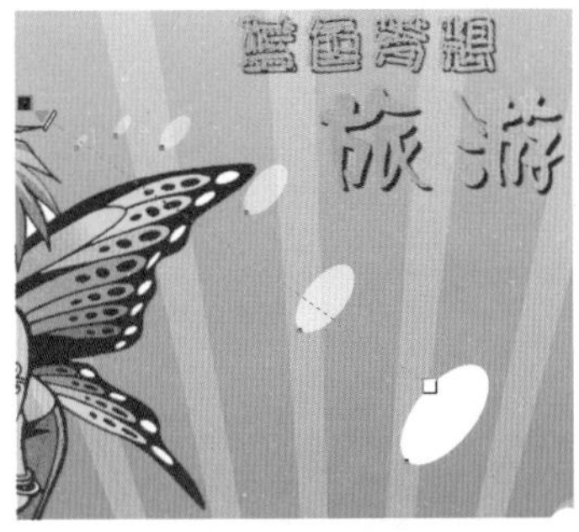

蓝色梦想
旅游

图 3-249 制作透明效果

天
使
梦

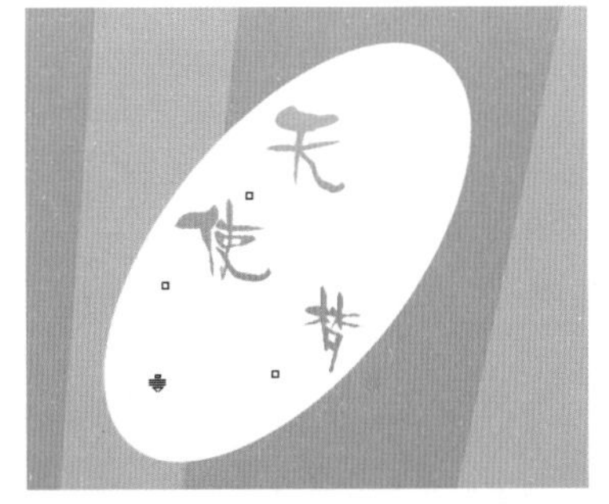

图 3-250 输入文本并编辑

(61) 使用选择工具选择所有图形，并按 Ctrl+G 组合键将其群组，效果如图 3-251 所示。

蓝色梦想
旅游岛

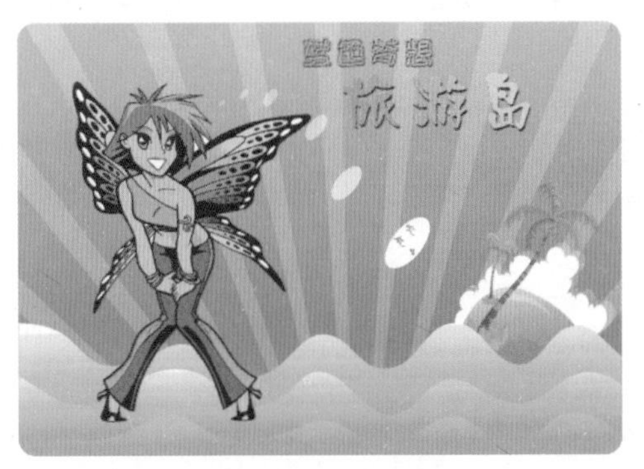

图 3-251 最终效果图

# 实 例 进 阶

## 实例 08 绘制可爱的猫

**案例说明**

本例将绘制如图 3-252 所示的可爱的猫，在绘制过程中主要使用椭圆工具、对象的镜像、钢笔工具等。

图 3-252 实例的最终效果

## 步骤提示

(1) 使用工具箱中的钢笔工具绘制猫的基本形状，再绘制猫的耳朵和嘴巴的图形，为图形填色，如图 3-253 所示。

(2) 使用工具箱中的钢笔工具绘制猫的眼睛，然后复制一只眼睛，并将其水平镜像，再使用工具箱中的钢笔工具绘制猫的鼻子，如图 3-254 所示。

(3) 使用工具箱中的钢笔工具绘制猫的胡须，复制一个眼睛，并将其水平镜像后移到右边，如图 3-255 所示。

图 3-253 绘制猫的基本形状

图 3-254 绘制猫的眼睛和鼻子

图 3-255 绘制猫的胡须

(4) 使用工具箱中的钢笔工具绘制猫的身体，填充图形为白色，再绘制身体上的阴影图形，填充图形为浅蓝色，如图 3-256 所示。

(5) 使用工具箱中的钢笔工具绘制猫的手，填充图形为黄色，再绘制猫的尾巴和脚，填充图形为黄色，如图 3-257 所示。

图 3-256 绘制猫的身体

图 3-257 绘制猫的手和脚

（6）使用工具箱中的椭圆工具绘制一个椭圆，将其旋转一定的角度，填充椭圆为紫色，轮廓色为黄色。然后使用工具箱中的文本工具输入文字，设置颜色为洋红、轮廓色为白色，得到本例的最终效果。

## 实例 09 绘制卡通小子

**案例说明**

本例将绘制如图 3-258 所示的卡通小子，在绘制过程中主要使用了钢笔工具、椭圆工具、对象的复制等。

图 3-258 实例的最终效果

## 步骤提示

（1）使用工具箱中的钢笔工具绘制卡通小子的头和帽子，为图形填色，然后使用工具箱中的椭圆工具绘制眼睛，如图 3-259 所示。

（2）使用工具箱中的钢笔工具绘制卡通小子的衣服和手，为图形填色，如图3-260 所示。

图 3-259 绘制卡通小子的头和帽子

图 3-260 绘制卡通小子的衣服和手

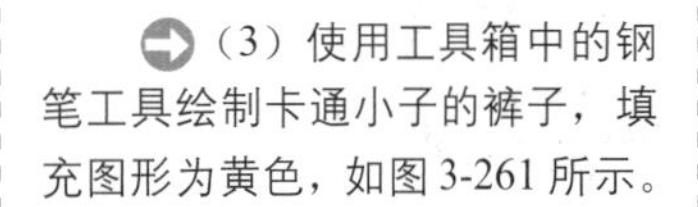

（3）使用工具箱中的钢笔工具绘制卡通小子的裤子，填充图形为黄色，如图 3-261 所示。

（4）使用工具箱中的钢笔工具绘制卡通小子身上的装饰物图形，调整图形的轮廓宽度，如图 3-262 所示。

图 3-261 绘制裤子

图 3-262 绘制装饰物

（5）使用工具箱中的钢笔工具绘制吉他图形，为图形填色，如图 3-263 所示。

图 3-263 绘制吉他

（6）使用工具箱中的钢笔工具绘制人物右手上工具的图形，为图形填色，得到本例最终效果。

## 实例 10 绘制凤凰

**案例说明**

本例将绘制如图 3-264 所示的凤凰，在绘制过程中主要使用了钢笔工具、椭圆工具、渐变色的填充等。

图 3-264 实例的最终效果

## 步骤提示

（1）使用工具箱中的钢笔工具绘制凤凰的头，为图形填充渐变色，然后使用工具箱中的椭圆工具绘制眼睛，如图 3-265 所示。

（2）使用工具箱中的钢笔工具绘制凤凰的凤冠，为图形填充渐变色，如图 3-266 所示。

图 3-265 绘制凤凰的头

图 3-266 绘制凤凰的凤冠

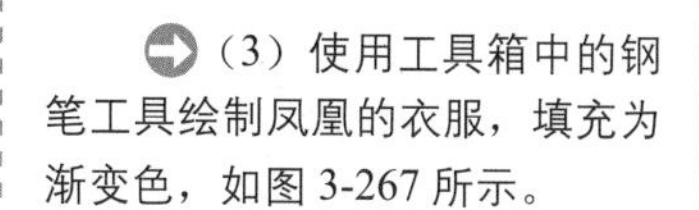

（3）使用工具箱中的钢笔工具绘制凤凰的衣服，填充为渐变色，如图 3-267 所示。

（4）使用工具箱中的钢笔工具绘制凤凰的腿，填充为渐变色，如图 3-268 所示。

图 3-267 绘制凤凰的衣服

图 3-268 绘制凤凰的腿

（5）使用工具箱中的钢笔工具绘制凤凰的翅膀，填充为渐变色，如图 3-269 所示。然后使用工具箱中的钢笔工具绘制凤凰的裤子，填充为暗红色，如图 3-270 所示。

图 3-269 绘制凤凰的翅膀　　图 3-270 绘制凤凰的裤子

（6）使用工具箱中的钢笔工具绘制凤凰的羽毛，填充为渐变色，再绘制羽毛上的图形，填充为不同的颜色，得到本例的最终效果。

## 实例 11 绘制爱运动的小牛

**案例说明**

本例将绘制如图 3-271 所示的爱运动的小牛，在绘制过程中主要使用了钢笔工具、椭圆工具、渐变色的填充等。

图 3-271 实例的最终效果

## 步骤提示

（1）使用工具箱中的钢笔工具绘制小牛的头，为图形填充渐变色，如图 3-272 所示。然后使用工具箱中的椭圆工具绘制眼睛，再使用工具箱中的钢笔工具绘制小牛的鼻子和嘴，为图形填充渐变色，如图 3-273 所示。

图 3-272 绘制小牛的头

图 3-273 绘制眼睛、鼻子和嘴

（2）使用工具箱中的钢笔工具绘制小牛的衣服，填充为渐变色，如图 3-274 所示。

（3）使用工具箱中的钢笔工具绘制小牛的手，并填充左手为黄色、右手为渐变色，如图 3-275 所示。

图 3-274 绘制小牛的衣服

图 3-275 绘制小牛的手

（4）使用工具箱中的钢笔工具绘制小牛的裤子，填充为红色和黄色，如图 3-276 所示。

（5）使用工具箱中的钢笔工具绘制小牛的鞋子，并改变图形的轮廓宽度，如图 3-277 所示。

图 3-276 绘制小牛的裤子

图 3-277 绘制小牛的鞋子

（6）使用工具箱中的钢笔工具绘制小牛鞋上的阴影图形，填充图形为浅蓝色，得到本例的最终效果。

# 实例 12 绘制小老虎

**案例说明**

本例将绘制如图 3-278 所示的小老虎，在绘制过程中主要使用了对象的镜像、颜色的填充、钢笔工具等。

图 3-278 实例的最终效果

## 步骤提示

（1）使用工具箱中的钢笔工具绘制小老虎的脸，填充颜色为深黄色，再绘制耳朵，为耳朵填色。然后选中耳朵，按小键盘上的“＋”键在原处复制一个图形。保持复制的图形处于选取状态，单击属性栏中的“水平镜像”按钮，将图形镜像，得到另一只耳朵，如图 3-279 所示。

（2）使用工具箱中的钢笔工具绘制眉毛，再使用椭圆工具绘制眼睛，并复制眼睛。按 F7 键绘制一个椭圆，填充为红色，然后使用工具箱中的钢笔工具绘制胡须，如图 3-280 所示。

图 3-279 绘制头的基本形状

图 3-280 绘制五官

（3）使用工具箱中的钢笔工具绘制斑点图形，填充图形颜色为黑色，如图3-281所示。

（4）绘制老虎身体图形，并填充为深黄色。接着绘制尾巴，填充颜色为深黄色，再在脚上绘制几条曲线，如图3-282所示。

图3-281 绘制斑点图形

图3-282 绘制身体和尾巴图形

（5）使用工具箱中的钢笔工具绘制身体上的虎毛图形，填充图形颜色为灰色和白色，如图3-283所示。

（6）使用工具箱中的钢笔工具绘制小老虎身上的纹路，填充图形颜色为黑色，如图3-284所示。

图3-283 绘制虎毛图形

图3-284 绘制纹路

（7）使用工具箱中的钢笔工具绘制尾巴的纹路，填充图形颜色为黑色，本例的制作就完成了。

# 实 例 提 高

## 实例 13 绘制摄影女孩

**案例说明**

本例将绘制如图3-285所示的摄影女孩，在绘制过程中主要使用了形状工具、钢笔工具、填充工具、复制工具等。

图3-285 实例的最终效果

# 实例 14 绘制小鸡出壳

**案例说明**

本例将绘制如图 3-286 所示的小鸡出壳效果，在绘制过程中主要使用了椭圆工具、修整命令、钢笔工具等。

图 3-286 实例的最终效果

# 实例 15 绘制卡通女娃

**案例说明**

本例将绘制如图 3-287 所示的卡通女娃，在绘制过程中主要使用了椭圆工具、矩形工具、星形工具、钢笔工具等。

图 3-287 实例的最终效果

# 实例 16 绘制可爱的小狗

**案例说明**

本例将绘制如图 3-288 所示的可爱的小狗，在绘制过程中主要使用了形状工具、基本形状工具、贝塞尔工具等。

图 3-288 实例的最终效果

## 实例 17 绘制小狮子

**案例说明**

本例将绘制如图 3-289 所示的小狮子，在绘制过程中主要使用了形状工具、钢笔工具、椭圆工具、对象的群组和镜像等。

图 3-289 实例的最终效果

## 实例 18 绘制时尚潮人

**案例说明**

本例将绘制如图 3-290 所示的时尚潮人，在绘制过程中主要使用了椭圆工具、渐变色的填充、钢笔工具等。

图 3-290 实例的最终效果

# 第4章 标志设计

本章学习制作标志。标志是由经过设计的特殊的图形或文字构成的，用象征性的语言和特定的造型、图案来传达信息，以表达某种特定含义和事物的视觉语言。它是通过简约的视觉图形来传达信息的象征符号，起着指示、识别的作用。它以深刻的理念、优美的形态和缜密的构图给观者留下深刻的印象和记忆。

瑞卜倪标志

卡思咔兒标志

芙儿优标志

JIM 标志

施加客标志

FIA 标志

海恩食品标志

施兒咔标志

戴尔惟标志

渔业标志

库瑞帝斯标志

佧美芳标志

# 实 例 入 门

## 实例 01 绘制瑞卜倪标志

**案例说明**

本例将设计制作瑞卜倪文化有限公司的标志，如图 4-1 所示。该标志主要由基本图形和文字组成，在制作过程中会用到矩形工具、椭圆工具、文本工具以及“焊接”按钮等。

Rebornne New Zealand
rebornne
瑞卜倪

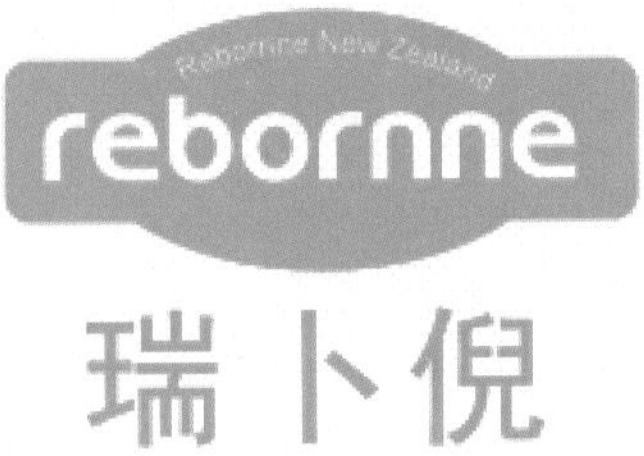

图 4-1 本例的最终效果

## 操作步骤

(1) 按 F6 键激活矩形工具，在属性栏的“边角圆滑度”数值框中设置矩形的边角圆滑度为 20，在工作区中拖动鼠标，绘制一个圆角矩形，如图 4-2 所示。然后填充矩形的颜色为绿色，去掉轮廓线，如图 4-3 所示。

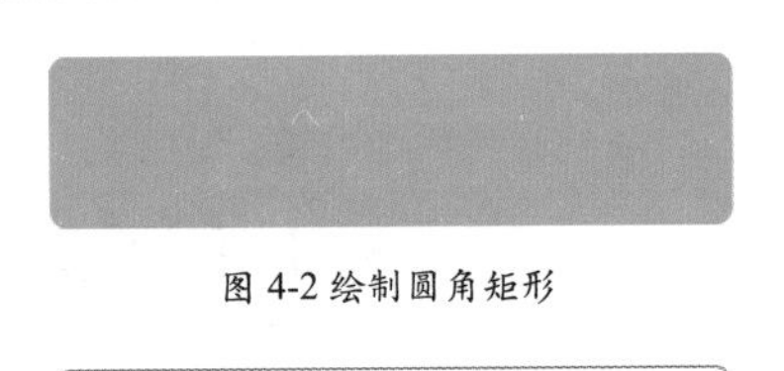

图 4-2 绘制圆角矩形

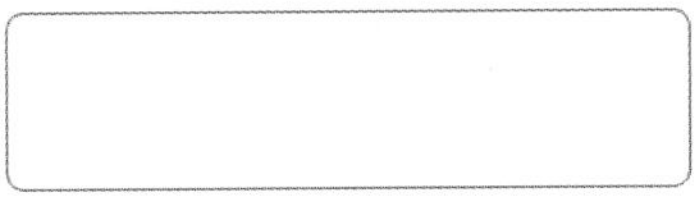

图 4-3 填充颜色

(2) 使用工具箱中的椭圆工具绘制两个椭圆，并排列到如图 4-4 所示的位置。使用工具箱中的选择工具框选所有图形，单击属性栏中的“焊接”按钮，效果如图 4-5 所示。

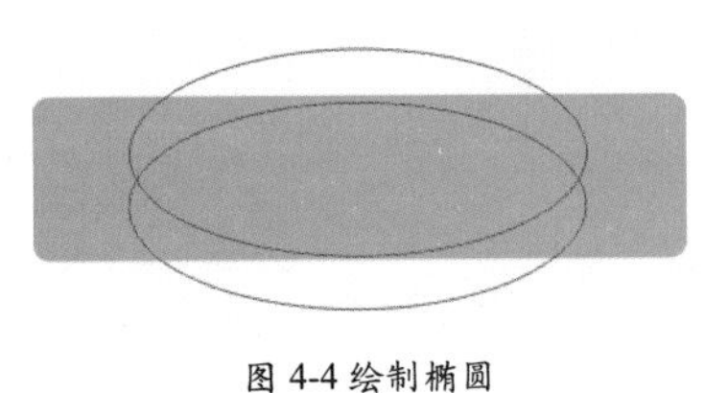

图 4-4 绘制椭圆

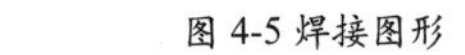

图 4-5 焊接图形

(3) 使用工具箱中的文本工具在空白区域中输入文字，并设置文字的字体为黑体、颜色为黑色、字号为 8pt，如图 4-6 所示。选中文字，执行“文本 / 使文本适合路径”命令，光标变为➜状，将光标移动至图 4-7 所示的位置单击，效果如图 4-8 所示。执行“排列 / 拆分 在一路径上的文本于图层 1”命令，然后选择文字，并将颜色设置为白色，如图 4-9 所示。

Rebornne New Zealand

图 4-6 输入文字

-4.0 mm
Rebornne New Zealand

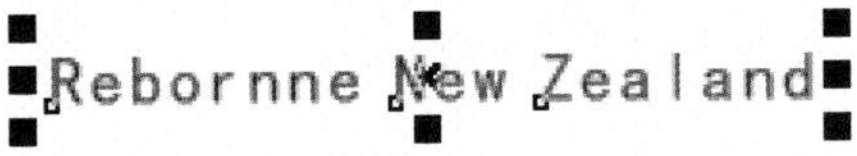

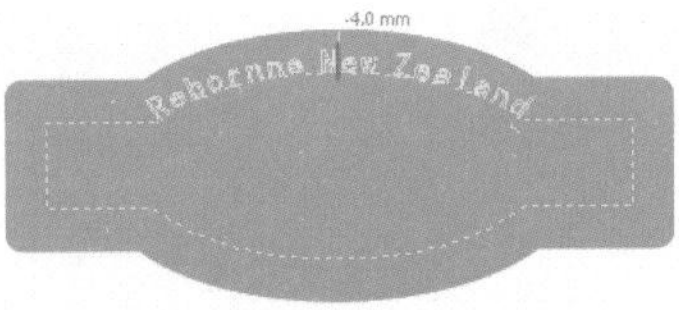

图 4-7 移动至路径

图 4-8 使文本适合路径效果

图 4-9 改变字体颜色

（4）使用工具箱中的贝塞尔工具结合形状工具绘制如图 4-10 所示的图形，填充图形颜色为白色，并去掉轮廓，如图 4-11 所示。

图 4-10 绘制文字图形

图 4-11 填充颜色

（5）按 F8 键激活文本工具，输入文字“瑞卜倪”，设置字体为黑体、大小为 42pt、颜色为绿色，并移动至合适的位置。本例的最终效果如图 4-12 所示。

瑞卜倪

图 4-12 本例的最终效果

## 公告栏 使文本适合路径

使用“使文本适合路径”命令可以轻松地将文字沿着特定的路径排列，如曲线、矩形、椭圆形等。

使用工具箱中的文本工具创建一行美术文本，如图 4-13 所示。然后选中文本，执行“文本 / 使文本适合路径”命令，这时鼠标指针将变成黑色的向右箭头，移动箭头单击路径，文本将沿该曲线路径排列，如图 4-14 所示。

今天星期一

图 4-13 创建文本和路径

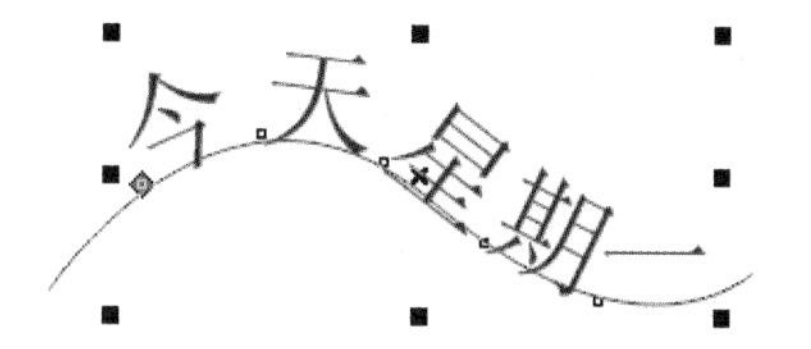


图 4-14 文本适合路径

此时属性栏如图 4-15 所示，通过对各选项进行设置，可以使文本沿着路径产生不同的变化。

ABC 0.0 mm 38.433 mm 镜像文本： 贴齐标记 宋体 93.159 pt

图 4-15 文本属性栏

属性栏中各选项的含义如下。

- 文本方向 ABC：用来选择文本对齐到路径时相对于路径放置的方向。
- “距离路径”数值框 .0 mm：用来调整文本与路径之间的距离。
- “水平偏移”数值框 5.863 mm：用来调整文本在水平方向上的偏移量。
- 置于一方按钮：可以将文本置于路径的一侧。

# 实例 02 绘制卡思咔兒标志

**案例说明**

本例将设计制作卡思咔兒童装的标志，如图 4-16 所示。该标志主要由基本图形和文字组成，在制作过程中会用到矩形工具、椭圆工具、文本工具以及形状工具等。

图 4-16 实例的最终效果

## 操作步骤

(1) 使用工具箱中的矩形工具绘制一个矩形，如图 4-17 所示。然后填充矩形的颜色为（C：20；M：0；Y：60；K：0），并去掉轮廓，如图 4-18 所示。

图 4-17 绘制矩形

图 4-18 填充颜色

(2) 使用工具箱中的贝塞尔工具结合形状工具绘制如图 4-19 所示的图形，填充图形颜色为红色，并去掉轮廓，如图 4-20 所示。

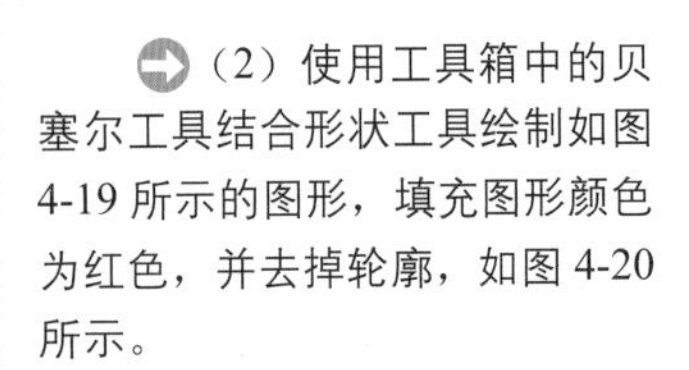

图 4-19 绘制图形

图 4-20 填充颜色

(3) 按 F7 键激活椭圆工具，并绘制两个椭圆，并填充椭圆的颜色为黑色，排列到如图 4-21 所示的位置。

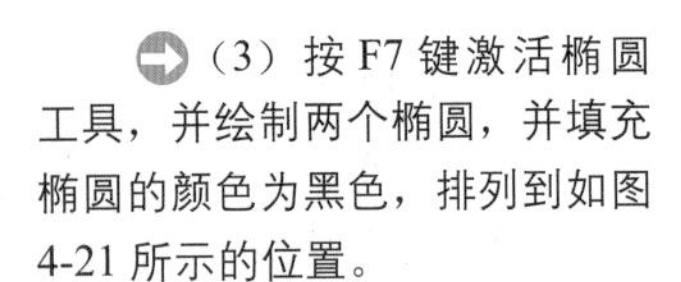

图 4-21 绘制黑色椭圆

(4) 使用工具箱中的贝塞尔工具结合形状工具绘制如图 4-22 所示的图形，填充图形颜色为黑色，并去掉轮廓，如图 4-23 所示。

图 4-22 绘制图形

图 4-23 填充颜色

(5) 使用工具箱中的贝塞尔工具结合形状工具绘制如图 4-24 所示的图形，填充图形颜色为（C：100；M：0；Y：0；K：0），并去掉轮廓，如图 4-25 所示。

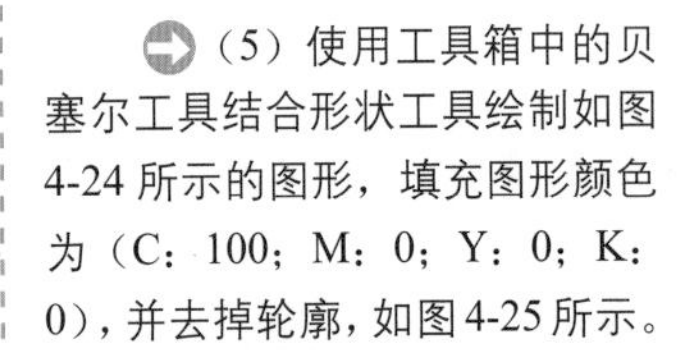

图 4-24 绘制图形

图 4-25 填充颜色

（6）按F7键激活椭圆工具，绘制一个椭圆，并填充椭圆的颜色为（C：0；M：10；Y：100；K：0），并去掉轮廓，如图4-26所示。然后复制一组椭圆，并按照一定的次序排列到如图4-27所示的位置。

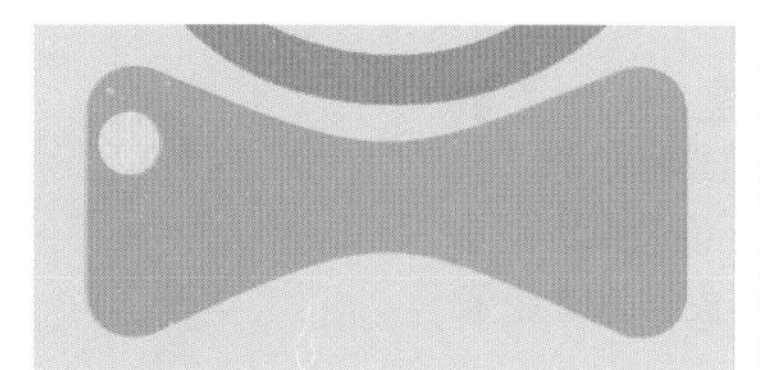

图4-26 绘制椭圆

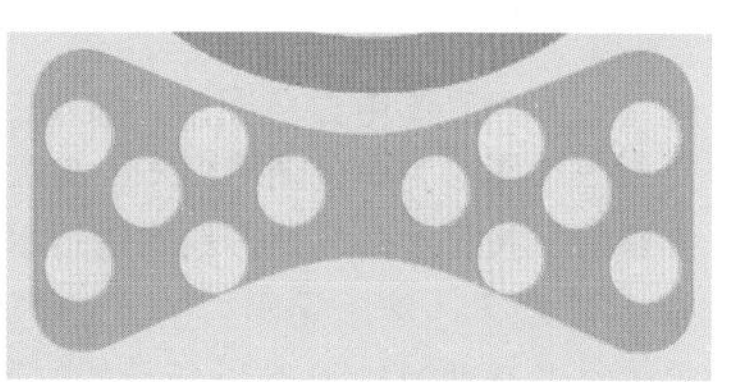

图4-27 复制椭圆

（7）使用工具箱中的贝塞尔工具结合形状工具绘制如图4-28所示的图形，填充图形颜色为黑色，并去掉轮廓，如图4-29所示。

图4-28 绘制图形

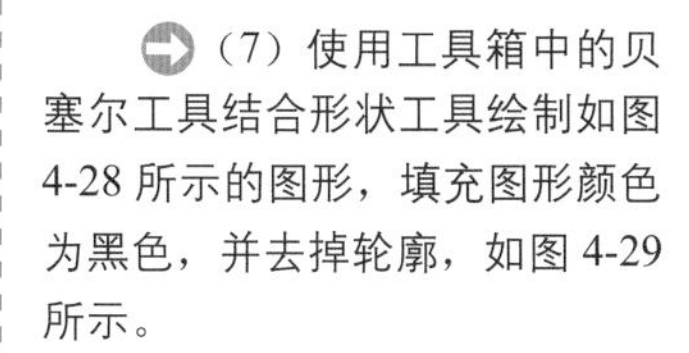


图4-29 填充颜色

（8）按F8键激活文本工具，输入文字“卡思咔兒”，字体为方正隶变繁体、字号为10pt、颜色为黑色，并移动至合适的位置。

## 实例 03 绘制施加客标志

**案例说明**

本例将设计制作施加客童装的标志，如图4-30所示。该标志主要由基本图形和文字组成，在制作过程中会用到矩形工具、椭圆工具、文本工具等基本工具。

图4-30 实例的最终效果

## 操作步骤

（1）使用工具箱中的塞尔工具结合形状工具绘制如图4-31所示的图形，填充图形颜色为（C：100；M：0；Y：0；K：0），并去掉轮廓，如图4-32所示。

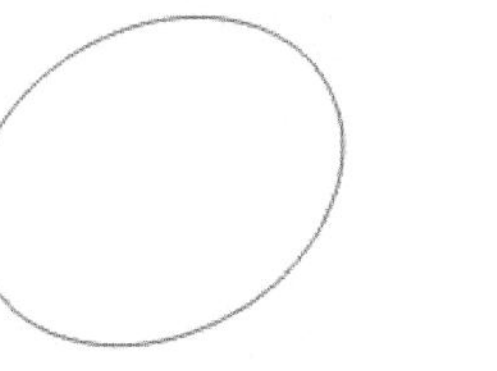
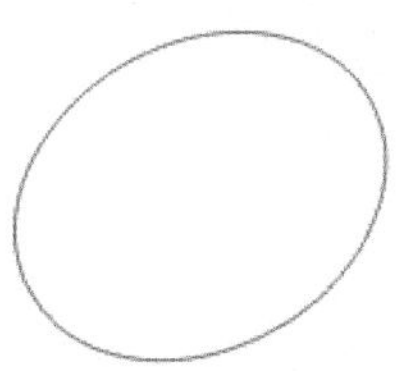

图4-31 绘制图形

图4-32 填充颜色

（2）使用工具箱中的贝塞尔工具结合形状工具绘制如图4-33所示的图形，填充图形颜色为白色，并去掉轮廓，如图4-34所示。

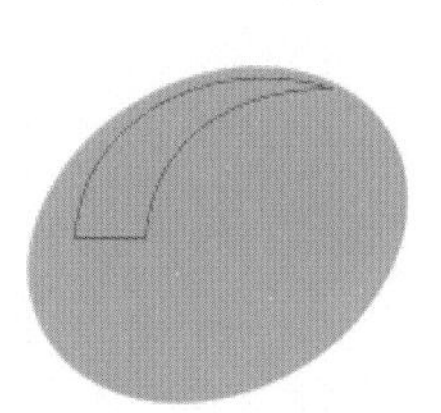

图4-33 绘制图形

图4-34 填充颜色

（3）选中白色图形，按小键盘上的“+”键复制一个图形为白色图形副本。单击属性栏中的“水平镜像”按钮对白色图形副本进行水平镜像操作，如图 4-35 所示，然后用同样的方法对其进行垂直镜像操作，并移动到如图 4-36 所示的位置。

图 4-35 复制并水平镜像图形

图 4-36 垂直镜像效果

（4）单击工具箱中的“多边形工具”按钮，在弹出的工具组中单击“星形”工具按钮，并在属性栏中将星形的边数设置为“4”，将星形锐度设置为“53”，如图 4-37 所示。

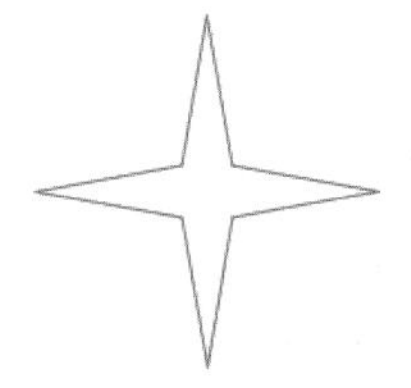

图 4-37 绘制星形

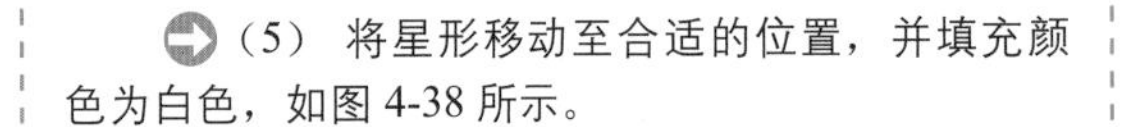

（5）将星形移动至合适的位置，并填充颜色为白色，如图 4-38 所示。

（6）按 F8 键激活文本工具，输入文字“施加客”，字体为“方正综艺繁体”，大小为 41pt、颜色为（C：0；M：60；Y：100；K：0），效果如图 4-39 所示。

图 4-38 填充颜色

图 4-39 输入文字

（7）单击工具箱中的“椭圆工具”按钮，按住 Shift 键在绘图页面中绘制一个椭圆，并填充颜色为（C：0；M：60；Y：100；K：0），效果如图 4-40 所示。选中椭圆，按住 Shift 键等比例缩小至合适的大小，同时右击复制椭圆。用鼠标选择绘制好的两个椭圆，单击属性栏中的“修剪”按钮对两个椭圆进行修剪，并删除中间修剪后的部分，效果如图 4-41 所示。

图 4-40 绘制椭圆

图 4-41 修剪椭圆

（8）使用工具箱中的文本工具在绘图页面中输入英文字母“R”，设置相应的字体和字号后移动到修剪图形的内部。

## 公告栏 镜像对象

镜像对象的具体操作步骤如下：

（1）使用工具箱中的选择工具选中要镜像的对象，如图 4-42 所示，然后单击属性栏中的“水平镜像”按钮，得到如图 4-43 所示的效果。

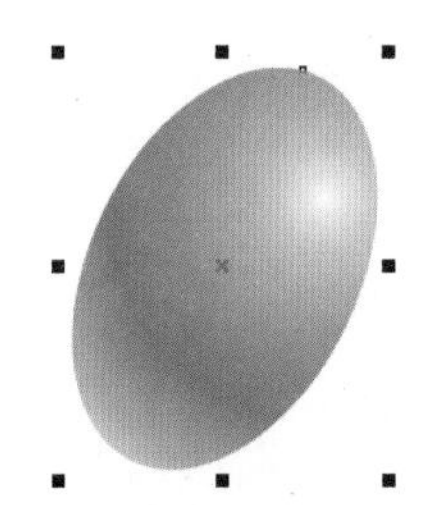

图 4-42 选中对象

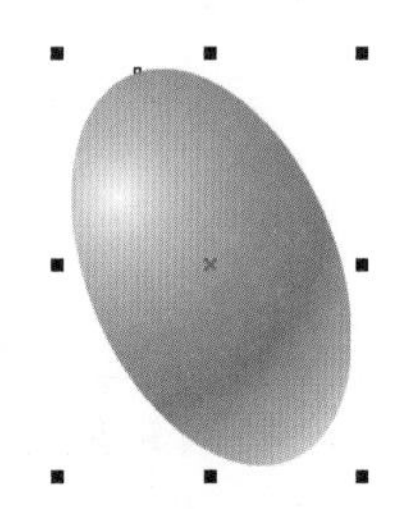

图 4-43 水平镜像对象

（2）使用工具箱中的选择工具选中要镜像的对象，如图 4-44 所示，然后单击属性栏中的“垂直镜像”按钮，得到如图 4-45 所示的效果。

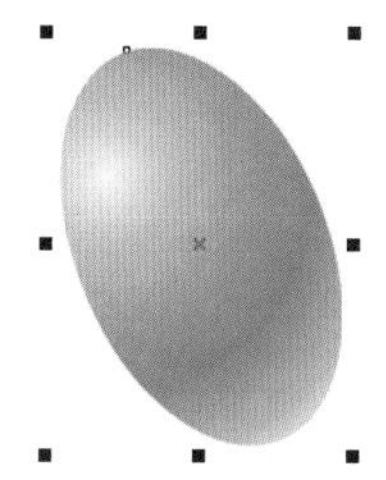

图 4-44 选中对象

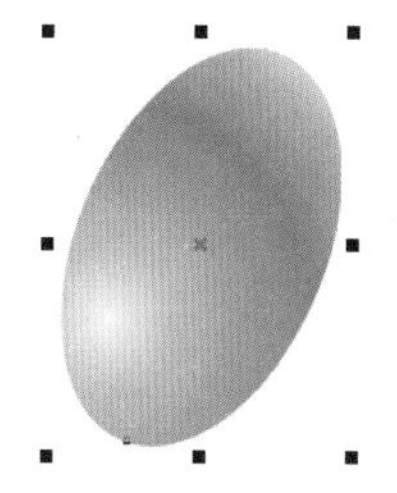

图 4-45 垂直镜像对象

## 实例 04 绘制库瑞帝斯标志

### 案例说明

本例将设计制作库瑞帝斯的标志，如图 4-46 所示。该标志主要由基本图形和文字组成，在制作过程中会用到矩形工具、椭圆工具、文本工具等基本工具。

图 4-46 实例的最终效果

### 操作步骤

（1）使用工具箱中的贝塞尔工具结合形状工具绘制如图 4-47 所示的图形，填充图形颜色为（C：0；M：60；Y：60；K：40），并去掉轮廓，如图 4-48 所示。

图 4-47 绘制图形

图 4-48 填充颜色

（2）选中绘制好的图形，按住 Ctrl 键水平向右移动适当的距离，同时按下鼠标右键复制图形，如图 4-49 所示。单击属性栏中的“水平镜像”按钮对复制的图形进行水平镜像，如图 4-50 所示。

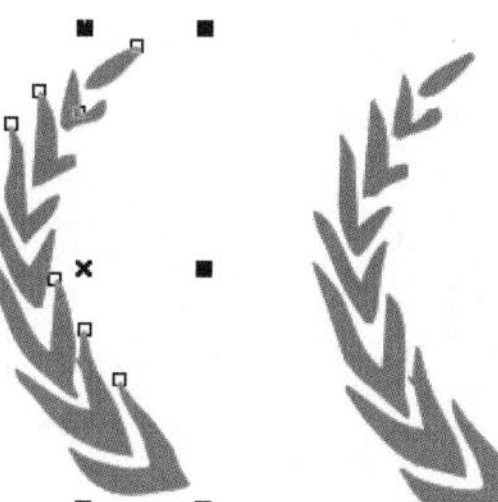

图 4-49 复制图形

图 4-50 水平镜像后的效果

(3) 使用工具箱中的贝塞尔工具结合形状工具绘制如图 4-51 所示的图形，填充图形颜色为（C：0；M：60；Y：60；K：40），并去掉轮廓，如图 4-52 所示。

图 4-51 绘制图形

图 4-52 填充颜色

(4) 使用工具箱中的贝塞尔工具结合形状工具绘制如图 4-53 所示的图形，填充图形颜色为（C：0；M：60；Y：60；K：40），并去掉轮廓，如图 4-54 所示。

图 4-53 绘制图形

图 4-54 填充颜色

(5) 按 F8 键激活文本工具，输入英文“Kara bear”和中文“库瑞帝斯”，字体为方正准圆简体、颜色为（C：0；M：60；Y：100 K：0），设置合适的字号后排列到如图 4-55 所示的位置。

图 4-55 输入文字

(6) 单击工具箱中的“椭圆工具”按钮，按住 Shift 键在绘图页面中绘制一个椭圆，填充颜色为（C：0；M：60；Y：100； K：0），效果如图 4-56 所示。选中椭圆，按住 Shift 键等比例缩小至合适的大小，同时右击复制椭圆。用鼠标选择绘制好的两个椭圆，单击属性栏中的“修剪”按钮对两个椭圆进行修剪，并删除中间修剪后的部分，效果如图 4-57 所示。

(7) 使用工具箱中的文本工具字在绘图页面中输入英文字母“R”，设置相应的字体和字号后移动到修剪图形的内部。本例的最终效果如图 4-58 所示。

图 4-56 绘制椭圆

图 4-57 修剪椭圆

图 4-58 本例的最终效果

# 05 绘制芙儿优标志

**案例说明**

本例将设计绘制芙儿优的标志，如图 4-59 所示。该标志主要由基本图形和文字组成，在绘制过程中会用到贝塞尔工具、形状工具、“轮廓笔”对话框等。

图 4-59 实例的最终效果

## 操作步骤

(1) 使用工具箱中的贝塞尔工具结合形状工具绘制如图 4-60 所示的图形，填充图形颜色为（C：25；M：2；Y：0；K：0），如图 4-61 所示。按 F12 键打开“轮廓笔”对话框，设置轮廓宽度为 0.1mm、颜色为（C：100；M：46；Y：0；K：0），其余参数设置如图 4-62 所示，单击“确定”按钮，得到如图 4-63 所示的效果。

图 4-60 绘制图形

图 4-61 填充颜色

图 4-62 “轮廓笔”对话框

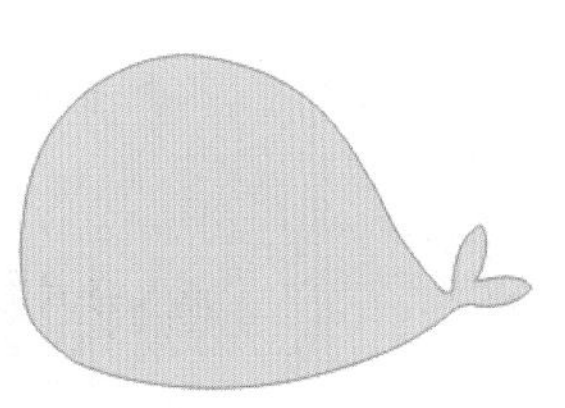

图 4-63 设置后的轮廓效果

(2) 使用同样的方法绘制如图 4-64 所示的图形。

图 4-64 绘制图形

(3) 按 F7 键激活椭圆工具，绘制一个椭圆，填充椭圆的颜色为（C：100；M：46；Y：0；K：0），并去掉轮廓，如图 4-65 所示。然后复制一个椭圆，填充颜色为白色，排列到如图 4-66 所示的位置。

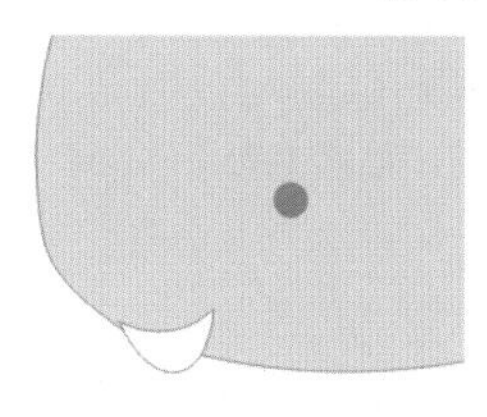

图 4-65 绘制椭圆

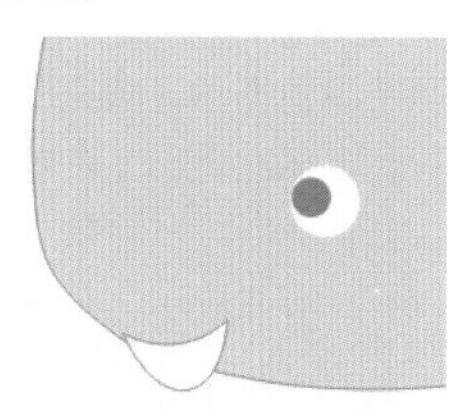

图 4-66 复制椭圆

➡（4）使用工具箱中的贝塞尔工具结合形状工具绘制如图4-67所示的图形，填充图形颜色为（C：100；M：46；Y：0；K：0），如图4-68所示。

图 4-67 绘制图形

芙儿优

图 4-68 填充颜色

芙儿优

图 4-69 设置颜色

➡（5）使用工具箱中的选择工具选择图形，并将颜色设置为（C：0；M：48；Y： 100；K：0），如图4-69所示。然后用同样的方法绘制以下文字图形的效果，如图4-70所示。

图 4-70 绘制图形

➡（6）单击工具箱中的“椭圆工具”按钮，按住Shift键在绘图页面中绘制一个椭圆，填充颜色为（C：100；M：46；Y：0；K：0），效果如图4-71所示。选中椭圆，按住Shift键等比例缩小至合适的大小，并右击复制椭圆。用鼠标选择绘制好的两个椭圆，单击属性栏中的“修剪”按钮对两个椭圆进行修剪，并删除中间修剪后的部分，效果如图4-72所示。

图 4-71 绘制椭圆

图 4-72 修剪椭圆

（7）使用工具箱中的文本工具在绘图页面中输入英文字母“R”，设置相应的字体和字号后移动到修剪图形的内部。

## 实例 06 绘制瑞欣投资担保标志

### 案例说明

本例将设计制作小城瑞欣投资担保有限责任公司的标志，如图4-73所示。该标志主要由基本图形和文字组成，在制作过程中会用到贝塞尔工具、形状工具、文本工具等基本工具。

瑞欣投资担保

RONGJIE INVESTMENT & GUARANTY

小城瑞欣投资担保有限责任公司

图 4-73 实例的最终效果

### 操作步骤

➡（1）使用工具箱中的贝塞尔工具结合形状工具绘制图4-74所示的图形，填充图形颜色为（C：1；M：38；Y：52；K：0），并去掉轮廓，如图4-75所示。

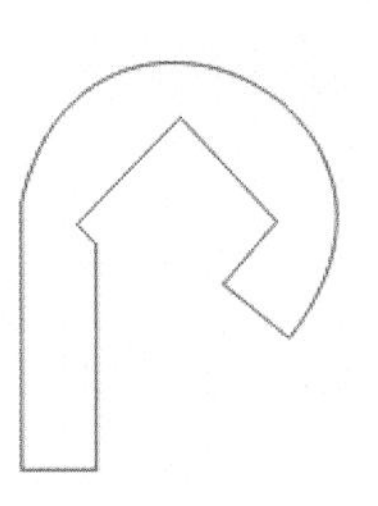

图 4-74 绘制图形

图 4-75 填充颜色

(2) 用同样的方法绘制如图 4-76 所示的闭合图形，将图形的颜色分别填充为（C：1；M：38；Y：52；K：0）、（C：1；M：38；Y：52；K：0），如图 4-77 所示。

图 4-76 绘制图形

图 4-77 填充颜色

(3) 按 F8 键激活文本工具，输入中文“瑞欣投资担保”，字体为“方正准圆繁体”、大小为 30pt、颜色为黑色；输入中文“小城瑞欣投资担保有限责任公司”，字体为“方正准圆繁体”、大小为 18pt、颜色为黑色；输入英文“RONGJIEINVESTMNT GUARANTY”，字体为“方正准圆繁体”、大小为 13pt、颜色为黑色，并排列到合适的位置，如图 4-78 所示。

图 4-78 输入文字

(4) 使用工具箱中的贝塞尔工具绘制一条直线，设置轮廓宽度为 0.2mm，得到本例的最终效果。

## 实例 07 绘制戴尔惟标志

**案例说明**

本例将设计制作戴尔惟的标志，如图 4-79 所示。该标志主要由图案和文字组成，在制作过程中会用到贝塞尔工具、形状工具、文本工具等基本工具。

图 4-79 实例的最终效果

## 操作步骤

(1) 使用工具箱中的贝塞尔工具结合形状工具绘制如图 4-80 所示的图形，填充图形颜色为（C：20；M：33；Y：95；K：7），并去掉轮廓，如图 4-81 所示。

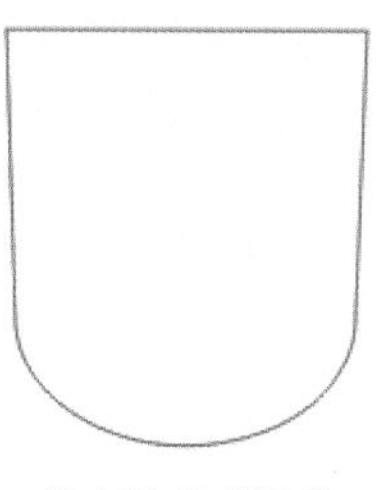

图 4-80 绘制图形

图 4-81 填充颜色

（2）选中图形，按住Shift键将图形等比例缩小至合适的大小，并同时按下鼠标右键复制一个图形为图形副本，填充图形副本的颜色为白色，效果如图4-82所示。用同样的方法绘制另外一组图形，如图4-83所示。

图 4-82 复制图形

图 4-83 复制图形

（3）按F8键激活文本工具，输入英文字母“D”，字体为“经典粗仿黑”、大小为14pt、颜色为（C：20；M：33；Y：95；K：7），并移动到上述图框的中间位置，如图4-84所示。

图 4-84 输入文字

（4）使用工具箱中的贝塞尔工具结合形状工具绘制如图4-85所示的图形，填充图形颜色为（C：20；M：33；Y：95；K：7），并去掉轮廓，如图4-86所示。

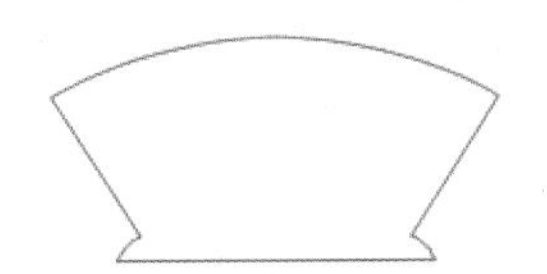

图 4-85 绘制图形

图 4-86 填充颜色

（5）用同样的方法绘制如图4-87所示的图形。

图 4-87 绘制图形

（6）使用工具箱中的贝塞尔工具结合形状工具绘制图4-88所示的图形，填充图形颜色为（C：20；M：33；Y：95；K：7），并去掉轮廓，如图4-89所示。

图 4-88 绘制图形

图 4-89 填充颜色

（7）用同样的方法绘制如图4-90所示的图形。

图 4-90 绘制图形

(8) 将袋鼠与图案水平移动到右边并复制，然后单击属性栏中的“水平镜像”按钮，对复制的图形进行水平镜像操作，效果如图 4-91 所示。

图 4-91 图形镜像效果

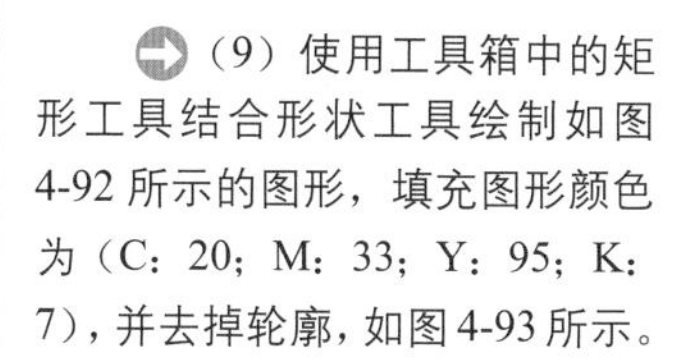

(9) 使用工具箱中的矩形工具结合形状工具绘制如图 4-92 所示的图形，填充图形颜色为（C：20；M：33；Y：95；K：7），并去掉轮廓，如图 4-93 所示。

图 4-92 绘制图形

图 4-93 填充颜色

(10) 按 F8 键激活文本工具，输入如图 4-94 所示的文字。

图 4-94 输入文字

## 实例 08 绘制 FIA 标志

**案例说明**

本例绘制效果如图 4-95 所示的文字标志，在绘制过程中主要使用了贝塞尔工具、形状工具、填充工具等。

图 4-95 实例的最终效果

## 操作步骤

(1) 使用工具箱中的贝塞尔工具结合形状工具绘制如图 4-96 所示的图形，填充图形颜色为（C：96；M：99；Y：4；K：0），并去掉轮廓，如图 4-97 所示。

图 4-96 绘制图形

图 4-97 填充颜色

(2) 使用工具箱中的贝塞尔工具结合形状工具绘制如图 4-98 所示的图形，填充图形颜色为绿色，并去掉轮廓，如图 4-99 所示。

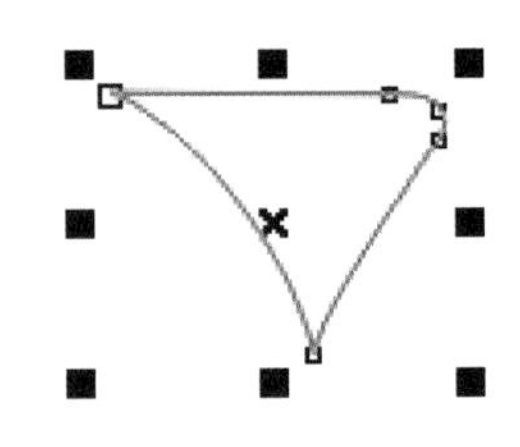
图 4-98 绘制图形

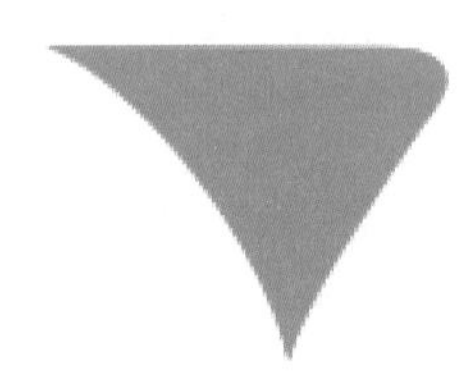
图 4-99 填充颜色

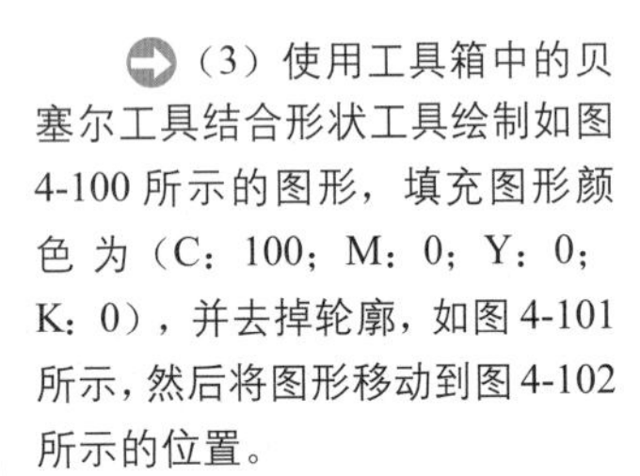
(3) 使用工具箱中的贝塞尔工具结合形状工具绘制如图 4-100 所示的图形，填充图形颜色为（C：100；M：0；Y：0；K：0），并去掉轮廓，如图 4-101 所示，然后将图形移动到图 4-102 所示的位置。

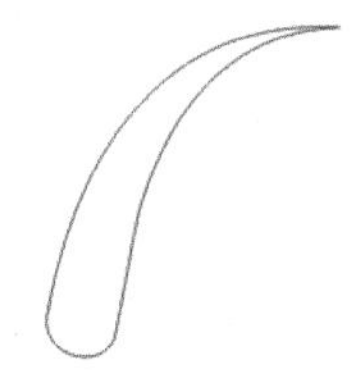
图 4-100 绘制图形

图 4-101 填充颜色

图 4-102 移动图形

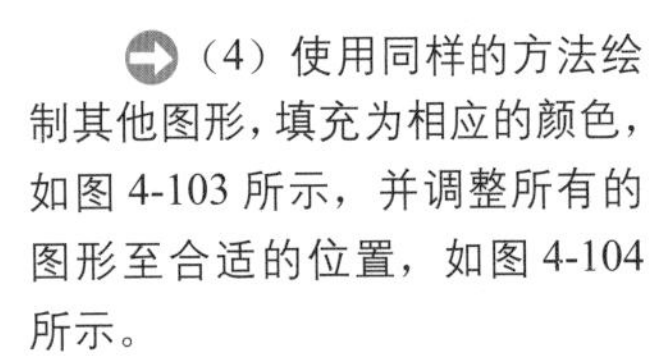
(4) 使用同样的方法绘制其他图形，填充为相应的颜色，如图 4-103 所示，并调整所有的图形至合适的位置，如图 4-104 所示。

图 4-103 绘制图形

图 4-104 组合图形

(5) 使用工具箱中的选择工具选择所有图形，按键盘上的 Ctrl+G 组合键将图形组合，按小键盘上的“+”键复制一组图形，并填充颜色为黑色，调整到原图形下一层的合适位置，如图 4-105 所示。

图 4-105 制作阴影

(6) 按 F8 键激活文本工具，输入如图 4-106 所示的文字。

FUERZA INFORMATIVA AZTECA

图 4-106 输入文字

(7) 设置文字的字体为“方正姚体”，选择合适的字号后移动到如图 4-107 所示的位置。

图 4-107 移动文字

# 实例 09 绘制 JIM 标志

**案例说明**

本例绘制效果如图 4-108 所示的文字标志。在绘制过程中主要使用了贝塞尔工具、形状工具、填充工具等。

图 4-108 实例的最终效果

## 操作步骤

(1) 使用工具箱中的矩形工具绘制一个矩形，填充矩形的颜色为黑色，并去掉轮廓，如图 4-109 所示。

(2) 使用工具箱中的贝塞尔工具结合形状工具绘制图 4-110 所示的图形，填充图形颜色为(C: 0, M: 20, Y: 100, K: 0)，并去掉轮廓，如图 4-111 所示。

图 4-109 绘制矩形

图 4-110 绘制图形

图 4-111 填充颜色

(3) 使用工具箱中的贝塞尔工具结合形状工具绘制如图 4-112 所示的图形，填充图形颜色为 80% 黑，并去掉轮廓，如图 4-113 所示。

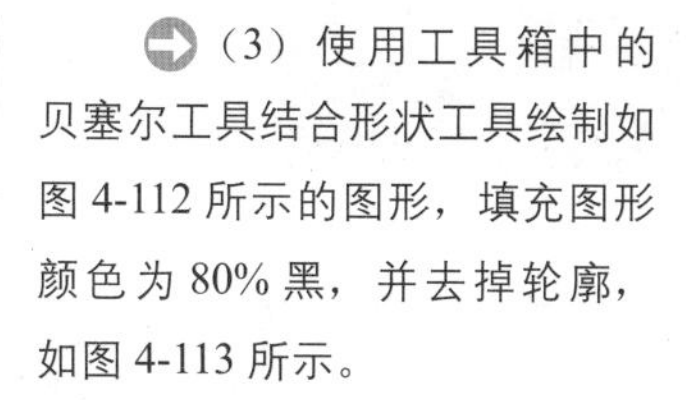

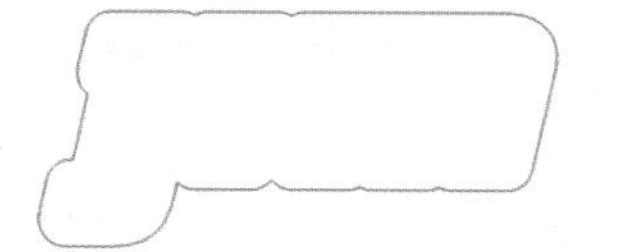

图 4-112 绘制图形

图 4-113 填充颜色

(4) 选中图 4-111 所示的图形，在按住 Shift 键的同时选中图 4-113 中的图形，然后按键盘上的 E 键和 C 键对齐图形，如图 4-114 所示。

图 4-114 对齐图形

(5) 将对齐好的图形移动到如图 4-115 所示的位置，选中图 4-114 所示的图形，按 F12 键打开“轮廓笔”对话框，设置轮廓宽度为 4.81mm、颜色为白色，得到如图 4-116 所示的效果。

图 4-115 移动图形

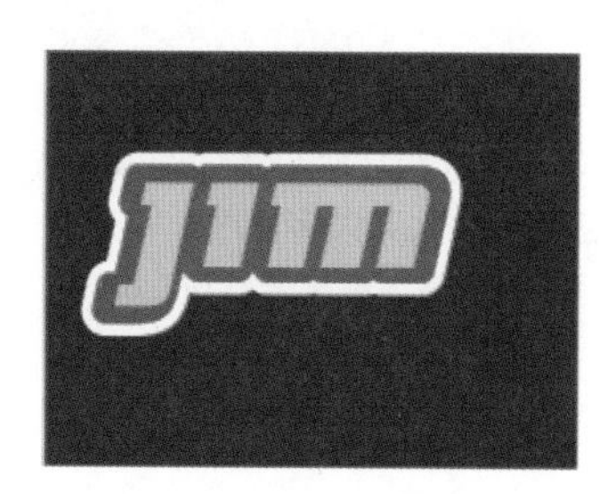

图 4-116 添加外轮廓

（6）使用工具箱中的椭圆工具结合形状工具绘制如图 4-117 所示的椭圆图形，填充颜色为（C：30；M：10；Y：0；K：50），并去掉外轮廓，如图 4-118 所示。

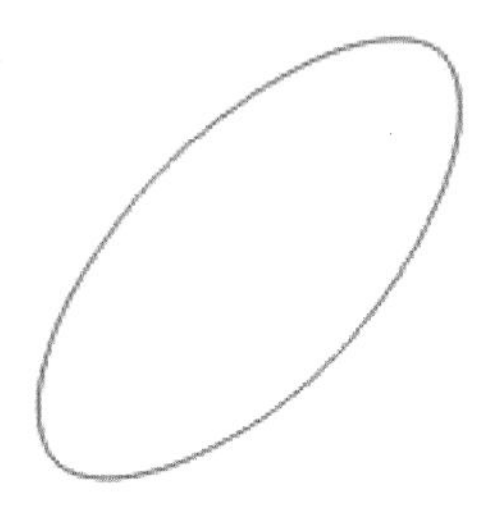

图 4-117 绘制图形

图 4-118 填充颜色

（7）用同样的方法绘制一个椭圆，填充颜色为白色，并去掉外轮廓线，移动到图 4-119 所示 的位置。

（8）同时选中绘制的两个图形，单击属性栏中的“修剪”按钮，得到如图 4-120 所示的图形

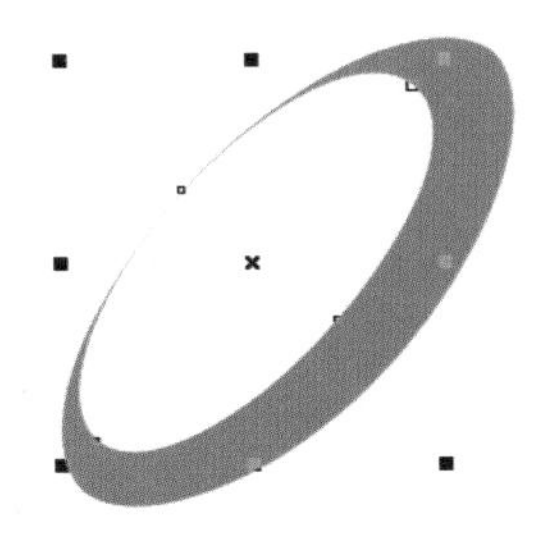

图 4-119 绘制椭圆

图 4-120 修剪图形

（9）用同样的方法绘制一个图形，填充颜色为白色，如图 4-121 所示，然后对齐如图 4-122 所示。

（10）将绘制好的一组图形移动到如图 4-123 所示的位置。

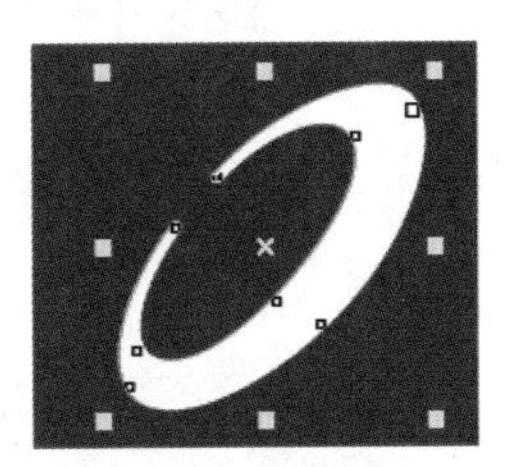

图 4-121 绘制图形

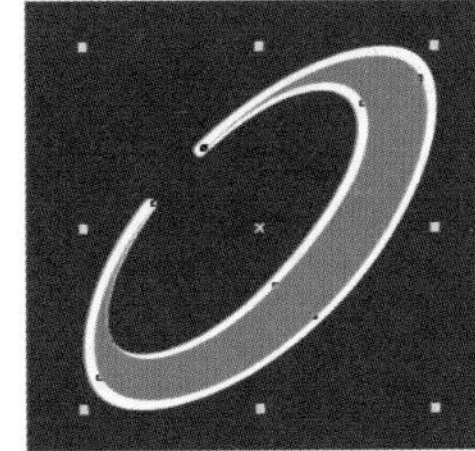

图 4-122 对齐图形

图 4-123 移动图形

（11）按 F7 键激活椭圆工具，绘制一个椭圆，填充颜色为白色，并去掉外轮廓，移动到如图 4-124 所示的位置。用同样的方法绘制另一个椭圆，填充颜色为（C：30；M：10；Y：0；K：80），并移动到如图 4-125 所示的位置。

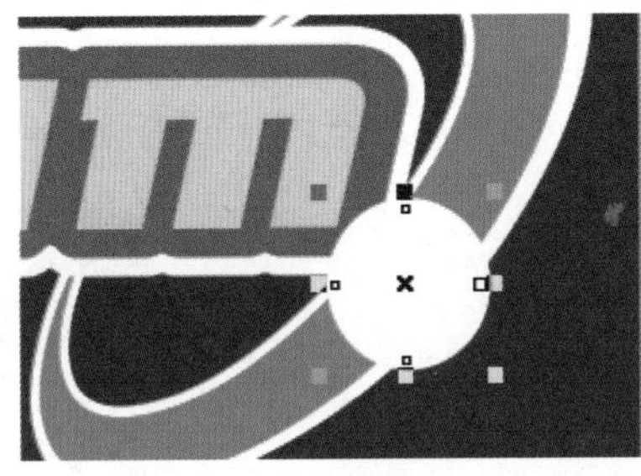

图 4-124 绘制椭圆

图 4-125 绘制另一个椭圆

（12）按 F8 键激活文本工具，输入英文字母“tv”，选择合适的字体和字号后按 Ctrl+K 组合键将其拆分，填充颜色为白色，并移动到如图 4-126 所示的位置。

图 4-126 添加文字

# 实例 10 绘制企业标志

**案例说明**

本例将绘制效果如图 4-127 所示的标志，主要介绍了矩形工具、椭圆工具、填充工具、钢笔工具等工具的使用。

图 4-127 实例的最终效果

## 操作步骤

(1) 使用 Ctrl+N 组合键新建一个文件，导入背景底纹素材图片（光盘 / 源文件与素材 / 第 4 章 / 绘制企业标志 / 底纹 .jpg），再单击工具箱中的“矩形工具”按钮，或按 F6 键，绘制一个矩形（长：200mm；宽：160mm）。在导入的底纹素材图片上按住右键不放，同时将其拖曳至绘制的矩形中，然后释放鼠标，在弹出的快捷菜单中选择“图框精确剪裁内部”命令，将素材图片置于框内裁剪，如图 4-128 所示。

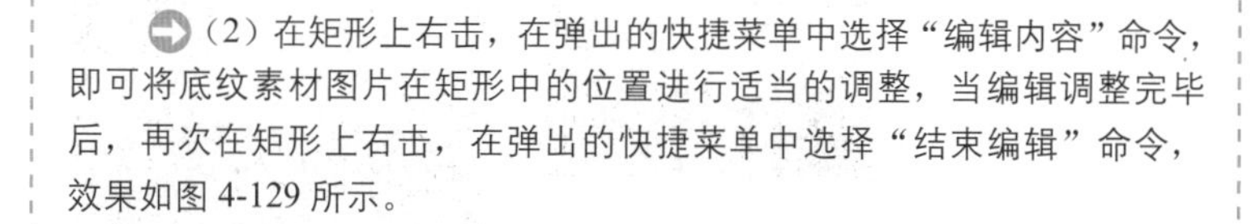

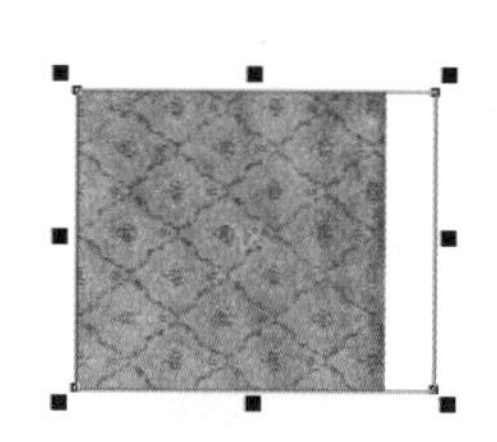

图 4-128 绘制矩形并执行“图框精确剪裁内部”命令

(2) 在矩形上右击，在弹出的快捷菜单中选择“编辑内容”命令，即可将底纹素材图片在矩形中的位置进行适当的调整，当编辑调整完毕后，再次在矩形上右击，在弹出的快捷菜单中选择“结束编辑”命令，效果如图 4-129 所示。

图 4-129 执行“编辑内容”命令

(3) 再次使用矩形工具绘制一个同样大小的矩形，并将其中心放置在之前绘制的矩形中心的位置，然后将其填充为黑色。单击工具箱中的“透明度工具”按钮，在其属性栏中设置“透明度类型”为“辐射”，然后将黑色的矩形透明化，如图 4-130 所示。

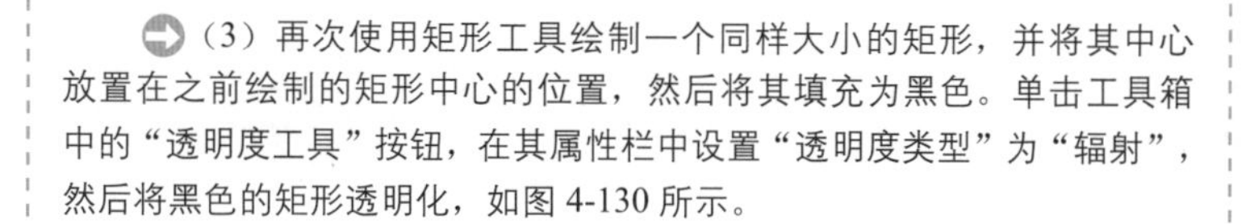

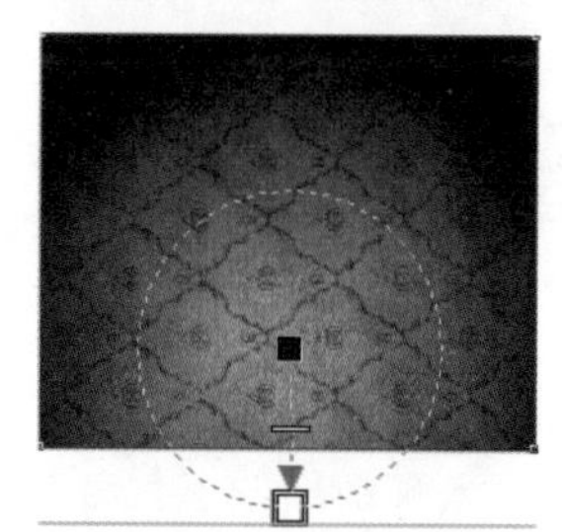

图 4-130 绘制并设置矩形

(4) 选择工具箱中的椭圆工具，绘制一个椭圆（X 轴直径：295mm；Y 轴直径：90mm）。在椭圆上按住右键不放，同时将其拖曳至矩形中，然后释放鼠标，在弹出的快捷菜单中选择“图框精确剪裁内部”命令，将椭圆置于精框内裁剪，效果如图 4-131 所示。

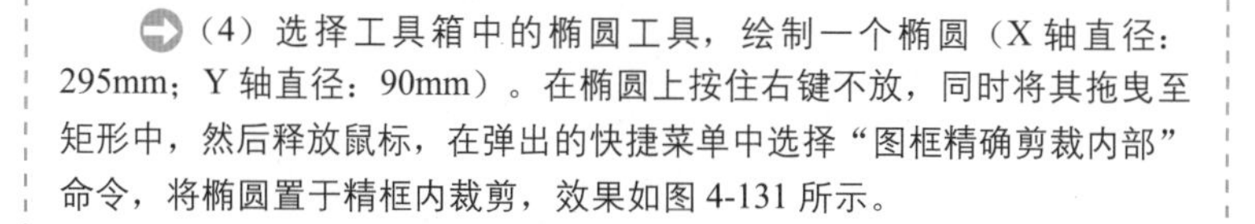

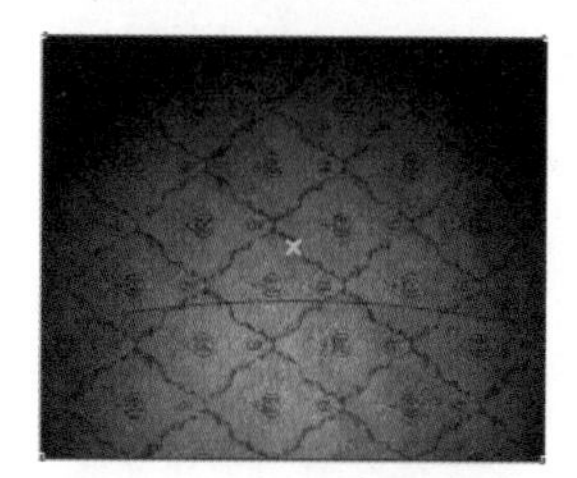

图 4-131 绘制并设置椭圆

(5) 在矩形上右击，在弹出的快捷菜单中选择“编辑内容”命令，将椭圆填充为黑色，再单击工具箱中的“透明度工具”按钮，并在其属性栏中设置“透明度类型”为“线性”，然后将椭圆透明化，如图 4-132 所示。在椭圆上右击，在弹出的快捷菜单中选择“结束编辑”命令，效果如图 4-133 所示。

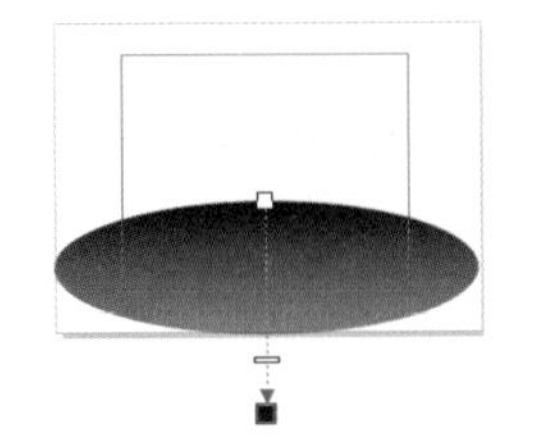
图 4-132 设置透明度

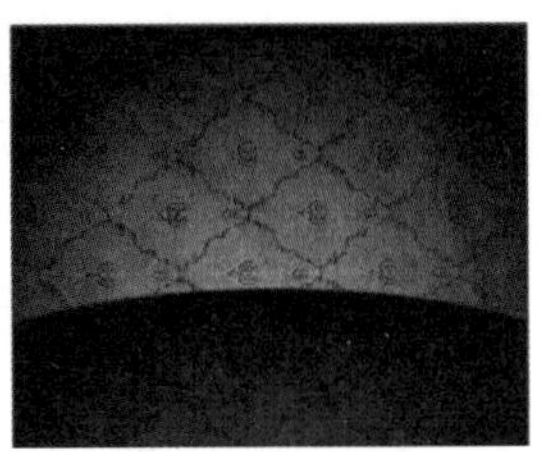
图 4-133 结束编辑后的效果

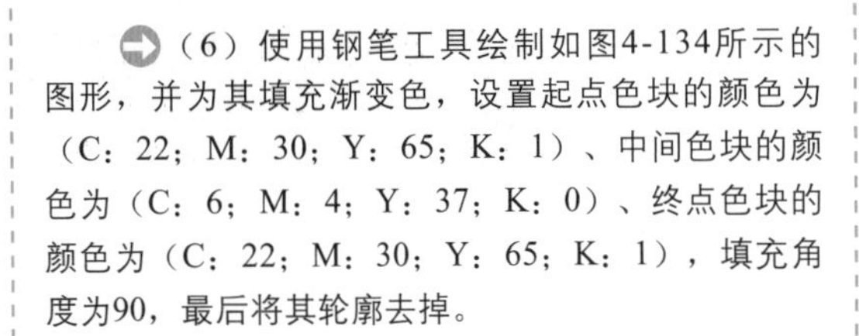

(6) 使用钢笔工具绘制如图4-134所示的图形，并为其填充渐变色，设置起点色块的颜色为（C：22；M：30；Y：65；K：1）、中间色块的颜色为（C：6；M：4；Y：37；K：0）、终点色块的颜色为（C：22；M：30；Y：65；K：1），填充角度为90，最后将其轮廓去掉。

(7) 使用钢笔工具绘制如图 4-135 所示的图形，将其颜色填充为（C：13；M：100；Y：100；K：4），并将其轮廓去掉。

图 4-134 绘制图形

图 4-135 绘制并填充图形

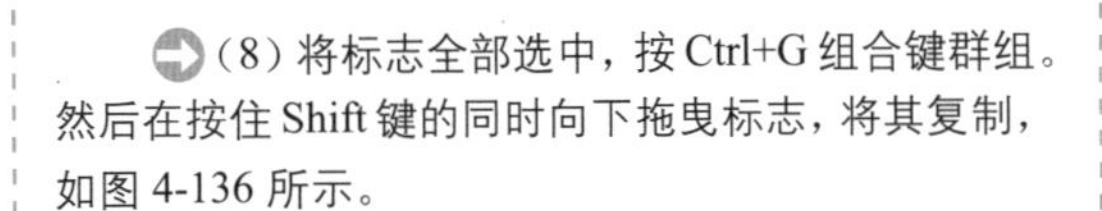

(8) 将标志全部选中，按 Ctrl+G 组合键群组。然后在按住 Shift 键的同时向下拖曳标志，将其复制，如图 4-136 所示。

(9) 选中复制的标志，单击属性栏中的“垂直镜像”按钮，再使用透明度工具将其透明化，然后在透明化的标志上右击，在弹出的快捷菜单中选择“编辑内容”命令，在框内将透明化的标志放置到合适的位置，最后右击，在弹出的快捷菜单中选择“结束编辑”命令，效果如图 4-137 所示。

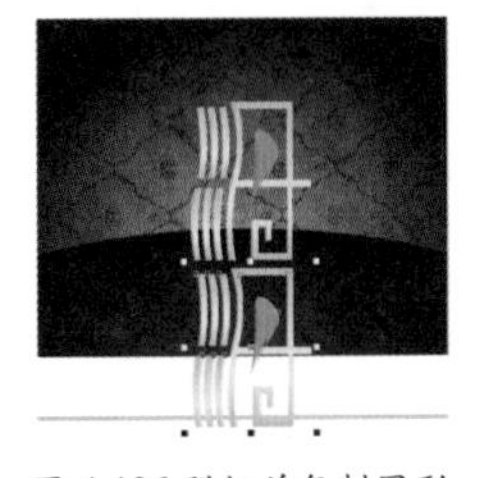
图 4-136 群组并复制图形

图 4-137 调整后的效果

## 实例 11 绘制产品标志

**案例说明**

本例将绘制效果如图 4-138 所示的图形，主要介绍了文本工具、形状工具、椭圆工具、“图框精确剪裁内部”命令等的使用。

图 4-138 实例的最终效果

## 操作步骤

（1）使用矩形工具绘制一个矩形（长：115mm；宽：92mm），为其填充颜色（C：29；M：0；Y：67；K：0），并去掉轮廓线，如图 4-139 所示。

图 4-139 绘制矩形

（2）使用工具箱中的文本工具在矩形中间输入英文“B”、“u”、“G”、“I”、“n”、“n”、“E”、“R”、“S”，在属性栏中设置其字体为“DFPOP-W9”、大小为 46pt，前 3 个字母填充颜色为（C：1；M：49；Y：4；K：0）、后 6 个字母填充颜色为（C：42；M：5；Y：0；K：0），如图 4-140 所示。

图 4-140 输入并设置文字

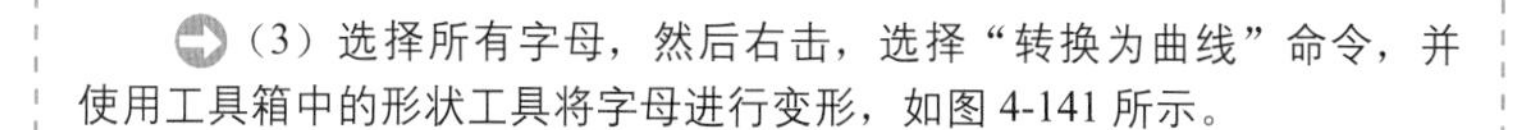

（3）选择所有字母，然后右击，选择“转换为曲线”命令，并使用工具箱中的形状工具将字母进行变形，如图 4-141 所示。

图 4-141 对文字进行变形

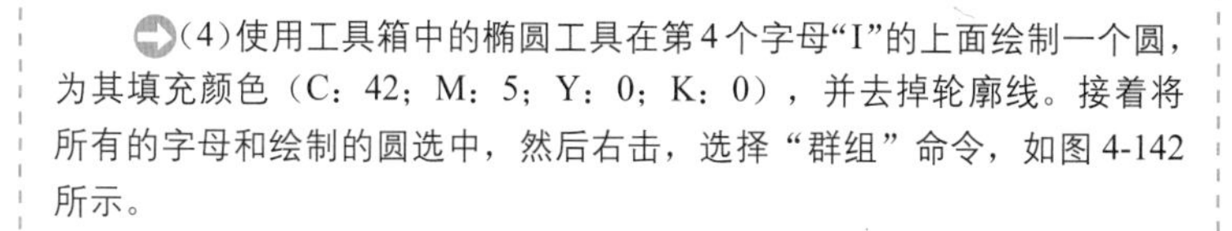

（4）使用工具箱中的椭圆工具在第 4 个字母“I”的上面绘制一个圆，为其填充颜色（C：42；M：5；Y：0；K：0），并去掉轮廓线。接着将所有的字母和绘制的圆选中，然后右击，选择“群组”命令，如图 4-142 所示。

图 4-142 绘制并群组圆

（5）在选择字母的状态下右击，选择“复制”命令，再次右击，选择“粘贴”命令，将字母复制，并将复制的字母填充为白色。然后右击选择“顺序 / 向后一层”命令，并重复执行一次“顺序 / 向后一层”命令，将复制的字母置于原始字母图层的下面，接着按键盘上的左方向键“←”5 次，下方向键“↓”3 次，效果如图 4-143 所示。

（6）选择原始字母，然后右击，选择“复制”命令，再次右击，选择“粘贴”命令，将字母复制，接着右击，选择“顺序 / 向后一层”命令，并重复执行两次“顺序 / 向后一层”命令，将复制的字母置于所有的字母图层下面。单击工具箱中的“轮廓笔”按钮，在其下拉菜单中选择“轮廓笔”，在打开的“轮廓笔”对话框中设置轮廓颜色为（C：73；M：99；Y：2；K：1）、宽度为 5.0mm，如图 4-144 所示，完成后单击“确定”按钮，效果如图 4-145 所示。

图 4-143 复制并设置位置

图 4-144 设置参数

图 4-145 完成后的效果

（7）使用工具箱中的钢笔工具结合形状工具绘制如图 4-146 所示的图形，为图形填充颜色为（C：73；M：99；Y：2；K：1），完成后去掉轮廓，并调整其位置。

（8）按 F7 键激活椭圆工具，绘制一个椭圆，再按 F12 键，将椭圆的轮廓颜色设置为（C：1；M：49；Y：4；K：0），宽度设置为 1.0mm，并将其放置在如图 4-147 所示的位置。

图 4-146 绘制图形

图 4-147 绘制椭圆

（9）按 F7 键激活椭圆工具，绘制一个椭圆，再按 F12 键，将椭圆的轮廓颜色设置为白色，宽度设置为 1.0mm，再将其放置在粉红色椭圆的图层下面，并将其放置在如图 4-148 所示的位置。

（10）导入一张“鱼”素材图片（素材 / 第 4 章 / 绘制产品标志 / 钽 .psd），此素材图片的背景必须是透明的（可在 Photoshop 中将鱼图像抠选出来，存储为 PSD 格式），在此图像上按住右键不放，将其拖曳至白色轮廓的椭圆中，释放鼠标后，在弹出的快捷菜单中选择“图框精确剪裁内部”命令，将图像置于精框内，然后右击，选择“编辑内容”命令，即可编辑“鱼”图像，将其放置到合适的位置后，再次右击，选择“结束编辑”命令，效果如图 4-149 所示。

图 4-148 绘制并设置椭圆

图 4-149 导入并设置素材图片

（11）使用工具箱中的钢笔工具绘制放大镜手柄的高光，并为其填充颜色为白色，并去掉轮廓，效果如图 4-150 所示。

图 4-150 绘制并填充手柄

# 实 例 进 阶

## 实例 12 绘制渔业标志

### 案例说明

本例将绘制效果如图 4-151 所示的标志，主要介绍了钢笔工具、填充工具、矩形工具、椭圆工具等工具的使用。

图 4-151 实例的最终效果

## 步骤提示

(1) 使用矩形工具，在按住 Ctrl 键的同时绘制一个正方形（长：130mm；宽：130mm），并为其填充颜色为白色，如图 4-152 所示。

(2) 使用工具箱中的椭圆工具，在按住 Shift+Ctrl 组合键的同时在正方形的中心位置绘制一个以正方形中心为基点的圆，其直径为 112mm，并为其填充颜色为白色，如图 4-153 所示。

图 4-152 绘制正方形

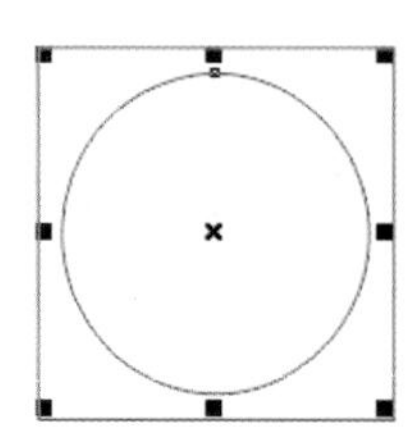

图 4-153 绘制圆

(3) 使用钢笔工具在圆内的下半部分绘制图形，然后按 F11 键打开“渐变填充”对话框，如图 4-154 所示。在该对话框中设置填充类型为“辐射”；中心位移水平为 8，垂直为 9；在“颜色调和”选项组中选择“自定义”，在下面的颜色条中为图形填充渐变色，颜色起点为（C：100；M：100；Y：29；K：23）、终点为（C：92；M：66；Y：0；K：0）；然后单击左侧的起点，拖曳出一个小三角形，将其拖曳至图中所示的位置；完成后单击“确定”按钮，并将其轮廓线去掉，效果如图 4-155 所示。

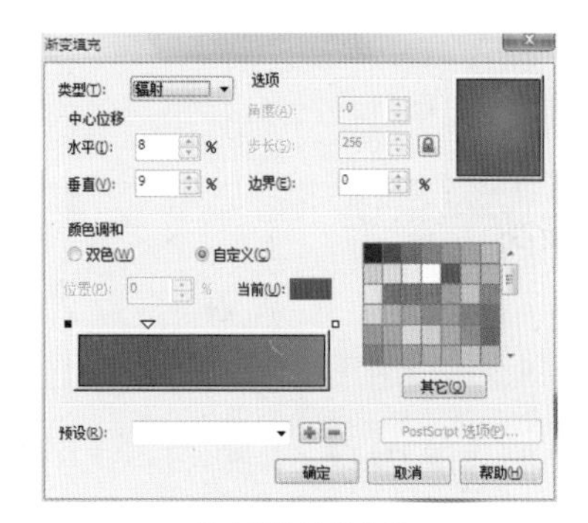


图 4-154 设置参数

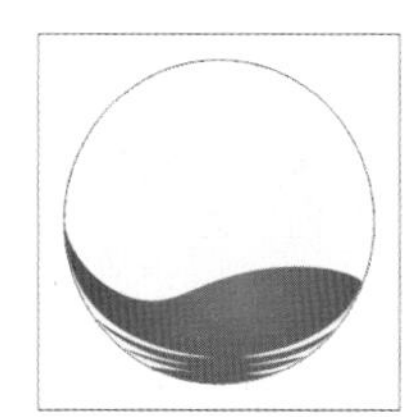

图 4-155 完成后的效果

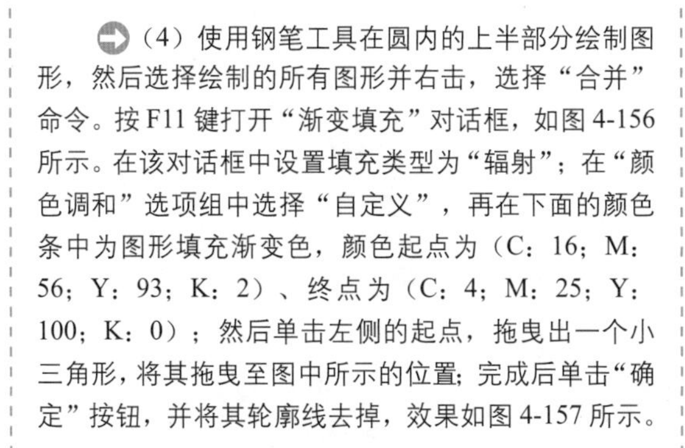

(4) 使用钢笔工具在圆内的上半部分绘制图形，然后选择绘制的所有图形并右击，选择“合并”命令。按 F11 键打开“渐变填充”对话框，如图 4-156 所示。在该对话框中设置填充类型为“辐射”；在“颜色调和”选项组中选择“自定义”，再在下面的颜色条中为图形填充渐变色，颜色起点为（C：16；M：56；Y：93；K：2）、终点为（C：4；M：25；Y：100；K：0）；然后单击左侧的起点，拖曳出一个小三角形，将其拖曳至图中所示的位置；完成后单击“确定”按钮，并将其轮廓线去掉，效果如图 4-157 所示。

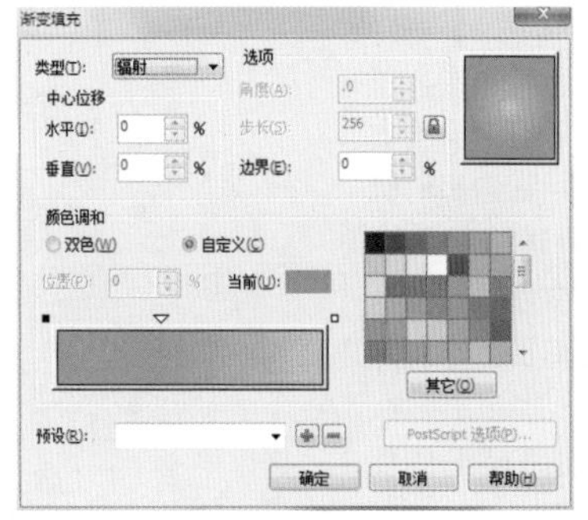


图 4-156 设置参数

图 4-157 完成后的效果

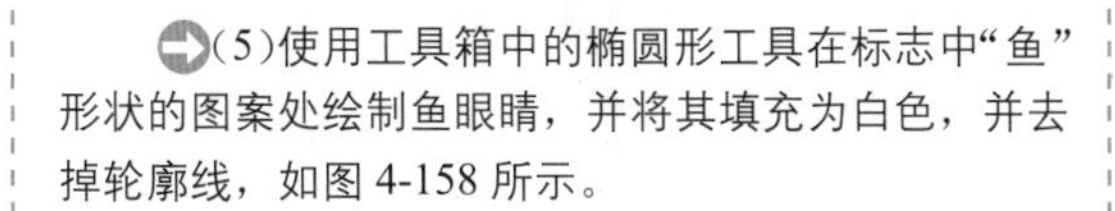

(5)使用工具箱中的椭圆形工具在标志中“鱼”形状的图案处绘制鱼眼睛，并将其填充为白色，并去掉轮廓线，如图 4-158 所示。

(6) 单击最早绘制的圆，将其轮廓去掉，效果如图 4-159 所示。

图 4-158 绘制鱼眼睛

图 4-159 去掉轮廓

# 实例 13 绘制眼影标志

**案例说明**

本例将绘制效果如图 4-160 所示的眼影标志，主要练习椭圆工具、交互式调和工具、交互式透明工具等基本工具。

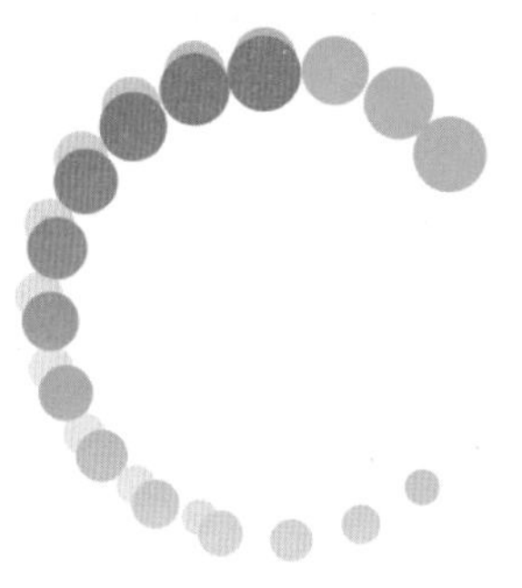

图 4-160 实例的最终效果

## 步骤提示

(1) 按 F7 键激活椭圆工具，绘制一个圆，并填充圆的颜色为红色，然后复制圆，改变复制的圆的大小，如图 4-161 所示。

(2) 使用工具箱中的交互式调和工具在两个图形之间创建调和，效果如图 4-162 所示。然后按 F7 键激活椭圆工具，绘制一个大圆，如图 4-163 所示。

(3) 选中调和图形，单击属性栏中路径属性图标右下角的三角形符号，在弹出的快捷菜单中选择“新建路径”命令，光标会变为一个箭头符号，把光标放在大圆上单击，得到如图 4-164 所示的图形。拖动色块，调整调和图形在圆路径上的位置，如图 4-165 所示。

(4) 在属性栏中改变调和数为 11，如图 4-166 所示。然后执行“排列 / 拆分”命令，拆分调和圆与圆路径，并删除圆路径。将调和圆焊接后，改变它的颜色为红色到黄色的渐变色，如图 4-167 所示。

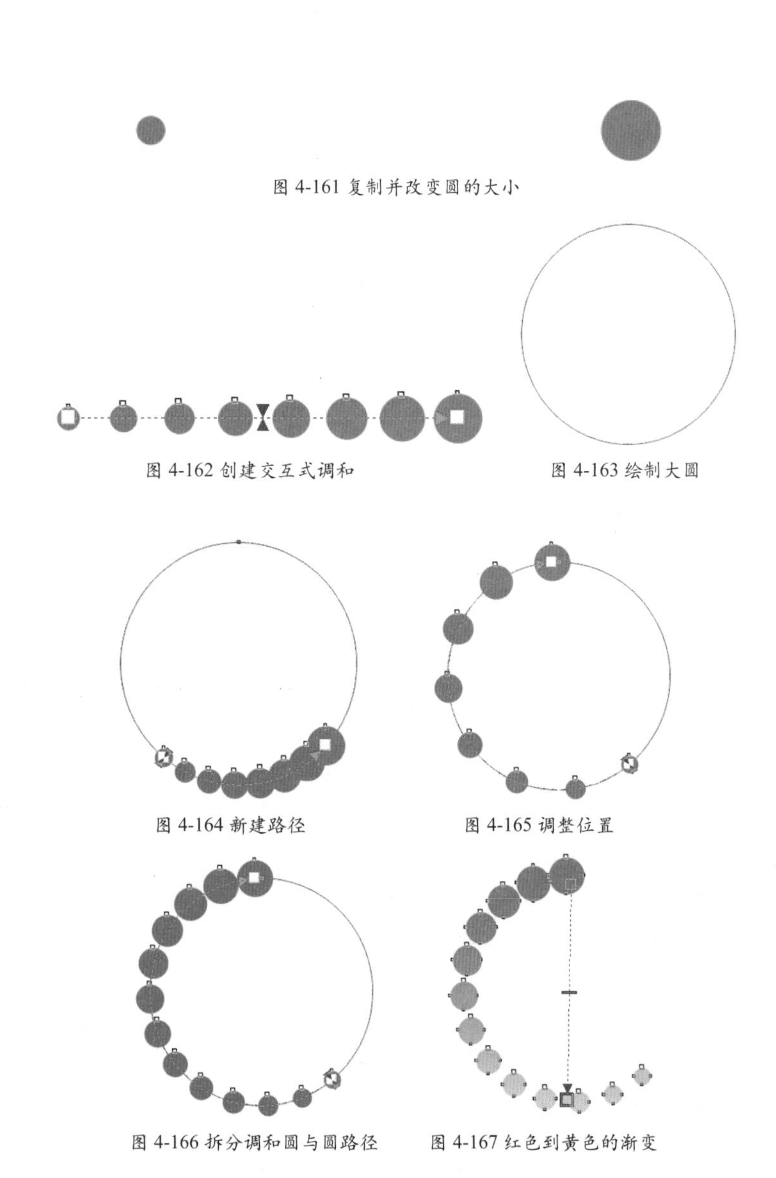

图 4-161 复制并改变圆的大小

图 4-162 创建交互式调和

图 4-163 绘制大圆

图 4-164 新建路径

图 4-165 调整位置

图 4-166 拆分调和圆与圆路径

图 4-167 红色到黄色的渐变

（5）复制图形，将复制的图形旋转一定的角度，然后使用工具箱中的交互式透明工具，选择透明度类型为“标准”，设置开始透明度为 50，得到本例的最终效果。

## 实例 14　绘制化妆品标志

**案例说明**

本例将绘制效果如图 4-168 所示的化妆品标志，在绘制过程中将用到钢笔工具、旋转复制操作等。

图 4-168 实例的最终效果

### 步骤提示

（1）使用工具箱中的钢笔工具绘制图形，填充图形颜色为洋红，并去掉轮廓，如图 4-169 所示。

图 4-169 绘制图形并填色

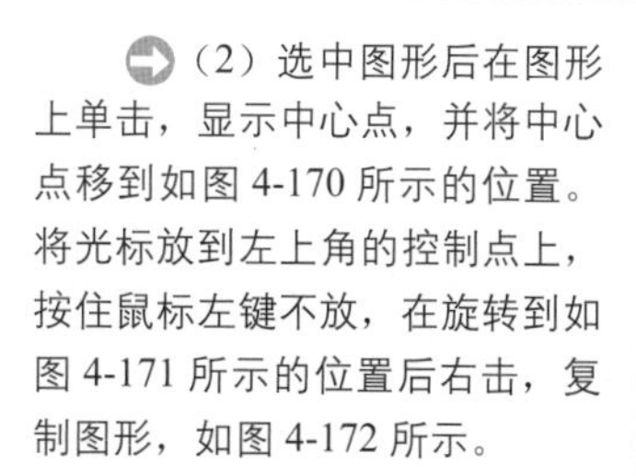

（2）选中图形后在图形上单击，显示中心点，并将中心点移到如图 4-170 所示的位置。将光标放到左上角的控制点上，按住鼠标左键不放，在旋转到如图 4-171 所示的位置后右击，复制图形，如图 4-172 所示。

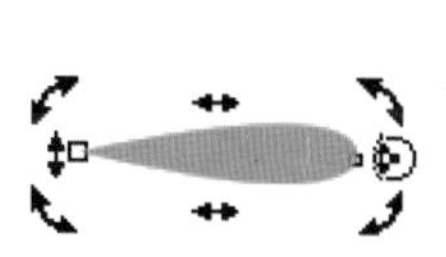

图 4-170 移动中心点

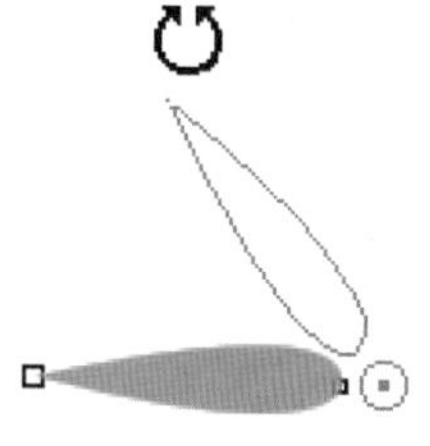

图 4-171 旋转图形

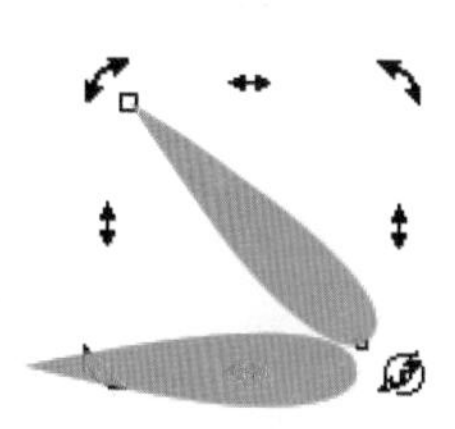

图 4-172 复制图形

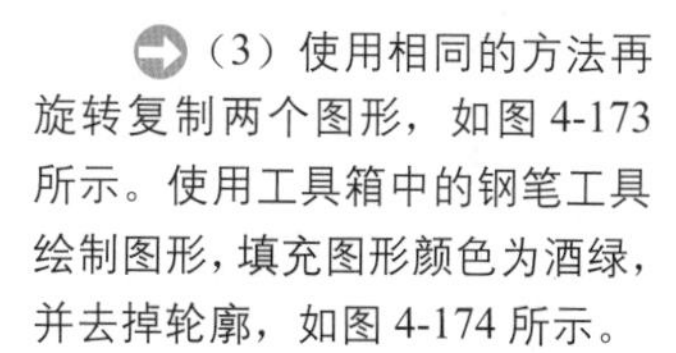

（3）使用相同的方法再旋转复制两个图形，如图 4-173 所示。使用工具箱中的钢笔工具绘制图形，填充图形颜色为酒绿，并去掉轮廓，如图 4-174 所示。

（4）使用工具箱中的钢笔工具绘制图形。填充图形颜色为洋红，并去掉轮廓，如图 4-175 所示。这样，本例的制作就完成了。

图 4-173 复制图形

图 4-174 填色

图 4-175 最终效果

# 15 绘制仟美芳标志

**案例说明**

本例将设计制作仟美芳的标志，如图 4-176 所示。该标志主要由基本图形和文字组成，在制作过程中会用到贝塞尔工具、形状工具、文本工具等基本工具。

图 4-176 实例的最终效果

## 步骤提示

(1) 使用工具箱中的贝塞尔工具结合形状工具绘制如图 4-177 所示的图形，填充图形颜色为（C：100；M：40；Y：0；K：0），并去掉轮廓，如图 4-178 所示。

图 4-177 绘制图形　　图 4-178 填充颜色

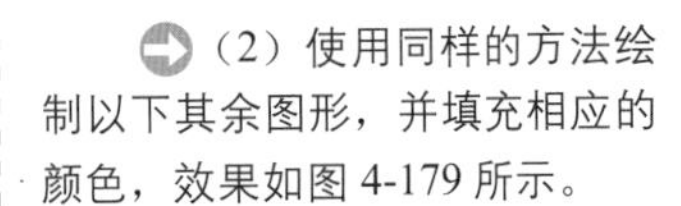

(2) 使用同样的方法绘制以下其余图形，并填充相应的颜色，效果如图 4-179 所示。

图 4-179 绘制图形

(3) 按 F8 键激活文本工具，输入中文“仟美芳”和英文字母“Corine de Farme”，选择合适的字体和字号后排列到合适的位置。

# 16 绘制迪吉霓标志

**案例说明**

本例将设计制作迪吉霓的标志，如图 4-180 所示。该标志主要由基本图形和文字组成，在制作过程中会用到贝塞尔工具、形状工具、文本工具等基本工具。

图 4-180 实例的最终效果

## 步骤提示

（1）使用工具箱中的文本工具输入英文字母“D”，并选择合适的字体和颜色，如图4-181所示。

图4-181 输入文字

（2）使用工具箱中的贝塞尔工具结合形状工具绘制如图4-182所示的图形，填充图形的颜色为白色，并去掉轮廓，如图4-183所示。

图4-182 绘制图形

图4-183 填充颜色

（3）选择两个图形，单击标准栏中的“修剪”按钮，将两个图形修剪，并删除修剪后的图形，如图4-184所示。

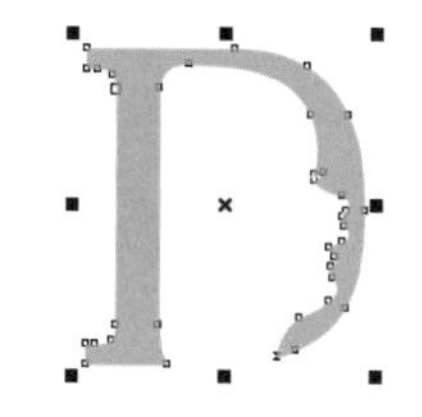

图4-184 修剪图形

（4）用同样的方法制作其他文字和图形，如图4-185所示。

图4-185 制作其他文字和图形

## 实例17 绘制海恩食品标志

### 案例说明

本例将设计制作海恩食品的标志，如图4-186所示。该标志主要由基本图形和文字组成，在制作过程中会用到贝塞尔工具、形状工具、文本工具等基本工具。

图4-186 实例的最终效果

## 步骤提示

（1）使用工具箱中的贝塞尔工具结合形状工具绘制如图 4-187 所示的图形，填充图形颜色为红色，并去掉轮廓，如图 4-188 所示。

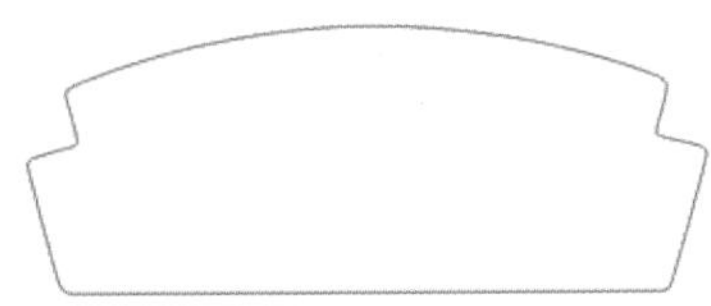

图 4-187 绘制图形

图 4-188 填充颜色

（2）使用工具箱中的贝塞尔工具结合形状工具绘制如图 4-189 所示的图形，填充图形颜色为白色，并去掉轮廓，如图 4-190 所示。

图 4-189 绘制图形

图 4-190 填充颜色

（3）按 F8 键激活文本工具，输入中文“海恩食品”，字体为“方正综艺繁体”、颜色为红色，设置合适的字号后排列到如图 4-191 所示的位置。

图 4-191 输入文字

（4）选择工具箱中的椭圆工具，按住 Shift 键在绘图页面中绘制一个圆，并填充颜色为红色，效果如图 4-192 所示。

（5）选中椭圆，按住 Shift 键等比例缩小至合适的大小，并按下鼠标右键复制椭圆。用鼠标选择绘制好的两个椭圆，单击属性栏中的“修剪”按钮对两个椭圆进行修剪，并删除修剪后的中间部分，效果如图 4-193 所示。

图 4-192 绘制椭圆

图 4-193 修剪椭圆

（6）使用工具箱中的文本工具在绘图页面中输入英文字母“R”，设置相应的字体和字号后移动到修剪图形的内部。

## 实例 18 绘制菲儿佳斯标志

**案例说明**

本例将设计制作菲儿佳斯的标志，如图 4-194 所示。该标志主要由基本图形和文字组成，在制作过程中会用到贝塞尔工具、形状工具、文本工具等基本工具。

图 4-194 实例的最终效果

## 步骤提示

（1）使用工具箱中的贝塞尔工具结合形状工具绘制图 4-195 所示的图形，填充图形颜色为红色，并去掉轮廓，如图 4-196 所示。

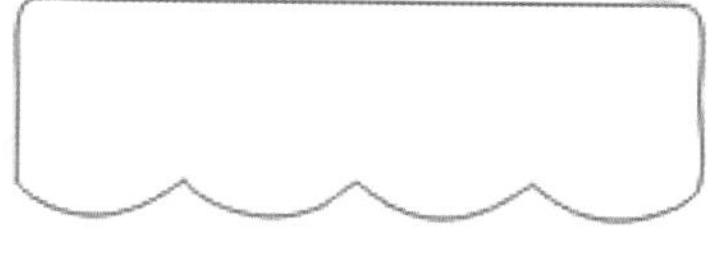

图 4-195 绘制图形

图 4-196 填充颜色

（2）使用工具箱中的贝塞尔工具结合形状工具绘制如图 4-197 所示的图形，填充图形颜色为红色，并去掉轮廓，如图 4-198 所示。

图 4-197 绘制图形

Fisher-Price

图 4-198 填充颜色

（3）按 F8 键激活文本工具，输入中文“菲儿佳斯”，设置字体为“方正行楷简体”、大小为 50pt、颜色为红色，并排列到合适的位置。

## 实例 19 绘制施兒咔标志

**案例说明**

本例将设计制作施兒咔的标志，如图 4-199 所示。该标志主要由基本图形和文字组成，在制作过程中会用到贝塞尔工具、形状工具、文本工具等基本工具。

图 4-199 实例的最终效果

## 步骤提示

（1）使用工具箱中的贝塞尔工具结合形状工具绘制如图 4-200 所示的图形，填充图形颜色为（C：100；M：100；Y：0；K：0），并去掉轮廓，如图 4-201 所示。

图 4-200 绘制图形

图 4-201 填充颜色

（2）按 F8 键激活文本工具，输入中文“施兒咔”，设置字体为“方正准圆繁体”、大小为 49pt、颜色为（C：100；M：100；Y：0；K：0），并排列到合适的位置，如图 4-202 所示。然后用同样的方法输入英文字母“TM”，并排列到合适的位置。

图 4-202 输入文字

## 实例 20 绘制果汁标志

**案例说明**

本例绘制效果如图 4-203 所示的果汁标志，在绘制过程中将用到钢笔工具、矩形工具、填充工具、交互式透明工具等。

图 4-203 实例的最终效果

### 步骤提示

（1）按 F8 键激活文本工具，输入文字，并设置文字的颜色为（C：67；M：9；Y：100；K：0），如图 4-204 所示。

图 4-204 输入文字

（2）使用工具箱中的贝塞尔工具结合形状工具绘制图形，并为图形填充相同的颜色，如图 4-205 所示。

图 4-205 使用贝塞尔工具绘制图形

（3）使用工具箱中的贝塞尔工具结合形状工具绘制图形，填充图形的颜色为（C：40；M：0；Y：100；K：0），如图4-206所示。

图 4-206 填充图形

# 实 例 提 高

## 实例 21 绘制房产标志

**案例说明**

本例将绘制如图 4-207 所示的房产标志，在绘制过程中将会用到贝塞尔工具、形状工具、渐变工具等基本工具。

图 4-207 实例的最终效果

## 实例 22 绘制机械厂标志

**案例说明**

本例将绘制如图 4-208 所示的机械厂标志，在绘制过程中将会用到贝塞尔工具、形状工具、“转换”泊坞窗等。

图 4-208 实例的最终效果

## 实例 23 绘制乐购标志

**案例说明**

本例将绘制如图 4-209 所示的乐购标志，在绘制过程中将会用到贝塞尔工具、形状工具、文本工具、矩形工具等基本工具。

图 4-209 实例的最终效果

## 实例 24 绘制热水器标志

**案例说明**

本例将绘制如图 4-210 所示的热水器标志，在绘制过程中将会用到形状工具、椭圆工具等基本工具。

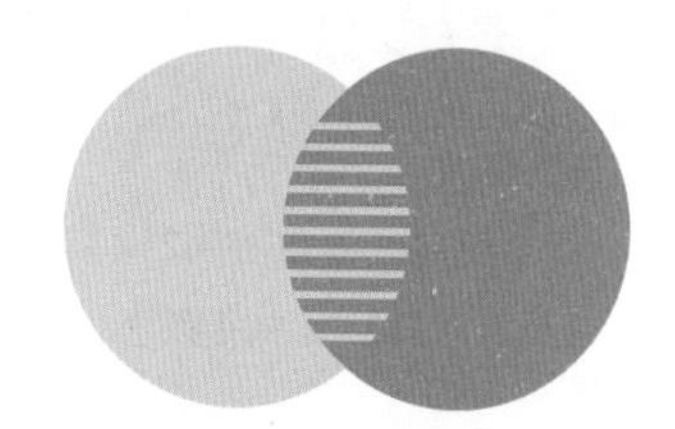

图 4-210 实例的最终效果

## 实例 25 绘制甲壳虫标志

**案例说明**

本例将绘制如图 4-211 所示的甲壳虫标志，在绘制过程中将会用到椭圆工具、颜色的填充、对象的裁剪等。

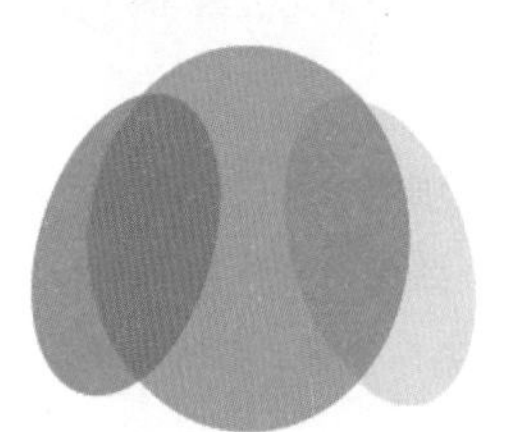


图 4-211 实例的最终效果

## 实例 26 绘制儿童用品标志

**案例说明**

本例将绘制如图 4-212 所示的儿童用品标志，在绘制过程中将会用到贝塞尔工具、形状工具、椭圆工具等基本工具。

图 4-212 实例的最终效果

## 实例 27 绘制汽车俱乐部标志

**案例说明**

本例将绘制如图 4-213 所示的汽车俱乐部标志，在绘制过程中将会用到贝塞尔工具、形状工具、交互式透明工具、渐变工具等基本工具。

图 4-213 实例的最终效果

## 实例 28 绘制齿轮标志

**案例说明**

本例将绘制如图 4-214 所示的齿轮标志，在绘制过程中将会用到矩形工具、“转换”泊坞窗等。

图 4-214 实例的最终效果

## 实例 29 绘制金融公司标志

**案例说明**

本例将绘制如图 4-215 所示的金融公司标志，在绘制过程中将会用到贝塞尔工具、椭圆工具、对象的复制与镜像等。

图 4-215 实例的最终效果

# 第5章 文字效果

本章学习特效文字的制作，当漂亮的文字出现在广告、DM单、书籍装帧等设计中时，会给设计作品增加亮点。使用CorelDRAW可以制作很多特殊效果的文字，使用CorelDRAW中的矢量图形编辑工具和交互式工具可以制作出极具特色的文字效果。

会意文字　创意文字　“春”字

动感文字　爆炸字　虚实文字

锯齿字　珍珠字　图形组合文字

# 实 例 入 门

## 01 制作会意文字

**案例说明**

本例制作效果如图 5-1 所示的会意文字，在制作过程中主要使用了贝塞尔工具、形状工具、填充工具和交互式透明工具等。

图 5-1 实例的最终效果

### 操作步骤

(1) 使用工具箱中的贝塞尔工具结合形状工具绘制如图 5-2 所示的图形，填充图形颜色为黑色，并去掉轮廓，如图 5-3 所示。

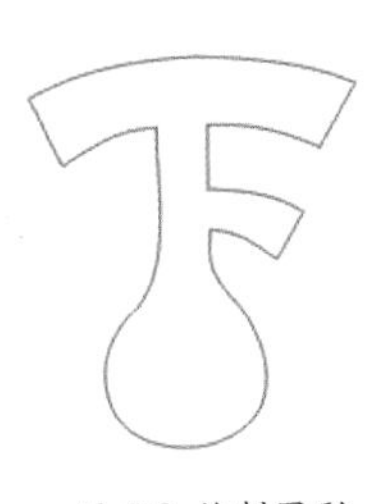

图 5-2 绘制图形

图 5-3 填充颜色

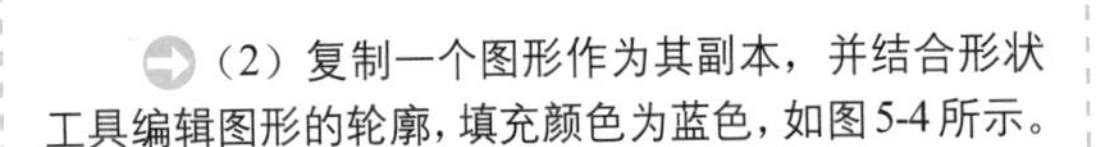

(2) 复制一个图形作为其副本，并结合形状工具编辑图形的轮廓，填充颜色为蓝色，如图 5-4 所示。

(3) 使用工具箱中的椭圆工具绘制一个椭圆，填充椭圆的颜色为（C：1；M：19；Y：96；K：0）。按 F12 键打开“轮廓笔”对话框，设置轮廓宽度为 1.8mm、颜色为黑色，设置完毕后单击“确定”按钮，得到如图 5-5 所示的效果。

图 5-4 绘制图形

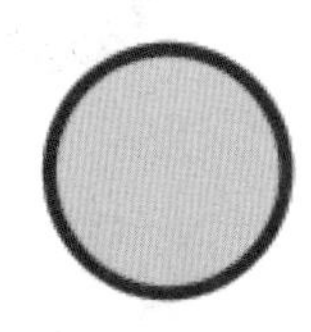

图 5-5 绘制椭圆

(4) 使用工具箱中的贝塞尔工具结合形状工具绘制如图 5-6 所示的图形，填充图形颜色为（C：1；M：19；Y：96；K：0）。按 F12 键打开“轮廓笔”对话框，设置轮廓宽度为 1.8mm、颜色为黑色，设置完毕后单击“确定”按钮，并将其移动到椭圆图形的下一层，得到如图 5-7 所示的效果。

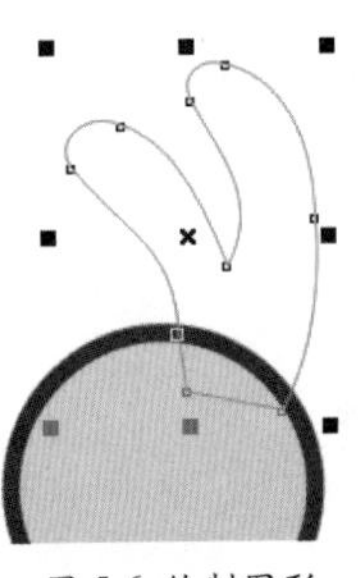

图 5-6 绘制图形

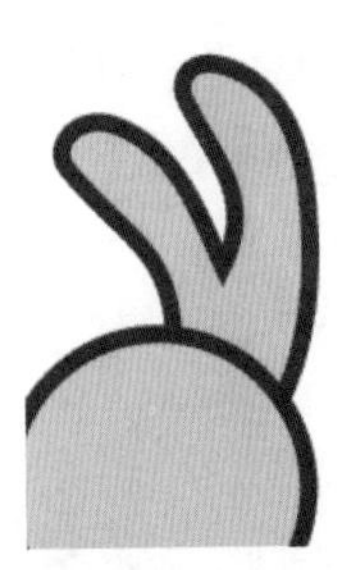

图 5-7 填充颜色

（5）使用工具箱中的贝塞尔工具结合形状工具绘制如图 5-8 所示的图形，填充图形颜色为（C：1；M：19；Y：96；K：0）。按 F12 键打开“轮廓笔”对话框，设置轮廓宽度为 1.8mm、颜色为黑色，设置完毕后单击“确定”按钮，并将其移动到椭圆图形的下一层，得到如图 5-9 所示的效果。

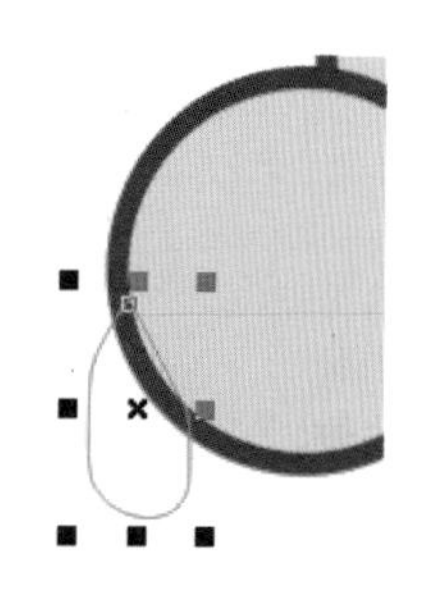

图 5-8　绘制图形

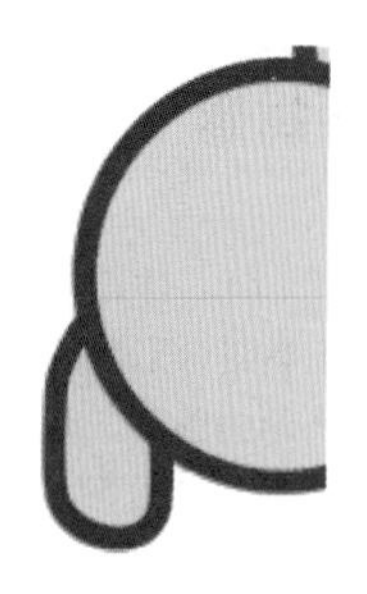

图 5-9　填充颜色

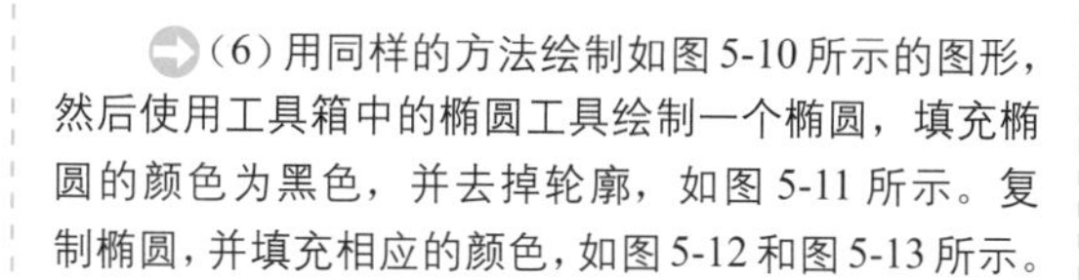

（6）用同样的方法绘制如图 5-10 所示的图形，然后使用工具箱中的椭圆工具绘制一个椭圆，填充椭圆的颜色为黑色，并去掉轮廓，如图 5-11 所示。复制椭圆，并填充相应的颜色，如图 5-12 和图 5-13 所示。

图 5-10　绘制图形

图 5-11　绘制椭圆

图 5-12　复制椭圆

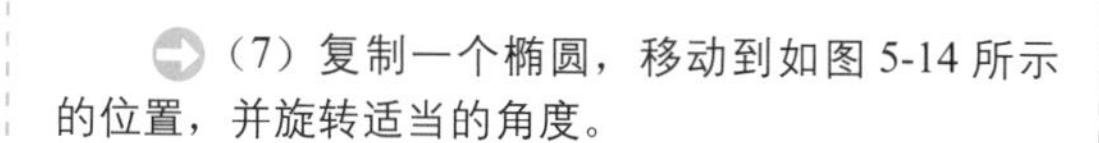

（7）复制一个椭圆，移动到如图 5-14 所示的位置，并旋转适当的角度。

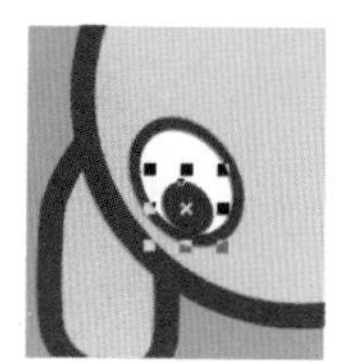

图 5-13　填充颜色

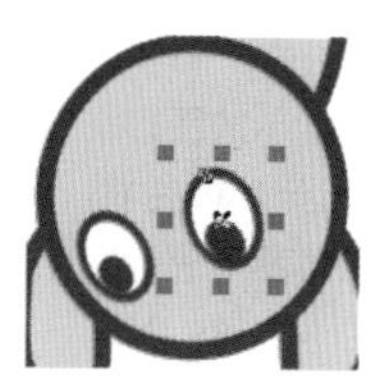

图 5-14　绘制眼睛

图 5-15　绘制椭圆

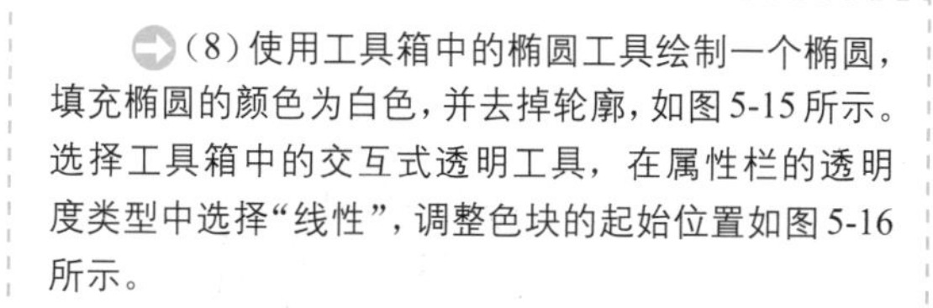

（8）使用工具箱中的椭圆工具绘制一个椭圆，填充椭圆的颜色为白色，并去掉轮廓，如图 5-15 所示。选择工具箱中的交互式透明工具，在属性栏的透明度类型中选择“线性”，调整色块的起始位置如图 5-16 所示。

（9）将绘制好的卡通图形移动到如图 5-17 所示的位置，本例的绘制结束。

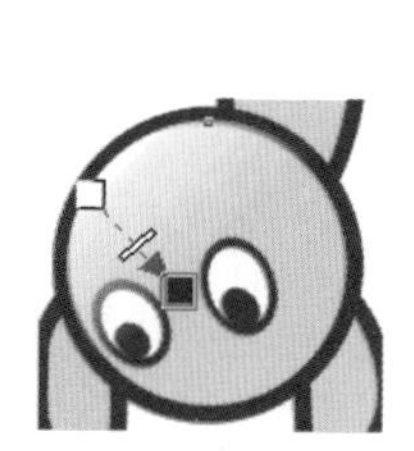

图 5-16　应用透明色

图 5-17　最终效果

## 实例 02　制作创意文字

**案例说明**

本例制作效果如图 5-18 所示的创意文字，在制作过程中主要使用了贝塞尔工具、形状工具、填充工具等。

图 5-18　实例的最终效果

## 操作步骤

（1）使用工具箱中的贝塞尔工具结合形状工具绘制如图 5-19 所示的图形，填充图形的颜色为红色，如图 5-20 所示。

图 5-19 绘制图形

图 5-20 填充颜色

（2）选择工具箱中的手绘工具，在属性栏中设置手绘平滑度为 70，绘制一条曲线，并结合形状工具进行编辑，如图 5-21 所示。

（3）同时选中绘制的两个图形，单击属性栏中的“修剪”按钮，得到如图 5-22 所示的图形。单击属性栏中的“拆分”按钮将图形拆分，然后将曲线图形删除，填充图形为（C：0；M：60；Y：100；K：0），如图 5-23 所示。

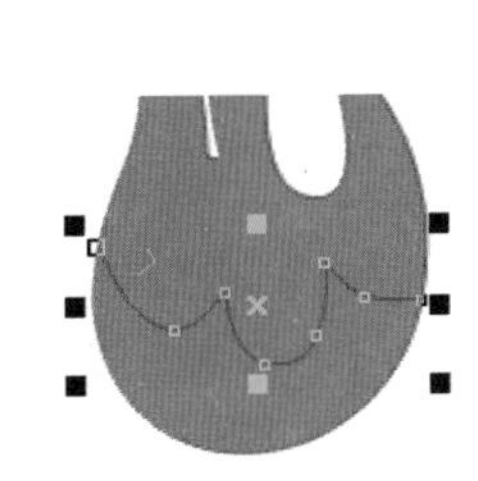

图 5-21 绘制曲线

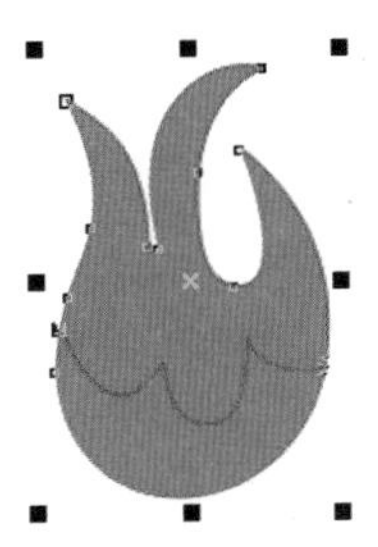

图 5-22 修剪图形

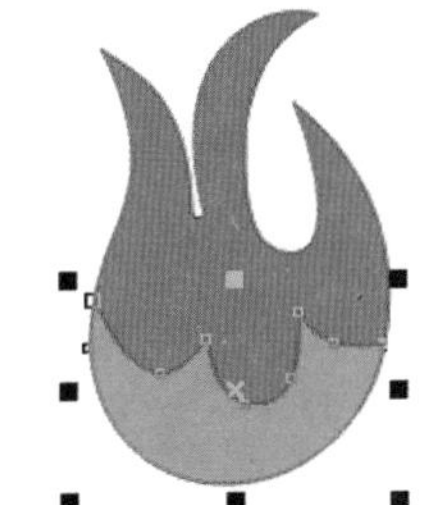

图 5-23 填充颜色

（4）用同样的方法绘制其他图形，如图 5-24 所示。

（5）使用工具箱中的选择工具选择所有图形，按 F12 键打开“轮廓笔”对话框，设置轮廓宽度为 3.40mm、颜色为黑色，设置完毕后单击“确定”按钮，得到图 5-25 所示的效果。

图 5-24 绘制图形

图 5-25 本例的最终效果

## 实例 03 制作双色文字

**案例说明**

本例制作效果如图 5-26 所示的双色文字，在制作过程中主要使用了文本工具、“图框精确剪裁内部”命令等。

图 5-26 实例的最终效果

## 操作步骤

(1) 使用工具箱中的文本工具在绘图页面中输入如图 5-27 所示的文字。

图 5-27 输入文字

(2) 设置文字的颜色为橘红色，如图 5-28 所示。使用工具箱中的矩形工具绘制一个矩形，填充矩形的颜色为青色，并去掉轮廓，如图 5-29 所示。

图 5-28 改变颜色

图 5-29 绘制矩形

(3) 选中矩形，按住鼠标右键移动矩形直到出现如图 5-30 所示的图标，松开鼠标，在弹出的菜单中选择“图框精确剪裁内部”命令，效果如图 5-31 所示。

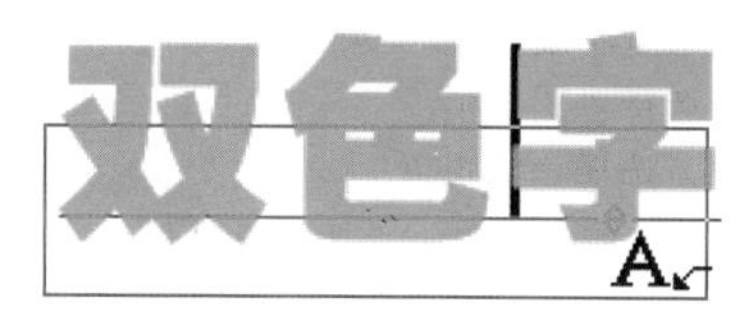

图 5-30 移动矩形

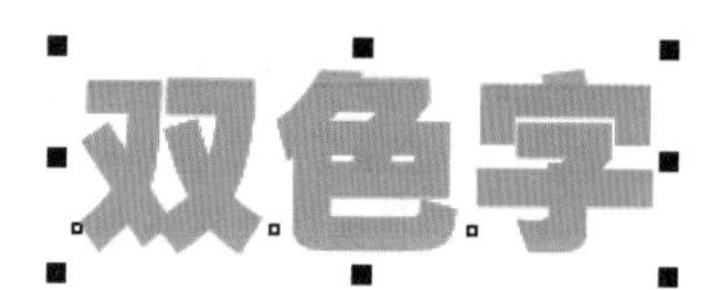

图 5-31 裁剪到文字内部

(4)选中文字，然后右击，在弹出的快捷菜单中选择“编辑内容”命令，效果如图 5-32 所示，并将矩形移动到文字的合适位置，如图 5-33 所示。

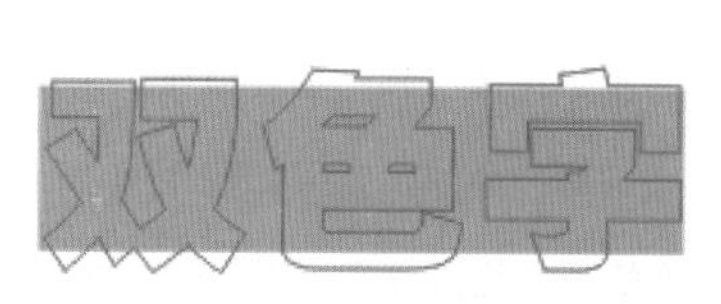

图 5-32 编辑内容

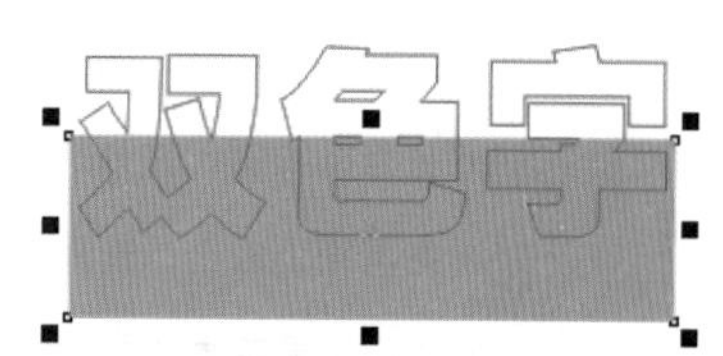

图 5-33 移动文字

(5) 编辑完成后右击，选择“结束编辑”命令，得到如图 5-34 所示的效果。

图 5-34 双色字效果

## 实例 04 制作“春”字

**案例说明**

本例将制作效果如图 5-35 所示的“春”，主要介绍了矩形工具、文本工具、填充工具、“图框精确剪裁内部”命令等的使用。

图 5-35 实例的最终效果

## 操作步骤

（1）双击工具箱中的矩形工具，在工作区中会自动生成一个矩形（长：210mm；宽：297mm），为其进行渐变色填充，即按下F11键，在打开的“渐变填充”对话框中设置填充类型为“辐射”，颜色调和选择“自定义”方式，设置起点颜色为（C：47；M：100；Y：100；K：27）、终点颜色为（C：0；M：96；Y：100；K：0），如图5-36所示；完成设置后再为其去掉轮廓线，效果如图5-37所示。

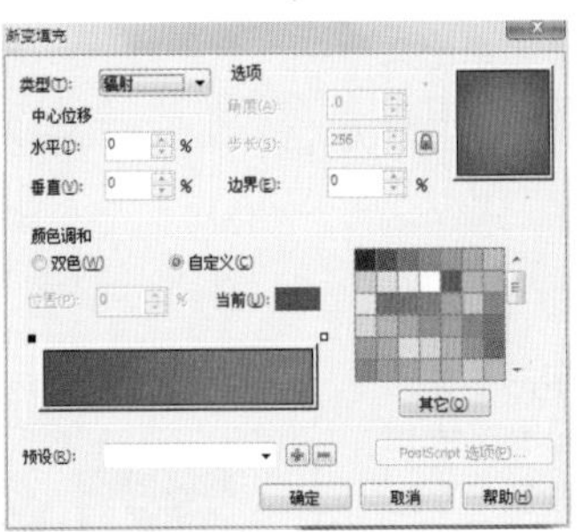


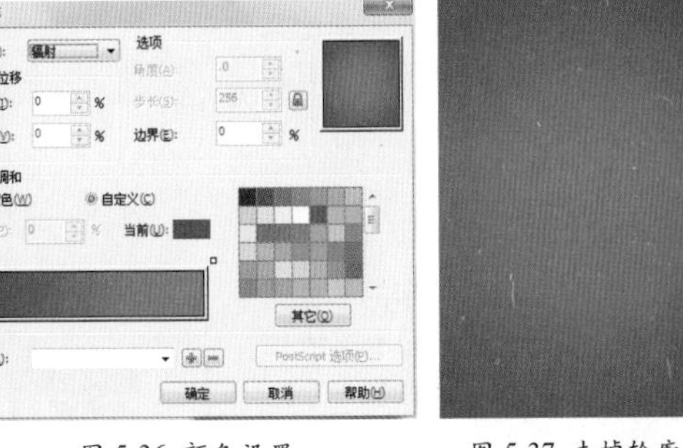

图5-36 颜色设置　　图5-37 去掉轮廓线

（2）按Ctrl+I组合键导入剪纸图样（素材/第5章/春/剪纸.jpg），如图5-38所示。

（3）在导入的剪纸上按住鼠标右键不放，拖曳光标至绘制的矩形中，再松开鼠标，选择“图框精确剪裁内部”命令，然后在矩形上右击，选择“编辑内容”命令，将剪纸调整到合适的位置，如图5-39所示。

图5-38 导入剪纸图样　图5-39 执行“图框精确剪裁内部”命令

（4）将剪纸复制，并分别进行“水平镜像”和“垂直镜像”，再将其放置到如图5-40所示的位置。

（5）在剪纸上右击，选择“结束编辑”命令，效果如图5-41所示。

（6）使用工具箱中的文本工具在矩形中输入汉字“春”，并在其属性栏中设置字体为“方正康体简体”，字体大小为502pt。然后在调色板中右击任一颜色，为其添加轮廓线，按下F12键，在打开的“轮廓笔”对话框中设置轮廓线的颜色为（C：2；M：6；Y：75；K：0）、“宽度”为1.0mm，效果如图5-42所示。

图5-40 水平和垂直镜像

图5-41 执行“结束编辑”命令

图5-42 设置轮廓笔的颜色

（7）导入如图5-43所示的花样素材图片（素材/第5章/春/花样.jpg）。

（8）在导入的花样素材上按住鼠标右键不放，拖曳光标至“春”字中，再松开鼠标，选择“图框精确剪裁内部”命令，然后在汉字上右击，选择“编辑内容”命令，将素材调整到合适的位置，使其将汉字完全覆盖，接着在素材上右击，选择“结束编辑”命令，效果如图5-44所示。

（9）选择工具箱中的阴影工具，然后单击“春”字的顶端，再由上往下拖曳光标，如图5-45所示。

图 5-43 导入素材

图 5-44 执行“图框精确剪裁内部”命令

图 5-45 添加阴影

（10）在阴影状态下，在其属性栏中设置“阴影角度”为 270、“阴影的不透明度”为 50、“阴影羽化”为 8、“颜色”为（C：2；M：6；Y：75；K：0），如图 5-46 所示。

图 5-46 设置阴影的角度和颜色

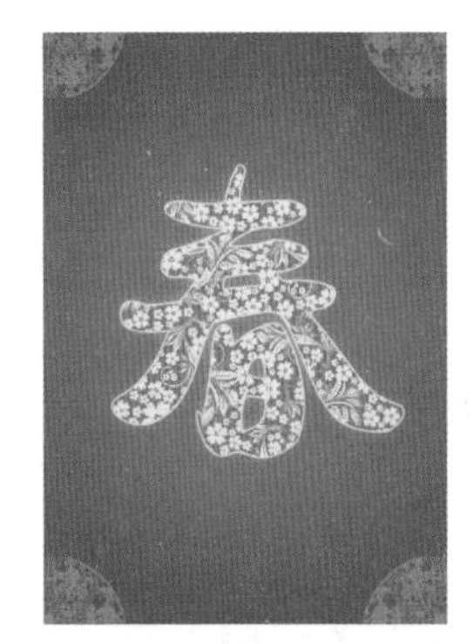

图 5-47 本例的最终效果

（11）完成设置后，最终效果如图 5-47 所示。

## 实例 05 制作图案文字

**案例说明**

本例制作效果如图 5-48 所示的图案文字，在制作过程中主要使用了文本工具、“图框精确剪裁到内部“命令等。

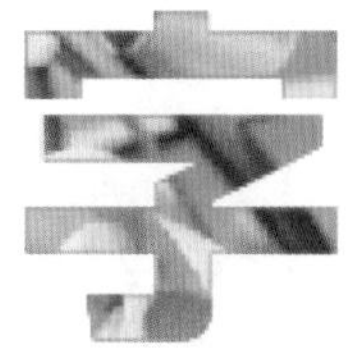

图 5-48 实例的最终效果

## 操作步骤

（1）按 F8 键激活文本工具，输入如图 5-49 所示的文字，并设置合适的字体和字号。

（2）按 Ctrl+I 组合键导入素材图片（素材 / 第 5 章 / 图案字 / 花 .jpg），如图 5-50 所示。

图 5-49 输入文字

图 5-50 导入素材图片

(3) 选中素材图片，按住鼠标右键移动素材图片到文字上，如图 5-51 所示，松开鼠标，在弹出的快捷菜单中选择“图框精确剪裁内部”命令，完成后的效果如图 5-52 所示。

图 5-51 移动素材图片

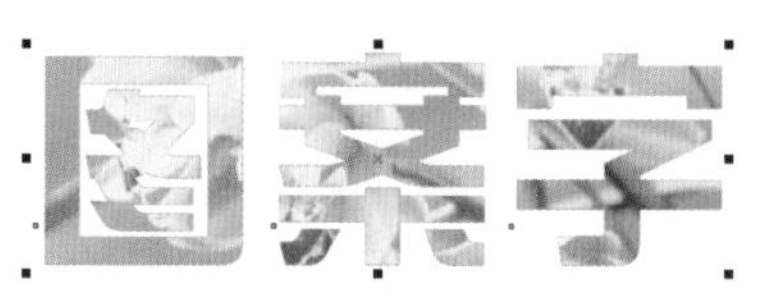

图 5-52 裁剪到文字内部

(4) 选中文字，然后右击，在弹出的对话框中选择“编辑内容”命令，如图 5-53 所示。

图 5-53 编辑位置

## 实例 06 制作渐变文字

**案例说明**

本例制作效果如图 5-54 所示的渐变文字，在制作过程中主要使用了文本工具、渐变填充工具、“导入”按钮等。

图 5-54 实例的最终效果

### 操作步骤

(1) 按 F8 键激活文本工具，输入文字“渐变字”，选择合适的字体后，按 Ctrl+Q 组合键将其转换为曲线，如图 5-55 所示。

渐变字

图 5-55 输入文本

(2) 复制文字为文字副本，使用工具箱中的填充工具右下角的三角形符号，在弹出的工具组中单击“渐变”工具按钮，打开“渐变填充”对话框，为文字应用线性渐变填充，如图 5-56 所示。然后将渐变填充后的文字副本移动到原文字的上方，如图 5-57 所示。

渐变字

图 5-56 填充图形颜色

渐变字

图 5-57 复制文本

(3) 单击标准栏中的“导入”按钮，导入一张背景图片（素材/第5章/渐变字/背景.jpg），如图5-58所示。然后将文字移动到素材图片的中间位置，即可完成本例的制作。

图5-58 导入背景

## 实例 07 制作倒影文字

**案例说明**

本例制作效果如图5-59所示的倒影文字，在制作过程中主要使用了文本工具、交互式变形工具、交互式透明工具、“垂直镜像”命令、“导入”按钮等。

图5-59 实例的最终效果

## 操作步骤

(1) 输入文字“海阔天空”，设置合适的字体，颜色为黄色，如图5-60所示。

图5-60 输入文字

(2) 复制文字，并进行垂直镜像操作，填充颜色为绿色，为绿色文字添加透明效果。然后使用工具箱中的交互式变形工具对其进行变形操作，如图5-61所示。

(3) 选中黄色文字，添加阴影效果，如图5-62所示。

图5-61 变形文字效果

图5-62 添加阴影效果

(4) 单击标准栏中的“导入”按钮，导入图片（素材/第5章/倒影文字/大海.jpg），如图5-63所示。然后将文字移动到素材图片的中间位置，即可完成本例的制作。

图5-63 导入图形

## 08 制作金属效果文字

**案例说明**

本例制作效果如图 5-64 所示的金属文字，在制作过程中主要使用了文本工具、填充工具、形状工具等基本工具。

图 5-64 实例的最终效果

### 操作步骤

（1）按 F8 键激活文本工具，输入英文字母“PANTERA”，选择合适的字体后将其转换为曲线。然后结合形状工具进行编辑，填充颜色为黑色，如图 5-65 所示。

（2）选中文字图形，按 F11 键进行渐变填充，设置相应的渐变颜色，如图 5-66 所示。

图 5-65 绘制文字图形

图 5-66 设置渐变颜色

（3）选中文字图形，按 F12 键打开“轮廓笔”对话框，设置轮廓宽度为 1.0mm、颜色为黑色，如图 5-67 所示。

（4）为渐变文字图形添加背景，最终效果如图 5-68 所示。

图 5-67 设置轮廓

图 5-68 本例的最终效果

## 实例 09 制作艺术文字

**案例说明**

本例制作效果如图 5-69 所示的艺术字，在制作过程中主要使用了文本工具、矩形工具、填充工具、形状工具、交互式阴影工具、“图框精确剪裁内部”命令等。

图 5-69 实例的最终效果

## 操作步骤

(1) 按 F8 键激活文本工具，输入英文字母“母亲节快乐”，选择合适的字体后将其转换为曲线。然后结合形状工具进行编辑，填充颜色为红色，并去掉轮廓线，如图 5-70 所示。

图 5-70 绘制艺术文字图形

(2) 使用工具箱中的矩形工具绘制一个矩形，填充矩形的颜色为（C：0；M：0；Y：20；K：0），并去掉轮廓，如图 5-71 所示。打开“转换”泊坞窗，将旋转角度设置为 15，连续单击“应用”按钮，效果如图 5-72 所示。

图 5-71 绘制矩形　　图 5-72 旋转矩形

(3) 绘制一个矩形，填充颜色为黄色，如图 5-73 所示。选中图 5-72 所示的图形，按住鼠标右键不放，将图形拖动到黄色矩形上，当光标变为⊕形状时松开鼠标，在弹出的快捷菜单中选择“图框精确剪裁内部”命令，如图 5-74 所示。

图 5-73 绘制矩形

图 5-74 图框精确剪裁内部

(4) 将绘制好的艺术文字图形移动到矩形上面，如图 5-75 所示。然后选中文字图形，使用交互式阴影工具为其添加阴影效果，得到本例的最终效果。

图 5-75 移动图形

## 实例 10 制作珍珠字

**案例说明**

本例制作效果如图 5-76 所示的珍珠字，在制作过程中主要使用了文本工具、渐变填充、交互式调和工具等。

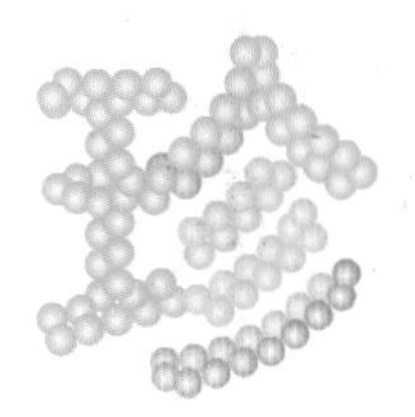
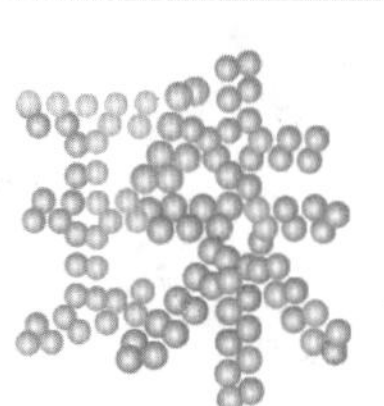

图 5-76 实例的最终效果

## 操作步骤

（1）按 F7 键激活椭圆工具，按住 Ctrl 键绘制一个圆。为图形应用辐射渐变填充，设置起点色块的颜色为白色，终点色块的颜色为蓝色，如图 5-77 所示。复制圆，将它适当缩小，并改变其终点色块的颜色为更浅的蓝色，如图 5-78 所示。

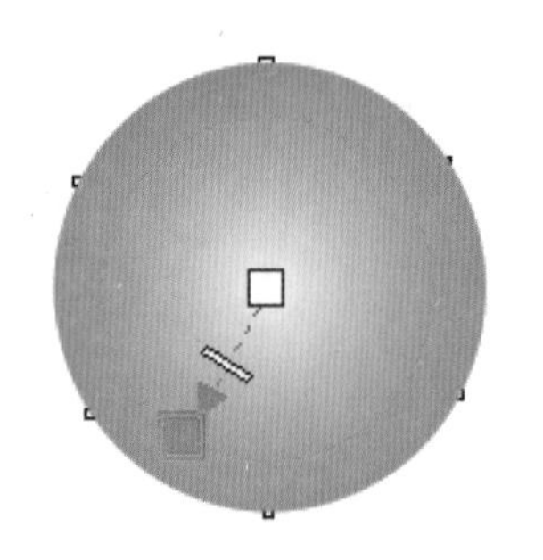

图 5-77 绘制圆

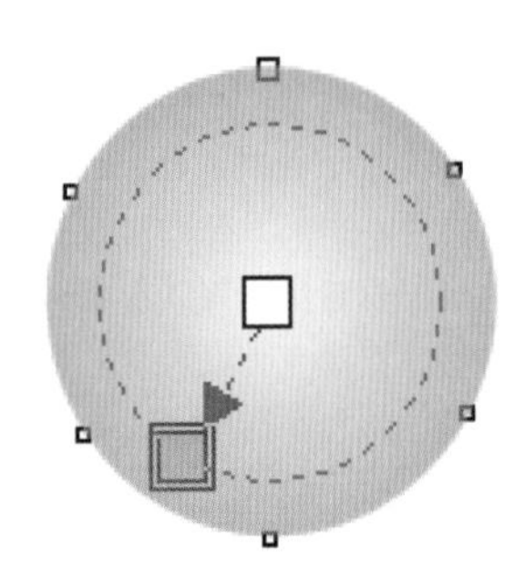

图 5-78 复制圆

（2）使用工具箱中的交互式调和工具在两个图形之间创建调和，效果如图 5-79 所示。单击属性栏中的“顺时针调和”按钮，得到如图 5-80 所示的效果。

图 5-79 创建调和

图 5-80 改变调和颜色

（3）按 F8 键激活文本工具，输入文字“珍珠”，设置字体为“方正细黑一简体”，颜色为任意色，如图 5-81 所示。

（4）选中调和图形，单击属性栏中“路径属性”图标右下角的三角形符号，在弹出的快捷菜单中选择“新建路径”命令，当光标变成一个箭头符号时，把光标放在文字上，如图 5-82 所示，然后单击，得到如图 5-83 所示的图形。

珍珠

图 5-81 输入文字

珍珠

图 5-82 单击路径

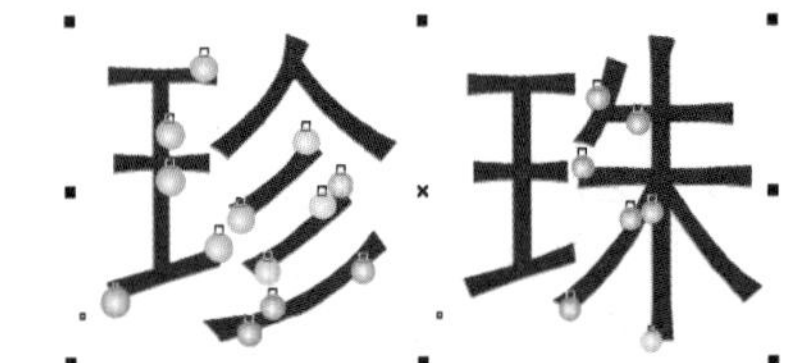

图 5-83 沿路径调和

（5）单击属性栏中“更多调和选项”图标右下角的小三角形符号，在弹出的快捷菜单中选择“沿全路径调和”命令，调和图形就布满了整个路径，如图 5-84 所示，改变调和步数为 200，得到如图 5-85 所示的图形。

（6）执行“排列 / 拆分”命令，拆分文字与图形，然后删除文字，本例的制作就完成了。

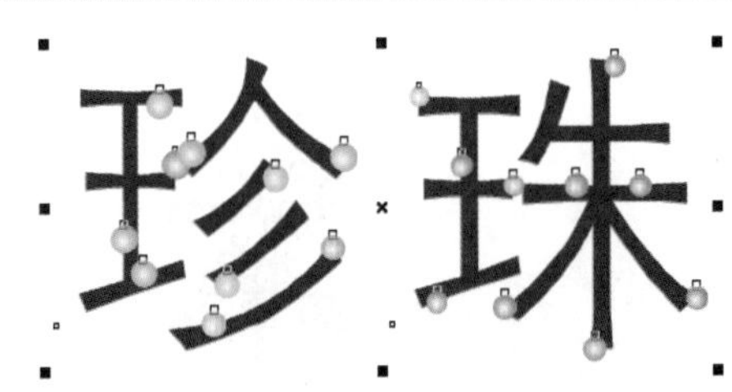

图 5-84 沿全路径调和

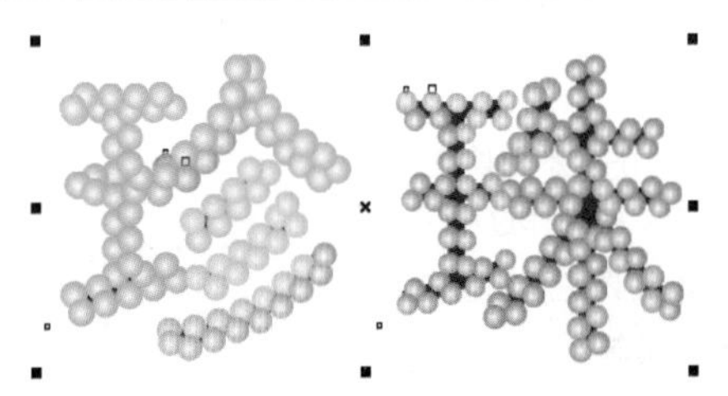

图 5-85 本例的最终效果

## 实例 11 制作镂空字

**案例说明**

本例制作效果如图 5-86 所示的镂空字，在制作过程中主要使用了文本工具、交互式立体化工具等。

图 5-86 实例的最终效果

## 操作步骤

(1) 按 F8 键激活文本工具，输入文字“促销”，设置字体为宋体、颜色为（C：0；M：100；Y：0；K：0），如图 5-87 所示。

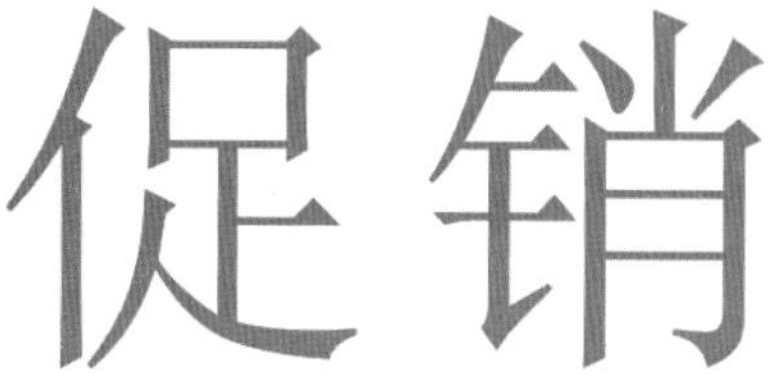

促销

图 5-87 输入文字

(2) 使用工具箱中的交互式立体化工具选中文字，从文字上按住鼠标左键向下拖动，当拖动到如图 5-88 所示的 ✕ 符号所在的位置后释放鼠标，即可创建立体化效果。

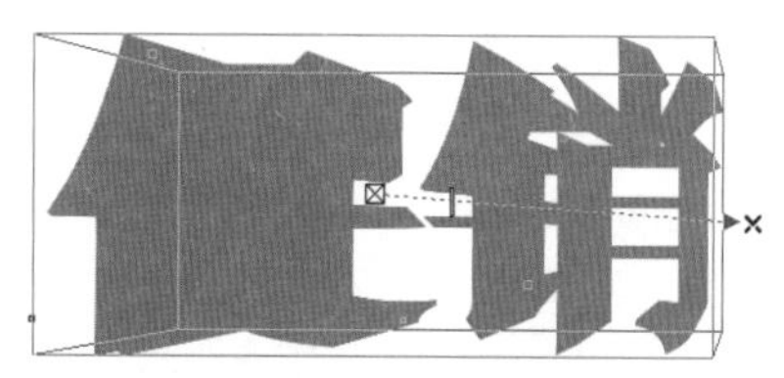

图 5-88 立体化效果

(3) 单击属性栏中的“立体化颜色”按钮，在弹出的面板中单击“使用递减的颜色”按钮。“投影到立体色”默认为白色，如图 5-89 所示，应用改变后立体色变为红色到白色的渐变色，如图 5-90 所示。

图 5-89 “立体化颜色”面板

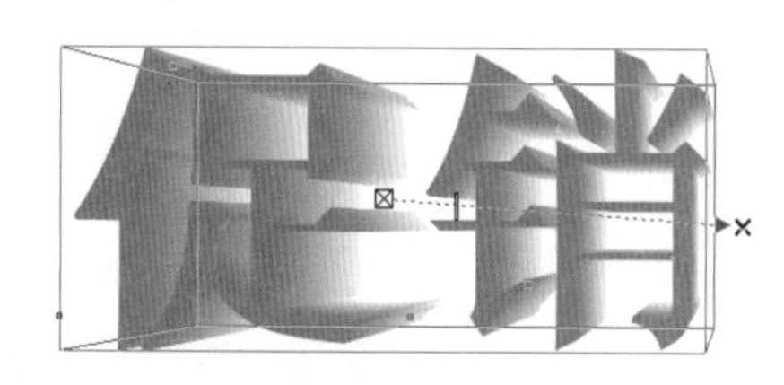

图 5-90 改变颜色后的效果

(4) 选中文字，单击调色板中的无填充图标，得到如图 5-91 所示的效果。

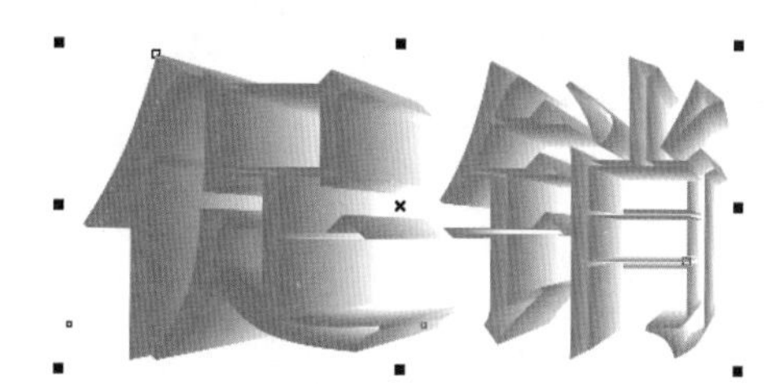

图 5-91 去掉文字颜色

## 实例 12 制作虚实文字

**案例说明**

本例制作效果如图 5-92 所示的虚实文字，在制作过程中主要使用了文本工具、对象的镜像、“造形”命令等。

图 5-92 实例的最终效果

## 操作步骤

（1）按 F8 键激活文本工具，输入字母“M”，如图 5-93 所示。选中字母，单击最上方的控制点，在按住 Ctrl 键的同时向下拖动光标，垂直镜像并复制字母，如图 5-94 所示。

图 5-93 输入字母

图 5-94 镜像字母

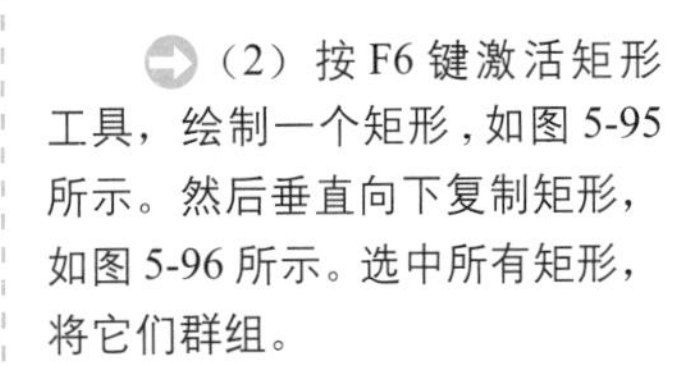

（2）按 F6 键激活矩形工具，绘制一个矩形，如图 5-95 所示。然后垂直向下复制矩形，如图 5-96 所示。选中所有矩形，将它们群组。

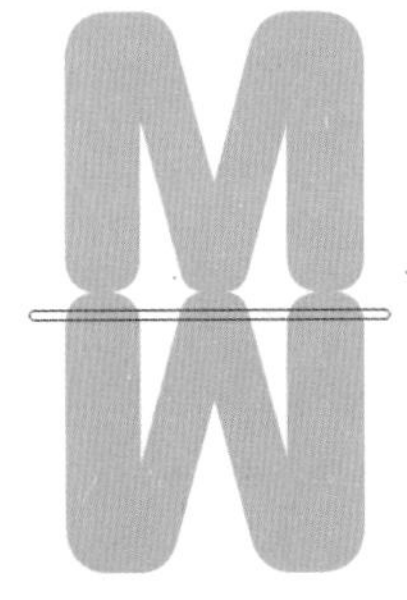

图 5-95 绘制矩形

图 5-96 复制矩形

（3）执行“排列 / 造形 / 造形”命令，打开“造形”泊坞窗，在泊坞窗上方的下拉列表框中选择“修剪”选项，如图 5-97 所示。选中矩形，单击“造形”泊坞窗下方的“修剪”按钮，将光标放到字母上，如图 5-98 所示，单击修剪图形，如图 5-99 所示。

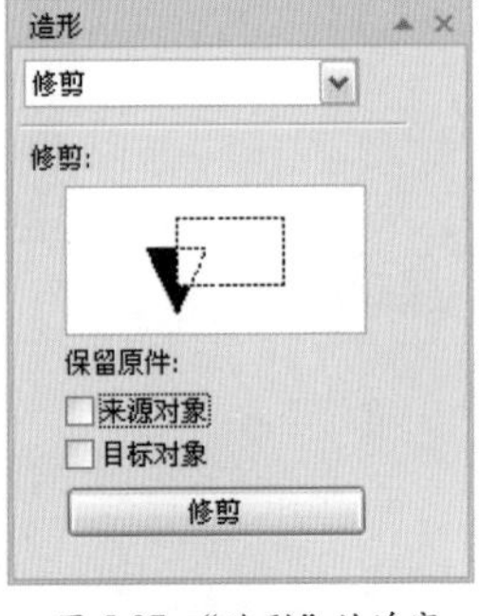


图 5-97 “造形”泊坞窗

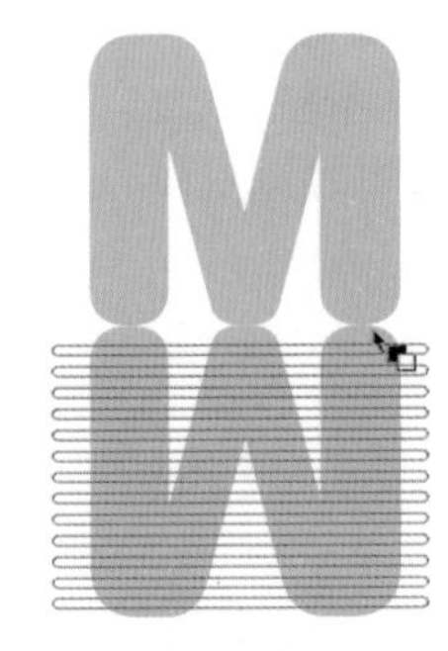

图 5-98 修剪图形

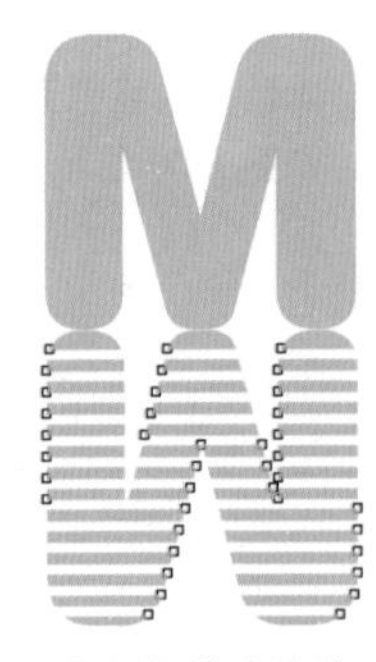

图 5-99 修剪图形

（4）改变字母的高度，本例的制作就完成了。

# 实例 13 制作动感文字

**案例说明**

本例制作效果如图5-100所示的动感文字，在制作过程中主要使用了文本工具、椭圆工具、矩形工具对象的复制等。

图5-100 实例的最终效果

## 操作步骤

（1）按F7键激活椭圆工具，在按住Ctrl键的同时拖动鼠标绘制一个圆，然后填充圆为红色，并去掉轮廓，如图5-101所示。

（2）再按F6键激活矩形工具，绘制一个矩形，将矩形旋转一定的角度，如图5-102所示，填充矩形为红色，并去掉轮廓，如图5-103所示。

（3）按F7键激活椭圆工具，在按住Ctrl键的同时拖动鼠标绘制一个圆，如图5-104所示。然后改变圆的轮廓色为白色、轮廓宽度为3mm，如图5-105所示。

（4）在按住Ctrl键的同时拖动鼠标绘制一个圆，填充圆的颜色为黑色，如图5-106所示。

（5）选中圆，按小键盘上的"+"键在原处复制一个圆，然后按住Shift键向内等比例缩小圆，并改变复制的圆的颜色为白色，如图5-107所示。

（6）复制圆，放在如图5-108所示的位置。然后按F6键激活矩形工具，绘制一个矩形，如图5-109所示，并填充矩形为黑色，得到本例的最终效果。

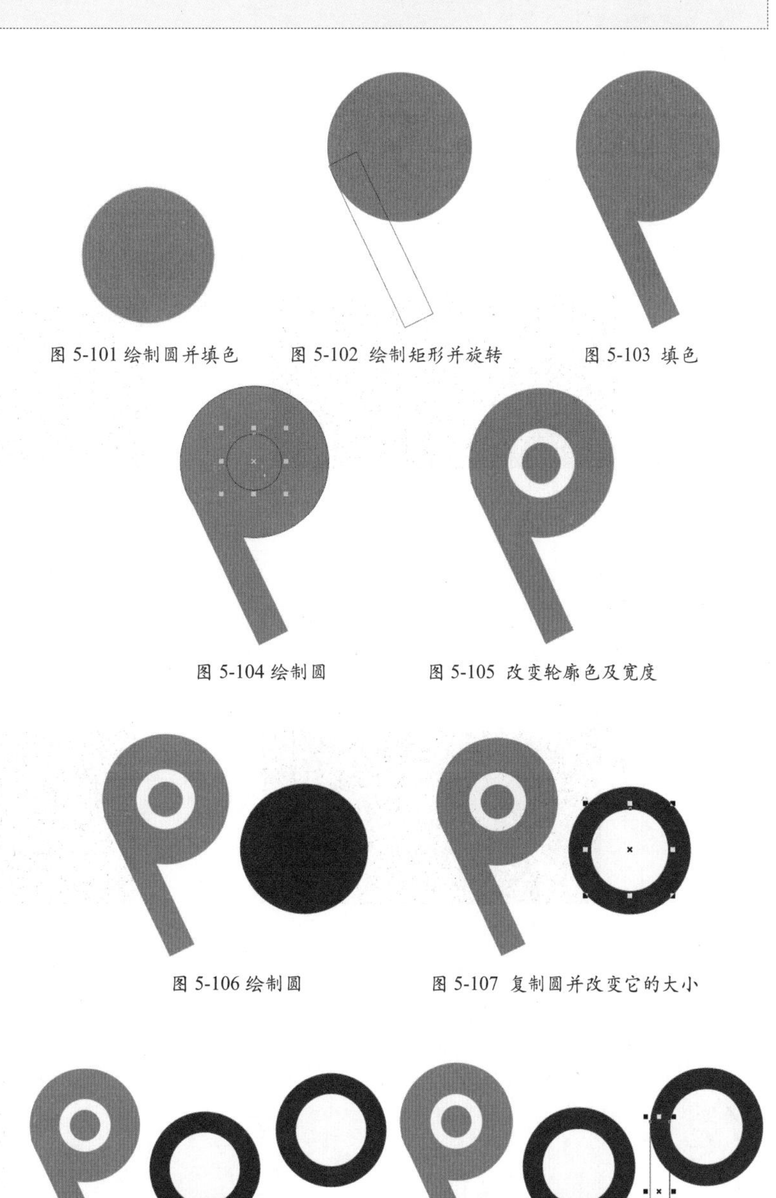

图5-101 绘制圆并填色　图5-102 绘制矩形并旋转　图5-103 填色

图5-104 绘制圆　图5-105 改变轮廓色及宽度

图5-106 绘制圆　图5-107 复制圆并改变它的大小

图5-108 复制圆　图5-109 绘制矩形

# 实例 14 制作招牌文字

**案例说明**

本例将制作效果如图 5-110 所示的字体，主要介绍了文本工具、形状工具、钢笔工具等工具的使用。

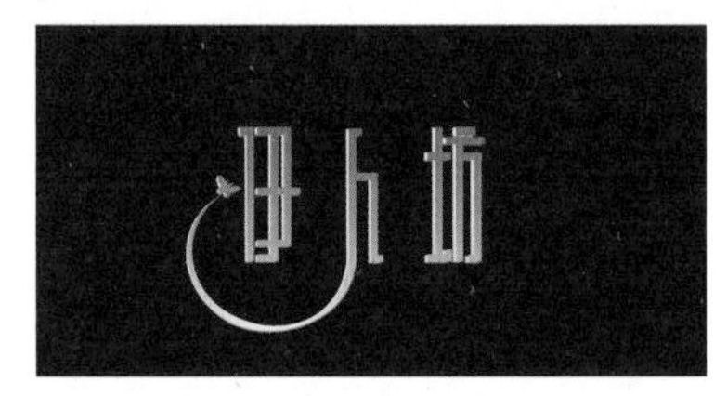

图 5-110 实例的最终效果

## 操作步骤

(1) 使用矩形工具绘制一个矩形（长：200mm；宽：100mm），为其填充颜色为黑色，并去掉轮廓线，如图 5-111 所示。

(2) 使用工具箱中的文本工具在矩形中分别输入汉字“伊”、“人”、“坊”，在属性栏中设置其字体为“方正粗圆简体”，字体大小为 100pt，并为其填充颜色为（C：0；M：9；Y：0；K：0），如图 5-112 所示。

图 5-111 绘制矩形

图 5-112 输入文字

(3) 选中所有文字，然后右击，选择“转换为曲线”命令，再使用工具箱中的形状工具将文字进行变形，如图 5-113 所示。

(4) 使用工具箱中的钢笔工具结合形状工具绘制一个蝴蝶图形，并将其放置在如图 5-114 所示的位置。再将文字和蝴蝶图形都选中，单击属性栏中的“合并”按钮。

图 5-113 字体变形

图 5-114 绘制蝴蝶图形并编辑

(5) 选中文字，按 F11 键，在打开的“渐变填充”对话框中设置填充类型为“线性”、角度为 90、起点颜色为白色，终点颜色为（C：15；M：99；Y：19；K：0），如图 5-115 所示，完成设置后单击“确定”按钮，效果如图 5-116 所示。

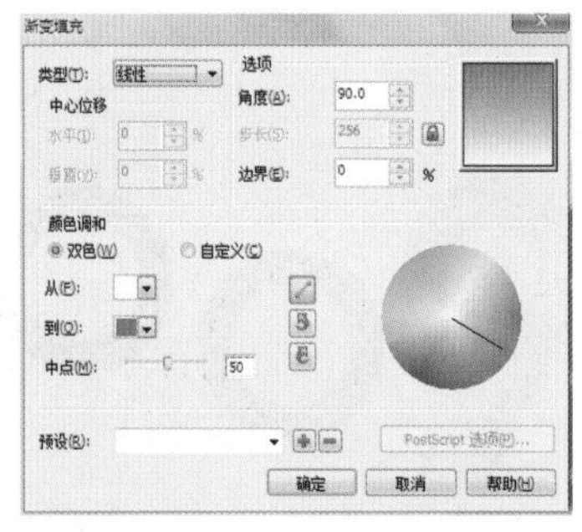


图 5-115 设置对话框

图 5-116 设置完成效果图

➲（6）先按Ctrl+C组合键，再按Ctrl+V组合键，将文字复制，并将复制的文字放置在原始文字图层的下面，然后按键盘上的左方向键“←”7次、下方向键“↓”4次，效果如图5-117所示。

图5-117 本实例的最终效果

# 实 例 进 阶

## 实例 15 制作透明文字

**案例说明**

本例制作效果如图5-118所示的透明渐变文字，在制作过程中主要使用了矩形工具、文本工具、“将轮廓转换为对象”命令等。

图5-118 实例的最终效果

### 步骤提示

➲（1）使用工具箱中的矩形工具绘制一个矩形，填充矩形的颜色为黑色，并去掉轮廓，如图5-119所示。

图5-119 绘制矩形

➲（2）按F8键激活文本工具，输入如图5-120所示的文字，并设置合适的字体和字号。使用工具箱中的选择工具选中文字，在按住Shift键的同时单击黑色矩形，按E键和C键，使文字与矩形居中对齐，并改变文字的颜色为白色，如图5-121所示。

图5-120 输入文字 　　图5-121 将文字对齐矩形

➲（3）选中文字，按F12键打开“轮廓笔”对话框，设置轮廓宽度为1.8mm、颜色为红色，其余参数设置如图5-122所示，单击“确定”按钮，得到如图5-123所示的效果。

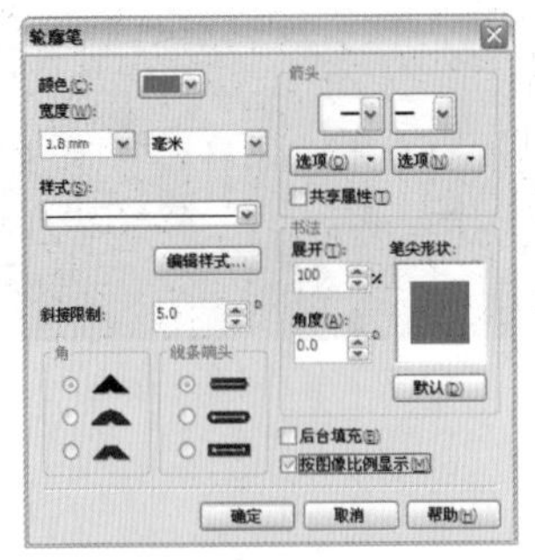

图 5-122 “轮廓笔”对话框

图 5-123 设置文字轮廓

(4) 选中文字，单击调色板上方的按钮，取消对文字的填充，如图 5-124 所示，然后执行“排列 / 将轮廓转换为对象”命令。为文字轮廓图形应用辐射渐变填充，设置起点色块的颜色为（C：100；M：0；Y：100；K：0），中间色块的颜色为（C：100；M：100；Y：0；K：0）、（C：0；M：0；Y：100；K：0），终点色块的颜色为（C：0；M：100；Y：100；K：0），设置完毕后单击“确定”按钮，得到本例的最终效果。

图 5-124 文字透明效果

## 实例 16 制作锯齿字

**案例说明**

本例制作效果如图 5-125 所示的锯齿文字，在制作过程中主要使用了文本工具、交互式变形工具等。

图 5-125 实例的最终效果

### 步骤提示

(1) 按 F8 键激活文本工具，输入文字“刺”，并设置字体为“方正古隶简体”、颜色为绿色，如图 5-126 所示。

图 5-126 输入文字

(2) 选择工具箱中的交互式变形工具，单击属性栏中的“拉链变形”按钮，然后选中文字，按住鼠标左键从文字上向外拖动鼠标。从不同的位置开始拖动鼠标，得到的效果不一样。

(3) 在属性栏的“拉链振幅”数值框中输入数值 12，在“拉链频率”数值框中输入数值 5，如图 5-127 所示。按 Enter 键确定，得到如图 5-128 所示的效果。

图 5-127 交互式变形工具属性栏

图 5-128 变形效果

（4）单击属性栏中的“中心变形”按钮，将变形中心点设定在对象的中心。

## 实例 17 制作凹陷字

**案例说明**

本例制作效果如图 5-129 所示的凹陷字，在制作过程中主要使用了文本工具、交互式轮廓图工具、交互式阴影工具等。

图 5-129 实例的最终效果

## 步骤提示

（1）按 F8 键激活文本工具，输入文字“凹陷字”，设置字体为华文彩云，颜色默认为黑色。按 F11 键，打开“渐变填充”对话框，选择类型为辐射，颜色为默认的黑色和白色，其余参数设置如图 5-130 所示，单击“确定”按钮，效果如图 5-131 所示。

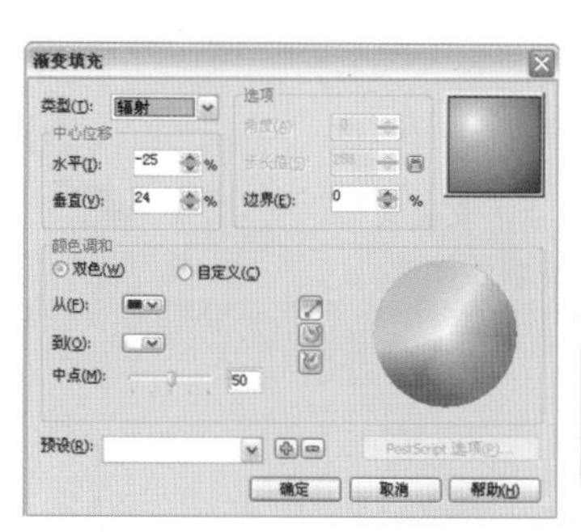


图 5-130 “渐变填充”对话框

图 5-131 渐变填充效果

（2）选中文字，选择工具箱中的交互式轮廓图工具，单击属性栏中的“向外”按钮，为文字应用偏移为 1.2 mm 的向外方式的轮廓图效果，步数为 1，填充色为黑色，如图 5-132 所示。从文字上向外拖动鼠标，得到如图 5-133 所示的效果。

图 5-132 交互式轮廓图工具属性栏

（3）使用工具箱中的交互式阴影工具在文字上向外拖动鼠标，为其应用阴影效果。在属性栏的阴影颜色中设置阴影不透明度为 100、羽化为 10，如图 5-134 所示。

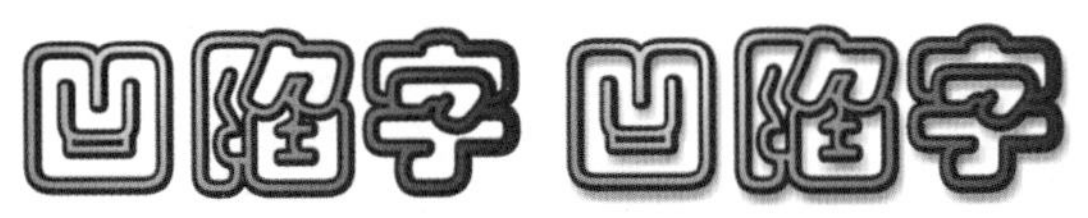


图 5-133 轮廓图效果　　图 5-134 本例的最终效果

## 实例 18 制作变形字

**案例说明**

本例制作效果如图 5-135 所示的变形字，在制作过程中主要使用了文本工具、交互式封套工具等。

图 5-135 实例的最终效果

### 步骤提示

（1）按 F8 键激活文本工具，输入文字“商业街”，设置字体为“方正粗倩简体”，填充文字颜色为橘色，如图 5-136 所示。

（2）选择工具箱中的交互式封套工具，单击文字，此时文字四周出现一个矩形封套虚线控制框，如图 5-137 所示。

商业街

图 5-136 输入文字　　图 5-137 应用封套效果

（3）调节封套控制框上的 8 个节点，改变文字的形状，如图 5-138 所示。这样，变形字就制作好了。

图 5-138 改变文字的形状

## 实例 19 制作多层字

**案例说明**

本例制作效果如图 5-139 所示的多层字，在制作过程中主要使用了文本工具、交互式轮廓图工具等。

图 5-139 实例的最终效果

## 步骤提示

（1）按 F8 键激活文本工具，输入文字“好”，设置字体为“方正大黑简体”，填充文字为浅黄色，如图 5-140 所示。

图 5-140 输入文字

（2）选中文字，选择工具箱中的交互式轮廓图工具，单击属性栏中的“向外”按钮，为文字应用偏移为 3mm 的向外方式的轮廓图效果，步数为 4，填充色为冰蓝，如图 5-141 所示。从文字上向外拖动鼠标，得到本例最终的效果。

图 5-141 交互式轮廓图工具属性栏

# 实例 20 制作针线字

**案例说明**

本例制作效果如图 5-142 所示的针线字。在制作过程中主要使用了文本工具、“将轮廓转换为对象”命令等。

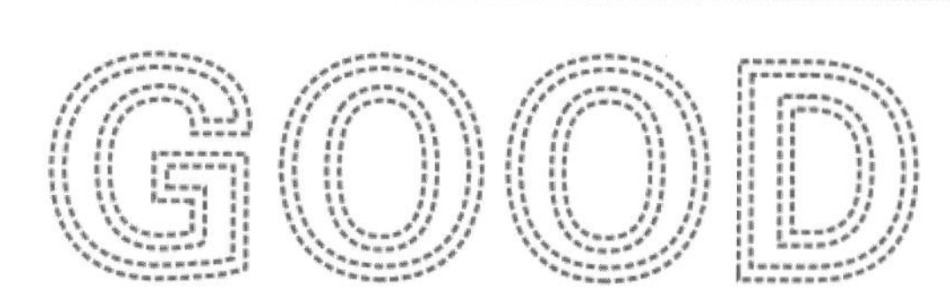


图 5-142 实例的最终效果

## 步骤提示

（1）按 F8 键激活文本工具，输入英文“GOOD”，设置字体为方正综艺简体。然后为文字添加轮廓，设置轮廓宽度为 3mm，如图 5-143 所示。

图 5-143 输入文字

（2）执行“排列 / 将轮廓转换为对象”命令，将文字与轮廓图形分开，然后删除文字，如图 5-144 所示。

图 5-144 将轮廓转换为对象并删除文字

（3）选中轮廓图形，右击调色板中的红色图形。再单击调色板中的无填充图标，得到如图 5-145 所示的效果。

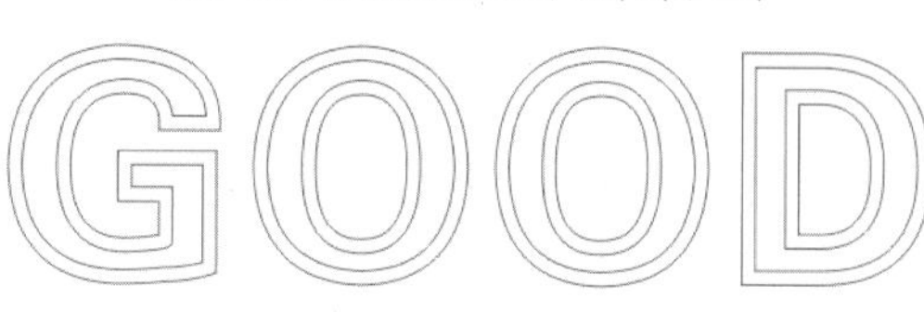


图 5-145 添加轮廓

（4）在属性栏中改变轮廓的宽度为 1mm，在轮廓样式下拉列表框中选择虚线样式，如图 5-146 所示。

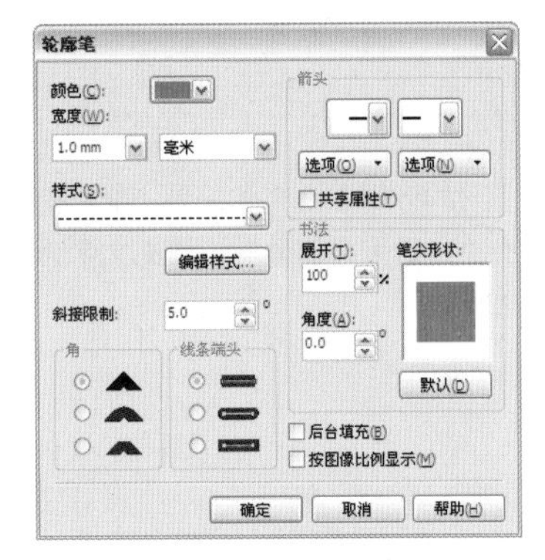


图 5-146 选择虚线样式

## 实例 21 制作爆炸字

**案例说明**

本例制作效果如图 5-147 所示的爆炸字，在制作过程中主要使用了文本工具、交互式变形工具等。

图 5-147 实例的最终效果

## 步骤提示

（1）按 F8 键激活文本工具，输入文字“砰”，设置字体为“方正剪纸简体”、颜色为红色，如图 5-148 所示。

（2）选择工具箱中的交互式变形工具，单击属性栏中的“推拉变形”按钮，然后选中文字，按住鼠标左键从文字上向外拖动鼠标。

（3）在属性栏的“拉链振幅”数值框 22 中输入 21，按 Enter 键确定，得到如图 5-149 所示的效果。

图 5-148 输入文字

图 5-149 变形效果

（4）单击属性栏中的“中心变形”按钮，将变形中心点设定在对象的中心，如图 5-150 所示。

图 5-150 改变变形效果

# 实 例 提 高

## 实例 22 制作渐变立体文字

**案例说明**

本例制作效果如图5-151所示的渐变立体文字，在制作过程中将会用到文本工具、渐变色的填充、对象的复制等基本工具和操作。

图 5-151 实例的最终效果

## 实例 23 制作弧线文字

**案例说明**

本例制作效果如图5-152所示的弧形文字，在制作过程中将会用到文本工具、椭圆工具、矩形工具、钢笔工具等基本工具。

图 5-152 实例的最终效果

## 实例 24 制作立体文字

**案例说明**

本例制作效果如图5-153所示的立体文字，在制作过程中将会用到贝塞尔工具、形状工具、文本工具、交互式立体工具等基本工具。

图 5-153 实例的最终效果

## 实例 25 制作图章文字

**案例说明**

本例制作效果如图5-154所示的图章文字，在制作过程中将会用到贝塞尔工具、形状工具、文本工具、“转换为曲线”命令等基本工具和命令。

图 5-154 实例的最终效果

## 实例 26 制作 POP 艺术字

**案例说明**

本例制作效果如图 5-155 所示的 POP 艺术字，在制作过程中将会用到贝塞尔工具、形状工具、交互式透明工具等基本工具。

图 5-155 实例的最终效果

## 实例 27 制作图形组合文字

**案例说明**

本例制作效果如图 5-156 所示的图形组合文字，在制作过程中将会用到贝塞尔工具、形状工具、钢笔工具、粗糙笔刷工具等基本工具。

图 5-156 实例的最终效果

# 第6章 卡片设计

本章设计制作卡片，卡片包括会员卡、充值卡、邀请卡、贺卡、名片等，卡片在我们的日常生活中随处可见，好的卡片设计能给人留下深刻的印象。

会员金卡

代金卡

银行卡

贺年卡

媒体联络卡

圣诞卡片

生日卡片

中秋卡片

生日贺卡

结婚请柬

# 实 例 入 门

## 实例 01 制作会员金卡（正面）

**案例说明**

本例将制作惠雅化妆品专卖店的会员金卡正面，最终效果如图 6-1 所示，在制作过程中需要使用钢笔工具、形状工具、填充工具、文本工具、交互式阴影工具等基本工具。

图 6-1 实例的最终效果

### 操作步骤

(1) 按 F6 键激活椭圆工具，在属性栏的“边角圆滑度”数值框中设置矩形的边角圆滑度为 10，在工作区中拖动鼠标，绘制一个圆角矩形，如图 6-2 所示。然后填充矩形的颜色为（C：21；M：95；Y：98；K：0），如图 6-3 所示。

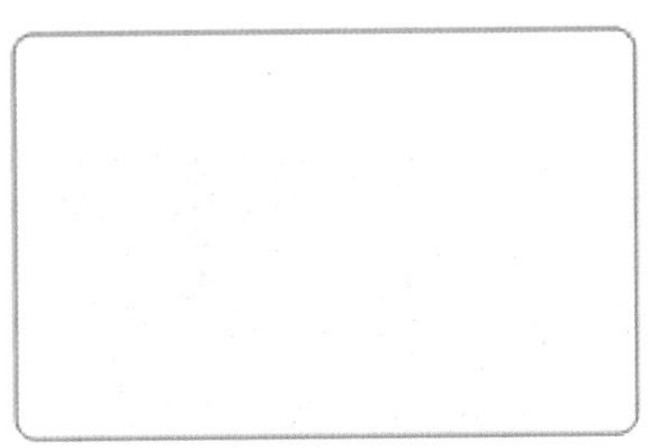

图 6-2 绘制圆角矩形

图 6-3 填充颜色

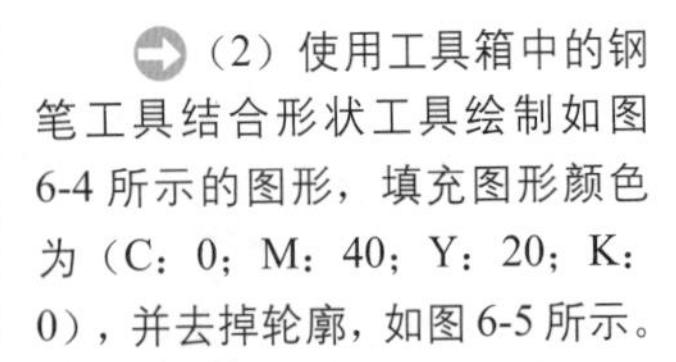

(2) 使用工具箱中的钢笔工具结合形状工具绘制如图 6-4 所示的图形，填充图形颜色为（C：0；M：40；Y：20；K：0），并去掉轮廓，如图 6-5 所示。

图 6-4 绘制图形

图 6-5 填充颜色

(3) 复制 5 个图形并按一定的次序排列，效果如图 6-6 所示。

图 6-6 复制并排列图形

（4）使用工具箱中的钢笔工具结合形状工具绘制如图6-7所示的图形，填充图形颜色为（C：0；M：40；Y：20；K：0），并去掉轮廓，如图6-8所示。

图 6-7 绘制图形

图 6-8 填充颜色

（5）选择工具箱中的手绘工具，在属性栏中设置手绘平滑度为70、轮廓宽度为0.225mm，在页面上绘制一条曲线并结合形状工具进行编辑，如图6-9所示。然后将绘制好的曲线移动到如图6-10所示的位置，并调整合适的顺序。

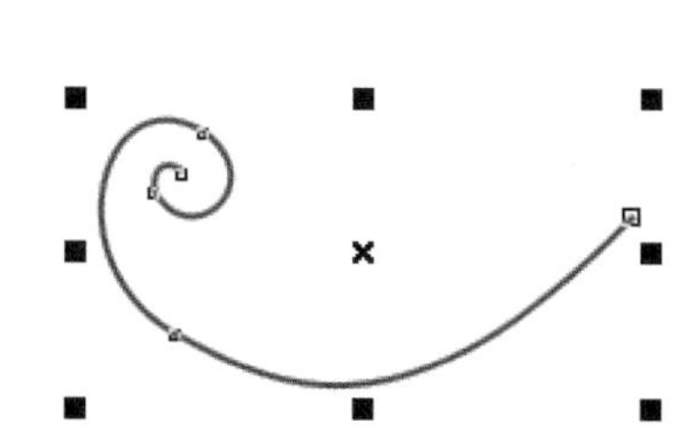

图 6-9 绘制曲线

图 6-10 移动位置

（6）用同样的方法绘制其他曲线，设置颜色为白色，移动到如图6-11所示的位置。

图 6-11 绘制曲线

（7）使用工具箱中的钢笔工具结合形状工具绘制如图6-12所示的图形，为图形应用线性渐变填充，设置起点色块的颜色为（C：22；M：44；Y：91；K：0），中间色块的颜色为（C：4；M：15；Y：77；K：0），终点色块的颜色为（C：22；M：44；Y：91；K：0），如图6-13所示，完成后去掉轮廓。

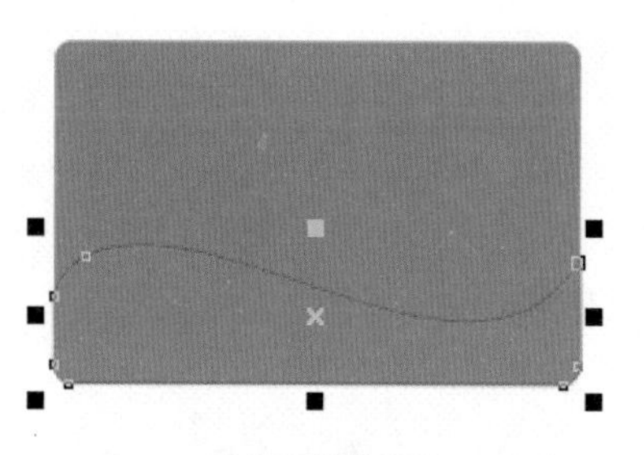

图 6-12 绘制图形

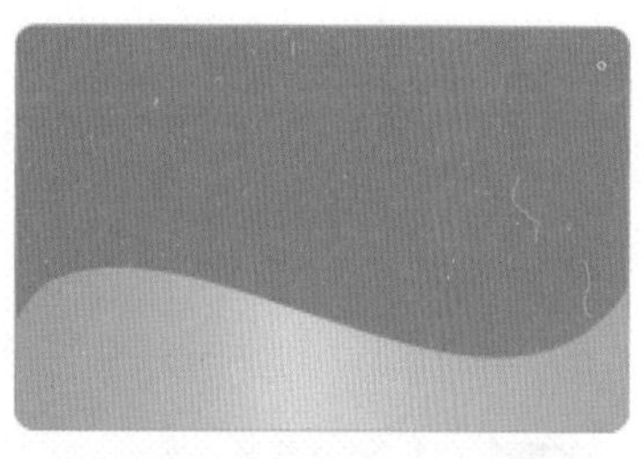

图 6-13 填充渐变颜色

（8）使用工具箱中的钢笔工具结合形状工具绘制如图6-14所示的图形，填充图形颜色为（C：3；M：3；Y：38；K：0），并去掉轮廓，如图6-15所示。

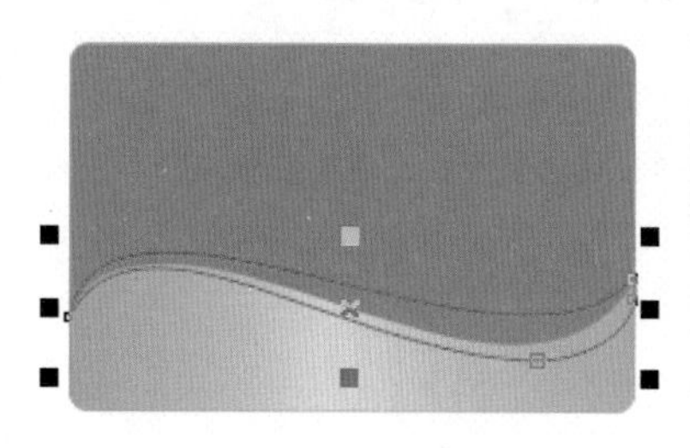

图 6-14 绘制图形

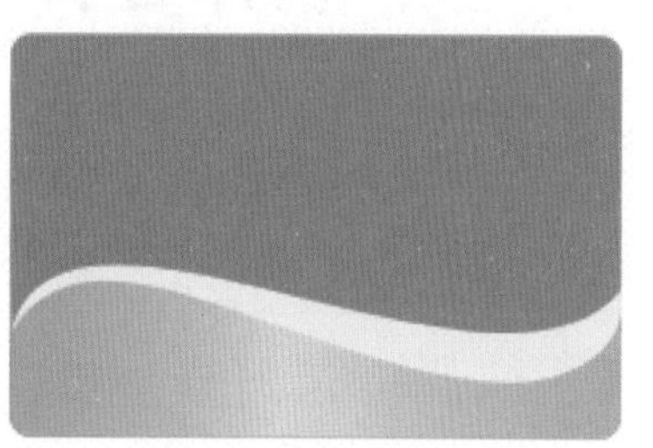

图 6-15 填充渐变颜色

（9） 使用工具箱中的矩形工具，绘制一个矩形，填充矩形的颜色为（C：3；M：3；Y：38；K：0），并去掉轮廓，效果如图 6-16 所示。按 F8 键激活文本工具，输入以下文字，选择合适的字体和大小后排列到如图 6-17 所示的位置。

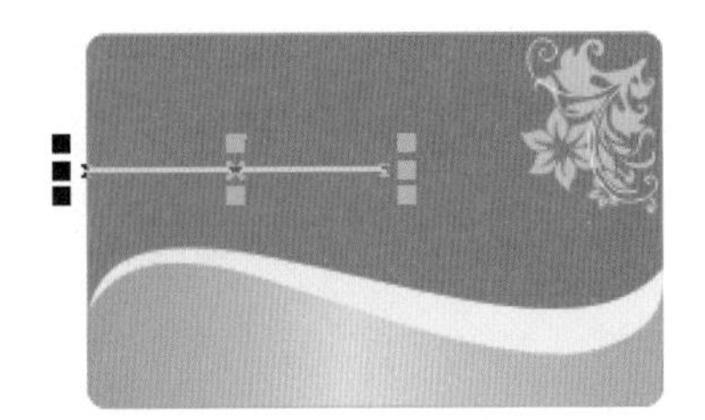

图 6-16 绘制矩形

图 6-17 输入文字

（10） 使用工具箱中的矩形工具绘制一个矩形，填充矩形的颜色为（C：3；M：3；Y：38；K：0），并去掉轮廓，移动到如图 6-18 所示的位置。使用工具箱中的钢笔工具结合形状工具绘制一个图形，填充图形颜色为（C：0；M：40；Y：20；K：0），并去掉轮廓，移动到如图 6-19 所示的位置。

图 6-18 绘制矩形

图 6-19 绘制图形

（11）按 F8 键激活文本工具，输入英文“HUI YA”和中文“惠雅”，选择合适的字体和大小后排列到如图 6-20 所示的位置。将文字全部选中，按 Ctrl+G 组合键群组，然后使用工具箱中的交互式阴影工具在文字上向外拖动鼠标，为其应用阴影效果。在属性栏中设置阴影不透明度为 50、羽化为 15、阴影颜色为黑色，如图 6-21 所示。

图 6-20 输入文字

图 6-21 添加阴影效果

（12） 至此，会员金卡的正面绘制完毕，效果如图 6-22 所示，接下来绘制金卡背面。

图 6-22 金卡的正面效果

## 实例 02 制作会员金卡（背面）

**案例说明**

本例将制作惠雅化妆品专卖店的会员金卡背面，最终效果如图 6-23 所示，在制作过程中需要使用矩形工具、文本工具等基本工具。

图 6-23 实例的最终效果

## 操作步骤

(1) 复制前面制作的图形，按 F8 键激活文本工具，输入以下文字，并将文字的大小设置为 10pt，设置字体为黑体，设置颜色为（C：0；M：0；Y：25；K：0），效果如图 6-24 所示。用同样的方法输入文字“持卡人签名：”，如图 6-25 所示。

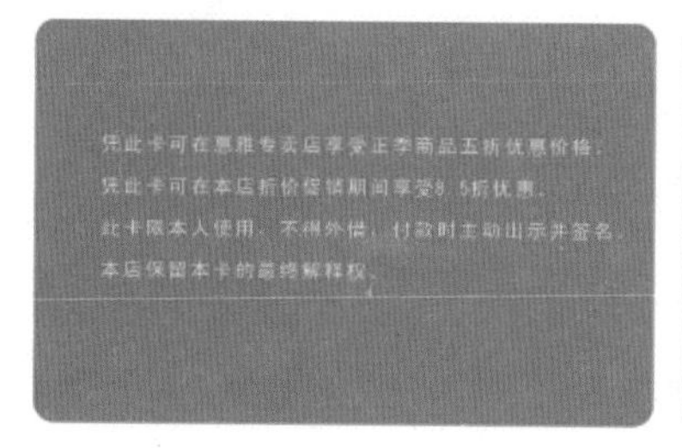


图 6-24 输入文字

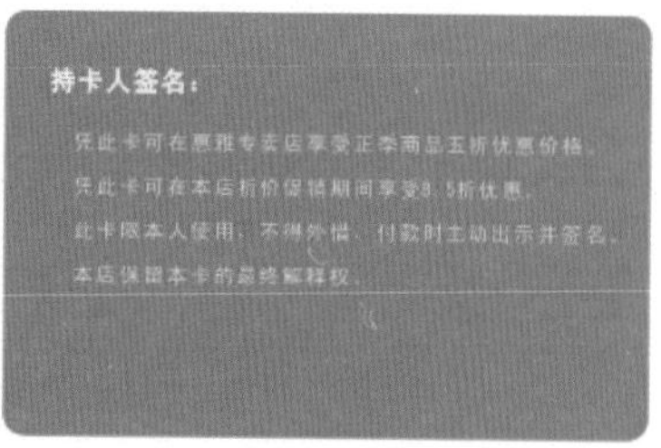


图 6-25 输入文字

(2) 使用工具箱中的矩形工具绘制一个矩形，填充矩形的颜色为白色，并去掉轮廓，如图 6-26 所示。复制前面制作好的效果文字，并移动到如图 6-27 所示的位置。

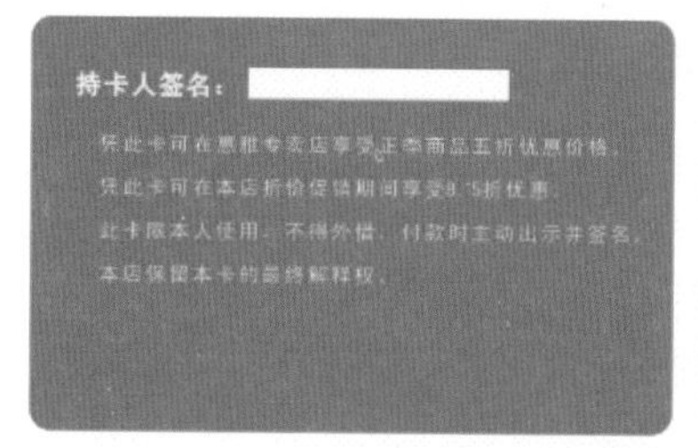


图 6-26 绘制矩形

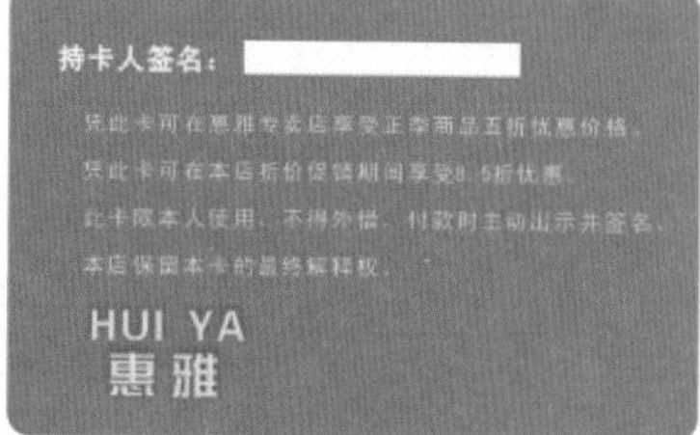


图 6-27 复制效果文字

(3) 按 F8 键激活文本工具，输入文字“欢迎阁下惠顾”，选择合适的字体和大小后排列到如图 6-28 所示的位置，至此，金卡背面绘制结束。

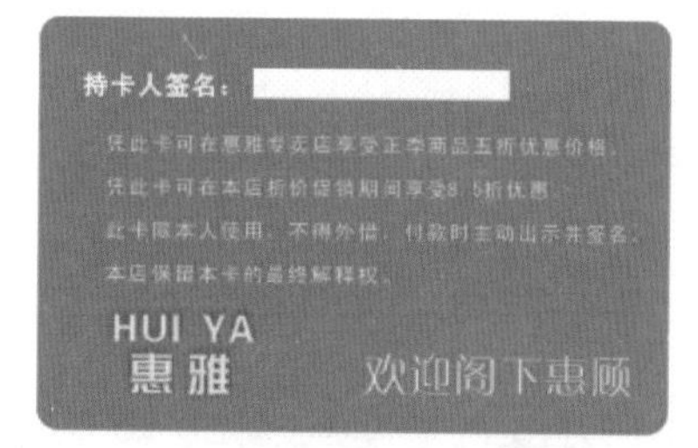


图 6-28 金卡背面的最终效果

## 实例 03 制作代金卡（正面）

**案例说明**

本例制作代金卡的正面，最终效果如图 6-29 所示，在制作过程中需要使用贝塞尔工具、形状工具、交互式填充工具、文本工具，交互式网格填充工具、交互式透明工具等基本工具。

图 6-29 实例的最终效果

## 操作步骤

(1) 使用工具箱中的矩形工具在工作区中拖动鼠标，绘制一个矩形，如图 6-30 所示。使用工具箱中的交互式填充工具为矩形应用辐射渐变填充，设置起点色块的颜色为（C：100；M：0；Y：100；K：0）、终点色块的颜色为（C：0；M：0；Y：100；K：0），并去掉轮廓，滑块设置如图 6-31 所示。

图 6-30 绘制矩形

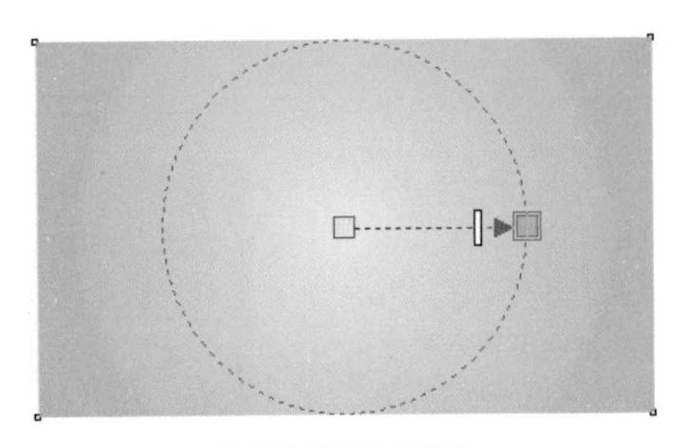

图 6-31 辐射渐变填充

（2） 使用工具箱中的钢笔工具结合形状工具绘制如图 6-32 所示的图形，为图形应用线性渐变填充，设置起点色块的颜色为（C：100；M：0；Y：100；K：0），中间色块的颜色为（C：0；M：0；Y：100；K：0）、（C：0；M：0；Y：100；K：0）、（C：20；M：0；Y：60；K：0）、（C：0；M：0；Y：60；K：0），终点色块的颜色为（C：0；M：0；Y：0；K：0），并去掉轮廓，效果如图 6-33 所示。

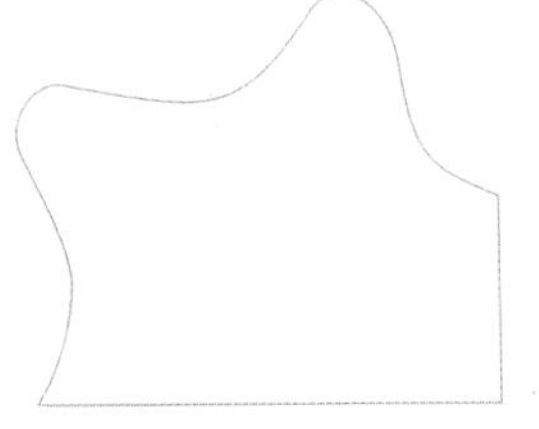

图 6-32 绘制图形

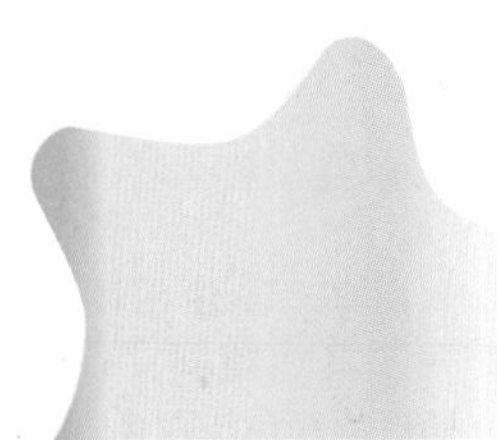

图 6-33 填充颜色

（3） 按小键盘上的“+”键复制图形，并按住 Shift 键等比例缩小到适当的大小，其填充颜色为白色。按 Shift 键加选图 6-34 所示的图形，并单击属性栏中的“修剪”按钮，得到如图 6-35 所示的图形。

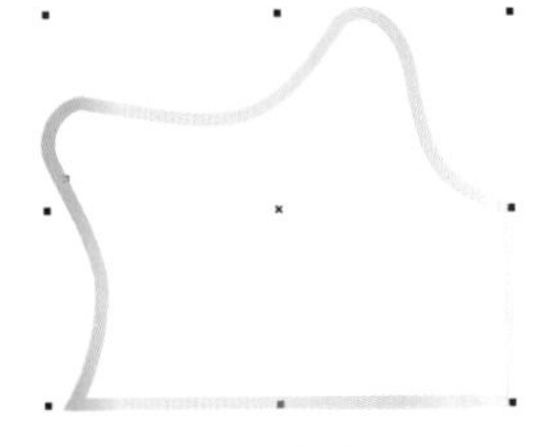

图 6-34 复制图形

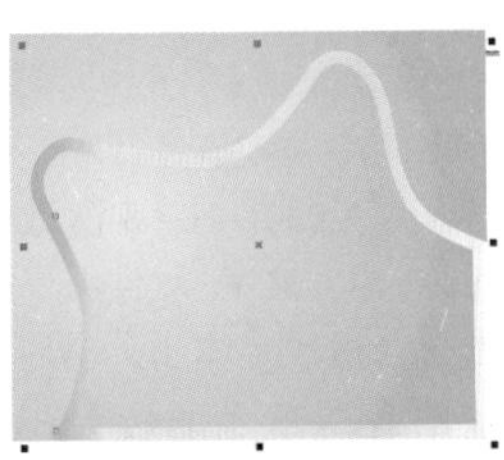

图 6-35 修剪图形

（4） 按小键盘上的“+”键复制图 6-35 所示的图形，分别填充颜色为白色、黑色，并去掉轮廓，效果如图 6-36 所示。

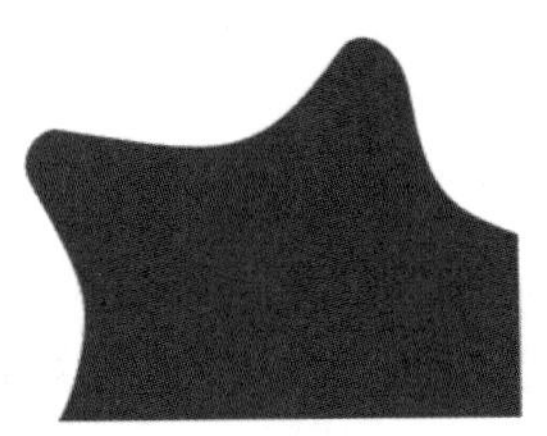

图 6-36 复制图形并填充颜色为黑色、白色

（5） 再次复制图形，并填充颜色为（C：100；M：0；Y：100；K：0），并去掉轮廓，效果如图6-37所示。使用工具箱中的交互式网格填充工具编辑网格节点，并将相应节点的颜色填充为黄色，效果如图6-38所示。

图 6-37 复制图形

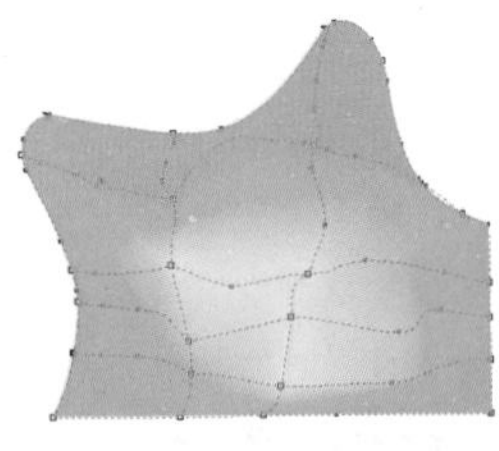

图 6-38 交互式网格填充效果

（6）使用选择工具，按住 Shift 键选择图形，执行“排列 / 对齐与分布”命令，打开“对齐与分布”对话框，设置参数如图 6-39 所示，单击“应用”按钮，效果如图 6-40 所示，然后按 Ctrl+G 组合键将其群组。

图 6-39 设置参数

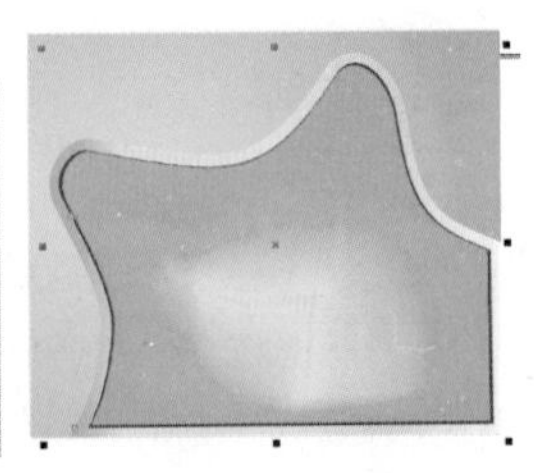

图 6-40 排列效果

(7) 按小键盘上的“+”键复制图形，并填充颜色为白色，效果如图 6-41 所示。使用工具箱中的交互式透明工具，在属性栏的透明度类型中选择“线性”，调整色块的起始位置如图 6-42 所示。

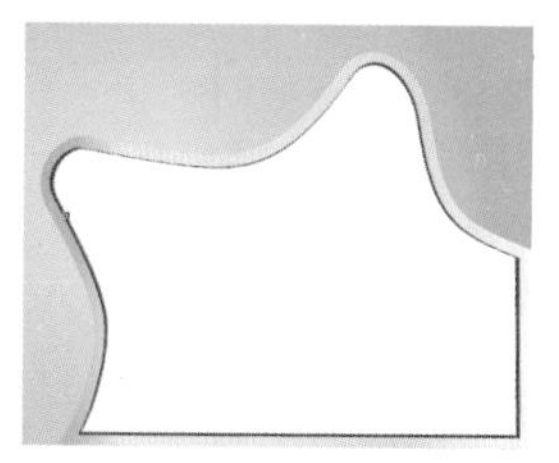

图 6-41 复制图形

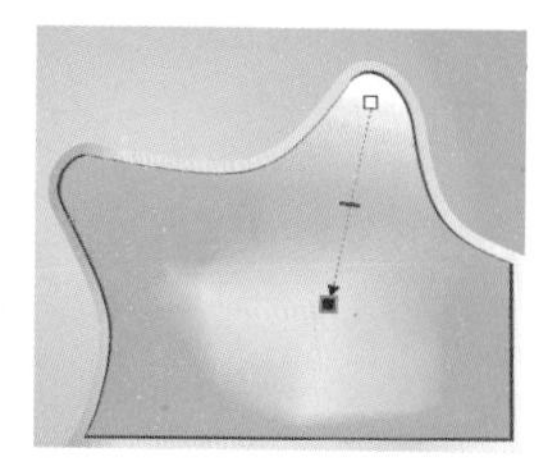

图 6-42 制作透明效果

(8) 按F6 键激活矩形工具，在属性栏的“边角圆滑度”数值框中设置矩形的左上角和左下角边角圆滑度为 15，在工作区中拖动鼠标，绘制一个圆角矩形，如图 6-43 所示。按 Ctrl+Q 组合键将图形转换为曲线，并结合形状工具进行编辑，填充矩形的颜色为（C：0；M：0；Y：0；K：80），并去掉轮廓，效果如图 6-44 所示。

图 6-43 绘制圆角矩形

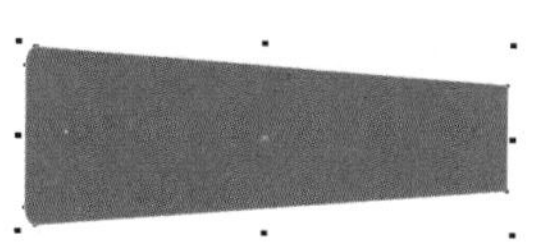

图 6-44 编辑图形

(9) 按小键盘上的“+”键复制图形，更改填充颜色为（C：0；M：60；Y：100；K：0），并移动位置，效果如图 6-45 所示。再次复制图形，并为图形应用线性渐变填充，设置起点色块的颜色为（C：0；M：0；Y：100；K：0），终点色块的颜色为（C：0；M：60；Y：100；K：0），效果如图 6-46 所示，然后按 Ctrl+G 组合键将这两步所得的图形群组。

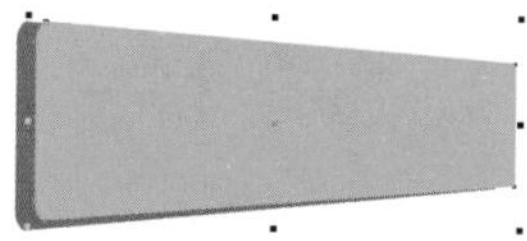

图 6-45 复制并填充图形颜色

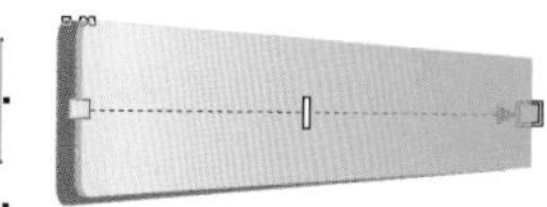

图 6-46 复制并渐变填充图形颜色

(10) 选择工具箱中的手绘工具在属性栏中设置手绘平滑度为 70，在页面上绘制闭合曲线，并结合形状工具进行编辑，填充颜色为红色，并去掉轮廓，效果如图 6-47 所示。按小键盘上的“+”键复制图形，并为图形应用线性渐变填充，设置起点色块的颜色为（C：0；M：60；Y：100；K：0），中点色块的颜色为（C：0；M：9；Y：100；K：0），终点色块的颜色为（C：0；M：0；Y：100；K：0），效果如图 6-48 所示。

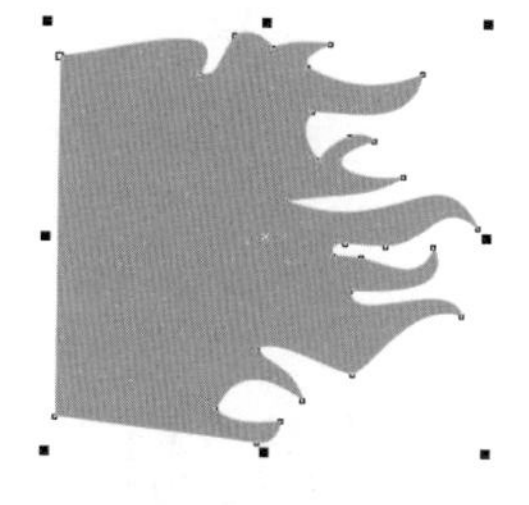

图 6-47 绘制红色图形

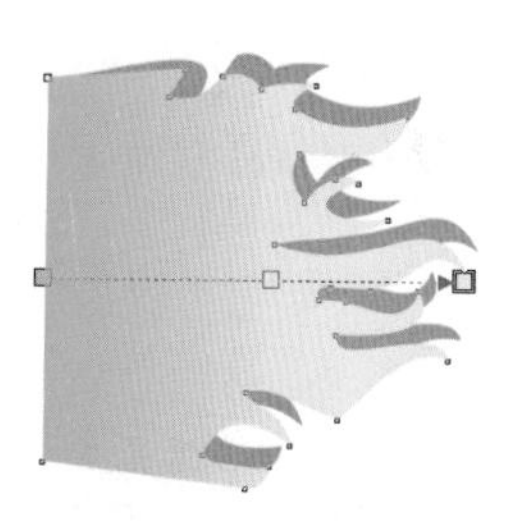

图 6-48 复制并渐变填充图形颜色

(11) 使用工具箱中的选择工具选择上一步所得的图形，按 Ctrl+G 组合键将其群组，然后按 Shift 键加选前面制作的群组图形，再次群组图形，效果如图 6-49 所示。

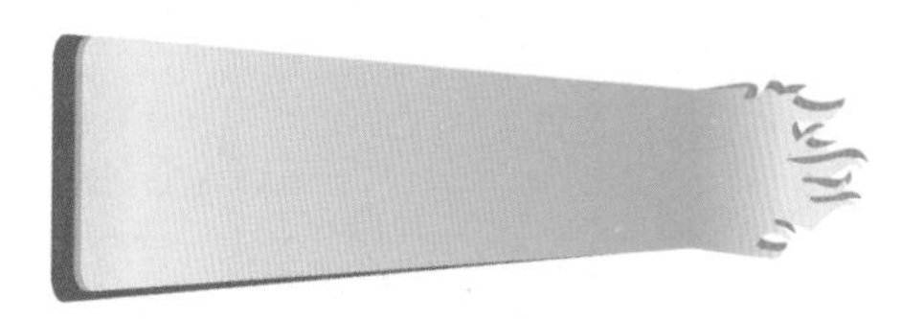

图 6-49 群组图形

(12) 使用同样的方法绘制图形，效果如图 6-50 所示。选择工具箱中的文本工具字，在空白处单击，然后执行“文本 / 插入符号字符”命令打开“插入字符”面板，设置参数如图 6-51 所示，单击“插入”按钮，并选择适当的字体，效果如图 6-52 所示。

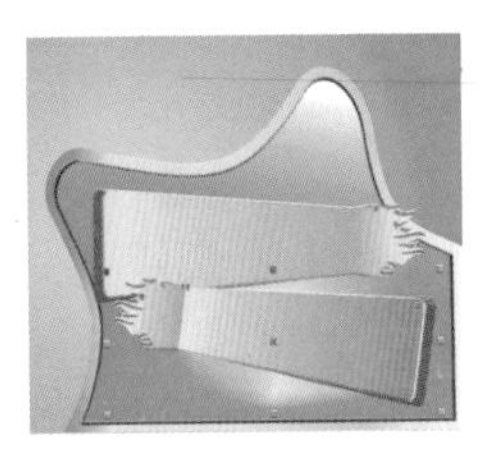

图 6-50 绘制图形

图 6-51“插入字符”面板

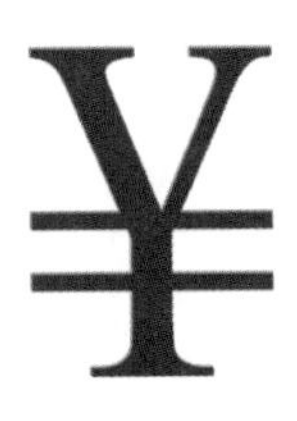


图 6-52 插入字符

(13) 按 Ctrl+Q 组合键将图形转换为曲线，并结合形状工具进行编辑，填充颜色为白色，效果如图 6-53 所示。按小键盘上的“+”键复制图形，填充颜色为（C：0；M：100；Y：100；K：0），效果如图 6-54 所示。使用工具箱中的交互式调和工具，在“调和步幅 / 间距”数值框中输入调和的步数为 20，在两个图形之间创建调和，效果如图 6-55 所示。

图 6-53 编辑图形

图 6-54 复制图形 图 6-55 交互式调和效果

(14) 按小键盘上的 +”键复制图形，并调整位置、大小，效果如图 6-56 所示。按 F8 键激活文本工具选择适当的字体，并结合形状工具调整文字之间的间距，效果如图 6-57 所示。

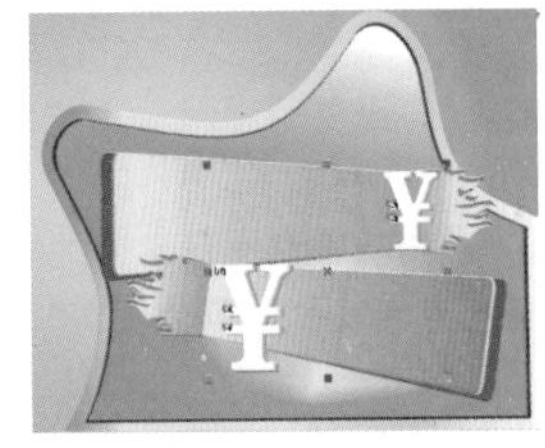

图 6-56 复制图形

图 6-57 输入文字

(15) 按小键盘上的“+”键复制文本，更改填充颜色为白色，效果如图 6-58 所示。使用同样的方法输入文本并编辑，效果如图 6-59 所示。

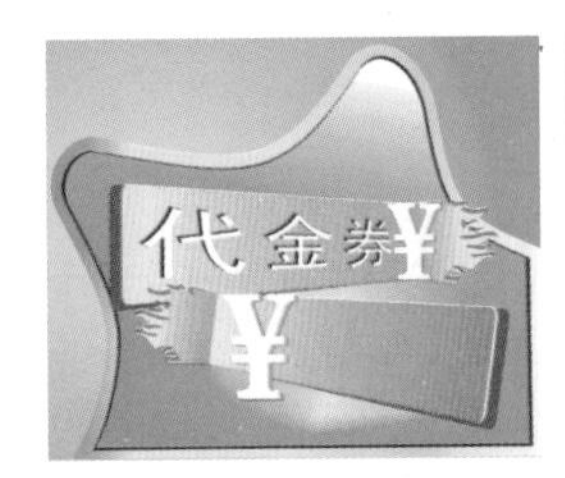


图 6-58 复制文本

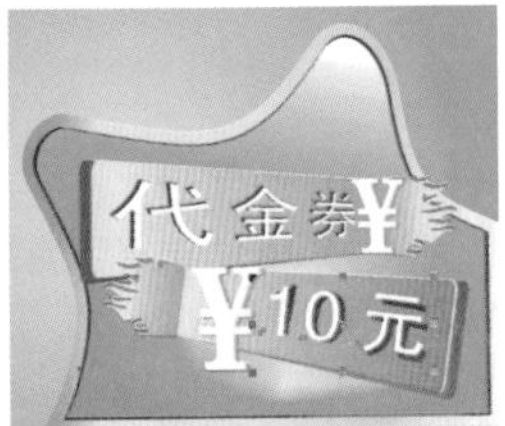


图 6-59 输入文本

(16) 使用工具箱中的贝塞尔工具结合形状工具绘制曲线，然后按 F12 键打开“轮廓笔”对话框，设置轮廓宽度为 1.946mm、颜色为（C：0；M：0；Y：100；K：0），其余参数设置如图 6-60 所示，单击“确定”按钮，得到如图 6-61 所示的效果。

图 6-60 设置轮廓笔参数

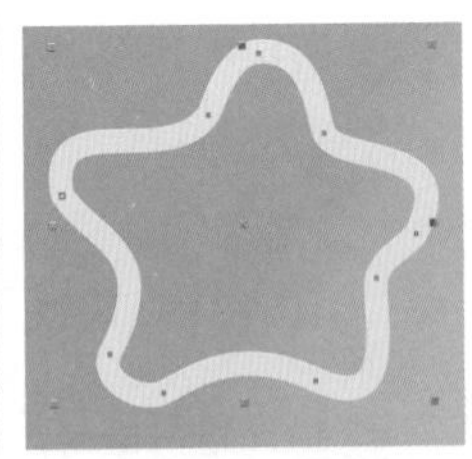

图 6-61 绘制图形

(17) 按 F8 键激活文本工具，输入英文“KKYI”和中文“佧佧依”，选择合适的字体、大小和颜色，设置“佧佧依”的轮廓为 0.25mm、轮廓颜色为黄色，并排列到如图 6-62 所示的位置。使用同样的方法输入文本“童装专卖”，分别选择合适的字体和颜色，设置“童装”的轮廓宽度为 1.0mm，并结合形状工具调整文字之间的间距，效果如图 6-63 所示。

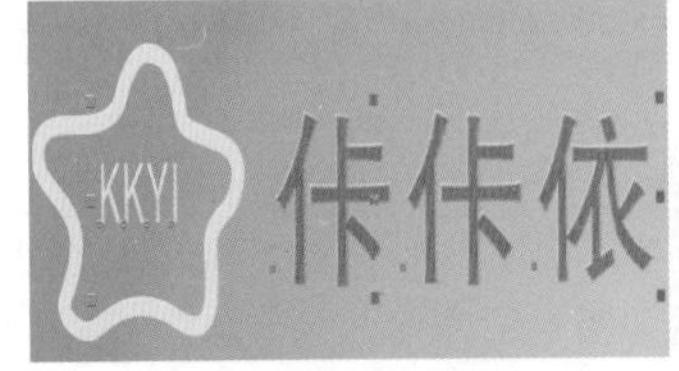


图 6-62 输入文本并编辑

图 6-63 输入文本并编辑

(18) 按F8键激活文本工具，输入文本，并将文字的大小设置为20pt，设置字体为黑体，填充颜色为60%的黑色，效果如图6-64所示。执行“文本/使文本适合路径”命令，光标变为向右的箭头，在右下角不规则的图形上单击，文字变为如图6-65所示的形状。

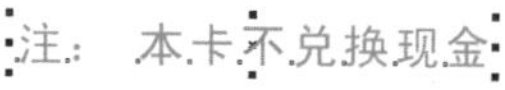

注：本卡不兑换现金

图6-64 输入文本

图6-65 执行“使文本适合路径”命令

(19) 输入文本，并将文字的大小设置为18pt，设置字体为黑体，效果如图6-66所示。使用工具箱中的选择工具选择所有图形，按Ctrl+G组合键将其群组，得到代金卡的正面图形，效果如图6-67所示。

图6-66 输入文本

图6-67 群组代金卡的正面图形

**公告栏 手动调整字间距**

选中文字，按F10键，显示如图6-68所示的符号，按住右边的符号拖动光标可以调整文字的间距，如图6-69所示。

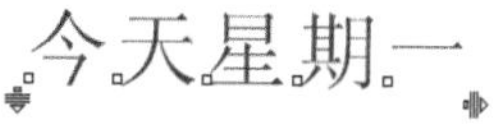

今天星期一

图6-68 显示符号

今 天 星 期 一

图6-69 调整文字间距

## 实例04 制作代金卡（背面）

**案例说明**

本例制作代金卡的背面，最终效果如图6-70所示，在制作过程中需要使用形状工具、填充工具、文本工具、矩形工具、选择工具等基本工具。

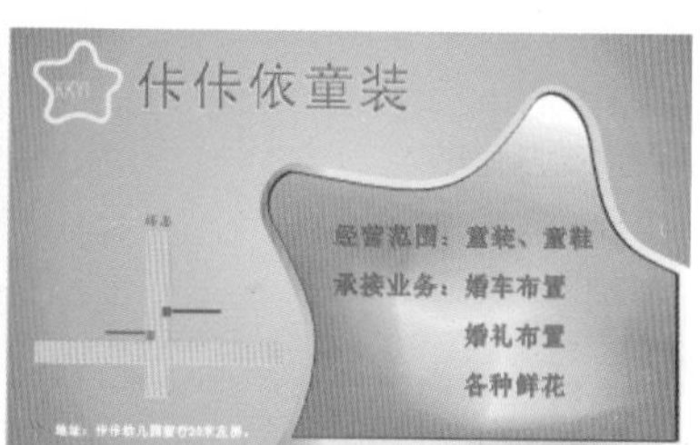


图6-70 实例的最终效果

## 操作步骤

(1) 使用绘制图形正面的方法绘制背面图形，效果如图6-71所示。按F8键激活文本工具，输入文字，并将文字的大小设置为24pt，设置颜色为红色，效果如图6-72所示。

图 6-71 绘制图形

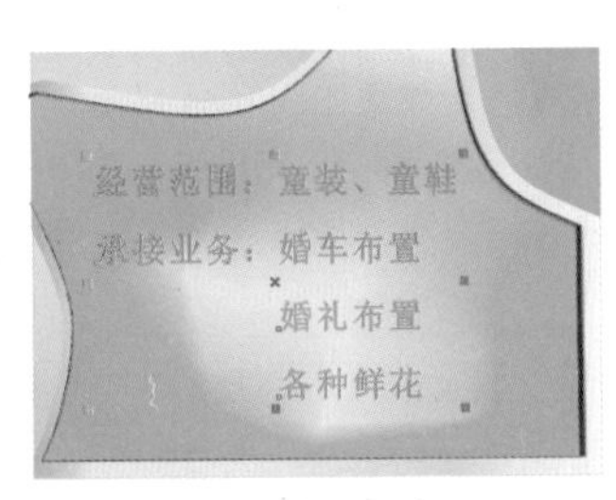


图 6-72 输入文本

（2）使用工具箱中的矩形工具绘制两个矩形，填充矩形的颜色为（C：1；M：13；Y：75；K：0），并去掉轮廓，效果如图 6-73 所示。选中上面的图形，在属性栏中设置旋转角度为 270。按 Enter 键旋转，效果如图 6-74 所示。

图 6-73 绘制矩形

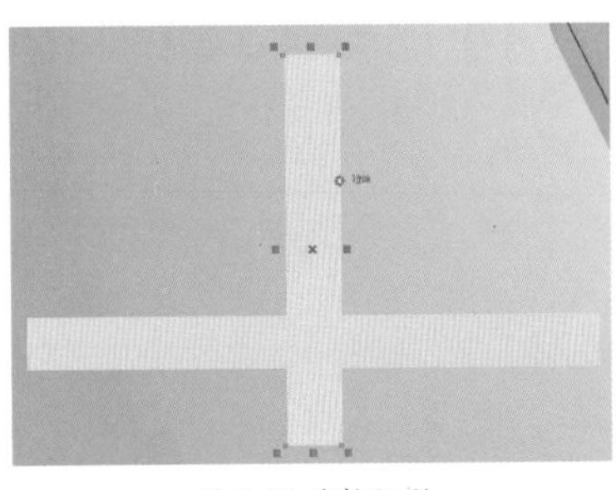

图 6-74 旋转矩形

（3）使用同样的方法绘制矩形，分别填充颜色为（C：100；M：0；Y：0；K：0）、（C：0；M：100；Y：100；K：0），移动位置并调整大小，效果如图 6-75 所示。按 F8 键激活文本工具，输入文字，分别设置文字的字体和颜色，并将文字排列到合适的位置，效果如图 6-76 所示。

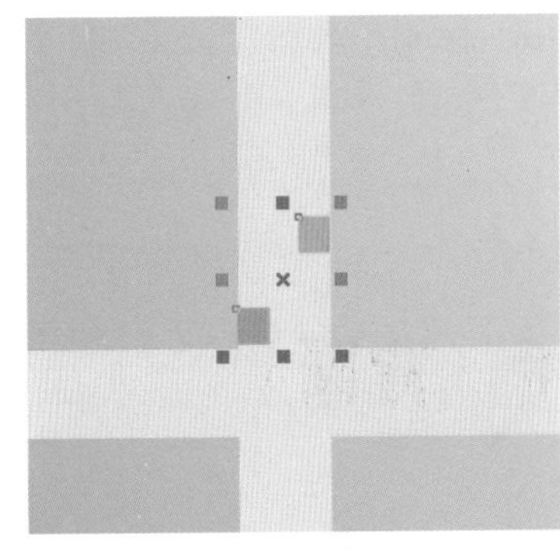

图 6-75 绘制矩形

图 6-76 输入文本

（4）选择工具箱中的基本形状工具，在属性栏中单击“完美形状”按钮右下方的小三角，在弹出的面板中选择三角形选项，绘制一个三角形，效果如图 6-77 所示。在属性栏中设置旋转角度为 135、填充颜色为（C：0；M：60；Y：100；K：0），并用同样的方法再绘制一个三角形，效果如图 6-78 所示。

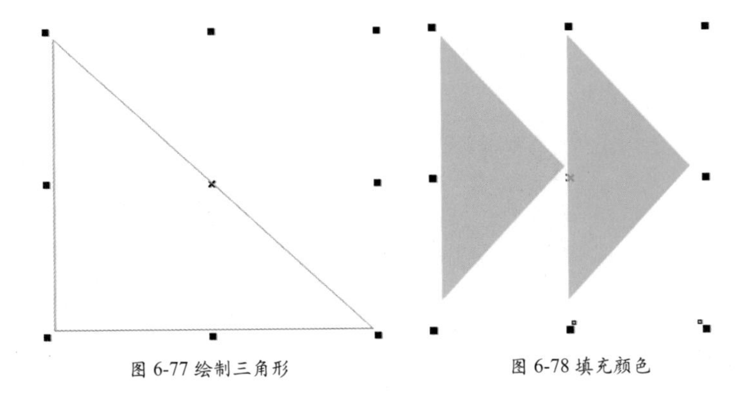

图 6-77 绘制三角形　　图 6-78 填充颜色

（5）使用工具箱中的选择工具选择所有图形，按 Ctrl+G 组合键将其群组，得到代金卡的背面图形，并移动位置，得到最终效果，如图 6-79 所示。

图 6-79 本例的最终效果

## 实例 05 制作贺年卡（正面）

**案例说明**

本例制作一个精美贺年卡的正面，最终效果如图 6-80 所示，在制作过程中需要使用钢笔工具、形状工具、填充工具、文本工具、交互式透明工具等基本工具。

图 6-80 实例的最终效果

## 操作步骤

(1) 使用工具箱中钢笔工具结合形状工具绘制如图 6-81 所示的图形，填充图形颜色为（C：0；M：100；Y：90；K：0），并去掉轮廓，如图 6-82 所示。

图 6-81 绘制图形　　图 6-82 填充颜色

(2) 使用工具箱中的交互式透明工具，在属性栏的透明度类型中选择“线性”，调整色块的起始位置如图 6-83 所示。

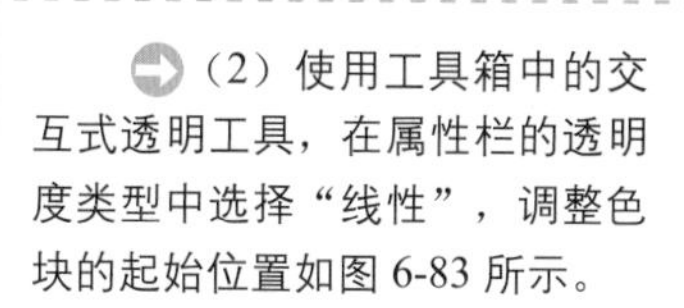

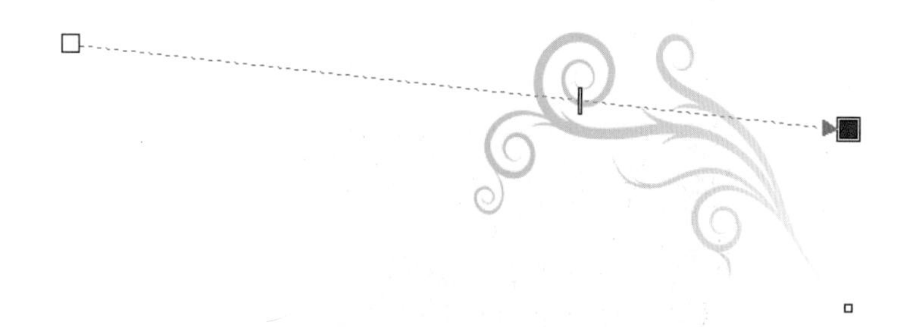

图 6-83 添加交互式透明效果

（3）使用同样的方法制作下面的图形，并添加透明效果，如图6-84所示。

图6-84 绘制图形并添加透明效果

（4）按Ctrl+I组合键导入窗花矢量素材文件，如图6-85所示。单击工具箱中“填充工具组”右下角的三角形符号，在弹出的工具组中单击“渐变填充”工具按钮，打开“渐变填充”对话框，为图形应用线性渐变填充，设置起点色块的颜色为（C：0；M：20；Y：60；K：20），中间色块的颜色为（C：0；M：0；Y：20；K：0）、（C：9；M：23；Y：53；K：0），终点色块的颜色为白色，效果如图6-86所示。

图6-85 导入矢量素材

图6-86 渐变填充效果

（5）使用工具箱中的矩形工具，绘制一个矩形，效果如图6-87所示。然后为矩形应用辐射渐变填充，设置起点色块的颜色为（C：53；M：97；Y：86；K：16），中间色块的颜色为（C：40；M：100；Y：88；K：4），终点色块的颜色为（C：4；M：99；Y：87；K：0），效果如图6-88所示。

图6-87 绘制矩形

图6-88 渐变填充效果

（6）按小键盘上的“+”键复制多个装饰并排列图形位置，效果如图6-89所示，然后按Ctrl+G组合键将其群组。

图6-89 复制并移动图形

（7）使用选择工具将填充图形移动到适当的位置，并按Shift键加选装饰图形，然后按Ctrl+G组合键将其群组，效果如图6-90所示。

图6-90 移动并群组图形

（8）执行“效果/图框精确剪裁/放置在容器中”命令，将图形放置到红色渐变图形中，效果如图6-91所示。在图形上右击鼠标，在弹出的快捷菜单中选择“编辑内容”命令，并调整图形的大小和位置，如图6-92所示。

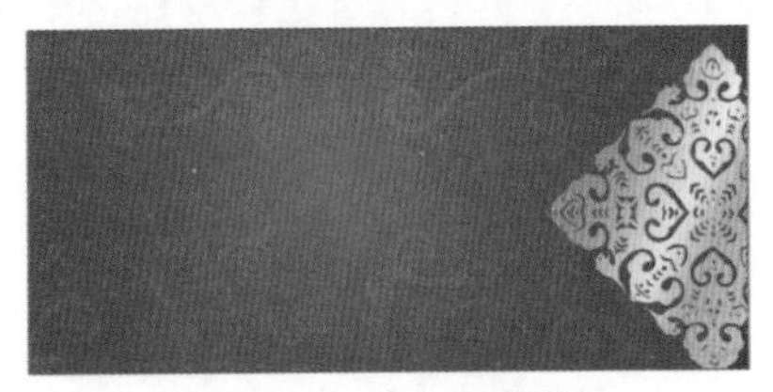

图6-91 执行“放置在容器中”命令

图6-92 编辑内容

(9) 在图形上右击，在弹出的快捷菜单中选择“结束编辑”命令，效果如图 6-93 所示。

图 6-93 结束编辑

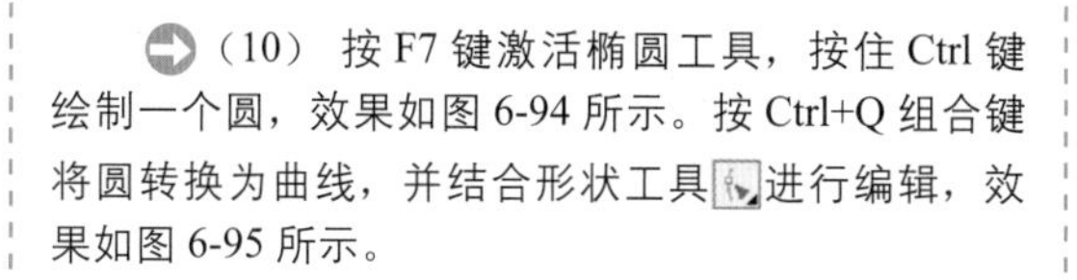

(10) 按 F7 键激活椭圆工具，按住 Ctrl 键绘制一个圆，效果如图 6-94 所示。按 Ctrl+Q 组合键将圆转换为曲线，并结合形状工具进行编辑，效果如图 6-95 所示。

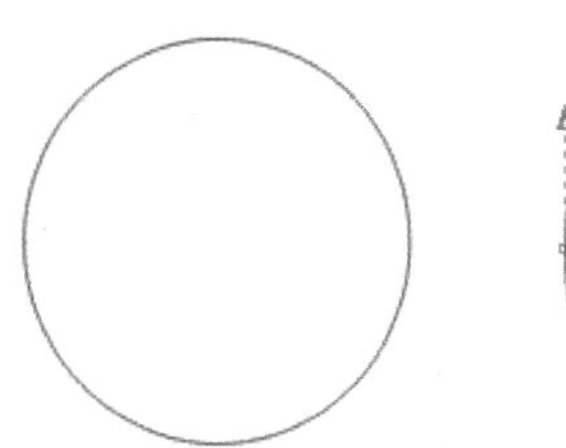

图 6-94 绘制圆

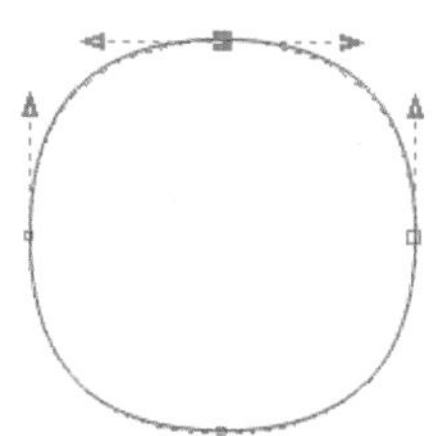

图 6-95 编辑图形

(11) 单击工具箱中“填充工具组”右下角的三角形符号，在弹出的工具组中单击“渐变填充”工具按钮，打开“渐变填充”对话框，为图形应用线性渐变填充，设置起点色块的颜色为（C：9；M：23；Y：53；K：0），中间色块的颜色为（C：0；M：0；Y：20；K：0）、（C：9；M：23；Y：53；K：0），终点色块的颜色为白色，角度为 35°，并去掉轮廓，效果如图 6-96 所示。

图 6-96 渐变填充效果

(12) 选中渐变填充图形，按 Ctrl+D 组合键复制 4 个图形，效果如图 6-97 所示。选中这些图形，执行“排列 / 对齐与分布”命令，打开“对齐与分布”对话框，选择“上对齐”和“间距”复选框，单击“应用”按钮，效果如图 6-98 所示，然后按 Ctrl+G 组合键将其群组。

图 6-97 复制图形　　图 6-98 对齐效果

(13) 按小键盘上的“+”键复制群组图形，并将它们群组，效果如图 6-99 所示。使用同样的方法复制 3 次组合的图形并移动到适当的位置，效果如图 6-100 所示。使用同样的方法制作下面的图形，并移动到适当的位置，效果如图 6-101 所示。

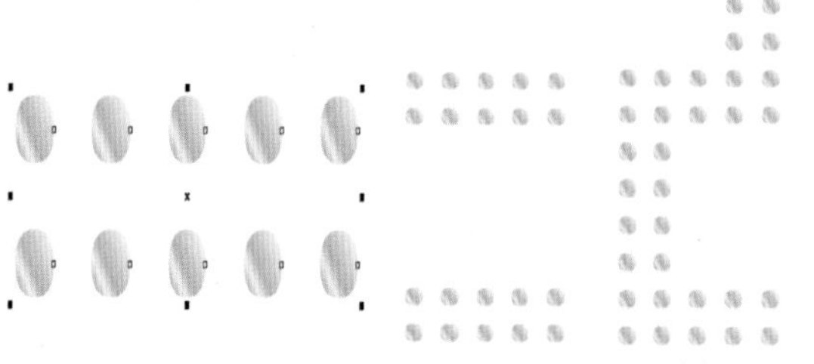

图 6-99 复制图形　　图 6-100 再次复制图形　　图 6-101 复制垂直方向上的图形

(14) 用制作数字“2”的方法制作其他数字，得到如图 6-102 所示的效果，然后按 Ctrl+G 组合键将其群组。

图 6-102 制作数字

(15) 选中图形“2009”，在属性栏上设置旋转角度为 270°。并移动位置，效果如图 6-103 所示。按 F8 键激活文本工具，输入文字“贺新年”，并选择合适的字体和大小，然后使用形状工具编辑文字之间的距离，排列到如图 6-104 所示的位置。按 Ctrl+Q 组合键将文本转换为曲线，结合形状工具编辑节点，得到如图 6-105 所示图形。

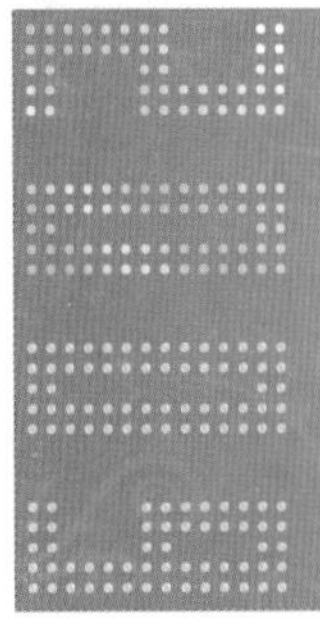
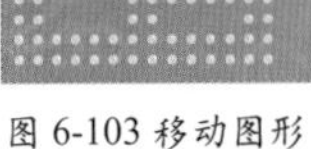

图 6-103 移动图形

图 6-104 输入文字

图 6-105 编辑文字

(16) 使用同样的方法输入文字，选择合适的字体和大小，并排列到如图 6-106 所示的位置，然后选择所有文字，按 Ctrl+G 组合键将其群组。

图 6-106 输入文字

(17) 按 Ctrl+I 组合键导入素材文件（素材 / 第 6 章 / 贺年卡 / 剪纸牛 .cdr），如图 6-107 所示。然后将素材放到卡片中，如图 6-108 所示。

图 6-107 编辑图形

图 6-108 调整图形

(18) 使用工具箱中的选择工具选择所有图形，按 Ctrl+G 组合键将其群组，得到最终效果，如图 6-109 所示。

图 6-109 贺卡正面

# 实例 06 制作贺年卡（背面）

**案例说明**

本例将制作贺年卡的背面，最终效果如图 6-110 所示，在制作过程中需要使用钢笔工具、文本工具、选择工具等基本操作工具。

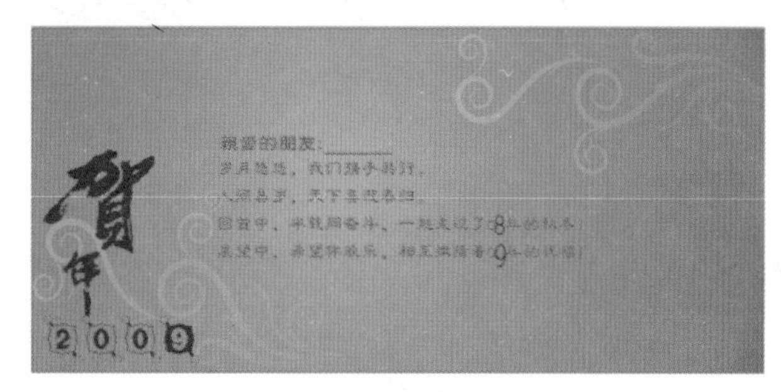

图 6-110 实例的最终效果

## 操作步骤

(1) 使用制作贺年卡正面的方法制作如图 6-111 所示的图形。

(2) 按 F8 键激活文本工具，输入文本“贺年”，并选择合适的字体和大小。按 Ctrl+Q 组合键将文本转换为曲线，结合形状工具编辑节点，得到如图 6-112 所示的图形。

图 6-111 制作背景图形

图 6-112 编辑后的图形

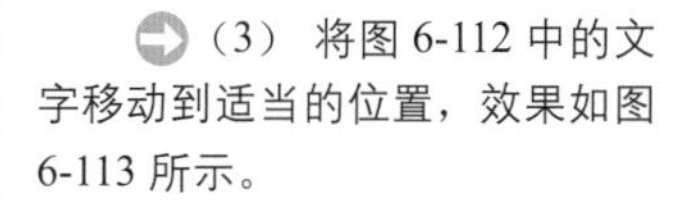

(3) 将图 6-112 中的文字移动到适当的位置，效果如图 6-113 所示。

(4) 按 F8 键激活文本工具，输入下面的文本，选择合适的字体和大小，并排列到如图 6-114 所示的位置。

图 6-113 移动图形

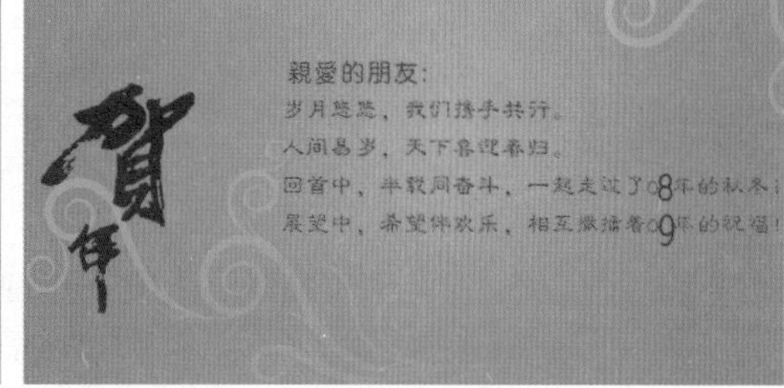


图 6-114 输入文本

(5) 使用同样的方法输入文本，效果如图 6-115 所示。使用工具箱中的钢笔工具绘制一条直线，排列到如图 6-116 所示位置。

图 6-115 输入文本

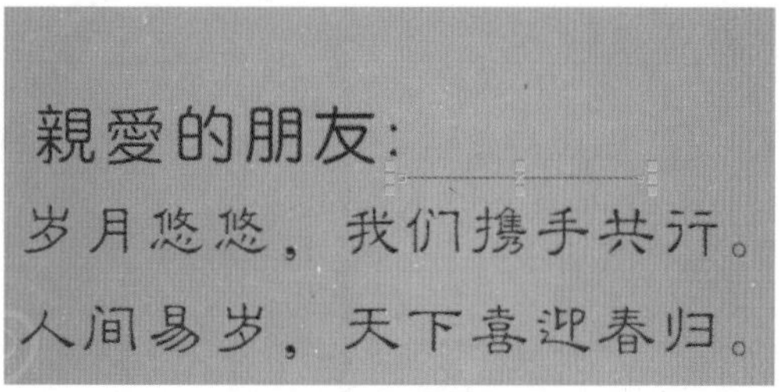

图 6-116 绘制直线

（6）使用选择工具选择所有图形，按 Ctrl+G 组合键将其群组，得到如图 6-117 所示的贺年卡背面图形。

图 6-117 贺年卡背面

**公告栏** 文字转曲

如果 CorelDRAW 设计作品中含有特殊字体，当将其复制到另一台计算机上时，如果另一台计算机中没有安装相应的字体，则设计作品中的特殊字体将被其他字体替换，因此，一般情况下，需要将设计作品中的文字进行转曲操作，选中需要转曲的文字，按 Ctrl+Q 组合键即可将文本转出换为曲线。通过转曲的文字具有图像的属性，这样文字就不会因为其他计算机上没有相应的字体而发生变化了。

## 实例 07 制作圣诞卡片

**案例说明**

本例制作效果如图 6-118 所示的圣诞卡片，主要介绍了文本工具、矩形工具、阴影工具等工具的使用。

图 6-118 实例的最终效果

## 操作步骤

（1）使用矩形工具绘制一个矩形（长：170mm；宽：115mm），为其填充颜色为白色，如图 6-119 所示。

（2）使用矩形工具绘制一个矩形（长：160mm；宽：62mm），为其进行线性填充，起点色块的颜色为（C：88；M：24；Y：100；K：10），中间色块的颜色为（C：73；M：9；Y：95；K：1），终点色块的颜色为（C：88；M：24；Y：100；K：10），角度为 90°，如图 6-120 所示。然后单击左侧起点，拖曳出两个小三角形，如图 6-121 所示。

图 6-119 绘制并填充矩形

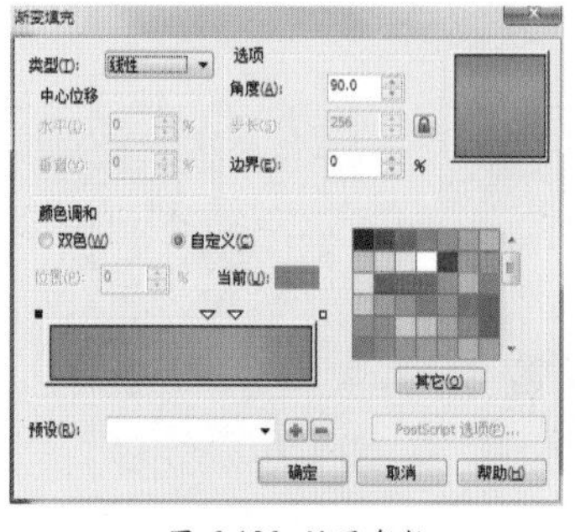


图 6-120 设置参数

图 6-121 拖曳小三角形

(3) 使用矩形工具在绿色矩形下方绘制如图 6-122 所示的矩形。

图 6-122 绘制矩形

(4) 使用文本工具在横条上分别输入英文“S”和“E”，在属性栏中设置其字体为“Square721 BT”，大小为 39pt。再给英文字填充颜色（C：49；M：4；Y：100；K：0），设置其轮廓线宽为 1.50mm，颜色为白色，效果如图 6-123 所示。

(5) 使用矩形工具绘制如图 6-124 所示的图形，并将其填充为（C：38；M：9；Y：55；K：0），并去掉边框。然后单击属性栏中的“合并”按钮，将图形合并。

图 6-123 输入并设置文字

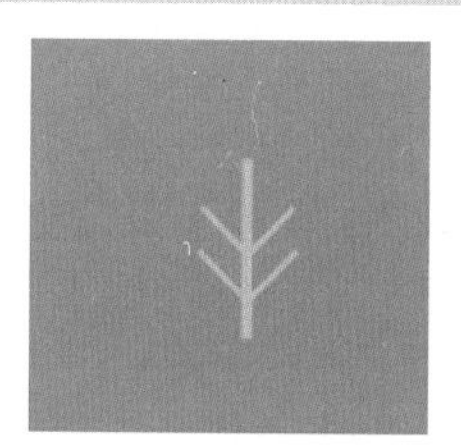

图 6-124 绘制图形

(6) 选中绘制的图形，执行“排列 / 变换 / 旋转”命令，在打开的“转换”泊坞窗中设置旋转角度为 45°，副本为 7，设置完成后单击“应用”按钮，效果如图 6-125 所示。

(7) 将制作好的雪花放置在矩形中，复制几个副本，并进行大小变换，放置在矩形中不同的位置，如图 6-126 所示。

图 6-125 执行“排列 / 变换 / 旋转”命令

图 6-126 复制并放置雪花

(8) 导入素材文件（素材 / 第 6 章 / 制作圣诞卡片 / 圣诞老人 .cdr），放置在矩形中，如图 6-127 所示。

(9) 使用文本工具在矩形中输入汉字“欢乐圣诞 共贺年”和“新”，在属性栏中设置前几个字的字体为“方正胖娃简体”、大小为 25；设置“新”字的字体为“文鼎彩云繁”、大小为 48，并将所有汉字填充为白色，轮廓线宽为 0.5mm、颜色为（C：63；M：5；Y：90；K：0），如图 6-128 所示。

图 6-127 放置图片

图 6-128 输入并设置文字

(10）导入素材文件（素材 / 第 6 章 / 制作圣诞卡片 / 文字 .cdr），放置在文字前，如图 6-129 所示。

(11）使用文本工具在“2012”下方输入英文“HAPPR NEW YEAR”，将其填充为白色，再执行“效果 / 添加透视”命令，然后调整英文字的透视效果。将英文字复制，将复制的英文放置在原始英文图层的下面，并将其颜色填充为（C：0；M：100；Y：100；K：0），再按键盘上的左方向键“←”一次，效果如图 6-130 所示。

图 6-129 放置图片

图 6-130 输入并设置文字

(12）使用文本工具输入英文“Merry Christmas”，在属性栏中设置其字体为“Embassy BT”、大小为 16。使用工具箱中的阴影工具为其制作一个阴影，最终效果如图 6-131 所示。

图 6-131 输入并设置文字

## 实例 08 制作生日卡片

**案例说明**

本例将制作效果如图 6-132 所示的生日卡片封面，主要介绍了文本工具、矩形工具、阴影工具等工具的使用。

图 6-132 实例的最终效果

## 操作步骤

(1）使用矩形工具绘制一个矩形（长：105mm；宽：180mm），为其填充颜色为（C：0；M：25；Y：0；K：0），如图 6-133 所示。

(2）使用矩形工具在上一步绘制的矩形中绘制两个相交的矩形，尺寸分别为（长：5mm；宽：180mm）和（长：120mm；宽：5mm），为其填充颜色（C：0；M：32；Y：0；K：0），并去掉轮廓，如图6-134所示。

图 6-133 绘制并填充矩形

图 6-134 绘制并设置矩形

（3）将绘制的相交的矩形分别向下和向右间隔 5mm 复制副本，直到将大矩形填满（可将横着的矩形向下复制一个副本，然后执行“编辑 / 重复再制”命令进行复制。竖着的矩形以使可运用同样的方法），效果如图 6-135 所示。

（4）导入素材文件（素材 / 第 6 章 / 制作生日卡片 / 心形 .jpg）放置在如图 6-136 所示的位置。

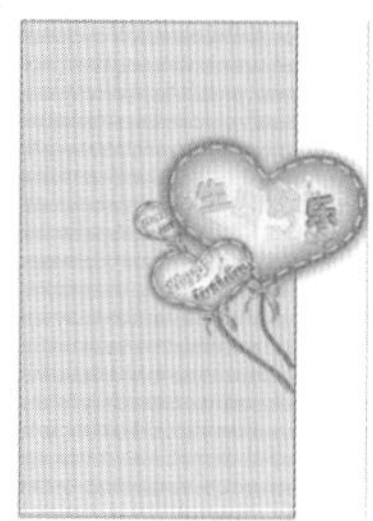

图 6-135 重复再制 图 6-136 放置素材图片

（5）使用文本工具输入英文“Happy Birthday”，将其字体设置为“文鼎火柴体”，将大小设置为28pt，为其填充颜色（C：0；M：40；Y：0；K：0），其轮廓线颜色为（C：0；M：100；Y：0；K：0），完成后将其复制，将复制的文字放置在原始文字图层的下面，去掉轮廓，并填充颜色为（C：17；M：100；Y：16；K：0），再按键盘上的右方向键“←”3次和下方向键“↓”两次，效果如图6-137所示。

（6）将制作好的文字放置在如图 6-138 所示的位置。

图 6-137 输入并设置文字

图 6-138 放置文字

（7）使用文本工具输入英文“for you”，并在属性栏中设置字体为“EmbassyBT”、大小为 24pt，然后将其放置在如图 6-139 所示的位置。

（8）使用前面的方法制作背景，然后导入素材图片（素材 / 第 6 章 / 制作生日卡片 / 蜡烛 .jpg），如图 6-140 所示。

（9）使用阴影工具为蜡烛图像制作阴影，设置其羽化为 16，效果如图 6-141 所示。

图 6-139 输入并设置文字

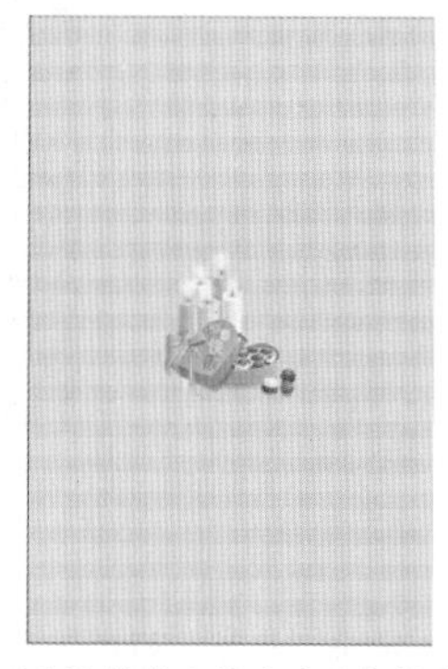

图 6-140 制作背景并放置素材图片

图 6-141 制作阴影

（10）将制作好的卡片封面放置在一起，最终效果如图 6-142 所示。

图 6-142 本例的最终效果

## 实例 09 制作邀请函

**案例说明**

本例将制作效果如图6-143所示的邀请函封面，主要介绍文本工具、矩形工具、阴影工具、基本形状工具、填充工具等工具的使用。

图 6-143 实例的最终效果

## 操作步骤

(1) 使用矩形工具绘制一个矩形（长：110mm；宽：180mm），为其填充颜色为（C：18；M：100；Y：100；K：0），并去掉轮廓线，如图 6-144 所示。

(2) 选择工具箱中的文本工具，在矩形中分别输入汉字“邀”、“请”、“函”，并在属性栏中设置其字体为“文鼎 CS 行楷繁”；设置“邀”的字体大小为 121pt、“请”的字体大小为 39pt、“函”的字体大小为 32pt，然后放置到如图 6-145 所示的位置。

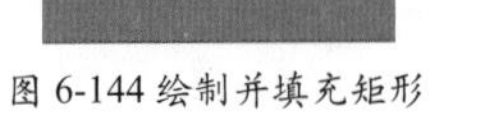

图 6-144 绘制并填充矩形

图 6-145 输入并设置文字

(3) 使用文本工具在矩形中分别输入英文“INVITRTION ”和“LETTER”，并在属性栏中设置其字体为“Arial”；设置“INVITRTION”的字体大小为 15pt、“LETTER”的字体大小为 12pt。然后放置在如图 6-146 所示的位置。

（4）将所有的文字都选中，按F11键，在打开的“渐变填充”对话框中设置填充类型为“线性”、角度为90；在“颜色调和”选项组中选择“双色”，然后设置起点颜色为（C：13；M：38；Y：63；K：0），终点颜色为（C：1；M：7；Y：21；K：0），如图6-147所示；完成设置后单击“确定”按钮，并将文字群组，效果如图6-148所示。

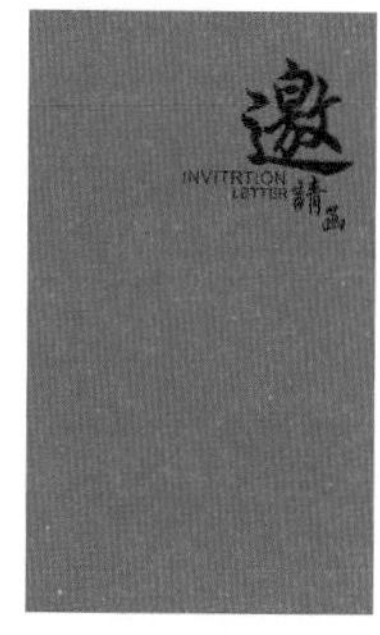

图 6-146 输入并设置文字

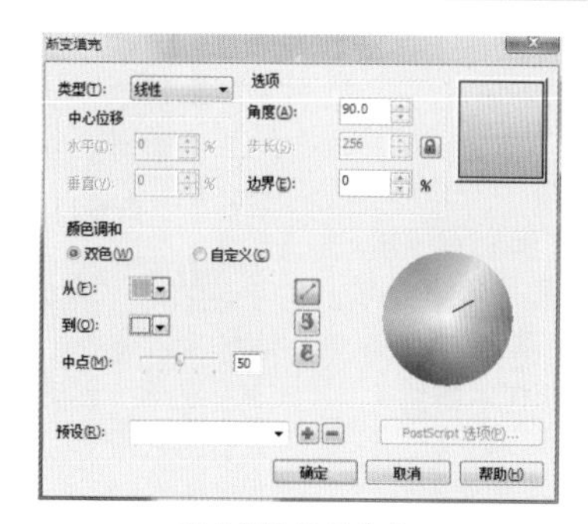

图 6-147 设置参数

图 6-148 完成设置后的效果

（5）选择阴影工具单击文字顶部，然后往下拖曳光标，效果如图6-149所示。

（6）在阴影状态下，在其属性栏中设置“阴影羽化为0”。

（7）完成以上设置后，效果如图6-150所示。

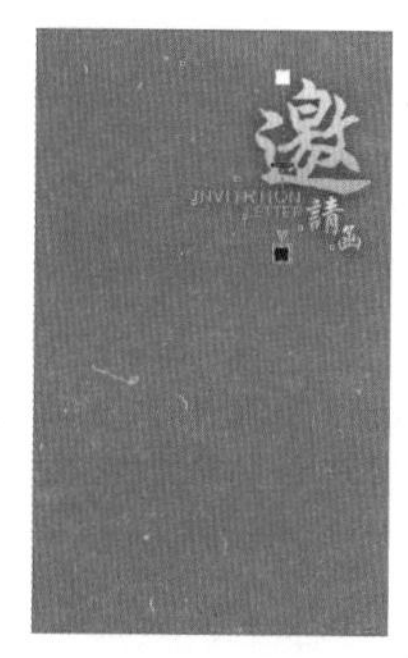
图 6-149 阴影效果

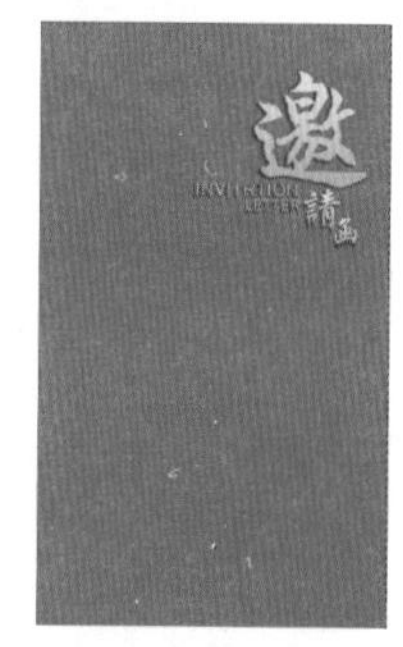
图 6-150 完成设置后的效果

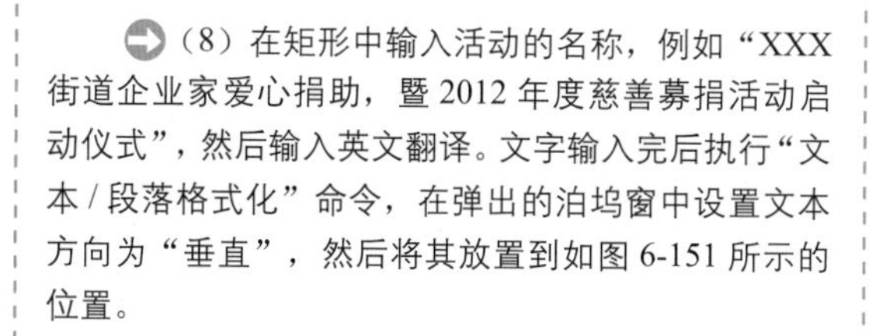

（8）在矩形中输入活动的名称，例如“XXX街道企业家爱心捐助，暨2012年度慈善募捐活动启动仪式”，然后输入英文翻译。文字输入完后执行“文本/段落格式化”命令，在弹出的泊坞窗中设置文本方向为“垂直”，然后将其放置到如图6-151所示的位置。

（9）选中文字，在属性栏中设置汉字的字体为“楷体”、英文的字体为“Adobe Arabic”，并设置其大小为14pt，然后按Shift+F11组合键，在打开的“均匀填充”对话框中设置填充颜色为（C：0；M：37；Y：45；K：0），为文字填充颜色，效果如图6-152所示。

图 6-151 输入并设置文字

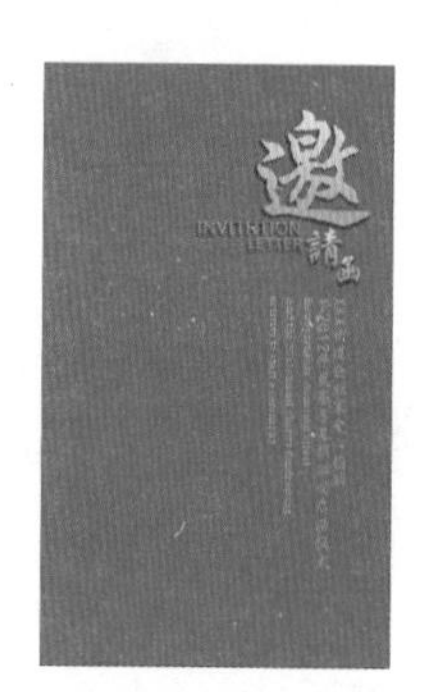
图 6-152 设置并填充文字

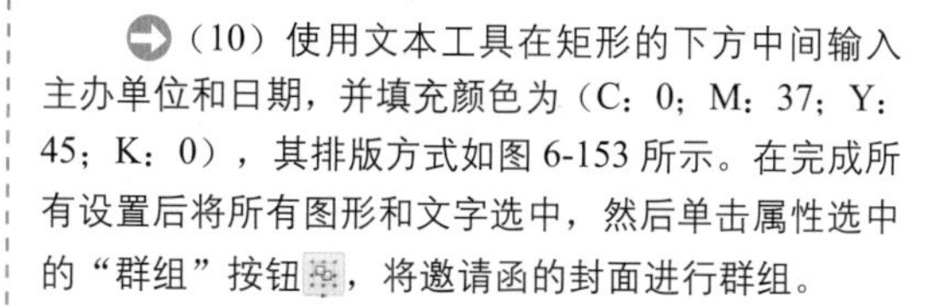

（10）使用文本工具在矩形的下方中间输入主办单位和日期，并填充颜色为（C：0；M：37；Y：45；K：0），其排版方式如图6-153所示。在完成所有设置后将所有图形和文字选中，然后单击属性选中的“群组”按钮，将邀请函的封面进行群组。

（11）使用矩形工具绘制一个和步骤1同样大小的矩形，并填充同样的颜色，如图6-154所示。

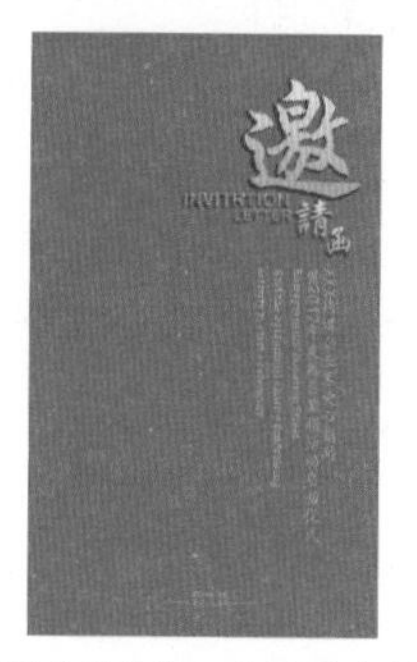
图 6-153 输入并设置文字

图 6-154 绘制并填充矩形

（12）使用工具箱中的钢笔工具结合形状工具绘制一个树干形状的图形，如图6-155所示。

（13）单击工具箱中的“基本形状工具”按钮，在其属性栏中设置“完美图形”为“心形”，然后在树干上方绘制心形的树叶，效果如图6-156所示。

图6-155 绘制树干

图6-156 绘制心形树叶

（14）将绘制的树干填充颜色为（C：7；M：53；Y：48；K：0），将心形树叶填充颜色为（C：9；M：97；Y：100；K：0），将轮廓线颜色填充为（C：7；M：53；Y：48；K：0），然后将整棵树木群组，效果如图6-157所示。

（15）使用文本工具在树木的下方分别输入汉字“播种”、“爱心”和“收获”、“爱心”，英文“Seed of love”和“Harvest of love ”，然后进行如图6-158所示的排版。

图6-157 设置并群组树木

图6-158 输入并设置文字

（16）将排版好的文字群组，并填充颜色为（C：0；M：69；Y：62；K：0），然后放置到如图6-159所示的位置。

（17）将制作好的封面和封底放置在一起，最终效果如图6-160所示。

图6-159 设置并放置文字

图6-160 最终效果图

## 实 例 进 阶

## 实例 10 制作银行卡

**案例说明**

本例将制作效果如图6-161所示的银行卡，主要练习钢笔工具、矩形工具、形状工具、“图框精确剪裁内部”命令等工具和命令。

图6-161 实例的最终效果

## 步骤提示

(1) 按 F6 键激活矩形工具，绘制一个圆角矩形，为矩形填充渐变色，并改变轮廓宽度为 1.4mm、轮廓色为黄色，如图 6-162 所示。

(2) 按 Ctrl+I 组合键导入本书配套素材中的“时针 .cdr”文件，如图 6-163 所示。

图 6-162 绘制矩形

图 6-163 导入素材

(3) 使用“图框精确剪裁内部”命令，将素材裁剪到矩形中，如图 6-164 所示。然后按 Ctrl+I 组合键导入标志文件（素材 / 第 6 章 / 银行卡 / 标志 .cdr），如图 6-165 所示。

图 6-164 裁剪素材

图 6-165 导入标志

(4) 使用工具箱中的钢笔工具结合形状工具绘制图形，填充为白色，并复制多个图形，如图 6-166 所示。然后按 F8 键激活文本工具，输入文字，放到如图 6-167 所示的位置。

图 6-166 绘制图形

图 6-167 输入文字

(5) 按 Ctrl+I 组合键导入银联标志文件（素材 / 第 6 章 / 银行卡 / 银联 .cdr），把素材放到卡片中，调整位置。

## 实例 11 制作结婚请柬（正面）

**案例说明**

本例将制作效果如图 6-168 所示的结婚请柬（正面），主要练习钢笔工具、矩形工具、填充工具等工具的使用。

图 6-168 实例的最终效果

## 步骤提示

(1) 按 F6 键激活矩形工具，绘制一个圆角矩形，为矩形填充渐变色，如图 6-169 所示。

(2) 使用工具箱中钢笔工具结合形状工具绘制心形图形，然后复制图形，调整图形的大小并改变其颜色，得到如图 6-170 所示的效果。

图 6-169 绘制一个圆角矩形

图 6-170 绘制心形图形

(3) 用相同的方法制作两个小的心形图形，并旋转它们的方向，如图 6-171 所示。

(4) 按 Ctrl+I 组合键导入卡通人物文件（素材 / 第 6 章 / 结婚请柬 / 卡通人物 .cdr），如图 6-172 所示，把素材放到卡片中，本例的制作就完成了。

图 6-171 制作两个小的心形图形

图 6-172 导入素材

## 实例 12 制作结婚请柬（背面）

### 案例说明

本例将制作效果如图 6-173 所示的结婚请柬（背面），主要练习文本工具、矩形工具、形状工具等工具的使用。

图 6-173 实例的最终效果

## 步骤提示

(1) 按 F6 键激活矩形工具，绘制一个矩形，为矩形填充红色，并去掉轮廓，如图 6-174 所示。按 F7 键激活椭圆工具，绘制圆，然后复制多个圆，组成一个心形，如图 6-175 所示。

图 6-174 绘制一个矩形

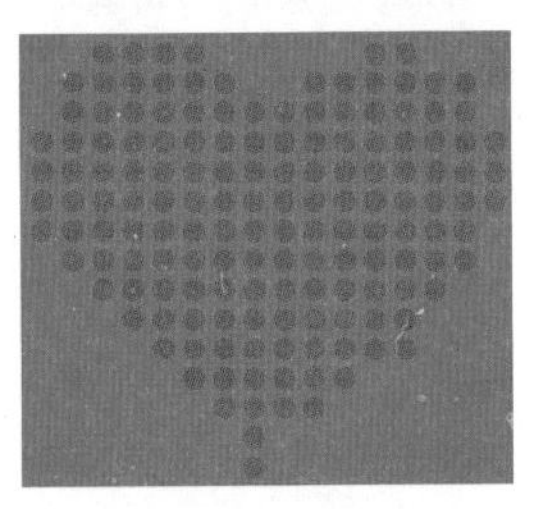

图 6-175 组成一个心形

(2) 使用工具箱中的钢笔工具结合形状工具绘制图形，填充图形为白色，如图6-176所示。

(3) 按F8键激活文本工具，输入文字，然后使用工具箱中的钢笔工具结合形状工具绘制一个图形，将图形水平镜像后移到右边，如图6-177所示。

图6-176 绘制图形

图6-177 绘制并镜像图形

(4) 按F8键激活文本工具，输入文字，并选择合适的字体和大小，如图6-178所示。使用工具箱中的钢笔工具结合形状工具绘制图形，填充图形为白色，得到本例的最终效果，如图6-179所示。

图6-178 输入文字

图6-179 绘制图形

## 实例 13 制作新年卡片

**案例说明**

本例将制作效果如图6-180所示的新年卡片，主要介绍了文本工具、矩形工具、阴影工具、填充工具等工具的使用。

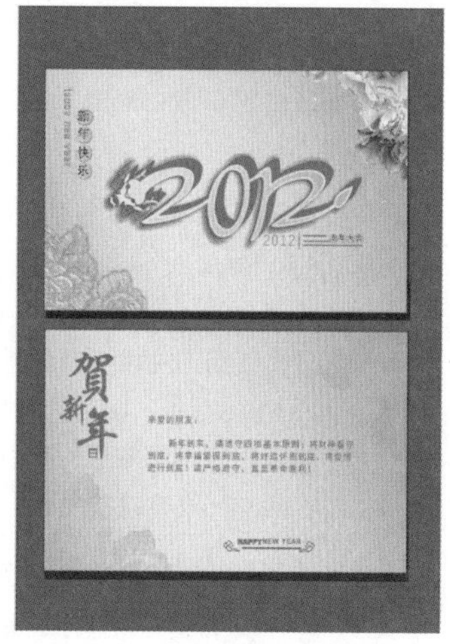


图6-180 实例的最终效果

## 步骤提示

(1) 使用矩形工具绘制一个矩形（长：180mm；宽：115mm），为其填充颜色为白色，如图6-181所示。

(2) 导入素材文件（素材/第6章/新年卡片/背景.jpg），然后在绘制的矩形中对其进行编辑，如图6-182所示。

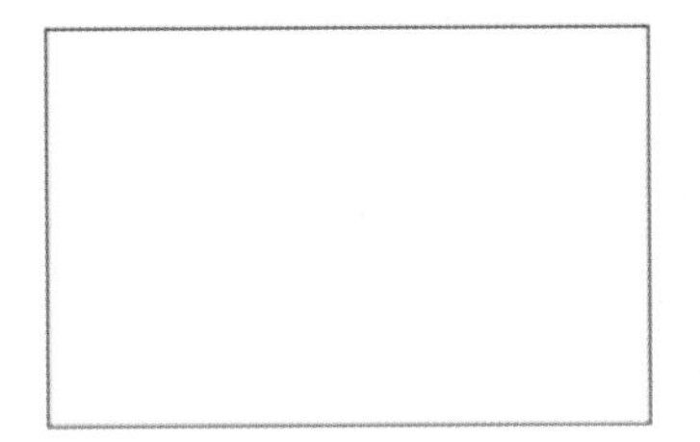
图 6-181 绘制并填充矩形

图 6-182 导入并编辑素材图片

(3) 导入龙素材文件（素材 / 第 6 章 / 新年卡片 / 龙 .cdr），并为其制作阴影，然后放置到如图 6-183 所示的位置。

(4) 使用工具箱中的文本工具分别输入汉字“新年快乐”和英文 “Happy new year”，然后选中输入的所有文字，执行“文本 / 段落格式化”命令，在弹出的泊坞窗中设置“方向”为“垂直”，效果如图 6-184 所示。

图 6-183 导入并设置素材图片

图 6-184 输入并设置文字

(5) 使用文本工具分别输入数字“2012”、英文 “Good health and happy New YearBlessing”和汉字“壬辰年吉祥”、“龙年大吉”，并将其进行排版，如图 6-185 所示。

(6) 将上一步制作的文字放置到如图 6-186 所示的位置。

2012 | 壬辰年吉祥 龙年大吉 Good health and happy New YearBlessing

图 6-185 输入并设置文字

图 6-186 放置文字

(7) 使用工具箱中的椭圆工具绘制一个直径为 8.0mm 的圆，将其进行线性填充，起点色块的颜色为（C：1；M：18；Y：63；K：0），终点色块的颜色为（C：0；M：43；Y：97；K：0），角度为 356° 。然后将其复制，将复制的圆置于原始圆图层的下面，将其均匀地填充为（C：32；M：97；Y：100；K：47），再按键盘上的下方向键“↓”两次，右方向键“→”一次，并对两个圆执行“群组”命令，效果如图 6-187 所示。

(8) 将绘制的圆放到文字的下方，然后将圆的大小调整为适合文字的大小（为了使圆和字放置得和谐，可以按 Ctrl+T 组合键打开“字符格式化”泊坞窗，在其中设置字符之间的距离，效果如图 6-188 所示。

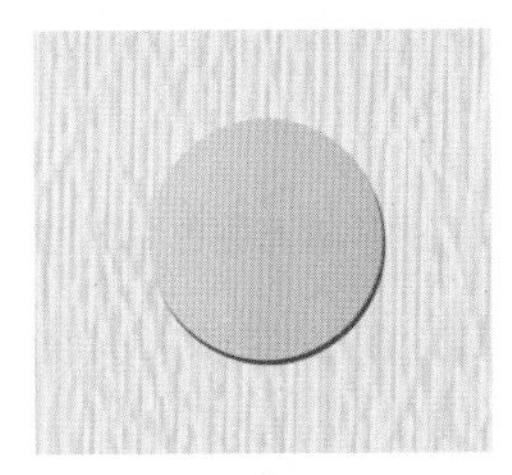
图 6-187 绘制并设置圆

图 6-188 放置圆并调整字符间距

(9) 将英文“Happy new year”进行线性填充，起点色块的颜色为（C：0；M：45；Y：98；K：0），终点色块的颜色为（C：22；M：53；Y：93；K：0），角度为 -90°，再为其制作阴影，效果如图 6-189 所示。

(10) 将剩余的文字（没有制作效果的文字）进行均匀填充，颜色为（C：41；M：87；Y：100；K：7），效果如图 6-190 所示。

图 6-189 填充并制作阴影

图 6-190 填充文字

(11) 使用与步骤（2）同样的方法制作一张卡片的背景，如图 6-191 所示。

(12) 在背景中输入汉字“贺新年”，在属性栏中设置其字体为“文鼎 CS 行楷繁”，然后对其大小和位置进行调整，如图 6-192 所示。

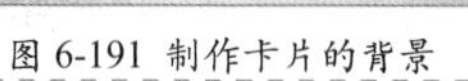

图 6-191 制作卡片的背景

图 6-192 输入并设置文字

(13) 使用矩形工具绘制一个边长为 3.8mm 的正方形，再使用文本工具在正方形中输入汉字“龙年大吉”，设置其字体为“黑体”，然后为正方形的边框和汉字填充颜色（C：40；M：100；Y：100；K：7），再将其“群组”，如图 6-193 所示。

(14) 将制作好的“龙年大吉”印章图形放到如图 6-194 所示的位置。

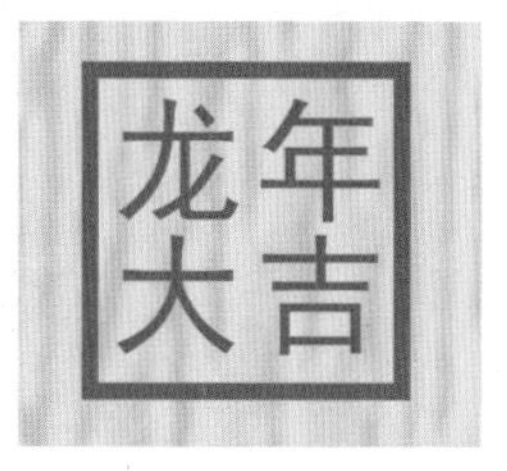

图 6-193 绘制正方形并输入文字

图 6-194 放置印章

(15) 使用文本工具在卡片上输入新年的祝福语，如图 6-195 所示。

(16) 使用文本工具在卡片的下方输入英文“HAPPY NEW YEAR and best wishes of the new year”，在属性栏中设置“HAPPY NEW YEAR”的字体为“Arial 粗体”、大小为 9pt，将“HAPPY”的轮廓和“NEW YEAR”的内部填充为（C：40；M：100；Y：100；K：7），设置“and best wishesof the new year”的字体为“Arial 常规”、大小为 5pt、颜色为黑色，效果如图 6-196 所示。

图 6-195 输入文字

图 6-196 输入并设置文字

(17) 使用钢笔工具绘制如图 6-197 所示的图形，并将其轮廓填充为（C：40；M：100；Y：100；K：7）。

(18) 将绘制的祥云图形进行复制，放置到如图 6-198 所示的位置，然后将卡片群组。

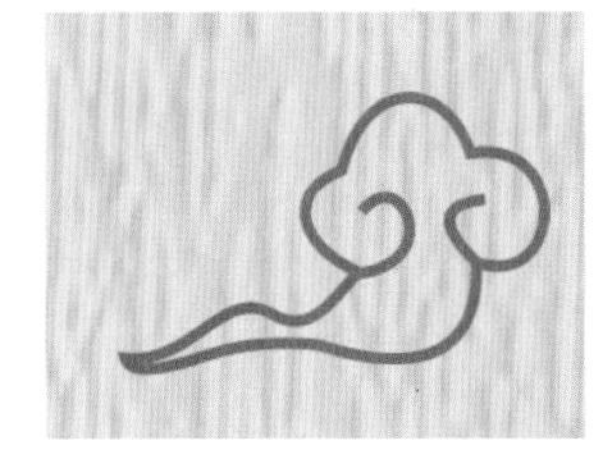
图 6-197 绘制图形

图 6-198 放置图形并群组

(19) 使用矩形工具绘制一个矩形（长：210mm；宽：297mm），然后将制作好的卡片放置到矩形之上，使用阴影工具为卡片制作阴影，在其属性栏中设置“阴影羽化”为 0，效果如图 6-199 所示。

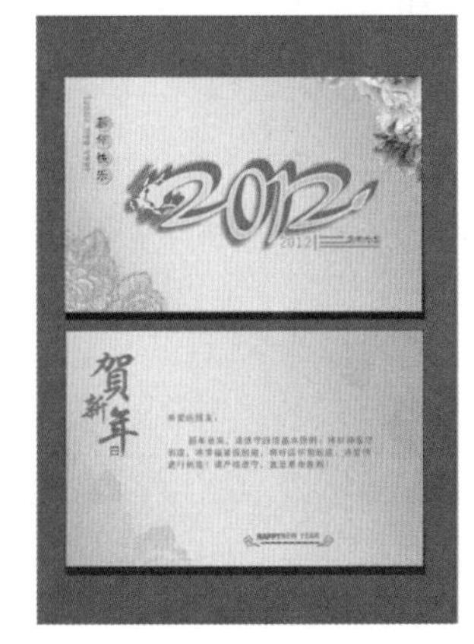
图 6-199 绘制矩形并设置卡片

## 实例 14 制作生日贺卡（正面）

**案例说明**

本例将制作效果如图 6-200 所示的生日贺卡（正面），主要练习钢笔工具、形状工具、矩形工具等工具使用。

图 6-200 实例的最终效果

## 步骤提示

(1) 按 F6 键激活矩形工具，结合钢笔工具绘制一个图形，并填充为橘色，如图 6-201 所示。使用工具箱中的钢笔工具结合形状工具绘制图形，并填充图形为白色，如图 6-202 所示。

（2）使用工具箱中的钢笔工具绘制星形，填充星形为白色。然后复制多个星形，并改变它们的大小，如图 6-203 所示。

（3）按 Ctrl+I 组合键导入花文件（素材 / 第 6 章 / 生日贺卡 / 花 .cdr），然后执行“图框精确剪裁内部”命令，将素材剪裁到图形中，效果如图 6-204 所示。

图 6-201　绘制图形

图 6-202　绘制图形

图 6-203　绘制星形

图 6-204　剪裁素材

## 实例 15　制作生日贺卡（背面）

**案例说明**

本例将制作效果如图 6-205 所示的生日贺卡（背面），主要练习钢笔工具、形状工具、文本工具等工具的使用。

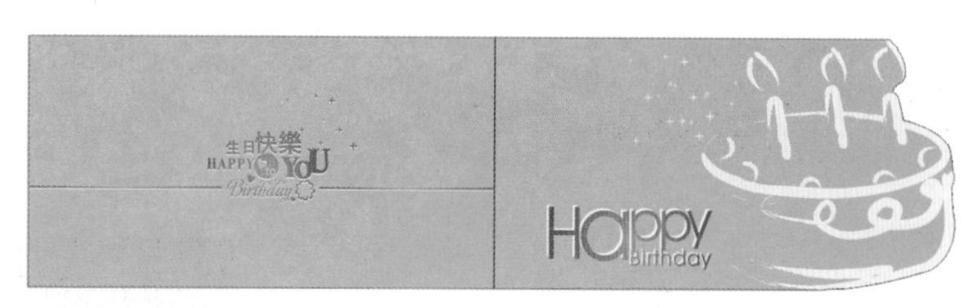


图 6-205　实例的最终效果

## 步骤提示

（1）按 F6 键激活矩形工具，绘制一个矩形，并为矩形填充橘色，如图 6-206 所示。使用工具箱中的钢笔工具结合形状工具绘制花的图形，填充图形为白色，然后复制并旋转图形，如图 6-207 所示。

图 6-206　绘制矩形

图 6-207　绘制图形

（2）为图形添加透明效果，并在属性栏中选择透明度类型为“标准”，设置开始透明度为 90，效果如图 6-208 所示。

（3）按 F8 键激活文本工具，输入文字，然后按 Ctrl+Q 组合键将文字转换为曲线。使用工具箱中的钢笔工具结合形状工具绘制图形，然后选中文字和图形，将它们焊接，并为焊接后的图形填充渐变色，如图 6-209 所示。

图 6-208 透明效果

图 6-209 绘制图形

(4) 使用工具箱中的钢笔工具结合形状工具绘制星形，为星形填充渐变色。然后复制多个星形，并改变它们的大小，如图 6-210 所示。

(5) 按 F6 键激活矩形工具，绘制几个较窄的矩形，填充矩形为渐变色和白色，如图 6-211 所示。

图 6-210 绘制星形

图 6-211 绘制矩形

## 实例 16 媒体联络卡

**案例说明**

本例将制作效果如图 6-212 所示的媒体联络卡，主要练习交互式透明工具、矩形工具、文本工具、形状工具等工具的使用。

图 6-212 实例的最终效果

## 步骤提示

(1) 按 F6 键激活矩形工具，绘制一个矩形，填充矩形的颜色为灰色，并去掉轮廓。然后复制矩形，并向内等比例缩小，改变复制的矩形的颜色为黑色，如图 6-213 所示。

(2) 绘制一个圆角矩形，填充颜色为洋红色。然后垂直向下复制一个矩形，使用工具箱中的交互式调和工具在两个矩形之间创建调和，效果如图6-214 所示。

图 6-213 复制矩形

图 6-214 调和矩形

(3)群组圆角矩形，然后水平向右复制群组的圆角矩形，按 Ctrl+D 组合键重复矩形的复制，效果如图 6-215 所示。

(4)将所有圆角矩形群组，使用工具箱中的交互式透明工具为图形添加透明效果，在属性栏中选择透明度类型为“标准”，设置“开始透明度”为 75，如图 6-216 所示。

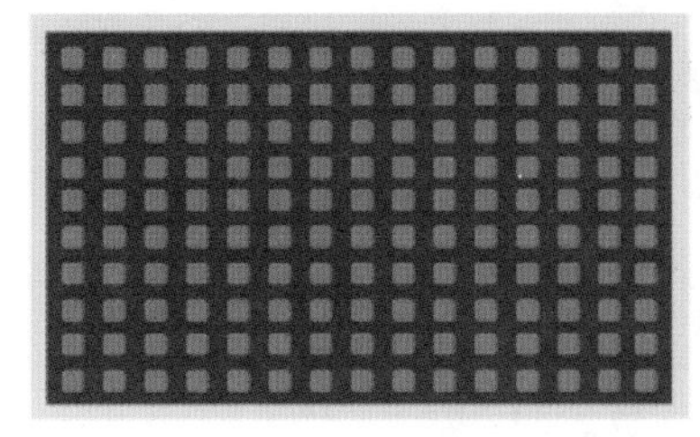

图 6-215 复制矩形

图 6-216 应用透明效果

(5)按 F8 键激活文本工具，输入文字，并按 Ctrl+Q 组合键将文字转换为曲线。使用工具箱中的形状工具编辑文字，并绘制图形，效果如图 6-217 所示。

(6)使用工具箱中的钢笔工具，在按住 Ctrl 键的同时绘制线段，如图 6-218 所示。

图 6-217 将文字转换为曲线

图 6-218 绘制线段

(7)按 F8 键激活文本工具，输入文字，并选择合适的字体和大小，本例的制作就完成了。

# 实 例 提 高

## 实例 17 制作等位卡片

**案例说明**

本例将制作如图 6-219 所示的等位卡片，在制作过程中主要使用了椭圆工具、渐变色的填充、文本工具、交互式阴影工具等。

图 6-219 实例的最终效果

## 实例 18 制作异形卡片设计

**案例说明**

本例将制作如图 6-220 所示的异形卡片，在制作过程中主要使用了矩形工具、钢笔工具、“转换”泊坞窗、渐变色的填充等。

图 6-220 实例的最终效果

## 实例 19 制作中秋卡片

**案例说明**

本例将制作如图 6-221 所示的中秋卡片，在制作过程中主要使用了椭圆工具、渐变色的填充、钢笔工具、文本工具、交互工具等。

图 6-221 实例的最终效果

## 实例 20 制作电话卡

**案例说明**

本例将制作如图 6-222 所示的电话卡，在制作过程中主要使用了文本工具、对象的镜像、钢笔工具等。

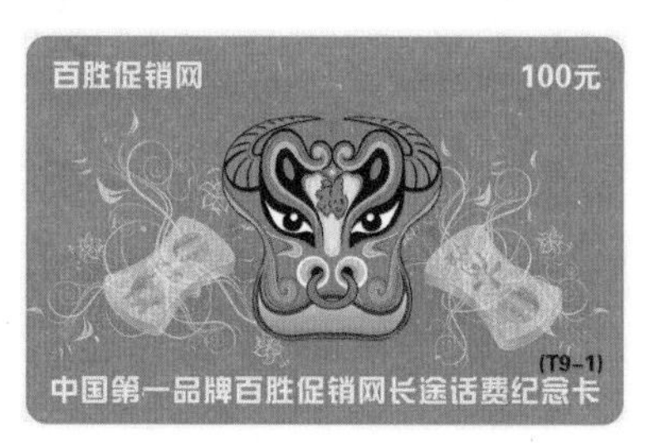


图 6-222 实例的最终效果

## 实例 21 制作上网卡

**案例说明**

本例将制作如图 6-223 所示的上网卡，在制作过程中主要使用了矩形工具、渐变色的填充、文本工具、钢笔工具等。

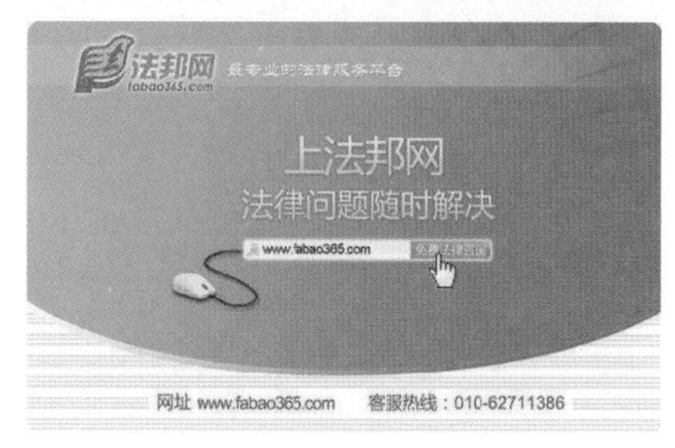


图 6-223 实例的最终效果

# 第7章 插画设计

插画，即我们通常所说的插图，其最先是在19世纪初随着报刊、图书发展起来的。现代插画的概念已远远超出了传统规定的范畴，它的内涵更为广泛，商业性也更鲜明，它贯穿于广告画、商品说明书、企业样本设计等所有印刷媒体中。CorelDRAW具有非常强大的绘图功能，本章通过插画的绘制、风景画的绘制、脸谱的绘制、玫瑰花的绘制几个实例介绍了在CorelDRAW中绘制插画的方法。在具体操作时，用户应根据要达到的不同效果选择不同的工具。另外，只要读者坚持不懈地学习和练习，相信能够使用CorelDRAW游刃有余地绘制出各种漂亮的插画。

漂亮的金鱼

海南风光

人物背景插画

彩色艺术插画

古典花纹的插画

楼房插画

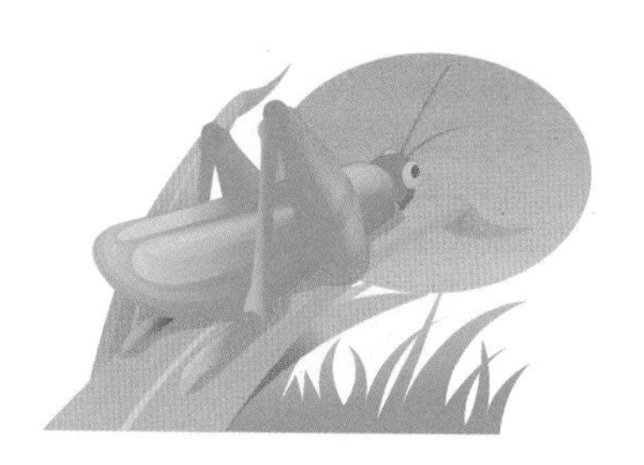

蝗虫插画

可爱的女孩

婚纱插画

# 实 例 入 门

## 01 漂亮的金鱼

**案例说明**

本例将制作效果如图 7-1 所示的插图，主要介绍了钢笔工具、形状工具、多边形工具、填充工具、透明工具等工具的使用。

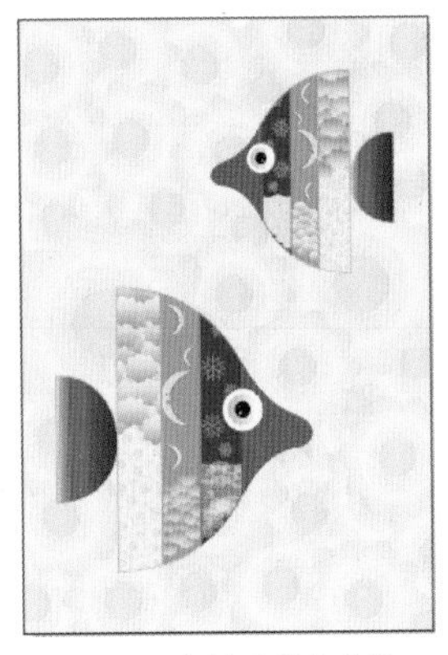

图 7-1 实例的最终效果

## 操作步骤

（1）双击工具箱中的矩形工具，在工作区中会自动生成一个矩形（长：210mm；宽：297mm）。

图 7-2 绘制花朵

（2）选择工具箱中的多边形工具，在其属性栏中设置“边数”为 9，然后绘制一个横直径为 65mm、竖直径为 60mm 的多边形，再使用工具箱中的形状工具将多边形的边转换为曲线，变换为如图 7-2 所示的花朵形状。

（3）为花朵进行渐变填充。选中花朵，按F11键，在打开的“渐变填充”对话框中设置填充类型为“辐射”，起点色块的颜色为（C：4；M：0；Y：78；K：0）、终点色块的颜色为白色，再将其轮廓线去掉，效果如图7-3所示。

图 7-3 渐变填充

（4）选择工具箱中的椭圆工具，在按住 Shift+Ctrl 组合键的同时以花朵的中心为基点绘制一个直径为 19mm 的圆，如图 7-4 所示。

图 7-4 绘制圆形

（5）将绘制的圆进行渐变填充，设置起点颜色为（C：11；M：0；Y：80；K：0）、终点颜色为（C：5；M：0；Y：91；K：0），然后按 F12 键将其轮廓线颜色设置为（C：10；M：0；Y：80；K：0），将线宽设置为 0.2mm，效果如图 7-5 所示。

图 7-5 渐变填充圆形

（6）将制作完成的花朵群组，再复制一个备用，然后右击花朵，并拖曳光标至步骤（1）绘制的矩形中，释放鼠标，在弹出的快捷菜单中选择“图框精确剪裁内部”命令，再单击矩形，选择“编辑内容”命令，将花朵精框内的花朵多次复制，并进行大小变换，叠放在一起，将矩形盖住，如图7-6所示。

（7）完成以上步骤后，在花朵上右击，选择“结束编辑”命令，效果如图 7-7 所示。

图 7-6 群组并复制

图 7-7 背景效果图

（8）在制作完成的背景上绘制一个由几个板块组成的鱼图形，如图 7-8 所示。

（9）将“鱼尾巴”进行线性渐变填充，设置其起点颜色为（C：5；M：7；Y：82；K：0），在位置 23 处添加一个颜色块，设置其颜色为（C：7；M：100；Y：29；K：0），在位置 46 处添加一个颜色块，设置其颜色为（C：16；M：100；Y：100；K：0）、设置终点颜色为（C：79；M：82；Y：96；K：71），如图 7-9 所示。效果如图 7-10 所示。

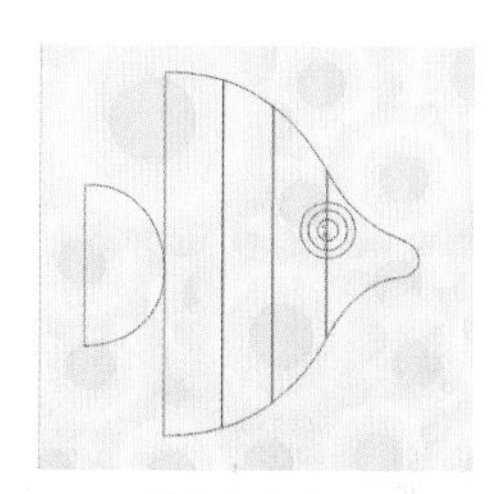

图 7-8 鱼图形

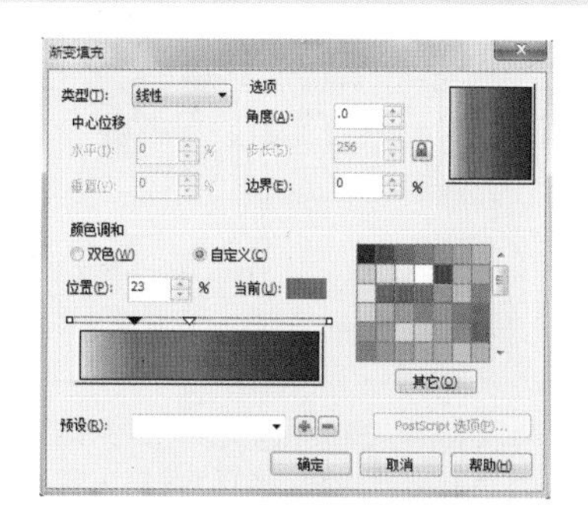


图 7-9 “渐变填充”对话框

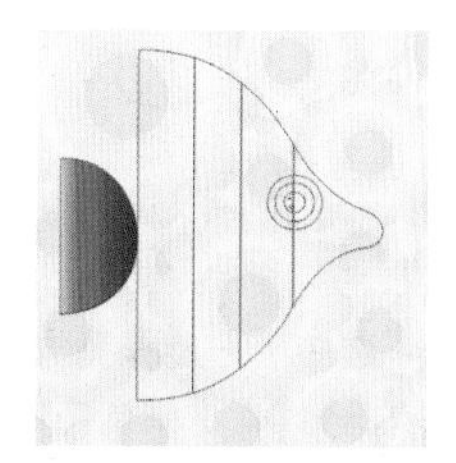

图 7-10 渐变填充鱼尾巴

（10）选择鱼身体的中间部分的板块，将其颜色填充为（C：78；M：29；Y：0；K：0），如图 7-11 所示。

（11）将右边板块的颜色填充为（C：100；M：100；Y：54；K：14），如图 7-12 所示。

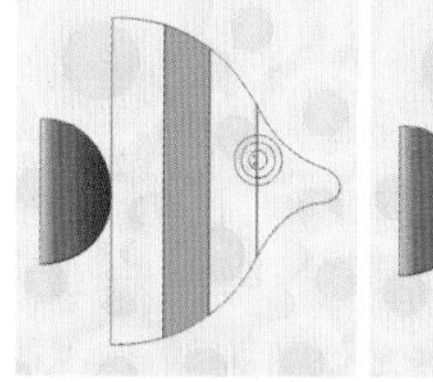

图 7-11 填充鱼身体的中间

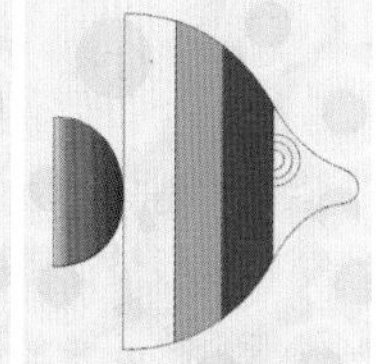

图 7-12 填充鱼身体的右边

（12）选中“鱼嘴巴”，将其颜色填充为（C：6；M：100；Y：11；K：0），如图 7-13 所示。

（13）选中“鱼眼睛”最下面的图层，将其填充为白色；选中“鱼眼睛”中间的图层，进行线性渐变填充，设置其起点颜色为（C：33；M：25；Y：24；K：0），终点颜色为白色；选中鱼眼睛中间的图层，将其填充为黑色，并将鱼眼睛最里面的两个小圆圈填充为白色，如图 7-14 所示，完成设置后的效果如图 7-15 所示。

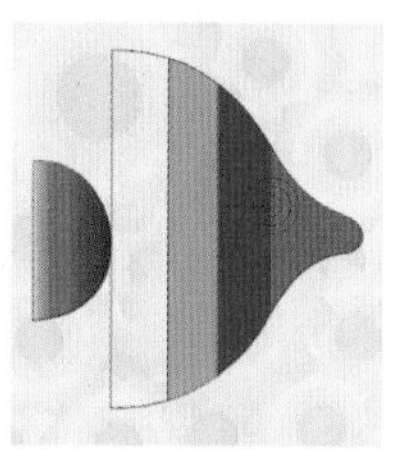

图 7-13 填充鱼嘴巴

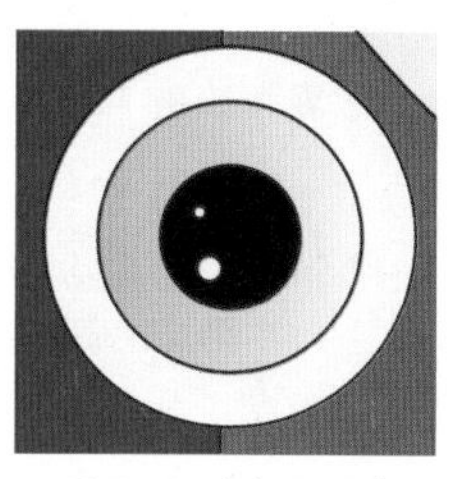

图 7-14 填充鱼眼睛

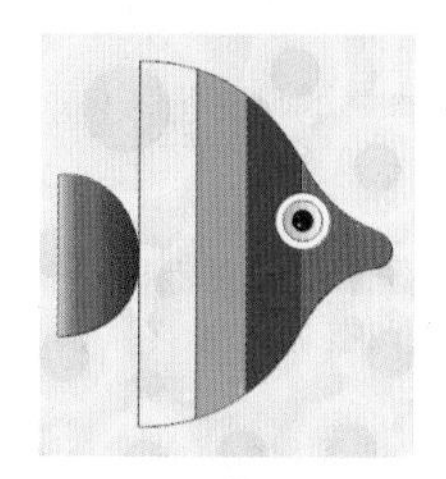

图 7-15 填充效果

（14）将整只鱼选中，按F12键，将其轮廓颜色设置为（C：24；M：15；Y：67；K：0），将其线宽设置为0.2mm，效果如图7-16所示。

（15）复制背景“花朵”元素，右击并拖曳至“鱼身体”最左边的板块，将其置于精框内部裁剪，然后右击此板块，选择“编辑内容”命令，将“花朵”进行缩放变换后复制多份，并进行排列，结束编辑，效果如图7-17所示。

图 7-16 填充轮廓　图 7-17 拖入花朵

（16）使用多边形工具绘制一个9条边的多边形，并使用形状工具将其变形为如图7-18所示的图形。

（17）将上一步骤绘制的图形进行渐变色填充，设置其角度为90，起点颜色为（C：76；M：30；Y：0；K：0），终点颜色为（C：9；M：0；Y：2；K：0），从起点拖出一个颜色块，设置其位置为63，如图7-19所示。设置完成后将其轮廓线去掉，再复制一份备用，效果如图7-20所示。

图 7-18 绘制多边形

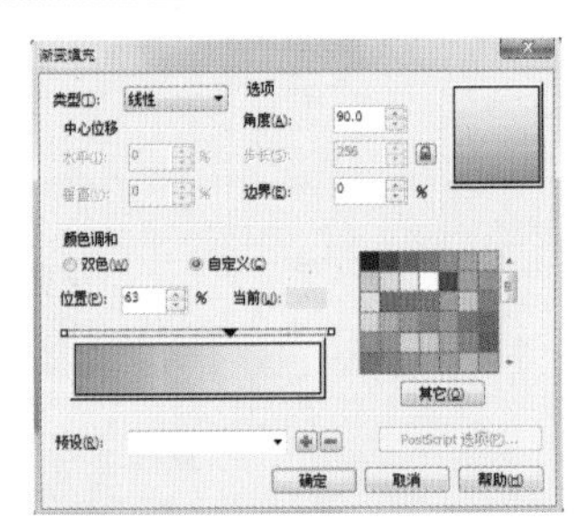


图 7-19 设置渐变

图 7-20 填充并去掉轮廓线

（18）选中上一步骤完成的“云朵”元素，右击并拖曳至“鱼身体”最左边的板块，将其置于精框内部裁剪，然后右击此板块，选择“编辑内容”命令，将“云朵”进行缩放变换后复制多份，并进行排列，结束编辑，效果如图7-21所示。

（19）将步骤（17）中复制的备用“云朵”选中，单击属性栏中的“垂直镜像”按钮，然后右击并拖曳至“鱼身体”中间的板块，将其置于精框内部裁剪。右击此板块，选择“编辑内容”命令，将“云朵”进行缩放变换后复制多份，并进行排列，结束编辑，效果如图7-22所示。

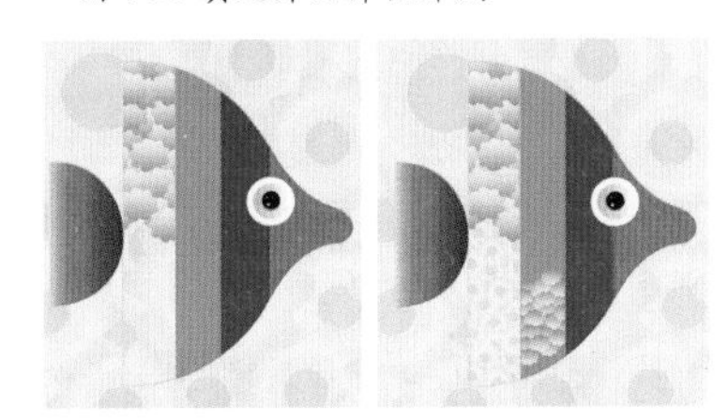

图 7-21 复制云朵　图 7-22 垂直镜像并缩小

（20）使用钢笔工具绘制一个如图7-23所示的“月亮”图形。

（21）将“月亮”填充为（C：7；M：0；Y：91；K：0），将“月亮眼睛”填充为黑色，并将整个“月亮”的轮廓线去掉，然后将其群组。将其原地复制，并放置在原始月亮图层之下，填充颜色为黑色，再按键盘上的右方向键“→”两次，效果如图7-24所示。

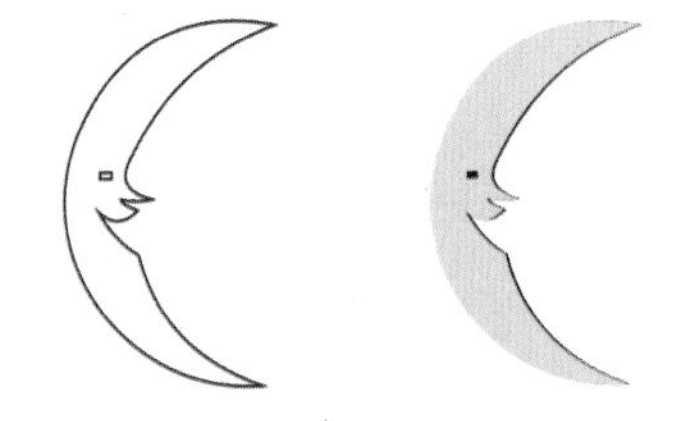

图 7-23 绘制“月亮”　图 7-24 填充“月亮”

（22）将制作好的月亮图形多次复制，并放置在如图7-25所示的位置。

（23）使用椭圆工具绘制一个横直径为12.5mm、竖直径为6mm的椭圆，填充颜色为（C：4；M：0；Y：91；K：0），并将其轮廓线去掉，如图7-26所示。

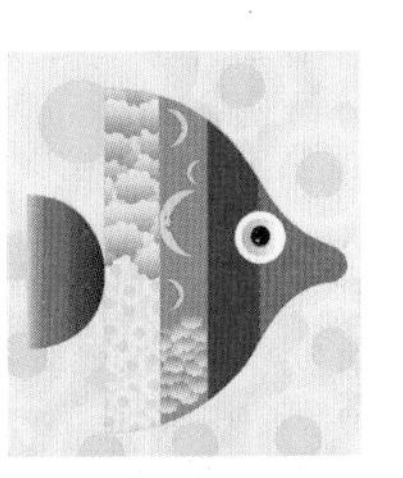

图 7-25 复制月亮

图 7-26 绘制椭圆

(24) 选中绘制的椭圆，选择工具箱中的透明工具，在椭圆上单击其左边缘，从左往右拖曳光标，然后在其属性栏中设置“角度和边界”为 180，效果如图 7-27 所示。

(25) 将上一步骤完成的椭圆选中，然后右击并拖曳至“鱼身体”右边的板块处，将其置于精框内部裁剪。右击此板块，选择“编辑内容”命令，将椭圆进行缩放变换后复制多份，并进行排列，结束编辑，效果如图 7-28 所示。

图 7-27 添加透明效果

图 7-28 复制并缩小椭圆

(26) 选择工具箱中的星形工具，在属性栏中设置“边数”为 6，然后在按住 Ctrl 键的同时绘制一个六角星形，如图 7-29 所示。

(27) 将上一步骤绘制的星形旋转为如图 7-30 所示的样子。

图 7-29 绘制六角星形

图 7-30 旋转图形

(28) 在星形的内角对称位置绘制 3 条直线，如图 7-31 所示。

(29) 将绘制好的图形全部群组，然后按 F12 键，将其轮廓线的颜色设置为（C：78；M：41；Y：0；K：0），将其“线宽”设置为 0.5mm，效果如图 7-32 所示。

图 7-31 绘制 3 条直线

图 7-32 调整轮廓线

(30) 将上一步骤完成的图形选中，然后右击并拖曳至“鱼身体”右边的板块处，将其置于精框内部裁剪。右击此板块，选择“编辑内容”命令，将圆形进行缩放变换后复制多份，并进行排列，结束编辑，效果如图 7-33 所示。

(31) 将绘制完成的鱼群组，然后复制一份，再执行“垂直镜像”命令，最后进行缩小处理，并放置到如图 7-34 所示的位置。

图 7-33 拖入并复制

图 7-34 垂直镜像并缩小

## 实例 02 海南风光

**案例说明**

本例将制作最终效果如图 7-35 所示的海南风光—海边的椰树，在制作过程中需要使用贝塞尔工具、形状工具、填充工具、交互式透明工具等。

图 7-35 实例的最终效果

## 操作步骤

（1）使用工具箱中的贝塞尔工具结合形状工具绘制如图 7-36 所示的图形，填充图形颜色为（C：54；M：10；Y：90；K：0），并去掉轮廓，如图 7-37 所示。

（2）使用工具箱中的贝塞尔工具结合形状工具绘制如图 7-38 所示的一组图形，然后同时选中绘制的图形，单击属性栏中的“修剪”按钮，得到如图 7-39 所示的图形。

（3）选中并再次单击图形，当出现旋转箭头后，将旋转中心点⊙移动到树叶图形的右端，如图 7-40 所示。按顺时针方向移动图形到合适的位置，按下鼠标右键复制图形，并改变填充颜色为（C：93；M：40；Y：99；K：8），如图 7-41 所示。

图 7-36 绘制图形

图 7-37 填充颜色

图 7-38 绘制图形

图 7-39 修剪图形

图 7-40 选取图形

图 7-41 旋转并复制图形

（4）用同样的方法绘制其他图形，效果如图 7-42 所示。

（5）选中一片树叶，按小键盘上的“+”键复制这片树叶，然后单击属性栏上的“水平镜像”按钮，对复制的树叶进行水平镜像操作，并填充颜色为（C：60；M：0；Y：100；K：0），效果如图 7-43 所示。

图 7-42 复制图形

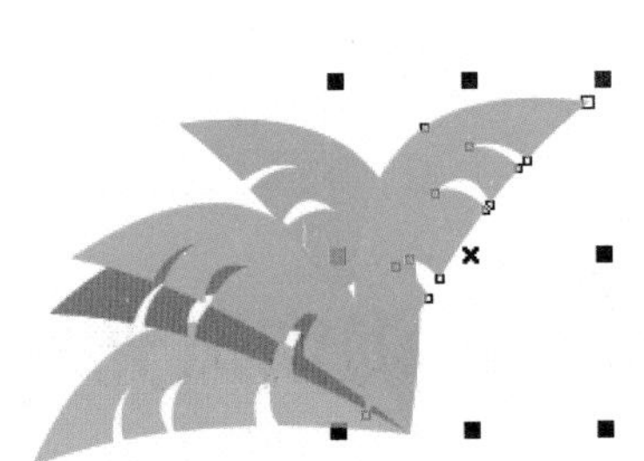

图 7-43 复制并镜像图形

（6）用相同的方法绘制其他树叶，并填充相应的颜色，效果如图 7-44 所示。使用工具箱中的贝塞尔工具结合形状工具绘制图形，并填充图形的颜色为（C：93；M：40；Y：99；K：8），并去掉轮廓，如图 7-45 所示。

图 7-44 绘制树叶图形

图 7-45 绘制树干图形

（7）使用工具箱中的椭圆工具绘制一个椭圆，如图 7-46 所示。填充椭圆的颜色为（C：2；M：42；Y：71；K：0），并去掉轮廓，并按 Shift+PageDown 组合键将椭圆置于图形底层，如图 7-47 所示。

图 7-46 绘制椭圆

图 7-47 填充颜色

（8）使用工具箱中的贝塞尔工具结合形状工具绘制如图 7-48 所示的图形，填充图形的颜色为（C：1；M：100；Y：96；K：0），并去掉轮廓，如图 7-49 所示。

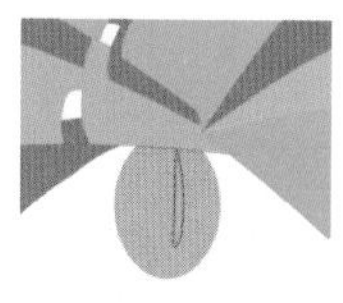
图 7-48 绘制圆形

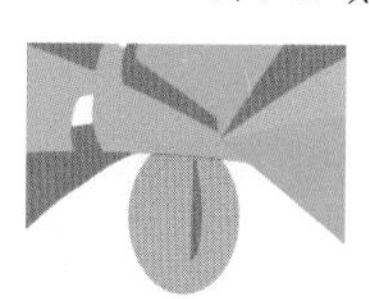
图 7-49 填充颜色

（9）用同样的方法绘制另外一个椰子图形，如图 7-50 所示。

图 7-50 绘制椰子

（10）使用工具箱中的贝塞尔工具结合形状工具绘制如图 7-51 所示的图形，填充图形的颜色为（C：49；M：0；Y：100；K：0），并去掉轮廓，如图 7-52 所示。

图 7-51 绘制图形

图 7-52 填充颜色

（11）选择工具箱中的交互式透明工具，在属性栏的透明度类型中选择“线性”，将透明度操作选择为“正常”，将透明中心点选择为 100，并调整色块的起始位置，如图 7-53 所示。

图 7-53 为图形添加透明效果

（12）使用工具箱中的贝塞尔工具结合形状工具绘制如图 7-54 所示的图形，填充图形的颜色为（C：49；M：0；Y：100；K：0），并去掉轮廓，如图 7-55 所示。

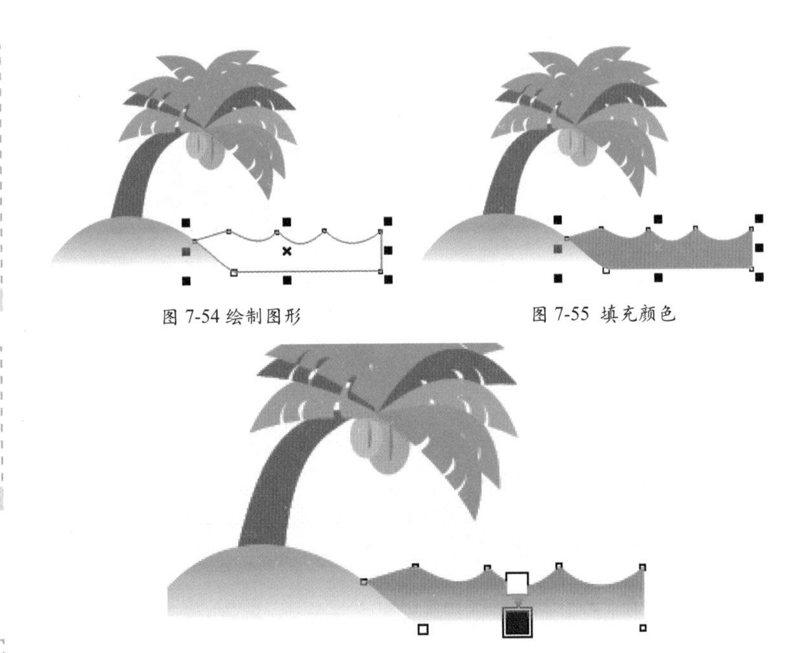

图 7-54 绘制图形　　图 7-55 填充颜色

（13）用相同的方法为图形添加透明效果，如图 7-56 所示。

图 7-56 为图形添加透明效果

（14）使用工具箱中的贝塞尔工具结合形状工具绘制如图 7-57 所示的图形，为图形应用线性渐变填充，设置起点色块的颜色为（C：0；M：60；Y：80；K：0），中间色块的颜色为（C：0；M：20；Y：100；K：0）、（C：0；M：0；Y：60；K：0），终点色块的颜色为（C：40；M：0；Y：100；K：0），效果如图 7-58 所示。

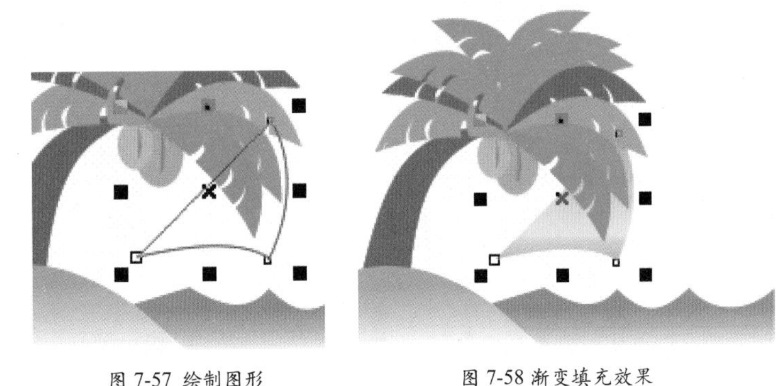

图 7-57 绘制图形　　图 7-58 渐变填充效果

（15）使用工具箱中的贝塞尔工具结合形状工具绘制如图 7-59 所示的图形，填充图形的颜色为（C：29；M：1；Y：12；K：0），并去掉轮廓，如图 7-60 所示。

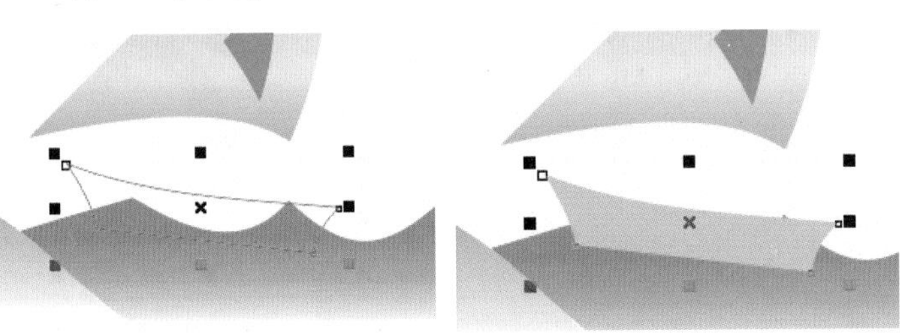

图 7-59 绘制图形　　图 7-60 填充颜色

（16）使用工具箱中的贝塞尔工具结合形状工具 绘制如图 7-61 所示的 3 条曲线，按 F12 键打开“轮廓笔”对话框，设置轮廓宽度为 0.934mm、颜色为（C：40；M：80；Y：0；K：20），其余参数设置如图 7-62 所示。

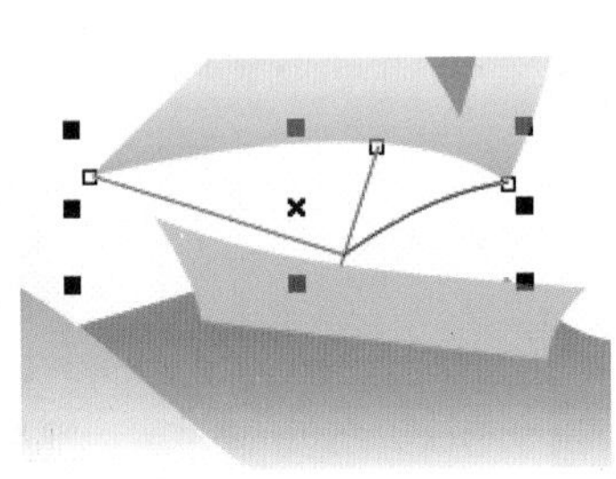

图 7-61 绘制曲线

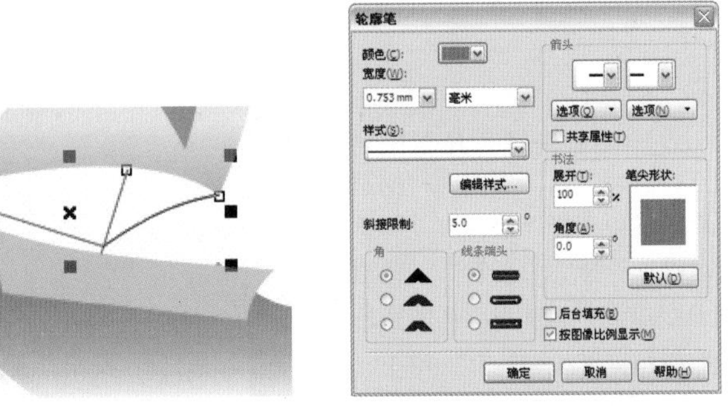



图 7-62 “轮廓笔”对话框

(17) 设置完毕后单击“确定”按钮，得到如图 7-63 所示的效果。

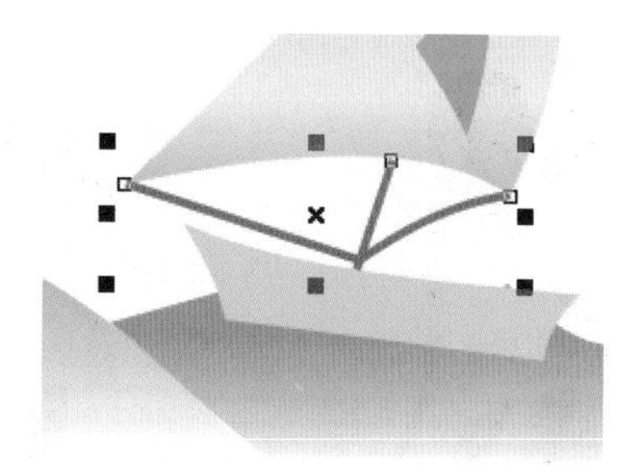
图 7-63 设置曲线

## 实例 03 人物背景插画

**案例说明**

本例将制作效果如图 7-64 所示的人物背景插画，在制作过程中需要使用钢笔工具、形状工具、文本工具、封套工具和填充工具等。

图 7-64 实例的最终效果

## 操作步骤

(1) 使用工具箱中的矩形工具绘制一个矩形，填充矩形的颜色为（C：0；M：100；Y：0；K：0），并去掉轮廓，如图 7-65 所示。

(2) 使用钢笔工具结合形状工具绘制如图 7-66 所示的女孩外形，将其填充为黑色，并取消轮廓。

图 7-65 绘制矩形

图 7-66 绘制女孩外形

(3) 使用钢笔工具绘制如图 7-67 所示的衣服外形，将其填充为（C：0；M：40；Y：0；K：0）的颜色，并取消轮廓。

(4) 使用钢笔工具在衣服对象上绘制如图 7-68 所示的花纹图案，将其填充为（C：0；M：60；Y：0；K：0）的颜色，并取消轮廓。

(5) 按住 Shift 键，使用选择工具选择衣服上的花纹对象，然后按 Ctrl+G 组合键将它们群组。

(6) 选择花纹对象，然后执行“效果 / 图框精确剪裁 / 放置在容器中”命令，当光标变为黑色箭头时，单击衣服对象，将花纹对象精确剪裁到衣服对象中，如图 7-69 所示。

图 7-67 绘制衣服外形

图 7-68 绘制衣服上的花纹

图 7-69 对象的精确剪裁效果

（7）使用钢笔工具绘制如图 7-70 所示的提包对象，将包身填充为（C：0；M：60；Y：0；K：0）的颜色，将包口填充为（C：0；M：40；Y：0；K：0）的颜色，并取消它们的轮廓。

（8）按 Ctrl+PageDown 组合键，将提包对象调整到女孩外形的下方，如图 7-71 所示。

图 7-70 绘制提包对象

图 7-71 调整提包对象的顺序

（9）绘制女孩左手上的手袋对象，然后将手袋对象分别填充为（C：0；M：20；Y：0；K：0）和（C：0；M：40；Y：0；K：0）的颜色，并取消轮廓，如图 7-72 所示。

（10）将绘制好的所有对象群组。

（11）使用文本工具输入如图 7-73 所示的文字，将字体设置为“Big Truck”，将颜色设置为白色。

图 7-72 绘制的手袋对象

图 7-73 输入的文字

（12）保持文字处于选中状态，然后选择封套工具，此时在文字周围将出现封套控制线。使用封套工具在控制线的中间控制点上双击，删除四周位于中间的控制点，如图 7-74 所示。

（13）使用封套工具单独选择左上角和右下角处的控制点，然后分别单击属性栏中的“转换为线条”按钮，将两侧的控制线由曲线转换为直线，以方便编辑文字的变形效果，如图 7-75 所示。

图 7-74 删除中间控制点后的封套控制线

图 7-75 将两侧的控制线由曲线转换为直线

(14) 使用封套工具分别拖动曲线控制线上的手控，并移动每个控制点的位置，使文字产生如图7-76所示的变形效果。

(15) 使用文本工具输入文字“pretty”，并设置字体为“Giddyup Std”、颜色为黑色，如图7-77所示。

图7-76 文字的变形效果

图7-77 输入文字

(16) 将文字按逆时针旋转90°，然后移动到如图7-78所示的位置。

(17) 选择封套工具，然后删除控制线上位于中间的控制点，如图7-79所示。

图7-78 旋转文字

图7-79 删除中间的控制点

(18) 使用封套工具拖动曲线手控，并移动控制点的位置，使文字产生如图7-80所示的变形效果。

(19) 输入如图7-81所示的文字，将字体设置为“Cooper Std Black”，将文字的颜色设置为白色，并调整到适当的大小。

图7-80 文字的变形效果

图7-81 输入文字

(20) 使用封套工具删除控制线中间的控制点，如图7-82所示，然后拖动曲线手控，并移动控制点的位置，使文字产生如图7-83所示的变形效果。

图7-82 删除中间的控制点

图7-83 文字的变形效果

(21) 复制上一步变形的文字，选择封套工具，然后单击属性栏中的“清除封套”按钮，清除文字的变形效果，如图7-84所示。

(22) 重新选择封套工具，然后按照前面的方法将文字变形为如图7-85所示的效果。

图7-84 清除封套后的文字

图7-85 文字的变形效果

（23）按照同样的方法制作其他的变形文字，效果如图7-86所示。

（24）将所有的变形文字群组，然后调整到女孩对象的下方，完成本例的制作，如图7-87所示。

图 7-86 所有文字的变形效果

图 7-87 本例的最终效果

## 实例 04 彩色艺术插画

**案例说明**

本例将制作效果如图7-88所示的彩色艺术插画，在制作过程中需要使用矩形工具、形状工具、钢笔工具、椭圆工具、艺术笔工具、透明度工具、阴影工具、填充工具、星形工具等基本绘图工具，另外，还会使用“修剪”和“复制”功能。

图 7-88 实例的最终效果

## 操作步骤

（1）使用矩形工具绘制一个矩形，将其填充为（C：0；M：50；Y：100；K：0）的颜色，并取消轮廓，如图7-89所示。

（2）按Ctrl+Q组合键，将该矩形转换为曲线，然后使用形状工具将其调整为如图7-90所示的形状。

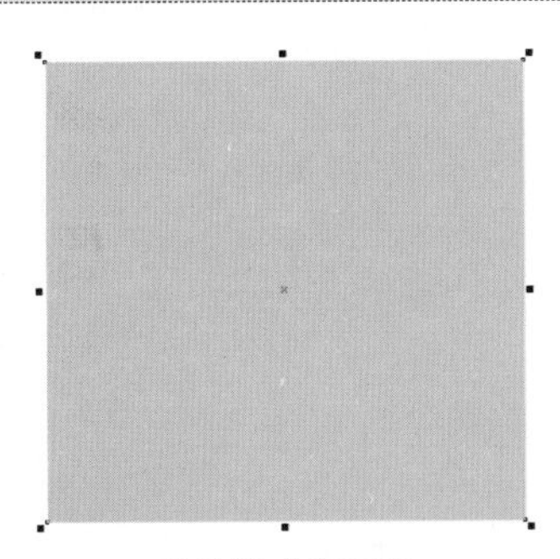
图 7-89 绘制矩形

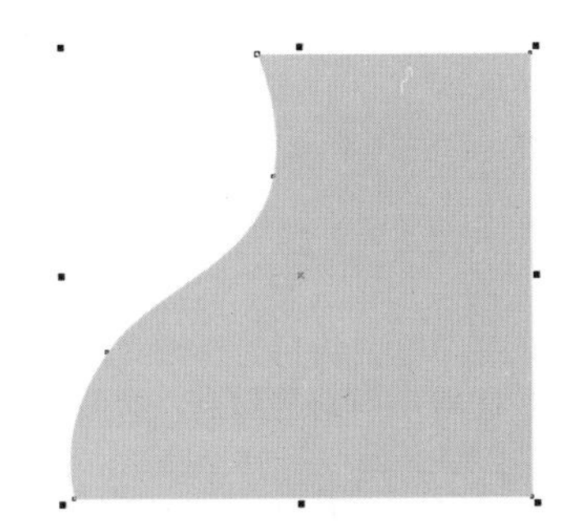
图 7-90 调整形状

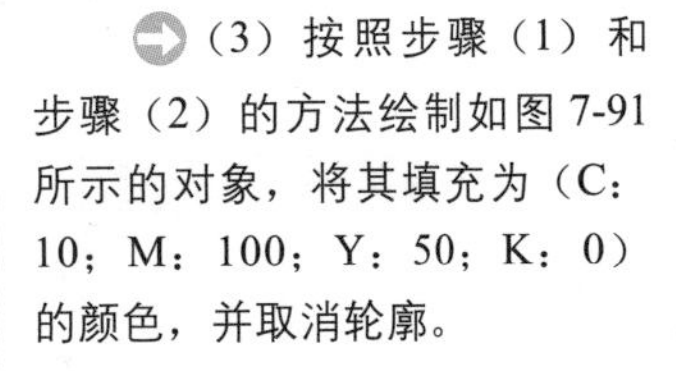

（3）按照步骤（1）和步骤（2）的方法绘制如图7-91所示的对象，将其填充为（C：10；M：100；Y：50；K：0）的颜色，并取消轮廓。

（4）使用钢笔工具绘制如图7-92所示的对象，将其填充为（C：85；M：10；Y：100；K：0）的颜色，并取消轮廓。

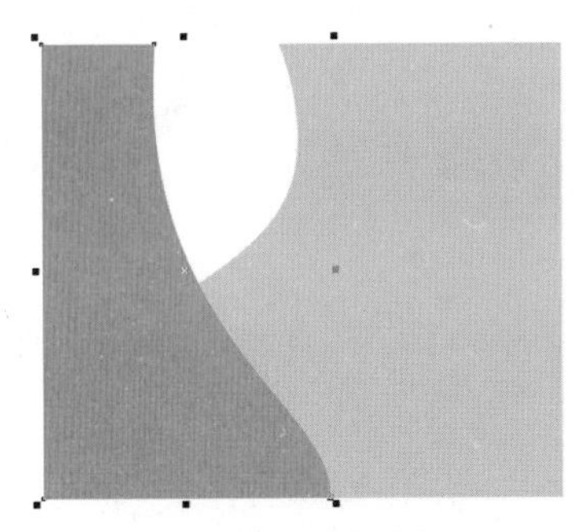
图 7-91 绘制对象

图 7-92 绘制对象

(5) 选择步骤(3)中绘制的对象,按小键盘上的"+"键将其复制,然后同时选择上一步绘制的对象,单击属性栏中的"修剪"按钮,对复制的对象进行修剪,如图7-93所示。

(6) 选择形状工具,然后选择修剪后的上半部分中的所有节点,按Delete键将其删除,再将剩下的对象填充为(C:35;M:100;Y:35;K:0)的颜色,如图7-94所示。

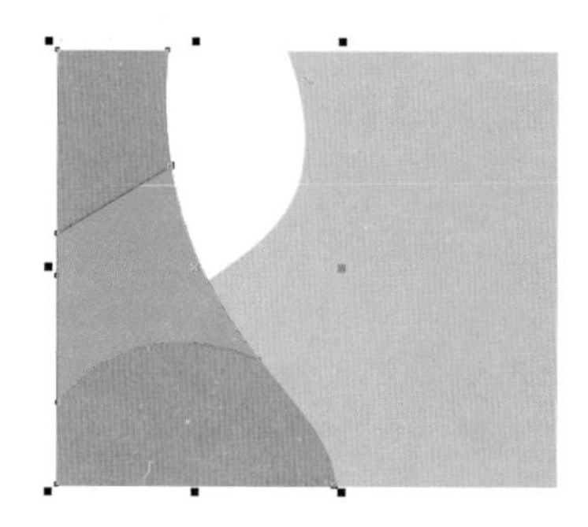
图7-93 绘制图形

图7-94 填充颜色

(7) 按照步骤(3)~步骤(6)的方法,绘制如图7-95所示的对象,并按从上到下的顺序将对象填充为(C:0;M:90;Y:85;K:0)、(C:100;M:100;Y:25;K:25)和(C:0;M:100;Y:0;K:0)的颜色。

(8) 绘制如图7-96所示的对象,将其填充为(C:20;M:0;Y:100;K:0)的颜色,并取消轮廓。

图7-95 绘制对象

图7-96 绘制对象

(9) 绘制如图7-97所示的对象,并按从上到下的顺序将对象填充为(C:100;M:100;Y:0;K:0)、(C:100;M:0;Y:0;K:0)和(C:50;M:100;Y:0;K:0)的颜色,然后取消它们的轮廓。

(10) 绘制如图7-98所示的两个对象,分别将对象填充为(C:50;M:0;Y:100;K:0)和(C:0;M:100;Y:100;K:0)的颜色,并取消它们的轮廓。

图7-97 绘制对象

图7-98 绘制对象

(11) 选择页面上的所有对象,按Ctrl+G组合键将对象群组。

(12) 使用钢笔工具、形状工具和复制功能绘制如图7-99所示的发散对象,将其填充为白色,并取消轮廓。

(13) 使用透明度工具为发散对象应用"透明度操作"为"添加"、"开始透明度"为95的"标准"透明效果,如图7-100所示。

图 7-99 绘制的发散对象

图 7-100 对象的透明效果

（14）使用艺术笔工具、形状工具和“拆分艺术笔”命令绘制如图 7-101 所示的笔触对象，并将它们填充为白色或浅灰色。

（15）将所有笔触对象群组，然后为它们应用“透明度操作”为“添加”、“开始透明度”为 70 的“标准”透明效果，如图 7-102 所示。

图 7-101 复制图形

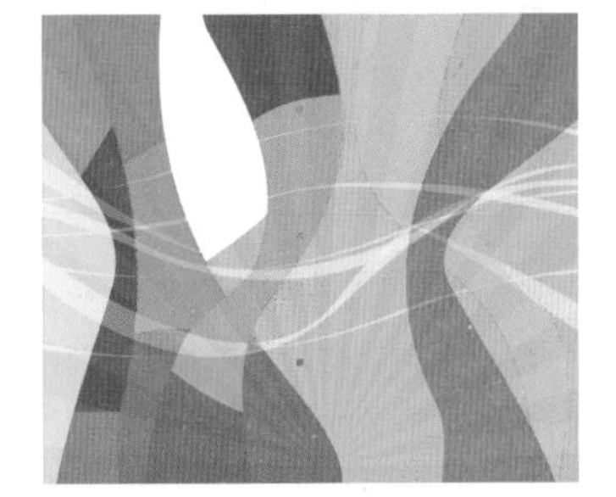

图 7-102 绘制图形

（16）使用星形工具和复制功能绘制如图 7-103 所示的不同大小的星形，将星形填充为白色，并取消轮廓。

（17）使用透明度工具对圆形对象应用“透明度操作”为“添加”、“开始透明度”为 70 的“标准”透明效果，如图 7-104 所示。

图 7-103 绘制的星形

图 7-104 星形的透明效果

（18）使用椭圆工具绘制如图 7-105 所示的圆形，将其填充为白色，并取消轮廓，然后使用阴影工具为该圆形应用“阴影的不透明度”为 85、“阴影羽化”为 15、“羽化方向”为“向外”的白色阴影效果，阴影工具的属性栏设置如图 7-106 所示。

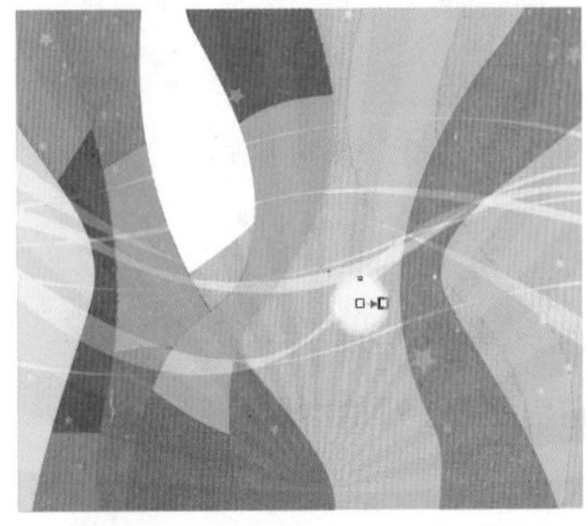

图 7-105 绘制的圆形及应用的阴影效果

图 7-106 阴影工具的属性栏设置

(19) 使用透明度工具对圆形对象应用“透明度操作”为“添加”、“开始透明度”为70的“标准”透明效果，如图7-107所示。

(20) 对圆形对象及其阴影进行复制，并调整复制对象的大小，使其不规则地分布在背景画面上，如图7-108所示。

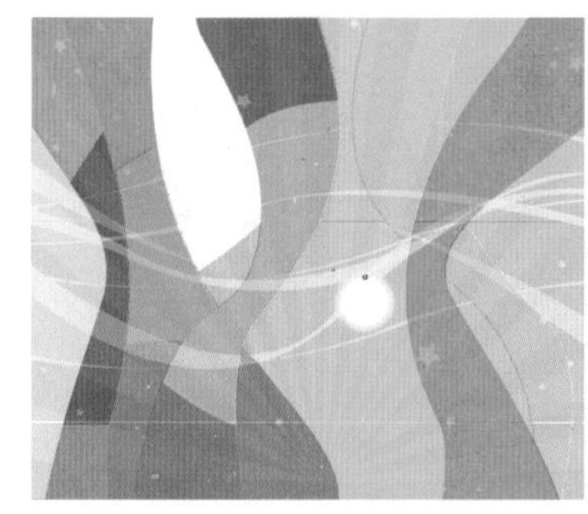

图 7-107 圆形的透明效果

图 7-108 圆形的复制效果

(21) 分别选择复制的圆形对象，然后选择阴影工具，并在属性栏中修改“阴影的不透明度”为25或30，效果如图7-109所示。

图 7-109 调整阴影不透明度后的效果

(22) 选择星形工具，在属性栏中设置参数如图7-110所示，然后在工作区中绘制一个星形，将其填充为白色，并取消轮廓，如图7-111所示。

(23) 使用椭圆工具绘制如图7-112所示的圆形，将其填充为白色，并取消轮廓。

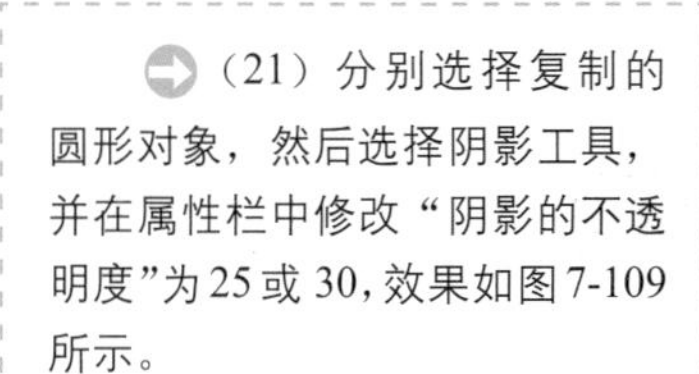


图 7-110 星形工具属性栏设置

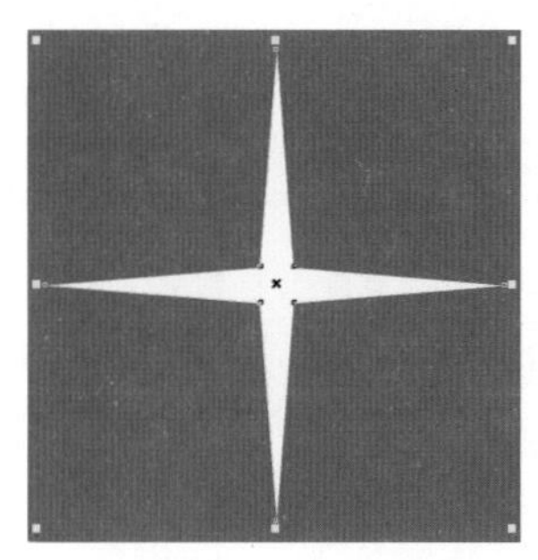

图 7-111 绘制的星形

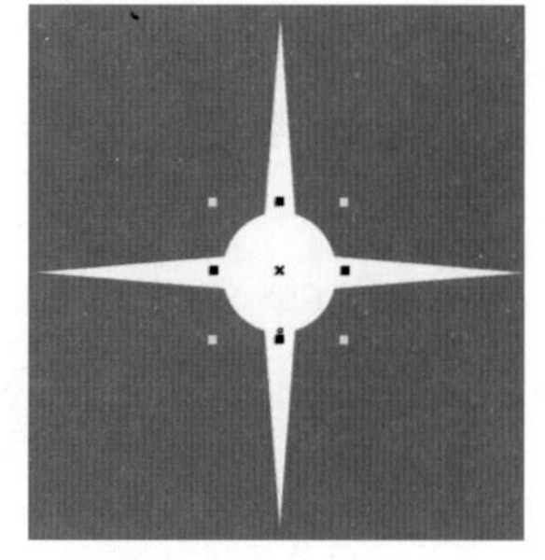

图 7-112 绘制的圆形

(24) 复制该圆形，然后按住Shift键，使用选择工具将其放大到一定的大小，并为其应用“开始透明度”为75的标准透明效果，如图7-113所示。

(25) 将绘制的星光对象群组，然后将群组后的对象复制到背景画面中，如图7-114所示进行排列。

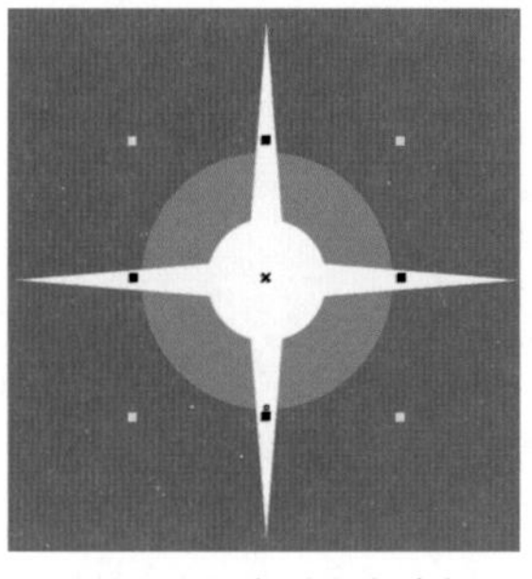

图 7-113 绘制的星光对象

图 7-114 背景画面中的星光效果

(26) 绘制一个与背景画面相同大小的矩形，然后将完成的背景对象群组，并执行“效果 / 图框精确剪裁 / 放置在容器中”命令，将背景对象精确剪裁到矩形中，以隐藏多余的背景画面，完成本例的制作，如图 7-115 所示。

图 7-115 本例的最终效果

## 实例 05 童年记忆（插画人物）

**案例说明**

本例将制作一幅最终效果如图 7-116 所示的童年记忆插画（插画人物），在制作过程中需要使用钢笔工具、形状工具等。

图 7-116 实例的最终效果

## 操作步骤

(1) 使用工具箱中的钢笔工具结合形状工具绘制如图 7-117 所示的图形。选择工具箱中的交互式填充工具，在属性栏的填充类型中选择“辐射”，为图形应用辐射渐变填充，设置起点色块的颜色为（C：3；M：15；Y：16；K：0），终点色块的颜色为（C：2；M：36；Y：49；K：0），滑块设置如图 7-118 所示，完成后去掉轮廓。

图 7-117 绘制图形

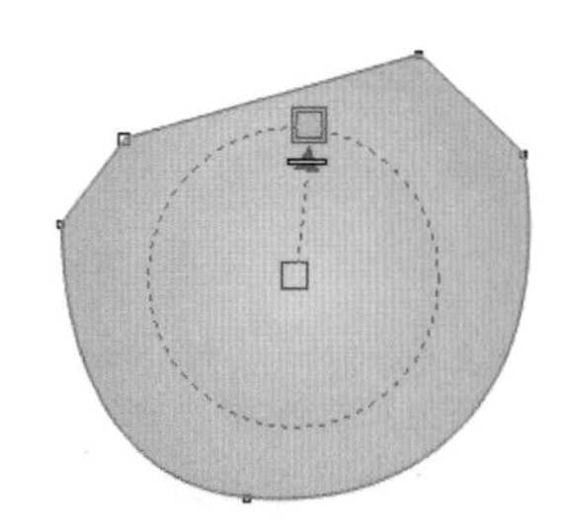

图 7-118 辐射渐变填充颜色

(2) 使用相同的方法绘制如图 7-119 所示的图形，然后选择工具箱中的交互式填充工具，在属性栏的填充类型中选择“线性”，为图形应用线性渐变填充，设置起点色块的颜色为（C：36；M：49；Y：60；K：27）、终点色块的颜色为（C：41；M：72；Y：95；K：68），滑块设置如图 7-120 所示，完成后去掉轮廓。

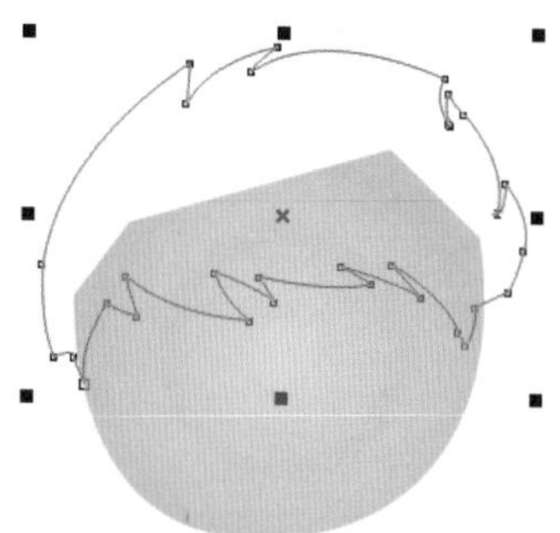

图 7-119 绘制图形

图 7-120 线性渐变填充颜色

(3) 使用相同的方法绘制图形，填充颜色为（C：2；M：62；Y：90；K：0），并去掉轮廓，效果如图 7-121 所示。选择工具箱中的交互式透明工具，在属性栏的透明度类型中选择“标准”，设置开始透明度为 73、透明度目标为“全部”，效果如图 7-122 所示，完成透明制作后按 Ctrl+PageDown 组合键排列图形位置。

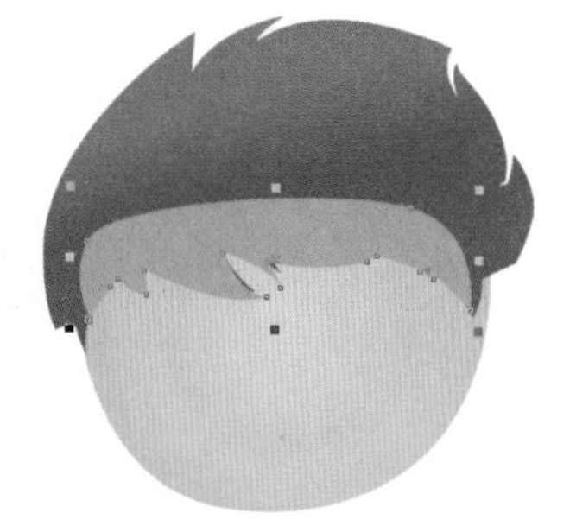

图 7-121 绘制图形并填充颜色

图 7-122 制作透明效果

(4) 使用工具箱中的钢笔工具结合形状工具绘制两个图形，分别填充颜色为（C：0；M：34；Y：53；K：0）、（C：2；M：62；Y：90；K：0），并去掉轮廓，效果如图 7-123 所示。使用同样的方法绘制另一只耳朵，效果如图 7-124 所示，并按 Ctrl+PageDown 组合键排列图形顺序。

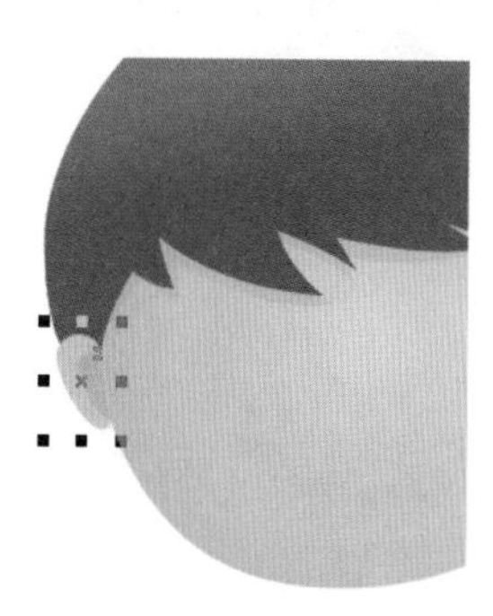

图 7-123 绘制图形

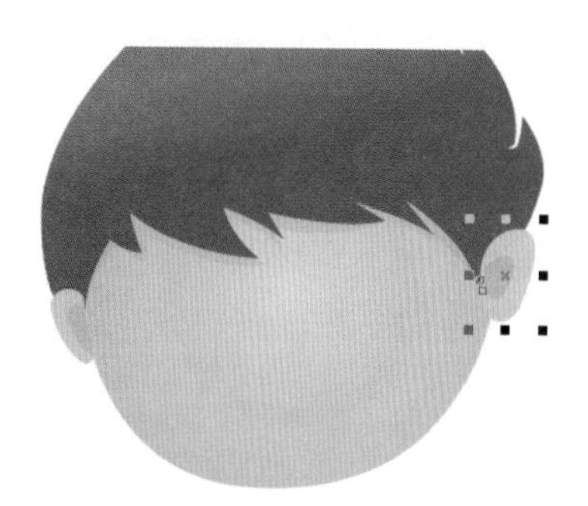

图 7-124 绘制另一只耳朵

(5) 按 F7 键激活椭圆工具，绘制一个椭圆，填充椭圆的颜色为（C：42；M：99；Y：98；K：4），并去掉轮廓，效果如图 7-125 所示。使用工具箱中的钢笔工具结合形状工具绘制图形，填充颜色为（C：42；M：99；Y：98；K：4），并去掉轮廓，效果如图 7-126 所示。

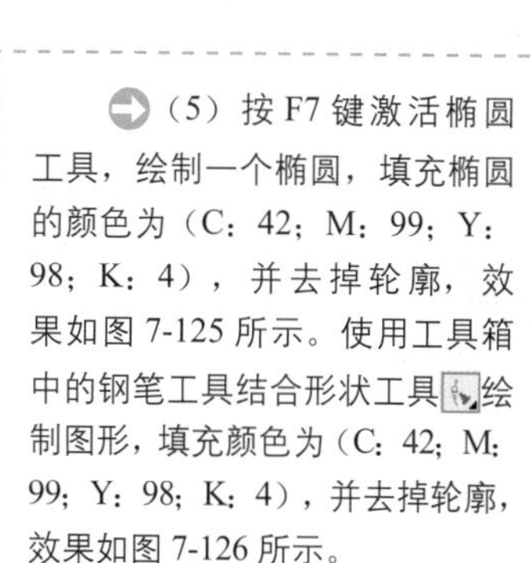

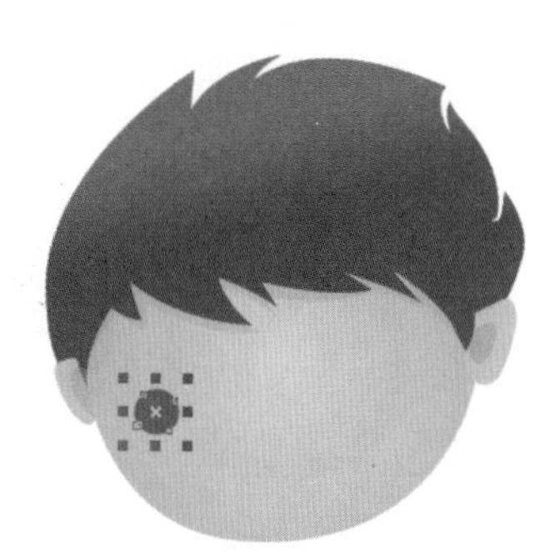

图 7-125 绘制椭圆

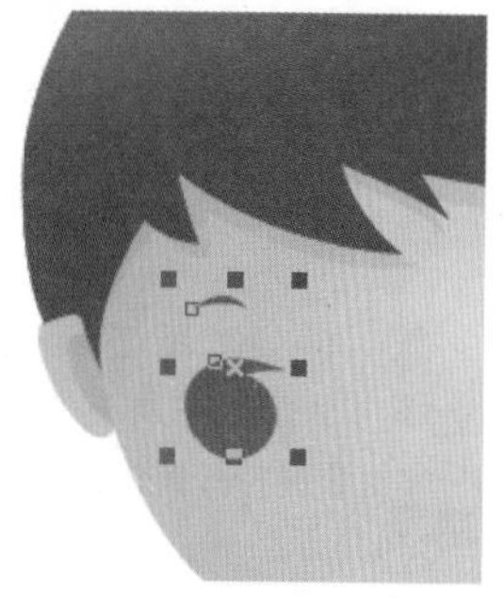

图 7-126 绘制图形

（6）使用同样的方法绘制图形，分别填充为白色、（C：0；M：92；Y：87；K：0），并去掉轮廓，效果如图 7-127 所示。选择工具箱中的交互式透明工具，在属性栏的透明度类型中选择“标准”，设置开始透明度为 80，透明度目标为“全部”，为红色图形应用透明效果，如图 7-128 所示。

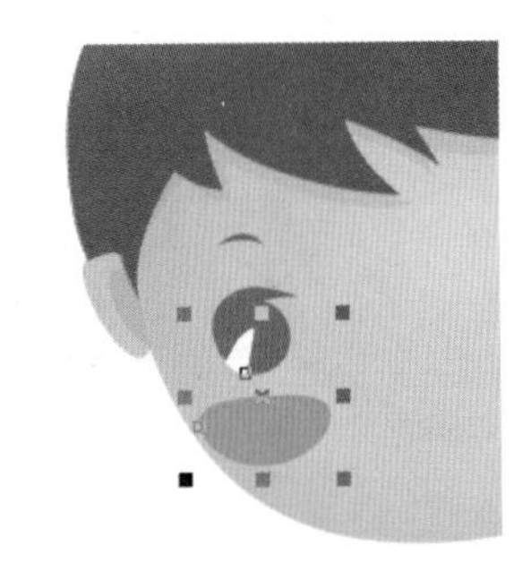
图 7-127 绘制图形

图 7-128 制作透明效果

（7）选中图 7-126、图 7-127、图 7-128 所示的图形，按 Ctrl+G 组合键将其群组，效果如图 7-129 所示。选中图形，按小键盘上的“+”键复制一个图形为图形副本，并按 Ctrl+U 组合键取消群组，将各部分图形移动到合适的位置，效果如图 7-130 所示。

图 7-129 群组图形

图 7-130 复制并移动图形

（8）使用工具箱中的钢笔工具结合形状工具绘制多个图形，效果如图 7-131 所示。执行“窗口/泊坞窗/颜色”命令，打开“颜色”泊坞窗，从上到下设置颜色值为（C：2；M：44；Y：68；K：0）、（C：0；M：56；Y：62；K：0）、（C：1；M：100；Y：96；K：0），然后单击“填充”按钮填充颜色，效果如图 7-132 所示。

图 7-131 绘制图形

图 7-132 填充效果

（9）使用同样的方法绘制下面的图形，分别填充颜色为（C：36；M：47；Y：58；K：25）、（C：63；M：95；Y：94；K：25），并调整图形的大小和位置，效果如图 7-133 所示。

图 7-133 绘制图形并填充颜色

（10）使用工具箱中的选择工具选择所有图形，按 Ctrl+G 组合键将其群组，效果如图 7-134 所示。

图 7-134 群组图形

（11）使用工具箱中的钢笔工具结合形状工具绘制图形，填充颜色为（C：4；M：71；Y：92；K：0），并去掉轮廓，效果如图7-135所示。使用同样的方法绘制白色的图形，移动到适当的位置，然后同时选中白色图形，单击属性栏中的“修剪”按钮，得到如图7-136所示的图形，并按Ctrl+PageDown组合键排列图形顺序。

图7-135 绘制图形

图7-136 绘制白色图形并修剪

（12）使用同样的方法绘制图形，分别填充颜色为（C：5；M：99；Y：95；K：0）、（C：15；M：99；Y：95；K：0），去掉轮廓并排列图形位置，效果如图7-137所示。使用同样的方法绘制图形，填充颜色为（C：29；M：75；Y：84；K：16）、（C：2；M：46；Y：60；K：0），去掉轮廓，效果如图7-138所示，然后按Ctrl+PageDown组合键排列图形位置。

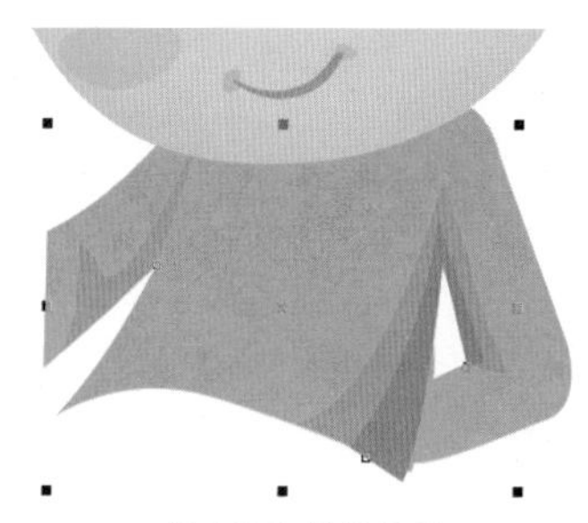
图7-137 绘制图形

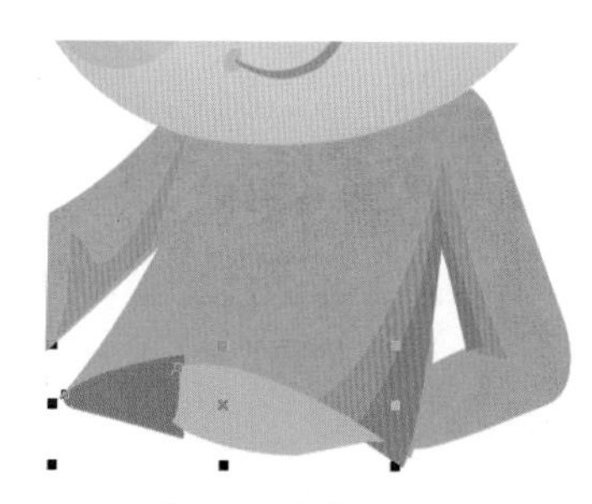
图7-138 绘制图形

（13）按F7键激活椭圆工具，绘制一个椭圆，然后按Ctrl+Q组合键将椭圆转换为曲线，并结合形状工具进行编辑，效果如图7-139所示。填充图形的颜色为（C：0；M：0；Y：0；K：40）、（C：1；M：29；Y：43；K：0），去掉轮廓，并移动到如图7-140所示的位置。

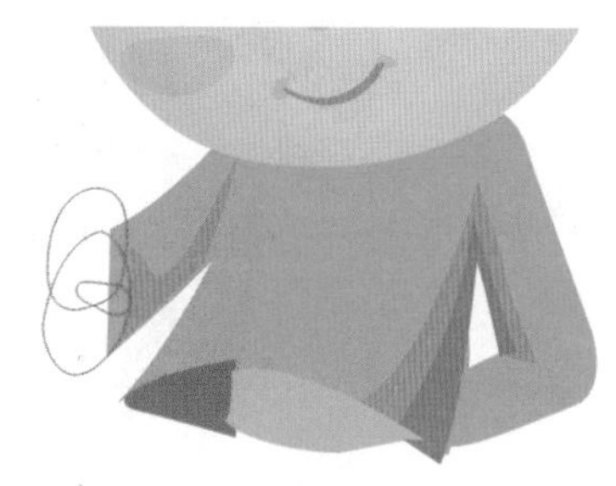
图7-139 绘制并编辑椭圆

图7-140 填充颜色

（14）使用同样的方法绘制如图7-141所示的图形，然后使用工具箱中的滴管工具，在上一步绘制的彩色图形上单击，此时按Shift键，指针变为颜料桶工具的形状，在绘制的图形上单击，即可填充与其相同的颜色，效果如图7-142所示。

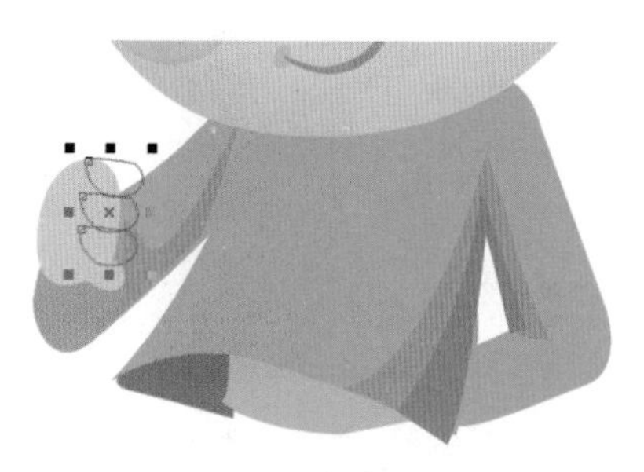
图7-141 绘制图形

图7-142 吸取颜色

（15）使用工具箱中的钢笔工具结合形状工具绘制多个图形，填充颜色为（C：0；M：42；Y：69；K：0），并去掉轮廓，效果如图 7-143 所示。然后使用同样的方法绘制多条曲线，在属性栏上设置轮廓宽度为 0.353mm，并将其移动到如图 7-144 所示的位置。

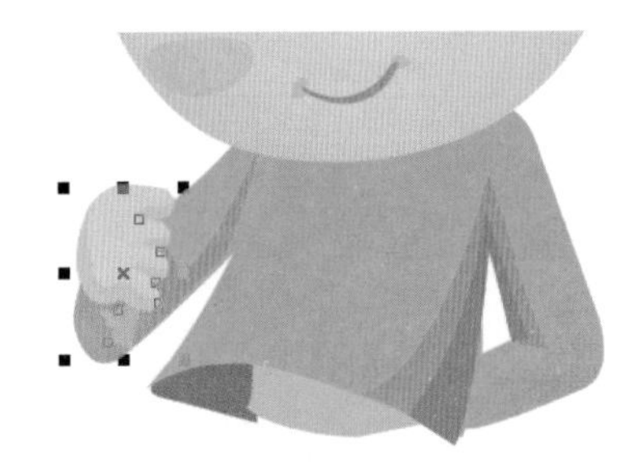

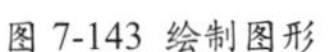

图 7-143 绘制图形

图 7-144 绘制曲线

（16）使用工具箱中的矩形工具绘制一个矩形，然后按 Ctrl+Q 组合键将矩形转换为曲线，并结合形状工具进行编辑，效果如图 7-145 所示。

（17）选择工具箱中的交互式填充工具，在属性栏的填充类型中选择“线性”，为图形应用线性渐变填充，设置起点色块的颜色为（C：93；M：9；Y：55；K：2），终点色块的颜色为（C：94；M：45；Y：49；K：48），滑块设置如图 7-146 所示，完成后去掉轮廓。

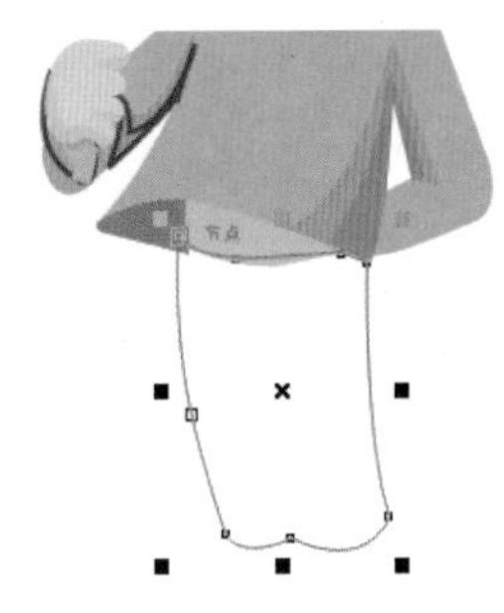

图 7-145 绘制并编辑图形

图 7-146 渐变填充颜色

（18）使用工具箱中的钢笔工具结合形状工具绘制如图7-147所示的图形，填充图形颜色为（C：1；M：29；Y：43；K：0），去掉轮廓，并按 Ctrl+PageDown组合键排列图形顺序，效果如图7-148所示。

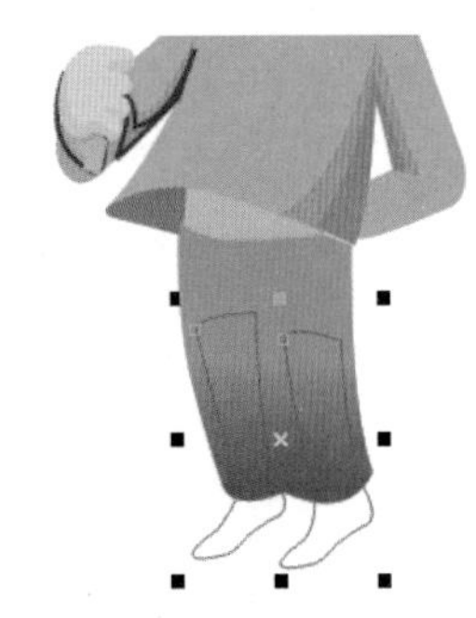

图 7-147 绘制图形

图 7-148 填充颜色并排列

（19）使用同样的方法绘制图形，效果如图7-149所示。然后填充图形的颜色为（C：1；M：29；Y：43；K：0），去掉轮廓，并为其中的两个图形制作透明效果，设置透明类型为“标准”，开始透明度为71，透明度目标为“全部”，效果如图7-150所示。

图 7-149 绘制图形

图 7-150 填充颜色并制作透明效果

（20）使用工具箱中的钢笔工具结合形状工具绘制多个图形，效果如图 7-151 所示。

（21）执行“窗口 / 泊坞窗 / 颜色”命令，打开“颜色”泊坞窗，从上到下设置颜色为白色、（C：43；M：14；Y：78；K：3）、（C：39；M：14；Y：93；K：0）、（C：93；M：9；Y：55；K：2）、（C：81；M：27；Y：100；K：0）、（C：39；M：14；Y：93；K：0）、白色、（C：60；M：87；Y：96；K：20）、（C：79；M：28；Y：12；K：0），多次单击“填充”按填充颜色，效果如图 7-152 所示，完成后排列图形顺序。

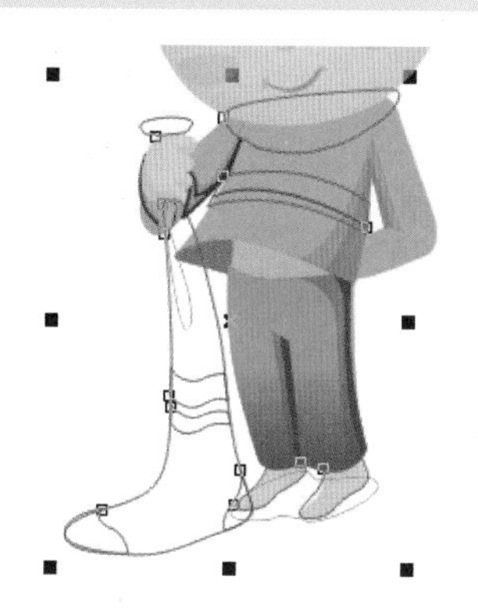
图 7-151 绘制图形

图 7-152 分别填充颜色

（22）选中脚下面的蓝色阴影图形，使用工具箱中的交互式透明工具，设置透明度类型为“标准”，开始透明度为 33、透明目标为“全部”，为图形添加交互式透明效果，如图 7-153 所示。然后使用选择工具选择所有图形，按 Ctrl+G 组合键将其群组，效果如图 7-154 所示。

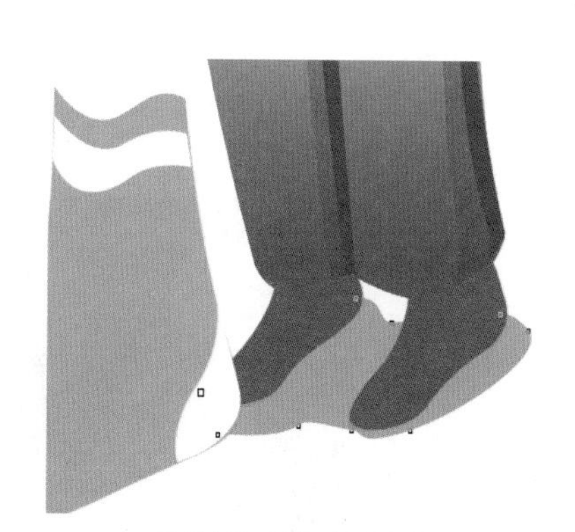
图 7-153 制作透明效果

图 7-154 群组图形

## 实例 06 童年记忆（雪人）

**案例说明**

本例将制作一幅最终效果如图 7-155 所示的童年记忆插画（雪人），在制作过程中需要使用钢笔工具、椭圆工具、交互式填充工具等。

图 7-155 实例的最终效果

## 操作步骤

(1) 按 F7 键激活椭圆工具，绘制 3 个正圆，并移动到如图 7-156 所示的位置。选择工具箱中的交互式填充工具，在属性栏的填充类型中选择“辐射”，为图形应用辐射渐变填充，设置起点色块的颜色为白色，终点色块的颜色为（C：18；M：3；Y：2；K：0），滑块设置如图 7-157 所示，完成后去掉轮廓。

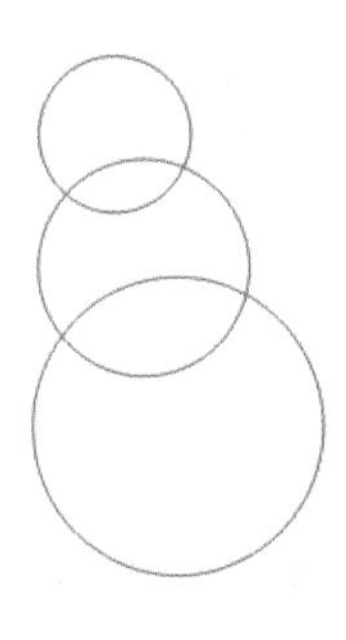

图 7-156 绘制正圆

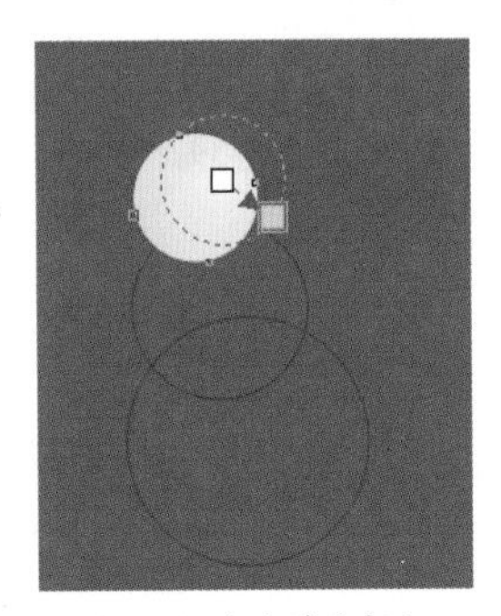

图 7-157 渐变填充颜色

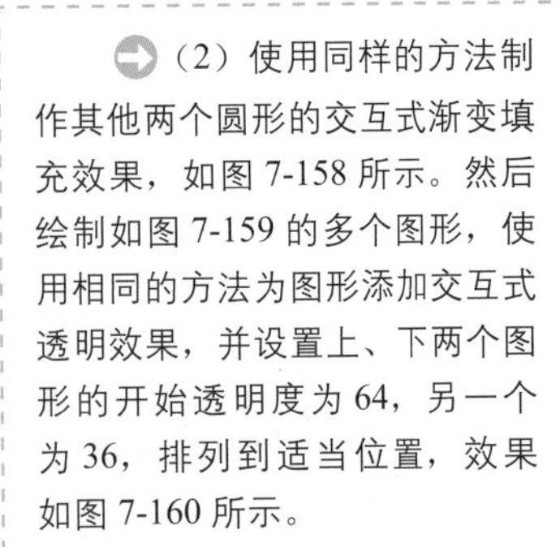

(2) 使用同样的方法制作其他两个圆形的交互式渐变填充效果，如图 7-158 所示。然后绘制如图 7-159 的多个图形，使用相同的方法为图形添加交互式透明效果，并设置上、下两个图形的开始透明度为 64，另一个为 36，排列到适当位置，效果如图 7-160 所示。

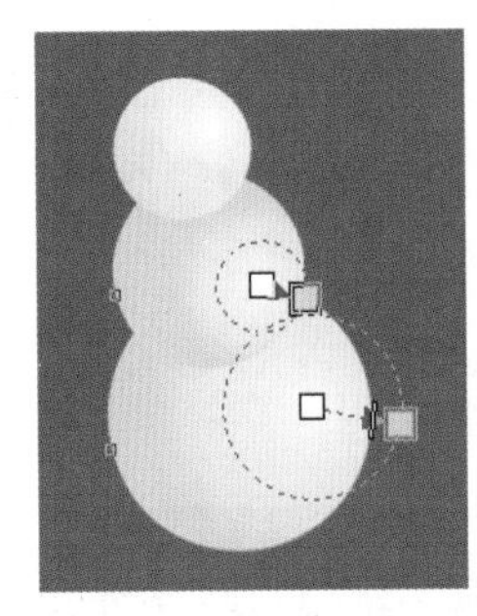

图 7-158 辐射渐变填充颜色

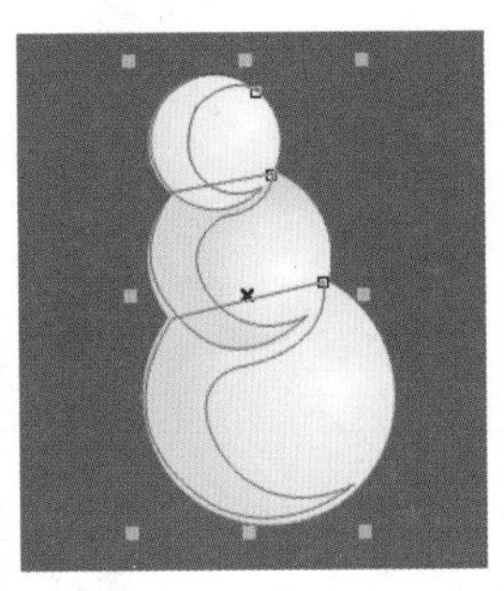

图 7-159 绘制图形

图 7-160 制作透明效果

(3) 使用相同的方法绘制多个正圆图形，填充颜色为黑色，并将其移动到如图 7-161 所示的位置。使用工具箱中的钢笔工具结合形状工具绘制两条曲线，设置轮廓宽度为 0.353mm，效果如图 7-162 所示。

图 7-161 绘制黑色正圆

图 7-162 绘制曲线

(4) 使用工具箱中的钢笔工具结合形状工具绘制如图 7-163 所示的图形，分别填充图形颜色为黑色、（C：0；M：83；Y：96；K：0）、（C：2；M：90；Y：96；K：0），效果如图 7-164 所示。

图 7-163 绘制图形

图 7-164 填充颜色

(5) 使用相同的方法绘制多条曲线，并按 Ctrl+G 组合键将其群组，效果如图 7-165 所示。使用同样的方法绘制其他曲线，并移动到适当的位置，然后选中所有图形，按 Ctrl+G 组合键将其群组，效果如图 7-166 所示。

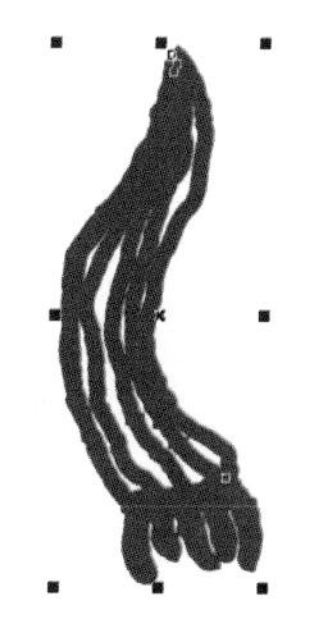

图 7-165 绘制曲线

图 7-166 绘制其他曲线并群组

## 实例 07 童年记忆（场景）

**案例说明**

本例将制作一幅最终效果如图 7-167 所示的童年记忆插画（场景），在制作过程中需要使用钢笔工具、多边形工具、矩形工具等。

图 7-167 实例的最终效果

## 操作步骤

（1）使用工具箱中的矩形工具绘制一个矩形，如图 7-168 所示。选择工具箱中的交互式填充工具，在属性栏的填充类型中选择“线性”，为矩形应用线性渐变填充，设置起点色块的颜色为（C：9；M：2；Y：8；K：0），中间色块的颜色为（C：26；M：1；Y：18；K：0）、（C：33；M：11；Y：0；K：0），终点色块的颜色为（C：79；M：47；Y：0；K：0），效果如图 7-169 所示，完成填充后去掉轮廓。

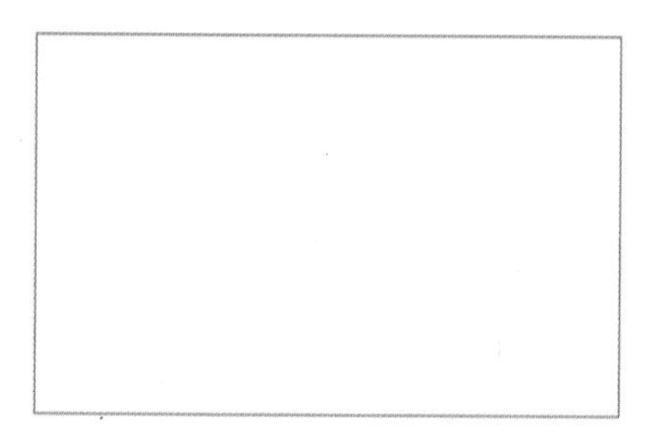

图 7-168 绘制矩形

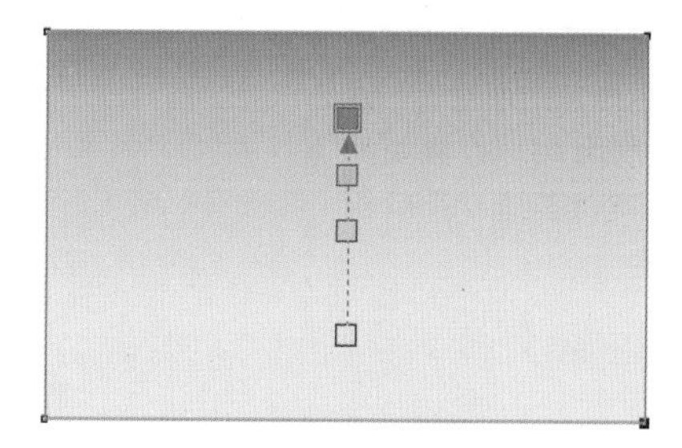

图 7-169 渐变填充效果

（2）使用工具箱中的钢笔工具，结合形状工具绘制如图 7-170 所示的图形，然后使用上述方法为图形应用线性渐变填充，设置起点色块的颜色为（C：9；M：2；Y：8；K：0），中间色块的颜色为（C：26；M：1；Y：18；K：0）、（C：33；M：11；Y：0；K：0），终点色块的颜色为（C：79；M：47；Y：0；K：0），效果如图 7-171 所示，完成填充后去掉轮廓。

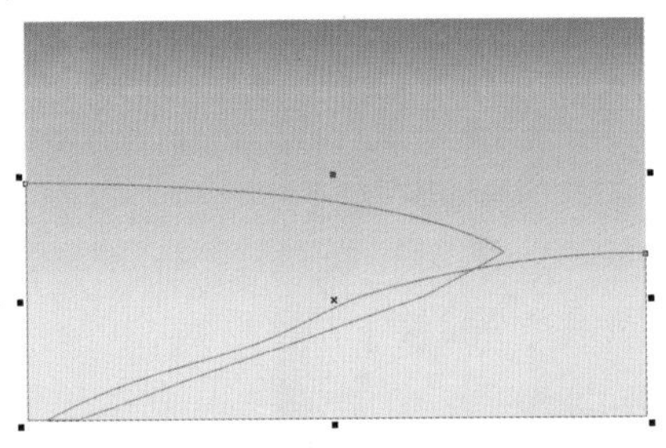

图 7-170 绘制图形

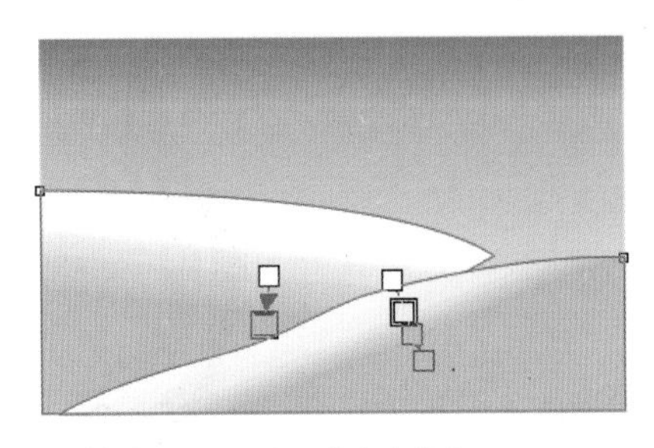

图 7-171 交互式渐变填充

(3) 使用同样的方法绘制图形，并分别填充颜色为（C：17；M：5；Y：7；K：0）、（C：29；M：5；Y：9；K：0）、（C：79；M：28；Y：12；K：0），并去掉轮廓，效果如图 7-172 所示。

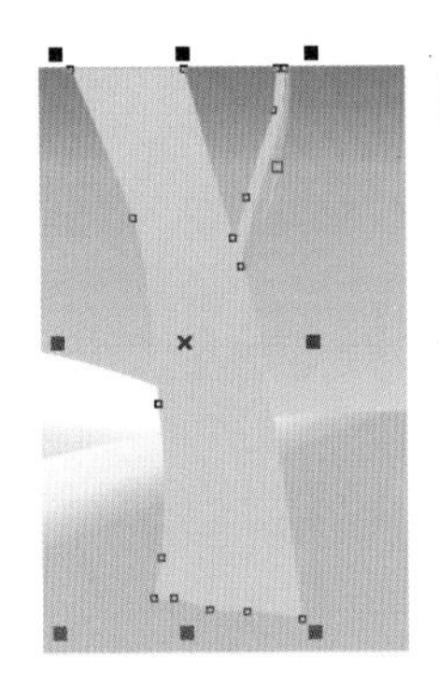

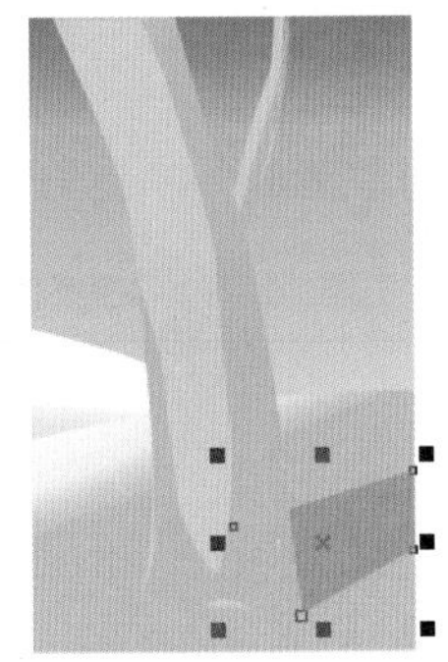

图 7-172 绘制树干

(4) 使用相同的方法绘制图形，填充图形颜色为（C：61；M：17；Y：12；K：0），并去掉轮廓，效果如图 7-173 所示。为图形添加交互式透明效果，设置透明度类型为“标准”、开始透明度为 65，透明度目标为“全部”，效果如图 7-174 所示。

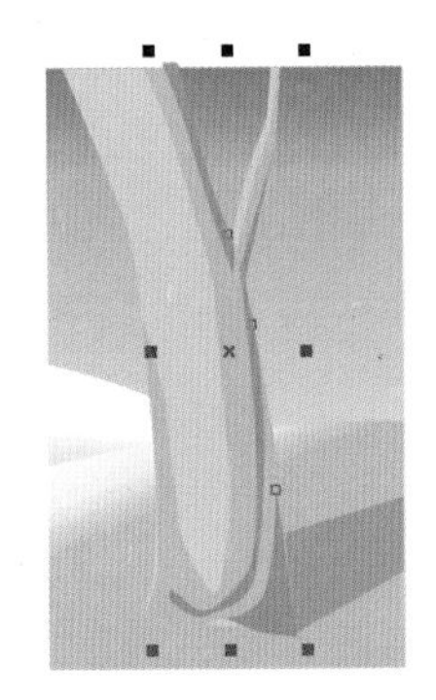

图 7-173 绘制图形

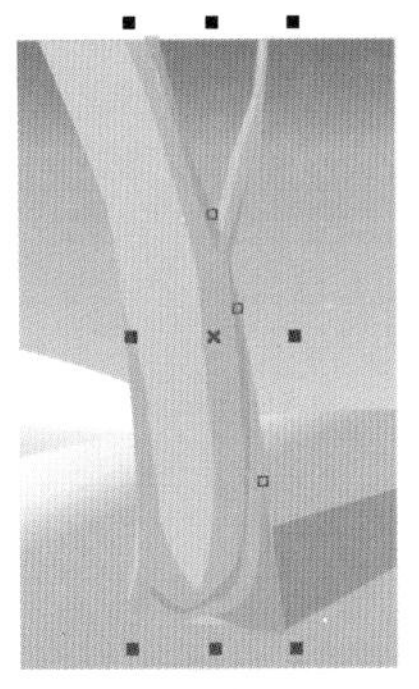

图 7-174 添加透明效果

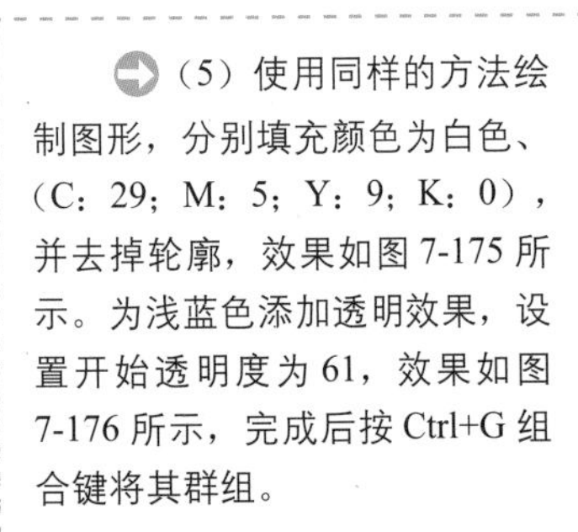

(5) 使用同样的方法绘制图形，分别填充颜色为白色、（C：29；M：5；Y：9；K：0），并去掉轮廓，效果如图 7-175 所示。为浅蓝色添加透明效果，设置开始透明度为 61，效果如图 7-176 所示，完成后按 Ctrl+G 组合键将其群组。

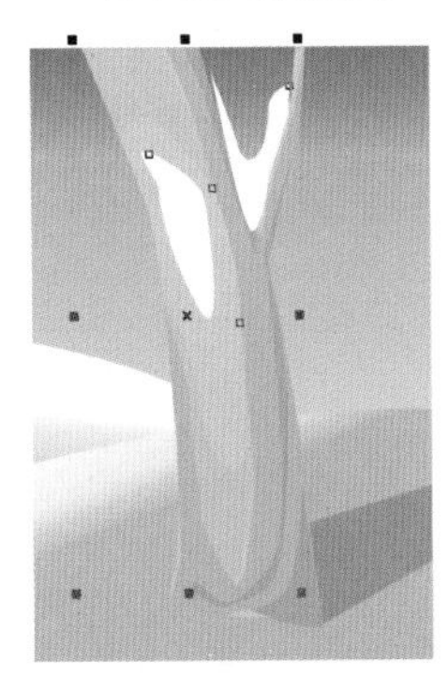

图 7-175 绘制图形并填充颜色

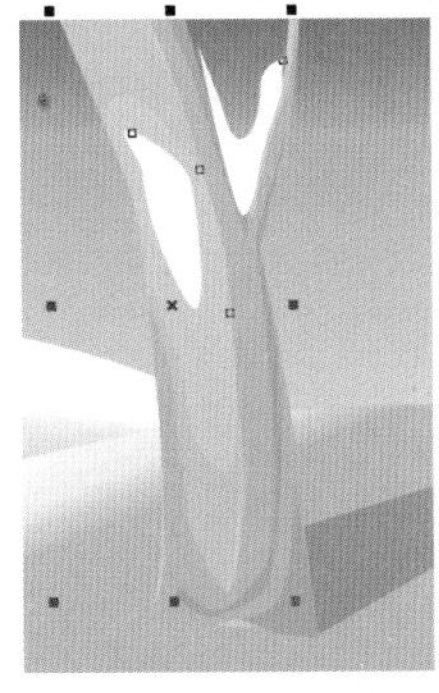

图 7-176 制作透明效果

(6) 使用同样的方法绘制另一棵树，如图 7-177 所示。使用工具箱中的钢笔工具，结合形状工具绘制图形，并为其应用交互式填充，设置起点色块的颜色为（C：3；M：52；Y：92；K：0），中间色块的颜色为（C：3；M：52；Y：92；K：0），终点色块的颜色为（C：85；M：15；Y：100；K：4），设置滑块位置如图 7-178 所示，完成填充后去掉轮廓。使用同样的方法绘制图形，分别填充为红色、黄色和绿色，并去掉轮廓，效果如图 7-179 所示。

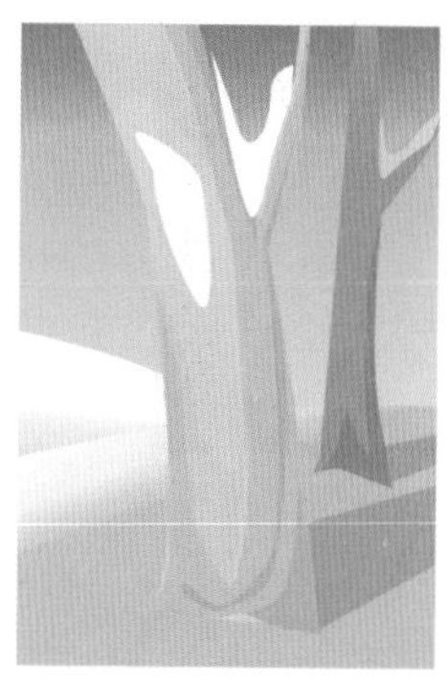
图 7-177 绘制另一棵树

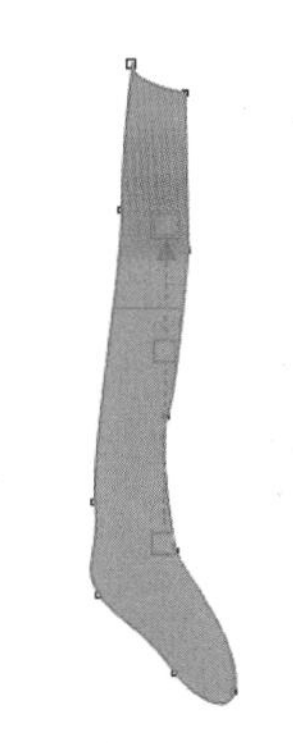
图 7-178 绘制交互式填充图形

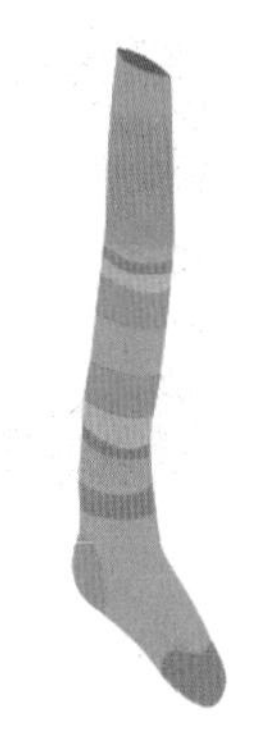
图 7-179 绘制图形

（7）按小键盘上的“+”键复制一个图形，并将其移动到如图 7-180 所示的位置。按 Ctrl+I 组合键导入本书配套素材中的“童年记忆（插画人物）.cdr”和“童年记忆（雪人）.cdr”文件，选中绿色长袜图形，将其复制，并结合形状工具进行编辑，移动到如图 7-181 所示的位置。

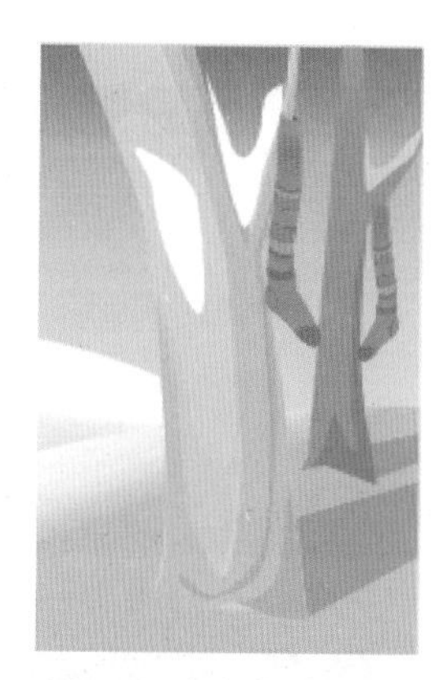
图 7-180 复制并移动图形

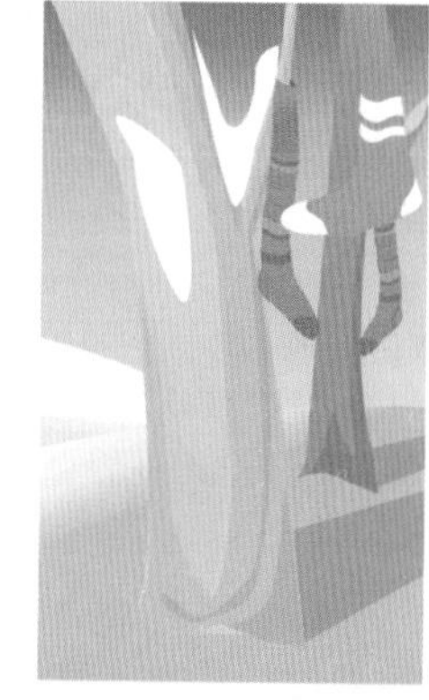
图 7-181 导入素材并复制、移动绿色长袜图形

（8）使用工具箱中的矩形工具绘制一个白色矩形，如图 7-182 所示。按 Ctrl+Q 组合键将矩形转换为曲线，并结合形状工具进行编辑，去掉轮廓，如图 7-183 所示。

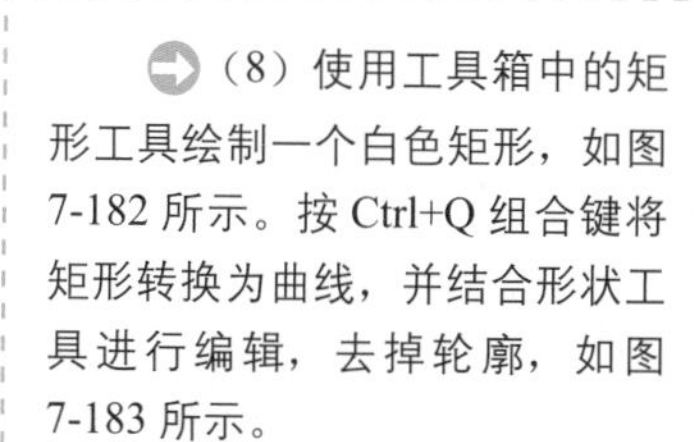

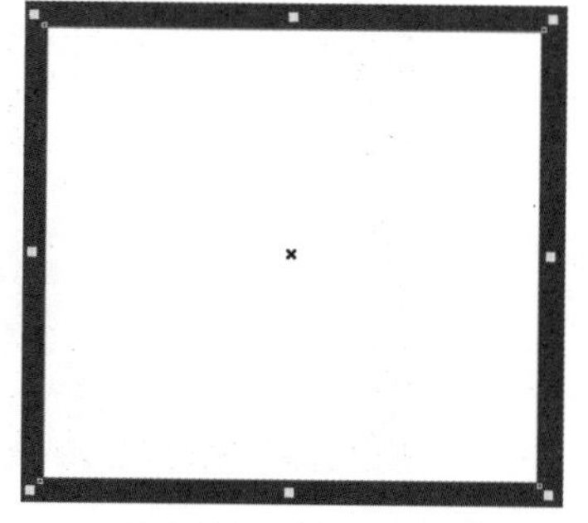
图 7-182 绘制白色矩形

图 7-183 编辑图形

（9）使用同样的方法绘制白色矩形并复制、旋转，转换为曲线后，结合形状工具进行编辑，并去掉轮廓，效果如图 7-184 所示。为矩形应用交互式线性渐变填充，设置起点色块的颜色为（C：18；M：77；Y：79；K：0），终点色块的颜色为（C：48；M：90；Y：95；K：7），调整色块的位置如图 7-185 所示。

图 7-184 绘制并编辑图形

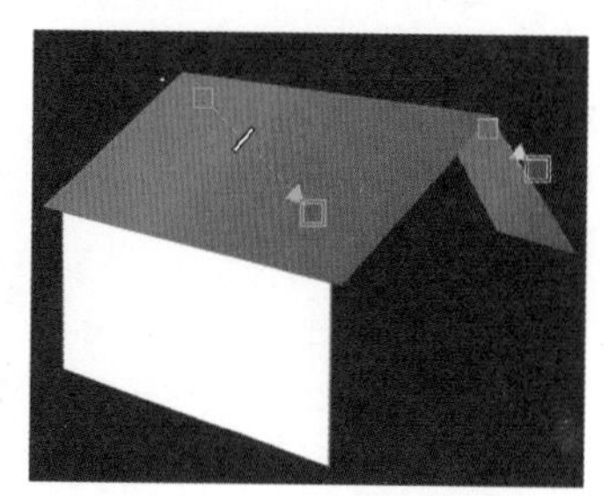
图 7-185 交互式线性渐变填充

（10）用工具箱中的多边形工具绘制一个白色的五边形，按 Ctrl+Q 组合键将多边形转换为曲线，结合形状工具进行编辑，效果如图 7-186 所示。为多边形应用交互式线性渐变填充，设置起点色块的颜色为（C:：25；M：6；Y：4；K：0）、终点色块的颜色为（C：54；M：24；Y：16；K：0），并调整色块的位置如图 7-187 所示。

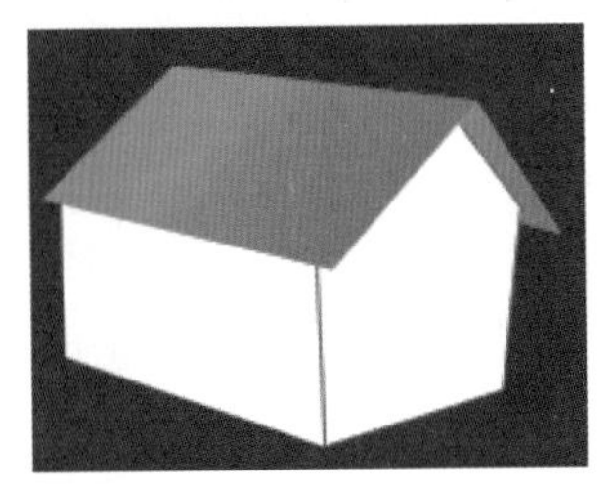
图 7-186 绘制多边形

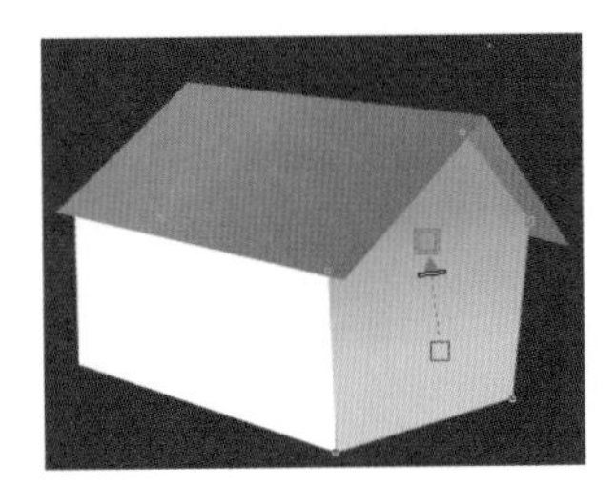
图 7-187 交互式线性渐变填充

(11) 按小键盘上的“+”键复制一个多边形，为图形添加交互式透明效果。选择工具箱中的交互式透明工具，在属性栏的透明度类型中选择“线性”，调整色块的起始位置如图 7-188 所示。使用步骤 8 的方法绘制并编辑矩形，填充颜色为（C：77；M：72；Y：0；K：0），去掉轮廓，效果如图 7-189 所示，然后选中房屋图形，按 Ctrl+Q 组合键将其群组。

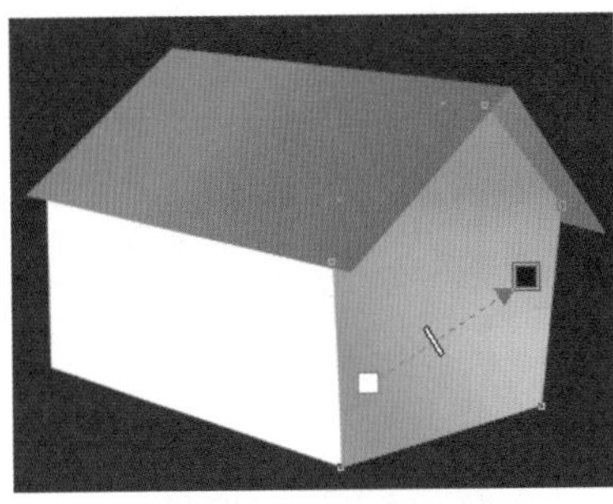
图 7-188 复制并制作透明效果

图 7-189 绘制矩形

(12) 使用同样的方法绘制另一座房屋，效果如图 7-190 所示。使用工具箱中的钢笔工具结合形状工具绘制白色图形和曲线，在属性栏上设置曲线的轮廓宽度为 0.353mm，去掉白色图形的轮廓，并将其移动到如图 7-191 所示的位置。

图 7-190 绘制房屋

图 7-191 绘制曲线和图形

(13) 选中上一步所得的白色图形，为其添加透明效果。选择工具箱中的交互式透明工具 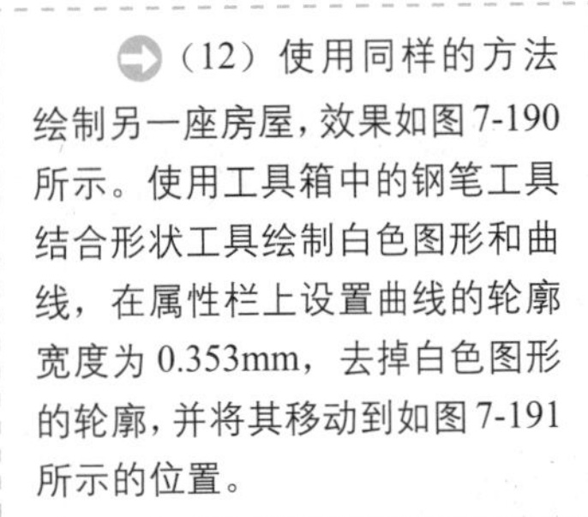，在属性栏的透明度类型中选择“标准”，设置开始透明度为 40、透明度目标为“全部”，效果如图 7-192 所示。

(14) 单击工具箱中“多边形工具”右下角的三角形符号，在弹出的工具组中单击“星形工具”按钮，绘制一个黄色的星形，然后按 Ctrl+Q 组合键将矩形转换为曲线，结合形状工具进行编辑，并去掉轮廓，效果如图 7-193 所示。

图 7-192 制作透明效果

图 7-193 绘制并编辑星形

(15) 使用同样的方法绘制其他的图形，并移动到如图7-194所示的位置。

图 7-194 绘制图形

(16) 使用工具箱中的钢笔工具结合形状工具绘制多个图形，效果如图7-195所示。为图形应用交互式线性渐变填充，设置起点色块的颜色为（C：34；M：95；Y：93；K：26）、终点色块的颜色为（C：43；M：84；Y：63；K：56），设置色块的位置如图7-196所示。然后使用同样的方法绘制白色图形，去掉轮廓，并移动到如图7-197所示的位置。

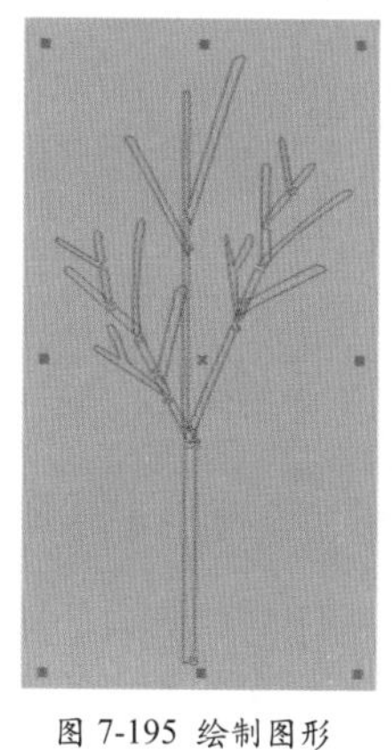

图 7-195 绘制图形

图 7-196 交互式渐变填充

图 7-197 绘制白色图形

(17) 选择工具箱中的交互式填充工具，在属性栏的填充类型中选择“线性”，为图形应用线性渐变填充，设置起点色块的颜色为白色，终点色块的颜色为（C：10；M：2；Y：2；K：0），并调整色块的位置如图7-198所示，然后选中树木图形，按Ctrl+G组合键将其群组。

图 7-198 交互式渐变填充

(18) 按小键盘上的“+”键复制多个树木图形，并移动到适当的位置，效果如图7-199所示。选中图7-193所示的星形，复制多个，并填充为不同的颜色，置于适当的位置，效果如图7-200所示。

图 7-199 复制树木

图 7-200 复制星形

(19) 将实例05绘制的“插画人物”和实例06绘制的“雪人”置于背景图形中，效果如图7-201所示。按下小键盘上的“+”键复制雪人，并按住Shift键等比例缩小到所需大小，然后使用同样的方法复制其他图形，效果如图7-202所示。

图7-201 移动图形

图7-202 复制图形

(20) 使用工具箱中的钢笔工具结合形状工具绘制多个白色图形，并去掉轮廓，移动到如图7-203所示的位置。按F7键激活椭圆工具，绘制两个椭圆，填充颜色为（C：3；M：7；Y：3；K：0），并排列图形到适当位置，效果如图7-204所示。

图7-203 绘制白色图形

图7-204 绘制椭圆图形

(21) 使用工具箱中的钢笔工具结合形状工具绘制图形，并为图形应用交互式线性渐变填充，设置起点色块的颜色为白色，中间色块的颜色为（C：29；M：7；Y：0；K：0）、终点色块的颜色为（C：29；M：7；Y：0；K：0），设置色块的位置如图7-205所示，完成后去掉轮廓。按小键盘上的“+”键复制多个图形，并调整图形的位置和大小，效果如图7-206所示。

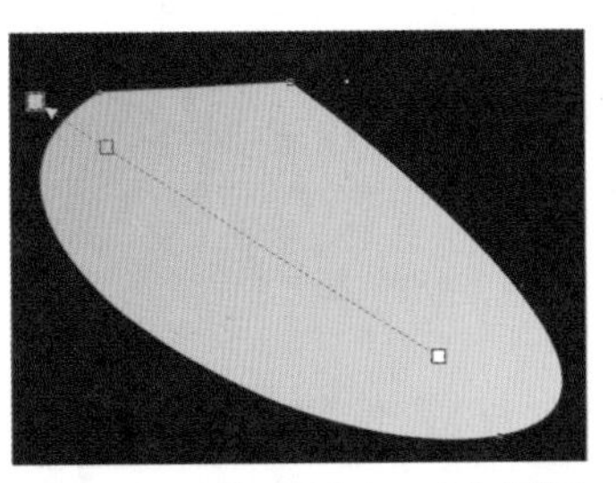

图7-205 绘制图形并交互式渐变填充

图7-206 复制并编辑图形

(22) 使用工具箱中的选择工具选择所有图形，按Ctrl+G组合键将其群组，得到本例的最终效果，如图7-207所示。

图7-207 本例的最终效果

# 08 古典花纹插画

**案例说明**

本例将制作效果如图 7-208 所示的古典花纹插画。在制作过程中需要使用艺术笔工具、形状工具、钢笔工具、交互式填充工具和透明度工具。

图 7-208 实例的最终效果

## 操作步骤

(1) 选择艺术笔工具，按图 7-209 设置该工具，然后在工作区中绘制如图 7-210 所示的两个笔触形状，并将笔触填充为黑色。

(2) 选择形状工具，分别单击上一步绘制的笔触，然后选择多余的节点，按 Delete 键将它们删除，使笔触更加平滑，如图 7-211 所示。

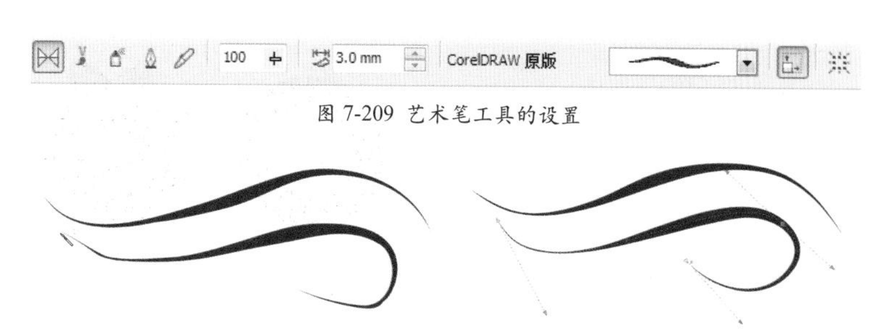


图 7-209 艺术笔工具的设置

图 7-210 绘制的笔触

图 7-211 删除多余节点后的笔触

(3) 使用选择工具选择两个笔触对象，然后执行“排列 / 拆分选定 4 对象”命令，将艺术笔触与其中的路径线条拆分。

(4) 分别单独选择拆分后的路径线条，如图 7-212 所示，然后按 Delete 键将其删除。

(5) 使用形状工具将拆分后的对象调整为如图 7-213 所示的形状。

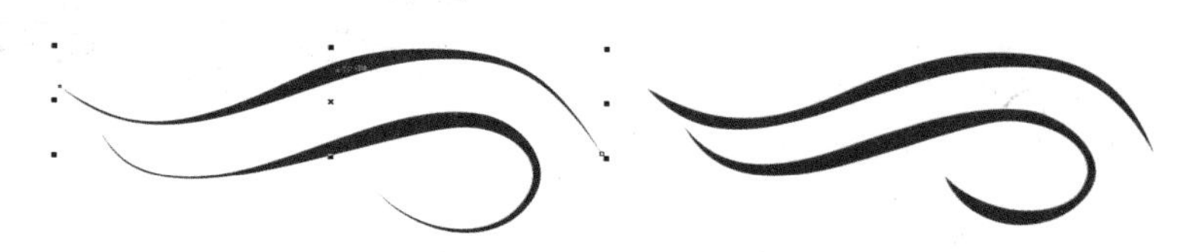

图 7-212 选择拆分后的路径线条

图 7-213 调整对象

(6) 使用钢笔工具结合形状工具在前面绘制的笔触对象上绘制如图 7-214 所示的花纹对象，并将该对象填充为黑色。

(7) 绘制如图 7-215 所示的花瓣对象，将其填充为黑色，并取消轮廓。

图 7-214 绘制花纹对象

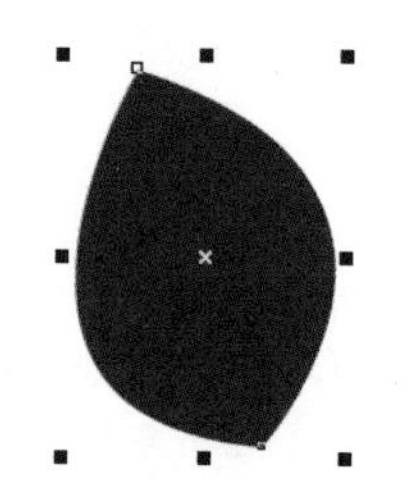

图 7-215 绘制花瓣对象

(8) 选择花瓣对象，再使用选择工具单击该对象一次，此时会出现旋转手控，将旋转中心点移动到如图 7-216 所示的位置。

(9) 执行“窗口 / 泊坞窗 / 变换 / 旋转”命令，打开“转换”泊坞窗，按图 7-217 设置“旋转”选项。

(10) 连续单击“应用”按钮 7 次，对花瓣对象进行复制，效果如图 7-218 所示。

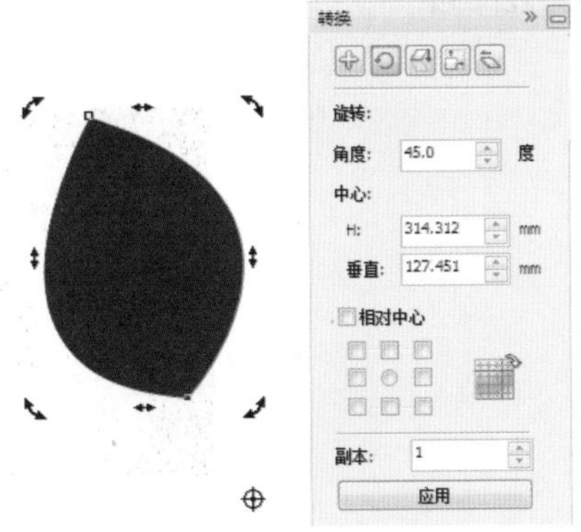


图 7-216 移动旋转中心点 图 7-217 旋转选项设置

图 7-218 对象的复制效果

(11) 使用椭圆形工具和修剪功能绘制如图 7-219 所示的圆环，并取消轮廓，然后将圆环移动到花形对象上，效果如图 7-220 所示。

(12) 将绘制好的花形对象群组，然后移动到前面绘制的图案对象上，并将其复制，效果如图 7-221 所示。

图 7-219 绘制的圆环 图 7-220 绘制的花形 图 7-221 花形与其他对象的效果

(13) 按照步骤（1）～步骤（5）的方法绘制如图 7-222 所示的形状。

(14) 复制步骤（6）中绘制的图案，然后单击属性栏中的“水平镜像”按钮，将复制的图案水平镜像，并使用形状工具将其调整为如图 7-223 所示的形状。

(15) 将调整后的对象旋转到如图 7-224 所示的角度，并移动到相应的位置。

图 7-222 绘制形状 图 7-223 调整形状 图 7-224 旋转后的对象

(16) 使用钢笔工具、复制功能和“水平镜像”按钮绘制如图 7-225 所示的小鸟和海鸥对象，然后将绘制好的所有对象群组。

(17) 将群组后的对象复制并水平镜像，然后移动到原对象的右边，完成对称图形的绘制，如图 7-226 所示。

图 7-225 绘制的小鸟和海鸥

图 7-226 完成后的对称图形

（18）在对称图形中添加文字和一些修饰图形，效果如图 7-227 所示。

（19）将对称图形中的所有对象选择，然后单击属性栏中的“合并”按钮，将它们合并为一个对象。

（20）导入素材文件（素材 / 第 7 章 / 古典花纹 / 斑驳背景.jpg），将其移动到页面上，并调整为适当的大小，如图 7-228 所示。

图 7-227 绘制图形

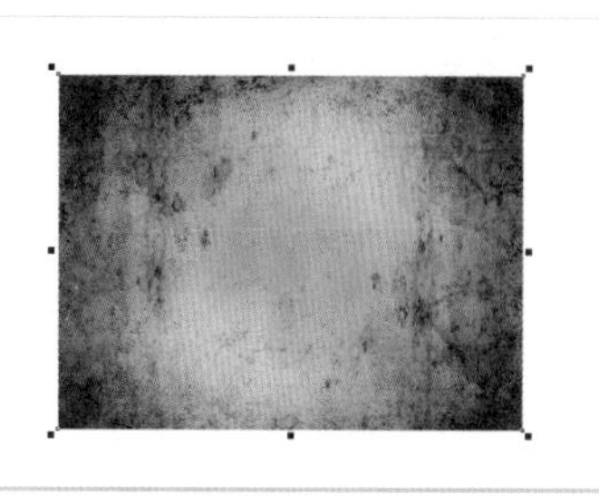
图 7-228 导入的背景图片

（21）将绘制好的花纹对象移动到背景图片的中心位置，并调整为适当的大小。

（22）使用交互式填充工具为花纹对象填充如图 7-229 所示的线性渐变色，其中，渐变色设置为 0%（黑色）、50%（C：0；M：0；Y：0；K：70）、100%（黑色）。

（23）选择透明度工具，在属性栏中将“透明度类型”设置为“标准”、将“透明度操作”设置为“减少”、将“开始透明度”设置为 30，如图 7-230 所示，得到如图 7-231 所示的透明效果。

图 7-229 渐变填充效果

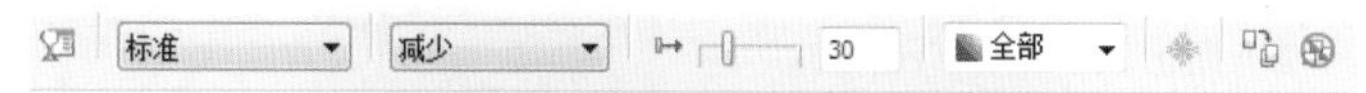

图 7-230 透明度工具设置

图 7-231 对象的透明效果

## 实例 09 秋天的田野（绘制场景）

**案例说明**

本例将制作一个效果如图 7-232 所示的秋天的田野场景，在制作过程中需要使用椭圆工具、贝塞尔工具、形状工具、填充工具等。

图 7-232 实例的最终效果

## 操作步骤

(1) 使用工具箱中的贝塞尔工具结合形状工具绘制如图 7-233 所示的图形，为图形应用线性渐变填充，设置起点色块的颜色为（C：35；M：0；Y：98；K：0），终点色块的颜色为（C：96；M：25；Y：100；K：11），效果如图 7-234 所示。

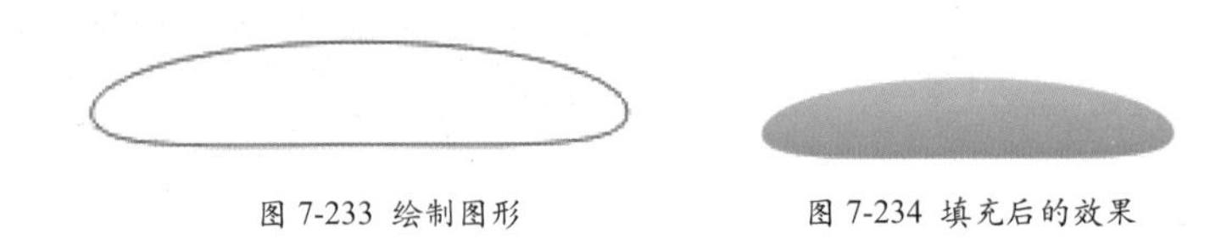

图 7-233 绘制图形　　图 7-234 填充后的效果

(2) 使用同样的方法绘制另外一个渐变效果的图形，并移动到如图 7-235 所示的位置。

图 7-235 绘制另一个渐变图形

(3) 使用工具箱中的贝塞尔工具结合形状工具绘制如图 7-236 所示的图形，为图形应用线性渐变填充，设置起点色块的颜色为（C：35；M：0；Y：98；K：0）、终点色块的颜色为（C：96；M：25；Y：100；K：11），效果如图 7-237 所示。

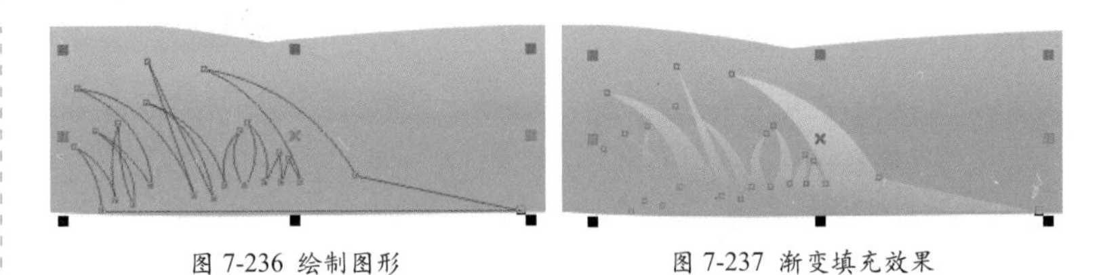

图 7-236 绘制图形　　图 7-237 渐变填充效果

(4) 使用同样的方法绘制另外一个渐变效果的图形，并移动到如图 7-238 所示的位置。

图 7-238 绘制另一个渐变图形

(5) 使用工具箱中的贝塞尔工具结合形状工具绘制如图 7-239 所示的图形，为图形应用线性渐变填充，设置起点色块的颜色为（C：94；M：0；Y：100；K：0）、终点色块的颜色为（C：98；M：0；Y：100；K：0），如图 7-240 所示。

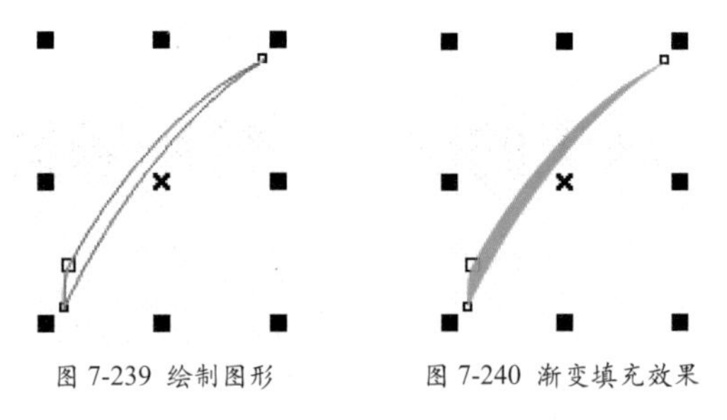

图 7-239 绘制图形　　图 7-240 渐变填充效果

(6) 使用同样的方法绘制其他图形，效果如图 7-241 所示。

图 7-241 绘制其他图形

(7) 使用与前面相同的方法绘制一个图形，并填充相应的渐变颜色，效果如图 7-242 所示。

(8) 按 F7 键激活椭圆工具，绘制一个椭圆，并旋转合适的角度，为椭圆应用线性渐变填充，设置起点色块的颜色为（C：3；M：20；Y：45；K：0）、终点色块的颜色为（C：9；M：41；Y：92；K：2），具体参数设置如图 7-243 所示，效果如图 7-244 所示。

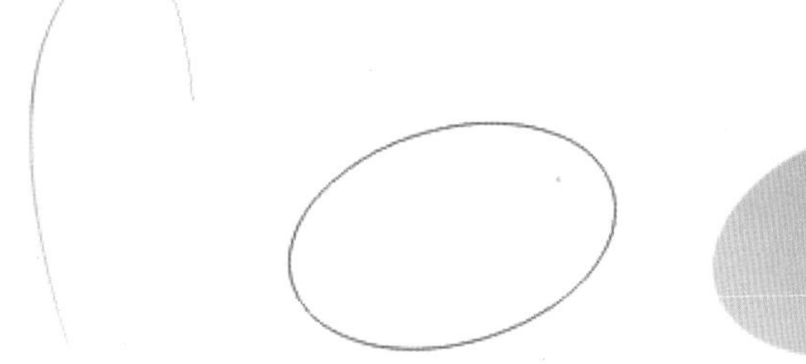

图 7-242 绘制渐变图形　图 7-243 绘制椭圆　图 7-244 渐变填充效果

(9) 设置完毕后单击“确定”按钮，并去掉轮廓，然后复制一组图形，排列到如图 7-245 所示的位置。

图 7-245 复制一组图形

(10) 用同样的方法绘制一组“稻谷”，并排列到“草丛”中，效果如图 7-246 所示。

图 7-246 绘制并排列图形

(11) 使用工具箱中的贝塞尔工具结合形状工具绘制如图 7-247 所示的图形，为图形应用线性渐变填充，设置起点色块的颜色为白色、终点色块的颜色为（C：87；M：2；Y：0；K：0），完成后去掉轮廓，如图 7-248 所示。

图 7-247 绘制图形

图 7-248 渐变填充效果

(12) 用同样的方法绘制其他图形，填充相应的渐变颜色，并排列到如图 7-249 所示的位置。

图 7-249 绘制其他图形

(13) 按F7键激活椭圆工具，绘制一个椭圆。并为椭圆应用线性渐变填充，设置起点色块的颜色为(C：2；M：80；Y：91；K：0)、终点色块的颜色为(C：3；M：11；Y：93；K：0)，效果如图7-250所示。

图 7-250 绘制渐变椭圆

(14) 使用工具箱中的贝塞尔工具结合形状工具绘制如图 7-251 所示的图形，填充图形的颜色为 10% 黑，并去掉轮廓，如图 7-252 所示，到此，本例的制作就完成了。

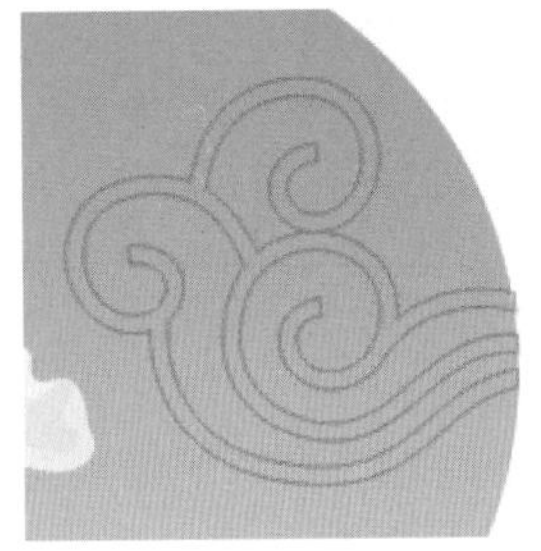
图 7-251 绘制图形

图 7-252 填充图形颜色

## 实例 10 秋天的田野（绘制稻草人）

**案例说明**

本例将制作一个最终效果如图 7-253 所示的秋天的田野插画（绘制稻草人），在本例制作过程中需要使用椭圆工具、贝塞尔工具、形状工具、矩形工具、填充工具等。

图 7-253 实例的最终效果

## 操作步骤

(1) 使用工具箱中的贝塞尔工具结合形状工具绘制一个图形，填充图形的颜色为(C: 2; M: 16; Y: 41; K: 0)，如图 7-254 所示。按 F12 键打开“轮廓笔”对话框，设置轮廓宽度为 0.1mm、颜色为(C：11；M：55；Y：97；K：0)，如图 7-255 所示。

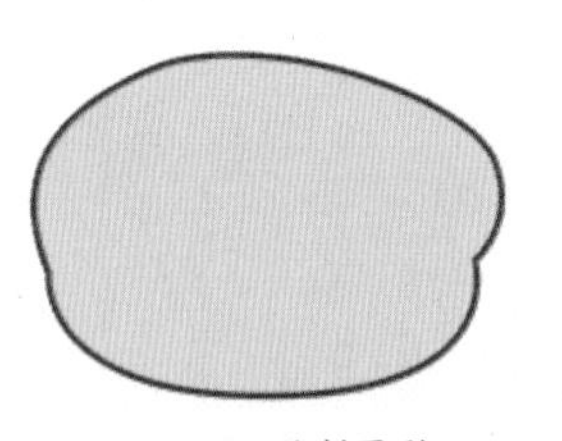
图 7-254 绘制图形

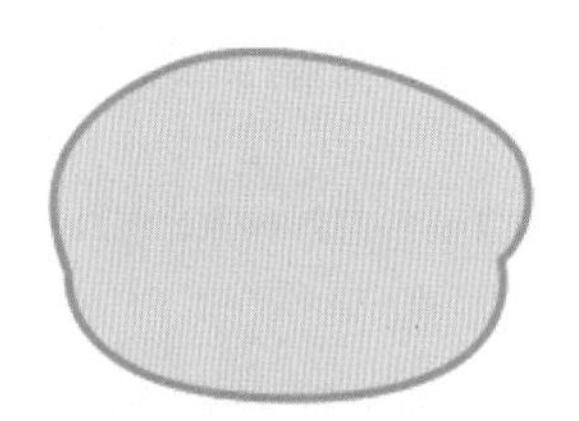
图 7-255 设置轮廓

(2) 用同样的方法绘制耳朵，如图 7-256 所示。

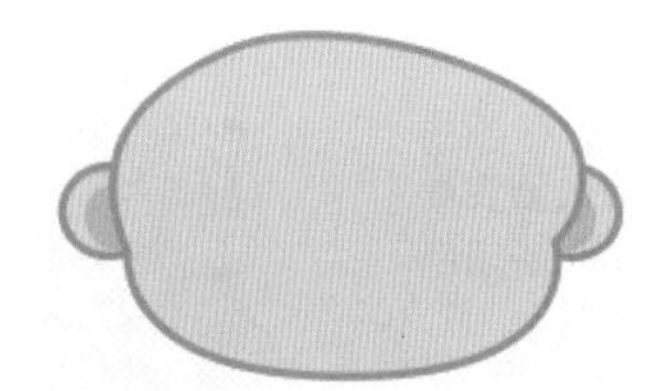
图 7-256 绘制耳朵

（3）使用贝塞尔工具结合形状工具绘制耳朵图形，填充图形的颜色为（C：2；M：16；Y：41；K：0），如图7-257所示。为图形添加交互式透明效果，使用工具箱中的交互式透明工具，在属性栏的透明度类型中选择“标准”，并去掉轮廓，如图7-258所示。

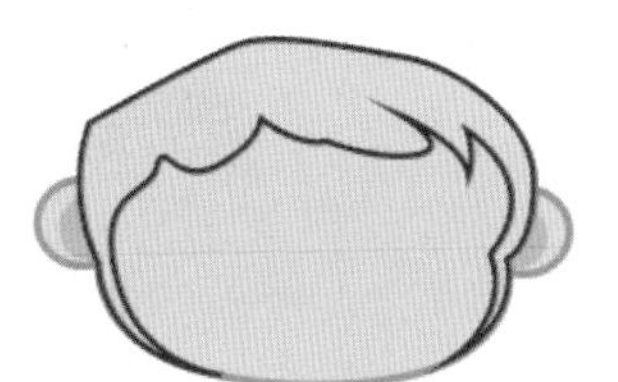
图 7-257 绘制图形

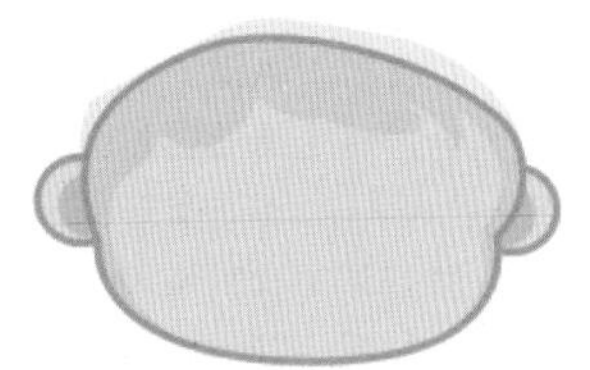
图 7-258 添加透明效果

（4）使用工具箱中的贝塞尔工具结合形状工具绘制头发，填充颜色为60%黑，并去掉轮廓，如图7-259所示。用同样的方法绘制头发的暗部和亮部，效果如图7-260所示。

图 7-259 绘制头发

图 7-260 绘制头发的暗部与亮部

（5）使用工具箱中的贝塞尔工具结合形状工具绘制卡通人物的眼睛和嘴巴，并填充相应的颜色，如图7-261所示。

图 7-261 绘制卡通人物的眼睛和嘴巴

（6）按F7键激活椭圆工具，绘制一个椭圆，填充颜色为（C：3；M：7；Y：44；K：0），并去掉轮廓，如图7-262所示。然后复制一个椭圆，移动到卡通人物的“脸”的另一侧，如图7-263所示。

图 7-262 绘制椭圆

图 7-263 复制椭圆

（7）使用工具箱中的矩形工具绘制一个矩形，为矩形填充相应的渐变颜色，并去掉轮廓。然后使用同样的方法绘制另外一个渐变矩形，如图7-264所示。

图 7-264 绘制渐变图形

（8）使用工具箱中的贝塞尔工具结合形状工具绘制如图 7-265 所示的图形，填充图形颜色为（C：4；M：23；Y：24；K：0），并去掉轮廓，如图 7-266 所示。

图 7-265 绘制图形

图 7-266 填充图形颜色

（9）使用贝塞尔工具结合形状工具绘制卡通人物的阴影部分，并填充相应的颜色，效果如图 7-267 所示。然后用同样的方法绘制其他阴影与亮部的效果，如图 7-268 所示。

图 7-267 绘制阴影图形

图 7-268 绘制其他阴影与亮部

（10）将绘制好的稻草人移动到场景中，最终效果如图 7-269 所示。

图 7-269 本例的最终效果

# 实 例 进 阶

## 实例 11 绘制楼房插画

**案例说明**

本例将制作一个最终效果如图 7-270 所示的楼房插画，在制作过程中需要使用椭圆工具、贝塞尔工具、形状工具、填充工具等。

图 7-270 实例的最终效果

## 步骤提示

(1) 使用工具箱中的贝塞尔工具结合形状工具绘制图形，填充颜色为70%黑，并去掉轮廓，效果如图7-271所示。使用同样的方法绘制一组图形，分别填充颜色为白色和蓝色，去掉轮廓，并将其移动到如图7-272所示的位置。

图 7-271 绘制图形

图 7-272 绘制一组图形

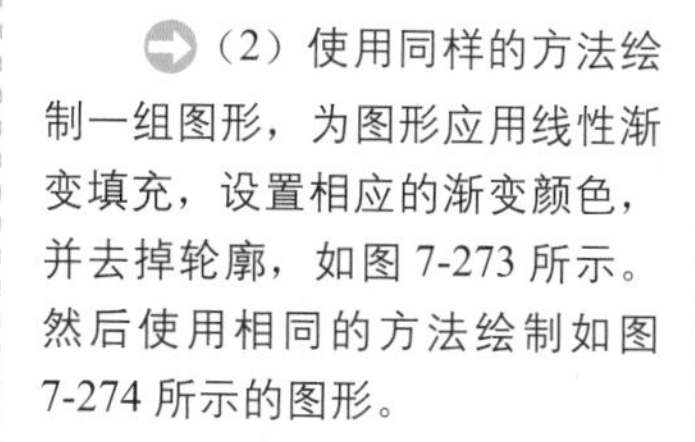

(2) 使用同样的方法绘制一组图形，为图形应用线性渐变填充，设置相应的渐变颜色，并去掉轮廓，如图7-273所示。然后使用相同的方法绘制如图7-274所示的图形。

图 7-273 绘制渐变图形

图 7-274 绘制花瓣图形

(3) 按F7键激活椭圆工具，绘制一个椭圆，并为其应用辐射渐变填充，设置相应的渐变颜色，效果如图7-275所示。

(4) 使用同样的方法绘制多个图形，并移动到合适的位置，得到本例的最终效果，如图7-276所示。

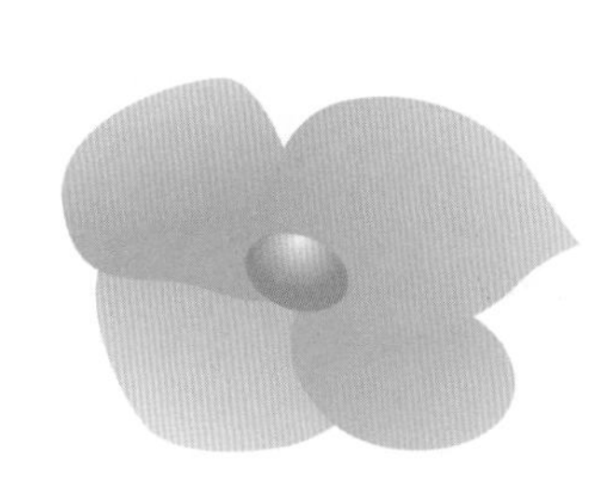

图 7-275 绘制渐变椭圆

图 7-276 本例的最终效果

## 实例 12 绘制果实插画

**案例说明**

本例将制作一个最终效果如图7-277所示的果实插画，在制作过程中需要使用椭圆工具、贝塞尔工具、形状工具、填充工具、交互式透明工具等。

图 7-277 实例的最终效果

## 步骤提示

(1) 使用工具箱中的贝塞尔工具结合形状工具绘制草坪图形，为图形应用线性渐变填充，设置相应的渐变颜色，并去掉轮廓，如图 7-278 所示。

图 7-278 为图形应用线性渐变

(2) 使用同样的方法绘制如图 7-279 所示的图形，对图形进行透明操作，得到如图 7-280 所示的图形，然后使用相同的方法绘制如图 7-281 所示的图形。

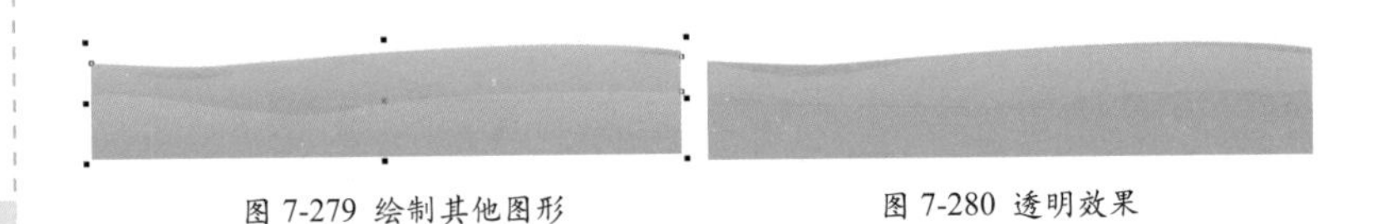

图 7-279 绘制其他图形　　图 7-280 透明效果

(3) 使用工具箱中的贝塞尔工具结合形状工具绘制一组图形，并填充相应的颜色，去掉轮廓，并将图形排列到如图 7-282 所示的位置。

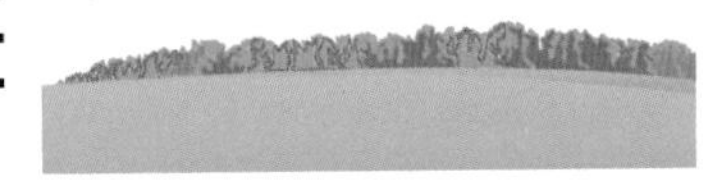

图 7-281 绘制渐变图形　　图 7-282 绘制一组图形

(4) 使用同样的方法绘制另一组图形，并将其移动到如图 7-283 所示的位置。

图 7-283 绘制另一组图形

(5) 使用工具箱中的贝塞尔工具结合形状工具绘制图形，为图形应用线性渐变填充，设置相应的渐变颜色，并去掉轮廓，如图 7-284 所示。

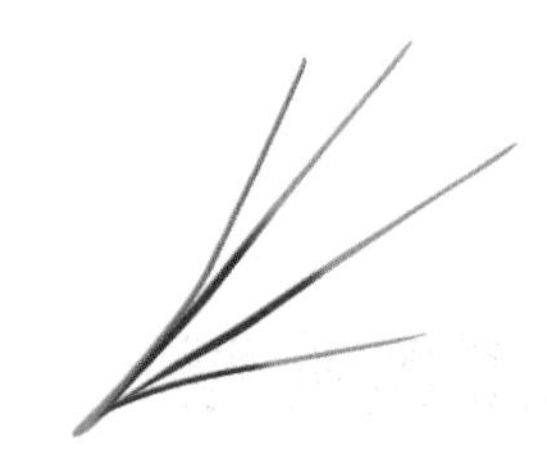

图 7-284 渐变填充效果

(6) 使用同样的方法绘制其他渐变图形，并对其进行透明操作，移动到如图 7-285 所示的位置。

(7) 使用同样的方法绘制其他图形，并排列到合适的位置，得到如图 7-286 所示的效果。

图 7-285 绘制树叶图形

图 7-286 绘制其他图形

（8）将图 7-286 所示的图形移动到背景中，得到本例的最终效果。

## 实例 13 绘制蝗虫插画

**案例说明**

本例将制作一个最终效果如图 7-287 所示的蝗虫插画，在制作过程中需要使用椭圆工具、贝塞尔工具、形状工具、填充工具、交互式透明工具等。

图 7-287 实例的最终效果

## 步骤提示

（1）使用工具箱中的贝塞尔工具结合形状工具绘制图形，为图形应用线性渐变填充，设置相应的渐变颜色，去掉轮廓，并移动到如图 7-288 所示的位置。

图 7-288 填充渐变颜色

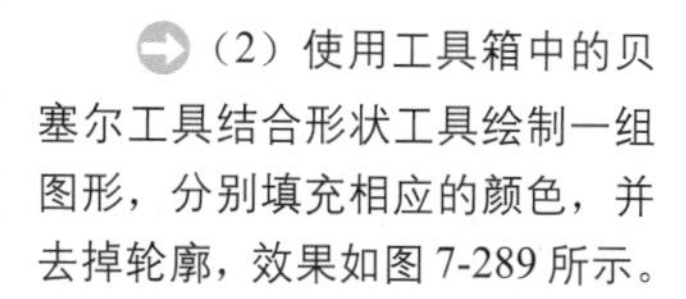

（2）使用工具箱中的贝塞尔工具结合形状工具绘制一组图形，分别填充相应的颜色，并去掉轮廓，效果如图 7-289 所示。

（3）使用同样的方法绘制其他图形，并为其进行透明操作，效果如图 7-290 所示。

图 7-289 绘制图形

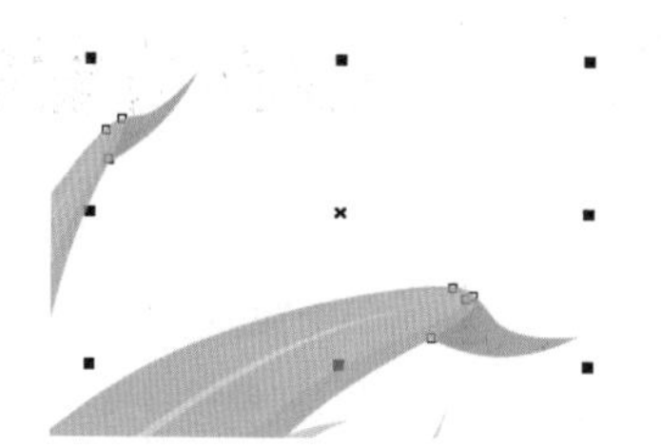

图 7-290 绘制图形并进行透明操作

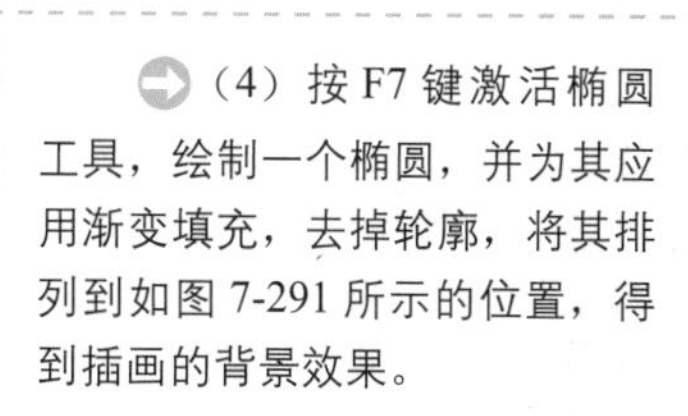

（4）按 F7 键激活椭圆工具，绘制一个椭圆，并为其应用渐变填充，去掉轮廓，将其排列到如图 7-291 所示的位置，得到插画的背景效果。

图 7-291 绘制渐变椭圆

（5）使用工具箱中的贝塞尔工具结合形状工具绘制蝗虫图形，填充为相应的颜色，并为其中的一些图形应用线性渐变填充，设置相应的渐变颜色，去掉轮廓，并将其排列到合适的位置，如图 7-292 所示。

（6）使用同样的方法绘制其他图形，为其进行透明操作，并将其排列到合适的位置，如图 7-293 所示。

（7）按 F7 键激活椭圆工具，绘制一组椭圆，填充相应的颜色，并为其中的两个椭圆应用辐射渐变填充，去掉轮廓，并将其排列到如图 7-294 所示的位置。

图 7-292 填充相应的颜色

图 7-293 绘制一组透明图形

图 7-294 绘制椭圆

（8）使用工具箱中的贝塞尔工具结合形状工具绘制阴影图形，对其进行透明操作，将其排列至最下层，效果如图 7-295 所示。

（9）将蝗虫图形移动到如图 7-296 所示的背景图形中，得到本例的最终效果如图 7-296 所示。

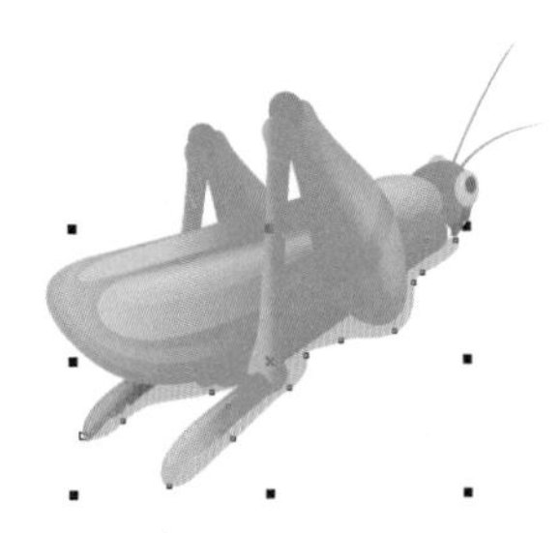

图 7-295 绘制阴影图形

图 7-296 本例的最终效果

## 实例 14 绘制可爱的女孩

**案例说明**

本例将制作效果如图 7-297 所示的可爱女孩，主要练习贝塞尔工具、形状工具、椭圆工具等工具的使用。

图 7-297 实例的最终效果

## 步骤提示

(1) 使用工具箱中的贝塞尔工具结合形状工具绘制如图7-298所示的基本图形，分别为脸、头发和帽子填色，如图7-299所示。

(2) 使用工具箱中的贝塞尔工具结合形状工具绘制帽子上的花，如图7-300所示。然后使用工具箱中的贝塞尔工具绘制五官，并分别为五官填色，如图7-301所示。

(3) 使用工具箱中的贝塞尔工具结合形状工具绘制如图7-302所示的衣服和身体的图形，并分别为衣服和身体填色，如图7-303所示。

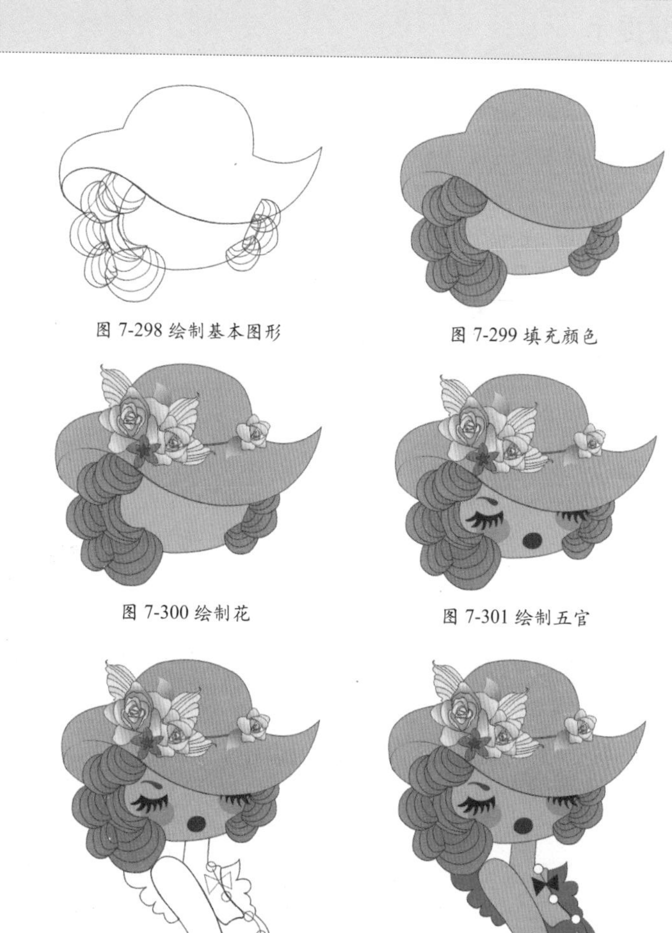

图 7-298 绘制基本图形

图 7-299 填充颜色

图 7-300 绘制花

图 7-301 绘制五官

图 7-302 绘制身体图形

图 7-303 为图形填色

(4) 使用工具箱中的贝塞尔工具和椭圆工具绘制小花朵，为小花朵填充不同的颜色，得到本例的最终效果。

## 实例 15 绘制长发美女

**案例说明**

本例将制作效果如图7-304所示的长发美女，主要练习钢笔工具、交互式透明工具等工具的使用。

图 7-304 实例的最终效果

## 步骤提示

（1）使用钢笔工具绘制美女的脸形，再使用钢笔工具结合对象的镜像绘制眼睛、眉毛和鼻子，如图 7-305 所示。

（2）使用钢笔工具绘制嘴，然后使用工具箱中的交互式透明工具为图形应用透明效果，在属性栏的透明度类型中选择“辐射”。选中中间的黑色色块，在属性栏中设置透明中心点为 0，再选中外面的白色色块，设置透明中心点为 100。然后制作嘴上的其他图形，如图 7-306 所示。

图 7-305 绘制美女的脸

图 7-306 制作嘴上的其他图形

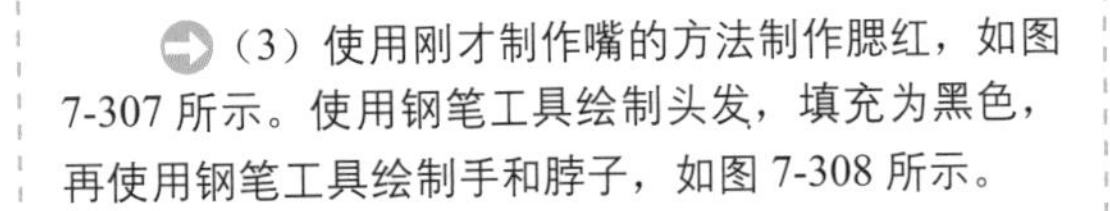

（3）使用刚才制作嘴的方法制作腮红，如图 7-307 所示。使用钢笔工具绘制头发，填充为黑色，再使用钢笔工具绘制手和脖子，如图 7-308 所示。

图 7-307 绘制腮红

图 7-308 绘制手和脖子

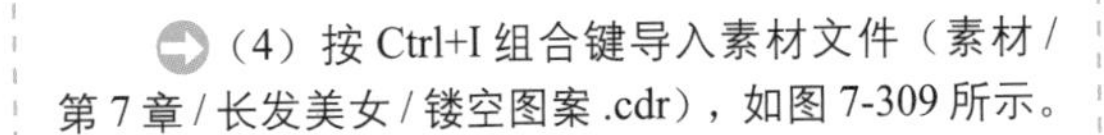

（4）按 Ctrl+I 组合键导入素材文件（素材 / 第 7 章 / 长发美女 / 镂空图案 .cdr），如图 7-309 所示。

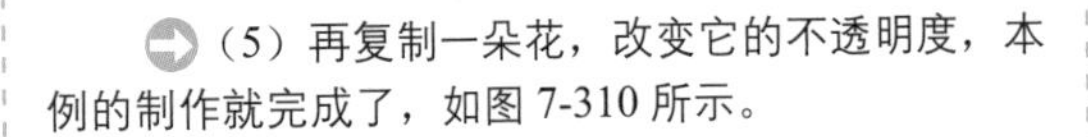

（5）再复制一朵花，改变它的不透明度，本例的制作就完成了，如图 7-310 所示。

图 7-309 镂空图案素材

图 7-310 将花精确裁剪到图形内

## 实 例 提 高

## 16 绘制蔬菜插画

**案例说明**

本例将使用手绘工具、形状工具、渐变填充工具、钢笔工具以及交互工具等绘制如图 7-311 所示的蔬菜插画。

图 7-311 实例的最终效果

## 实例 17 绘制意境插画

**案例说明**

本例将使用椭圆工具、形状工具、渐变填充工具、钢笔工具等工具绘制如图 7-312 所示的意境插画。

图 7-312 实例的最终效果

## 实例 18 绘制婚纱插画

**案例说明**

本例将使用贝塞尔工具、形状工具、手绘工具、填充工具、钢笔工具等工具绘制如图 7-313 所示的婚纱插画。

图 7-313 实例的最终效果

## 实例 19 绘制少儿插画

**案例说明**

本例将使用钢笔工具、椭圆工具、填充工具、复制工具、变形工具、交互工具等工具绘制如图 7-314 所示的少儿插画。

图 7-314 实例的最终效果

## 实例 20 绘制葡萄图案插画

**案例说明**

本例将制作效果如图 7-315 所示的葡萄图案，在制作过程中需要使用椭圆工具、形状工具、手绘工具、艺术笔工具、网状填充工具、填充工具等基本绘图工具，另外，还需要使用“修剪”功能和“导入”命令。

图 7-315 实例的最终效果

## 实例 21 动感线条背景

**案例说明**

本例将制作效果如图 7-316 所示的动感线条背景，在制作过程中需要使用钢笔工具、矩形工具、形状工具、交互式填充工具和透明度工具等。在对背景中的圆角矩形应用透明效果时，需要对属性栏中的“透明度操作”选项进行相应的设置。

图 7-316 实例的最终效果

## 实例 22 梦幻背景

**案例说明**

本例将制作效果如图 7-317 所示的紫色梦幻背景，在制作过程中需要使用矩形工具、椭圆工具、钢笔工具、形状工具、网状填充工具、交互式填充工具、透明度工具，以及“导入”命令等。

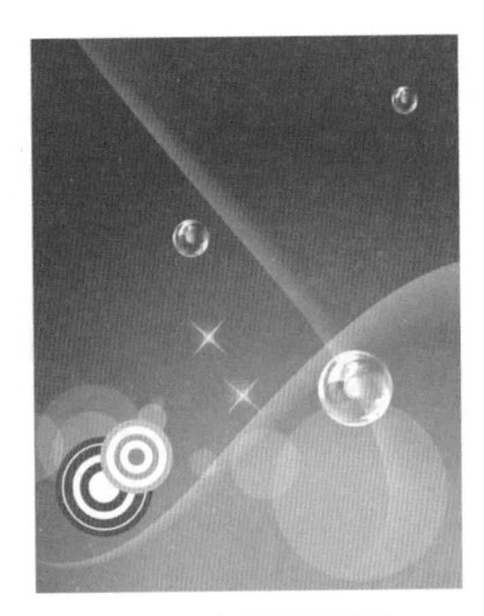

图 7-317 实例的最终效果

# 第8章 产品造型设计

本章将制作一些产品造型设计，从而学习一些工具的使用及特殊效果的制作。产品造型设计包括简单的产品设计、复杂产品的制作。学习本章后读者应掌握运用简单的线条、图形及色彩的明暗来营造产品的空间，这对于产品造型设计有着重要的意义，具体的操作方法和技巧我们将通过具体实例加以说明。

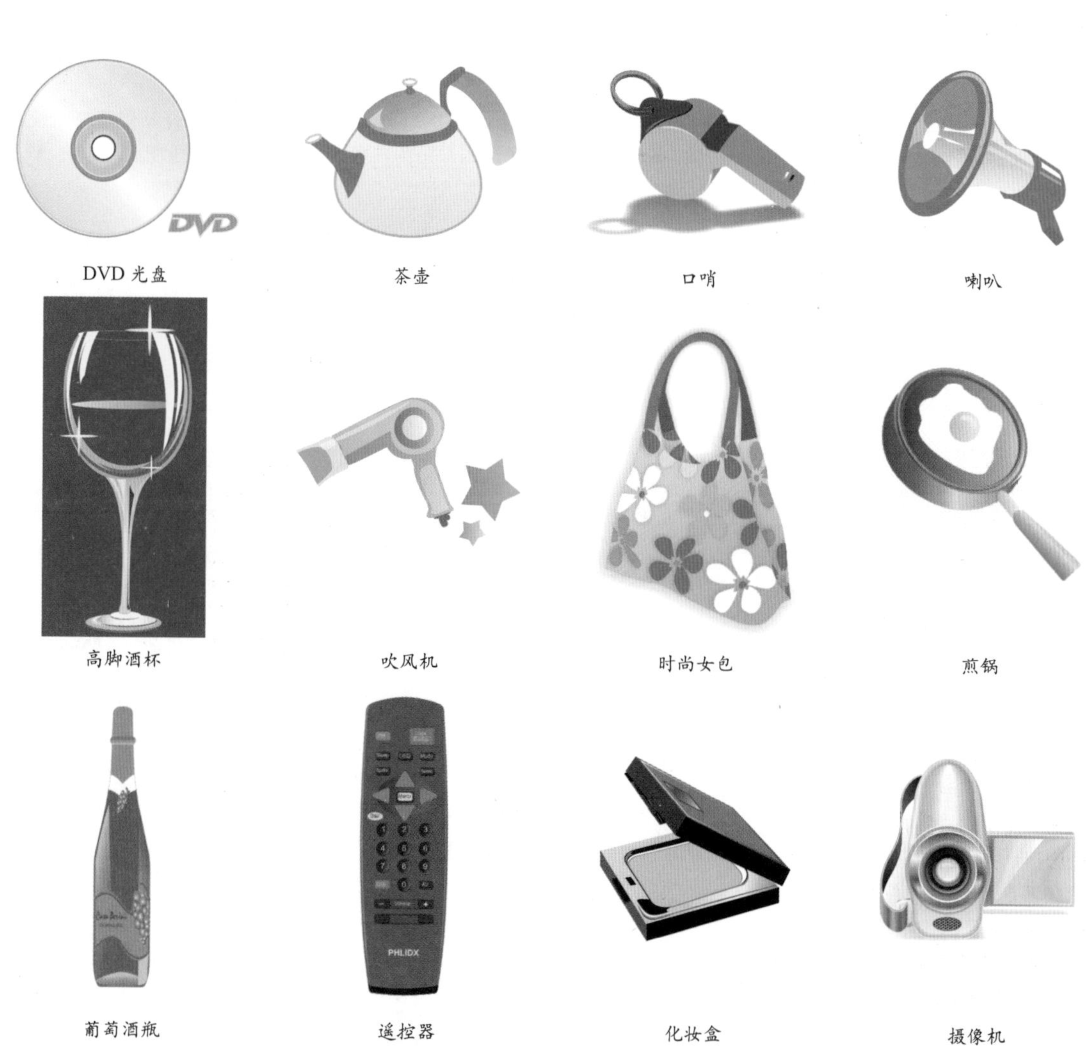


DVD 光盘　茶壶　口哨　喇叭

高脚酒杯　吹风机　时尚女包　煎锅

葡萄酒瓶　遥控器　化妆盒　摄像机

# 实 例 入 门

## 实例 01 绘制DVD光盘

**案例说明**

本例将绘制一个最终效果如图8-1所示的DVD光盘造型，在绘制过程中需要使用椭圆工具、渐变填充工具、交互式轮廓图工具等工具，学习本例后读者应熟练掌握轮廓笔的设置方法。

图 8-1 实例的最终效果

### 操作步骤

(1) 选择工具箱中的椭圆工具，按住Ctrl键绘制一个如图8-2所示的圆。为圆应用线性渐变填充，设置起点色块的颜色为（C：30；M：0；Y：10；K：0）、中间色块的颜色为白色、终点色块的颜色为（C：30；M：0；Y：10；K：0），填充效果如图8-3所示。

(2) 按F12键打开“轮廓笔”对话框，设置轮廓宽度为1.0mm、轮廓颜色为（C：100；M：0；Y：0；K：0），设置其余参数如图8-4所示。

图 8-2 绘制圆

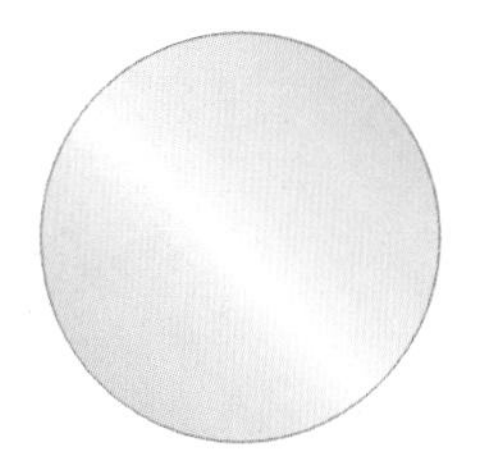

图 8-3 渐变填充效果

图 8-4 设置轮廓笔参数

(3) 设置完毕后，单击“确定”按钮，得到如图8-5所示的效果。使用同样的方法再绘制一个圆形，并设置圆形的轮廓笔宽度和颜色，然后按住Shift键单击图8-5所示的图形，再按C键和E键，使其居中对齐，得到如图8-6所示的效果。

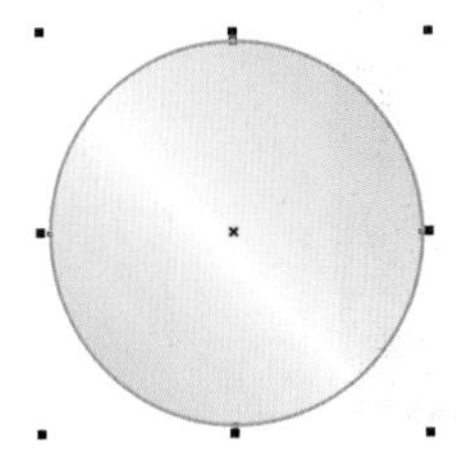

图 8-5 轮廓笔填充效果

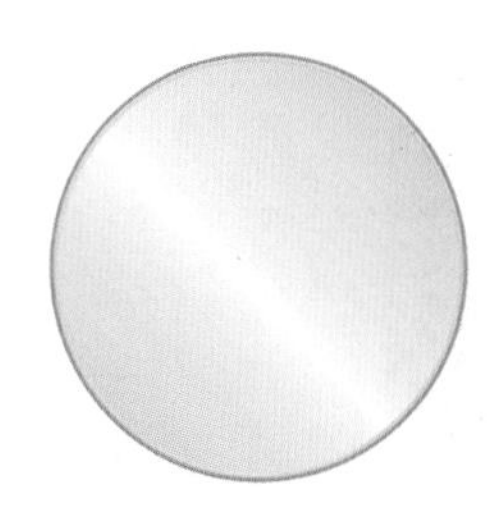

图 8-6 绘制圆形

(4) 按照步骤(1)的方法绘制图形，并分别填充颜色为蓝色、白色，在属性栏的“轮廓宽度”数值框中设置轮廓笔宽度为1.0pt，设置轮廓颜色为(C：60；M：40；Y：100；K：0)，效果如图8-7所示。

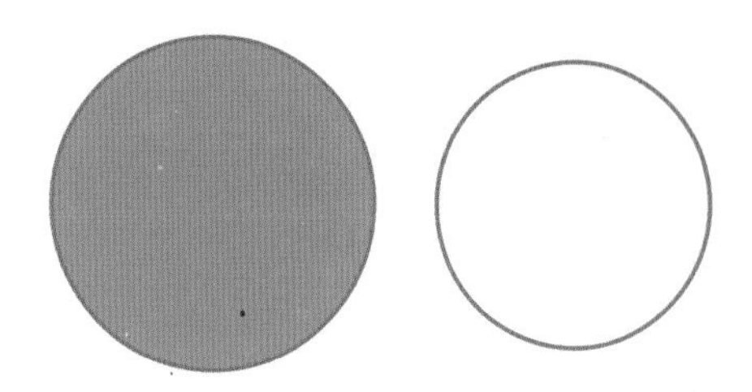

图8-7 分别绘制蓝色、白色图形

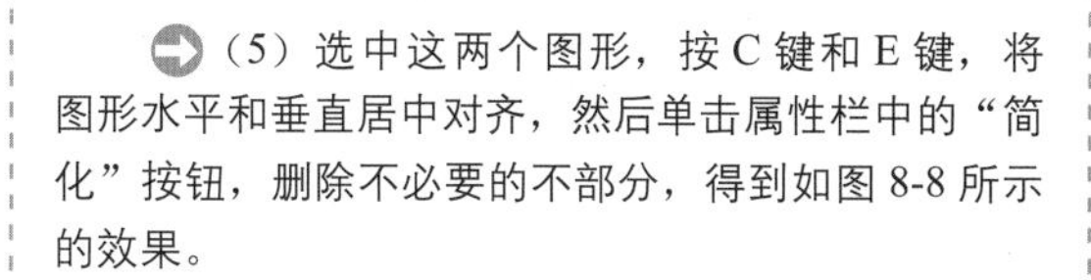

(5) 选中这两个图形，按C键和E键，将图形水平和垂直居中对齐，然后单击属性栏中的“简化”按钮，删除不必要的不部分，得到如图8-8所示的效果。

(6) 按F7键激活椭圆工具，绘制一个椭圆，为椭圆应用辐射渐变填充，设置起点色块的颜色为20%黑，中间色块的颜色分别为20%黑、15%黑，终点色块的颜色为白色，效果如图8-9所示。

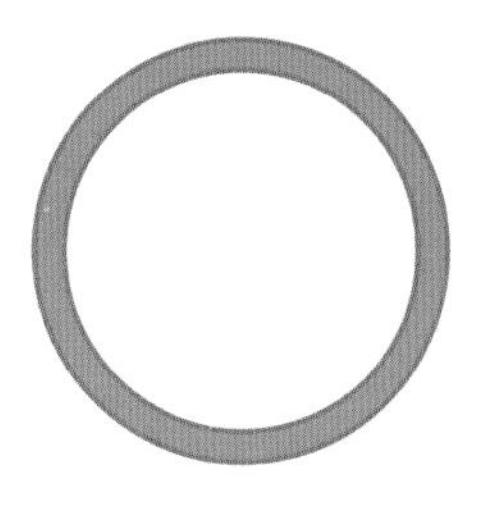

图8-8 对齐并简化图形

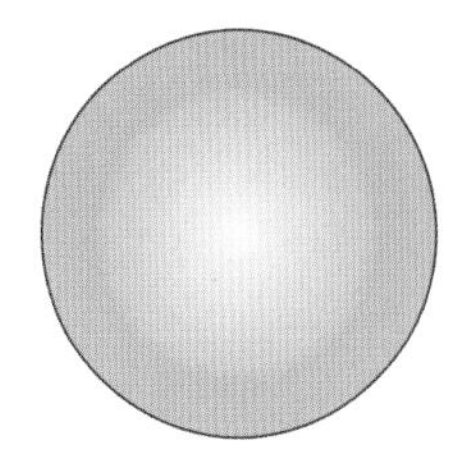

图8-9 为椭圆应用辐射渐变填充

(7) 在属性栏的“轮廓宽度”数值框中设置轮廓笔宽度为1.0pt，设置轮廓颜色为黄色，效果如图8-10所示。

图8-10 设置轮廓笔宽度和颜色

(8) 选中图8-10所示的图形，按小键盘上的“+”键复制图形，填充图形颜色为白色，然后按住Shift键将图形等比例缩小至合适的大小，如图8-11所示。

(9) 同时选中这几个图形，按C键和E键，将图形水平和垂直居中对齐，然后按Ctrl+G组合键将其群组，效果如图8-12所示。

图8-11 复制并调整图形大小

图8-12 群组图形

(10) 将图8-12所示的图形排列到适当位置，并调整图形顺序，得到图8-13所示的图形。

(11) 按F8键激活文本工具，输入文字“DVD”，并选择适当的字体和字号，效果如图8-14所示。

图8-13 排列图形

图8-14 输入文字

(12) 选中文字，执行“排列/转换为曲线”命令，将文字转换为曲线，然后使用形状工具进行编辑，得到图8-15所示的图形，填充图形颜色为(C：100；M：0；Y：0；K：0)，如图8-16所示。

图8-15 编辑图形　　图8-16 填充图形颜色

(13) 选择工具箱中的交互式轮廓图工具，在蓝色图形上拖动鼠标，并在属性栏中设置参数如图 8-17 所示，得到如图 8-18 所示的效果。

图 8-17 设置交互式轮廓图工具的参数

图 8-18 交互式轮廓图效果

(14) 选中填充好的图形并调整图形的大小和位置，得到本例的最终效果，如图 8-19 所示。

图 8-19 本例的最终效果

## 实例 02 绘制茶壶

**案例说明**

本例将绘制一个最终效果如图 8-20 所示的简单的茶壶造型，在绘制过程中需要使用贝塞尔工具、椭圆工具、交互式填充工具等基本操作工具。

图 8-20 实例的最终效果

## 操作步骤

(1) 使用工具箱中的贝塞尔工具结合形状工具绘制如图 8-21 所示的图形，然后使用工具箱中的交互式填充工具为图形应用交互式线性填充，设置起点色块的颜色为 10% 黑、终点色块的颜色为白色，并调整色块的起始位置，如图 8-22 所示。

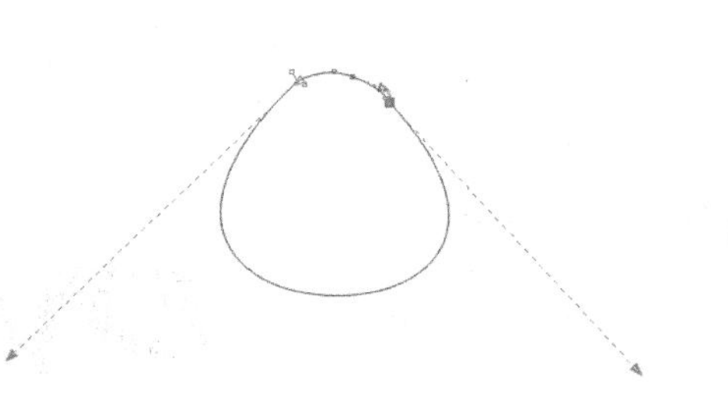

图 8-21 绘制闭合曲线

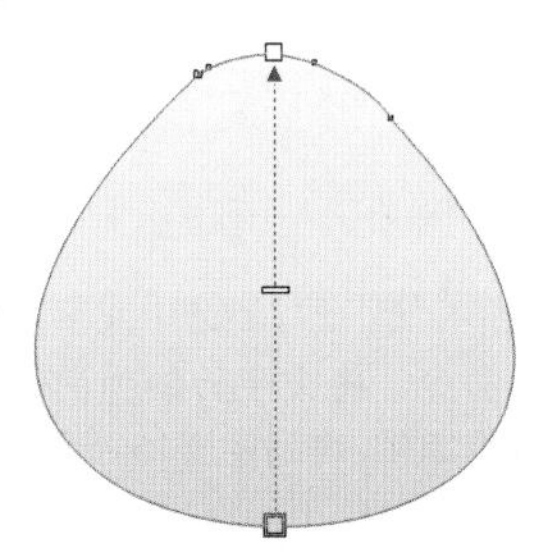

图 8-22 为图形应用交互式填充

(2) 选中图 8-22 所示的图形，按 F12 键打开“轮廓笔”对话框，设置轮廓宽度为 2.0pt、颜色为 30% 黑，其余参数设置如图 8-23 所示。设置完毕后，单击“确定”按钮，得到如图 8-24 所示的效果。

图 8-23 设置轮廓笔参数

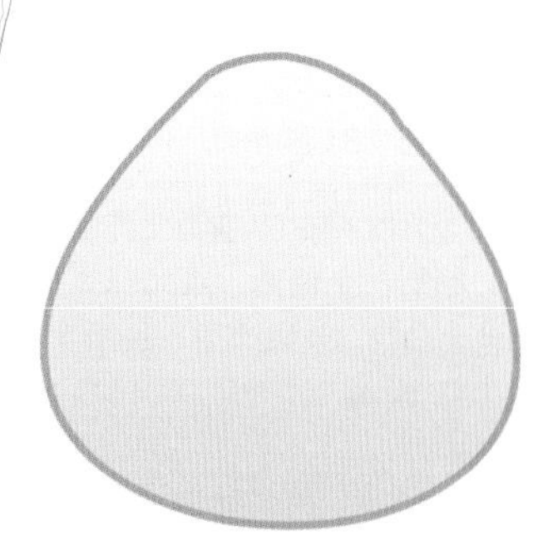

图 8-24 设置轮廓笔后的效果

(3) 使用同样的方法绘制图 8-25 所示的图形，并为其应用交互式线性渐变填充，设置起点色块的颜色为（C：84；M：22；Y：93；K：0）、终点色块的颜色为（C：12；M：1；Y：94；K：0），设置色块的起始位置如图 8-26 所示，完成后去掉轮廓。

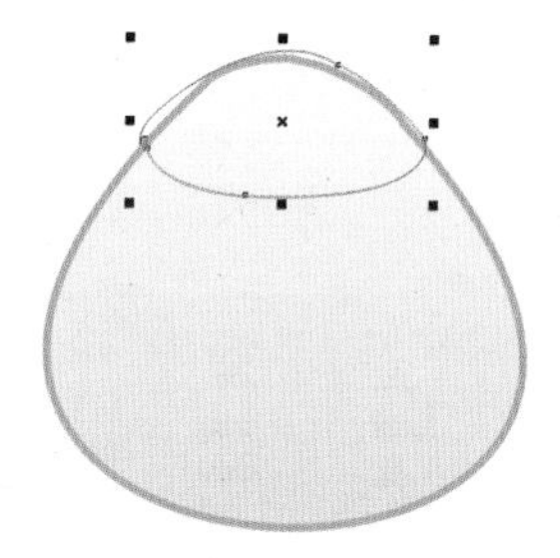

图 8-25 绘制图形

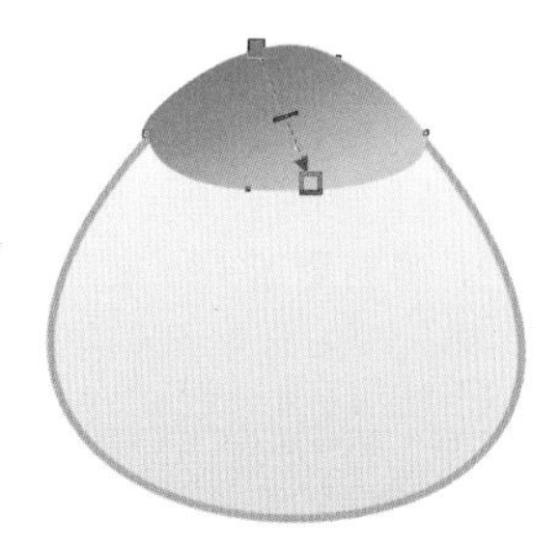

图 8-26 为图形应用交互式填充效果

(4) 按照前面的方法绘制图 8-27 所示的图形，填充颜色为（C：91；M：36；Y：98；K：0），并去掉轮廓，如图 8-28 所示。

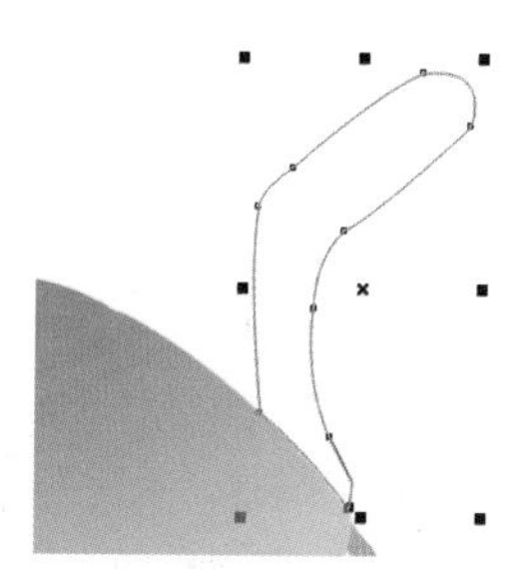

图 8-27 绘制图形

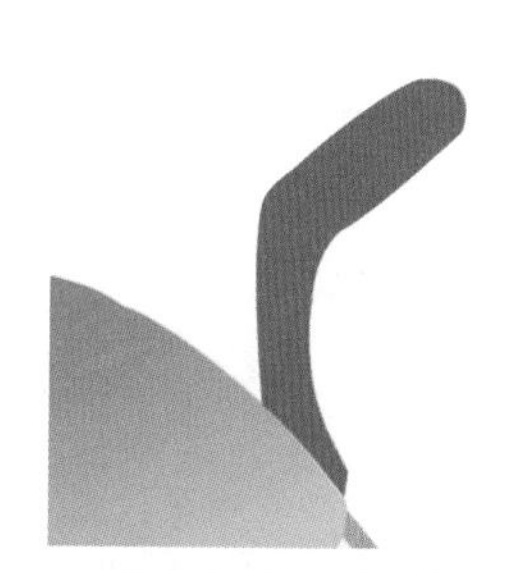

图 8-28 填充图形颜色

(5) 使用同样的方法绘制图 8-29 所示的图形，为其应用交互式线性渐变填充，设置起点色块的颜色为（C：84；M：22；Y：93；K：0）、终点色块的颜色为（C：12；M：1；Y：94；K：0），设置色块的起始位置如图 8-30 所示，完成后去掉轮廓。

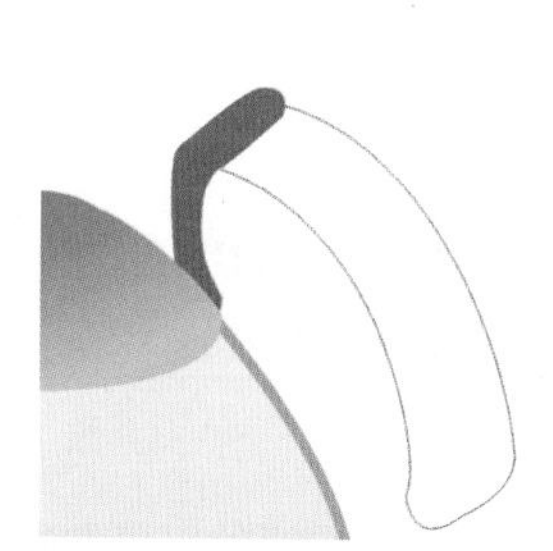

图 8-29 绘制图形

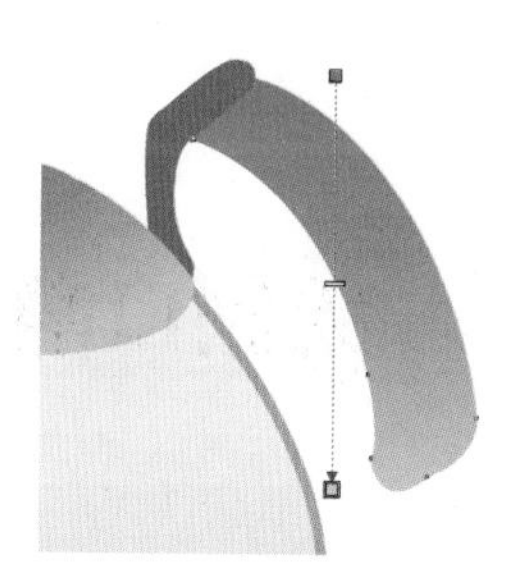

图 8-30 为图形应用交互式渐变填充

(6) 使用工具箱中的贝塞尔工具结合形状工具绘制如图 8-31 所示的图形，填充图形的颜色为（C：91；M：36；Y：98；K：5），并去掉轮廓，效果如图 8-32 所示。

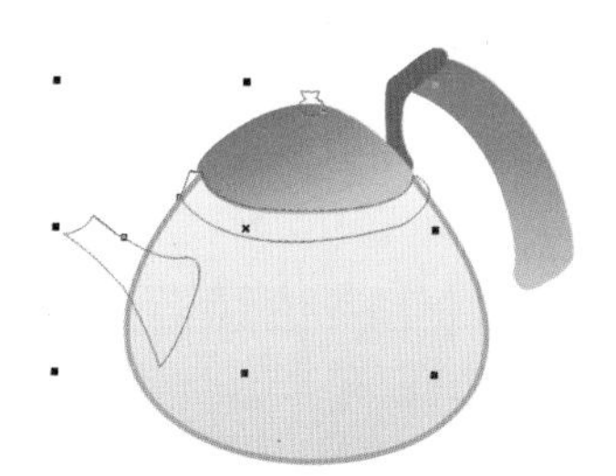

图 8-31 绘制图形

图 8-32 填充图形颜色

➡（7）使用同样的方法绘制图形，填充颜色为（C：18；M：0；Y：19；K：0），并去掉轮廓，效果如图 8-33 所示。

➡（8）按 F7 键激活椭圆工具，绘制一个椭圆，填充椭圆的颜色为白色，效果如图 8-34 所示。

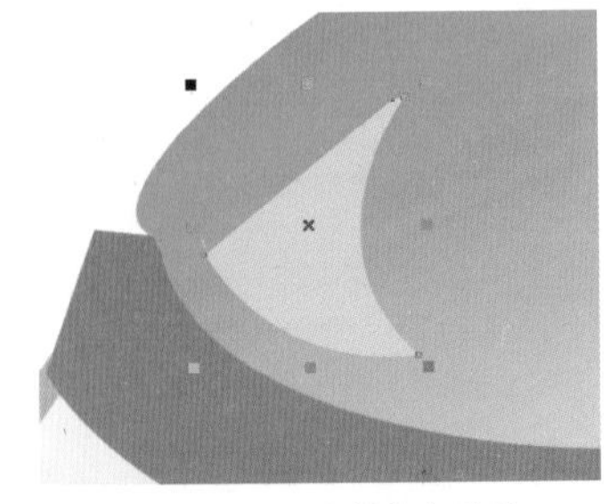

图 8-33 绘制高光图形

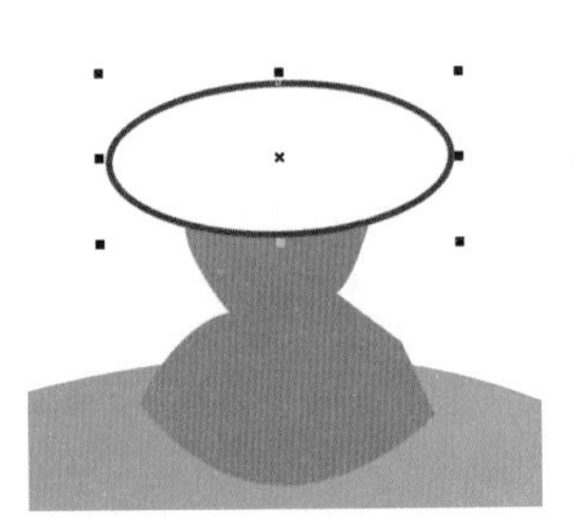

图 8-34 绘制白色图形

➡（9）选中白色椭圆，按 F12 键打开“轮廓笔”对话框，设置轮廓宽度为 0.706mm、颜色为 20% 黑，其余参数设置如图 8-35 所示。设置完毕后，单击“确定”按钮，得到如图 8-36 所示的效果。

图 8-35 设置轮廓笔参数

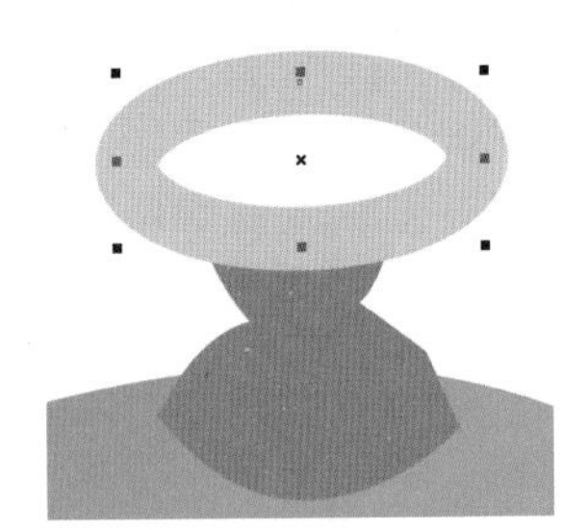

图 8-36 设置轮廓笔后的效果

➡（10）使用同样的方法再绘制一个白色椭圆，如图 8-37 所示。

➡（11）使用工具箱中的选择工具选择所有对象，按 Ctrl+G 组合键将其群组，得到本例的最终效果，如图 8-38 所示。

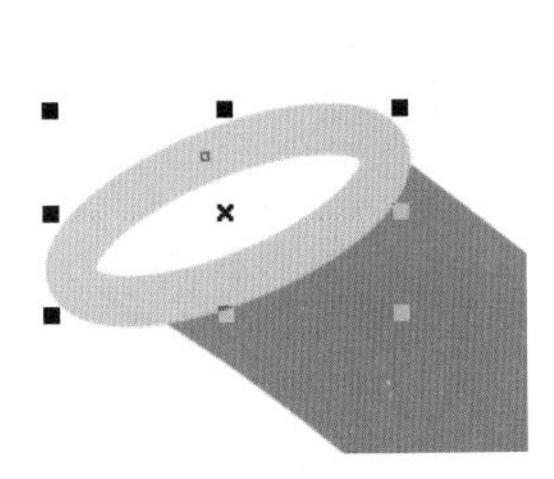

图 8-37 绘制椭圆

图 8-38 本例的最终效果

## 实例 03 绘制口哨

**案例说明**

本例将绘制一个最终效果如图 8-39 所示的色彩鲜明的口哨造型，在绘制过程中需要使用钢笔工具、交互式透明工具、交互式阴影工具等工具，学习本例之后，读者应熟练掌握交互式阴影工具的应用和操作方法。

图 8-39 实例的最终效果

## 操作步骤

(1) 使用工具箱中的钢笔工具结合形状工具绘制如图8-40所示的图形，填充图形颜色为（C：20；M：20；Y：0；K：0），并去掉轮廓，如图8-41所示。

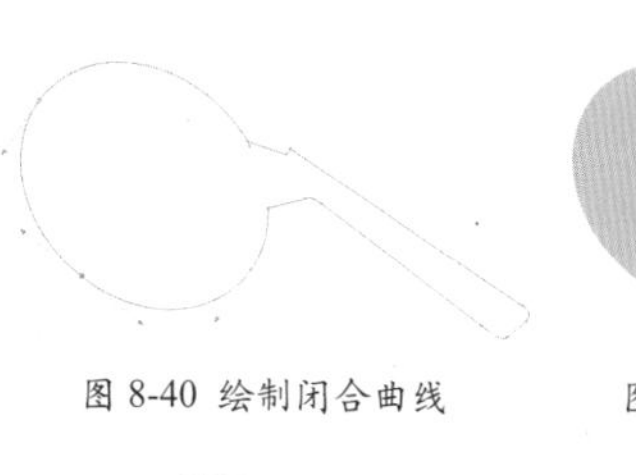

图8-40 绘制闭合曲线

图8-41 填充图形颜色

(2) 使用同样的方法绘制如图8-42所示的图形，填充图形颜色为（C：60；M：40；Y：0；K：0），并去掉轮廓，得到口哨的基本造型，如图8-43所示。

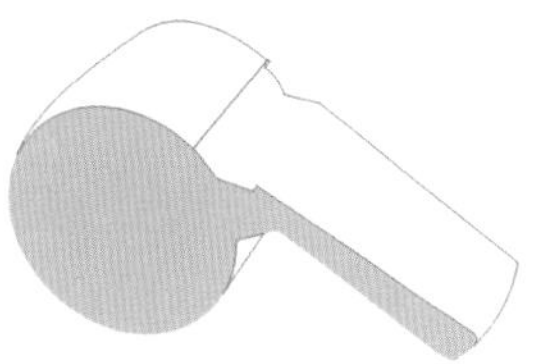

图8-42 绘制图形

图8-43 填充图形颜色

(3) 按照前面的方法绘制如图8-44所示的图形，分别填充颜色为黑色、（C：100；M：100；Y：0；K：0），并去掉轮廓，如图8-45所示。

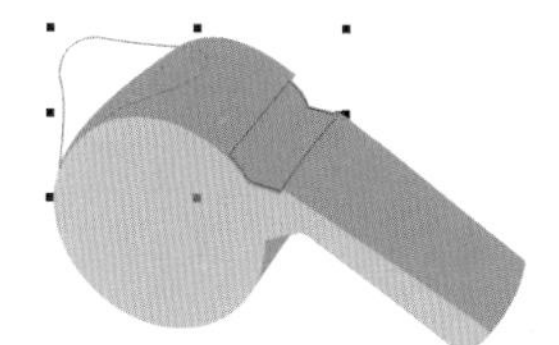

图8-44 绘制图形

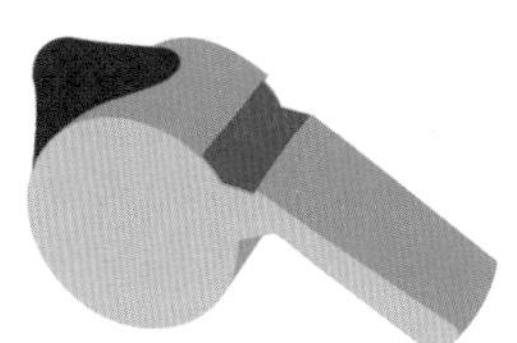

图8-45 填充图形颜色

(4) 使用工具箱中的钢笔工具结合形状工具绘制如图8-46所示的图形，填充图形颜色为（C：100；M：100；Y：0；K：0），效果如图8-47所示，然后为其中一个图形应用辐射渐变填充，设置起点色块的颜色为40%黑，中间色块的颜色依次为55%、68%、81%黑，终点色块的颜色为黑色，效果如图8-48所示。

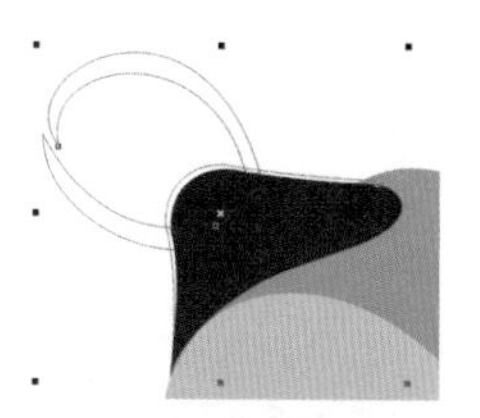

图8-46 绘制图形

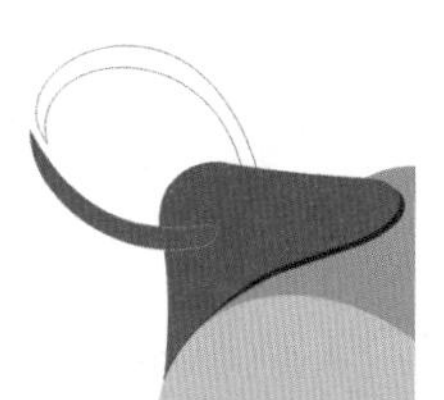

图8-47 填充图形颜色

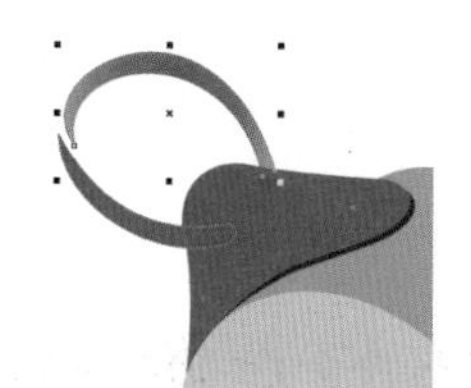

图8-48 辐射渐变填充效果

(5) 按F7键激活椭圆工具，绘制一个椭圆，填充颜色为黑色，并调整图形到如图8-49所示的位置。然后使用相同的方法绘制蓝色图形，得到如图8-50所示的效果。

图8-49 绘制黑色椭圆

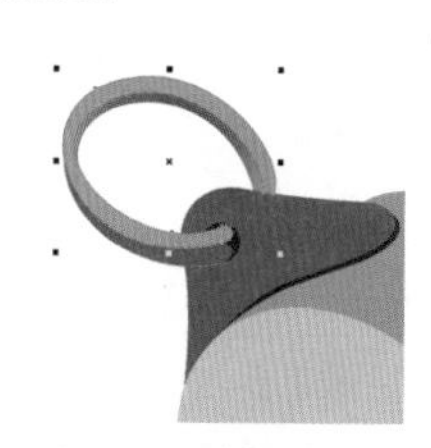

图8-50 绘制蓝色图形

(6) 选中蓝色图形，按小键盘上的“+”键复制图形，将复制图形的颜色填充为（C：100；M：100；Y：0；K：0），效果如图8-51所示。然后为图形添加交互式透明效果，选择工具箱中的交互式透明工具，在属性栏的透明度类型中选择“线性”，并调整色块的起始位置如图8-52所示。

图8-51 复制图形

图8-52 添加交互式透明效果

（7）使用工具箱中的钢笔工具结合形状工具绘制如图 8-53 所示的图形。然后为图形添加交互式透明效果，选择工具箱中的交互式透明工具，在属性栏的透明度类型中选择“线性”，并调整色块的起始位置如图 8-54 所示。

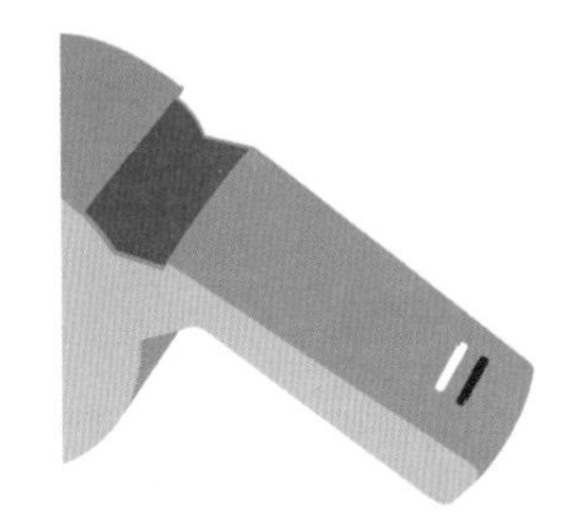
图 8-53 绘制图形

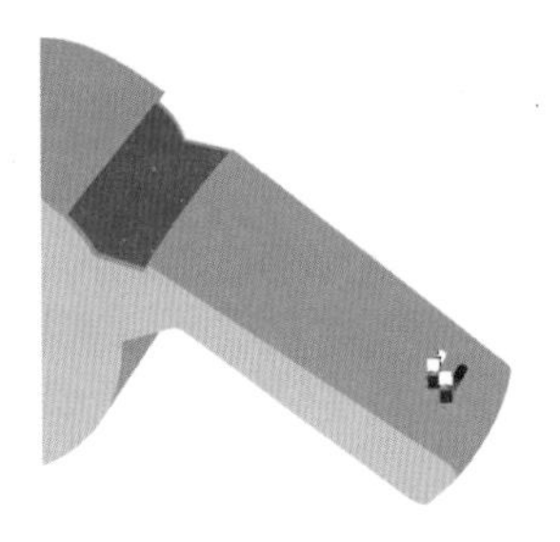
图 8-54 为图形添加交互式透明效果

（8）使用同样的方法绘制图形，并为其应用交互式透明效果，如图 8-55 所示。然后选中所有图形，按 Ctrl+G 组合键将其群组。

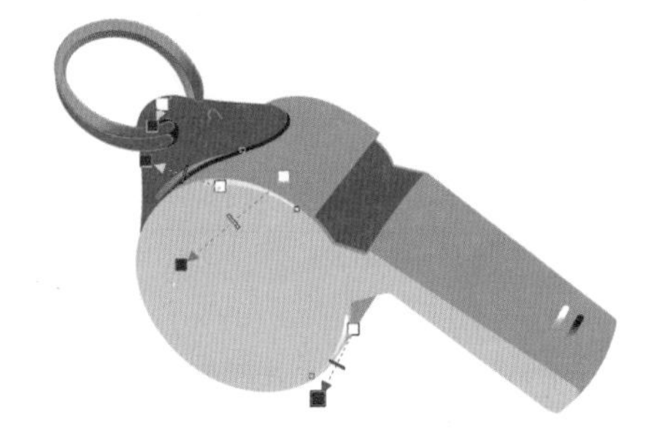
图 8-55 绘制图形并为其应用交互式透明效果

（9）选择工具箱中的交互式阴影工具，在群组图形上向外拖动鼠标，为其应用阴影效果。在属性栏中设置阴影的不透明度为 60、羽化为 8、阴影颜色为黑色，效果如图 8-56 所示。然后在图形阴影上右击，在弹出的快捷菜单中执行“拆分阴影群组”命令，将图形与阴影分开，并调整阴影位置，得到本例的最终效果，如图 8-57 所示。

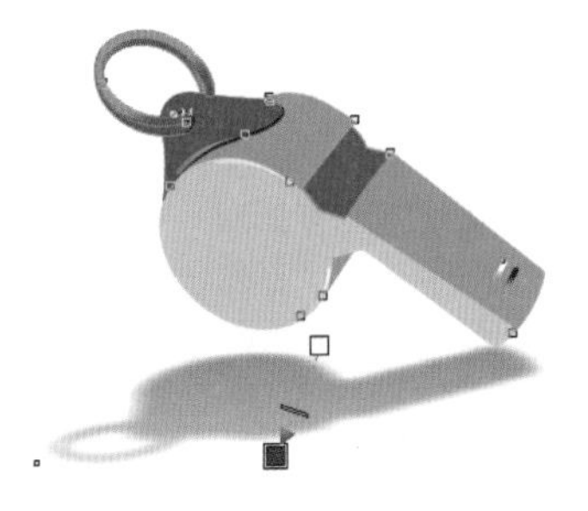
图 8-56 为图形添加交互式阴影效果

图 8-57 本例的最终效果

## 实例 04 绘制高脚酒杯

**案例说明**

本例将绘制效果如图 8-58 所示的“高脚酒杯”，主要介绍了矩形工具、椭圆工具、钢笔工具、填充工具、形状工具等工具的使用。

图 8-58 实例的最终效果

## 操作步骤

(1) 按F6键激活矩形工具，在按住Ctrl键的同时拖曳鼠标绘制一个正方形（长：200mm；宽：200mm），并为其填充颜色（C：46；M：100；Y：100；K：27），完成设置后再为其去掉轮廓线，效果如图8-59所示。

(2)使用工具箱中的椭圆工具绘制一个横直径为40mm、竖直径为8.5mm的椭圆，并为其进行线性渐变填充，起点颜色为（C：15；M：37；Y：7；K：0），终点颜色为（C：27；M：28；Y：23；K：0），再去掉轮廓线，如图8-60所示。

(3) 使用椭圆工具在第1个椭圆之上绘制一个横直径为33mm、竖直径为6mm的椭圆，为其进行线性渐变填充，起点颜色为（C：20；M：15；Y：15；K：0），中间颜色为白色，终点颜色为（C：2；M：8；Y：0；K：0），并在颜色设置处添加颜色块，如图8-61所示，再去掉轮廓线，效果如图8-62所示。

图8-59 绘制正方形

图8-60 绘制椭圆

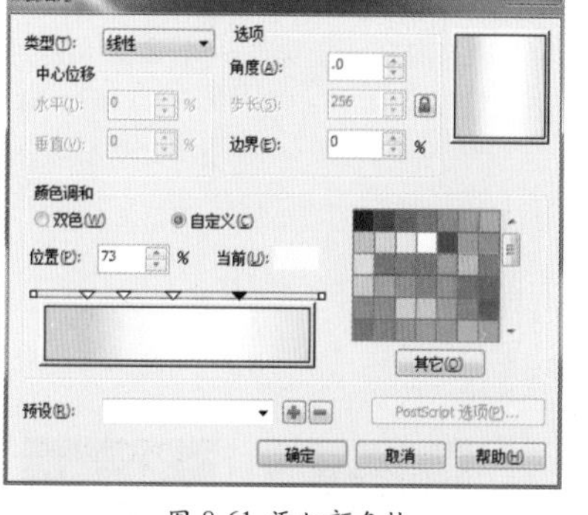

图8-61 添加颜色快

图8-62 去掉轮廓线

(4) 在绘制的第2个椭圆之上绘制一个横直径为16mm、竖直径为9mm的椭圆，并将其颜色填充为白色，再去掉轮廓线，效果如图8-63所示。

(5) 使用工具箱中的钢笔工具结合形状工具分别在3个椭圆的下方绘制阴影，并为最上面的椭圆阴影填充颜色为（C：76；M：82；Y：71；K：49），为中间的椭圆阴影填充颜色为（C：80；M：95；Y：79；K：71），为最下面的椭圆填充颜色为（C：66；M：100；Y：72；K：52），再去掉轮廓线，效果如图8-64所示。

(6) 使用工具箱中的钢笔工具结合形状工具分别在中间椭圆的左、右两侧绘制如图8-65所示的图形，并将其颜色填充为白色，再去掉轮廓线，效果如图8-66所示。

图8-63 绘制椭圆

图8-64 添加阴影并填色

图8-65 绘制图形

图8-66 填色并去掉轮廓线

(7) 使用工具箱中的钢笔工具结合形状工具分别绘制如图8-67所示的3个图形，并去掉轮廓线。然后将图形1填充颜色为（C：45；M：43；Y：35；K：0），并放置在最上面的椭圆与其阴影之间；将图形2填充颜色为（C：18；M：13；Y：13；K：0），并放置在中间的椭圆阴影左下方；将图形3填充颜色为（C：49；M：87；Y：63；K：8），并放置在最下面的椭圆阴影之下，效果如图8-68所示。

(8) 绘制如图8-69所示的图形，去掉轮廓线，为其填充颜色为（C：76；M：82；Y：71；K：49），并放置在中间椭圆之上的左边，效果如图8-70所示。

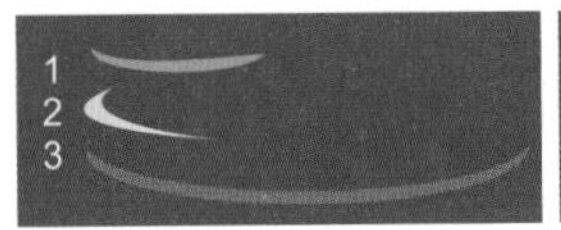

图 8-67 绘制图形

图 8-68 填色

图 8-69 绘制图形

图 8-70 放置其位置

（9）绘制如图 8-71 所示的“杯柱”图形，去掉轮廓线，将其颜色填充为（C：1；M：32；Y：12；K：0），并放置在已绘制完成的椭圆杯底之上。

（10）在刚绘制的“杯柱”图形下方绘制如图 8-72 所示的阴影图形，去掉轮廓线，并填充颜色为（C：25；M：18；Y：22；K：0）；再绘制如图 8-73 所示的图形，为其进行线性渐变填充，设置填充角度为 -90、起点颜色为（C：32；M：22；Y：28；K：0）、中间颜色为（C：0；M：10；Y：1；K：0）、终点颜色为（C：19；M：12；Y：17；K：0），再去掉轮廓线。

（11）在上一步绘制的图形之上绘制一个如图 8-74 所示的图形，并为其进行线性渐变填充，设置填充角度为 -90、起点颜色为（C：78；M：98；Y：76；K：67）、终点颜色为（C：58；M：99；Y：73；K：39），然后去掉轮廓线。

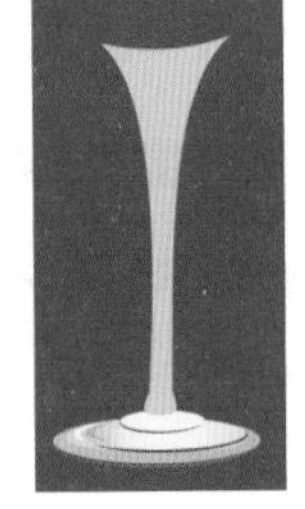
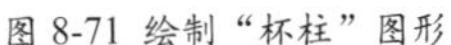
图 8-71 绘制“杯柱”图形

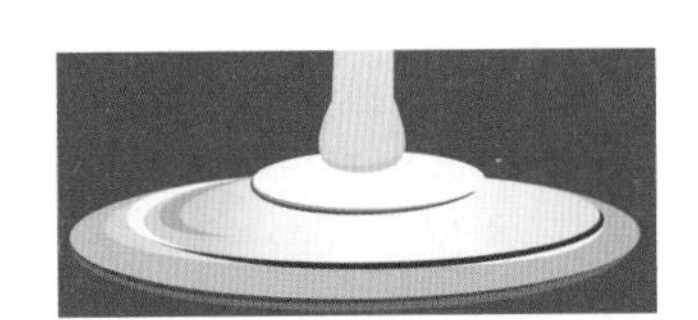
图 8-72 绘制阴影图形

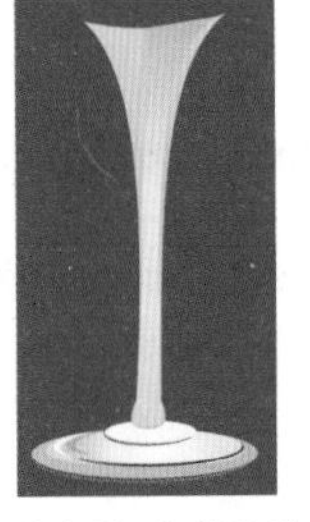
图 8-73 绘制图形

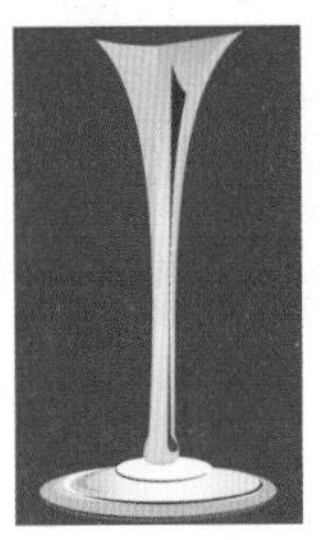
图 8-74 绘制图形

（12）绘制如图 8-75 所示的图形，将其颜色填充为白色，并去掉轮廓线。

（13）绘制如图 8-76 所示的图形，将其颜色填充为（C：29；M：22；Y：25；K：0），并去掉轮廓线。

（14）绘制如图 8-77 所示的图形，将其颜色填充为（C：22；M：18；Y：20；K：0），并去掉轮廓线。

（15）使用工具箱中的椭圆工具绘制一个横直径为 51mm、竖直径为 4.7mm 的椭圆，然后按 F12 键打开“轮廓笔”对话框，设置其轮廓线颜色为（C：0；M：64；Y：16；K：0）、宽度为 0.2mm，并将其放置在距离“杯柱”顶端 72.5mm 处，如图 8-78 所示。

（16）绘制如图 8-79 所示的酒杯形状，为其进行线性渐变填充，设置角度为 -90、起点颜色为（C：33；M：58；Y：32；K：0）、终点颜色为（C：8；M：51；Y：18；K：0），并去掉轮廓线。

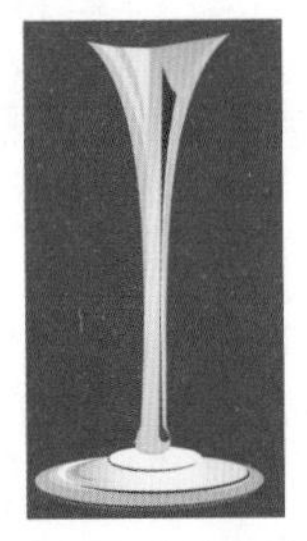
图 8-75 绘制图形

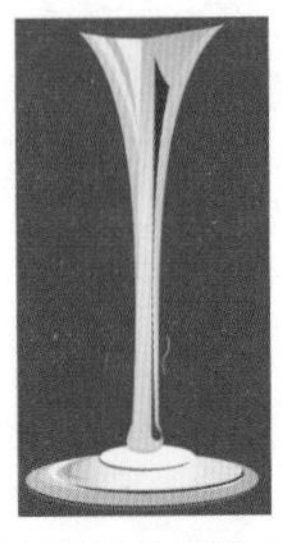
图 8-76 绘制图形

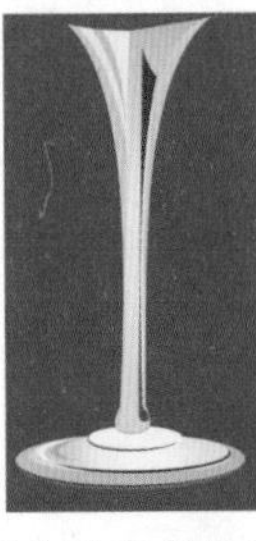
图 8-77 绘制图形

图 8-78 绘制椭圆图形

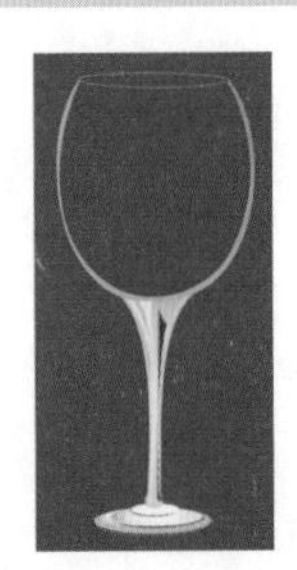
图 8-79 绘制酒杯形状

(17) 使用椭圆工具绘制一个横直径为59mm、竖直径为4mm的椭圆，为其进行线性渐变填充，设置起点颜色为（C：0；M：18；Y：0；K：0）、终点颜色为（C：31；M：71；Y：40；K：0），去掉轮廓线，并放置到如图8-80所示的位置。

(18) 在杯底绘制如图8-81所示的图形，为其填充颜色（C：38；M：100；Y：99；K：5），并去掉轮廓线，效果如图8-82所示。

(19) 在杯子的右边绘制如图8-83所示的图形，将其颜色填充为（C：4；M：40；Y：18；K：0），并去掉轮廓线。

(20) 在杯子的下方绘制如图8-84所示的图形，填充颜色为（C：21；M：100；Y：87；K：0），并去掉轮廓线。

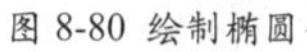
图8-80 绘制椭圆

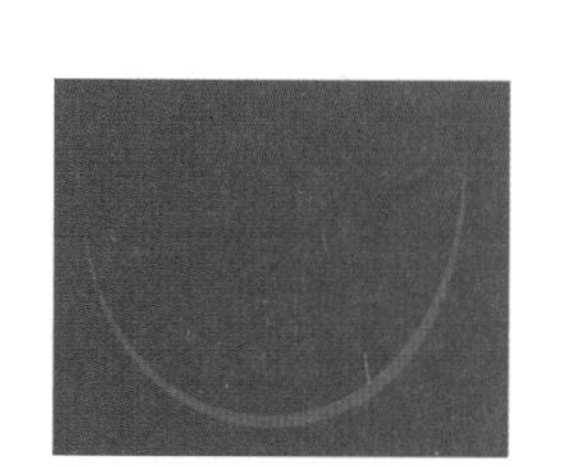
图8-81 绘制图形

图8-82 填色并去掉轮廓线

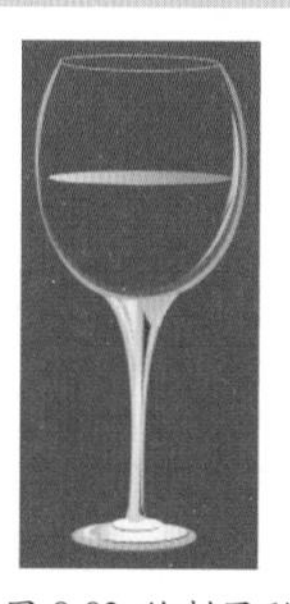
图8-83 绘制图形

图8-84 绘制图形

(21) 在杯子的右下方绘制如图8-85所示的图形，进行线性渐变颜色填充，设置填充角度为-121、起点颜色为（C：31；M：22；Y：11；K：0）、终点颜色为（C：7；M：53；Y：15；K：0），并去掉轮廓线。

(22) 在杯口处绘制如图8-86所示的图形，填充颜色为白色，并去掉轮廓线，然后将整个杯子群组。

(23) 使用椭圆工具绘制如图8-87所示的图形，为其进行线性渐变填充，设置起点颜色为（C：0；M：67；Y：23；K：0）、中间颜色为白色，终点颜色为（C：0；M：67；Y：23；K：0），并去掉轮廓线。将其复制，然后旋转90°，将复制的椭圆放置在原始椭圆中心，形成相交的星光，如图8-88所示。

(24) 将绘制好的星光图形进行复制，分别进行缩放后放置到酒杯上，本例制作完成，效果如图8-89所示。

图8-85 绘制图形

图8-86 绘制图形

图8-87 绘制图形

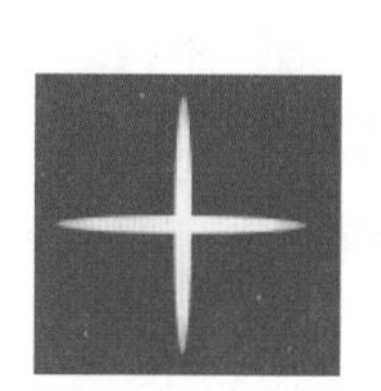
图8-88 复制并旋转

图8-89 本例的最终效果

## 实例 05 绘制葡萄酒瓶

**案例说明**

本例将绘制一个最终效果如图8-90所示的深绿色的葡萄酒瓶，在绘制过程中需要使用手绘工具、交互式封套工具、交互式透明工具、交互式阴影工具、交互式填充工具等，在学习本例之后，读者应熟练掌握交互式工具的操作方法和使用。

图 8-90 实例的最终效果

## 操作步骤

（1）选择工具箱中的手绘工具，在属性栏的“手绘平滑”数值框中输入 70，在页面上绘制一条闭合曲线，并结合形状工具进行编辑，效果如图 8-91 所示。然后填充图形的颜色为（C：95；M：47；Y：97；K：16），并去掉轮廓，效果如图 8-92 所示。

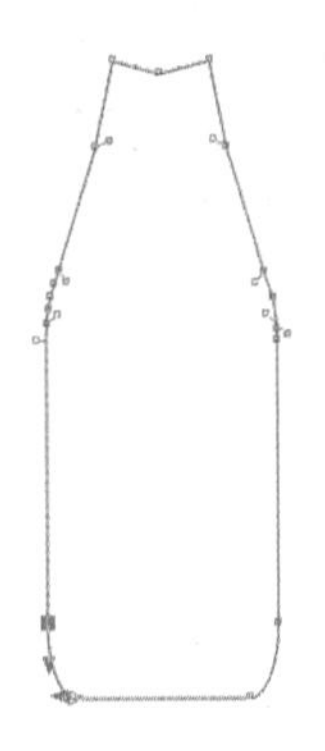

图 8-91 绘制闭合曲线

图 8-92 填充图形颜色

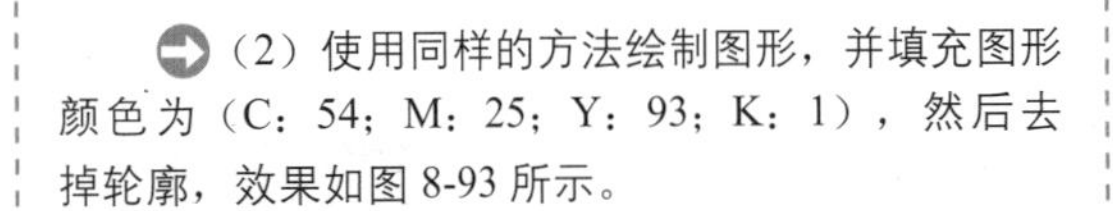

（2）使用同样的方法绘制图形，并填充图形颜色为（C：54；M：25；Y：93；K：1），然后去掉轮廓，效果如图 8-93 所示。

（3）按 F6 键激活矩形工具，在属性栏的“边角圆滑度”数值框中输入 100，在工作区中拖动鼠标绘制一个圆角矩形，如图 8-94 所示。

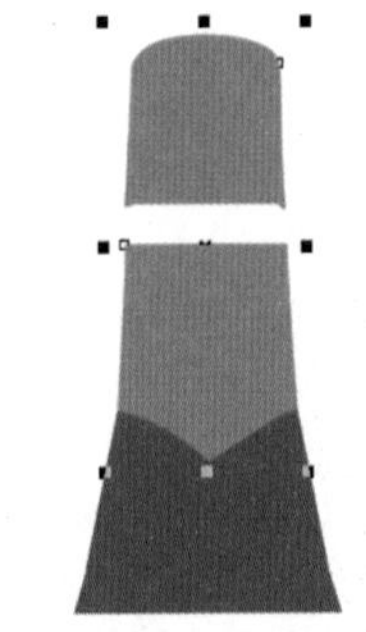

图 8-93 绘制图形并填充颜色

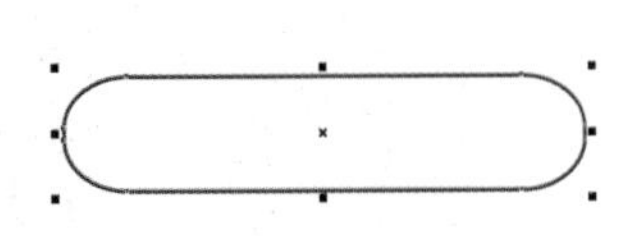

图 8-94 绘制圆角矩形

（4）使用工具箱中的交互式填充工具为图形应用交互式线性填充，设置起点色块的颜色为（C：95；M：47；Y：97；K：16），中间色块的颜色为（C：76；M：36；Y：99；K：4）、（C：4；M：2；Y：5；K：0），终点色块的颜色为白色，调整色块的起始位置如图 8-95 所示，完成后去掉轮廓，这样酒瓶的基本造型就绘制完成了。

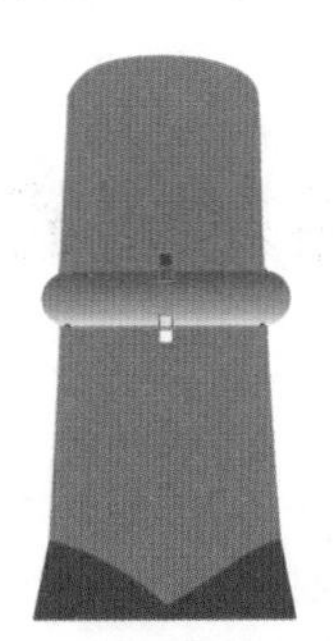

图 8-95 为图形应用交互式填充效果

(5)选择工具箱中的手绘工具，在属性栏的“手绘平滑”数值框中输入70，结合形状工具绘制一条闭合曲线，并设置轮廓颜色为白色，效果如图8-96所示。然后填充图形的颜色为(C：25；M：2；Y：58；K：0)，并去掉轮廓，效果如图8-97所示。

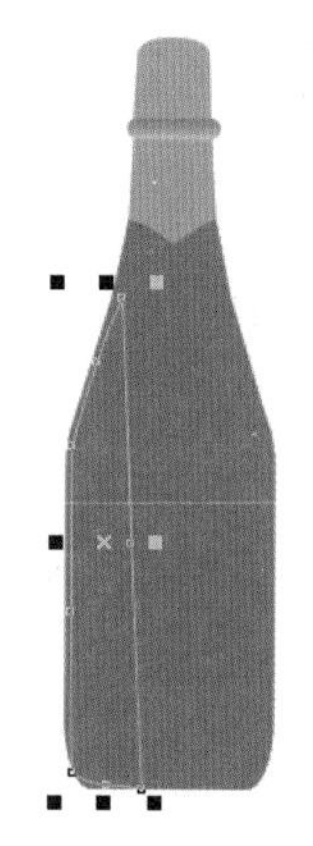

图8-96 绘制闭合曲线

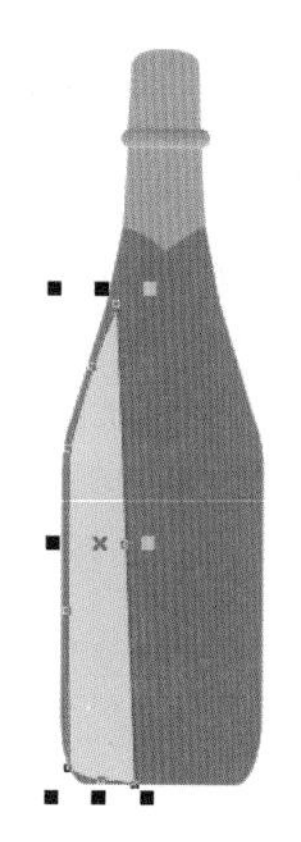

图8-97 填充颜色

(6)为图形添加交互式透明效果，选择工具箱中的交互式透明工具，在属性栏中选择透明度类型为“线性”，调整色块的起始位置如图8-98所示。

(7)使用同样的方法再绘制一个图形，并为其添加交互式透明效果，如图8-99所示。

(8)按F7键激活椭圆工具，绘制一个椭圆，填充椭圆的颜色为(C：25；M：2；Y：58；K：0)，并去掉轮廓，效果如图8-100所示。

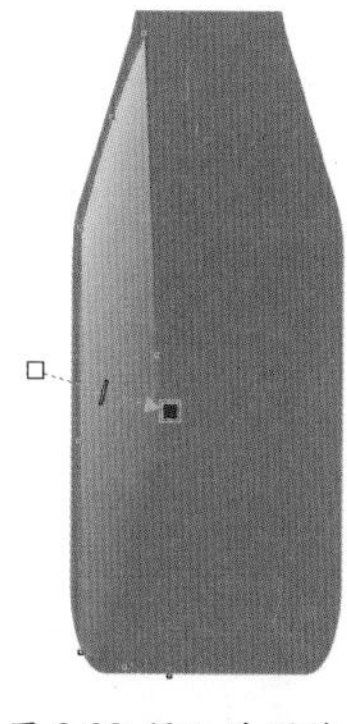

图8-98 添加透明效果

图8-99 绘制图形并添加透明效果

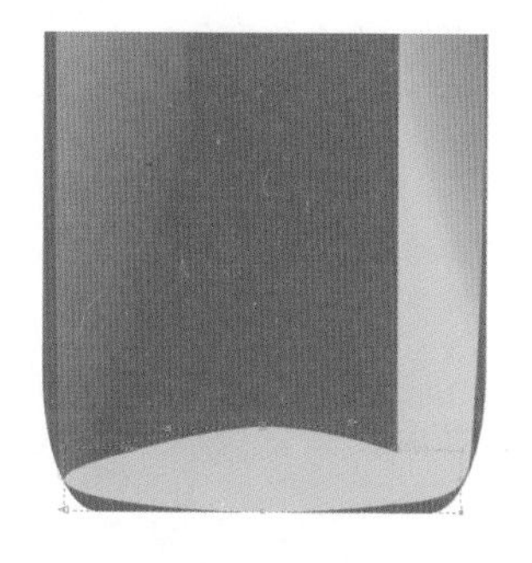

图8-100 绘制椭圆

(9)选择工具箱中的交互式封套工具，在属性栏中单击“非强制模式”按钮，拖动节点改变图形的形状，得到如图8-101所示的效果。为图形添加交互式透明效果，选择工具箱中的交互式透明工具，在属性栏中选择透明度类型为“线性”，调整色块的起始位置如图8-102所示。

图8-101 为图形添加交互式封套

图8-102 为圆形添加交互式透明效果

(10)使用工具箱中的手绘工具结合形状工具绘制一条闭合曲线，设置轮廓颜色为白色，效果如图8-103所示。然后填充图形的颜色为(C：61；M：31；Y：98；K：2)，并去掉轮廓，效果如图8-104所示。

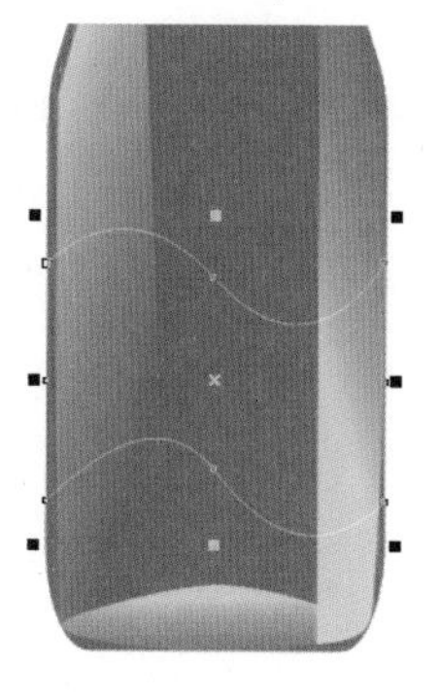

图8-103 绘制闭合曲线

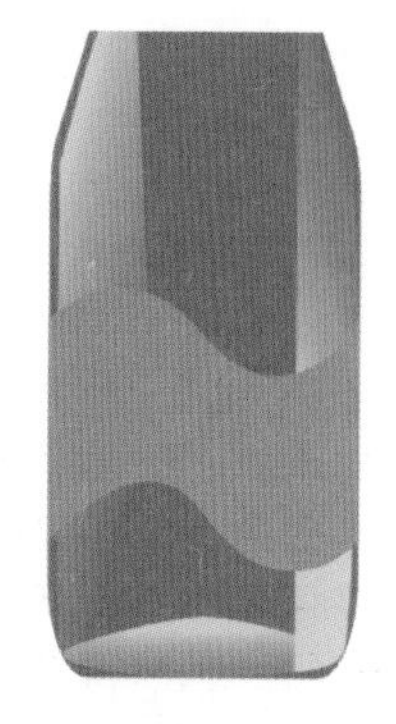

图8-104 填充图形颜色

(11) 选中矩形，按小键盘上的“+”键复制一个图形，然后按F12键打开“轮廓笔”对话框，设置轮廓宽度为0.706mm、颜色为（C：52；M：98；Y：0；K：0），其余参数设置如图8-105所示。设置完毕后，单击“确定”按钮，得到如图8-106所示的效果。

图 8-105 设置轮廓笔参数

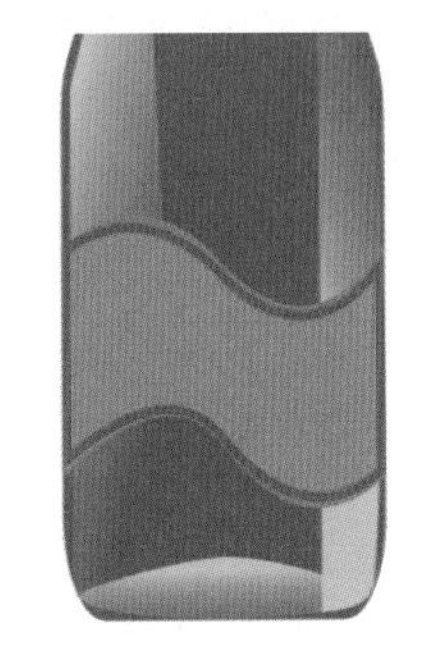

图 8-106 复制图形并更改轮廓笔效果

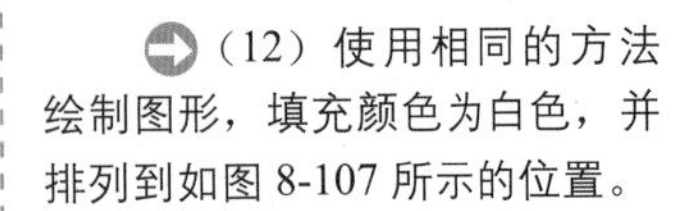

(12) 使用相同的方法绘制图形，填充颜色为白色，并排列到如图 8-107 所示的位置。

(13) 按 F7 键激活椭圆工具，绘制一个如图 8-108 所示的椭圆，为椭圆应用交互式辐射渐变填充，设置起点色块的颜色为白色，中间色块的颜色为（C：4；M：9；Y：0；K：0）、（C：38；M：96；Y：0；K：0）、（C：40；M：100；Y：0；K：0），终点色块的颜色为（C：40；M：100；Y：0；K：0），并调整色块的起始位置如图 8-109 所示。

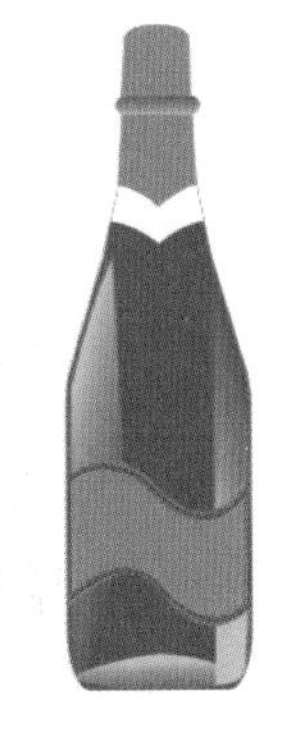

图 8-107 绘制白色图形

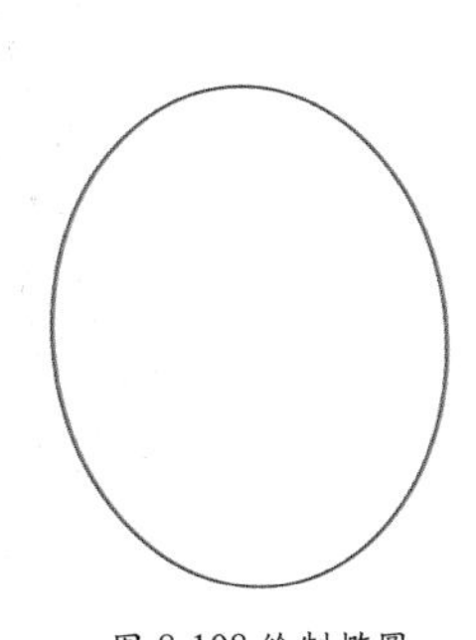

图 8-108 绘制椭圆

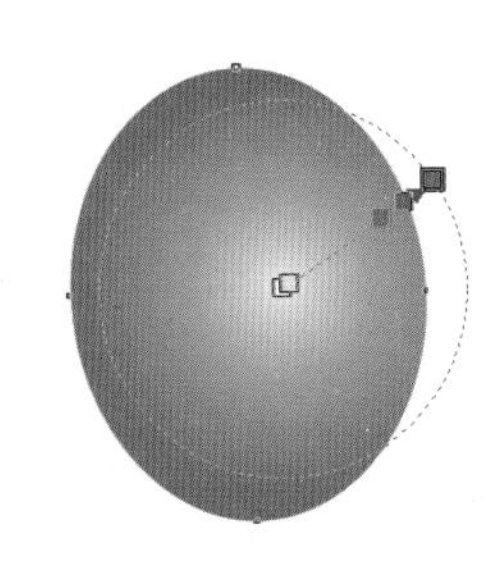

图 8-109 应用交互式填充效果

(14) 使用同样的方法绘制其他图形，并调整图形的大小、位置和顺序，得到如图 8-110 所示的效果。

(15) 使用工具箱中的手绘工具绘制两条不闭合的曲线，设置轮廓宽度为 2.0pt、轮廓颜色为（C：0；M：20；Y：20；K：60），效果如图 8-111 所示。

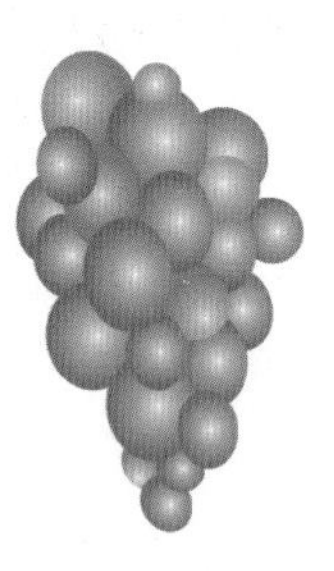

图 8-110 绘制图形

图 8-111 绘制曲线

(16) 使用同样的方法绘制图形，填充颜色为白色，并调整图形到如图 8-112 所示的位置，然后连续按小键盘上的“+”键两次，复制两个图形，并调整到适当位置，效果如图 8-112 所示。接着选择图 8-113 所示的图形，按 Ctrl+G 组合键将其群组。

图 8-112 绘制白色图形

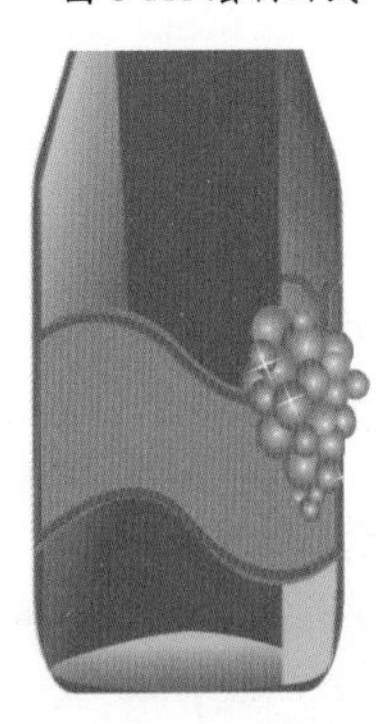

图 8-113 复制白色图形

(17) 选中前面绘制的深绿色图形，在按住 Shift 键的同时单击群组图形，然后在属性栏中单击“相交”按钮，删除不必要的部分，得到如图 8-114 所示的效果。

(18) 选中群组的图形，按小键盘上的“+”键复制群组图形，并旋转图形到如图 8-115 所示的位置

(19) 按 F8 键激活文本工具，输入文字，并选择合适的字体和字号，效果如图 8-116 所示。

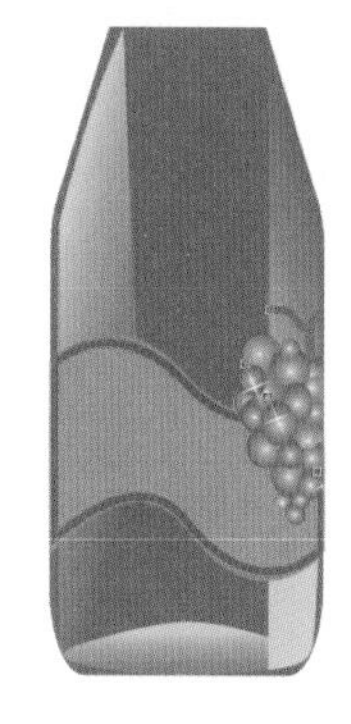

图 8-114 图形相交效果

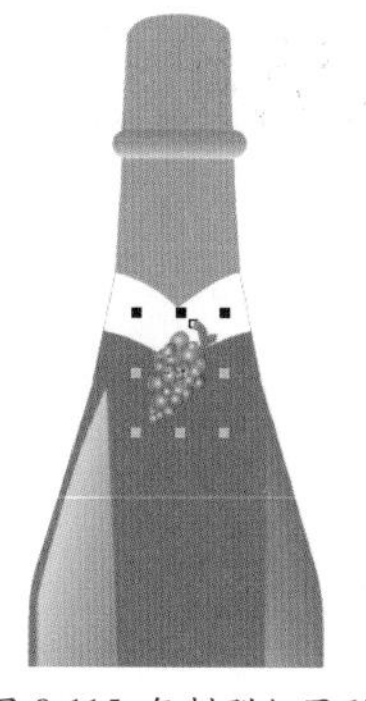

图 8-115 复制群组图形

图 8-116 输入文字

(20) 选中文字并旋转，然后使用工具箱中的交互式阴影工具在文字上向外拖动鼠标，为其添加阴影效果，在属性栏中设置阴影不透明度为 60、羽化为 20、阴影颜色为黑色，如图 8-117 所示。

(21) 使用同样的方法输入其他文字，并为其添加交互式阴影效果，如图 8-118 所示。

(22) 使用同样的方法输入文字“750ml”，填充文字颜色为 70% 黑，效果如图 8-119 所示。

图 8-117 旋转文字并添加阴影效果

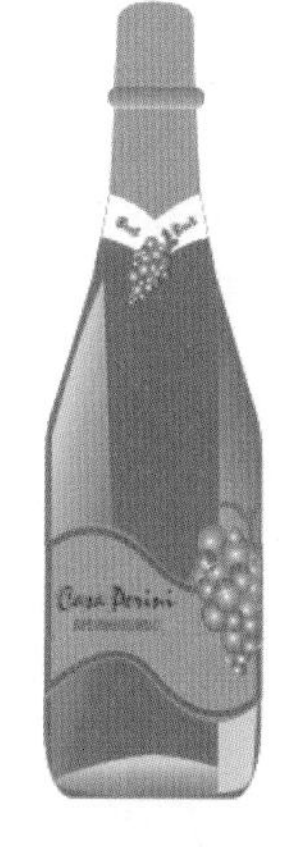


图 8-118 输入其他文字

图 8-119 输入文字

(23) 选中文字，执行“文本 / 使文本适合路径”命令，将文字移动到适当位置后单击，文字将变为如图 8-120 所示的形状。然后在属性栏上单击“垂直镜像”按钮，并调整文本的大小，效果如图 8-121 所示。

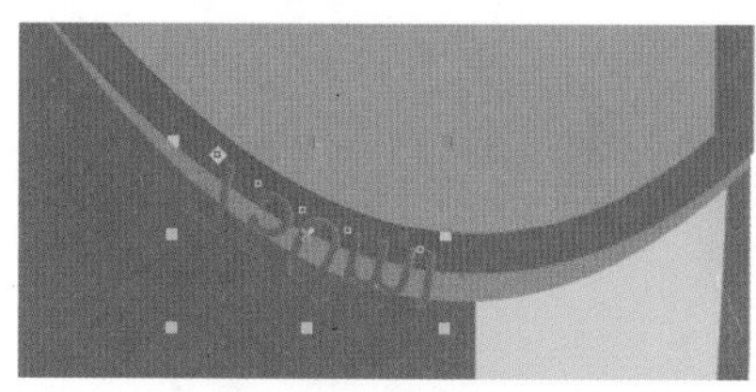

图 8-120 使文本适合路径

图 8-121 镜像文本

(24) 使用同样的方法输入如图 8-122 所示的文本，然后使用工具箱中的选择工具选择所有对象，并按 Ctrl+G 组合键将其群组，得到本例的最终效果，如图 8-123 所示。

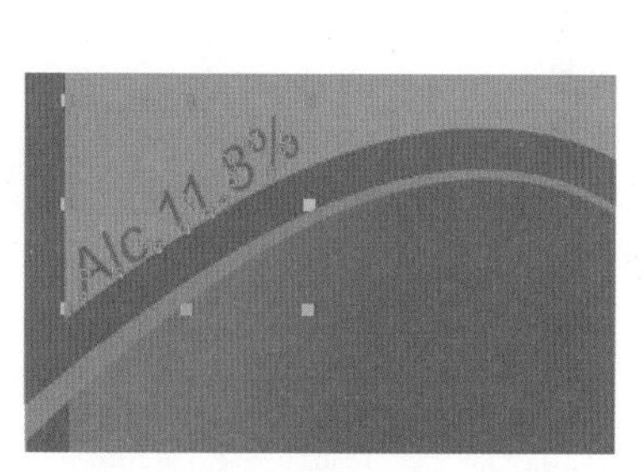


图 8-122 输入文本并使文本适合路径

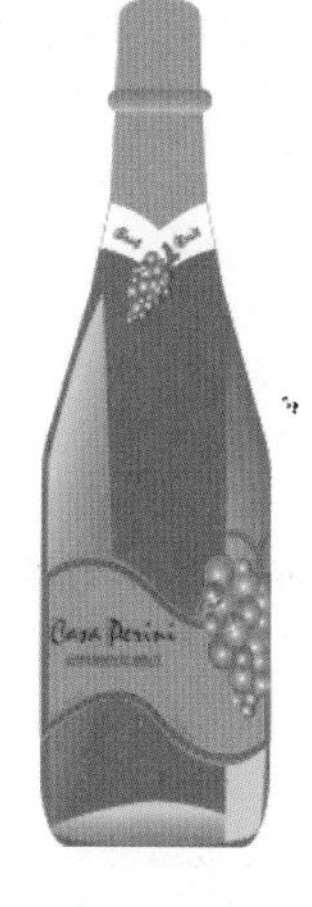


图 8-123 本例的最终效果

# 实例 06 绘制吹风机

**案例说明**

本例将绘制一个最终效果如图8-124所示的吹风机造型，在绘制过程中需要使用钢笔工具、星形工具、形状工具、渐变填充工具等作工具。

图8-124 实例的最终效果

## 操作步骤

（1）使用工具箱中的钢笔工具结合形状工具绘制如图8-125所示的图形，为图形应用线性渐变填充，设置起点色块的颜色为（C：86；M：29；Y：5；K：0），终点色块的颜色为（C：40；M：0；Y：0；K：0），效果如图8-126所示。

（2）设置完毕后，单击“确定”按钮，然后去掉轮廓。

（3）使用同样的方法绘制如图8-127所示的图形。

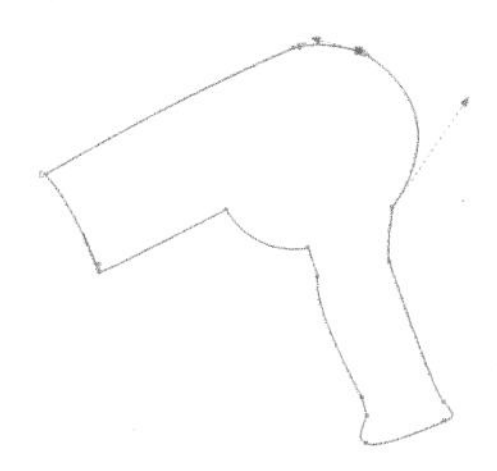

图8-125 绘制闭合曲线

图8-126 渐变填充效果

图8-127 绘制其他图形

（4）使用工具箱中的钢笔工具结合形状工具绘制如图8-128所示的图形，并填充图形颜色为黄色，然后使用同样的方法绘制其他图形，效果如图8-129所示。这样，吹风机的基本造型就绘制完成了，下面绘制吹风机的高光。

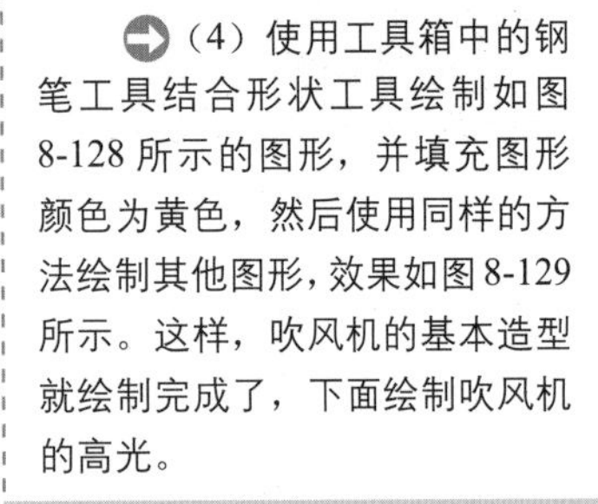

图8-128 绘制黄色图形

图8-129 绘制其他图形

（5）使用工具箱中的钢笔工具结合形状工具绘制如图8-130所示的图形，为图形应用线性渐变填充，设置起点色块的颜色为(C：33；M：2；Y：6；K：0)，终点色块的颜色为（C：15；M：3；Y：5；K：0)，效果如图8-131所示，完成后去掉轮廓。

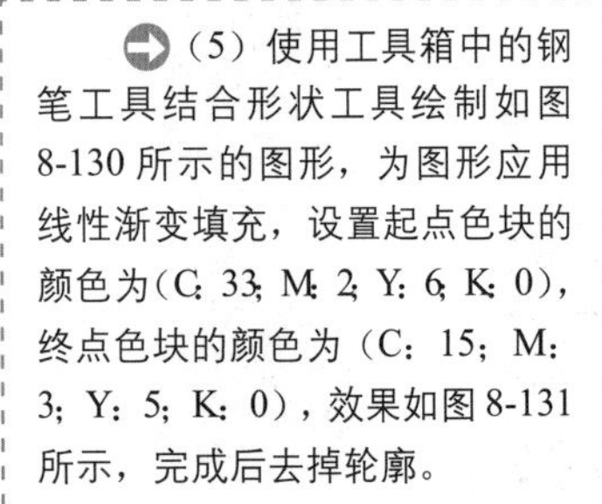

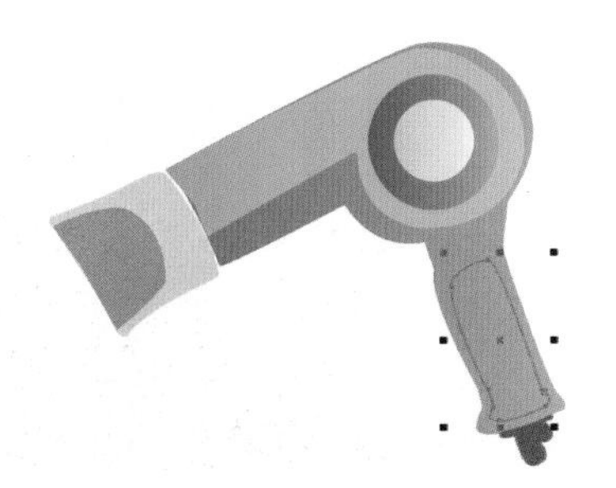

图8-130 绘制闭合曲线

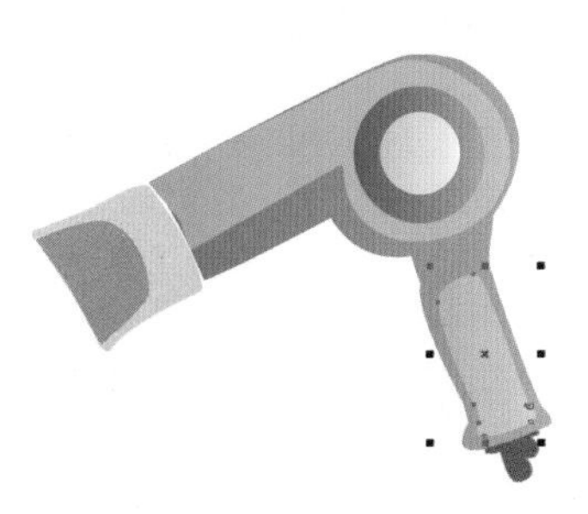

图8-131 渐变填充效果

（6）使用同样的方法绘制其他高光，并分别填充图形颜色为（C：13；M：4；Y：6；K：0）、（C：3；M：2；Y：31；K：0），完成后去掉轮廓，效果如图8-132所示。

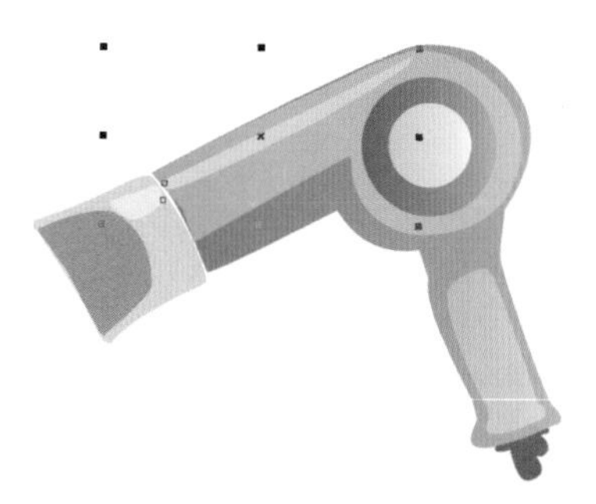
图 8-132 绘制高光图形

（7）单击工具箱中的“多边形工具”按钮，在弹出的工具组中单击“星形”工具按钮，并在属性栏中将星形的边数输入为5，将星形锐度输入为30，在空白处拖动鼠标，得到如图8-133所示的效果。

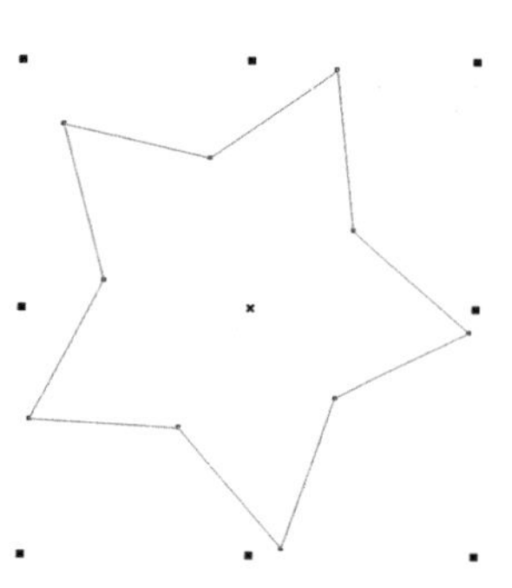
图 8-133 绘制星形

（8）为星形应用线性渐变填充，设置起点色块的颜色为（C：0；M：100；Y：0；K：0），终点色块的颜色为（C：0；M：40；Y：20；K：0），效果如图8-134所示，完成后去掉轮廓。

图 8-134 渐变填充效果

（9）使用同样的方法再绘制一个星形，并调整到适当位置，得到本例的最终效果，如图8-135所示。

图 8-135 本例的最终效果

## 实例 07 绘制喇叭

**案例说明**

本例将绘制一个最终效果如图8-136所示的简单又形象的喇叭造型，在绘制过程中需要使用3点椭圆工具、贝塞尔工具、渐变工具等基本工具。

图 8-136 实例的最终效果

## 操作步骤

(1) 单击工具箱中的椭圆工具右下角的三角形符号，在弹出的工具组中单击“3 点椭圆形”工具按钮，在空白处单击，并按住鼠标左键不放，拖动到所需长度后释放鼠标，移动鼠标到所需图形半径大小后单击，即可完成 3 点椭圆的绘制，效果如图 8-137 所示，填充椭圆颜色为（C：51；M：64；Y：0；K：0），并去掉轮廓，效果如图 8-138 所示。

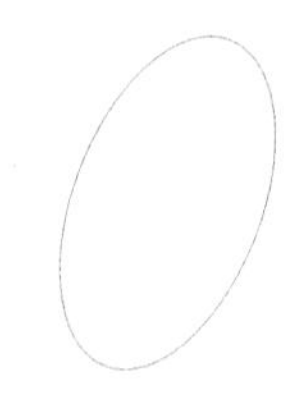

图 8-137 绘制椭圆

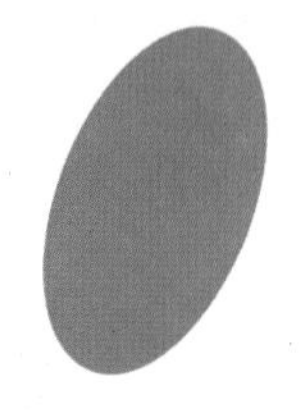

图 8-138 填充图形颜色

(2) 使用工具箱中的贝塞尔工具结合形状工具绘制如图 8-139 所示的图形，为图形应用线性渐变填充，设置起点色块的颜色为 30% 黑、终点色块的颜色为白色，效果如图 8-140 所示，完成后去掉轮廓。

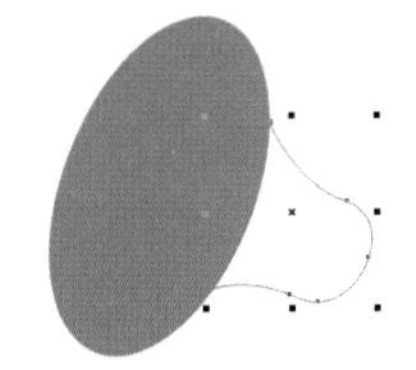

图 8-139 绘制图形

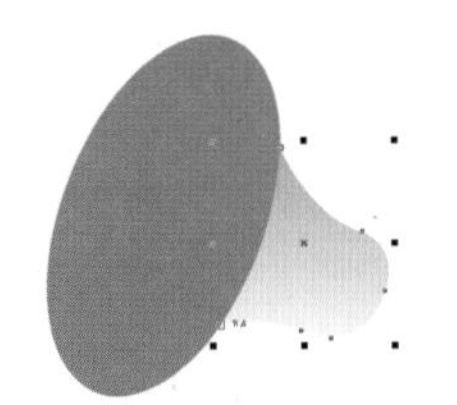

图 8-140 为图形应用渐变填充

(3) 使用同样的方法绘制图形，并填充图形颜色为（C：86；M：31；Y：89；K：2），去掉轮廓，效果如图 8-141 所示。

(4) 按照前面的方法再绘制一个 3 点椭圆，填充椭圆的颜色为（C：36；M：44；Y：0；K：0），并去掉轮廓，效果如图 8-142 所示。

图 8-141 绘制深绿色图形

图 8-142 绘制椭圆

(5) 按照与前面相同的方法再绘制一个图形，效果如图 8-143 所示。

(6) 按 F7 键激活椭圆工具，绘制一个白色椭圆，并调整到如图 8-144 所示的位置。

图 8-143 绘制渐变填充图形

图 8-144 绘制白色椭圆

(7) 使用工具箱中的贝塞尔工具结合形状工具绘制如图 8-145 所示的图形，填充图形颜色为（C：12；M：17；Y：2；K：0），并去掉轮廓，效果如图 8-146 所示。

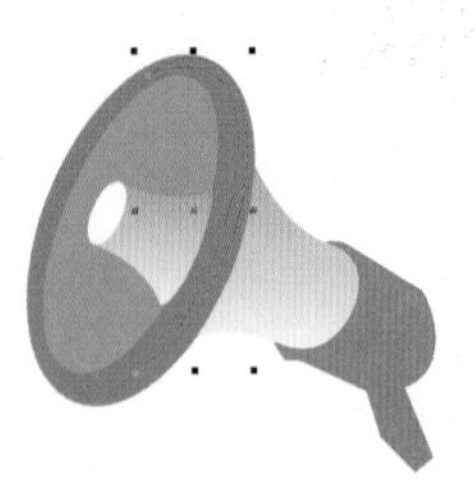

图 8-145 绘制图形

图 8-146 填充图形颜色

(8) 使用同样的方法绘制其他图形，并填充图形颜色，得到本例的最终效果，如图 8-147 所示。

图 8-147 本例的最终效果

# 实例 08 绘制煎锅

**案例说明**

本例将绘制如图 8-148 所示的煎锅，在绘制过程中会用到贝塞尔工具、形状工具、椭圆工具、渐变工具等基本工具。

图 8-148 实例的最终效果

## 操作步骤

(1) 使用工具箱中的椭圆工具绘制一个椭圆，如图 8-149 所示。然后双击椭圆，按住箭头↘将椭圆旋转到如图 8-150 所示的角度。

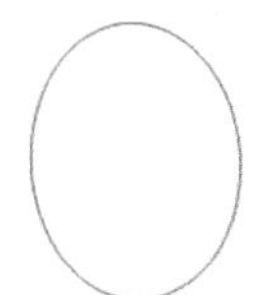

图 8-149 绘制椭圆　　图 8-150 旋转图形

(2) 按 F12 键打开“轮廓笔”对话框，设置椭圆的轮廓宽度为 2.0mm、颜色为黑色，如图 8-151 所示。单击工具箱中的填充工具右下角的三角形符号，在弹出的工具组中单击“渐变”工具按钮，打开“渐变填充”对话框，为图形应用线性渐变填充，设置起点色块的颜色为黑色，终点色块的颜色为 10% 黑，得到如图 8-152 所示的效果。

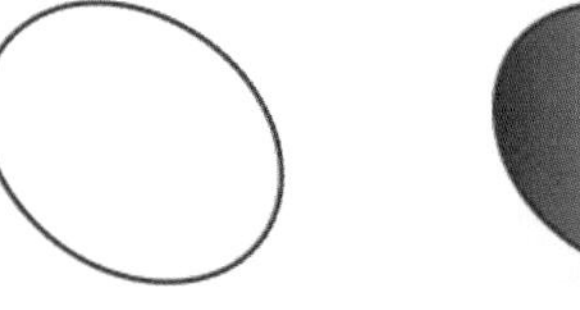

图 8-151 设置轮廓笔参数　　图 8-152 渐变填充效果

(3) 复制两个椭圆，取消颜色填充，将轮廓的颜色设置为 40% 黑和 80% 黑，并移动到如图 8-153 所示的位置。

图 8-153 复制图形

(4) 使用工具箱中的贝塞尔工具结合形状工具绘制如图 8-154 所示的图形，然后打开“渐变填充”对话框，为图形应用线性渐变填充，得到如图 8-155 所示的效果。

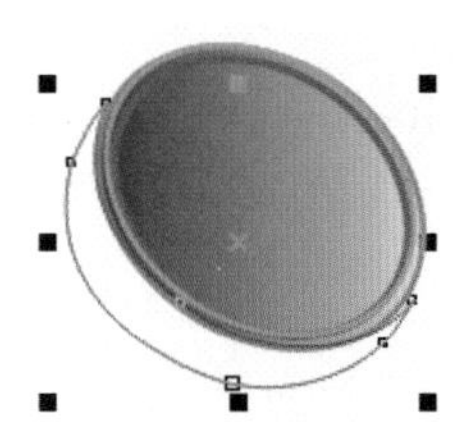

图 8-154 绘制图形

图 8-155 渐变填充效果

(5) 用同样的方法绘制煎锅的手柄，并设置相应的渐变颜色，效果如图 8-156 所示。

图 8-156 绘图并填色

(6) 使用工具箱中的贝塞尔工具结合形状工具绘制如图 8-157 所示的图形，填充图形颜色为白色，并去掉轮廓，如图 8-158 所示。

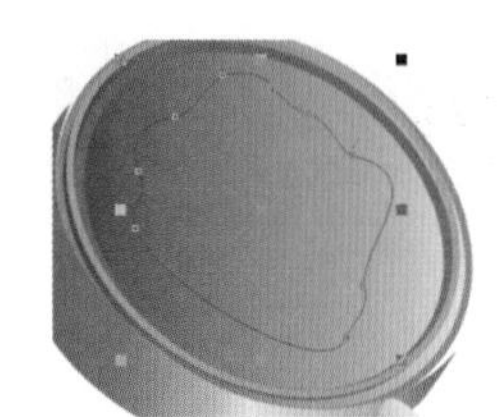

图 8-157 绘制图形

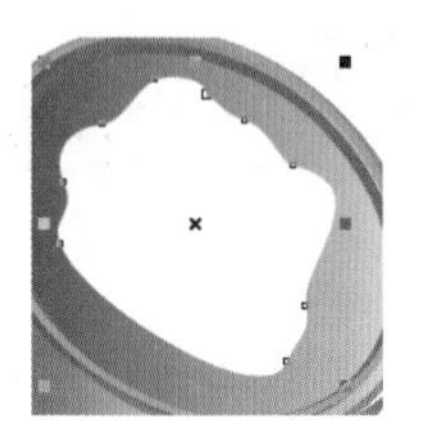

图 8-158 填充图形颜色

(7) 使用工具箱中的椭圆工具绘制一个椭圆，并设置相应的渐变颜色，效果如图 8-159 所示。

图 8-159 绘制椭圆

(8) 使用工具箱中的贝塞尔工具结合形状工具绘制如图 8-160 所示的图形，填充图形为白色，并去掉轮廓，效果如图 8-161 所示。

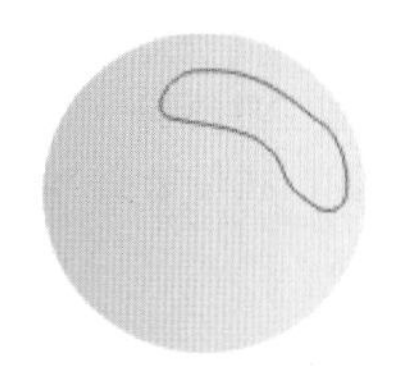

图 8-160 绘制图形

图 8-161 渐变填充效果

# 实 例 进 阶

## 实例 09 绘制信箱

**案例说明**

本例将绘制效果如图 8-162 所示的信箱，主要练习钢笔工具、艺术笔工具、对象的造形和泊坞窗的使用。

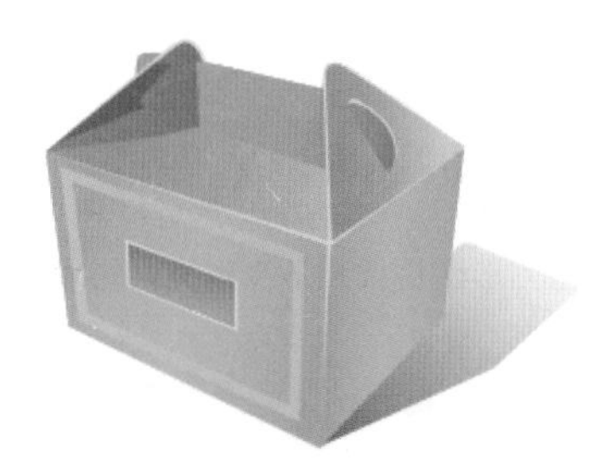

图 8-162 实例的最终效果

### 步骤提示

(1) 使用工具箱中的钢笔工具绘制信箱的正面，填充为渐变色，然后使用钢笔工具绘制一个图形，改变图形的轮廓宽度和轮廓色，如图 8-163 所示。

（2）使用钢笔工具绘制一个小的图形，为图形填充渐变色，并改变图形的轮廓宽度和轮廓色，如图 8-164 所示。

图 8-163 绘制图形并填色

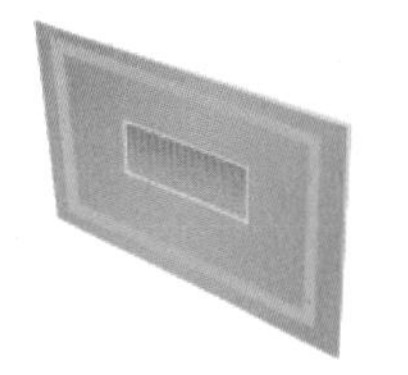

图 8-164 绘制图形并填色

（3）使用工具箱中的钢笔工具绘制信箱上面的图形，并填充为渐变色。在两个面的相交处绘制一条直线，使用艺术笔工具改变直线的形状，填充为黄色，并去掉轮廓，如图 8-165 所示。

（4）使用钢笔工具绘制侧面的图形，填充为渐变色。在两个面的相交处绘制一条直线，使用艺术笔工具改变直线的形状，填充为黄色，并去掉轮廓，如图 8-166 所示。

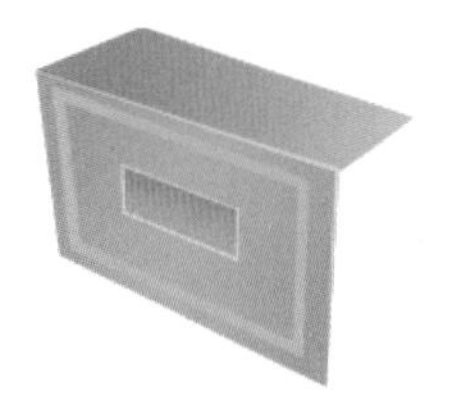

图 8-165 绘制图形

图 8-166 绘制侧面

（5）使用工具箱中的钢笔工具绘制左边和后面立起的面，如图 8-167 所示。使用钢笔工具绘制右边立起的面，然后在上面绘制一个小的图形，如图 8-168 所示。

图 8-167 绘制左边立起的面

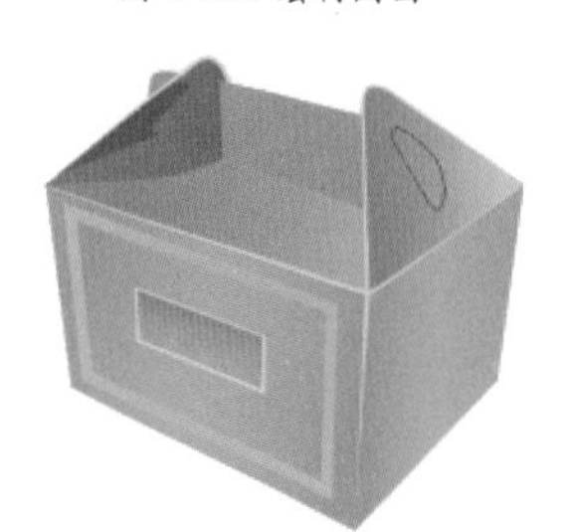

图 8-168 绘制图形

（6）选中上面的小图形，执行“排列 / 造形 / 造形”命令，打开“造形”泊坞窗，选择“修剪”命令，单击“造形”泊坞窗下方的“修剪”按钮，将光标放到立起的面上单击修剪图形，效果如图 8-169 所示。

（7）再制作图形的阴影，本例的制作就完成了。

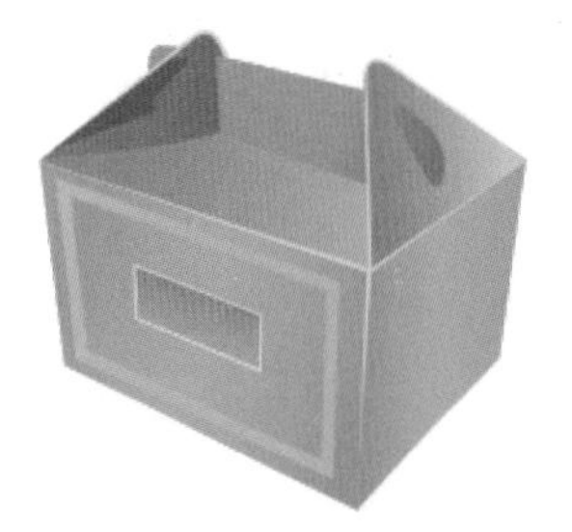

图 8-169 修剪图形

## 实例 10 绘制时尚女包

**案例说明**

本例将绘制效果如图 8-170 所示的时尚女包，主要练习钢笔工具、椭圆工具、对象的群组、“转换”泊坞窗等。

图 8-170 实例的最终效果

## 步骤提示

(1) 使用钢笔工具绘制包的形状，填充为渐变色，如图 8-171 所示。然后使用钢笔工具和“转换”泊坞窗制作小花，将花群组，并复制多朵小花，改变它们的颜色，如图 8-172 所示。

图 8-171 绘制图形并填色

图 8-172 制作小花

(2) 选中右下角的小花，使用工具箱中的交互式封套工具改变图形的形状，如图 8-173 所示。然后用相同的方法改变小花的形状，使用交互式阴影工具为小花制作阴影，如图 8-174 所示。

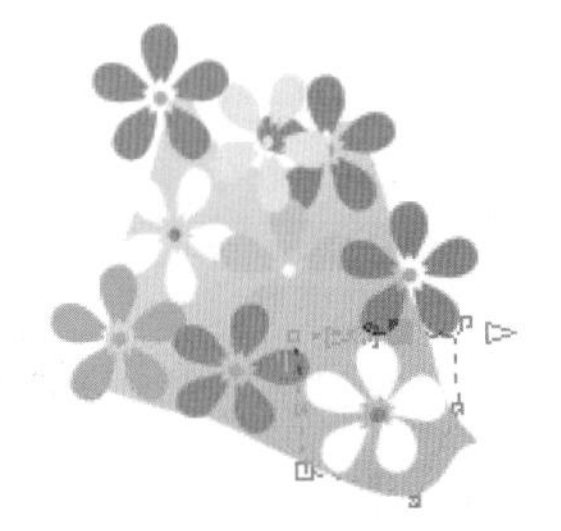

图 8-173 应用封套

图 8-174 制作阴影

(3) 将所有的花群组后精确裁剪到第一个图形中，如图 8-175 所示。然后使用钢笔工具绘制包带，如图 8-176 所示。

图 8-175 精确裁剪

图 8-176 绘制包带

(4) 使用相同的方法制作侧面的花，将它们精确裁剪到图形中，如图 8-177 所示。

(5) 使用钢笔工具绘制一条包带，如图 8-178 所示。再使用阴影工具制作包的阴影，本例的制作就完成了。

图 8-177 精确裁剪

图 8-178 绘制包带

## 实例 11 绘制遥控器

**案例说明**

本例将绘制一个最终效果如图 8-179 所示的遥控器，在制作过程中需要使用矩形工具、交互式透明工具、椭圆工具等工具。

图 8-179 实例的最终效果

## 步骤提示

（1）使用工具箱中的手绘工具绘制图形，并结合形状工具进行编辑，得到如图 8-180 所示的效果。然后使用钢笔工具绘制图形，为图形填色，制作出立体效果，如图 8-181 所示。

图 8-180 绘制图形

图 8-181 制作立体效果

（2）按 F6 键激活矩形工具，绘制圆角矩形，并为矩形填色。按 F8 键激活文本工具，在矩形上输入文字，如图 8-182 所示。然后用相同的方法再制作几个按键，如图 8-183 所示。

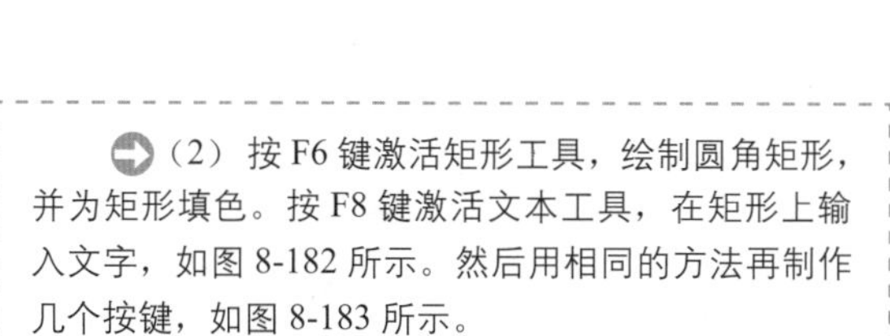

图 8-182 绘制彩色按键

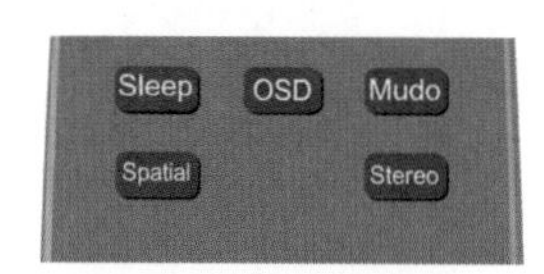


图 8-183 绘制灰色按键

（3）使用工具箱中的手绘工具结合形状工具绘制图形，填充颜色为蓝色，并按小键盘上的“+”键复制图形，改变复制图形的颜色。然后复制多个三角按键，旋转它们的角度，再制作两个黄色按键，如图 8-184 所示。

（4）按 F7 键激活椭圆工具。按住 Ctrl 键绘制圆，然后复制圆，使用交互式透明工具制作圆形按键的立体效果，并复制多个按键。按 F8 键激活文本工具，在按键上输入文字，如图 8-185 所示。

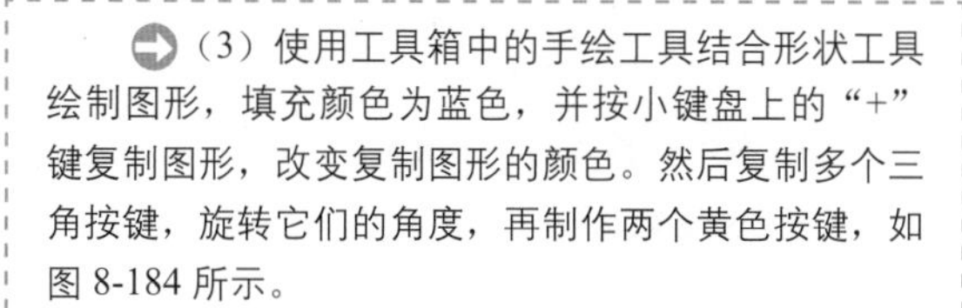

（5）使用相同的方法制作最下方的几个按键，得到本例的最终效果。

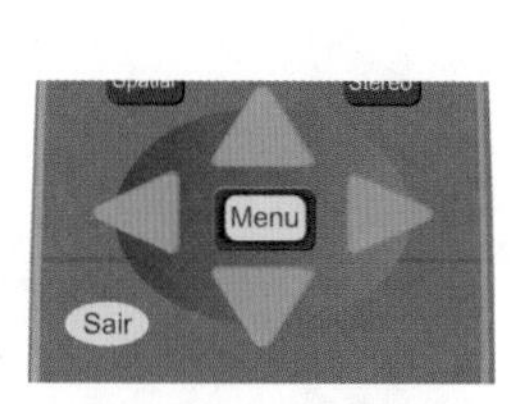


图 8-184 绘制节目按键

图 8-185 绘制频道按键

# 实例 12 绘制飞机模型

**案例说明**

本例将绘制效果如图 8-186 所示的飞机模型，主要练习钢笔工具、椭圆工具、对象的群组等的使用。

图 8-186 实例的最终效果

## 步骤提示

(1) 使用工具箱中的钢笔工具绘制机身，为图形应用线性渐变填充。然后使用钢笔工具绘制阴影，填充为灰色，如图 8-187 所示。

(2) 使用工具箱中的钢笔工具绘制机身上面的图形，填充为渐变色，然后使用椭圆工具绘制椭圆，如图 8-188 所示。

(3) 将椭圆群组后复制，并将复制的椭圆适当缩小，然后在两个椭圆图形之间创建调和，如图 8-189 所示。

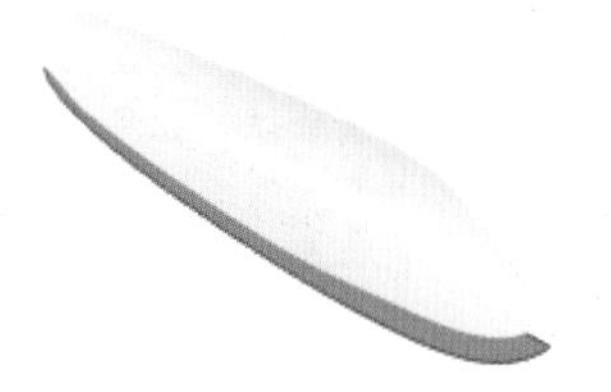

图 8-187 绘制图形并填色

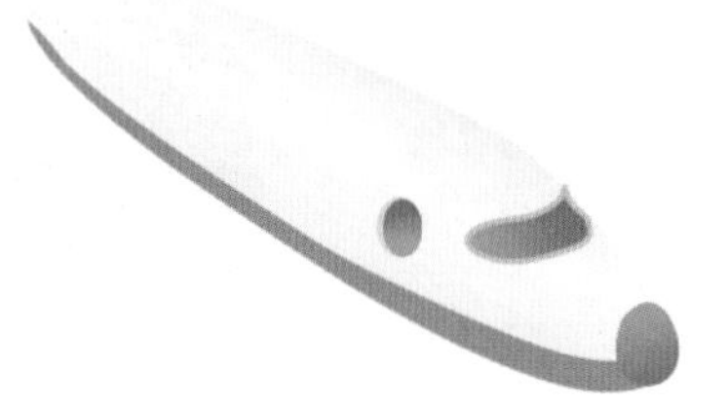

图 8-188 绘制图形并填色

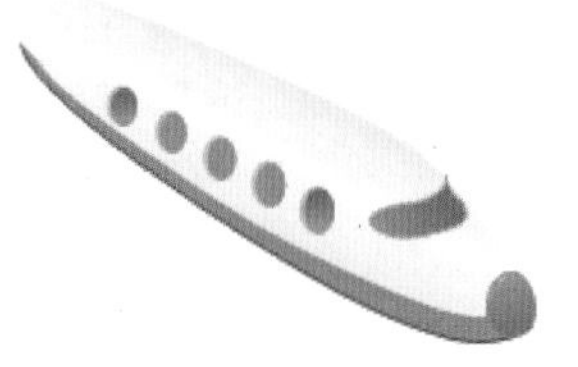

图 8-189 创建调和

(4) 使用工具箱中的钢笔工具绘制机翼，然后复制机翼，改变其大小和方向，如图 8-190 所示。

(5) 使用工具箱中的钢笔工具绘制如图 8-191 所示的图形，然后复制机翼，改变其大小和方向，如图 8-192 所示。

图 8-190 复制机翼

图 8-191 绘制图形

图 8-192 复制图形

(6)使用钢笔工具、椭圆工具绘制如图 8-193 所示的图形，将图形群组后复制图形，并改变其大小，如图 8-194 所示。

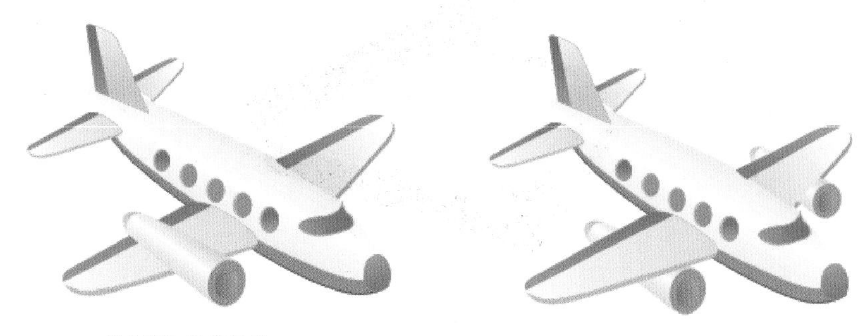

图 8-193 绘制图形

图 8-194 复制图形

（7）再复制两个图形，改变它们的大小后放到机身后面，得到本例的最终效果。

# 实 例 提 高

## 实例 13 绘制自行车

**案例说明**

本例将绘制如图 8-195 所示的自行车，在绘制过程中主要使用了椭圆工具、对象的复制、钢笔工具等。

图 8-195 实例的最终效果

## 实例 14 绘制化妆盒

**案例说明**

本例将绘制如图 8-196 所示的化妆盒，在绘制过程中主要使用了矩形工具、渐变色的填充、钢笔工具、修剪工具、填充工具等。

图 8-196 实例的最终效果

## 实例 15 绘制 MP3

**案例说明**

本例将绘制如图 8-197 所示的 MP3，在绘制过程中主要使用了椭圆工具、渐变色的填充、交互式透明工具、将“轮廓转换为对象”命令等。

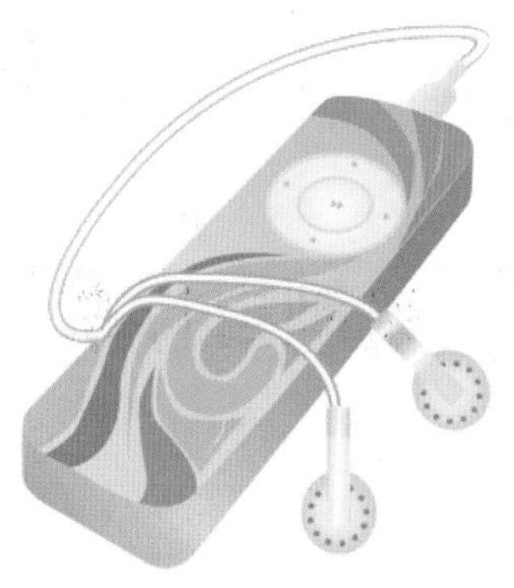

图 8-197 实例的最终效果

## 实例 16 绘制鼠标

**案例说明**

本例将绘制如图 8-198 所示的鼠标，在绘制过程中主要使用了轮廓笔工具、交互式调和工具、钢笔工具等。

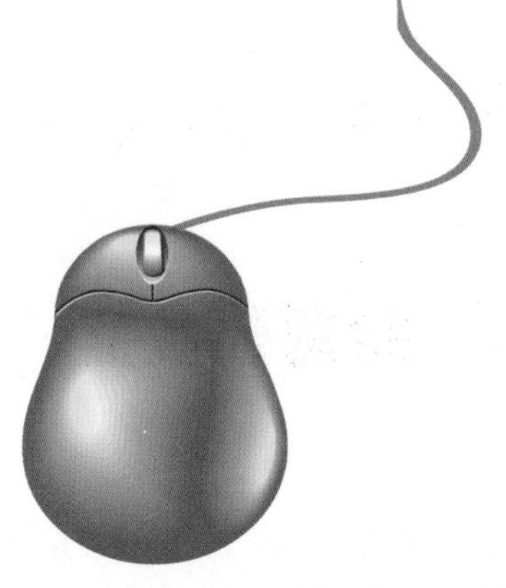

图 8-198 实例的最终效果

## 实例 17 绘制摄像机

**案例说明**

本例将绘制如图 8-199 所示的摄像机，在绘制过程中主要使用了椭圆工具、矩形工具、形状工具、渐变色的填充、钢笔工具、交互式调和工具等。

图 8-199 实例的最终效果

## 实例 18 绘制杯子

**案例说明**

本例将绘制如图 8-200 所示的杯子，在绘制过程中主要使用了椭圆工具、交互式调和工具、交互式阴影工具、钢笔工具等。

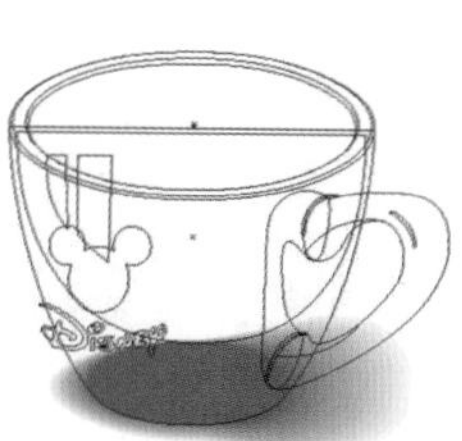

图 8-200 实例的最终效果

## 实例 19 绘制紫砂壶

**案例说明**

本例将绘制如图 8-201 所示的紫砂壶，在绘制过程中主要使用了手绘工具、形状工具、交互式调和工具、渐变色的填充、钢笔工具等。

图 8-201 实例的最终效果

# 实例 20 绘制饰品

**案例说明**

本例将绘制如图 8-202 所示的雀之恋饰品，在绘制过程中主要使用了形状工具、钢笔工具、交互式调和工具、渐变色的填充等。

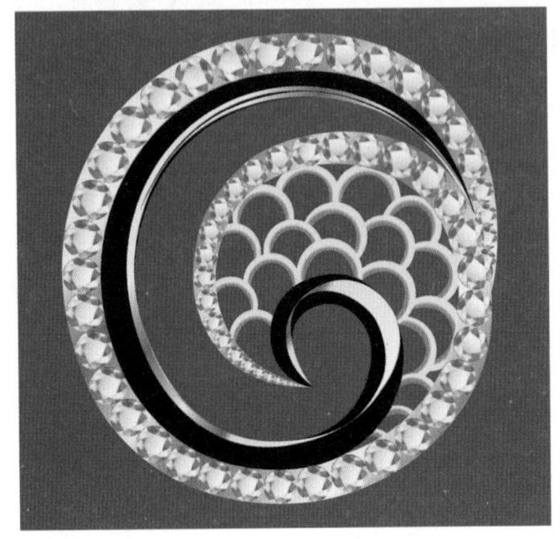

图 8-202 实例的最终效果

# 第9章 电脑POP设计

本章学习制作大家在日常生活中常见的POP广告设计，POP的全称为Point Of Purchase，名为卖点广告，又名店头陈设。它是商业销售中的一种店头促销工具，形式多样，以摆设在店头的展示物为主，如店招广告、吊牌、产品明细单、纸货架、展示架、纸堆头、大招牌等，都属于POP。

麻辣肉条 POP

小牛腿肉 POP

水吧 POP

快餐厅 POP

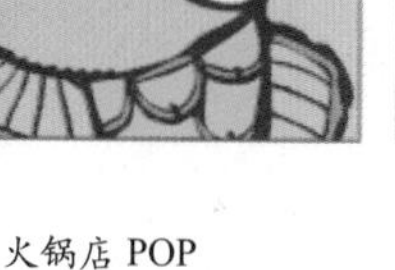

火锅店 POP

乡村烤鸭 POP

巧克力 POP

肉串店 POP

# 实 例 入 门

## 实例 01 制作麻辣肉条 POP

**案例说明**

本例将制作一个最终效果如图 9-1 所示的麻辣肉条 POP，在制作过程中需要使用矩形工具、形状工具、填充工具、文本工具等基本操作工具。

图 9-1 实例的最终效果

## 操作步骤

(1) 使用工具箱中的矩形工具绘制一个矩形，填充矩形的颜色为红色，如图 9-2 所示。然后用同样的方法绘制一个同等宽度的小矩形，填充颜色为绿色，效果如图 9-3 所示。

图 9-2 绘制红色矩形

图 9-3 绘制绿色矩形

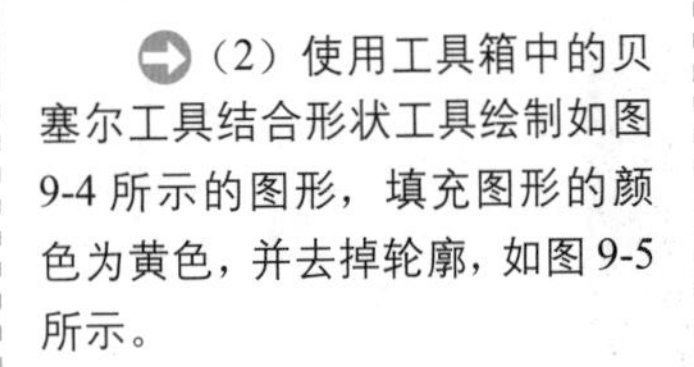

(2) 使用工具箱中的贝塞尔工具结合形状工具绘制如图 9-4 所示的图形，填充图形的颜色为黄色，并去掉轮廓，如图 9-5 所示。

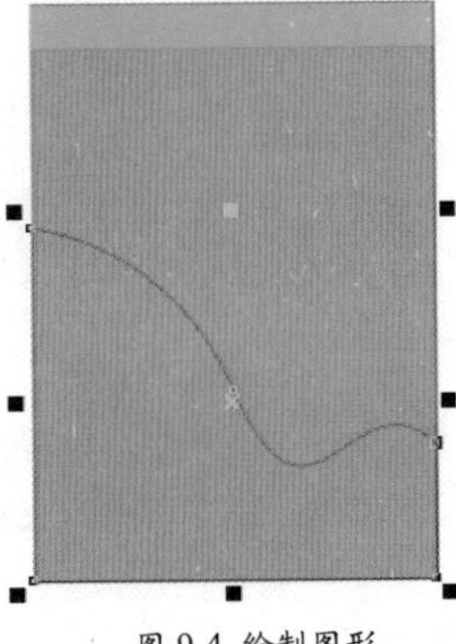

图 9-4 绘制图形

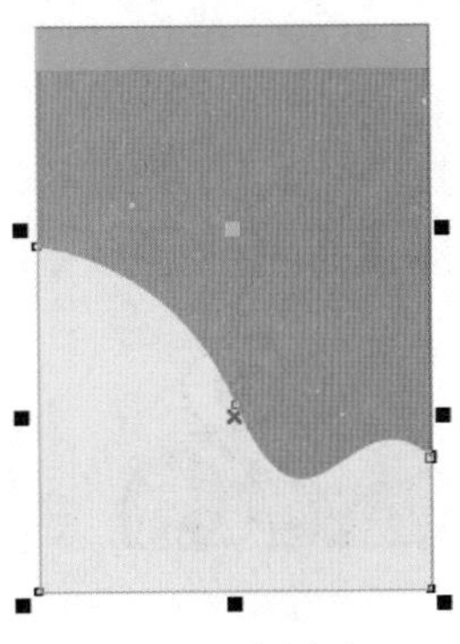

图 9-5 填充颜色

(3) 按F8键激活文本工具，输入文字“麻辣肉条、宫廷荤菜、18元”，设置相应的字体和字号后排列到如图9-6所示的位置。复制文字“麻辣肉条”，填充颜色为白色，并按Shift+PageDown组合键将图形排列到原文字的下一层，如图9-7所示。

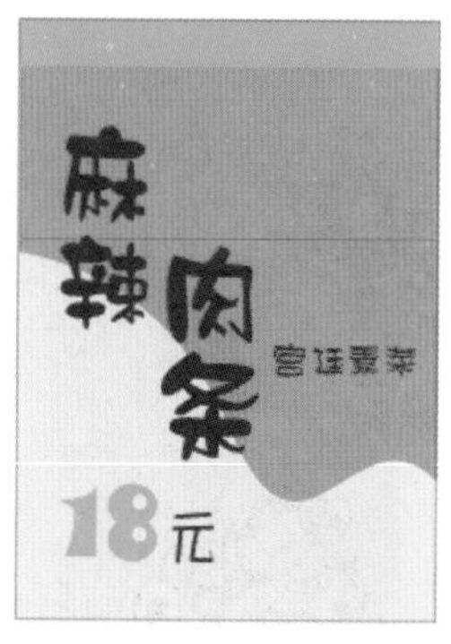

图9-6 输入文字

图9-7 复制文字

(4) 按F7键激活椭圆工具，绘制一个椭圆，填充椭圆的颜色为白色，并去掉轮廓，排列到如图9-8所示的位置。然后用同样的方法绘制其他椭圆，填充相应的颜色，如图9-9所示。

图9-8 绘制椭圆

图9-9 绘制其他椭圆

(5) 使用工具箱中的矩形工具结合椭圆工具绘制一组图形，填充图形的颜色为绿色，并去掉轮廓，如图9-10所示。然后用同样的方法绘制其他图形，如图9-11所示。

图9-10 绘制图形

图9-11 绘制其他图形

(6) 按Ctrl+I组合键导入素材文件（素材/第9章/麻辣肉条POP/01.cdr），如图9-12所示，然后将素材图片移动到POP的右上方，最终效果如图9-13所示。

图9-12 导入素材

图9-13 本例的最终效果

## 实例 02 制作水吧POP

**案例说明**

本例将制作一个最终效果如图9-14所示的水吧POP，在制作过程中需要使用矩形工具、形状工具、填充工具、文本工具、椭圆工具等。

图 9-14 实例的最终效果

## 操作步骤

（1）使用工具箱中的矩形工具绘制一个矩形，填充矩形的颜色为（C：0；M：20；Y：20；K：0），如图 9-15 所示。

图 9-15 绘制矩形

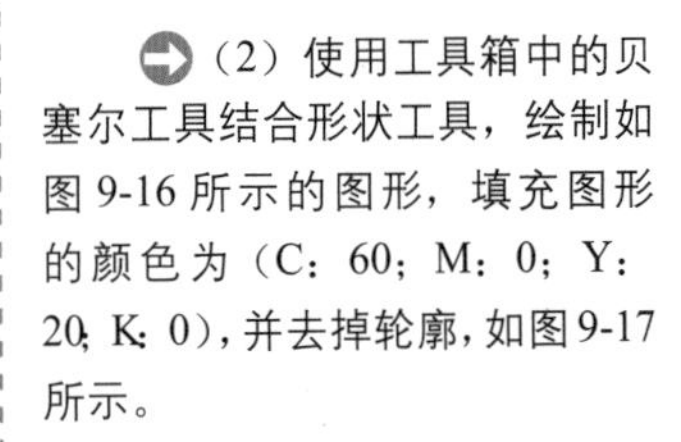

（2）使用工具箱中的贝塞尔工具结合形状工具，绘制如图 9-16 所示的图形，填充图形的颜色为（C：60；M：0；Y：20；K：0），并去掉轮廓，如图 9-17 所示。

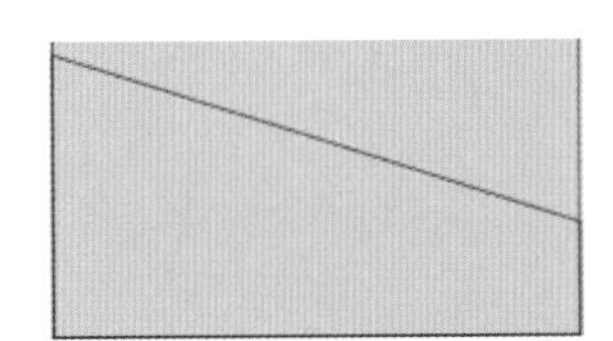

图 9-16 绘制图形

图 9-17 填充颜色

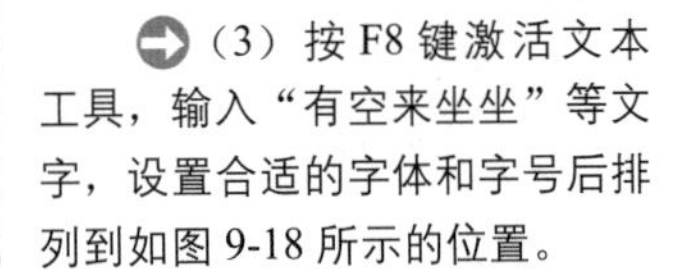

（3）按 F8 键激活文本工具，输入“有空来坐坐”等文字，设置合适的字体和字号后排列到如图 9-18 所示的位置。

图 9-18 输入文字

（4）使用工具箱中的贝塞尔工具结合形状工具绘制如图 9-19 所示的图形，填充图形的颜色为（C：1；M：38；Y：52；K：0），并去掉轮廓，如图 9-20 所示。

图 9-19 绘制图形

图 9-20 填充颜色

➡（5）使用同样的方法绘制一个图形，填充颜色为绿色，如图 9-21 所示。

图 9-21 绘制图形

➡（6）按 F7 键激活椭圆工具，绘制一个椭圆，填充椭圆的颜色为（C：0；M：60；Y：60；K：40），并去掉轮廓，如图 9-22 所示。然后复制一组椭圆，将它们排列成如图 9-23 所示的效果。

图 9-22 绘制椭圆

图 9-23 复制椭圆

⬇（7）使用工具箱中的矩形工具结合形状工具绘制一组图形，将图形填充为白色，效果如图 9-24 所示。

⬇（8）按 Ctrl+I 组合键导入素材文件（素材 / 第 9 章 / 制作水吧 POP/02.cdr），如图 9-25 所示，将素材图片移动到 POP 的合适位置，最终效果如图 9-26 所示。

图 9-24 绘制图形

图 9-25 导入素材

图 9-26 本例的最终效果

## 实例 03 制作巧克力 POP

**案例说明**

本例将制作一个最终效果如图 9-27 所示的巧克力 POP，在制作过程中需要使用贝塞尔工具、形状工具、文本工具等。

图 9-27 实例的最终效果

## 操作步骤

(1) 使用工具箱中的矩形工具绘制一个矩形，填充矩形的颜色为红色，如图 9-28 所示。

(2) 使用工具箱中的贝塞尔工具结合形状工具绘制如图 9-29 所示的图形，填充图形的颜色为黑色，并去掉轮廓，如图 9-30 所示。

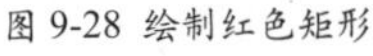

图 9-28 绘制红色矩形

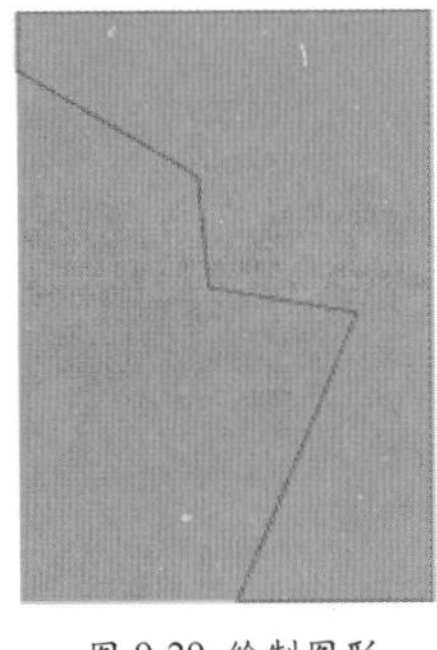

图 9-29 绘制图形

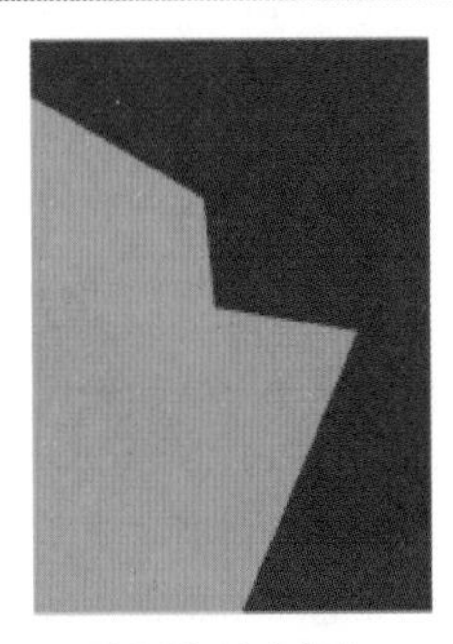

图 9-30 填充颜色

(3) 使用同样的方法绘制一个图形，填充图形的颜色为（C：0；M：100；Y：60；K：20），并去掉轮廓，如图 9-31 所示。

(4) 按 F8 键激活文本工具，输入相应的文字，设置合适的字体和字号后排列到如图 9-32 所示的位置。

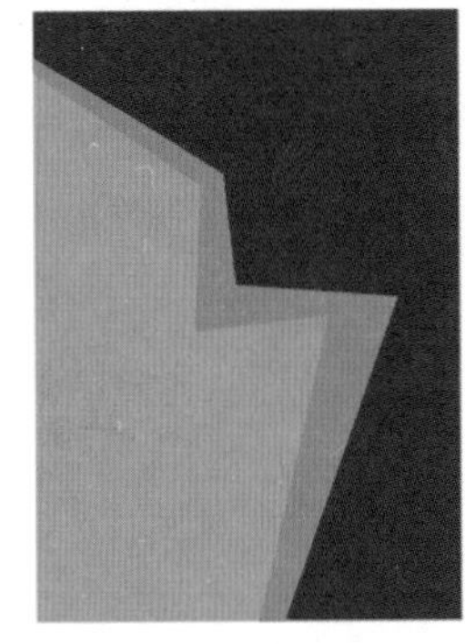

图 9-31 绘制图形

图 9-32 输入文字

(5) 使用工具箱中的贝塞尔工具结合形状工具绘制如图 9-33 所示的图形，填充图形的颜色为红色，去掉轮廓，并按 Shift+PageDown 组合键将图形排列到英文字母的下一层，如图 9-34 所示。

图 9-33 绘制图形

图 9-34 填充颜色

(6) 使用工具箱中的矩形工具和椭圆工具绘制一组图形，如图 9-35 所示。然后使用工具箱中的选择工具选择图形，单击属性栏中的“焊接”按钮将两个图形焊接，如图 9-36 所示。

图 9-35 绘制图形

图 9-36 焊接图形

(7) 选中图形，执行“窗口/泊坞窗/颜色”命令，打开“颜色”泊坞窗，将图形的颜色设置为（C：20；M：40；Y：0；K：0），设置完毕后单击“填充”按钮，并去掉轮廓，如图 9-37 所示。然后使用同样的方法绘制另外一组图形，并移动到 POP 的合适位置，如图 9-38 所示。

图 9-37 填充颜色

图 9-38 绘制图形

➡（8）按Ctrl+I组合键导入素材文件（素材/第9章/巧克力POP/03.cdr），如图9-39所示，然后将素材图片移动到POP的合适位置，最终效果如图9-40所示。

图9-39 导入素材

图9-40 本例的最终效果

## 实例 04 制作肉串店POP

**案例说明**

本例将制作一个最终效果如图9-41所示的肉串店POP，在制作过程中需要使用矩形工具、贝塞尔工具、形状工具、文本工具等。

图9-41 实例的最终效果

## 操作步骤

➡（1）使用工具箱中的矩形工具绘制一个矩形，填充矩形的颜色为（C：0；M：0；Y：30；K：0），如图9-42所示。

➡（2）使用工具箱中的贝塞尔工具结合形状工具绘制如图9-43所示的图形，填充图形的颜色为（C：16；M：0；Y：49；K：0），并去掉轮廓，如图9-44所示。

图9-42 绘制矩形

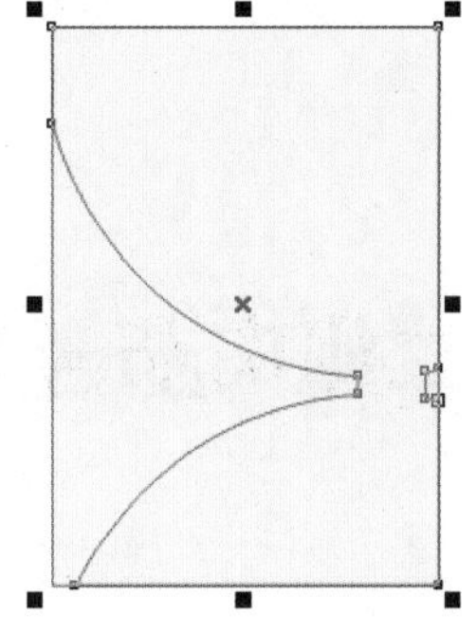

图9-43 绘制图形

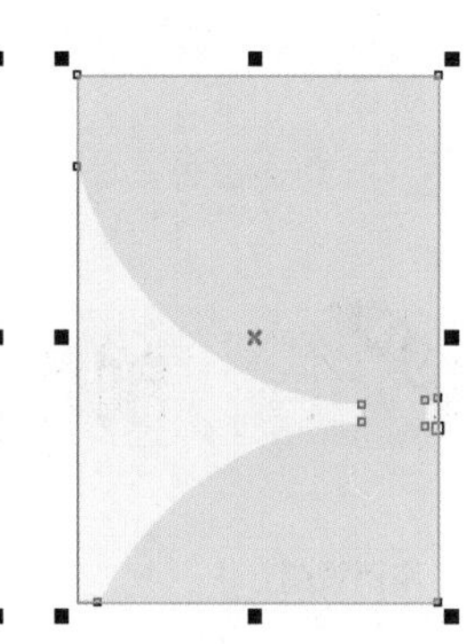

图9-44 填充颜色

(3) 使用工具箱中的矩形工具绘制一组矩形，如图 9-45 所示。

(4) 按 F8 键激活文本工具，输入相应的文字，设置合适的字体和字号后排列到如图 9-46 所示的位置。

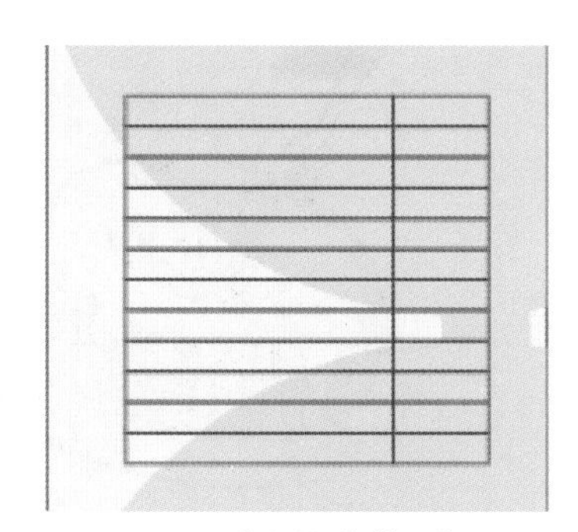

图 9-45 绘制矩形

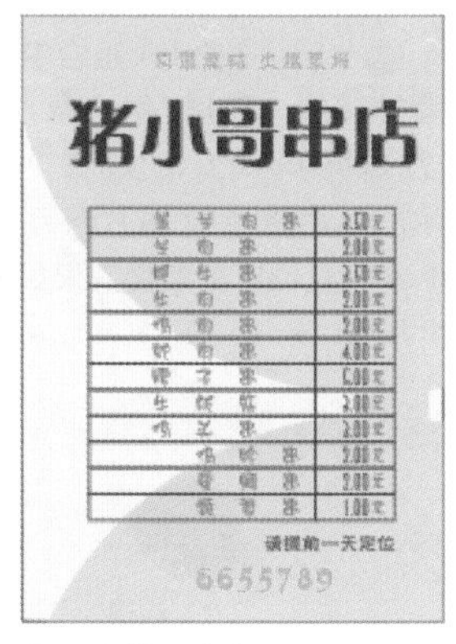


图 9-46 输入文字

(5) 使用工具箱中的贝塞尔工具结合形状工具绘制如图 9-47 所示的图形，填充图形的颜色为白色，并去掉轮廓，如图 9-48 所示。

图 9-47 编辑图形

图 9-48 填充颜色

(6) 使用同样的方法绘制一组图形，填充颜色为（C：16；M：0；Y：49；K：0），并去掉轮廓，如图 9-49 所示。

图 9-49 绘制图形

图 9-50 绘制椭圆

(7) 按 F7 键激活椭圆工具，绘制一组椭圆，填充椭圆的颜色为白色，并排列到如图 9-50 所示的位置。

(8) 按 Ctrl+I 组合键导入素材文件（素材 / 第 9/ 肉串启 POP/04.cdr），如图 9-51 所示，然后将素材图片移动到 POP 的合适位置，最终效果如图 9-52 所示。

图 9-51 导入素材

图 9-52 本例的最终效果

## 实例 05 制作二姐肉茄合 POP

**案例说明**

本例将制作一个最终效果如图 9-53 所示的二姐肉茄合 POP，在制作过程中需要使用矩形工具、填充工具、文本工具等。

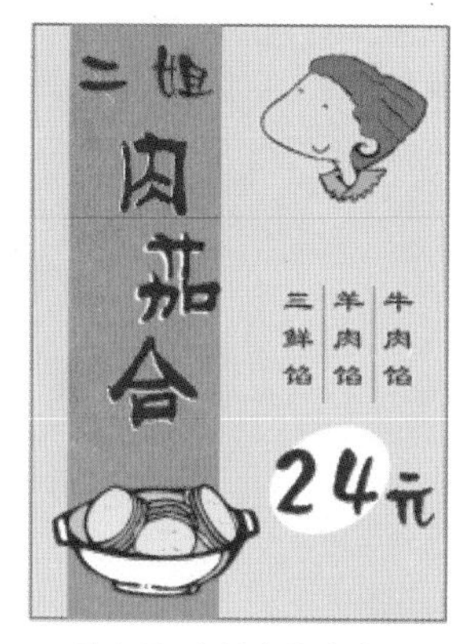


图 9-53 实例的最终效果

## 操作步骤

(1) 使用工具箱中的矩形工具绘制一个矩形，填充矩形的颜色为（C：0；M：20；Y：100；K：0），如图 9-54 所示。然后使用同样的方法绘制一个红色矩形，如图 9-55 所示。

图 9-54 绘制矩形

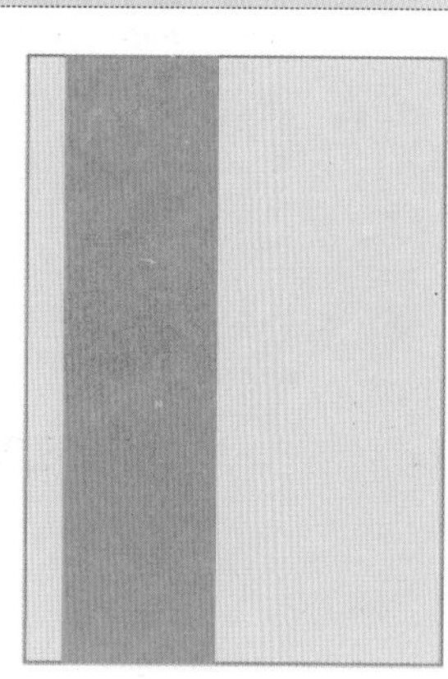

图 9-55 绘制红色矩形

(2) 按 F8 键激活文本工具，输入相应的文字，设置合适的字体和字号后排列到如图 9-56 所示的位置。选中文字“肉茄合”，按小键盘上的“+”键复制文字，并填充颜色为白色，然后按 Shift+PageDown 组合键将白色文字排列到原文字的下一层，如图 9-57 所示。

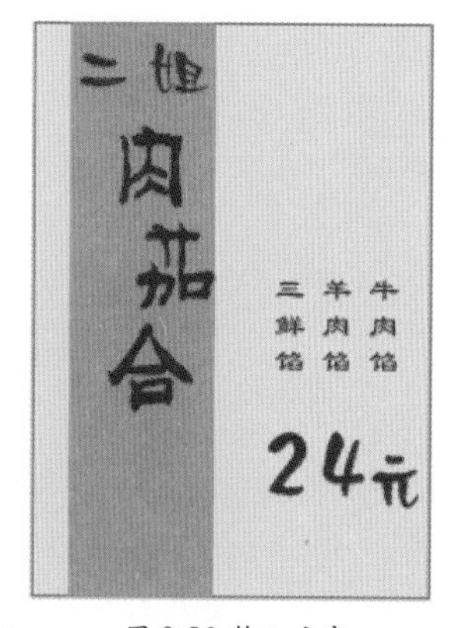


图 9-56 输入文字

图 9-57 复制文字

(3) 使用工具箱中的矩形工具绘制一个矩形，填充矩形的颜色为（C：0；M：60；Y：80；K：20），如图 9-58 所示。然后选中矩形，按住 Ctrl 键不放水平移动矩形至合适的位置，并右击进行复制，如图 9-59 所示。

图 9-58 绘制矩形

图 9-59 复制矩形

(4) 按 F7 键激活椭圆工具，绘制一个椭圆，填充椭圆的颜色为白色，去掉轮廓，并旋转合适的角度，排列到如图 9-60 所示的位置。

(5) 按 Ctrl+I 组合键导入素材文件（素材 / 第 9 章 / 二姐肉茄合 POP/05.cdr），如图 9-61 所示，然后将素材图片分别移动到 POP 的合适位置，最终效果如图 9-62 所示。

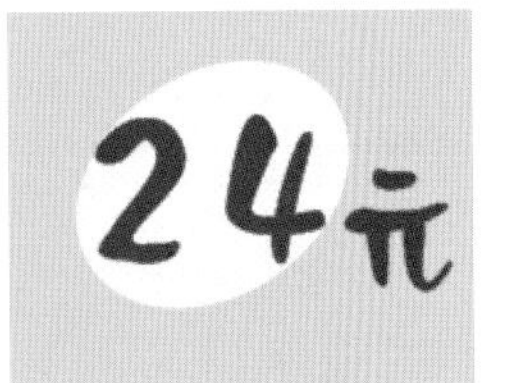

图 9-60 绘制椭圆

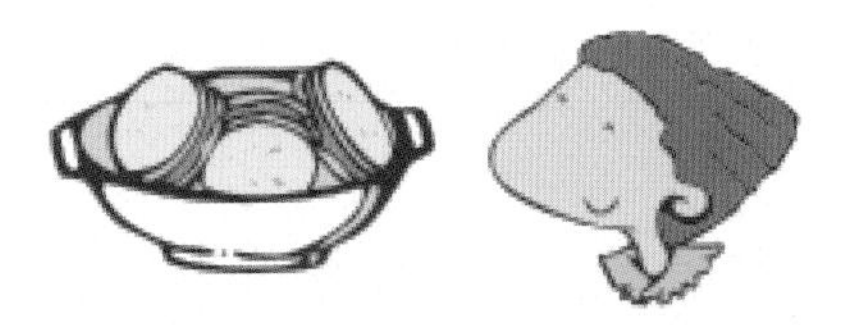
图 9-61 导入素材

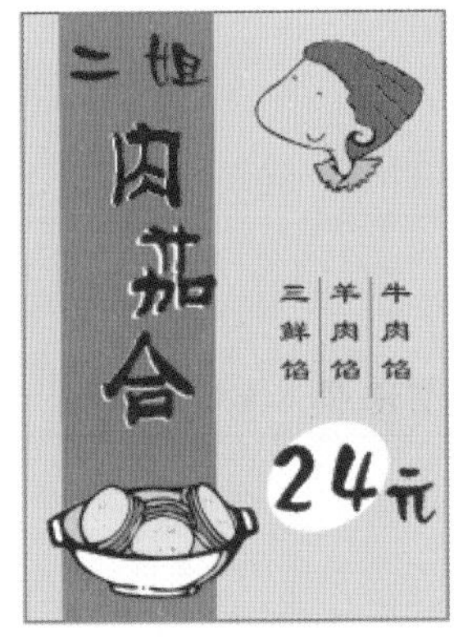

图 9-62 本例的最终效果

## 实例 06 制作营养早餐 POP

**案例说明**

本例将制作一个最终效果如图 9-63 所示的休闲街营养早餐 POP，在制作过程中需要使用椭圆工具、矩形工具、文本工具等。

图 9-63 实例的最终效果

## 操作步骤

(1) 使用工具箱中的矩形工具绘制一个矩形，填充矩形的颜色为（C：0；M：20；Y：100；K：0），如图 9-64 所示。

(2) 使用工具箱中的贝塞尔工具结合形状工具绘制如图 9-65 所示的图形，填充图形的颜色为白色，并去掉轮廓，如图 9-66 所示。

图 9-64 绘制矩形

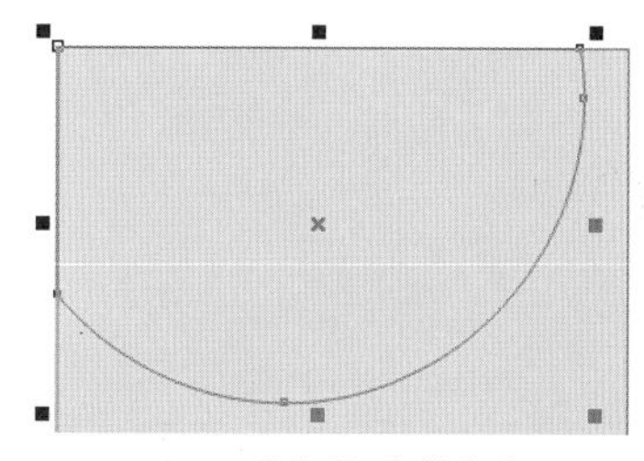

图 9-65 绘制图形

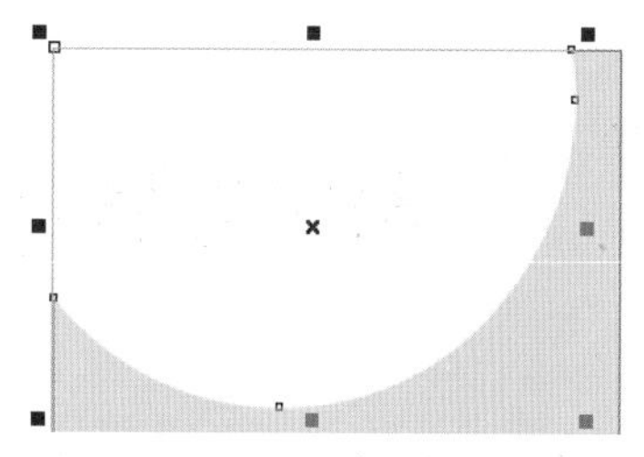

图 9-66 填充颜色

（3）使用工具箱中的矩形工具绘制一个矩形，填充矩形的颜色为黑色，如图 9-67 所示。

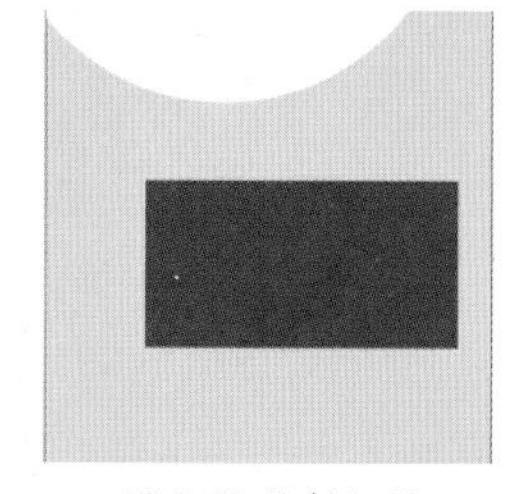

图 9-67 绘制矩形

图 9-68 输入文字

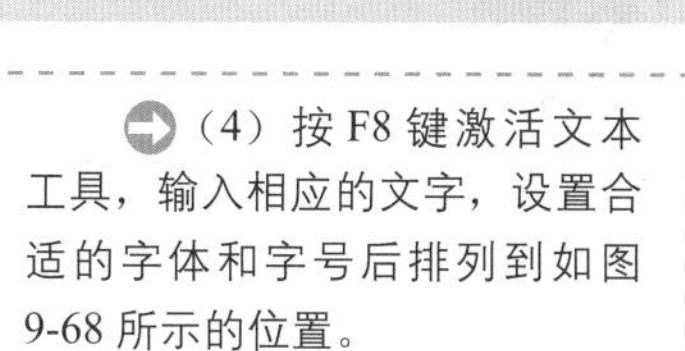

（4）按 F8 键激活文本工具，输入相应的文字，设置合适的字体和字号后排列到如图 9-68 所示的位置。

（5）使用工具箱中的贝塞尔工具结合形状工具绘制如图 9-69 所示的图形，填充图形的颜色为（C：0；M：60；Y：80；K：20），并去掉轮廓，如图 9-70 所示。

图 9-69 绘制图形

图 9-70 填充颜色

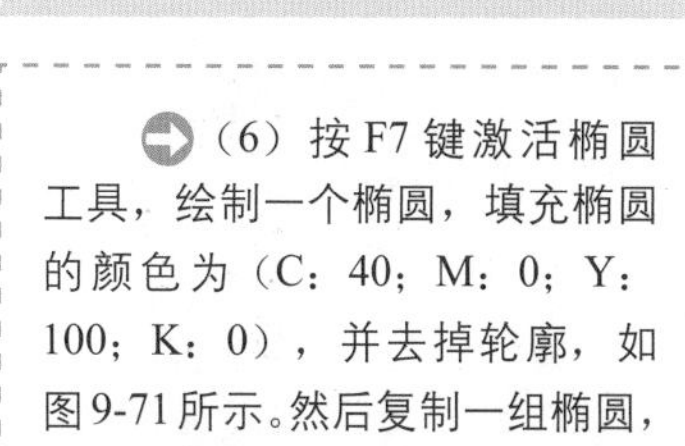

（6）按 F7 键激活椭圆工具，绘制一个椭圆，填充椭圆的颜色为（C：40；M：0；Y：100；K：0），并去掉轮廓，如图 9-71 所示。然后复制一组椭圆，排列到如图 9-72 所示的位置。

图 9-71 绘制椭圆

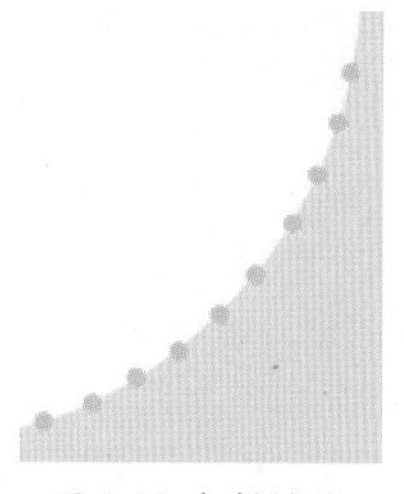

图 9-72 复制椭圆

（7）按 Ctrl+I 组合键导入素材文件（素材 / 第 9 章 / 营养早餐 POP/06.cdr），如图 9-73 所示，然后将素材图片移动到 POP 的合适位置，最终效果如图 9-74 所示。

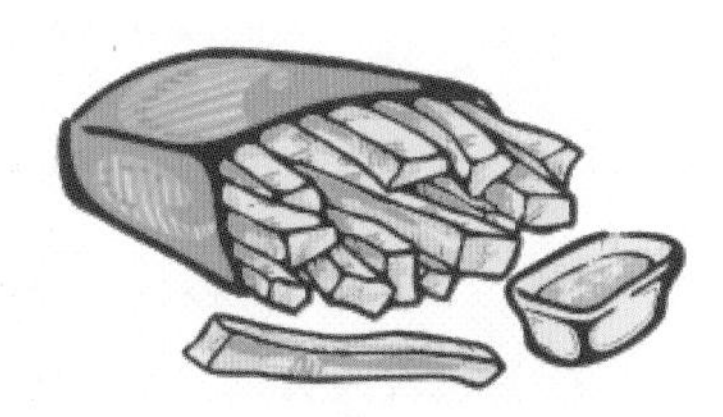

图 9-73 导入素材

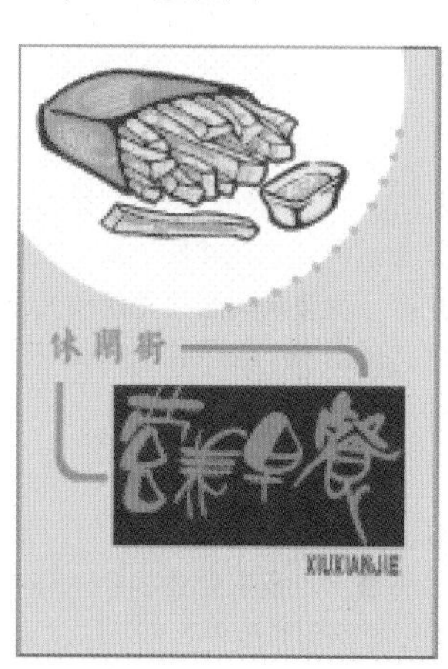


图 9-74 本例的最终效果

# 实 例 进 阶

## 实例 07 制作火锅店 POP

**案例说明**

本例将制作一个最终效果如图 9-75 所示的火锅店 POP，在制作过程中需要使用矩形工具、填充工具、文本工具等。

图 9-75 实例的最终效果

## 步骤提示

(1) 使用工具箱中的矩形工具，绘制一个矩形，填充矩形的颜色为（C：0；M：40；Y：80；K：0）。然后用同样的方法绘制两个小矩形，分别填充颜色为红色和黑色，如图 9-76 所示。

(2) 使用工具箱中的矩形工具，绘制一个矩形，在属性栏中将矩形的边角圆滑度设置为 30，填充圆角矩形的颜色为（C：40；M：80；Y：0；K：20），并去掉边框，如图 9-77 所示。

图 9-76 绘制矩形

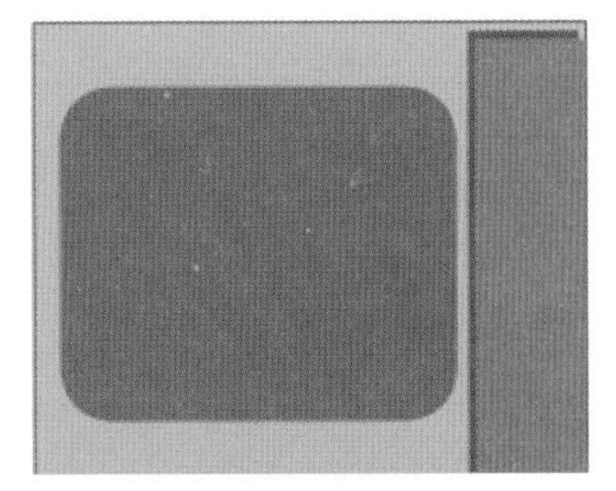

图 9-77 填充颜色

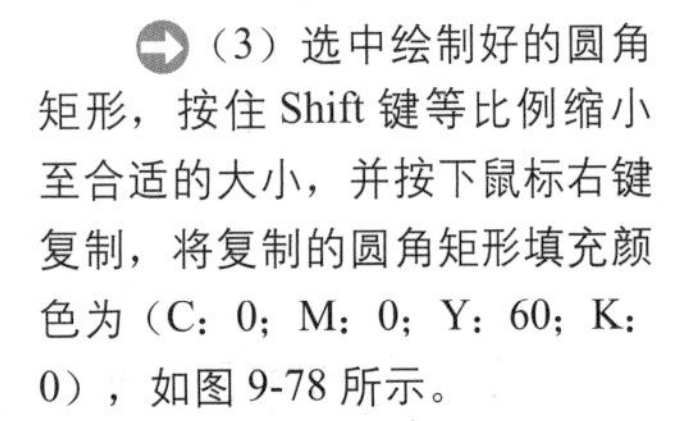

(3) 选中绘制好的圆角矩形，按住 Shift 键等比例缩小至合适的大小，并按下鼠标右键复制，将复制的圆角矩形填充颜色为（C：0；M：0；Y：60；K：0），如图 9-78 所示。

(4) 按 F8 键激活文本工具，输入文字“鱼头火锅”、“湘江特色”，设置合适的字体和字号后排列到如图 9-79 所示的位置。

图 9-78 复制圆角矩形

图 9-79 输入文字

(5) 选中文字“鱼头火锅”，按小键盘上的“+”键复制，并填充颜色为红色，移动到如图 9-80 所示的位置。

(6) 按 Ctrl+I 组合键导入素材文件（素材 / 第 9 章 / 火锅店 POP/07.cdr），如图 9-81 所示，然后将素材图片移动到 POP 的合适位置，最终效果如图 9-82 所示。

图 9-80 复制文字

图 9-81 导入素材

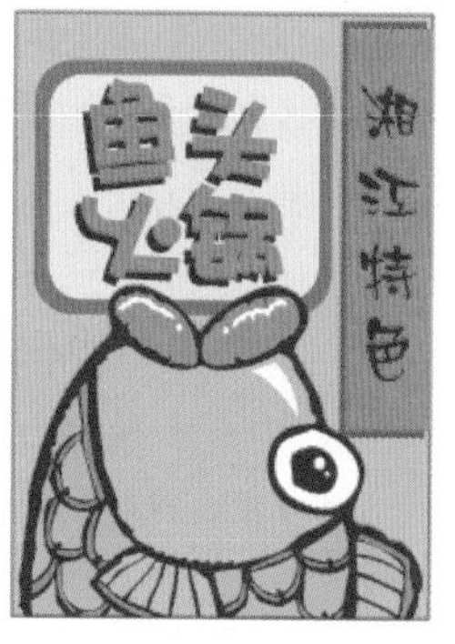

图 9-82 本例的最终效果

## 实例 08 制作快餐厅 POP

**案例说明**

本例将制作一个最终效果如图 9-83 所示的快餐厅 POP，在制作过程中需要使用矩形工具、形状工具、填充工具、文本工具等。

图 9-83 实例的最终效果

## 步骤提示

(1) 使用工具箱中的矩形工具绘制一个矩形，填充矩形的颜色为红色。然后用同样的方法绘制一个小矩形，填充颜色为（C：40；M：0；Y：100；K：0），并去掉轮廓，如图 9-84 所示。

(2) 按 F8 键激活文本工具，输入相应的文字，设置合适的字体和字号后排列到如图 9-85 所示的位置。

图 9-84 绘制矩形

图 9-85 输入文字

(3) 使用工具箱中的椭圆工具结合形状工具绘制一组图形，并填充颜色为（C：20；M：0；Y：60；K：0），效果如图9-86所示。

(4) 使用工具箱中的矩形工具绘制一个矩形，填充矩形的颜色为白色，然后复制一组矩形，排列到如图9-87所示的位置。

图9-86 绘制图形

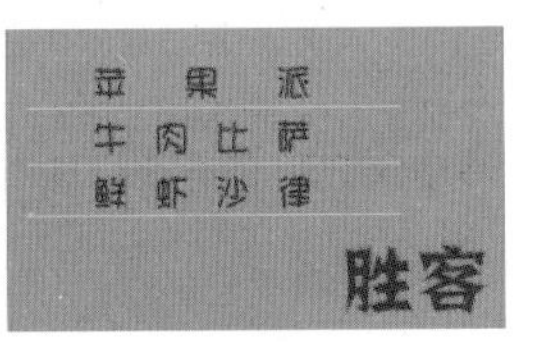


图9-87 绘制矩形

(5) 按Ctrl+I组合键导入素材文件（素材/第9章/快餐厅POP/08.cdr），如图9-88所示，然后将素材图片移动到POP的合适位置，最终效果如图9-89所示。

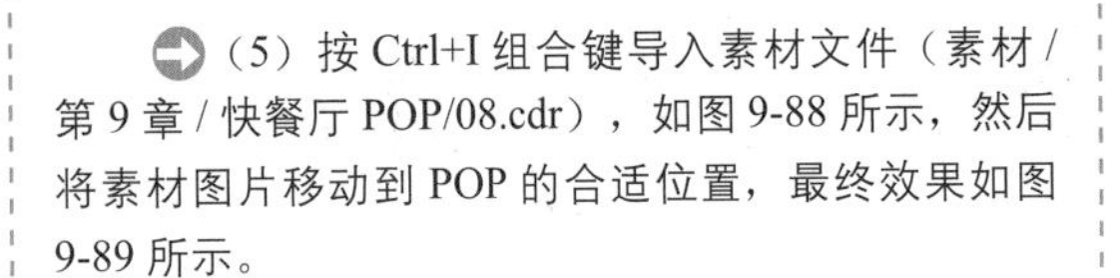

图9-88 导入素材

图9-89 本例的最终效果

## 实例 09 制作乡村烤鸭POP

**案例说明**

本例将制作一个最终效果如图9-90所示的乡村烤鸭POP，在制作过程中需要使用矩形工具、形状工具、文本工具等。

图9-90 实例的最终效果

## 步骤提示

(1) 使用工具箱中的矩形工具绘制一个矩形，填充矩形的颜色为（C：20；M：0；Y：60；K：0）。然后用同样的方法绘制一个小矩形，填充颜色为（C：0；M：40；Y：60；K：20），如图9-91所示。

(2) 使用工具箱中的矩形工具绘制一个矩形，然后选中矩形，按Ctrl+Q组合键将其转换为曲线，并结合形状工具进行编辑，填充图形的颜色为（C：0；M：60；Y：100；K：0），并去掉轮廓，如图9-92所示。

图9-91 绘制矩形

图9-92 绘制图形

➡（3）使用工具箱中的矩形工具绘制一组矩形，填充颜色为白色，如图 9-93 所示。

➡（4）按 F8 键激活文本工具，输入相应的文字，设置合适的字体和字号后排列到如图 9-94 所示的位置。

图 9-93 绘制一组矩形

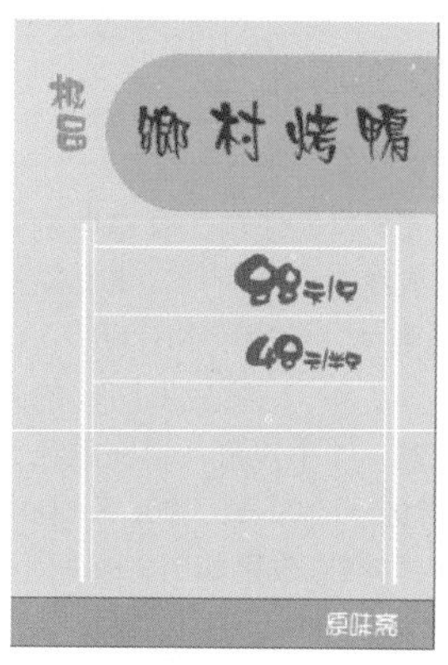

图 9-94 输入文字

➡（5）按 Ctrl+I 组合键导入素材文件（配套素材 / 第 9 章 / 乡村烤鸭 POP/09.cdr），如图 9-95 所示，然后将素材图片移动到 POP 的合适位置，最终效果如图 9-96 所示。

图 9-95 导入素材

图 9-96 本例的最终效果

## 实例 10 制作小牛腿肉 POP

**案例说明**

本例将制作一个最终效果如图 9-97 所示的小牛腿肉 POP，在制作过程中需要使用矩形工具、填充工具、文本工具等。

图 9-97 实例的最终效果

## 步骤提示

(1) 使用工具箱中的矩形工具绘制一个矩形，填充矩形的颜色为（C：0；M：60；Y：100；K：0）。然后用同样的方法绘制一个小矩形，填充颜色为（C：20；M：0；Y：100；K：0），并去掉轮廓，效果如图9-98所示。

(2) 按F7键激活椭圆工具，绘制一个椭圆，填充椭圆的颜色为白色，并去掉轮廓，如图9-99所示。复制3个椭圆并依次排列，然后选择所有椭圆，单击属性栏中的“焊接”按钮，将椭圆进行焊接，如图9-100所示。

图 9-98 绘制矩形

图 9-99 绘制椭圆

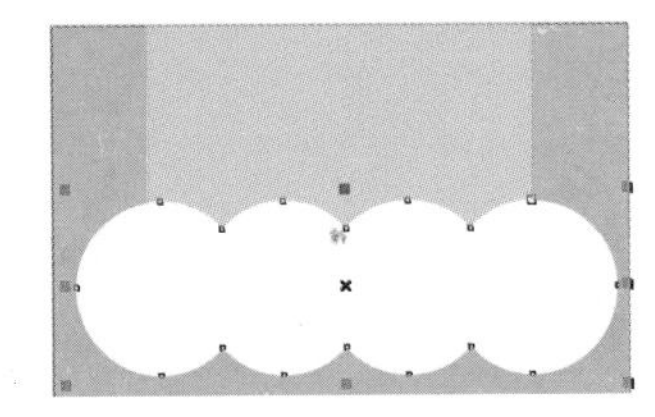

图 9-100 焊接椭圆

(3) 按F8键激活文本工具，输入文字“纯米兰式”、“小牛腿肉”等文字，设置合适的字体和字号后排列到如图9-101所示的位置。

(4) 选中文字“小牛腿肉”，按小键盘上的“+”键进行复制，并将复制的文字填充颜色为红色，如图9-102所示。

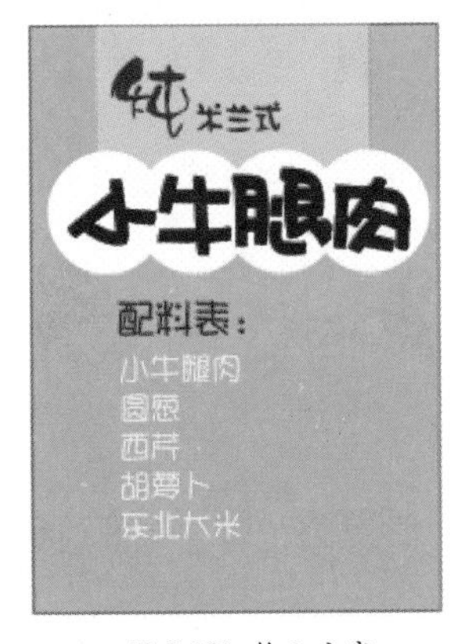


图 9-101 输入文字

图 9-102 复制文字

(5) 使用工具箱中的矩形工具结合形状工具绘制一组图形，将图形填充颜色为白色，效果如图9-103所示。

(6) 按Ctrl+I组合键导入素材文件（素材/第9章/小牛腿肉POP/10.cdr），如图9-104所示，然后将素材图片移动到POP的合适位置，最终效果如图9-105所示。

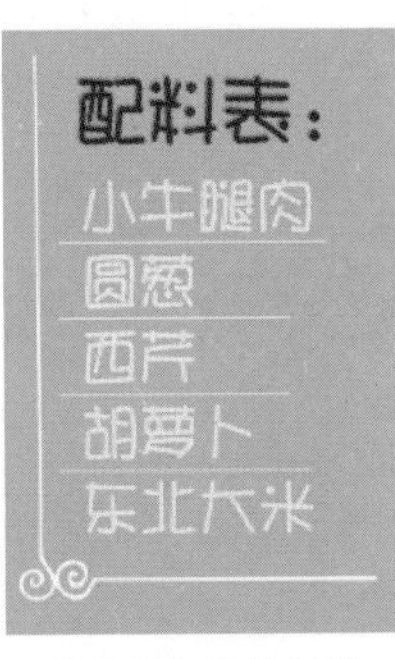


图 9-103 绘制图形

图 9-104 导入素材

图 9-105 本例的最终效果

# 实 例 提 高

## 实例 11 制作文具店POP

**案例说明**

本例将制作如图9-106所示的文具店POP，在制作过程中主要使用了矩形工具、椭圆工具、文本工具、钢笔工具等。

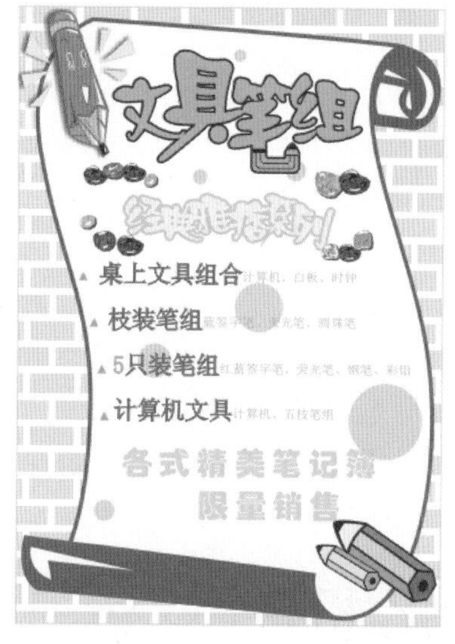


图9-106 实例的最终效果

## 实例 12 制作电信POP

**案例说明**

本例将制作如图9-107所示的电信POP，在制作过程中主要使用了矩形工具、轮廓笔工具、文本工具、钢笔工具等。

图9-107 实例的最终效果

## 实例 13 制作促销 POP

**案例说明**

本例将制作如图 9-108 所示的促销 POP，在制作过程中主要使用了矩形工具、手绘工具、直线工具、文本工具、钢笔工具等。

图 9-108 实例的最终效果

## 实例 14 制作招聘 POP

**案例说明**

本例将制作如图 9-109 所示的招聘 POP，在制作过程中主要使用了手绘工具、文本工具、钢笔工具、填充工具等。

图 9-109 实例的最终效果

# 第10章 包装设计

本章制作一些包装设计，包装设计是平面设计中的一个重要部分，也是我们学习 CorelDRAW 软件的重要内容，只有将美学知识、设计理论与相应的软件知识相结合才能达到随心所欲设计的境界。

CD 包装设计

明信片包装立体效果

手提袋包装设计

饮料包装立体效果

食品包装袋立体效果

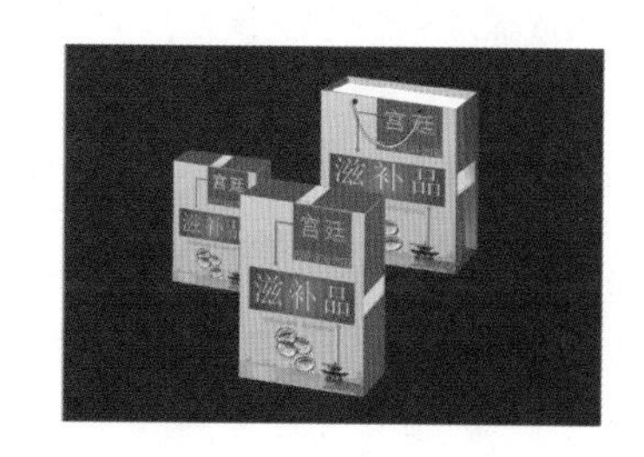


滋补品包装立体效果

月饼盒包装设计

酒包装立体效果

红枣盒包装设计

# 实 例 入 门

## 实例 01 CD 包装设计

**案例说明**

本例将制作一个最终效果如图 10-1 所示的 CD 包装设计，在制作过程中需要使用矩形工具、交互式阴影工具、椭圆工具、钢笔工具、文本工具等基本操作工具。

图 10-1 本例的最终效果

### 操作步骤

（1）按 F6 键激活矩形工具，在属性栏中单击“圆角”按钮，设置圆角半径为 5mm，然后拖动鼠标绘制圆角矩形，其宽度为 122mm、高度为 171mm。

（2）为其应用辐射渐变填充，分别设置几个位置点的颜色，其中，起点的颜色为（C：0；M：0；Y：0；K：50）、7% 的颜色为（C：0；M：0；Y：0；K：0）、32% 处的颜色为（C：0；M：0；Y：0；K：0）、终点的颜色为（C：0；M：0；Y：0；K：0），如图 10-2 所示。再按 F6 键激活矩形工具，绘制如图 10-3 所示的矩形。

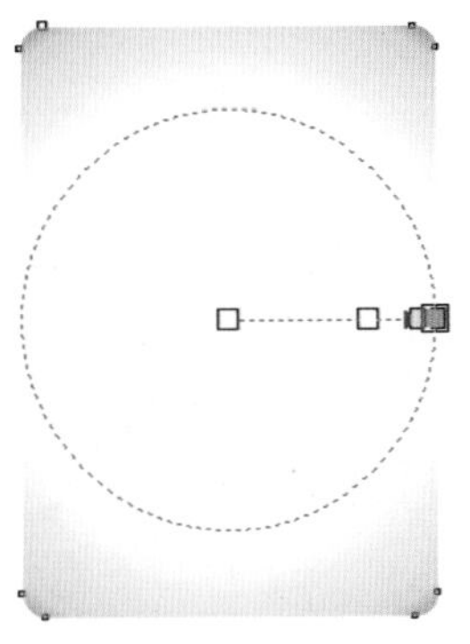

图 10-2 绘制圆角矩形

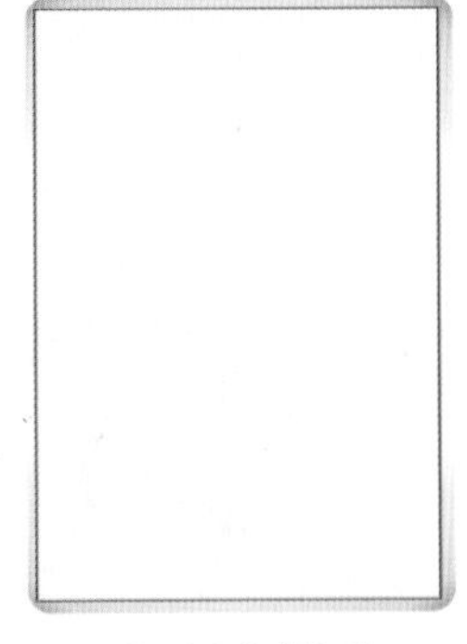

图 10-3 绘制矩形

（3）使用工具箱中钢笔工具结合形状工具绘制几个图形，分别填充图形的颜色为冰蓝、浅蓝、红色、橘色和黄色，并去掉轮廓，如图 10-4 所示。

（4）使用工具箱中的钢笔工具结合形状工具绘制两个图形，填充左边图形的颜色为（C：60；M：100；Y：0；K：0）、右边图形的颜色为（C：30；M：100；Y：0；K：0），如图10-5所示。

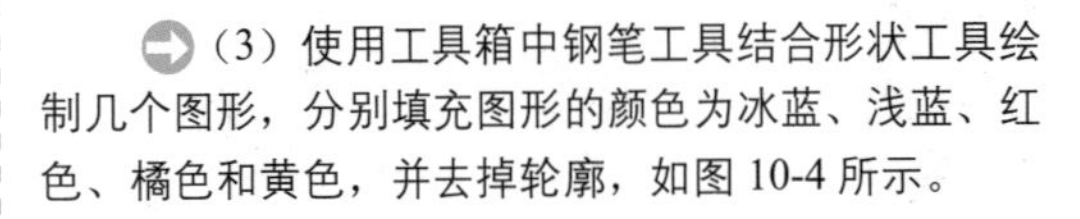

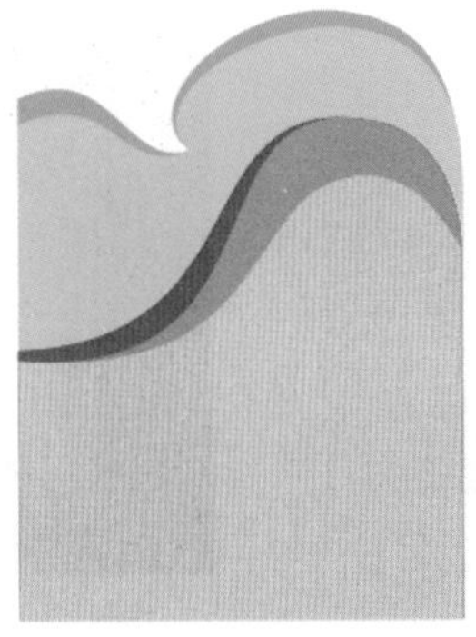

图 10-4 绘制几个图形

图 10-5 绘制并填充图形

（5）使用工具箱中的钢笔工具结合形状工具绘制一个图形，填充图形的颜色为（C：0；M：100；Y：0；K：0），并去掉轮廓，如图10-6所示。

（6）保持图形处于选中状态，按住 Shift 键，将光标放到 4 个角的任意一个控制点上，按住鼠标左键不放，向内等比例缩小对象到一定的位置后单击鼠标右键，复制图形，并改变所复制图形的颜色为白色，再用相同的方法复制两个图形，改变图形的颜色为红色和黄色，如图 10-7 所示。

图 10-6 绘制花

图 10-7 复制花

（7）选择所有图形，按 Ctrl+G 组合键将图形群组。选中群组图形，按住鼠标右键不放，将图片拖动到前面绘制好的矩形中，当光标变为⊕形状时松开鼠标，在弹出的快捷菜单中选择“图框精确剪裁内部”命令，编辑图片的位置，得到如图 10-8 所示的效果。

（8）按 F8 键激活文本工具，输入文字，其颜色为白色，设置第一行文字的字体为“方正琥珀简体”、大小为 26，第二行文字的字体为 Arial、大小为 26，如图 10-9 所示。

图 10-8 剪裁图形

图 10-9 输入文字

（9）使用工具箱中的矩形工具绘制一个矩形，填充矩形为蓝色，并去掉轮廓，如图 10-10 所示。

（10）再绘制一个矩形，去掉轮廓，填充矩形为白色，如图 10-11 所示。选择工具箱中的交互式透明工具，选择透明度类型为“标准”，设置“开始透明度”为 20，得到如图 10-12 所示的透明效果。

图 10-10 绘制蓝色矩形

图 10-11 绘制白色矩形

图 10-12 制作透明效果

（11）框选所有图形，使用工具箱中的交互式阴影工具从图形上向外拖动鼠标，为其应用阴影效果，然后在属性栏中设置“阴影的不透明度”为 50、羽化为 9，效果如图 10-13 所示。

图 10-13 应用阴影效果

（12）按 F7 键激活椭圆工具，在按住 Ctrl 键的同时拖曳鼠标绘制一个圆，保持圆处于选中状态，按住 Shift 键，将光标放到 4 个角的任意一个控制点上，按住鼠标左键不放，向内等比例缩小对象到一定的位置后单击鼠标右键，复制圆，如图 10-14 所示。

（13）选择两个圆，单击属性栏中的“移除前面对象”按钮，得到一个圆环，如图 10-15 所示。

图 10-14 绘制圆

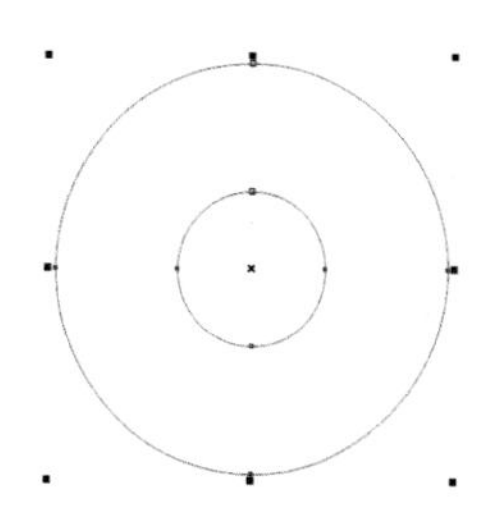

图 10-15 制作圆环

（14）复制包装中的群组图形，按住鼠标右键不放将图形拖曳到圆环中，当光标变为⊕形状时松开鼠标，在弹出的快捷菜单中选择“图框精确剪裁内部”命令，编辑图片的位置，得到如图 10-16 所示的效果。

（15）选择工具箱中的交互式阴影工具，从图形上向外拖动鼠标，为其应用阴影效果。然后在属性栏中设置“阴影的不透明度”为 45，羽化为 6、阴影颜色为白色，如图 10-17 所示。

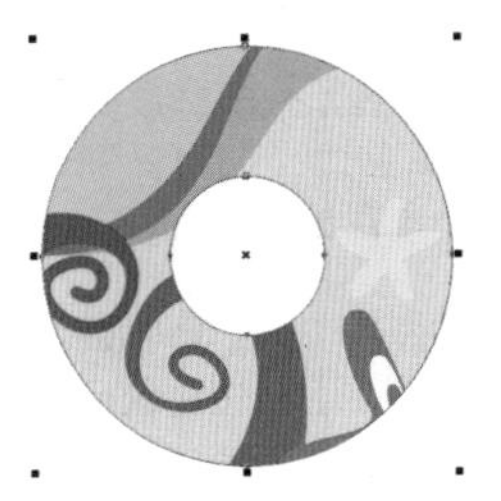

图 10-16 剪裁图形

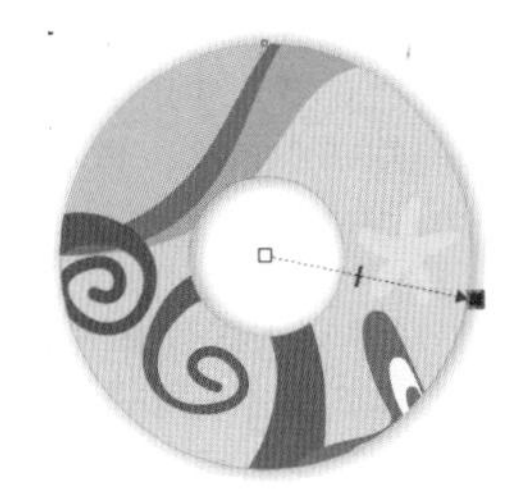

图 10-17 应用阴影效果

（16）复制文字，如图 10-18 所示。然后按 Ctrl+I 组合键导入素材文件（素材 / 第 10 章 /CD 包装设计 /CD 背景 .jpg），如图 10-19 所示。

图 10-18 复制文字

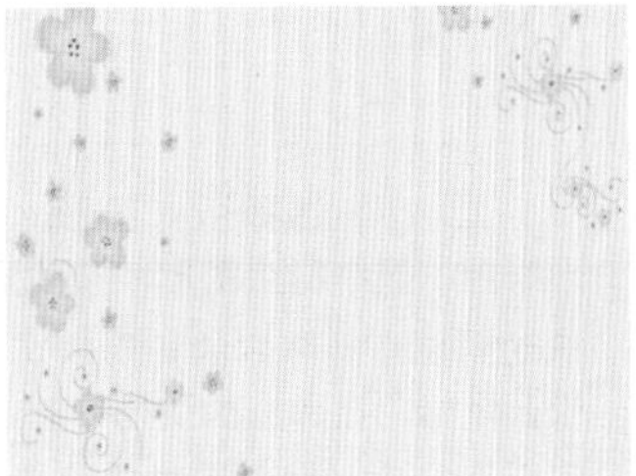

图 10-19 导入素材

（17）按 Shift+PageDown 组合键，将背景的图层顺序调整到最下面一层，将 CD 包装放到背景上面，得到本例的最终效果。

## 实例 02 饮料包装展开图设计

**案例说明**

本例将制作一个最终效果如图 10-20 所示的饮料包装展开图效果，在制作过程中需要运用使用矩形工具、文本工具、封套工具、钢笔工具、椭圆工具等基本操作工具，另外，还需要使用“导入”和“修剪”功能。

图 10-20 本例的最终效果

## 操作步骤

（1）新建一个图形文件，将页面大小设置为 285mm×150mm。双击矩形工具，创建一个与页面大小相同的矩形，并为其填充 5% 黑的颜色，然后取消轮廓，如图 10-21 所示。

（2）使用文本工具输入文字“HAPPY”，设置字体为“Ambient”，并为其填充（C：100；M：50；Y：100；K：0）的颜色。

（3）为文字添加宽度为 3mm 的黄色轮廓，“轮廓笔”对话框设置如图 10-22 所示。

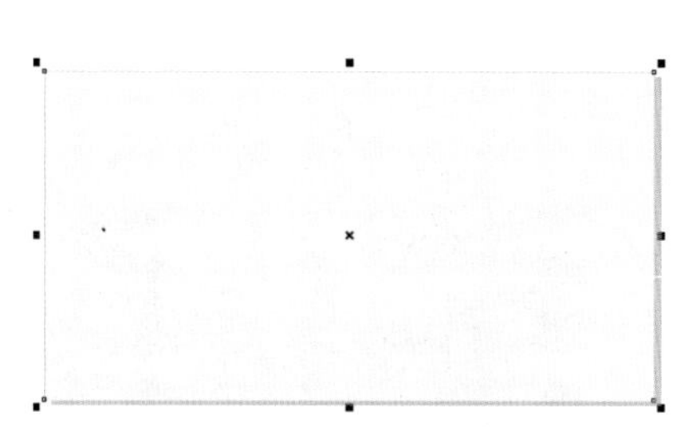

图 10-21 绘制矩形并填充颜色

图 10-22 “轮廓笔”对话框

（4）将文字按顺时针方向旋转 90°，如图 10-23 所示。

（5）使用封套工具在文字上单击，调出封套控制框，然后将文字编辑为如图 10-24 所示的变形效果。

图 10-23 旋转文本的效果

图 10-24 文字的变形效果

（6）调整文字到适当的大小，然后将其放置到矩形的左端，如图 10-25 所示。

（7）输入文字“FRUIT GRUSH”，设置字体为“Arial Black”，并将其填充为（C：40；M：0；Y：100；K：0）的颜色。

（8）将文字顺时针旋转 90°，然后移动到“HAPPY”文字的右侧，并调整到适当的大小。接着使用封套工具将文字变形为如图 10-26 所示的效果。

图 10-25 文本的位置

图 10-26 文字的位置和变形效果

（9）按照图 10-27 所示输入其他的英文，并设置字体为“Arial Black”，然后将文字分别填充为黄色和橘红色。

（10）输入文字“自由派”，设置字体为“华康少女文字”。将文字调整到适当的大小，然后填充为橘红色，并为文字添加宽度为 2.8mm、颜色为 5% 黑的轮廓，如图 10-28 所示。

图 10-27 输入的英文效果

图 10-28 输入的饮料名称

（11）使用矩形工具在文字“自由派”上绘制如图 10-29 所示的两个矩形，将它们填充为 5% 黑，然后按 Ctrl+PageDown 组合键将它们移动到“自由派”的下方，并取消轮廓，如图 10-30 所示。

（12）绘制一个圆形，将其填充为（C：0；M：40；Y：100；K：0）的颜色，并取消轮廓。然后按Ctrl+PageDown组合键，将圆形调整到文字的下方，如图10-31所示。

图 10-29 绘制矩形　　图 10-30 调整对象的排列顺序　　图 10-31 添加的圆形

（13）使用钢笔工具绘制如图 10-32 所示的修饰对象，将其填充为（C：40；M：0；Y：100；K：0）的颜色，并取消轮廓。

（14）选择上一步绘制的修饰对象，然后使用透明度工具为它们应用“透明度操作”为“减少”、“开始透明度”为 0 的“标准”透明效果，如图 10-33 所示。

图 10-32 绘制的修饰对象

图 10-33 对象的透明效果

（15）选择“HAPPY”文本对象，将其复制，并旋转为水平方向。取消该文本对象的轮廓，修改其颜色为（C：85；M：30；Y：40；K：0），然后将其调整为适当的大小，并移动到如图 10-34 所示的位置。

图 10-34 复制并修改颜色后的文字

（16）选中背景矩形上添加的文本和图形对象，按住 Ctrl 键将它们水平向右移动，然后按下鼠标右键复制对象，如图 10-35 所示。

图 10-35 复制对象的效果

（17）在背景矩形的右端绘制一个矩形，将其填充为（C：30；M：0；Y：100；K：0）的颜色，并取消轮廓，如图 10-36 所示。

（18）使用文本工具在上一步绘制的矩形对象上添加如图 10-37 所示的文字内容，并为文字设置相应的字体和大小。

图 10-36 绘制的矩形对象　　图 10-37 添加的文字

（19）导入素材文件（素材 / 第 10 章 / 饮料包装展开图设计 / 标识 .cdr）”，然后按图 10-38 所示调整标识的大小和位置。

（20）执行“编辑 / 插入条码”命令，在打开的“条码向导”对话框中选择正确的行业标准格式，并输入对应的数字，然后单击“确定”按钮，即可生成条码。将生成的条码移动到背景矩形的右下角，并调整为如图 10-39 所示的大小。

图 10-38 导入的标识

图 10- 39 插入的条码

图 10-40 复制的对象

（21）将前面绘制的修饰对象和圆形水平复制到背景矩形的右上角，如图 10-40 所示。

（22）绘制一个矩形，然后使用该矩形对超出背景矩形以外的多余部分进行修剪，完成包装平面展开图的制作，效果如图 10-41 所示。

图 10-41 修剪后的对象效果

## 实例 03 饮料包装立体效果

**案例说明**

本例将制作一个最终效果如图 10-42 所示的饮料包装立体效果，在制作过程中需要使用钢笔工具、交互式填充工具、透明度工具、矩形工具、封套工具、阴影工具等基本操作工具，另外，还要使用“修剪”和“复制”功能。

图 10-42 本例的最终效果

## 操作步骤

（1）在实例 02 制作的饮料包装文档中单击页面标签栏中的按钮，新建“页面 2”。

（2）使用钢笔工具绘制如图 10-43 所示的罐身外形，然后使用交互式填充工具为其填充线性渐变色，设置起点的颜色为（C：10；M：0；Y：0；K：60）、20% 和 26% 处的颜色为白色、47% 和 67% 处的颜色为（C：8；M：0；Y：0；K：42）、81% 和 100% 处的颜色为（C：3；M：0；Y：0；K：15），并取消轮廓。

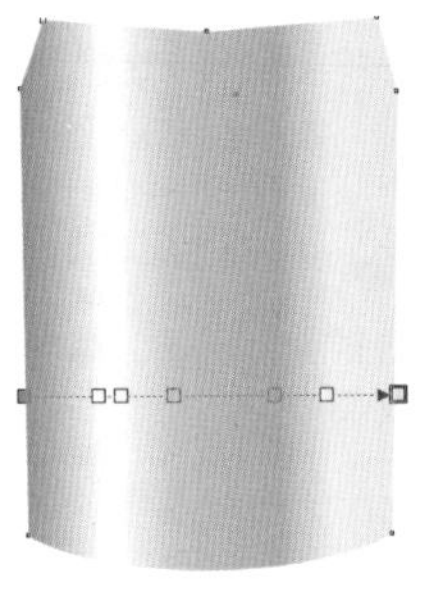

图 10-43 绘制的罐身外形

图 10-44 绘制的椭圆

（3）绘制如图 10-44 所示的椭圆，为其填充线性渐变色，设置起点的颜色为（C：5；M：0；Y：0；K：32）、39% 和 10% 处的颜色为黑、71% 处的颜色为 5% 黑、终点的颜色为（C：2；M：0；Y：0；K：0），并取消轮廓。

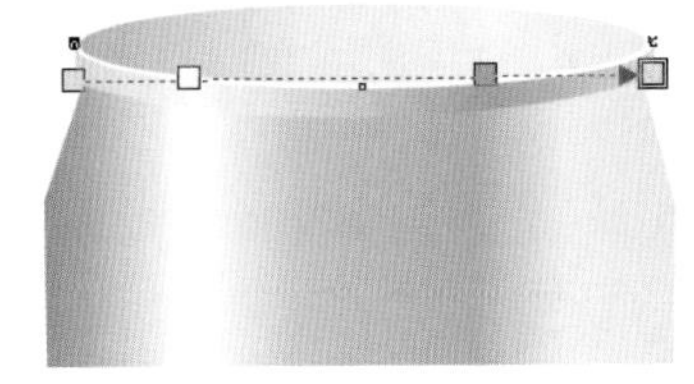

图 10-45 绘制的对象

（4）绘制如图 10-45 所示的外形，为其填充线性渐变色，设置起点的颜色为（C：3；M：0；Y：0；K：20）、20% 处的颜色为白色，70% 处的颜色为（C：3；M：0；Y：0；K：45）、终点的颜色为（C：3；M：0；Y：0；K：20），并取消轮廓。

（5）绘制如图 10-46 所示的外形，为其填充从 30% 黑到 10% 黑的线性渐变色，并取消轮廓。

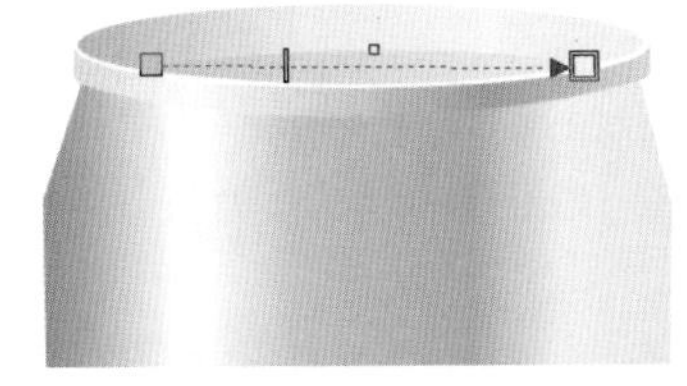

图 10-46 绘制对象

图 10-47 绘制对象

（6）绘制如图 10-47 所示的外形，将其填充为白色，并取消轮廓，然后使用透明度工具为其应用如图 10-48 所示的线性透明效果。

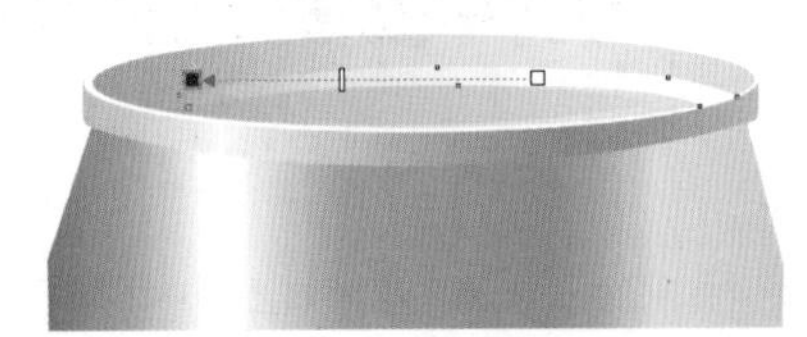

图 10-48 应用线性透明效果

（7）在灌口边缘绘制如图 10-49 所示的对象，将它们填充为白色，并取消轮廓。然后为左边的第 2 个对象应用“开始透明度”为 50 的“标准”透明效果，如图 10-50 所示，为最左边和最右边的对象应用线性透明效果，如图 10-51 所示。

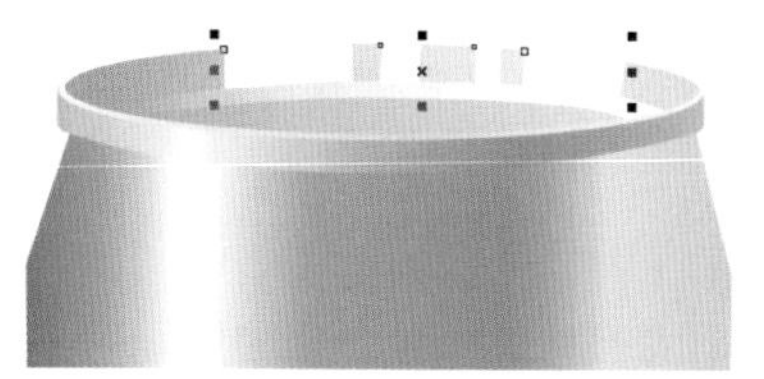

图 10-49 绘制的对象

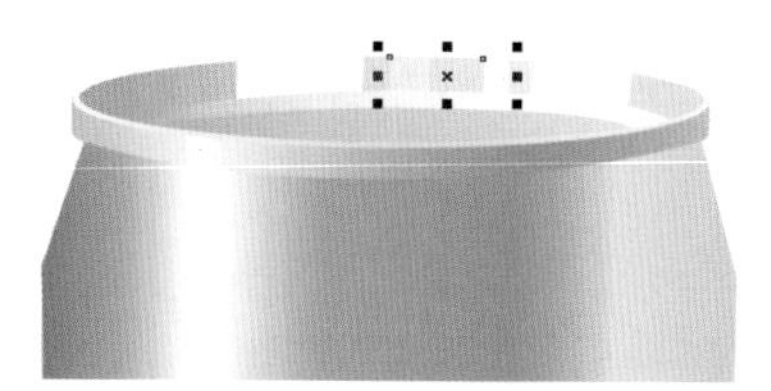

图 10-50 应用标准透明效果

图 10-51 应用线性透明效果

（8）按图 10-52 所示绘制拉环外形，分别将它们填充为白色和 40% 黑，然后重复按 Ctrl+PageDown 组合键，将它们调整为如图 10-53 所示的排列顺序。

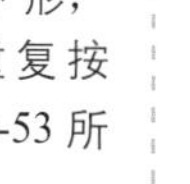

图 10-52 绘制的对象　　图 10-53 完成效果

（9）绘制拉环的细节，如图 10-54 所示。

图 10-54 绘制的拉环效果

（10）绘制如图 10-55 所示的外形，为其填充线性渐变色，设置起点的颜色为 10% 黑、20% 处的颜色为白色、终点的颜色为 20% 黑，并取消轮廓。

（11）使用透明度工具为该对象应用“开始透明度”为 45 的“标准”透明效果，如图 10-56 所示。

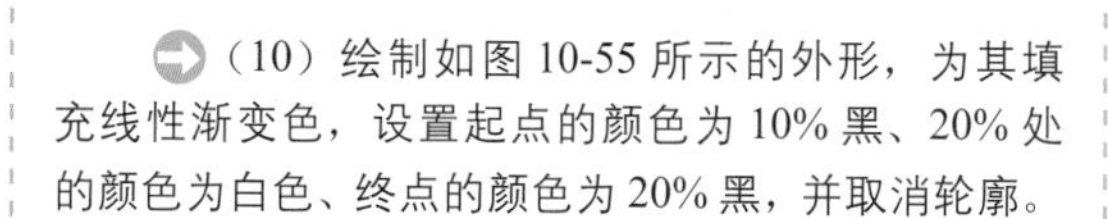

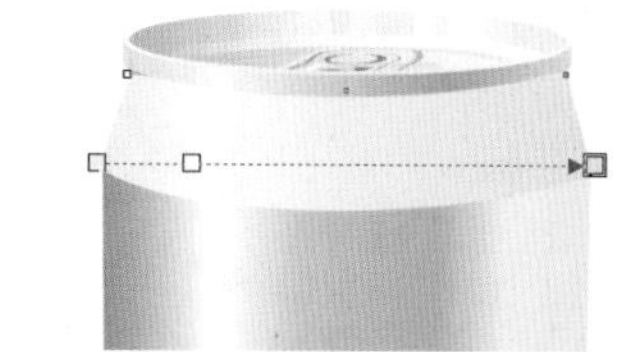

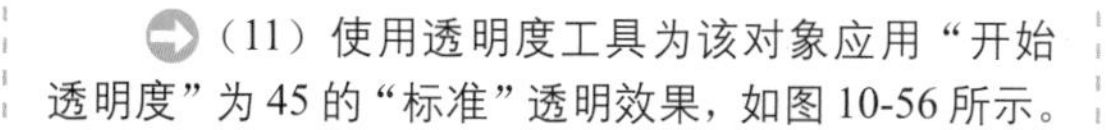

图 10-55 绘制的对象　　图 10-56 应用透明效果

（12）复制上一步绘制的对象，修改其渐变色，起点的颜色为（C：5；M：0；Y：0；K：32）、28% 处的颜色为白色、48% 处的颜色为 10% 黑、70% 处的颜色为 30% 黑、终点的颜色为 15% 黑，然后将其调整为如图 10-57 所示的排列顺序。

图 10-57 修改渐变色

（13）绘制如图 10-58 所示的外形，为其填充（C：0；M：0；Y：0；K：3）的颜色并去掉轮廓，然后为其应用如图 10-59 所示的线性透明效果。

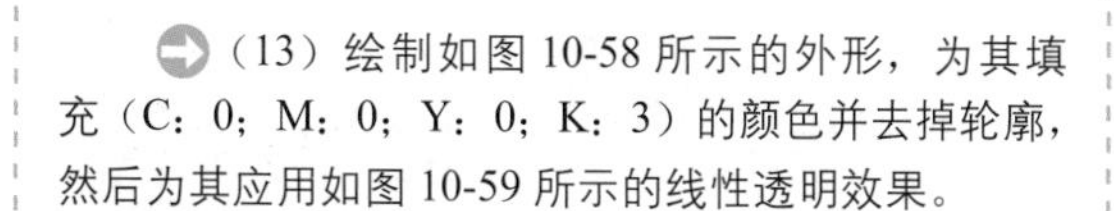

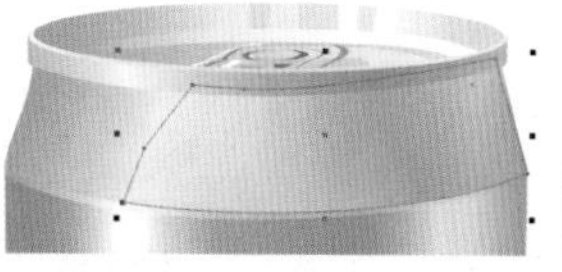

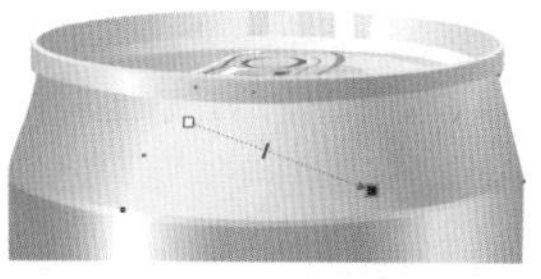

图 10-58 绘制的对象　　图 10-59 应用线性透明效果

（14）绘制如图 10-60 所示的罐底外形，为其填充 20% 黑并去掉轮廓。然后按 Shift+PageDown 组合键，将该对象置于底层，如图 10-61 所示。

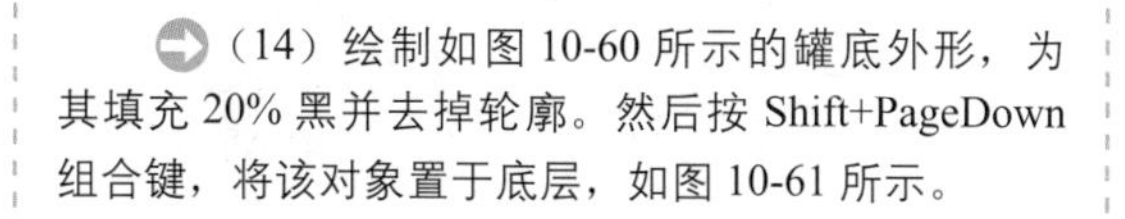

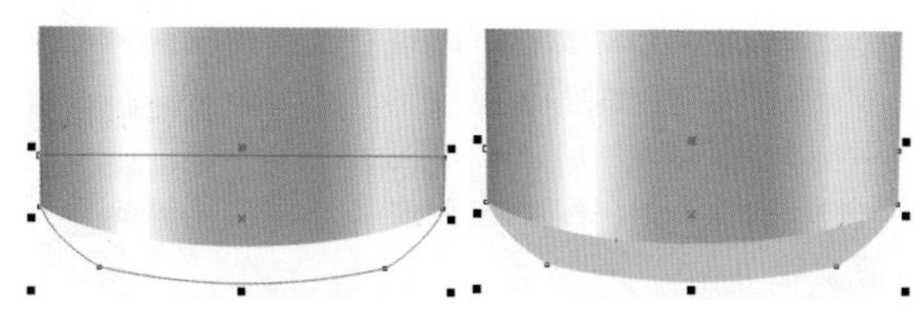

图 10-60 绘制的外形　　图 10-61 对象的排列顺序

(15) 按“+”键复制上一步绘制的对象，将复制的对象填充为(C: 5; M: 0; Y: 0; K: 40) 的颜色，然后使用透明度工具为其应用如图 10-62 所示的线性透明效果。

(16) 复制该对象，将其填充为(C: 10; M: 0; Y: 0; K: 70) 的颜色，并为其应用如图 10-63 所示的线性透明效果。

图 10-62 对象的线性透明效果

图 10-63 复制对象并应用线性透明效果

(17) 在罐底绘制如图 10-64 所示的外形，将其填充为(C: 8; M: 0; Y: 0; K: 40) 的颜色，并取消轮廓。

(18) 在上一步绘制的对象上绘制如图 10-65 所示的外形，为其填充线性渐变色，设置起点和终点的颜色为(C: 5; M: 0; Y: 0; K: 30)、50% 处的颜色为(C: 3; M: 0; Y: 0; K: 10)，并取消轮廓，完成易拉罐造型的绘制，如图 10-66 所示。

图 10-64 绘制的底部细节

图 10-65 底部刻画效果

图 10-66 绘制的易拉罐效果

(19) 切换到“页面 1”，将如图 10-67 所示的瓶贴部分复制到页面 2 中，然后将对象群组。

(20) 绘制一个矩形，然后使用该矩形分别对群组后的对象的左、右两端进行修剪，修剪后的效果如图 10-68 所示。

图 10-67 选中的对象

图 10-68 造型完成效果

(21) 将修剪后的对象移动到易拉罐上，然后根据易拉罐的造型使用封套工具将对象变形为如图 10-69 所示的效果。

(22) 复制易拉罐的罐身外形，将其调整到最上层，然后为其填充(C: 8; M: 0; Y: 0; K: 50) 的颜色，如图 10-70 所示，并为其应用如图 10-71 所示的线性透明效果，以制作易拉罐上的阴影。

图 10-69 瓶贴对象的变形效果

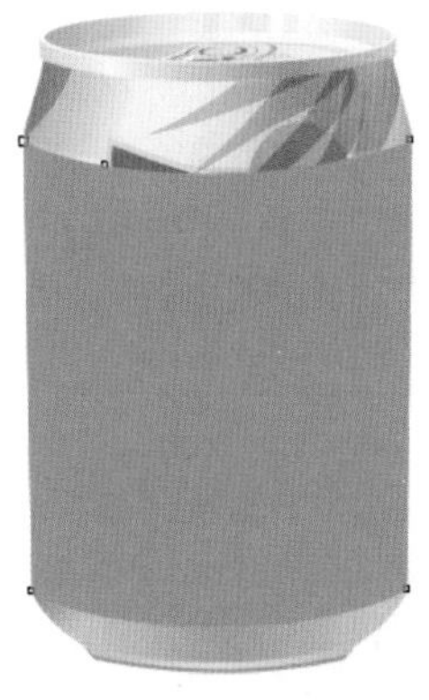
图 10-70 复制的对象

图 10-71 对象的透明效果

(23) 复制易拉罐的整个罐身外形，将其调整到最上层，然后为其填充（C：8；M：0；Y：0；K：50）的颜色，如图 10-72 所示，并为其应用如图 10-73 所示的线性透明效果，完成易拉罐立体效果的制作。

图 10-72 复制的对象

图 10-73 对象的透明效果

(24) 按照前面制作易拉罐立体效果的方法制作另一个不同侧面的易拉罐立体效果，如图 10-74 所示。需要注意的是，在裁剪瓶贴对象时需要使用“将轮廓转换为对象”命令，将添加到文本中的轮廓转换为对象。

图 10-74 不同侧面的拉罐效果

(25) 将绘制好的两个对象群组。

(26) 在页面中绘制一个矩形，为其填充线性渐变色，设置起点的颜色为 40% 青、88% 处和终点的颜色为白色，并取消轮廓，如图 10-75 所示。

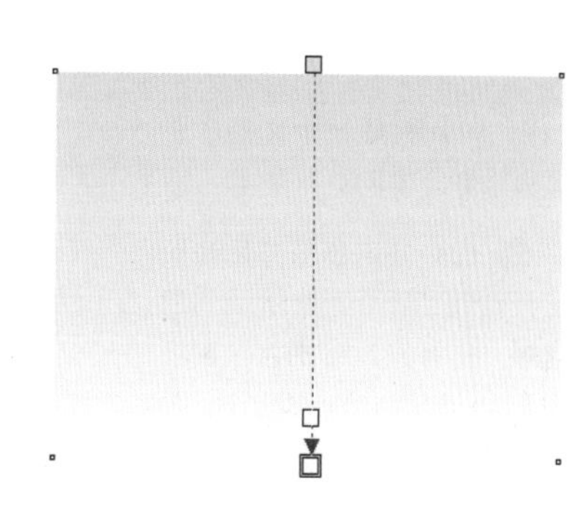

图 10-75 绘制的矩形

(27) 将易拉罐立体效果移动到上一步绘制的矩形上，并调整为适当的大小。

(28) 使用阴影工具为两个易拉罐对象分别添加相同设置的底部阴影效果，阴影参数设置如图 10-76 所示，阴影效果如图 10-77 所示。

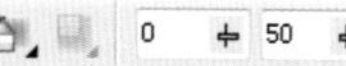

图 10-76 阴影参数设置

图 10-77 添加的阴影效果

(29) 将制作好的文档保存，完成本实例的制作。

# 实例 04 食品包装展开图设计

**案例说明**

本例将制作一个最终效果如图 10-78 所示的食品包装展开图效果，在制作过程中需要使用矩形工具、手绘工具、文本工具、钢笔工具、椭圆工具等基本操作工具。另外，还需要使用“导入”和“复制”功能。

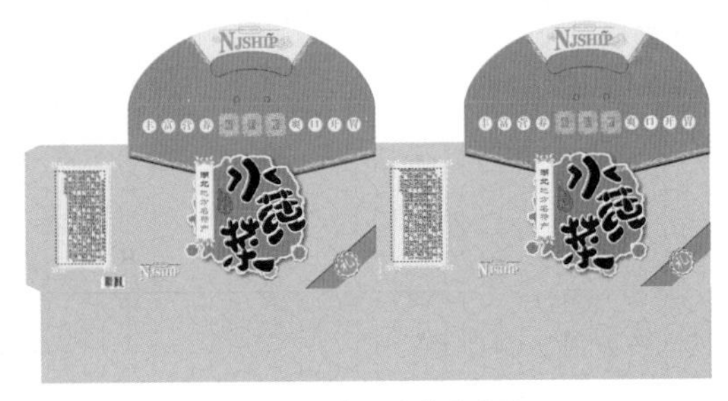

图 10-78 实例的最终效果

## 操作步骤

（1）新建一个文档，并将页面设置为横向。

（2）使用矩形工具和钢笔工具绘制如图 10-79 所示的包装盒展开图背景，分别为对象填充（C：56；M：0；Y：100；K：0）和（C：100；M：20；Y：100；K：10）的颜色，并取消轮廓。

（3）导入本书配套素材中的“素材 / 第 10 章 / 底纹 .cdr”文件，然后按图 10-80 所示调整底纹的大小和位置。

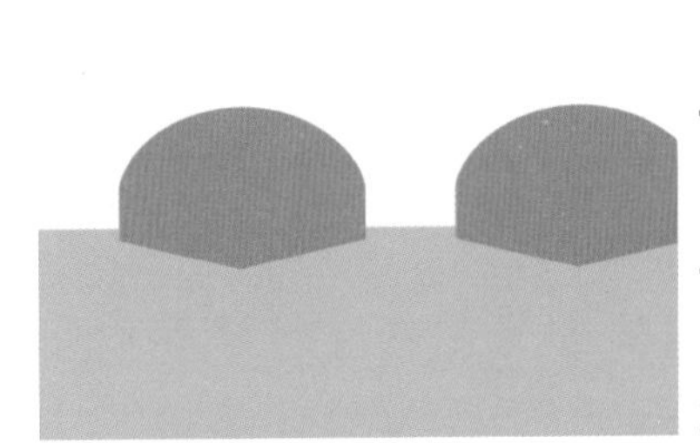

图 10-79 绘制的对象

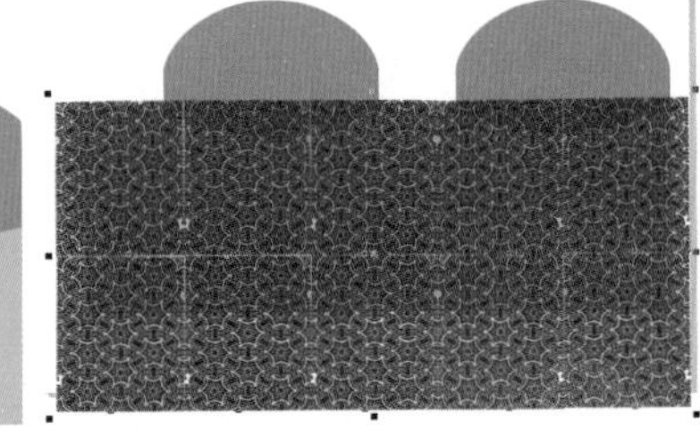

图 10-80 导入的底纹

（4）分别在展开图周围绘制矩形，对超出平面展开图的底纹部分进行修剪，完成效果如图 10-81 所示。

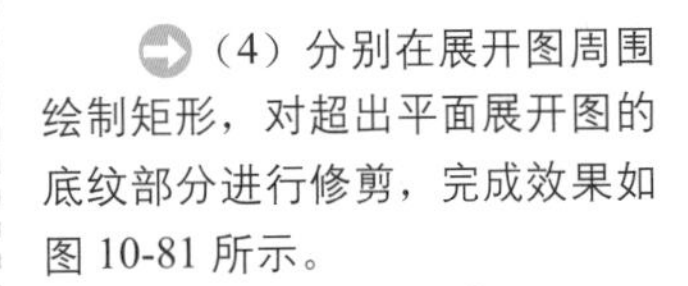

（5）为修剪后的底纹对象应用“透明度操作”为“添加”、“开始透明度”为 10 的“标准”透明效果，然后将其移动到深绿色对象的下方，如图 10-82 所示。

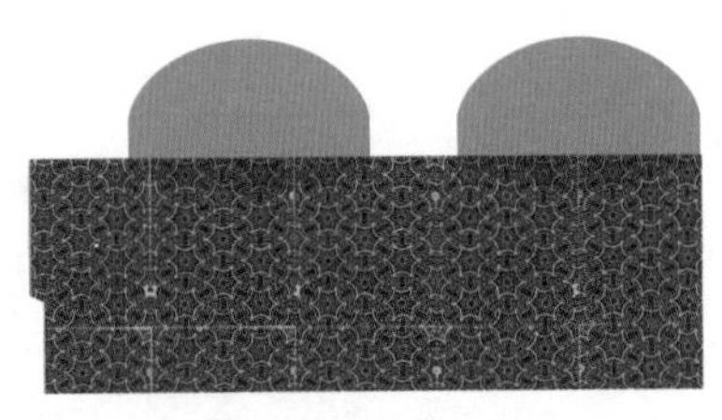

图 10-81 添加透明效果

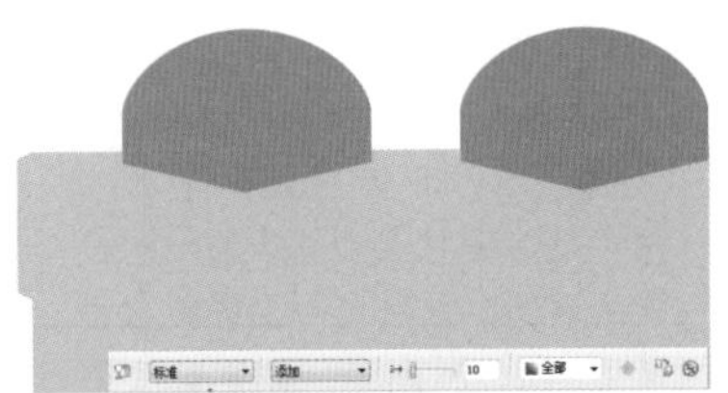

图 10-82 移动位置

（6）复制顶面的对象，将复制的对象填充为黑色，然后按 Ctrl+PageDown 组合键将其调整到下一层，再向下微调一定的距离，如图 10-83 所示。

（7）使用手绘工具绘制如图 10-84 所示的不规则图形组，为它们填充（C：100；M：30；Y：100；K：10）的颜色，然后为它们添加颜色为（C：5；M：0；Y：50；K：0）的轮廓，并设置适当的轮廓宽度，如图 10-85 所示。

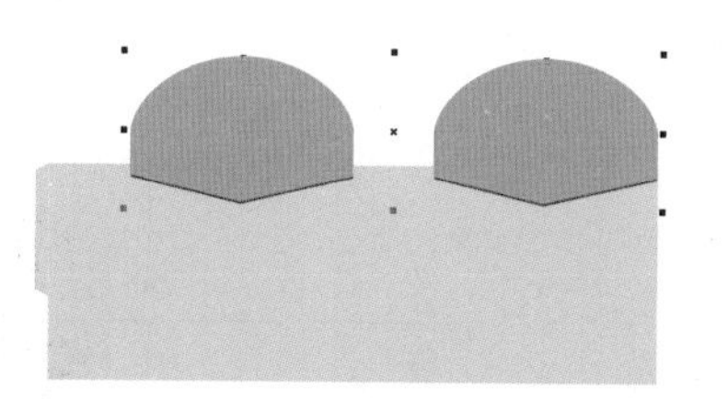

图 10-83 添加的对象

图 10-84 绘制的图形组

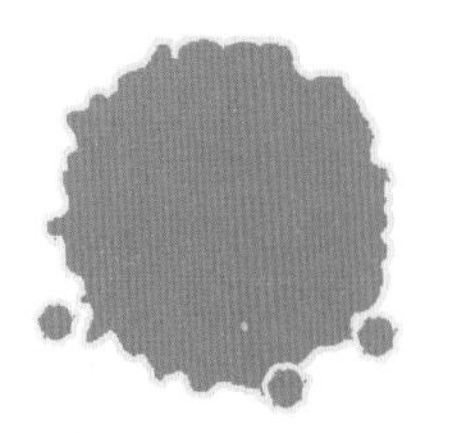

图 10-85 添加轮廓的效果

（8）将绘制的不规则图形对象群组，然后移动到平面展开图中，并调整为适当的大小。接着使用阴影工具为该对象添加如图 10-86 所示的阴影效果。

（9）导入本书配套素材中的“素材 / 第 10 章 / 文字 .psd”文件，然后按图 10-87 所示调整文字的大小和位置。

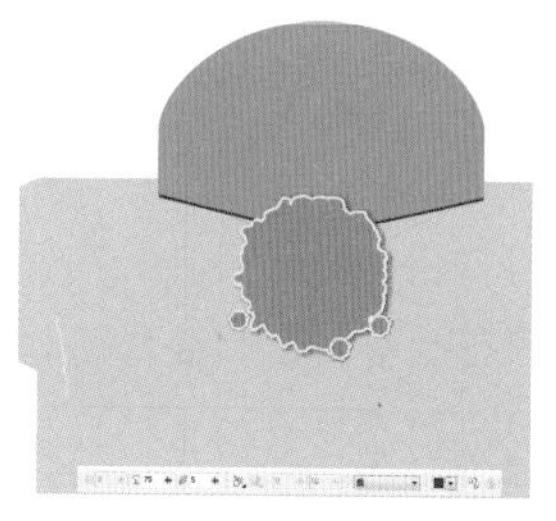

图 10-86 添加的阴影效果

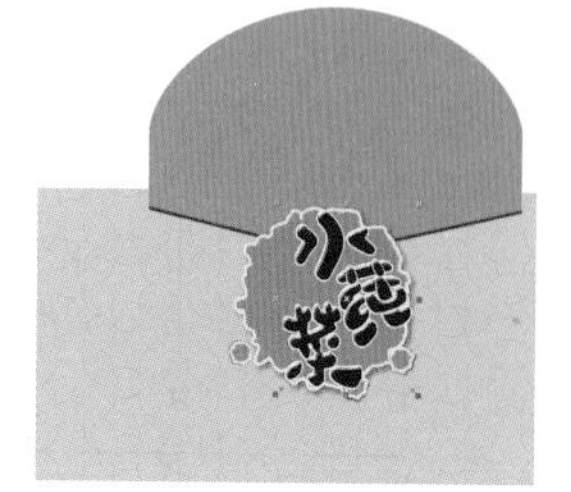

图 10-87 导入的文字

（10）使用手绘工具绘制如图 10-88 所示的闭合图形，将其填充为（C：15；M：100；Y：100；K：0）的颜色，并取消轮廓。

（11）输入文本“老王记”，设置字体为“经典繁角隶”，并调整文字的大小。按 “+”键复制该文本，并修改文字的填充色为黄色，然后微调其位置，如图 10-89 所示。

（12）使用椭圆工具和文本工具制作一个注册标记，标记的颜色为黄色，然后将标记移动到如图 10-90 所示的位置。

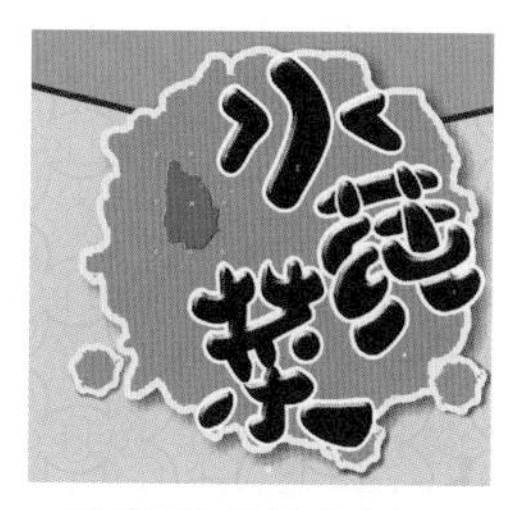

图 10-88 绘制的对象

图 10-89 添加的文字

图 10-90 添加的注册标记

（13）使用矩形工具和手绘工具绘制如图 10-91 所示的矩形和线条，将矩形填充为（C：0；M：0；Y：45；K：0）的颜色，并去掉轮廓，然后将线条的轮廓色设置为（C：25；M：2；Y：75；K：0），并设置适当的轮廓宽度，将矩形和直线对象群组。

（14）导入素材文件（素材 / 第 10 章 / 食品包装展开图设计 / 花纹 .cdr），然后按图 10-92 所示复制该对象，并调整花纹的大小和位置。

（15）使用文本工具添加如图 10-93 所示的文字内容。

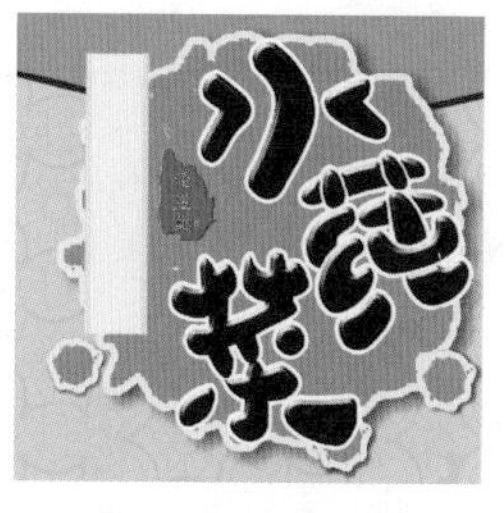

图 10-91 导入文件

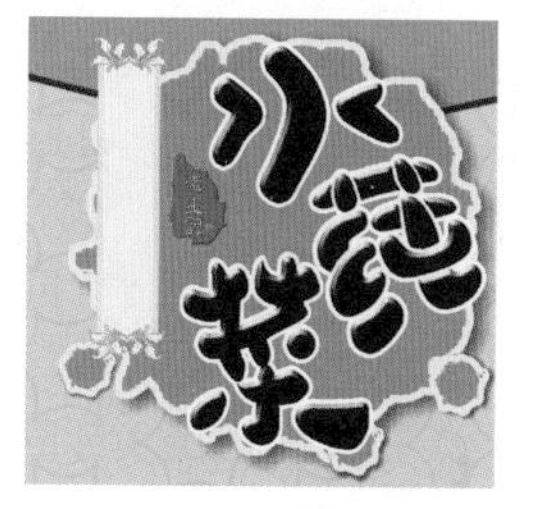

图 10-92 复制对象

图 10-93 添加文字

（16）在文档中添加如图 10-94 所示的辅助线，以便接下来更好地安排版面中的内容。

（17）使用钢笔工具和“复制”命令绘制如图 10-95 所示的对象，将它们分别填充为（C：100；M：20；Y：100；K：0）的颜色和黑色，并取消对象的轮廓。

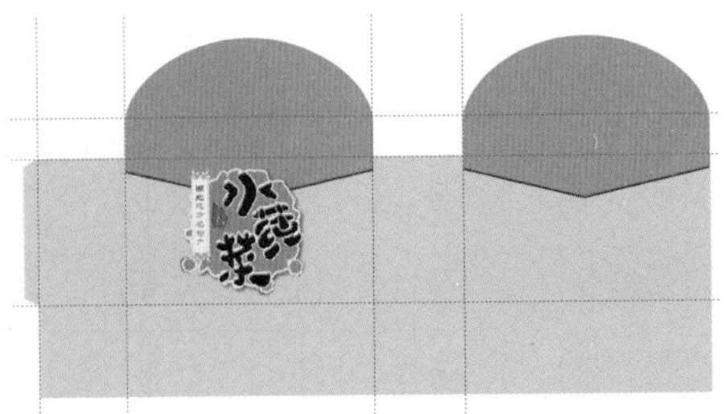

图 10-94 添加的辅助线

图 10-95 绘制的对象

（18）导入素材文件（素材 / 第 10 章 / 食品包装展开图设计 / 标志和图案 .cdr），然后按图 10-96 所示调整标志和图案的大小和位置。

（19）选中当前版面中制作的所有图形和文字，将其复制，然后水平移动到对应的另一个版面中，如图 10-97 所示。

图 10-96 导入的标志和图案

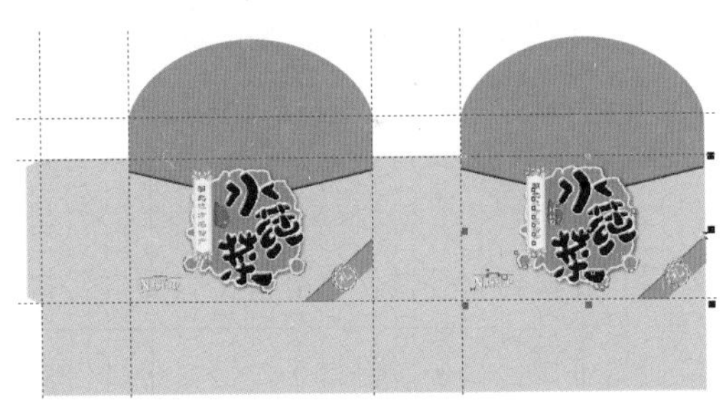

图 10-97 复制对象的效果

（20）使用矩形工具和手绘工具在展开图的左侧面中，绘制如图 10-98 所示的矩形和线条，将矩形填充为白色，并去掉轮廓，然后使用透明度工具为矩形应用“开始透明度”为 20 的“标准”透明效果。接着将线条的轮廓色设置为白色，并设置适当的轮廓宽度。

（21）在上一步绘制的矩形中添加所需的文字和线条，如图 10-99 所示。

（22）对步骤（14）中导入的花纹对象进行复制，将复制的花纹对象填充为白色，并取消轮廓，然后按图 10-100 所示进行排列。

图 10-98 绘制的矩形和线条

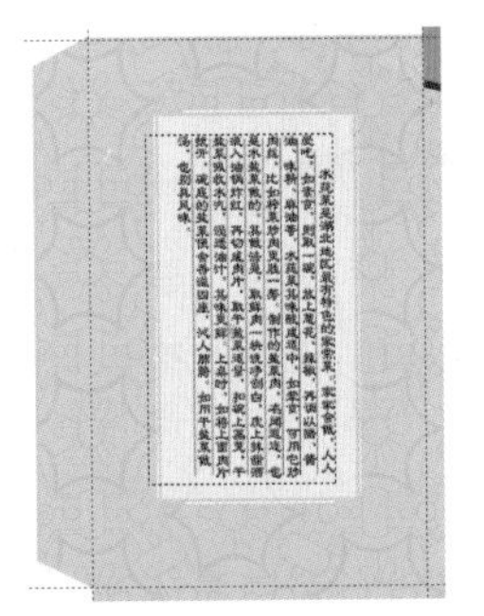

图 10-99 添加的文字和线条

图 10-100 复制的花纹对象

（23）将左侧面中添加的图形和文本对象群组，然后复制到右侧面中对应的位置，如图 10-101 所示。

（24）执行“编辑 / 插入条码”命令，插入一个条码，然后调整条码的大小，并将其移动到左侧面的右下角，如图 10-102 所示。

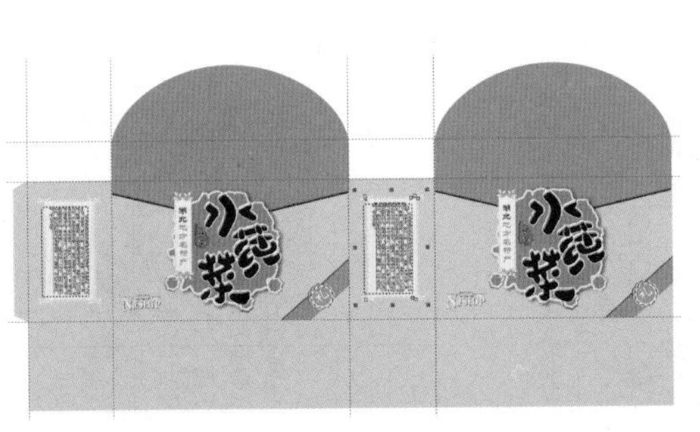

图 10-101 复制的对象效果

图 10-102 插入的条码

（25）在展开图的顶面绘制如图 10-103 所示的对象，将其填充为（C：5；M：0；Y：50；K：0）的颜色并取消轮廓。

（26）在上一步绘制的对象上添加标志对象和如图 10-104 所示的云朵图案，并将标志和云朵对象都填充为（C：100；M：20；Y：100；K：10）的颜色，其中标志中的曲线图形为红色。

图 10-103 绘制的图形对象

图 10-104 添加标志和云朵对象

（27）导入素材文件（素材 / 第 10 章 / 食品包装展开图设计 / 花纹 2.cdr），然后对导入的花纹按图 10-105 所示进行排列。

（28）使用椭圆工具和文本工具添加如图 10-106 所示的圆形和文字。

图 10-105 导入的花纹

图 10-106 添加的圆形和文字

（29）使用椭圆形工具和钢笔工具在顶面中绘制如图 10-107 所示的图形对象，并将这些对象的轮廓设置为虚线，以表示包装中要裁切这部分区域。

图 10-107 绘制的裁切区域

（30）将顶面中的所有对象复制到另一个顶面中对应的位置，完成本实例的制作，效果如图 10-108 所示。

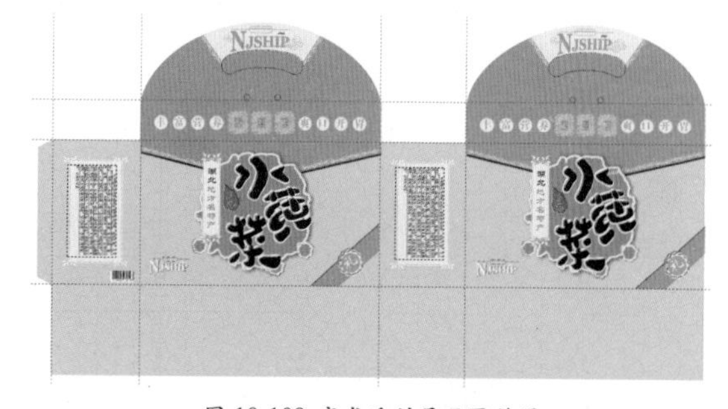

图 10-108 完成后的展开图效果

## 实例 05 食品包装立体效果

**案例说明**

本例将制作一个最终效果如图 10-109 所示的食品包装立体效果，在制作过程中需要使用裁剪工具、封套工具、阴影工具、透明度工具、矩形工具、文本工具、交互式填充工具等基本操作工具，另外，还要使用“转换为曲线”、“转换为位图”和“导入”功能。

图 10-109 实例的最终效果

## 操作步骤

（1）在实例04创建的文档中插入一个新的页面，将实例04中制作的包装展开图复制到该页面中，然后使用裁剪工具将其中一个包装的顶面和正面以外的区域裁剪掉，裁剪后的效果如图10-110所示。

（2）将裁剪后的对象群组，然后将包装顶面和正面对象按图10-111所示的效果裁剪为3个部分，并分别将这3个部分群组。

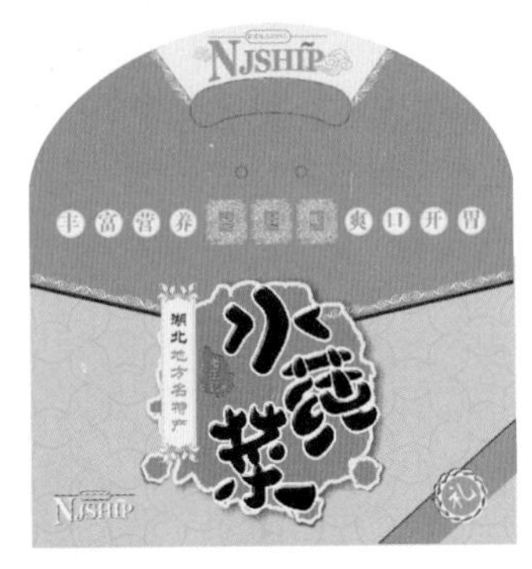

图10-110 裁剪后的效果

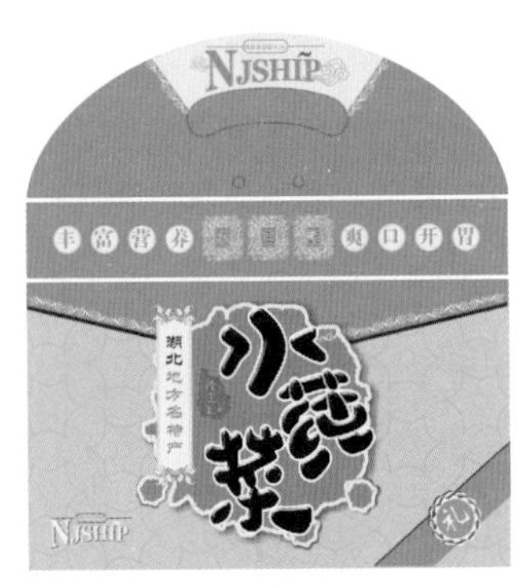

图10-111 裁剪后的3个部分

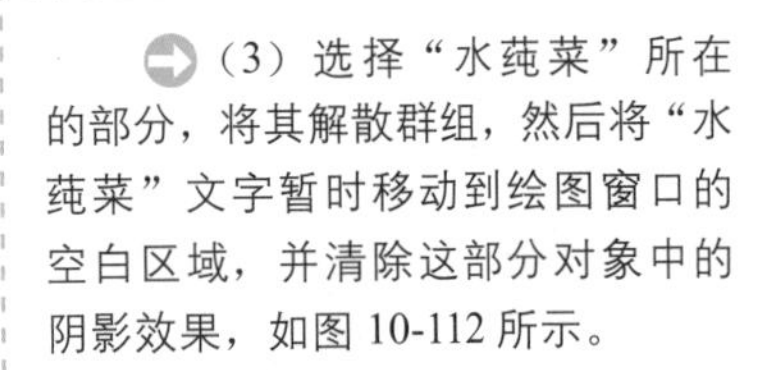

（3）选择"水莼菜"所在的部分，将其解散群组，然后将"水莼菜"文字暂时移动到绘图窗口的空白区域，并清除这部分对象中的阴影效果，如图10-112所示。

（4）使用封套工具将这部分对象变形为如图10-113所示的效果。

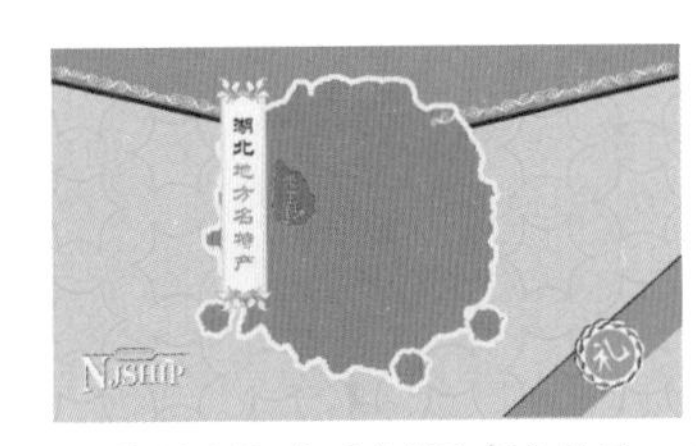

图10-112 处理后的这部分效果

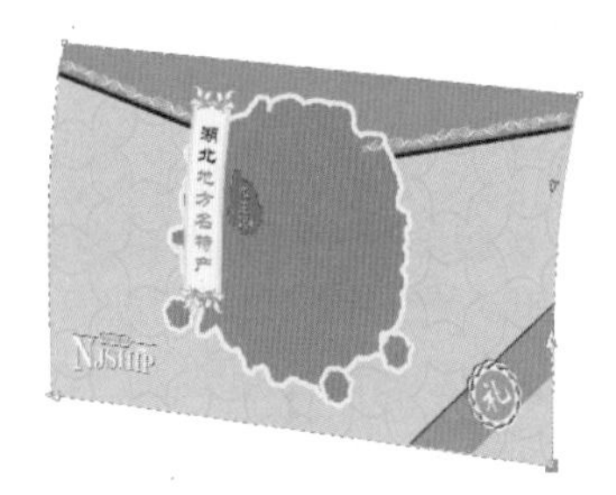

图10-113 对象的变形效果

**提 示**

如果群组对象中包含有位图或为对象添加了交互式阴影等效果，则不能使用封套工具将这些对象变形。如果应用了交互式阴影效果，则需要清除对象中的阴影。

（5）将变形后的对象解散群组，然后重新为相应的对象添加阴影，并将"水莼菜"移动到该部分中相应的位置，适当调整它的角度，如图10-114所示。

（6）使用包装顶面中的裁剪对象对背景对象进行修剪，效果如图10-115所示。

（7）使用封套工具将另外两部分对象进行变形处理，效果如图10-116所示。

图10-114 添加阴影和移入文字的效果

图10-115 修剪后的效果

图10-116 对象的变形效果

（8）将展开图中的所有对象复制到一个新的页面中，并使用裁剪工具裁剪掉其中一个侧面对象以外的其他部分，如图 10-117 所示。

（9）将裁剪后的侧面对象剪切到包装立体效果所在的页面中，然后选择其中的段落文本对象，按 Ctrl+Q 组合键将其转换为曲线，如图 10-118 所示。

（10）将侧面对象群组，然后使用封套工具将其编辑为如图 10-119 所示的变换效果。然后按 Shift+PageDown 组合键，将侧面对象置于底层，如图 10-120 所示。

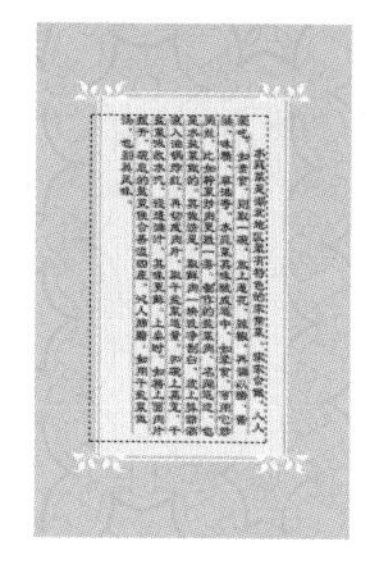

图 10-117 裁剪后的对象

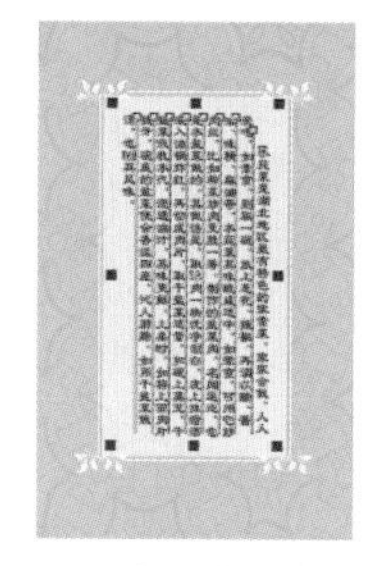

图 10-118 转换为曲线后的文字

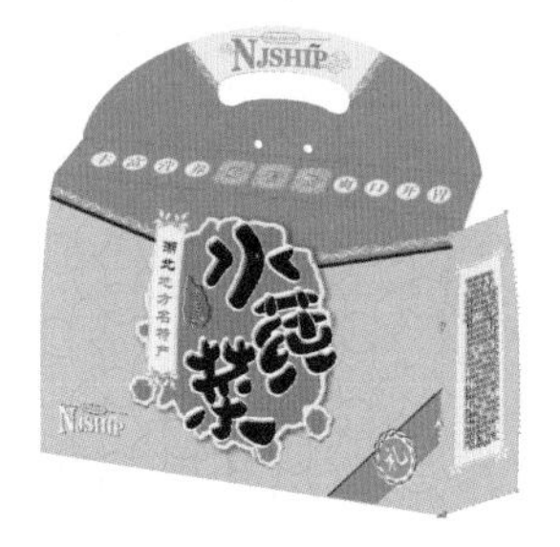

图 10-119 侧面变形效果

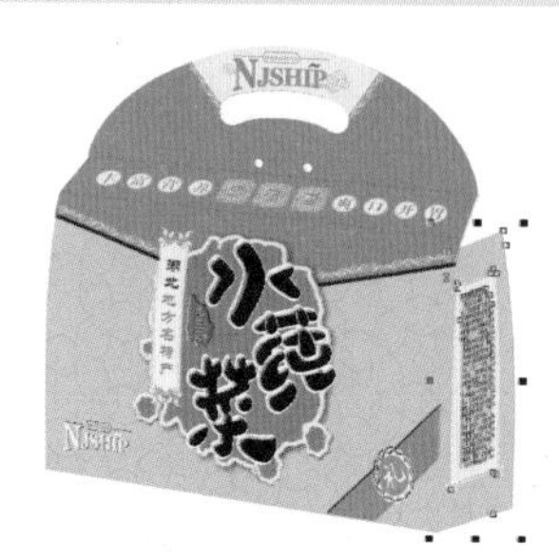

图 10-120 调整对象的排列顺序

（11）绘制如图 10-121 所示的对象，将其填充为 10% 黑并取消轮廓。然后按 Shift+PageDown 组合键，将其置于最下层。

（12）选择包装正面中的背景对象，将其复制并调整到最上层，然后为其填充（C：0；M：0；Y：20；K：0）的颜色，如图 10-122 所示。接着使用透明度工具为其应用如图 10-123 所示的线性透明效果。

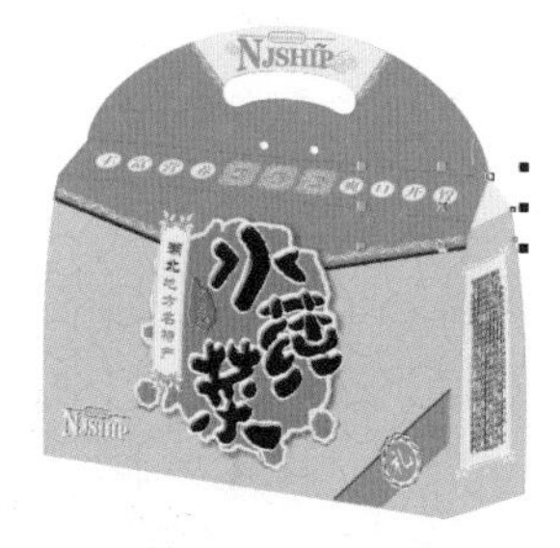

图 10-121 绘制的对象

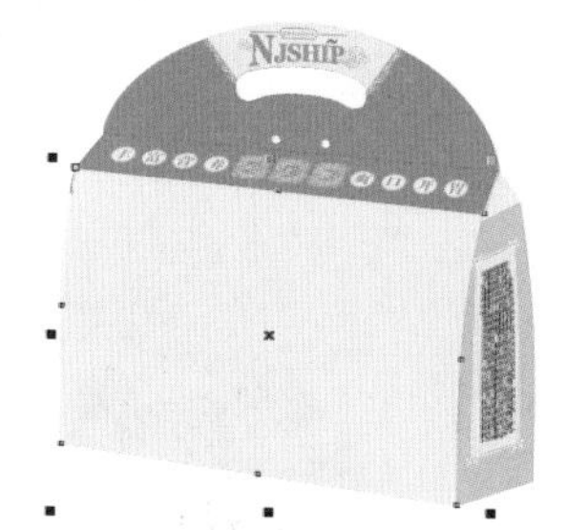

图 10-122 复制并修改颜色后的对象

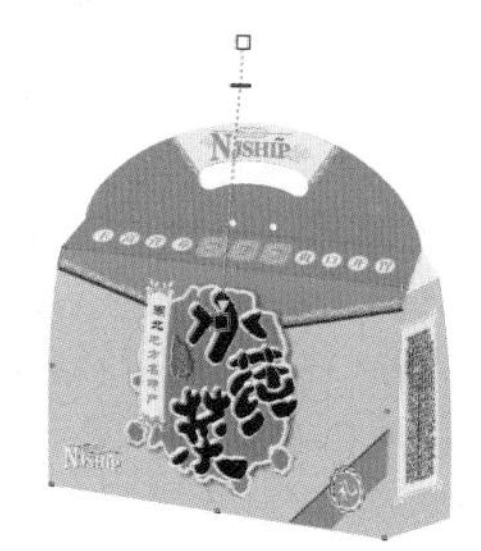

图 10-123 对象的透明效果

（13）使用与上一步中相同的操作方法，为立体包装中的其他面制作明暗效果，其中所应用的线性透明效果如图 10-124 所示。

（14）导入素材文件（素材 / 第 10 章 / 食品包装立体效果 / 蝴蝶结 .cdr），然后按图 10-125 所示调整蝴蝶结的大小和位置。

图 10-124 包装立体效果中不同面的明暗效果

图 10-125 导入的蝴蝶结效果

(15) 绘制一个如图 10-126 所示的矩形，为其填充辐射渐变色，设置起点的颜色为（C：20；M：0；Y：60；K：0）、50% 处和终点的颜色为白色，并取消轮廓。

(16) 将制作好的立体包装移动到上一步绘制的矩形上，并调整为适当的大小，如图 10-127 所示。

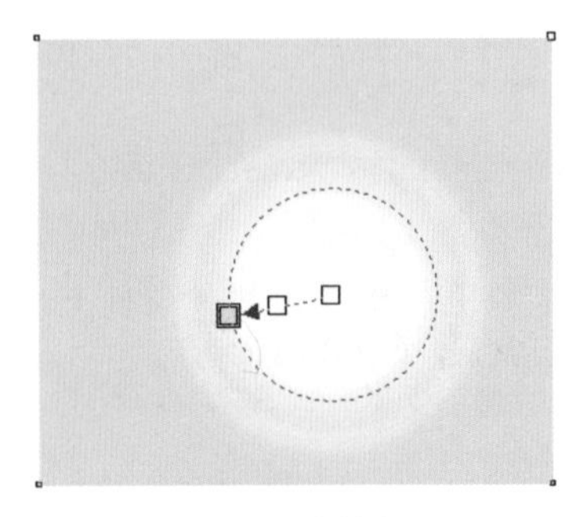

图 10-126 绘制的矩形

图 10-127 背景上的立体包装效果

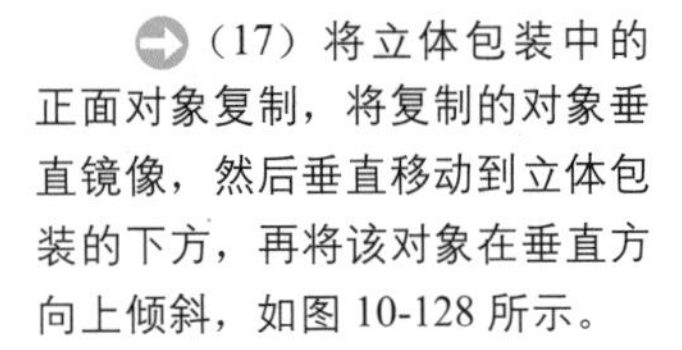

(17) 将立体包装中的正面对象复制，将复制的对象垂直镜像，然后垂直移动到立体包装的下方，再将该对象在垂直方向上倾斜，如图 10-128 所示。

(18) 选择其中添加了阴影的对象，执行“位图 / 转换为位图”命令，在打开的“转换为位图”对话框中按图 10-129 所示设置参数，然后单击“确定”按钮，将对象转换为位图。

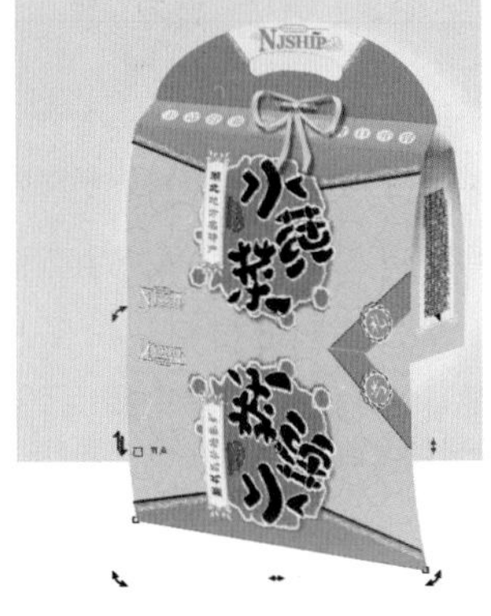

图 10-128 对象的翻转和倾斜效果

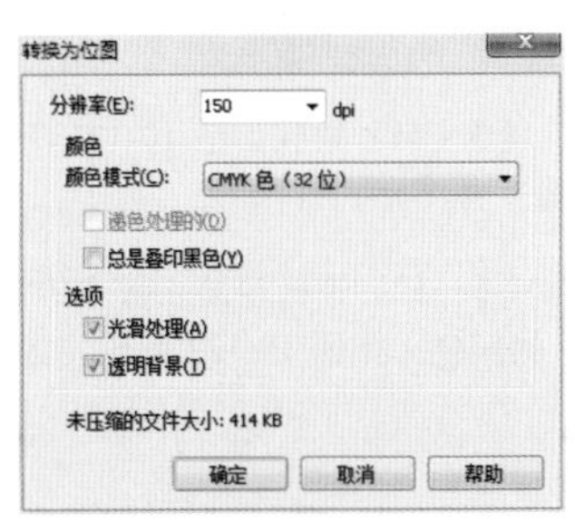


图 10-129 “转换为位图”对话框

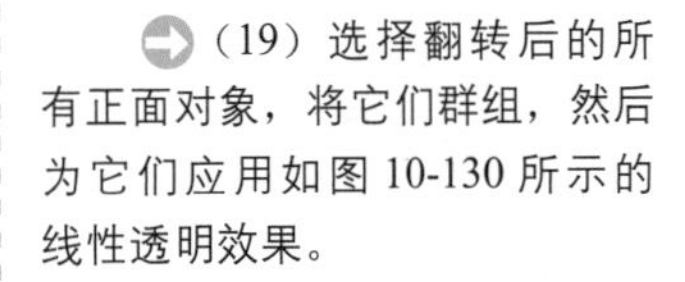

(19) 选择翻转后的所有正面对象，将它们群组，然后为它们应用如图 10-130 所示的线性透明效果。

(20) 按照同样的方法制作立体包装右侧面的投影效果，如图 10-131 所示。

图 10-130 包装正面的投影效果

图 10-131 包装侧面的投影效果

(21) 在背面矩形的左上角添加如图 10-132 所示的文字、图案和线条，完成本例的制作。

图 10-132 本例的最终效果

# 实例进阶

## 实例 06 明信片包装展开效果

**案例说明**

本例将制作一个最终效果如图 10-133 所示的明信片包装展开效果，在本例的制作过程中需要使用矩形工具、贝塞尔工具、椭圆工具、文本工具、交互式透明工具以及描摹位图的相关知识。

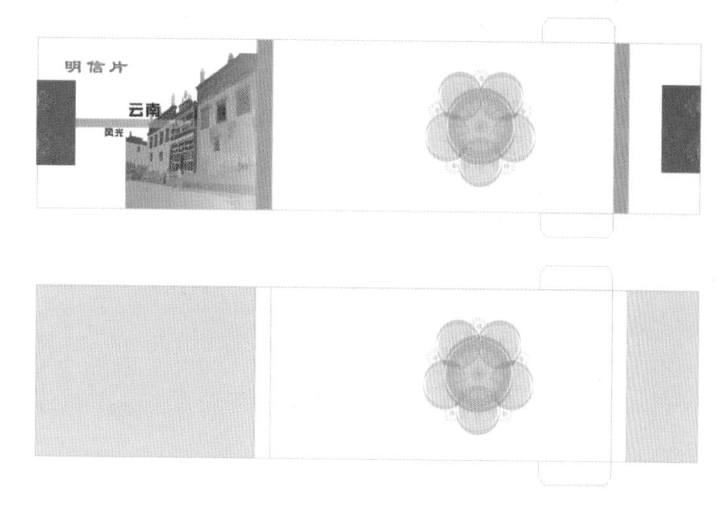


图 10-133 实例的最终效果

### 步骤提示

(1) 使用工具箱中的矩形工具绘制一组矩形，然后按 F12 键打开“轮廓笔”对话框，设置轮廓颜色为 20% 黑，并分别设置矩形的颜色为白色和 30% 黑，如图 10-134 所示。

图 10-134 绘制矩形

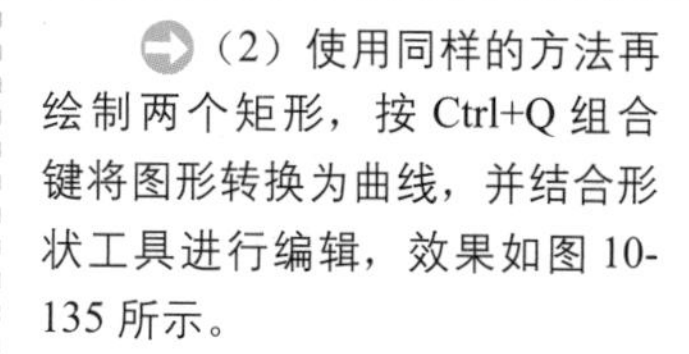

(2) 使用同样的方法再绘制两个矩形，按 Ctrl+Q 组合键将图形转换为曲线，并结合形状工具进行编辑，效果如图 10-135 所示。

(3) 按 F6 键激活矩形工具，绘制一个矩形，然后填充矩形的颜色为（C：79；M：60；Y：0；K：0），去掉轮廓，并将其移动到如图 10-136 所示的位置。

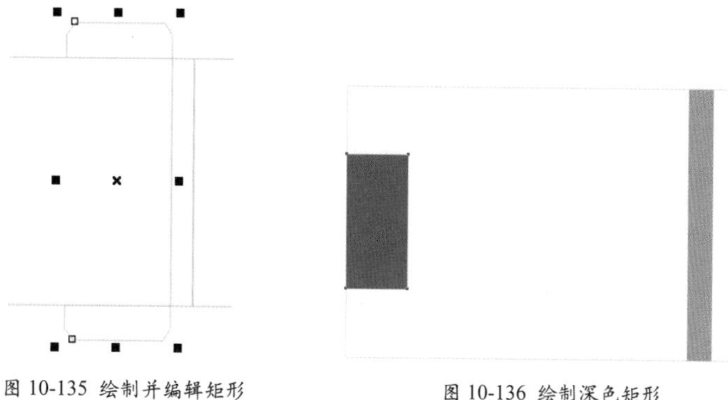

图 10-135 绘制并编辑矩形　　图 10-136 绘制深色矩形

（4）按 Ctrl+I 组合键导入素材文件（素材 / 第 10 章 / 明信片包装展开效果 / 图案 .cdr），并将素材图片移动到背景的适当位置。选中刚导入的图形，按小键盘上的“+”键复制一个图形副本，将其移动至合适的位置，如图 10-137 所示。

图 10-137 导入素材

（5）使用同样的方法复制图 10-136 所示的图形，并在属性栏中单击“水平镜像”按钮，得到图 10-138 所示的效果。

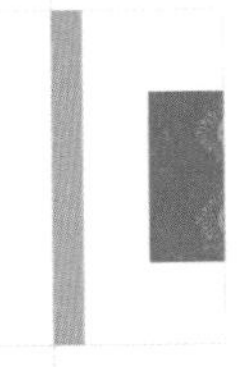

图 10-138 复制并镜像图形

（6）按 Ctrl+I 组合键导入素材文件（素材 / 第 10 章 / 明信片包装展开效果 / 小镇 .jpg），如图 10-139 所示。然后选中图片，结合形状工具进行编辑，得到如图 10-140 所示的效果。

图 10-139 导入图片

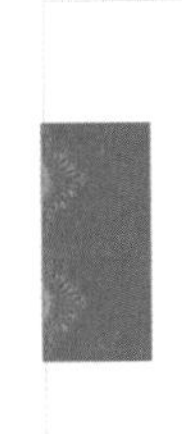

图 10-140 编辑图片

（7）在图 10-140 所示的图形上右击，在弹出的快捷菜单中选择“快速描摹”命令，并在属性栏中单击“取消群组”按钮，删掉不必要的背景部分。选择工具箱中的交互式透明工具，在属性栏的透明度类型中选择“线性”，并调整色块的起始位置，如图 10-141 所示。

（8）按 Ctrl+I 组合键导入素材文件（素材 / 第 10 章 / 明信片包装展开效果 / 花 .cdr），如图 10-142 所示。

图 10-141 添加交互式透明效果

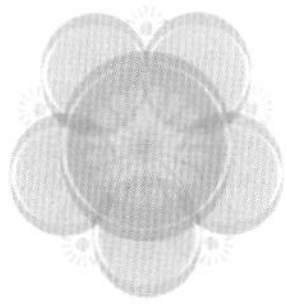

图 10-142 导入素材

（9）按 F6 键激活矩形工具，绘制一个矩形，并填充矩形的颜色为（C：46；M：10；Y：0；K：0）。选择工具箱中的交互式透明工具，在属性栏的透明度类型中选择“线性”，并调整色块的起始位置，如图 10-143 所示。

图 10-143 调整色块的位置

（10）按 F8 键激活文本工具，输入文字“明信片”，并设置文字的字体为“文鼎 CS 大隶书繁”、字号为 11pt、颜色为红色，效果如图 14-27 所示。使用同样的方法输入其他文字，并设置文字的字体、字号和颜色，如图 10-144 所示。

图 10-144 输入文字

（11）使用同样的方法绘制明信片包装盒的内页，得到本例的最终效果。

# 实例 07 明信片包装立体效果

**案例说明**

本例将制作一个最终效果如图 10-145 所示的明信片包装立体效果，在制作过程中需要使用矩形工具、透明工具、阴影工具等工具。

图 10-145 实例的最终效果

## 步骤提示

（1）按 F6 键激活矩形工具，绘制一个矩形，填充矩形的颜色为黑色，并去掉轮廓。单击标准栏中的“导入”按钮，导入素材文件（素材 / 第 10 章 / 明信片包装展开效果 / 明信片包装立体效果 .cdr），如图 10-146 所示。

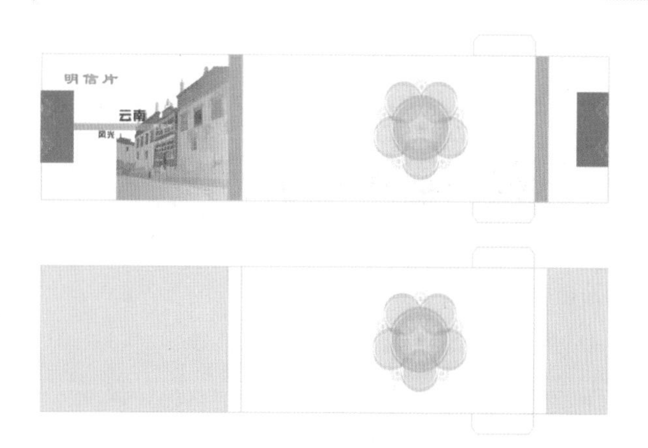


图 10-146 导入素材

（2）选中导入的素材，按 Ctrl+U 组合键取消群组，然后选中内页的盒底图形，将其转换为曲线，并结合形状工具进行编辑，效果如图 10-147 所示。

（3）使用同样的方法移动并编辑图形，然后将侧面填充为合适的颜色，如图 10-148 所示。

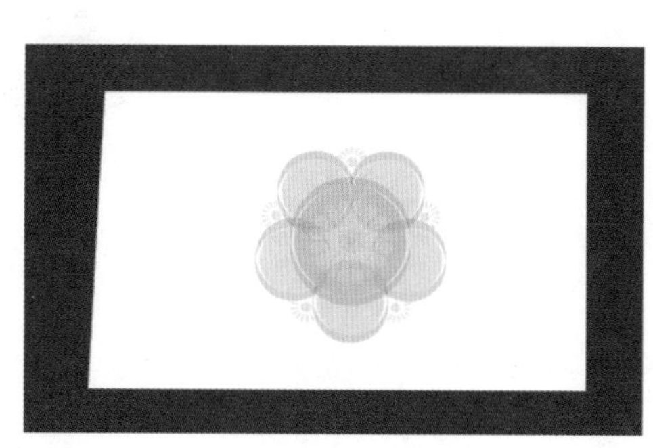

图 10-147 编辑图形

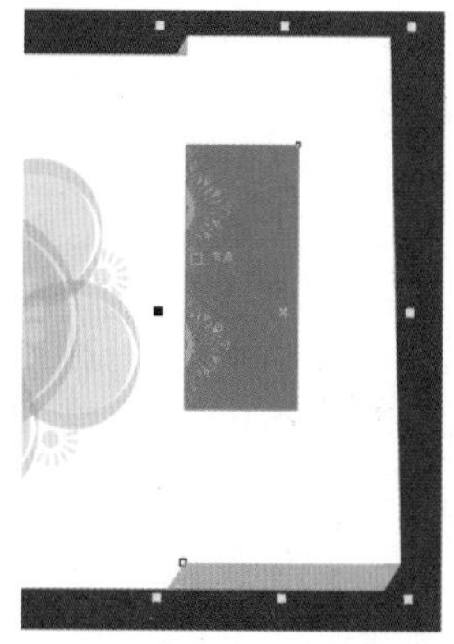

图 10-148 移动并编辑图形

(4) 使用工具箱中的交互式阴影工具，在图 10-148 所示的白色图形上向外拖动鼠标，为其添加阴影效果，在属性栏中设置“阴影不透明度”为 20，羽化为 14，阴影颜色为黑色，效果如图 10-149 所示。

(5) 使用同样的方法编辑图形，注意图形中各个对象之间的透视关系，得到如图 10-150 所示的效果。

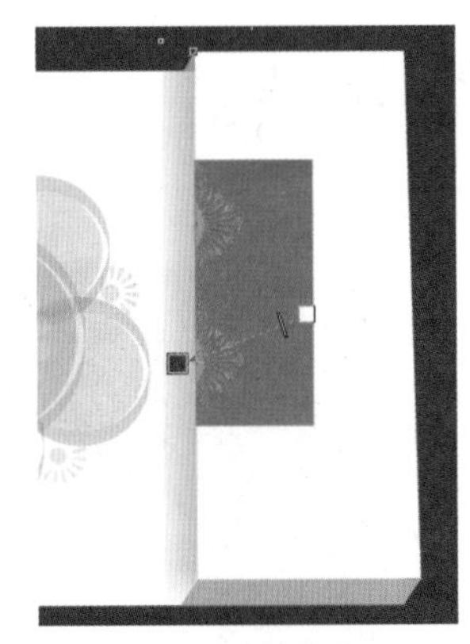
图 10-149 添加阴影效果

图 10-150 编辑图形

(6) 选中建筑图形，使用工具箱中的交互式透明工具更改建筑图形的透明方向，调整色块的起始位置如图 10-151 所示。

(7) 选中图 10-151 所示的图形，将其群组并添加阴影效果，得到本例的最终效果，如图 10-152 所示。

图 10-151 设置透明色块的位置

图 10-152 本例的最终效果

## 实例 08 食品包装袋展开效果

**案例说明**

本例将制作一个最终效果如图 10-153 所示的食品包装袋展开效果，在制作过程中需要使用矩形工具、多边形工具、贝塞尔工具、文本工具等基本操作工具，以及用“转换”泊坞窗快速复制图形的相关知识。

图 10-153 实例的最终效果

## 步骤提示

(1) 使用工具箱中的贝塞尔工具结合形状工具绘制一个图形，填充图形的颜色为黑色，并去掉轮廓，如图 10-154 所示。

（2）选择工具箱中的多边形工具，在属性栏的“点数或边数”数值框中输入 3，拖动鼠标绘制一个三角形，并填充图形颜色为黑色，去掉轮廓，效果如图 10-155 所示。

图 10-154 绘制图形

图 10-155 绘制三角形

（3）执行“排列 / 变换 / 位置”命令，打开“转换”泊坞窗。在该泊坞窗中设定水平为 0.838mm，其他参数设置如图 10-156 所示，单击“应用”按钮，得到如图 10-157 所示的效果。

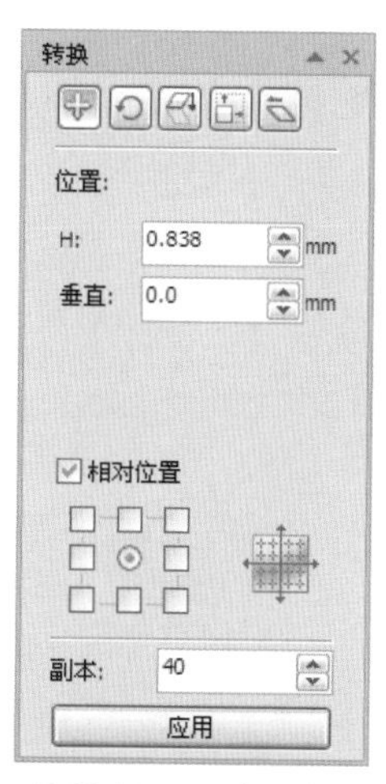


图 10-156 设置转换参数

图 10-157 图形偏移效果

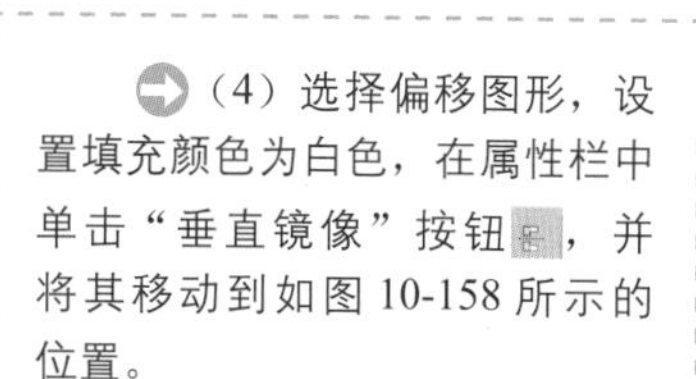

（4）选择偏移图形，设置填充颜色为白色，在属性栏中单击“垂直镜像”按钮，并将其移动到如图 10-158 所示的位置。

（5）使用同样的方法绘制如图 10-159 所示的图形。

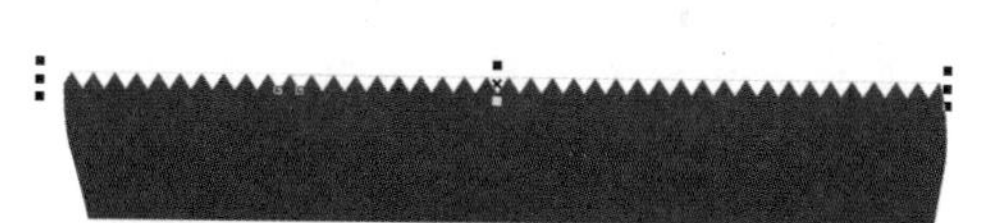

图 10-158 镜像并移动图形

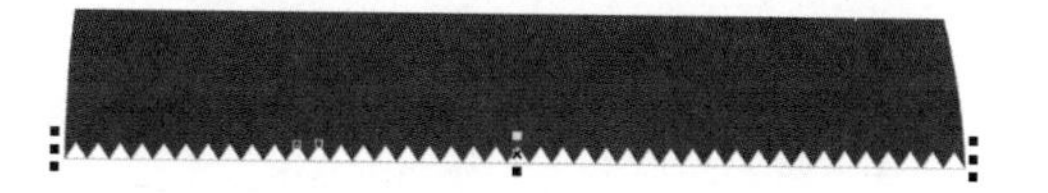

图 10-159 绘制其他图形

（6）按F6键激活矩形工具，绘制两个矩形，分别设置填充颜色为红色和黄色，并去掉轮廓，如图10-160所示。使用同样的方法绘制一组矩形，设置轮廓颜色为（C：0；M：60；Y：100；K：0）、轮廓宽度为 2.822mm，并将其移动到合适的位置，如图10-161所示。

图 10-160 绘制矩形

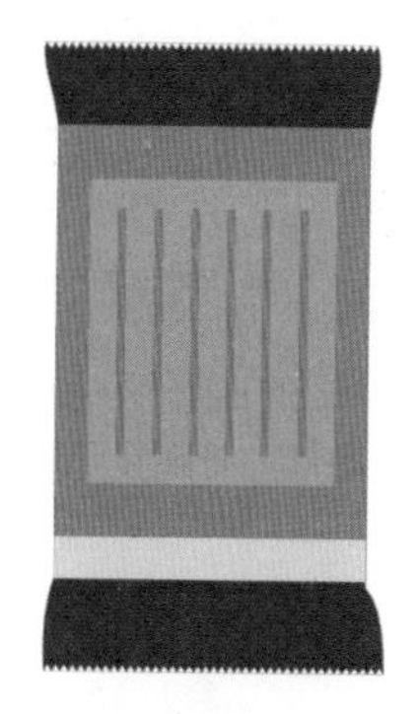

图 10-161 绘制一组矩形并设置轮廓属性

（7）使用工具箱中的贝塞尔工具结合形状工具绘制图形，填充图形的颜色为（C：0；M：20；Y：100；K：0），并去掉轮廓，效果如图 10-162 所示。

（8）单击标准栏中的“导入”按钮，导入素材文件（素材/第 10 章/食品包装平面设计/卡通人物.cdr），并将素材图片移动到背景中的适当位置，如图 10-163 所示。

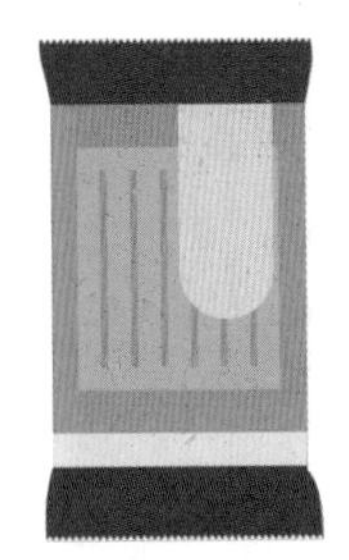

图 10-162 绘制黄色图形

图 10-163 导入素材

（9）使用同样的方法导入食品标志（素材/第 10 章/食品包装袋平面设计/食品标志.cdr），如图 10-164 所示。

图 10-164 导入食品标志

（10）按 F8 键激活文本工具，输入文字“香”，设置字体为“文鼎 CS 行楷繁”、大小为 42，如图 10-165 所示。然后设置文字的颜色为（C：0；M：50；Y：100；K：0），并将其移动到如图 10-166 所示的位置。

（11）使用同样的方法输入其他文字，如图 10-167 所示。

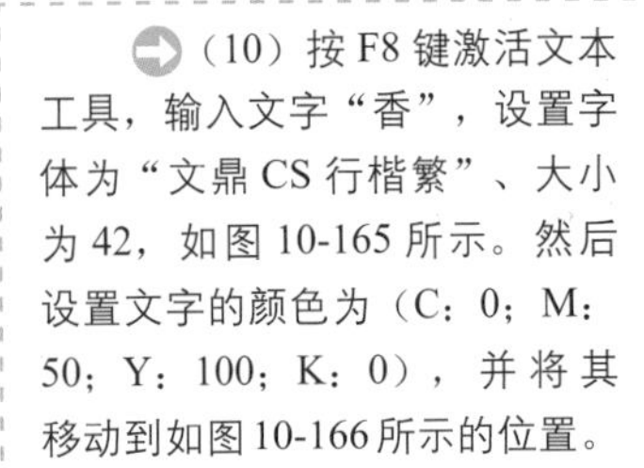

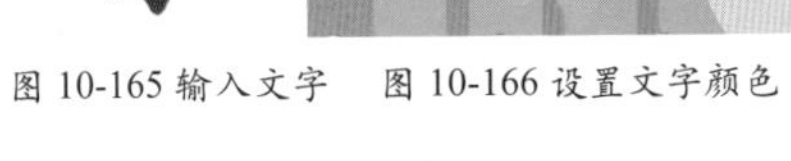

图 10-165 输入文字　图 10-166 设置文字颜色

图 10-167 输入其他文字

（12）按 F8 键激活文本工具，输入文字“扒锅酱肉”，然后设置文字的字体、字号和颜色，并结合形状工具调整文字间距，如图 10-168 所示。

（13）按 F6 键激活矩形工具，绘制多个矩形，填充颜色为（C：0；M：10；Y：10；K：72）和黄色，去掉轮廓，并将其移动到如图 10-169 所示的位置。

图 10-168 输入文字

图 10-169 绘制多个矩形

（14）使用同样的方法再绘制一组矩形，将其移动到合适的位置，得到本例的最终效果，如图 10-170 所示。

图 10-170 本例的最终效果

# 实例 09 食品包装袋立体效果

**案例说明**

本例将制作一个最终效果如图 10-171 所示的食品包装袋立体效果，在制作过程中需要使用矩形工具、贝塞尔工具、透明工具、交互式阴影工具、渐变填充工具等基本工具。

图 10-171 实例的最终效果

## 步骤提示

(1) 使用工具箱中的贝塞尔工具结合形状工具绘制如图 10-172 所示的图形，填充图形颜色为白色，并去掉轮廓，如图 10-173 所示。

(2) 选中白色图形，使用工具箱中的交互式透明工具为图形添加交互式透明效果，在属性栏的透明度类型中选择“线性”，调整色块的起始位置如图 10-174 所示。

图 10-172 绘制闭合图形

图 10-173 填充图形颜色

图 10-174 调整色块的起始位置

(3) 选中透明图形，按小键盘上的“+”键复制一个透明图形为图形副本，在属性栏中单击“水平镜像”按钮，并将其移动到如图 10-175 所示的位置。

(4) 使用步骤 (1) 的方法绘制如图 10-176 所示的红色图形，然后使用工具箱中的交互式透明工具为图形添加交互式透明效果，在属性栏的透明度类型中选择“线性”，调整色块的起始位置如图 10-177 所示。

图 10-175 复制并镜像图形

图 10-176 绘制红色图形

(5) 使用同样的方法绘制如图 10-178 所示的图形。

图 10-177 制作透明效果

图 10-178 绘制其他透明效果

(6) 选择所有图形，按Ctrl+G 组合键将其群组，并在属性栏的“旋转角度”数值框中输入 348，在任意处单击完成图形的旋转，效果如图 10-179 所示。

(7) 选择工具箱中的交互式阴影工具，在群组图形上向外拖动鼠标，为其应用阴影效果。然后在属性栏中设置阴影不透明度为 50、羽化为 15、阴影颜色为黑色，如图 10-180 所示。

图 10-179 旋转图形

图 10-180 为群组图形添加阴影效果

(8) 选中图 10-180 所示的图形，按小键盘上的“+”键复制两个图形，并旋转到合适的位置，效果如图 10-181 所示。

(9) 使用工具箱中的矩形工具绘制一个矩形，为矩形应用辐射渐变填充，设置起点色块的颜色为（C：20；M：0；Y：0；K：60）、终点色块的颜色为白色，具体参数设置如图 10-182 所示。

图 10-181 复制图形并旋转

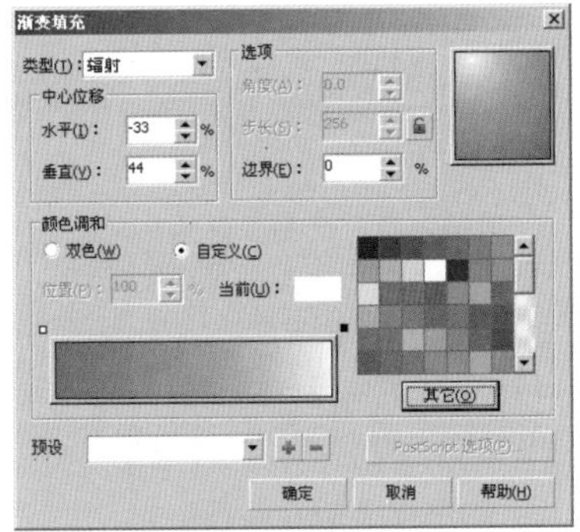


图 10-182 设置渐变参数

(10) 设置完毕后单击“确定”按钮，去掉轮廓，并按 Shift+PageDown 组合键将其排列到最底层，得到本例的最终效果。

## 实例 10 滋补品包装展开效果

**案例说明**

本例将制作一个最终效果如图 10-183 所示的滋补品包装展开效果，在制作过程中需要使用矩形工具、贝塞尔工具、渐变填充工具、文本工具等基本工具。

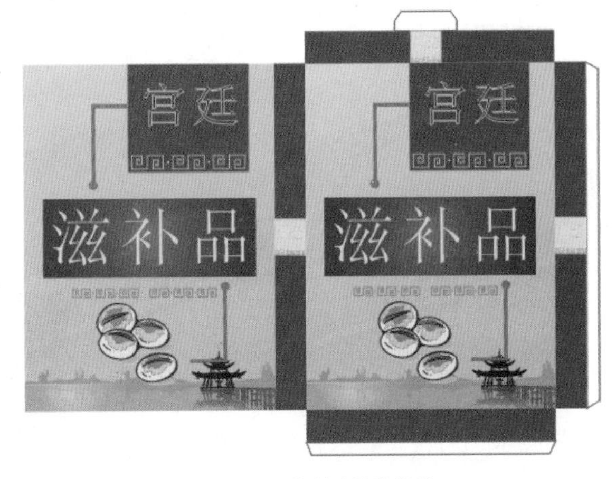


图 10-183 实例的最终效果

## 步骤提示

(1) 按 F6 键激活矩形工具，绘制一个矩形，为矩形应用线性渐变填充，设置相应的渐变颜色，完成后去掉轮廓，效果如图 10-184 所示。

(2) 使用同样的方法绘制一组矩形，填充颜色为土红色，并去掉轮廓，如图 10-185 所示。

(3) 再绘制一组矩形，将其转换为曲线，并结合形状工具进行编辑，效果如图 10-186 所示。

图 10-184 绘制渐变矩形

图 10-185 绘制一组土红色矩形

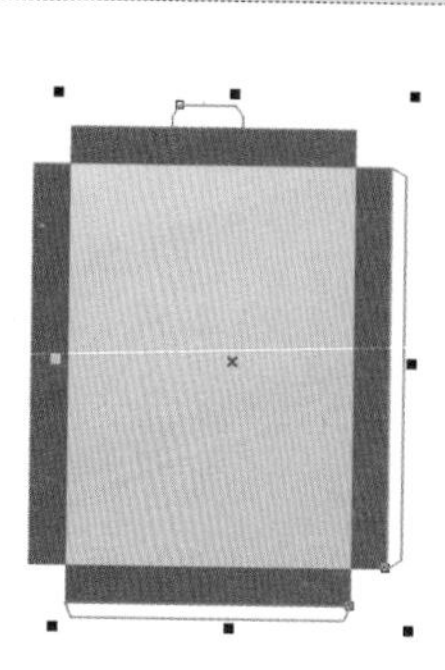

图 10-186 绘制并编辑图形

(4) 选中图 10-184 所示的图形，并复制一个图形为其副本，将其移动到如图 10-187 所示的位置。

(5) 导入素材文件（素材 / 第 10 章 / 滋补品包装展开效果 / 素材 .cdr），并将素材图片移动到背景中的适当位置，如图 10-188 所示。

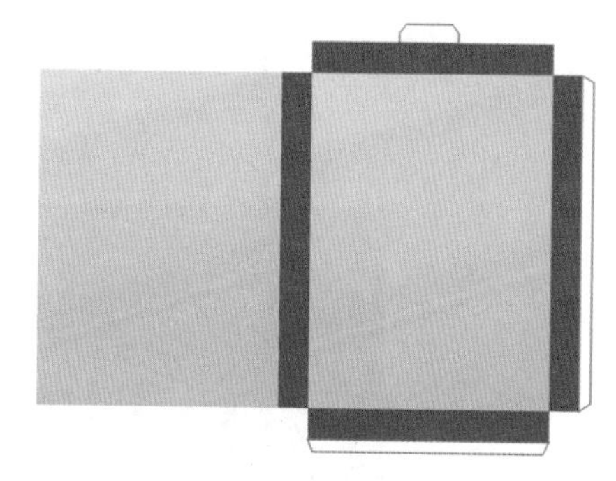

图 10-187 复制图形

图 10-188 导入素材

(6) 按 F6 键激活矩形工具，绘制两个矩形，为矩形应用辐射渐变填充，设置相应的渐变颜色，并将其排列到如图 10-189 所示的位置。

(7) 再绘制两个矩形，分别填充颜色为土红色和黄色，并去掉轮廓，如图 10-190 所示。

图 10-189 绘制渐变图形

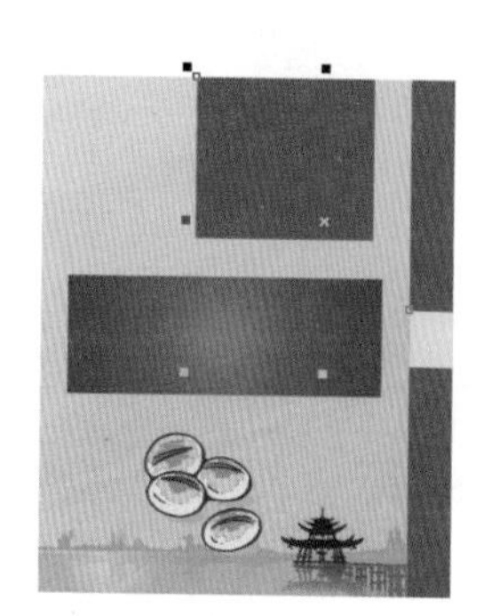

图 10-190 绘制矩形

(8) 使用贝塞尔工具和椭圆工具绘制图形，设置为相应的颜色，并将其移动到合适的位置，如图 10-191 所示。

(9) 按 F8 键激活文本工具，输入文字“滋补品”，设置字体为宋体、大小为 28pt，效果如图 10-192 所示。

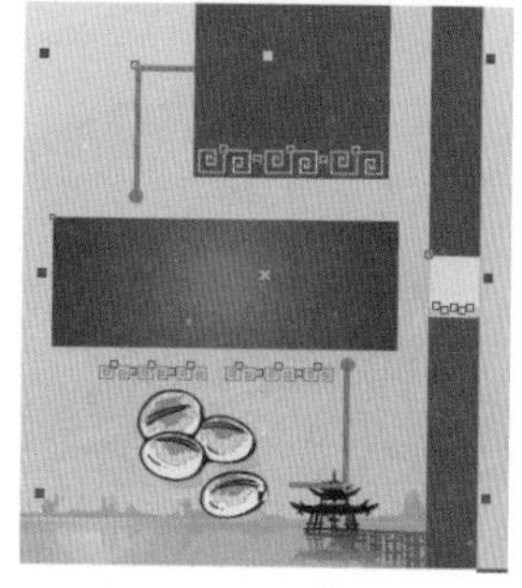

图 10-191 绘制图形

图 10-192 输入文字

（10）输入其他文字，设置为合适的字体和字号，并设置轮廓颜色为黄色，效果如图 10-193 所示。

（11）使用同样的方法绘制滋补品包装盒的其他各面，得到本例的最终效果。

图 10-193 输入其他文字

# 实例 11 滋补品包装立体效果

**案例说明**

本例将制作一个最终效果如图 10-194 所示的滋补品包装立体效果，在制作过程中需要使用矩形工具、贝塞尔工具、透明工具、交互式阴影工具、渐变填充工具、文本工具等。

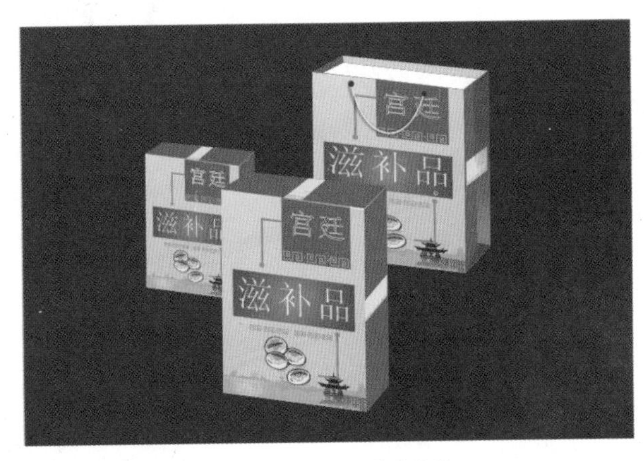


图 10-194 实例的最终效果

## 步骤提示

（1）导入实例 10 绘制的滋补品展开效果，如图 10-195 所示。双击包装盒的正面图形，对象的周围会出现倾斜的控制点，将光标移至倾斜控制点上，光标变为倾斜符号⇅，单击并拖动鼠标到需要的位置，然后释放鼠标即可，效果如图 10-196 所示。

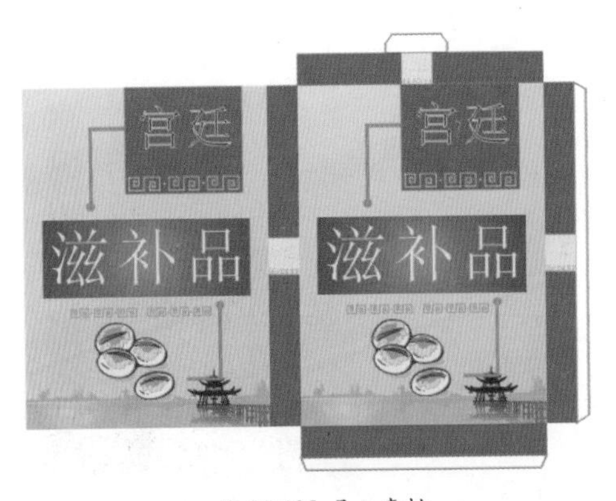


图 10-195 导入素材

图 10-196 编辑图形

(2) 使用同样的方法制作图形，并将土红色矩形转换为曲线，结合形状工具进行编辑，使其更加符合透视规律，效果如图10-197所示。

(3) 使用贝塞尔工具结合形状工具绘制白色图形，为其进行透明操作，并移动到如图10-198所示的位置。

图10-197 编辑图形

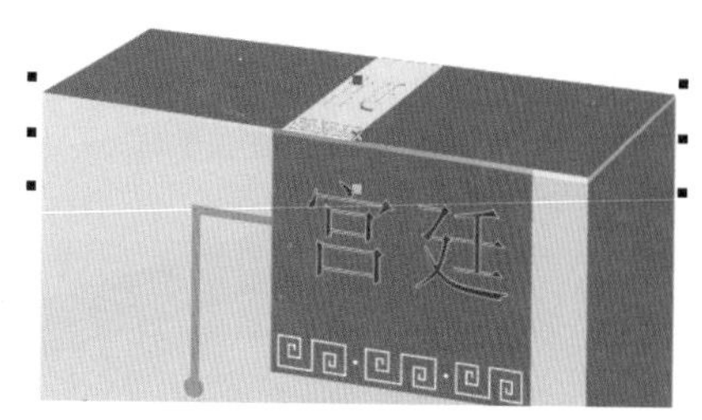


图10-198 绘制白色图形

(4) 选择所有对象，将其群组，按小键盘上的“+”键复制一个群组图形为其副本，调整副本图形的大小，并移动到合适的位置，如图10-199所示。

(5) 使用制作包装盒展开图和立体图的方法再绘制一个滋补品手提袋，并将其移动到合适的位置，如图10-200所示。

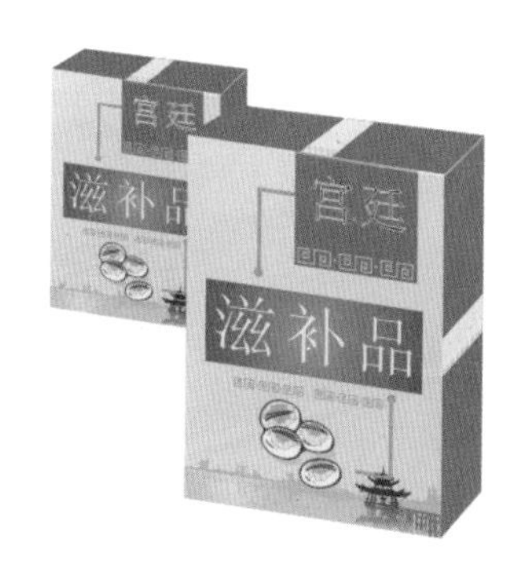


图10-199 复制图形

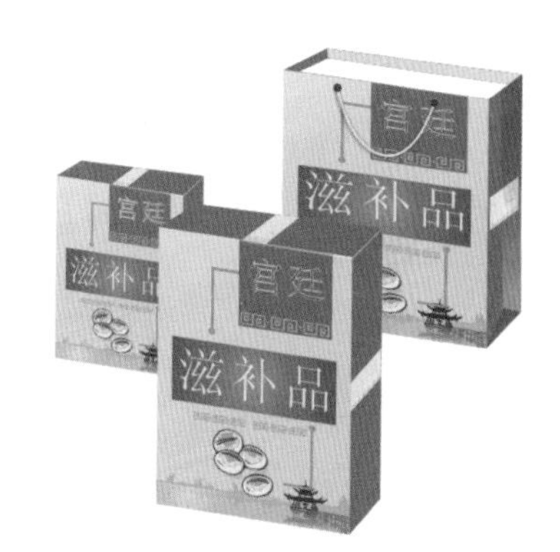


图10-200 绘制手提袋图形

(6) 按F6键激活矩形工具，绘制一个黑色矩形，去掉轮廓，并按Shift+PageDown组合键将其排列到最底层，得到本例的最终效果。

## 实例 12 酒包装展开效果

**案例说明**

本例将制作一个最终效果如图10-201所示的酒包装展开效果，在制作过程中需要使用矩形工具、形状工具、椭圆工具、文本工具以及“导入”命令和“图框精确剪裁”命令等。

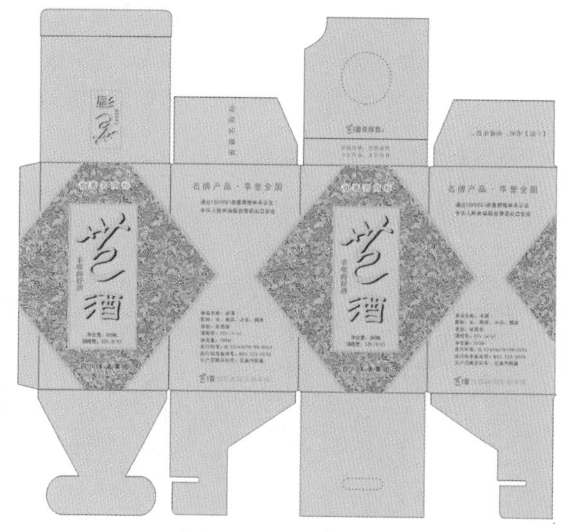


图10-201 实例的最终效果

## 步骤提示

(1) 结合使用矩形工具、形状工具和椭圆工具绘制酒包装盒的平面展开图，将其填充为 30% 黑，如图 10-202 所示。

(2) 导入素材文件（素材 / 第 10 章 / 酒包装展开图设计 / 酒包装底纹和标准字 .cdr），然后按图 10-203 对底纹和标准字进行排列。

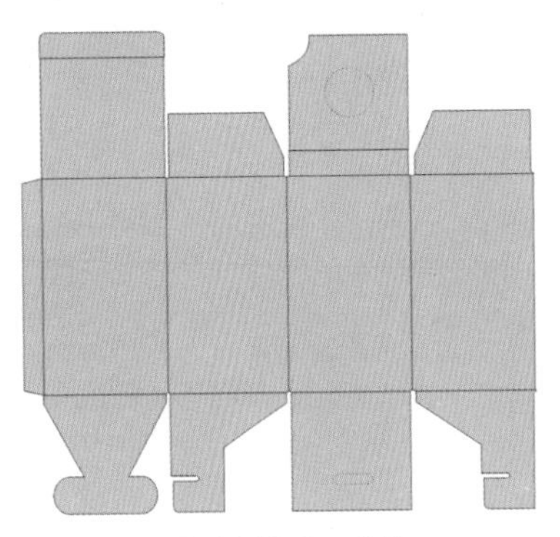

图 10-202 导入素材

图 10-203 编辑图形

(3) 为底纹添加底色，并使用文本工具添加底文字内容，如图 10-204 所示。

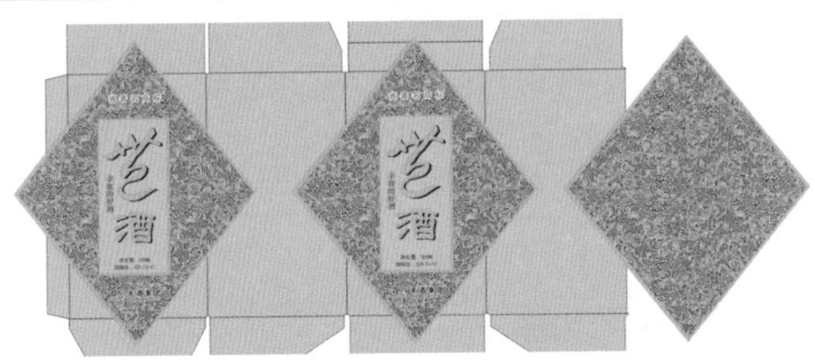

图 10-204 添加底色和文字内容

(4) 绘制一个矩形，然后将展开图上的底纹精确地剪裁到该矩形中，效果如图 10-205 所示。

(5) 添加包装展开图中所需的其他文字内容，完成本例的制作，如图 10-206 所示。

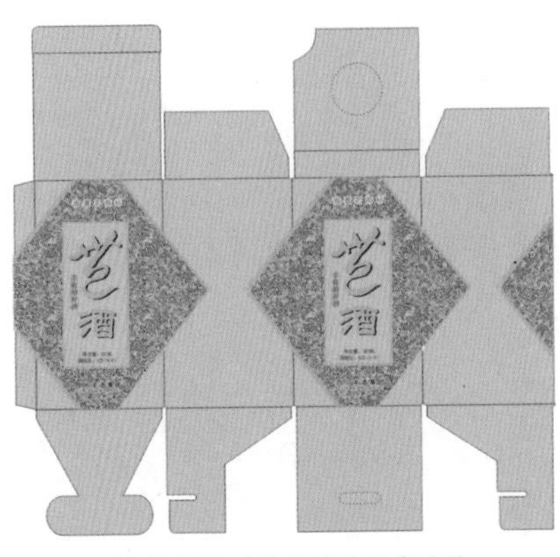

图 10-205 对象的精确剪裁效果

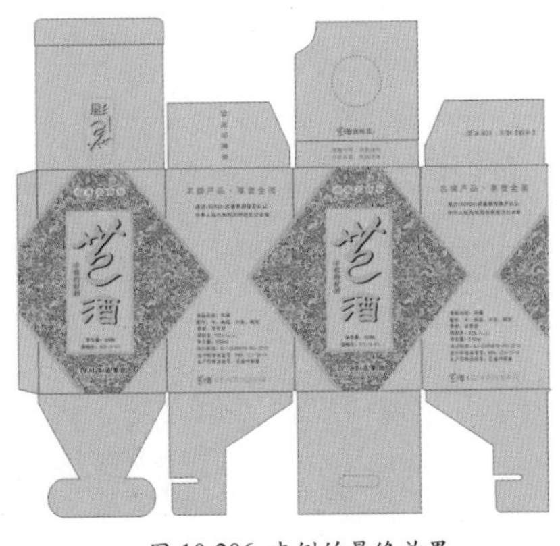

图 10-206 本例的最终效果

# 实例 13 酒包装立体效果

**案例说明**

本例将制作一个最终效果如图 10-207 所示的酒包装立体效果，在制作过程中需要使用封套工具、形状工具、透明度工具、矩形工具和“转换为位图”命令等。

图 10-207 实例的最终效果

## 步骤提示

(1) 在实例 12 创建的文档中新建一个页面，将展开图中如图 10-208 所示的对象复制到新建的页面中。

(2) 使用形状工具将底纹和底纹下的底色对象编辑为如图 10-209 所示的形状。

图 10-208 复制的对象

图 10-209 编辑后的对象形状

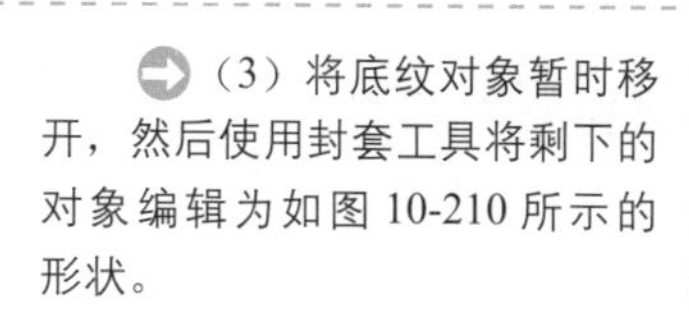

(3) 将底纹对象暂时移开，然后使用封套工具将剩下的对象编辑为如图 10-210 所示的形状。

(4) 将移开的底纹图像移入调整后的包装正面中，并使用形状工具将其编辑为如图 10-211 所示的形状，然后调整其上下排列顺序。

(5) 使用同样的方法制作立体包装中的侧面效果，如图 10-212 所示。

图 10-210 对象的变形效果

图 10-211 移入的位图侧面效果

图 10-212 立体包装中的编辑效果

(6) 复制包装侧面中的背景对象，将复制的对象调整到最上层，并填充为50%黑，如图10-213所示。然后为该对象应用“透明度操作”为“乘”的线性透明效果，以制作立体包装中的明暗效果，如图10-214所示。

图 10-213 复制并修改颜色后的对象

图 10-214 对象的透明效果

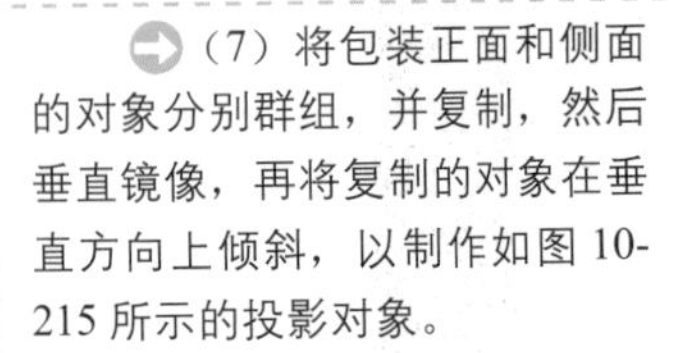

(7) 将包装正面和侧面的对象分别群组，并复制，然后垂直镜像，再将复制的对象在垂直方向上倾斜，以制作如图10-215所示的投影对象。

(8) 绘制一个用作背景的黑色矩形，然后将复制的正面和侧面对象转换为位图，再使用形状工具将转换后的位图分别裁剪为如图10-216所示的形状。

(9) 使用透明度工具为正面和侧面的投影对象分别应用如图10-217所示的线性透明效果，完成本实例的制作。

图 10-215 制作的投影对象

图 10-216 位图的裁剪效果

图 10-217 包装的投影效果

## 实 例 提 高

## 实例 14 食品包装设计

**案例说明**

本例将制作一个最终效果如图10-218所示的食品包装立体效果，在制作过程中需要使用矩形工具、贝塞尔工具、透明工具、交互式阴影工具、渐变填充工具等。

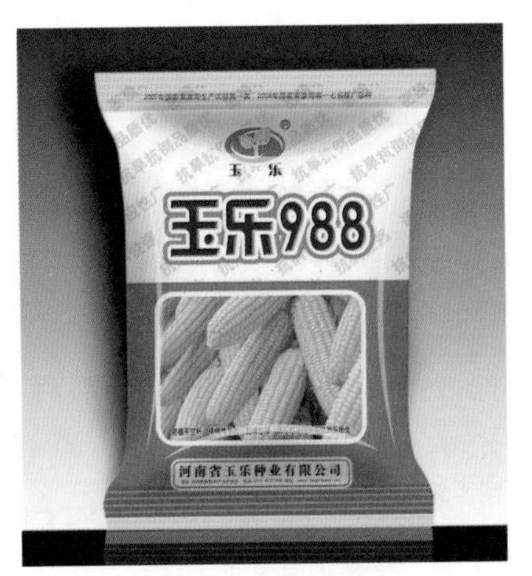


图 10-218 实例的最终效果

## 实例 15 手提袋包装设计

**案例说明**

本例将制作如图 10-219 所示的陶瓷手提袋包装，在制作过程中主要使用了矩形工具、对象的裁剪、钢笔工具、文本工具等。

图 10-219 实例的最终效果

## 实例 16 桶装奶粉设计

**案例说明**

本例将制作如图 10-220 所示的婴儿清清宝奶粉包装，在制作过程中主要使用了矩形工具、椭圆工具、交互式阴影工具、渐变色的填充、钢笔工具、文本工具等。

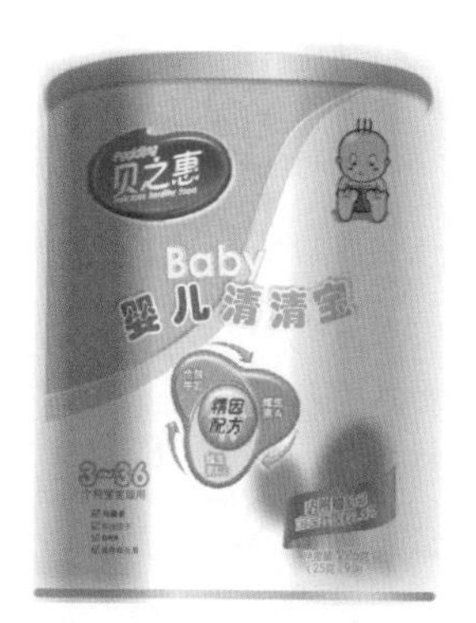


图 10-220 实例的最终效果

## 实例 17 月饼盒包装设计

**案例说明**

本例将制作如图 10-221 所示的月饼盒包装，在制作过程中主要使用了椭圆工具、对象的裁剪、交互式阴影工具、钢笔工具等。

图 10-221 实例的最终效果

# 18 红枣盒包装设计

**案例说明**

本例将制作如图 10-222 所示的红枣盒包装，在制作过程中主要使用了交互式阴影工具、文本工具、钢笔工具、形状工具等。

图 10-222 实例的最终效果

# 第11章 书籍装帧设计

本章介绍了如何运用 CorelDRAW 进行书籍的装帧设计。学习到此，相信读者对 CorelDRAW 的工具及命令已经能够熟练运用。通过本章的学习，希望读者能运用 CorelDRAW 于各设计领域中，设计出优秀的作品。

设计类书籍展开图

设计类书籍效果图

英语书籍展开图

英语书籍效果图

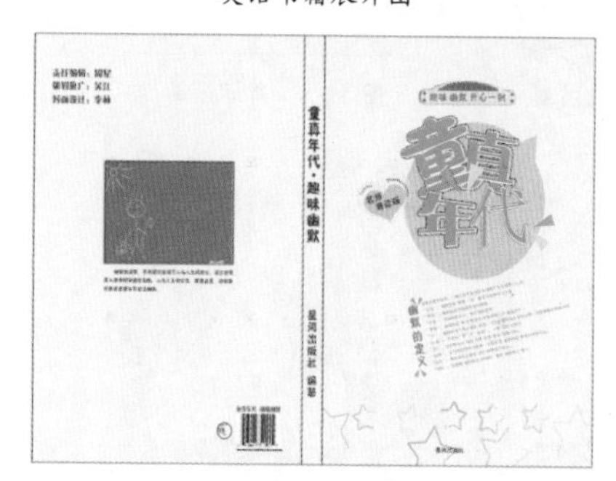

少儿书籍展开图

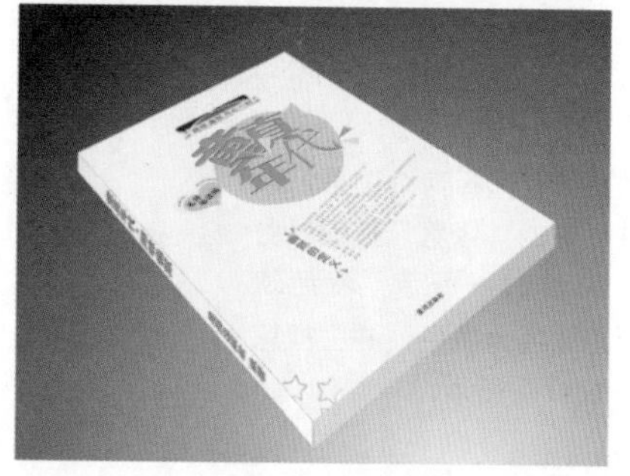
少儿书籍效果图

# 实 例 入 门

## 实例 01 英语书籍正面和书脊效果

**案例说明**

本例制作效果如图 11-1 所示的英语书籍正面和书脊效果，在制作过程中将使用填充工具、矩形工具、文本工具，交互式透明工具以及“导入”命令等。

图 11-1 实例的最终效果

### 操作步骤

（1）使用工具箱中的矩形工具绘制一个矩形，填充矩形的颜色为（C：60；M：0；Y：20；K：0），并去掉轮廓，如图 11-2 所示。然后使用同样的方法绘制一组矩形，填充相应的颜色，如图 11-3 所示。

图 11-2 绘制矩形

图 11-3 绘制一组矩形

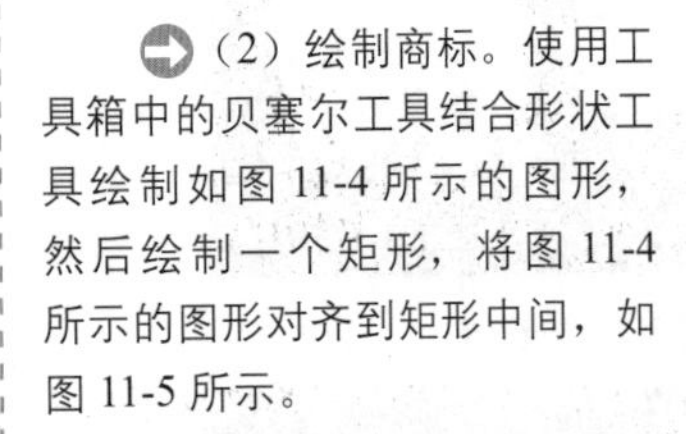

（2）绘制商标。使用工具箱中的贝塞尔工具结合形状工具绘制如图 11-4 所示的图形，然后绘制一个矩形，将图 11-4 所示的图形对齐到矩形中间，如图 11-5 所示。

图 11-4 绘制图形

图 11-5 商标轮廓

（3）选择两个图形，单击属性栏中的“修剪”按钮修剪图形，如图 11-6 所示。然后填充图形的颜色为黄色，并去掉轮廓，如图 11-7 所示。

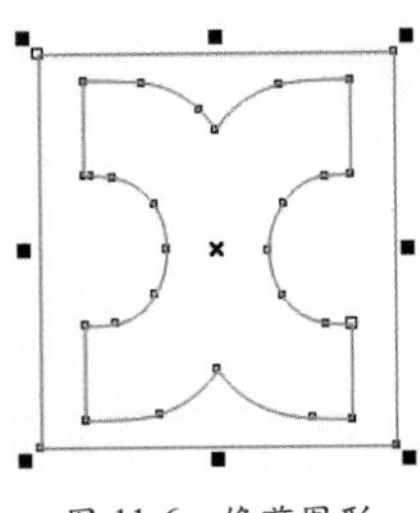

图 11-6 修剪图形

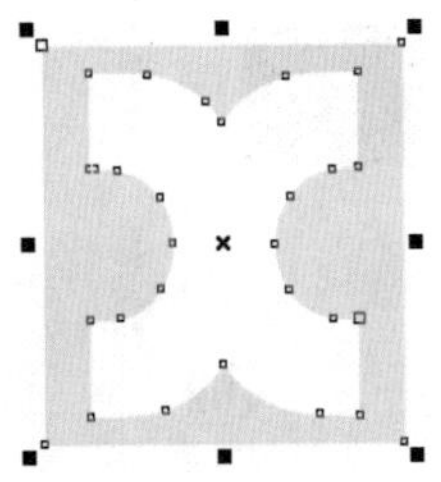

图 11-7 填充颜色

(4) 在商标的后面输入文字“新科文化”、“xinkewenh”，填充颜色为白色，如图 11-8 所示，然后改变商标的颜色为红色，如图 11-9 所示。

图 11-8 输入文字

图 11-9 改变商标的颜色

(5) 使用工具箱中的贝塞尔工具结合形状工具绘制如图 11-10 所示的图形，填充颜色为绿色，并去掉轮廓，如图 11-11 所示。

图 11-10 绘制图形

图 11-11 填充颜色

(6) 用同样的方法绘制另外一组图形，填充相应的颜色，如图 11-12 所示。然后在黄色的勋章图形内输入文字“2009 年最新上市”，如图 11-13 所示。

图 11-12 绘制图形

图 11-13 输入文字

(7) 用同样的方法输入文字“少儿英语通”、“内附教学软件”并设置相应的字体和字号，如图 11-14 所示。然后用同样的方法输入其他文字，如图 11-15 所示。

图 11-14 输入文字

图 11-15 输入其他文字

(8) 使用椭圆工具结合形状工具绘制一个光盘的图标，如图 11-16 所示。将光盘图标设置为相应的颜色后，在其下方绘制一个绿色的矩形，并在矩形内输入英文“CD-ROM”，如图 11-17 所示。

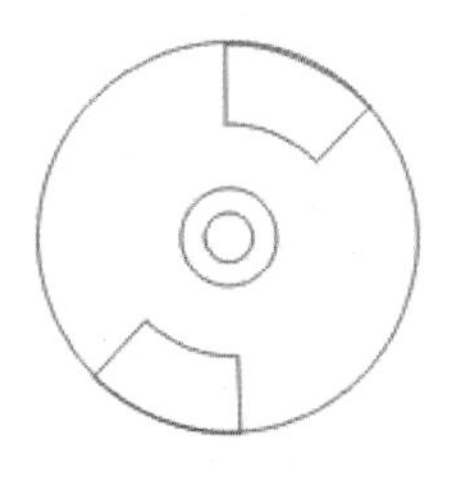

图 11-16 绘制光盘图标轮廓

图 11-17 光盘图标效果

(9) 按 Ctrl+I 组合键导入素材文件（素材 / 第 11 章 / 英语书正面 / 兔子 .cdr），如图 11-18 所示。将素材图片移动到合适的位置，得到本例的最终效果，如图 11-19 所示。

图 11-18 导入素材

图 11-19 本例的最终效果

## 实例 02 英语书籍背面效果

**案例说明**

本例制作效果如图11-20所示的英语书籍背面效果，在制作过程中将使用渐变填充工具、矩形工具、文本工具、交互式透明工具以及插入条码的功能等。

图11-20　实例的最终效果

## 操作步骤

(1) 使用工具箱中的矩形工具绘制一个矩形，填充矩形的颜色为（C：60；M：0；Y：20；K：0），并去掉轮廓，如图11-21所示。使用工具箱中的交互式透明工具为图形添加交互式透明效果，在属性栏的透明度类型中选择“线性”，并调整色块的起始位置如图11-22所示。

(2) 用同样的方法绘制一个透明效果的圆角矩形，如图11-23所示。

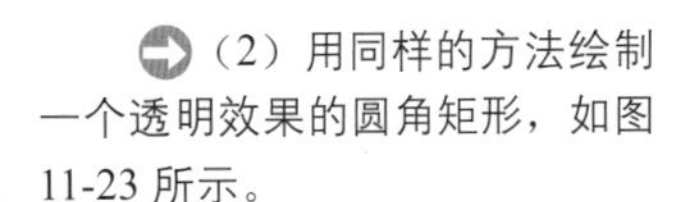

图11-21　绘制矩形

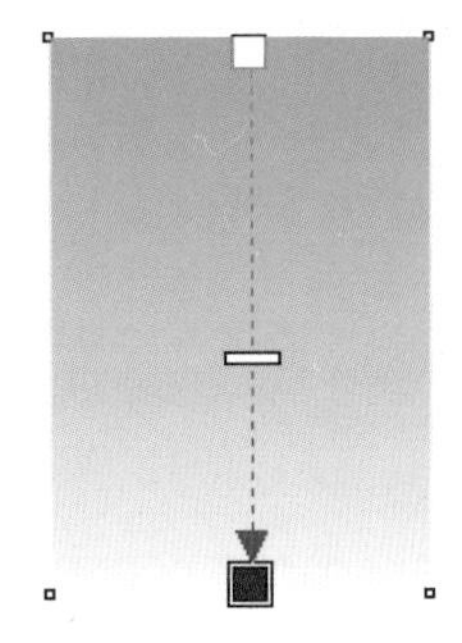

图11-22 添加透明效果

图11-23　绘制圆角矩形

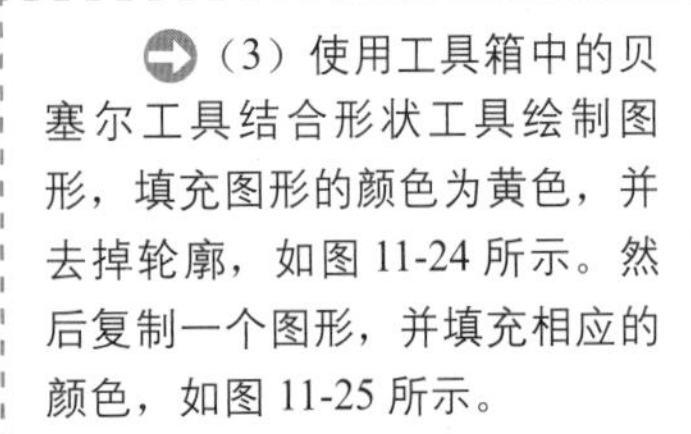

(3) 使用工具箱中的贝塞尔工具结合形状工具绘制图形，填充图形的颜色为黄色，并去掉轮廓，如图11-24所示。然后复制一个图形，并填充相应的颜色，如图11-25所示。

图11-24　绘制黄色图形

图11-25　复制图形

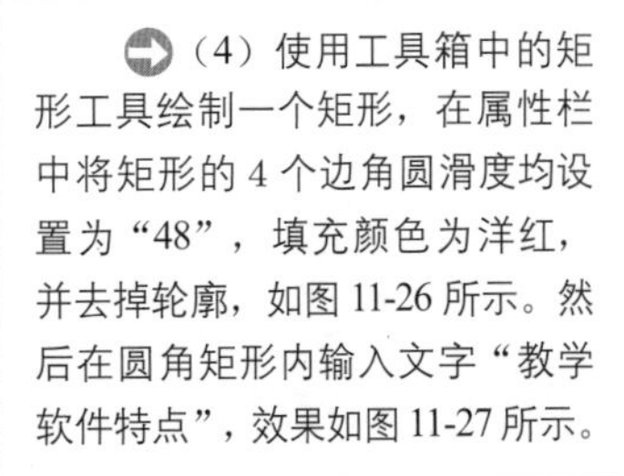

(4) 使用工具箱中的矩形工具绘制一个矩形，在属性栏中将矩形的4个边角圆滑度均设置为“48”，填充颜色为洋红，并去掉轮廓，如图11-26所示。然后在圆角矩形内输入文字“教学软件特点”，效果如图11-27所示。

图11-26　绘制一个矩形

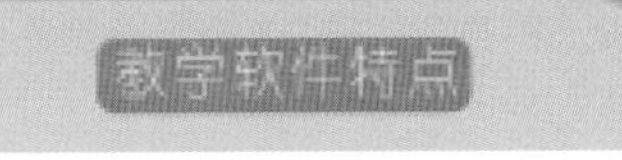


图11-27　输入文字

(5) 用同样的方法绘制一个圆角矩形，为圆角矩形应用正方形渐变填充，设置起点色块的颜色为红色、终点色块的颜色为黄色，效果如图 11-28 所示。

(6) 复制一个圆角矩形，填充颜色为黑色，并按 Ctrl+Pagedown 组合键将图形排列到下一层，如图 11-29 所示。

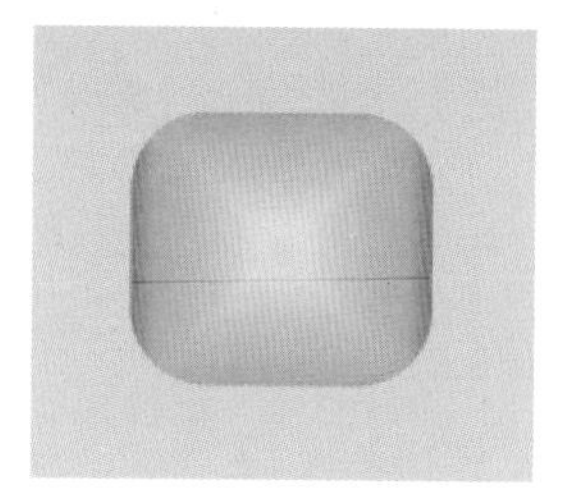

图 11-28 绘制一个圆角矩形

图 11-29 应用正方形渐变填充

(7) 按 F8 键激活文本工具，输入如图 11-30 所示的文字。然后用同样的方法完成其他文字的输入，如图 11-31 所示。

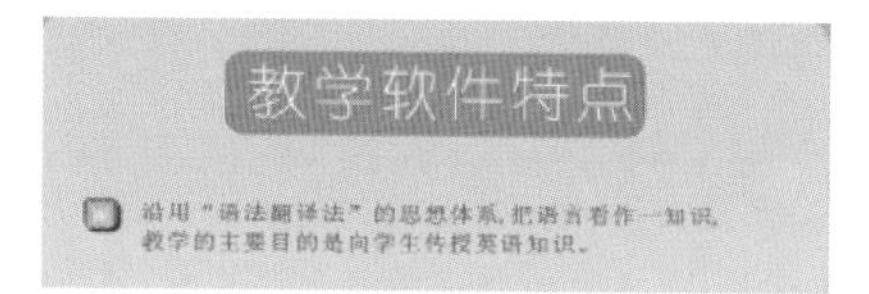


图 11-30 输入文字

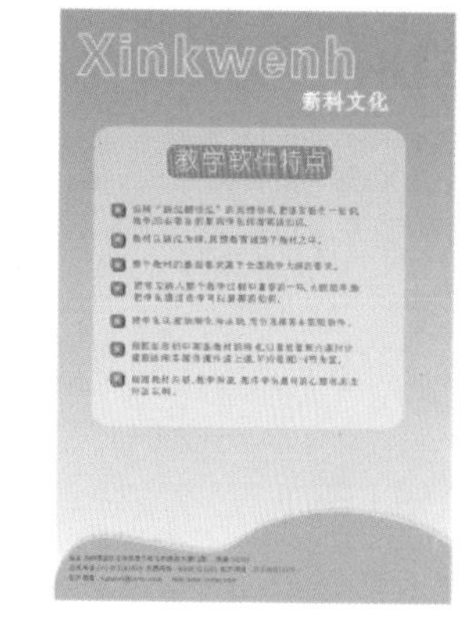


图 11-31 输入其他文字

(8) 使用工具箱中的贝塞尔工具结合形状工具绘制图形，填充图形的颜色为绿色，并去掉轮廓，如图 11-32 所示。然后复制一组图形，并调整大小和位置，如图 11-33 所示。

(9) 使用椭圆工具结合贝塞尔工具绘制"太阳花"，填充相应的颜色后去掉轮廓，如图 11-34 所示。

图 11-32 绘制图形

图 11-33 复制一组图形

图 11-34 绘制图形

(10) 插入条形码。执行"编辑 / 插入条形码"命令，打开"条码向导"对话框，设置相应的选项，如图 11-35 所示。设置完毕后单击"下一步"按钮，继续进行相应的设置，如图 11-36 所示。

图 11-35 输入条码号

图 11-36 设置其他参数

（11）设置对齐方式，如图 11-37 所示，然后单击“完成”按钮，得到的条形码效果如图 11-38 所示。

图 11-37 设置对齐方式

图 11-38 条形码

**提 示**

利用 CorelDRAW 生成条形码。首先执行“编辑 / 插入条码”命令，在打开的“条码向导”对话框中选择行业标准格式 ISBN（中国标准书号）并且输入数字，然后单击“下一步”按钮，在对话框的“缩放比例”数值框中输入 80%，其他选项保持默认，接着单击“下一步”按钮，保持对话框中的所有默认，最后单击“完成”按钮，即可生成条形码。

## 实例 03 英语书籍立体效果

### 案例说明

本例制作效果如图 11-39 所示的英语书籍立体效果，在制作过程中将使用矩形工具、交互式透明工具以及“添加透视”命令等。

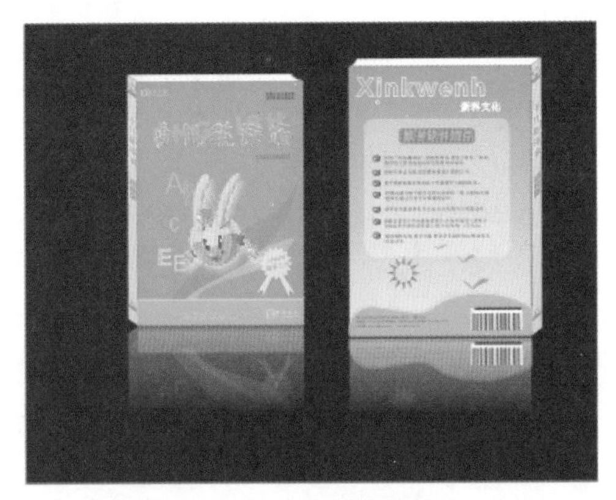

图 11-39 实例的最终效果

### 操作步骤

（1）复制一组前面绘制好的英语书籍正面和书脊效果，如图 11-40 所示，用鼠标选中书脊将其群组，然后执行“效果 / 添加透视”命令，编辑书脊的透视效果，如图 11-41 所示。

(2)使用工具箱中的贝塞尔工具结合形状工具绘制书籍厚度图形，填充图形的颜色为白色，如图 11-42 所示。

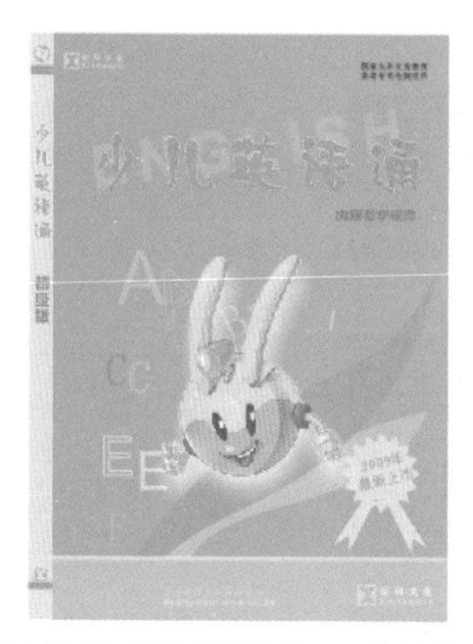

图 11-40 复制英语书籍正面和书脊效果

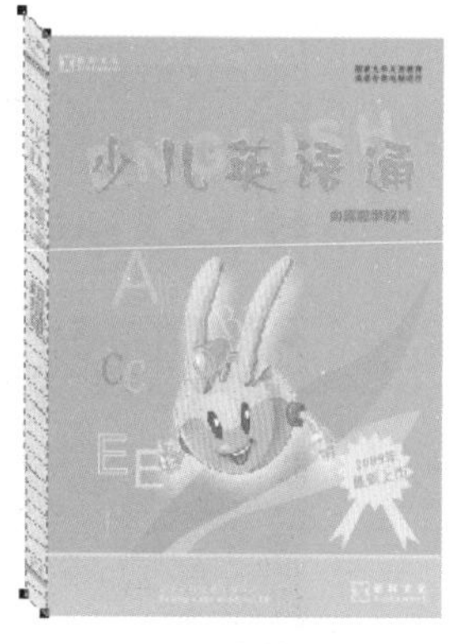

图 11-41 透视效果

图 11-42 绘制书籍厚度

(3) 复制一组英语书籍正面立体效果的图形，垂直移动到原图形下方，并进行垂直镜像操作，如图 11-43 所示。对复制的书籍正面立体图形添加透明效果，如图 11-44 所示。

(4) 用同样的方法绘制书籍的背面立体效果，如图 11-45 所示。

图 11-43 复制图形

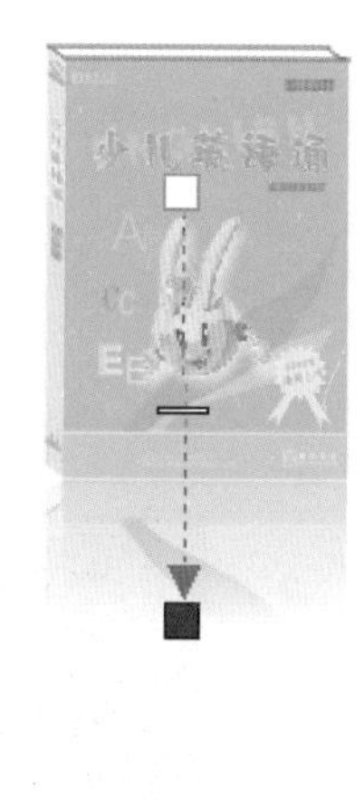

图 11-44 添加透明效果

图 11-45 背面立体效果

(5) 使用矩形工具绘制一个矩形，填充颜色为黑色，并去掉轮廓作为书籍立体效果的背景，最终效果如图 11-46 所示。

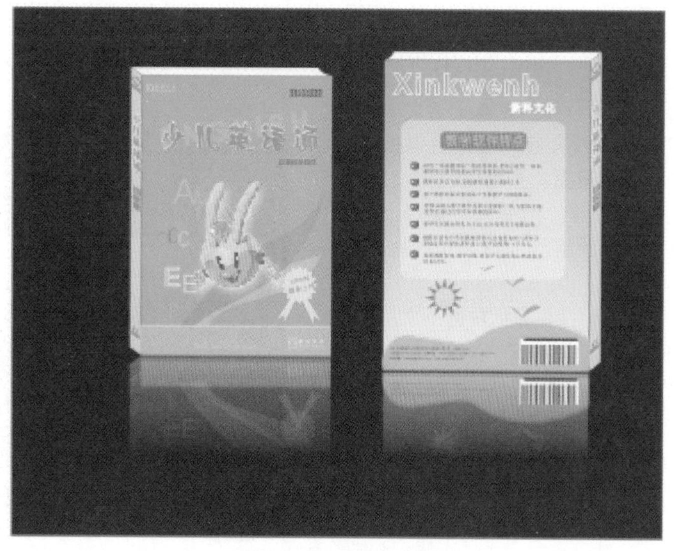


图 11-46 本例的最终效果

# 实例 04 设计类书籍正面和书脊效果

**案例说明**

本例制作效果如图11-47所示的设计类书籍正面和书脊效果，在制作过程中将使用填充工具、矩形工具、文本工具以及“导入”命令等。

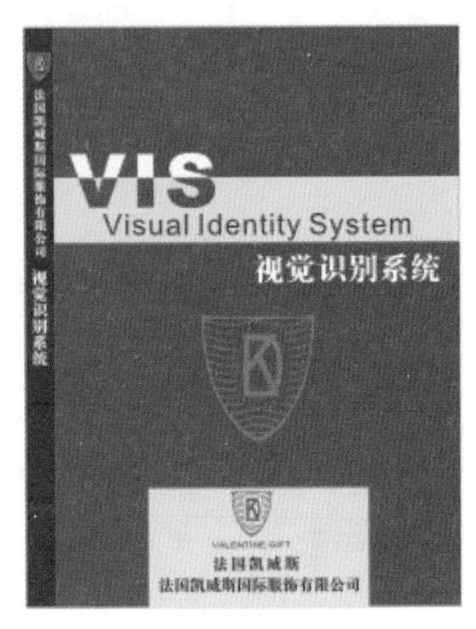


图11-47　实例的最终效果

## 操作步骤

(1) 使用工具箱中的矩形工具绘制一个矩形，填充矩形的颜色为（C：0；M：100；Y：100；K：60），并去掉轮廓，如图11-48所示。然后用同样的方法绘制一个黑色矩形作为书脊，如图11-49所示。

(2) 用同样的方法绘制两个矩形，填充颜色为10%黑，并去掉轮廓，如图11-50所示。

图11-48　绘制矩形

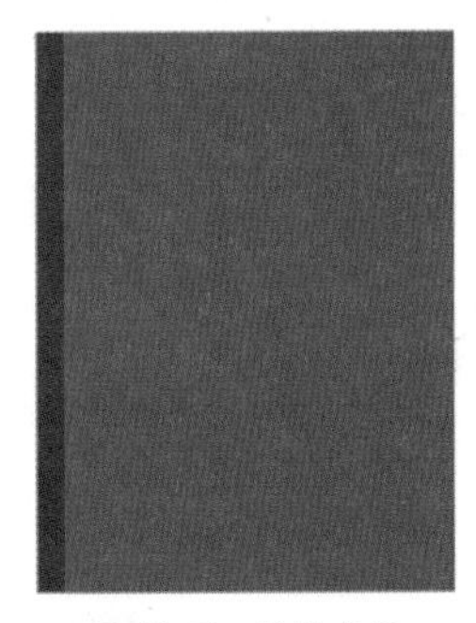

图11-49　绘制书脊

图11-50 绘制矩形

(3) 按F8键激活文本工具，输入文字，选择合适的字体和字号后排列到如图11-51所示的位置。绘制一个矩形，填充矩形的颜色为（C：0；M：100；Y：100；K：60），然后选中矩形，按住鼠标右键不放，将矩形拖动到英文“VIS”上，当光标变为A形状时松开鼠标，在弹出的快捷菜单中选择“图框精确剪裁内部”命令，并去掉轮廓，得到如图11-52所示的效果。

图11-51 输入文字

图11-52 双色字效果

(4) 按 Ctrl+I 组合键导入本书配套素材中的“素材 / 第 11 章 / 标志 .cdr”文件，如图 11-53 所示。然后将素材图片移动到封面中的合适位置，效果如图 11-54 所示。

图 11-53 导入标志

图 11-54 将素材图片移动到合适位置

## 实例 05 设计类书籍背面效果

**案例说明**

本例制作效果如图 11-55 所示的设计类书籍背面效果，在制作过程中将使用填充工具、矩形工具、文本工具以及“导入”命令等。

图 11-55 实例的最终效果

## 操作步骤

(1) 使用工具箱中的矩形工具绘制一个矩形，填充矩形的颜色为 20% 黑，如图 11-56 所示。然后用同样的方法绘制一个矩形，并填充颜色为（C：0；M：100；Y：100；K：60），去掉轮廓，如图 11-57 所示。

图 11-56 绘制矩形

图 11-57 绘制另一个矩形

(2) 按 F8 键激活文本工具，输入文字，选择合适的字体和字号后排列到如图 11-58 所示的位置。

(3) 按 Ctrl+I 组合键导入素材文件（素材 / 第 11 章 / 设计类书籍背面 / 标志 .cdr），如图 11-59 所示。然后将素材图片移动到封面中的合适位置，效果如图 11-60 所示。

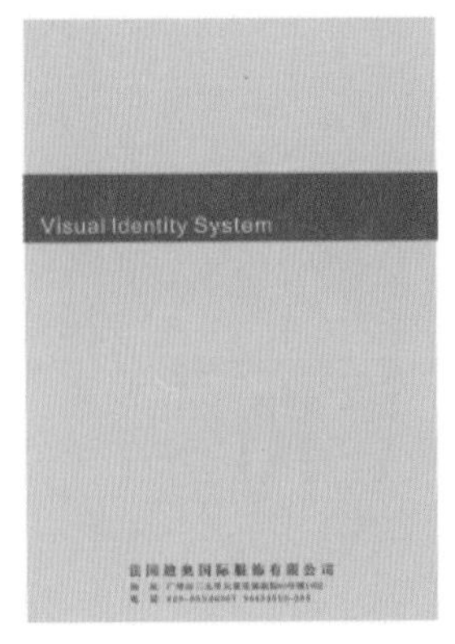

图 11-58　输入文字

图 11-59　导入素材标志

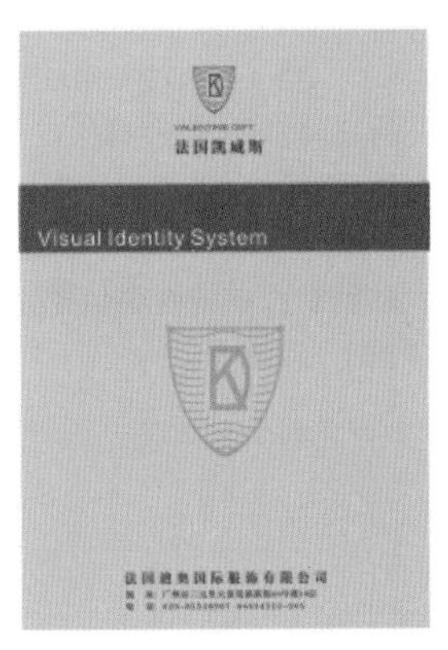


图 11-60　将素材图片移动到合适位置

## 实例 06　设计类书籍立体效果

**案例说明**

本例制作效果如图 11-61 所示的设计类书籍立体效果，在制作过程中将使用矩形工具、交互式透明工具以及“添加透视”命令等。

图 11-61 实例的最终效果

## 操作步骤

(1) 复制一组前面绘制好的设计类书籍正面和书脊效果，如图 11-62 所示。用鼠标选中书脊并群组，然后执行“效果 / 添加透视”命令，编辑书脊的透视效果，如图 11-63 所示。

图 11-62 复制设计类书籍正面和书脊效果

图 11-63 编辑书脊的透视效果

(2) 使用工具箱中的贝塞尔工具结合形状工具绘制书籍厚度的图形，填充图形的颜色为 10% 黑，如图 11-64 所示。

图 11-64　绘制书籍厚度

(3) 复制一组设计类书籍正面立体效果的图形，垂直移动到原图形下方，并进行垂直镜像操作，如图 11-65 所示。然后对复制的书籍正面立体图形添加透明效果，如图 11-66 所示。

(4) 用同样的方法绘制书籍的背面立体效果，如图 11-67 所示。

图 11-65 复制图形

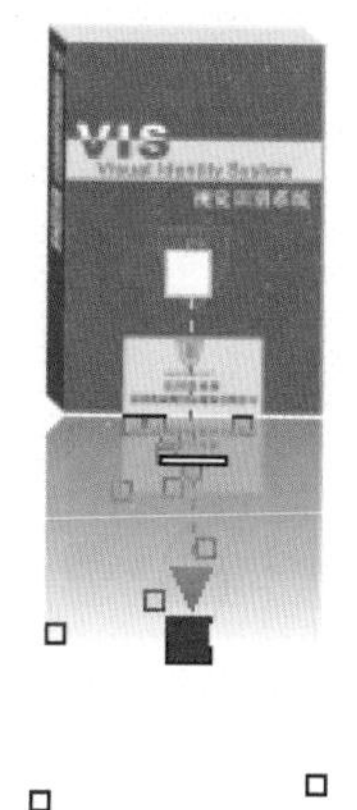

图 11-66 添加透明效果

图 11-67 背面立体效果

(5) 使用矩形工具绘制一个矩形，填充颜色为黑色，并去掉轮廓作为书籍立体效果的背景，最终效果如图 11-68 所示。

图 11-68 本例的最终效果

# 实 例 进 阶

## 实例 07 少儿书籍正面和书脊效果

**案例说明**

本例将制作效果如图 11-69 所示的少儿书籍正面和书脊效果，主要练习钢笔工具、文本工具、矩形工具等的使用。

图 11-69 实例的最终效果

## 步骤提示

（1）使用工具箱中的矩形工具绘制封面、书脊和背面的矩形，在属性栏中设置它们的大小，如图 11-70 所示。

（2）按 Ctrl+I 组合键导入素材（素材 / 第 11 章 / 少儿书籍正面 / 素材 .cdr），将素材裁剪到封面中，如图 11-71 所示。

图 11-70　绘制封面、书脊和背面的矩形

图 11-71　导入素材

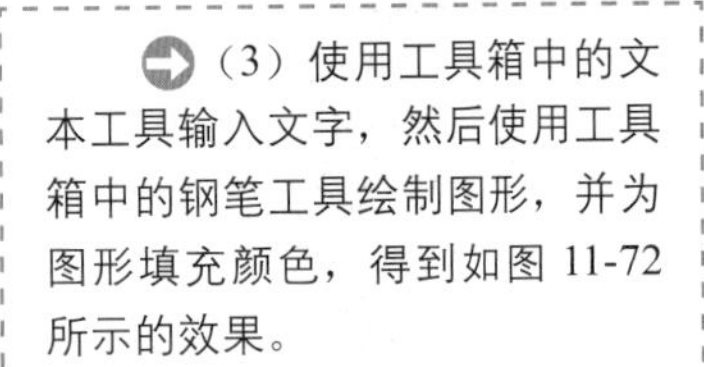

（3）使用工具箱中的文本工具输入文字，然后使用工具箱中的钢笔工具绘制图形，并为图形填充颜色，得到如图 11-72 所示的效果。

（4）使用工具箱中的文本工具输入文字，然后使用工具箱中的钢笔工具绘制图形，并为图形填充颜色，得到如图 11-73 所示的效果。

图 11-72　绘制图形并输入文字

图 11-73　绘制图形并输入文字

（5）使用工具箱中的文本工具输入文字，得到如图 11-74 所示的效果。再输入出版社名，得到如图 11-75 所示的效果。

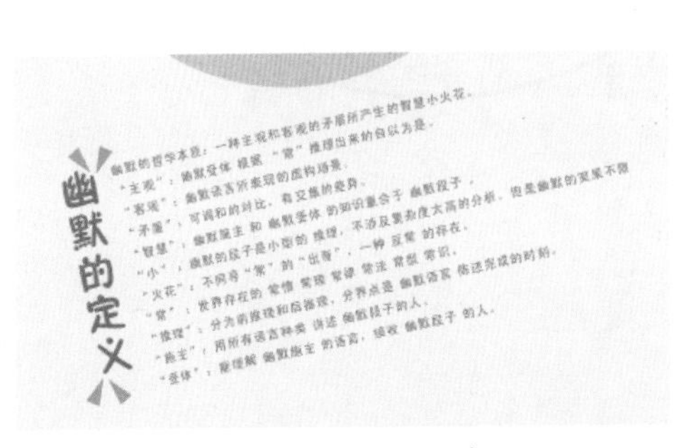


图 11-74　输入文字

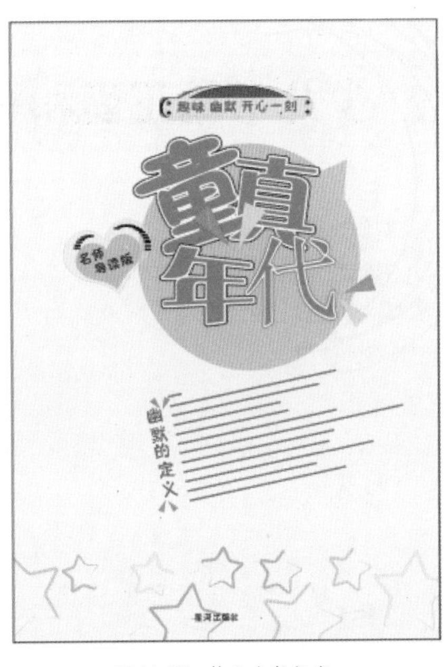


图 11-75　输入出版社名

# 实例 08 少儿书籍背面效果

**案例说明**

本例将制作效果如图 11-76 所示的少儿书籍背面效果，主要练习文本工具、“插入条码”命令等的使用。

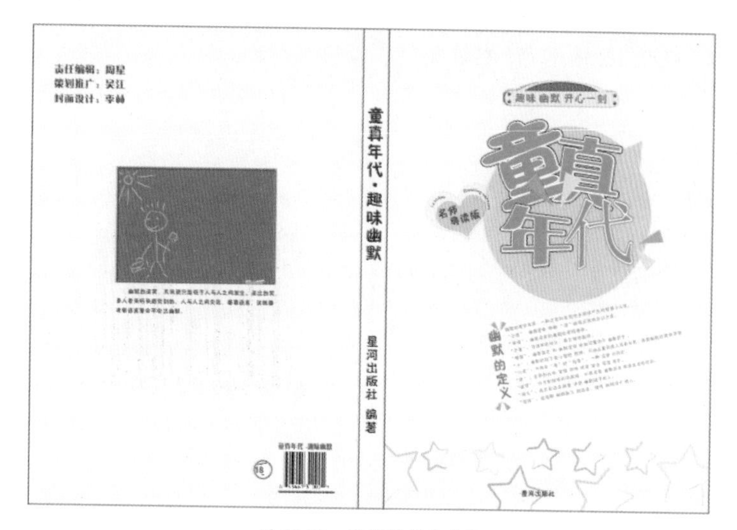

图 11-76 实例的最终效果

## 步骤提示

(1) 接着上例的步骤，使用手绘工具、钢笔工具绘制图形，如图 11-77 所示。然后使用工具箱中的文本工具输入文字，得到如图 11-78 所示的效果。

图 11-77 绘制图形

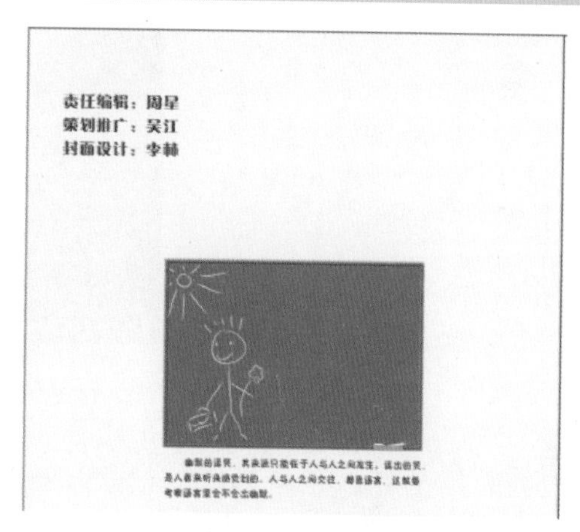


图 11-78 输入文字

(2) 按 Ctrl+I 组合键导入素材（素材 / 第 11 章 / 少儿书籍背面 / 素材 .cdr），如图 11-79 所示。然后使用工具箱中的文本工具输入文字，得到如图 11-80 所示的效果。

图 11-79 导入素材

图 11-80 输入文字

(3) 执行“编辑 / 插入条形码”命令，制作条形码，如图 11-81 所示。然后使用工具箱中的文本工具输入价格等文字内容，得到如图 11-82 所示的效果。

图 11-81 制作条形码

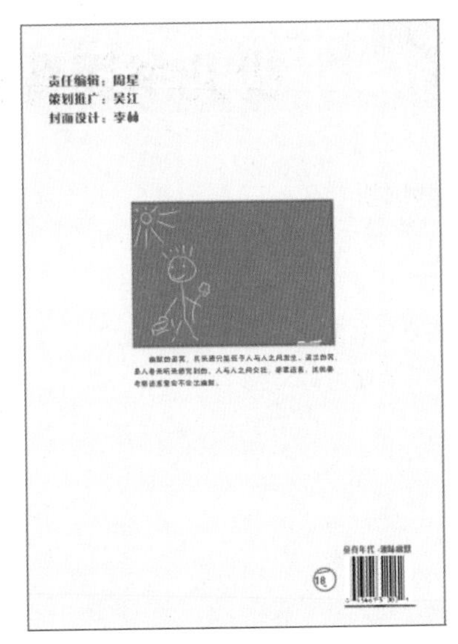


图 11-82 输入文字

## 实例 09 少儿书籍立体效果

**案例说明**

本例将制作效果如图 11-83 所示的少儿书籍立体效果，主要练习文本工具、钢笔工具、“添加透视”命令等的使用。

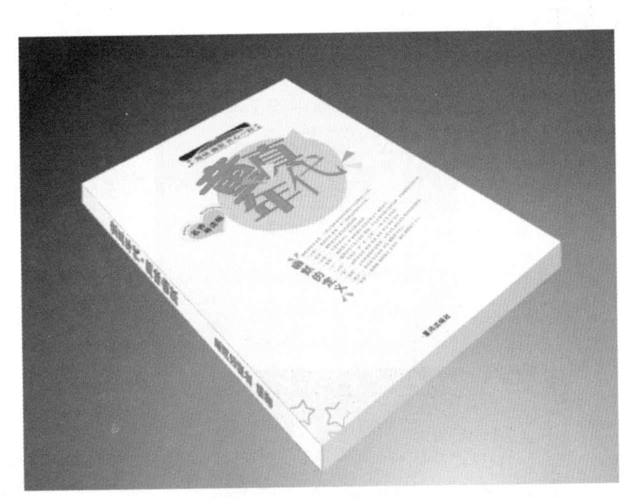

图 11-83 实例的最终效果

## 步骤提示

(1) 使用工具箱中的钢笔工具绘制少儿书籍立体透视图，如图 11-84 所示。

(2) 复制封面正面，执行“效果 / 添加透视”命令，并调节封面的形状，如图 11-85 所示。

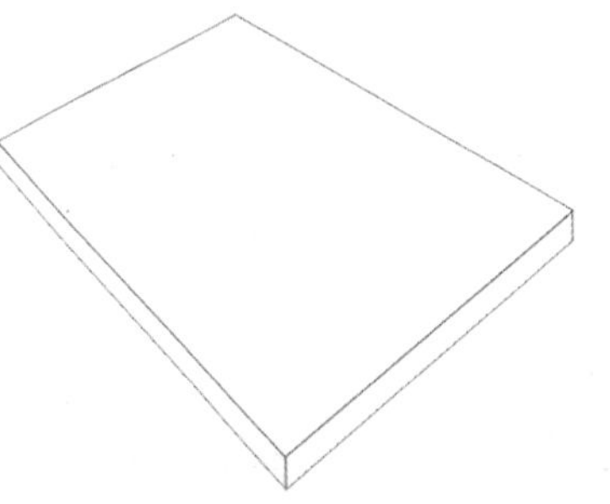

图 11-84 绘制少儿书籍立体透视图

图 11-85 调节封面形状

➡（3）复制封面的书脊，执行“效果 / 添加透视”命令，调节书脊的形状，如图 11-86 所示。然后选中侧面图形，为其应用线性渐变填充，如图 11-87 所示。

（4）绘制矩形，为其填充渐变色，然后按 Shift+PageDown 组合键将矩形的图层顺序调整到最下面一层，将封面的立体图放到背景上面，得到本例的最终效果。

图 11-86　调节书脊形状

图 11-87　为侧面填色

## 实例 10　美食书籍正面和书脊效果

**案例说明**

本例将制作效果如图 11-88 所示的美食书籍正面和书脊效果，主要练习钢笔工具、文本工具、椭圆工具等的使用。

图 11-88　实例的最终效果

## 步骤提示

➡（1）使用工具箱中的矩形工具绘制封面、书脊和背面的矩形，在属性栏中设置它们的大小，如图 11-89 所示。

➡（2）为封面填充渐变色，然后按 Ctrl+I 组合键导入一张素材（素材 / 第 11 章 / 美食书籍正面 / 素材 .cdr），将素材裁剪到封面中，如图 11-90 所示。

图 11-89 绘制封面、书脊和背面的矩形

图 11-90 导入一张素材

(3) 按 F8 键激活文本工具，输入标题文字，并为文字“100 道”应用阴影效果。然后绘制一段圆弧，执行“文本 / 使文本适合路径”命令，使副标题文字呈弧形，如图 11-91 所示。

图 11-91 输入标题文字

(4) 按 F8 键激活文本工具，输入文字“牛肉拌饭”，并为文字应用阴影效果，如图 11-92 所示。

图 11-92 输入文字“牛肉拌饭”

(5) 使用工具箱中的钢笔工具绘制图形，使用椭圆工具绘制圆，使用文本工具输入文字，得到如图 11-93 所示的效果。再使用椭圆工具制作标题上方的图形，使用文本工具输入其他文字，得到如图 11-94 所示的效果。

图 11-93 绘制图形

图 11-94 输入其他文字

(6) 复制封面上方的图形到书脊中，并使用文本工具输入文字，完成书脊的制作。

## 实例 11 美食书籍背面效果

**案例说明**

本例将制作效果如图 11-95 所示的美食书籍背面效果，主要练习文本工具、矩形工具等工具的使用。

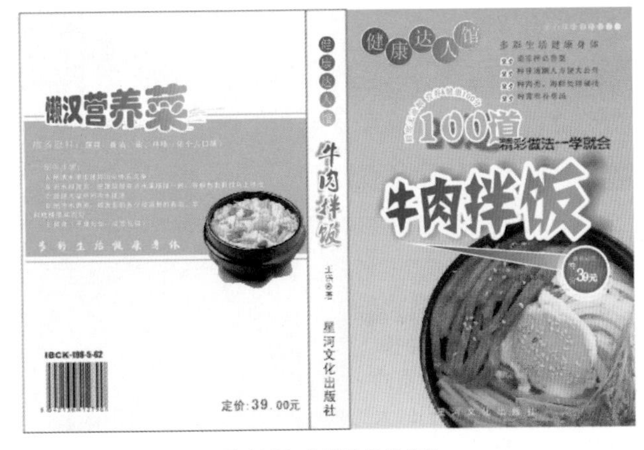


图 11-95 实例的最终效果

### 步骤提示

(1) 使用工具箱中的矩形工具绘制矩形，并填充为橘色，如图 11-96 所示。

（2）使用文本工具输入文字，然后复制文字，改变其颜色和字体，并调整文字的形状，得到如图 11-97 所示的效果。

图 11-96 绘制矩形

图 11-97 输入文字

（3）使用文本工具输入文字，得到如图 11-98 所示的效果。然后按 Ctrl+I 组合键导入一张素材（素材 / 第 11 章 / 美食书籍背面 / 素材 .cdr），如图 11-99 所示。

（4）执行“编辑 / 插入条码”命令，制作条形码。然后使用文本工具输入文字，得到本例的最终效果。

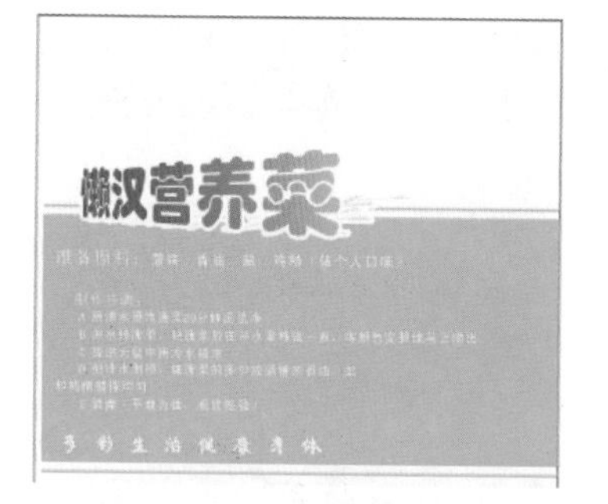

图 11-98 输入其他文字

图 11-99 导入一张素材

## 实例 12 美食书籍立体效果

**案例说明**

本例将制作效果如图 11-100 所示的美食书籍立体效果，主要练习文本工具、“转换为位图”命令、“添加透视”命令等的使用。

图 11-100 实例的最终效果

## 步骤提示

（1）使用工具箱中的钢笔工具绘制美食书籍立体透视图，如图 11-101 所示。

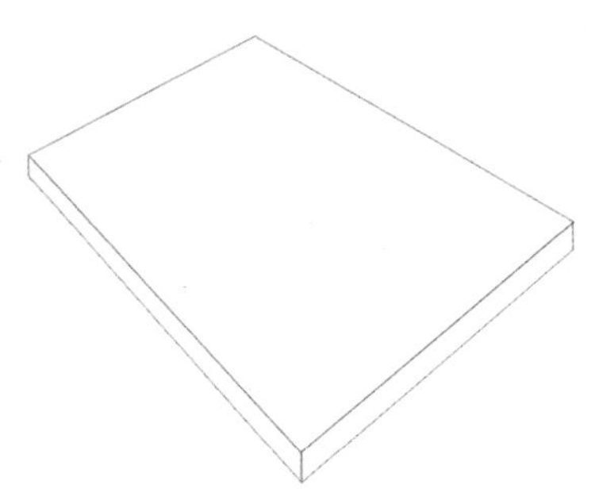

图 11-101 绘制美食书籍立体透视图

（2）执行“位图 / 转换为位图”命令，将矢量图转换为位图，然后在属性栏中执行“描摹位图 / 轮廓描摹 / 高质量图像”命令，打开 PowerTRACE 对话框，如图 11-102 所示，进行相应设置后单击“确定”按钮。

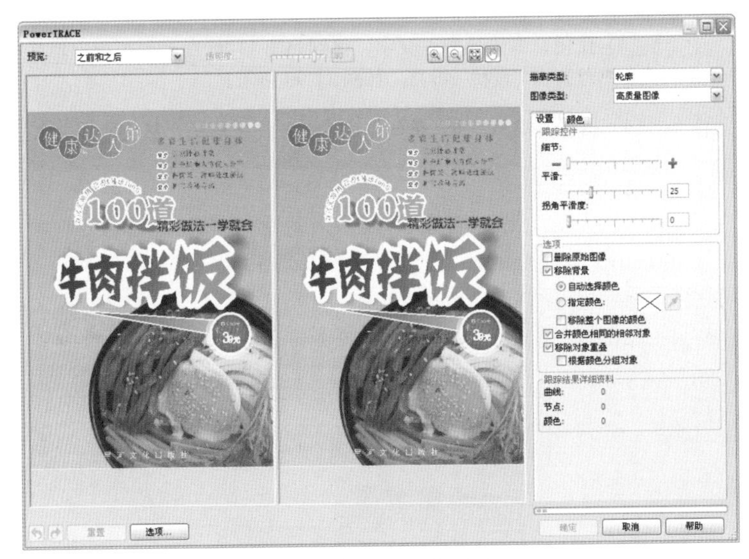


图 11-102 PowerTRACE 对话框

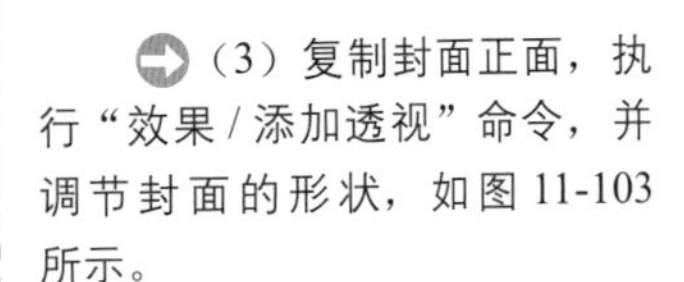

（3）复制封面正面，执行“效果 / 添加透视”命令，并调节封面的形状，如图 11-103 所示。

图 11-103 调节封面的形状

（4）复制书脊，执行“效果 / 添加透视”命令，并调节书脊的形状，如图 11-104 所示。然后选中侧面图形，为其应用线性渐变填充，如图 11-105 所示。

（5）去掉轮廓，绘制矩形，并为其填充渐变色。然后按 Shift+PageDown 组合键将背景的图层顺序调整到最下面一层，将封面的立体图放到背景上面，得到本例的最终效果。

图 11-104 调节书脊的形状

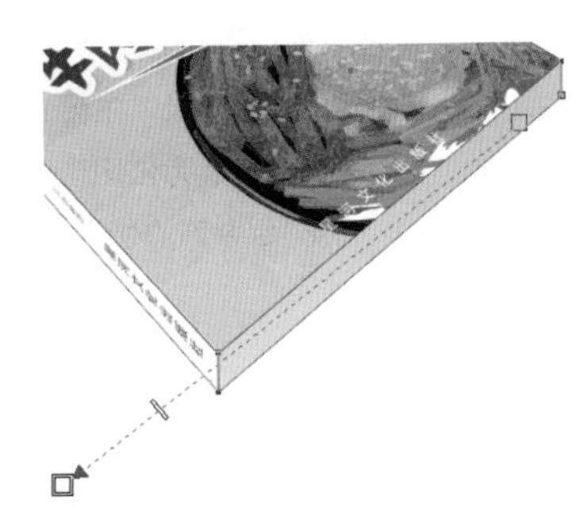

图 11-105 为侧面填色

# 实 例 提 高

## 实例 13 室内设计书籍展开效果

**案例说明**

本例将制作如图 11-106 所示的室内设计书籍展开图效果，在制作过程中主要使用了椭圆工具、交互式透明工具、钢笔工具等。

图 11-106 实例的最终效果

## 实例 14 室内设计书籍效果

**案例说明**

本例将制作效果如图 11-107 所示的室内设计书籍立体效果，主要练习贝塞尔工具、钢笔工具、 裁剪工具等工具的使用方法和技巧。

图 11-107 实例的最终效果

## 实例 15 养生书籍展开效果

**案例说明**

本例将制作如图 11-108 所示的养生书籍展开图效果，在制作过程中主要使用了椭圆工具、手绘工具、渐变色的填充、钢笔工具和文本工具等。

图 11-108 实例的最终效果

## 实例 16 养生书籍效果

**案例说明**

本例将制作效果如图 11-109 所示的养生书籍立体效果，主要练习贝塞尔工具、钢笔工具、“添加透视”命令等的使用。

图 11-109 实例的最终效果

# 第12章 广告设计

本章学习制作商业广告，广告设计是平面设计中的重要组成部分。

洗发香波广告设计

奶茶店开业广告设计

购物广场宣传广告设计

卖场广告设计

汽车广告设计

美食文化节宣传海报

# 实　例　入　门

## 实例 01　宣传海报设计

**案例说明**

本例将制作效果如图 12-1 所示的宣传海报，主要介绍了钢笔工具、形状工具、填充工具、透明工具等工具的使用。

图 12-1 最终的效果图

### 操作步骤

➡（1）使用工具箱中的矩形工具绘制一个矩形（长：180mm；宽：190mm），然后按 F11 键，在打开的“渐变填充”对话框中设置填充类型为“辐射”、“中心位移”选项组中的“垂直”为 16，自定义颜色起点为（C：40；M：100；Y：100；K：9），在位置 64% 处添加一个颜色块，设置其颜色为（C：6；M：78；Y：87；K：0），设置颜色终点为白色；然后从颜色起点处拖曳出 3 个颜色块，分别设置位置为 20%、38%、48%，再从终点拖曳出一个颜色块，设置其位置为 84%，如图 12-2 所示；设置完成后将其轮廓线去掉，效果如图 12-3 所示。

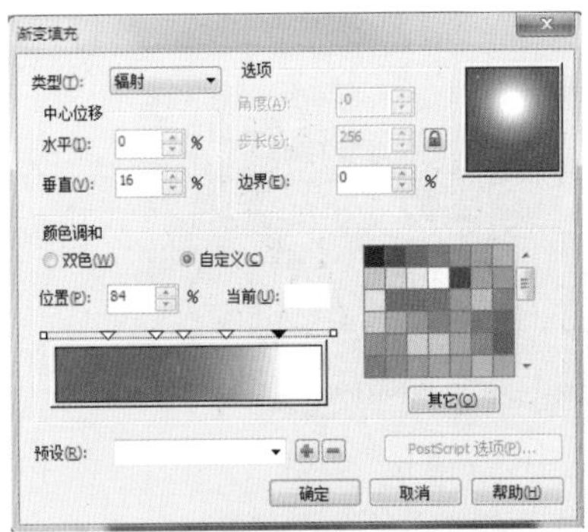


图 12-2 设置参数

图 12-3 去掉轮廓线

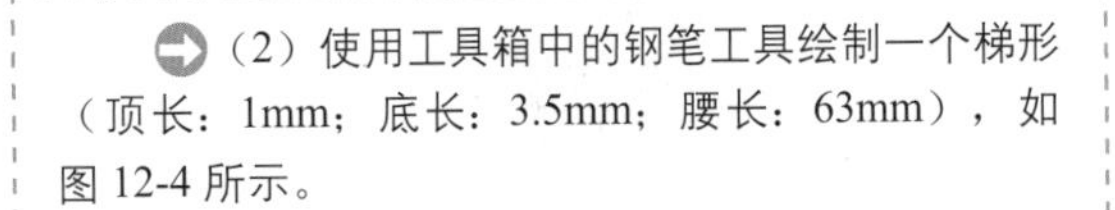

➡（2）使用工具箱中的钢笔工具绘制一个梯形（顶长：1mm；底长：3.5mm；腰长：63mm），如图 12-4 所示。

➡（3）将上一步骤绘制的图形选中，执行“排列 / 变换 / 旋转”命令，在打开的“转换”泊坞窗中设置旋转角度为 20，旋转中心的“H”为 0、“垂直”为 50，设置旋转的副本为 18，如图 12-5 所示。设置完成后单击“应用”按钮，效果如图 12-6 所示。

图 12-4 绘制梯形

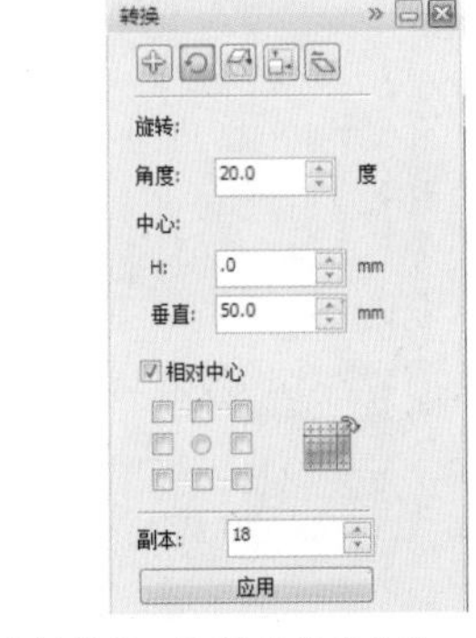


图 12-5 设置参数

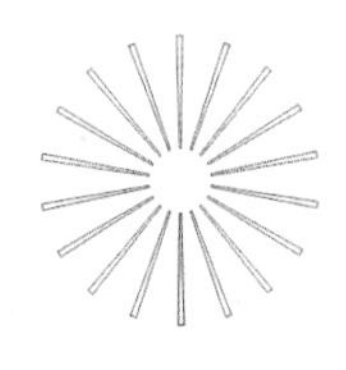

图 12-6 效果图

(4) 将上一步骤完成的图形全部选中，单击属性栏中的“合并”按钮，然后进行渐变填充，设置其填充类型为“辐射”、“边界”为 15，自定义颜色起点为（C：31；M：98；Y：100；K：1），在位置 34% 处添加一个颜色块，设置其颜色为（C：7；M：80；Y：88；K：0），设置颜色终点为白色；然后从终点拖曳出一个颜色块，设置其位置为 64%，如图 12-7 所示；设置完成后将其轮廓线去掉，效果如图 12-8 所示。

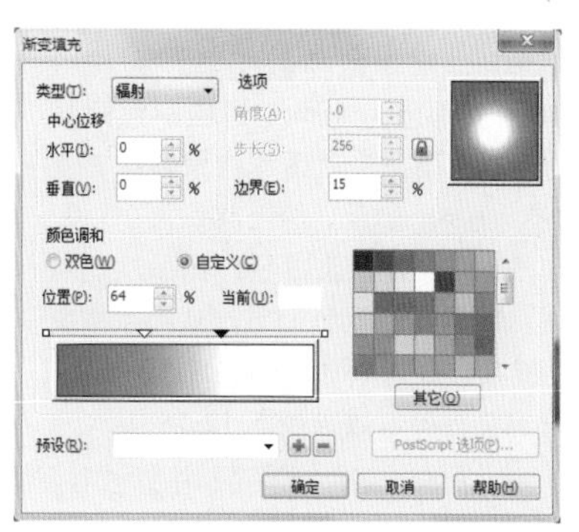


图 12-7 设置参数

图 12-8 去掉轮廓线

(5) 选中上一步骤完成的图形，然后右击，不松开鼠标，将其拖曳至步骤（1）完成的矩形中，然后释放鼠标，在弹出的快捷菜单中选择“图框精确剪裁内部”命令，随后单击矩形，在打开的选项框中选择“编辑内容”命令，即可在矩形中将刚放置在矩形里面的图形调整到合适的位置，如图 12-9 所示。在此图形上右击，在弹出的快捷菜单中选择“结束编辑”命令，效果如图 12-10 所示。

图 12-9 执行“图框精确剪裁内部”命令

图 12-10 执行“结束编辑”命令

(6) 使用钢笔工具结合形状工具分别绘制如图 12-11 所示的图形的单个图样。

(7) 将上一步骤完成的图形群组，然后进行渐变填充，设置其填充类型为“线性”，填充的角度为 90，自定义颜色起点为（C：38；M：100；Y：100；K：7），在位置 49% 处添加一个颜色块，设置其颜色为（C：7；M：98；Y：100；K：0），设置颜色终点为（C：36；M：100；Y：100；K：5），设置完成后将其轮廓线去掉，效果如图 12-12 所示。

图 12-11 绘制图形

图 12-12 设置并填充图形

(8) 将上一步骤完成的图形选中，右击并拖曳至矩形中，将其置于精框内部裁剪，然后右击矩形，在弹出的快捷菜单中选择“编辑内容”命令，将“花藤”放置在如图 12-13 所示的位置。

(9) 将“花藤”进行多次复制，然后根据图形的需要解散群组，再分别调整大小、形状、旋转角度等，得到如图 12-14 所示的效果。

图 12-13 放置花藤

图 12-14 复制并设置花藤

(10) 将上一步骤完成的“花边”图形全部选中，然后群组，再单击工具箱中的“透明工具”按钮，在花边的顶部单击，并由上往下拖曳光标将花边透明化，在其属性栏中设置“角度”为 270、透明类型为“全部”，效果如图 12-15 所示。然后在花边上右击，在弹出的快捷菜单中选择“结束编辑”命令，即可得到如图 12-16 所示的效果。

图 12-15 设置透明度

图 12-16 执行“结束编辑”命令

(11) 使用工具箱中的椭圆工具，在按住 Ctrl 键的同时绘制一个直径为 40mm 的圆，然后按 F11 键，在打开的“渐变填充”对话框中设置填充类型为“辐射”，“边界”为 10，自定义颜色起点为（C：0；M：0；Y：0；K：100）、终点为白色；然后从起点拖曳出一个颜色块，设置其位置为 11%，从终点拖曳出一个颜色块，设置其位置为 17%，如图 12-17 所示；设置完成后将其轮廓线去掉，效果如图 12-18 所示。

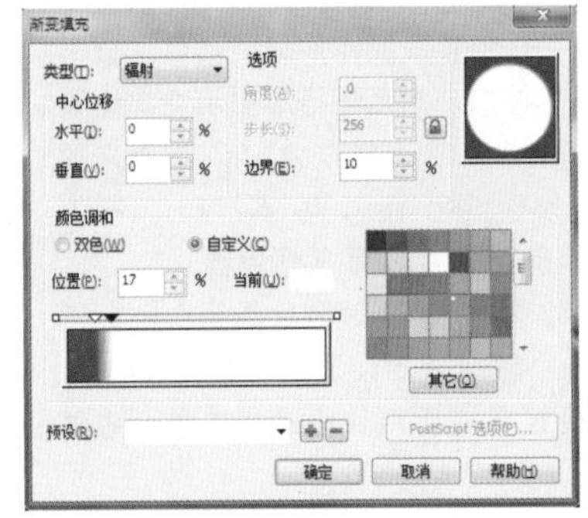

图 12-17 设置参数

图 12-18 去掉轮廓线

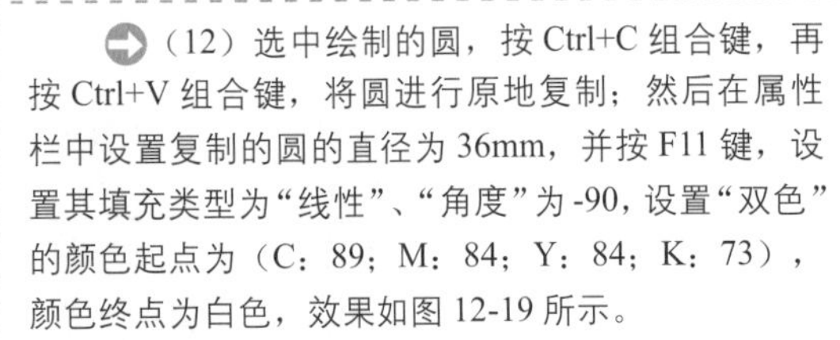

(12) 选中绘制的圆，按 Ctrl+C 组合键，再按 Ctrl+V 组合键，将圆进行原地复制；然后在属性栏中设置复制的圆的直径为 36mm，并按 F11 键，设置其填充类型为“线性”、“角度”为 -90，设置“双色”的颜色起点为（C：89；M：84；Y：84；K：73），颜色终点为白色，效果如图 12-19 所示。

(13) 选中复制的圆，按 Ctrl+C 组合键，再按 Ctrl+V 组合键，将圆进行原地复制；然后在属性栏中设置复制的圆的直径为 33.8mm，并将其颜色填充为黑色，效果如图 12-20 所示。

图 12-19 复制并设置圆

图 12-20 再次复制并设置圆

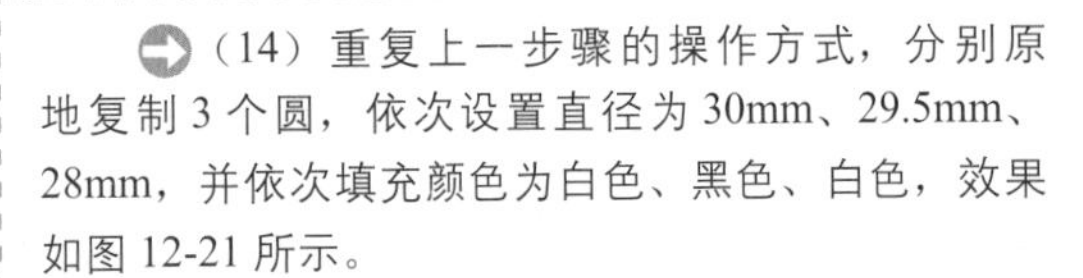

(14) 重复上一步骤的操作方式，分别原地复制 3 个圆，依次设置直径为 30mm、29.5mm、28mm，并依次填充颜色为白色、黑色、白色，效果如图 12-21 所示。

(15) 选中上一步骤完成的圆中最上面的圆，将其原地复制，并设置其直径为 26.8mm，然后按 F11 键，设置其填充类型为“线性”、“角度”为 -90，设置“双色”的颜色起点为（C：96；M：54；Y：100；K：29），颜色终点为（C：21；M：0；Y：93；K：0），效果如图 12-22 所示。

图 12-21 复制并设置圆

图 12-22 复制并设置圆

(16) 选中上一步骤完成的圆中最上面的圆，分别原地复制两个圆，依次设置直径为 10.5mm、9.6mm，并依次填充颜色为黑色、白色，效果如图 12-23 所示。

(17) 选中上一步骤完成的圆中最上面的圆，进行原地复制，设置其直径为 9.3mm，并进行渐变填充，设置填充类型为“辐射”、“垂直”为 39、“边界”为 25，自定义颜色起点为（C：93；M：88；Y：89；K：80）、终点为白色，效果如图 12-24 所示。

图 12-23 复制并设置圆

图 12-24 复制并设置圆

(18) 在绘制好的圆左边使用钢笔工具分别绘制如图 12-25 所示的“翅膀羽毛”图形，并设置其轮廓线宽为 0.25mm。

(19) 选中绘制完成的翅膀图形，按 F11 键，为其进行渐变填充，设置其填充类型为“线性”、“角度”为 -90，自定义颜色起点为（C：93；M：49；Y：100；K：16）、终点为（C：17；M：0；Y：99；K：0），再从起点处拖曳出一个颜色块，设置其位置为 29%，从终点处拖曳出一个颜色块，设置其位置为 72%，效果如图 12-26 所示。

（20）将上一步骤完成的“翅膀”图形群组，然后单击并向右拖曳，在释放鼠标的同时右击，即可将此图形复制，再单击属性栏中的“水平镜像”按钮，并放置在如图 12-27 所示的位置。

图 12-25 绘制“翅膀羽毛”

图 12-26 填充并设置图形

图 12-27 复制图形并执行“水平镜像”命令

（21）将提前已下载的“喷墨”图样导入软件中，填充为白色，并放置在如图 12-28 所示的位置。

（22）将导入的“喷墨”素材复制，填充为黑色，并调整大小、旋转角度等，然后放置在如图 12-29 所示的位置。

图 12-28 导入并放置素材图片

图 12-29 导入并设置素材图片

（23）将以上制作好的图形放置在如图 12-30 所示的位置。

（24）导入素材文件（素材 / 第 12 章 / 宣传海报设计 / 模特 .jpg），将素材放置在如图 12-31 所示的位置。

（25）使用工具箱中的文本工具输入“2012 年 12 月 13 日”，并设置其大小为 33.8pt；输入“乘上”，并设置其大小为 18.5pt；输入“美丽大巴”，并设置其大小为 27.3pt；输入“让你从头到脚”，并设置其大小为 11.5pt；输入“实现”，并设置其大小为 17pt；输入“魅力转身”，并设置其大小为 35pt。然后设置所有文字的字体为“方正准圆简体”，并按如图 12-32 所示的位置放置。

图 12-30 放置图形

图 12-31 放置素材图

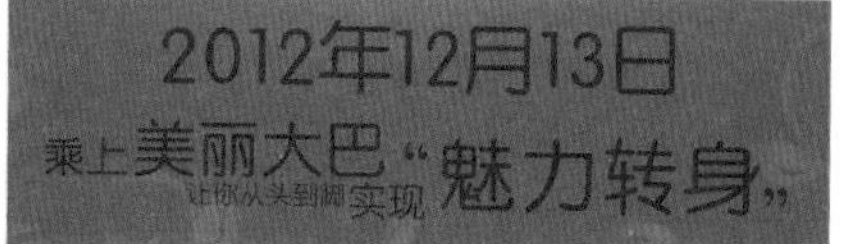


图 12-32 输入并设置文字

（26）将所有字体群组，然后进行线性渐变填充，设置“角度”为 -90、“边界”为 23，自定义颜色起点为（C：7；M：8；Y：47；K：0），位置 50% 处为白色，51% 处为（C：7；M：27；Y：57；K：0），终点为白色，再从起点处拖曳出一个颜色块，设置其位置为 30%，从中间白色块处添加一个颜色块，设置其位置为 31%，从 51% 处添加一个颜色块，设置其位置为 85%，从终点处拖曳出一个颜色块，设置其位置为 86%，如图 12-33 所示，效果如图 12-34 所示。

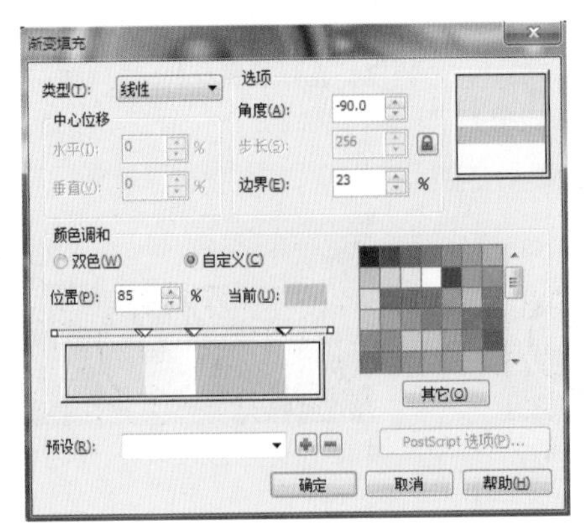


图 12-33 设置参数

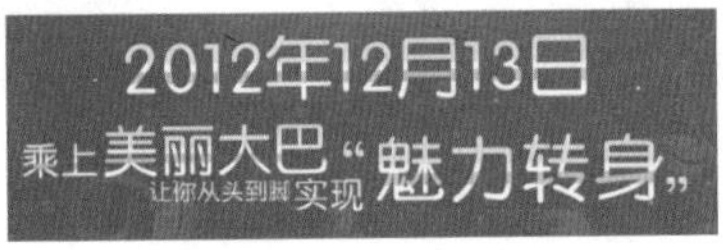

图 12-34 完成设置后的效果

➡（27）使用工具箱中的阴影工具单击文字的上方，由上往下拖曳光标，并在其属性栏中设置“阴影角度”为 270、“羽化”为 3，效果如图 12-35 所示。

➡（28）使用工具箱中的椭圆工具在按住 Ctrl 键的同时绘制一个直径为 6mm 的圆，并在此圆之上绘制两个横直径为 8.5mm、竖直径为 0.3mm 的相交叉的椭圆，如图 12-36 所示。

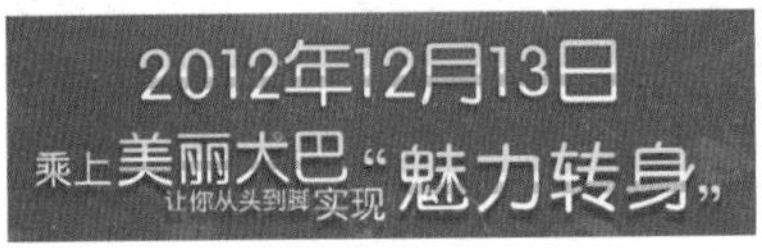

图 12-35　设置阴影

图 12-36　绘制圆和椭圆

➡（29）将上一步骤完成的图形群组，填充为白色，并去掉轮廓线，然后进行多次复制，再调整大小、旋转角度等，并放置在如图 12-37 所示的位置。

➡（30）将制作好的字体放置在如图 12-38 所示的位置。

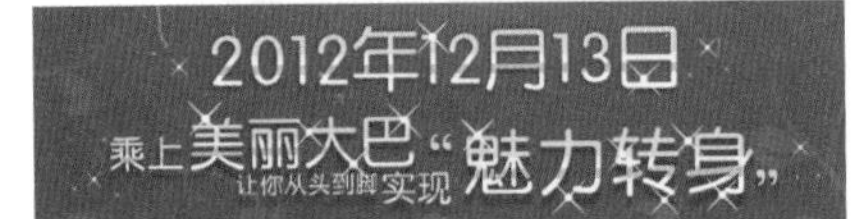


图 12-37　再次设置文字

图 12-38　放置文字

⬇（31）将步骤（28）制作好的“星光”图形复制，然后在属性栏中设置其旋转角度为 45，再多次复制，并放置在背景图层之上、“翅膀”图层之下，如图 12-39 所示。

⬇（32）使用与步骤（28）同样的方法绘制如图 12-40 所示的图形，并进行多次复制，然后放置在背景图层之上，如图 12-41 所示。

图 12-39 复制并设置“星光”

图 12-40 绘制图形

图 12-41 复制并放置图形

(33) 使用椭圆工具绘制一个直径为 1.5mm 的圆，将其填充为白色，去掉轮廓线，并进行多次复制，再分别进行大小变换，放置在背景图层之上，如图 12-42 所示。

(34) 使用椭圆工具绘制一个直径为 1.5mm 的圆，将其填充为（C：2；M：2；Y：92；K：0），去掉轮廓线，并复制一个，放置在背景图层之上、“模特”两侧，如图 12-43 所示。

图 12-42 绘制并设置圆

图 12-43 再次绘制并设置圆

(35) 单击工具箱中的“多边形工具”按钮，在属性栏中设置“边数”为 5，绘制一个直径为 10mm 的五角星，然后在属性栏中设置其旋转角度为 27，并为其进行线性渐变填充，设置“角度”为 112、“边界”为 16，自定义颜色起点为（C：7；M：100；Y：100；K：0）、颜色终点为（C：14；M：7；Y：80；K：0），去掉轮廓线，效果如图 12-44 所示。

(36) 选中五角星，按 Ctrl+C 组合键，再按 Ctrl+V 组合键，将圆进行原地复制，然后在属性栏中设置复制的五角星的直径为 13mm，并将其填充为白色，效果如图 12-45 所示。

图 12-44 绘制五角星

图 12-45 复制并设置五角星

(37) 将制作好的五角星群组，然后进行多次复制，调整大小和旋转角度等，并放置在背景图层之上，效果如图 12-46 所示。

图 12-46 复制并设置五角星

## 实例 02 手机广告设计

**案例说明**

本例将制作效果如图 12-47 所示的广告，主要介绍了钢笔工具、形状工具、填充工具、透明工具、阴影工具等工具的使用。

图 12-47 最终的效果图

## 操作步骤

(1) 双击工具箱中的“矩形工具”按钮，绘制一个矩形（长：210mm；宽：297mm），然后按 F11 键，在打开的“渐变填充”对话框中设置其填充类型为“辐射”，自定义颜色起点为（C：95；M：55；Y：100；K：32）、终点为（C：60；M：7；Y：100；K：0），并将其轮廓线去掉，如图 12-48 所示。

(2) 单击工具箱中的“基本形状图形”按钮，在属性栏中设置“完美图形”为“三角形图形”，然后在矩形中绘制底长为 14mm、高为 9mm 的三角形，并为其进行线性渐变填充，“角度”为 351、“边界”为 8，自定义颜色起点为（C：8；M：99；Y：100；K：0）、终点为（C：46；M：100；Y：100；K：23），然后将其轮廓线去掉，如图 12-49 所示。

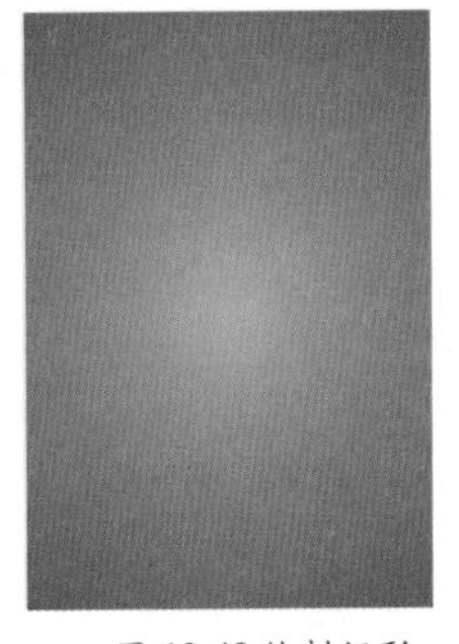

图 12-48 绘制矩形

图 12-49 绘制三角形

(3) 选中三角形，按 Ctrl+C 组合键，再按 Ctrl+V 组合键，将圆进行原地复制，然后按方向键“↑”4 次，并将其填充为（C：49；M：100；Y：100；K：30），再将两个三角形群组，效果如图 12-50 所示。

(4) 将上一步骤完成的三角形多次复制，再分别进行形状、大小和旋转变换，然后有层次地放置到矩形的上方，如图 12-51 所示。

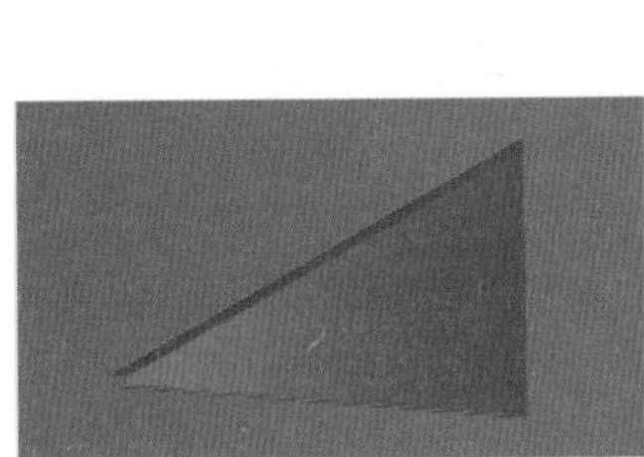

图 12-50 复制并设置三角形

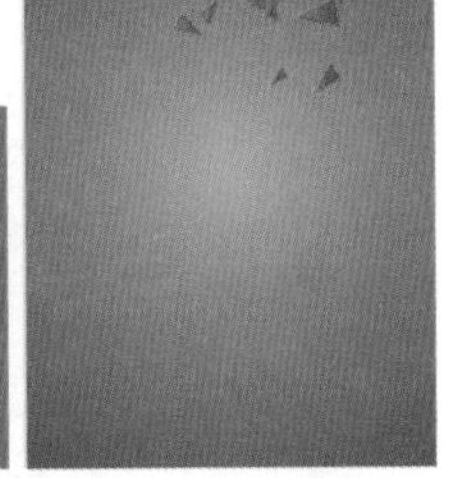

图 12-51 多次复制并设置三角形

(5) 绘制一个底长为 31mm、高为 20mm 的三角形，并为其进行线性渐变填充，“角度”为 352、“边界”为 2，自定义颜色起点为（C：39；M：0；Y：100；K：0）、终点为（C：65；M：40；Y：100；K：1），然后将其轮廓线去掉，如图 12-52 所示。

(6) 将上一步骤完成的三角形进行多次复制，再分别进行形状、大小和旋转变换，然后有层次地放置到矩形中，如图 12-53 所示。

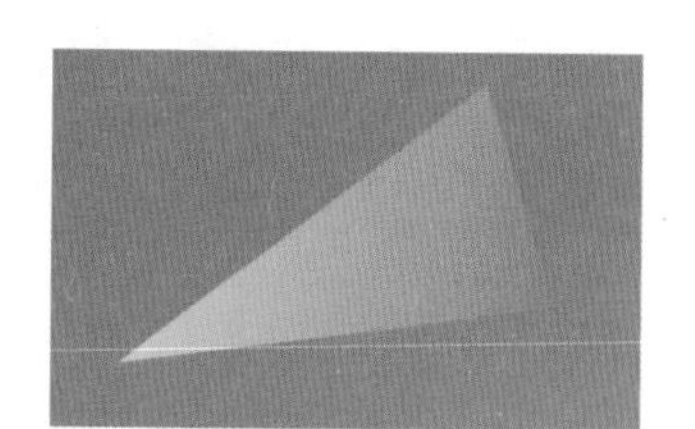

图 12-52 绘制三角形

图 12-53 多次复制并设置三角形

(7) 将步骤 (5) 绘制的三角形复制，并将复制的三角形的颜色填充为（C：93；M：59；Y：100；K：40），然后进行多次复制，再分别进行形状、大小和旋转变换，将它们有层次地放置到矩形中的右上方，并置于“红色三角形”与“绿色三角形”图层之下，如图 12-54 所示。

图 12-54 再次复制并设置三角形

(8) 将步骤 (5) 绘制的三角形再次复制，并将复制的三角形的颜色填充为（C：86；M：51；Y：100；K：19），然后进行多次复制，再分别进行形状、大小和旋转变换，将它们有层次地放置到矩形中的上方，并置于“红色三角形”与“绿色三角形”图层之下，如图 12-55 所示。

图 12-55 再次复制并设置三角形

**提示**

若要选择隐藏在一系列对象后面的单个对象，使用选择工具，按住 Alt 键单击最前面的对象，直到选定所需要的对象为止。

若要选择隐藏在一系列对象后面的多个对象，首先使用选择工具在一系列对象单击要包括选定对象中的最前面的对象，然后按住 Shift+Alt 组合键单击下一个对象将它添加到选定的对象中。

(9) 将步骤 (5) 绘制的三角形再次复制，并将复制的三角形的颜色填充为（C：82；M：48；Y：100；K：12），然后进行多次复制，再分别进行形状、大小和旋转变换，将它们有层次地放置到矩形中的上方，并置于“红色三角形”与“绿色三角形”图层之下，如图 12-56 所示。

(10) 将所有三角形群组，右击并拖曳鼠标至矩形，在弹出的快捷菜单中选择“图框精确剪裁内部”命令，再单击矩形，选择“编辑内容”命令，将图框中的三角形放置在如图 12-57 所示的位置，然后在三角形上右击，选择“结束编辑”命令，效果如图 12-58 所示。

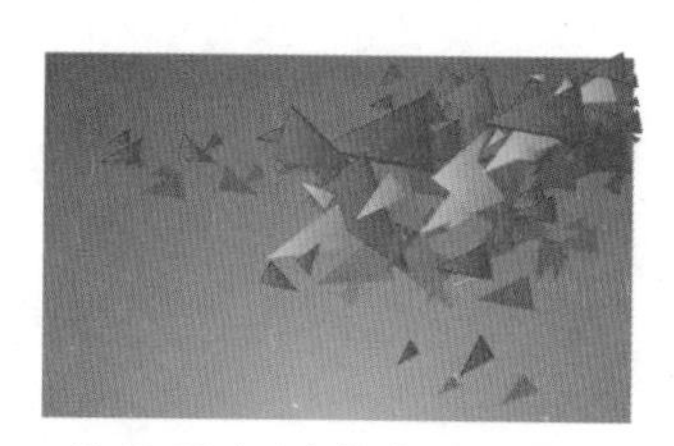

图 12-56 多次复制并设置三角形

图 12-57 设置并放置三角形

图 12-58 执行“结束编辑”命令

(11) 导入素材文件(素材 / 第 12 章 / 手机广告设计 / 拉丝钢板 .jpg),并放置在矩形下方,如图 12-59 所示。

(12) 使用钢笔工具结合形状工具在钢板的上方绘制一个如图 12-60 所示的弯曲的图形,并为其进行渐变填充,颜色起点为(C:60;M:0;Y:100;K:0)、中间色为(C:73;M:15;Y:95;K:0)、终点色为(C:61;M:0;Y:98;K:0),并将轮廓线去掉。

图 12-59 导入并放置素材

图 12-60 绘制图形

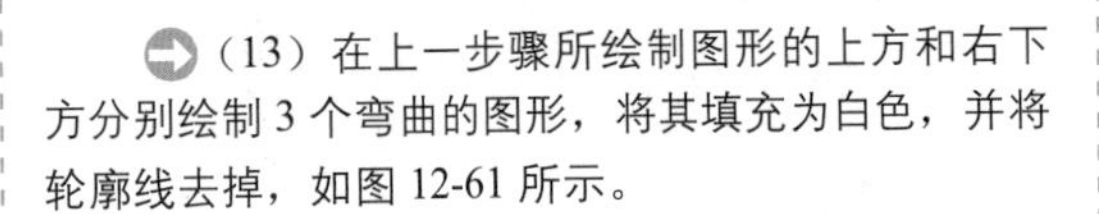

(13) 在上一步骤所绘制图形的上方和右下方分别绘制 3 个弯曲的图形,将其填充为白色,并将轮廓线去掉,如图 12-61 所示。

(14) 在步骤(12)绘制的图形下方分别绘制 3 个弯曲的图形,将其填充为(C:76;M:22;Y:100;K:0),并将轮廓线去掉,如图 12-62 所示。

图 12-61 绘制弯曲的图形

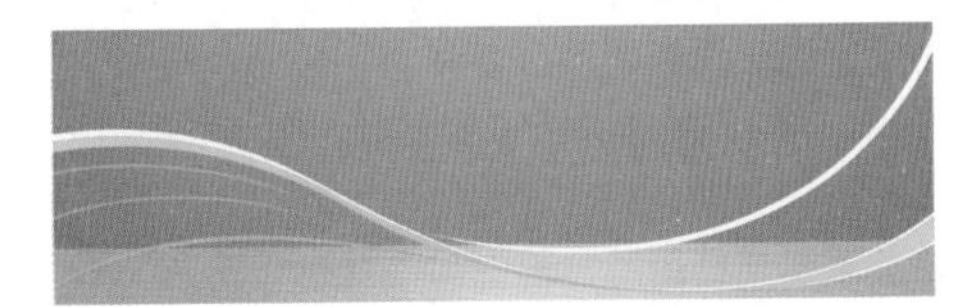

图 12-62 再次绘制弯曲的图形

(15) 在上一步骤绘制的图形的上、下位置分别绘制 3 个弯曲的图形,将其填充为(C:25;M:0;Y:56;K:0),并将轮廓线去掉,如图 12-63 所示。

(16) 在步骤(12)绘制的图形下方分别绘制一个弯曲的图形,将其填充为(C:46;M:0;Y:67;K:0),并将轮廓线去掉,如图 12-64 所示。

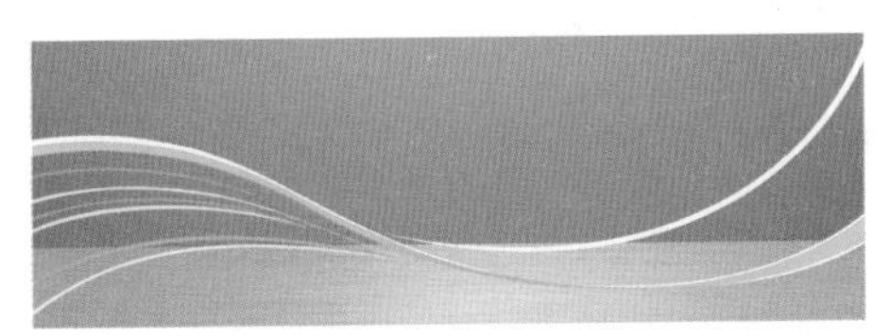

图 12-63 再次复制弯曲的图形

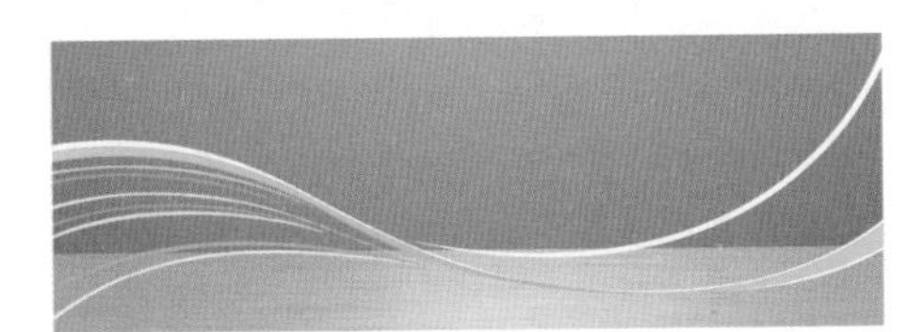

图 12-64 绘制并设置图形

(17) 在步骤(14)~(16)完成的图形的图层之下绘制一个如图 12-65 所示的图形,并为其填充颜色,起点为(C:60;M:0;Y:100;K:0)、终点为(C:73;M:9;Y:98;K:0),然后将轮廓线去掉,如图 12-65 所示。

(18) 在上一步骤完成的图形下方绘制一个如图 12-66 所示的图形,并为其填充颜色,起点为(C:56;M:0;Y:100;K:0)、终点为(C:80;M:27;Y:100;K:0),然后将轮廓线去掉,如图 12-66 所示。

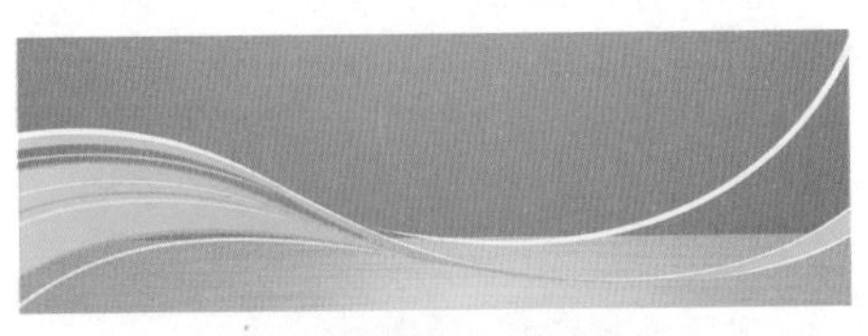

图 12-65 绘制并设置图形

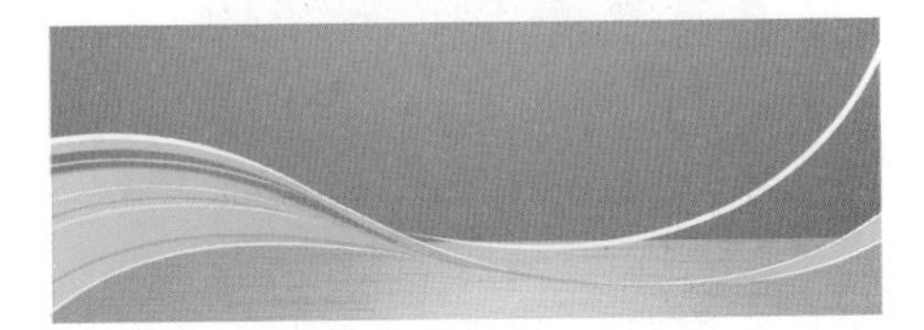

图 12-66 绘制并设置图形

(19)在紧靠步骤(12)绘制的图形下方绘制一个弯曲的图形，并为其填充颜色，起点为(C：88；M：41；Y：100；K：4)、终点为(C：82；M：28；Y：100；K：0)，然后将轮廓线去掉，如图 12-67 所示。

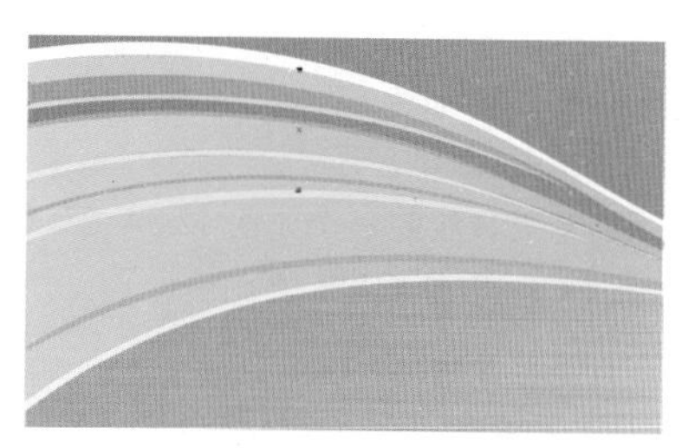

图 12-67 绘制并设置图形

(20)在紧靠步骤(16)绘制的图形下方绘制一个弯曲的图形，并为其填充颜色，起点为(C：65；M：0；Y：100；K：0)、终点为(C：85；M：30；Y：100；K：0)，然后将轮廓线去掉，如图 12-68 所示。

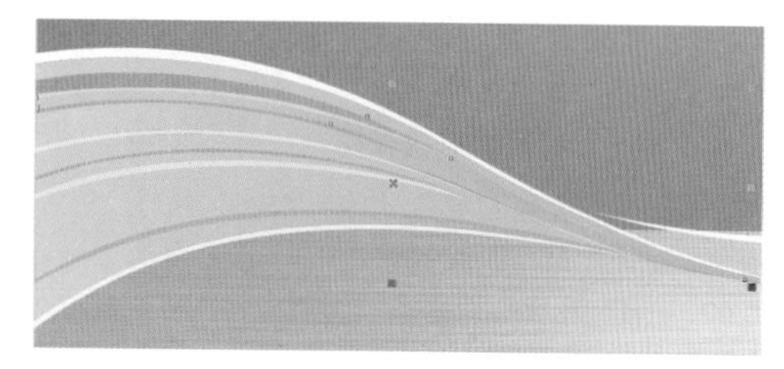

图 12-68 绘制并设置图形

(21)在紧靠步骤(13)绘制的图形上方绘制一个弯曲的图形，为其填充颜色(C：93；M：58；Y：100；K：37)，并将轮廓线去掉，如图 12-69 所示。

(22)在紧靠上一步骤完成的图形上方绘制一个弯曲的图形，并为其填充颜色，起点为(C：87；M：41；Y：100；K：5)、终点为(C：64；M：0；Y：100；K：0)，然后将轮廓线去掉，如图 12-70 所示。

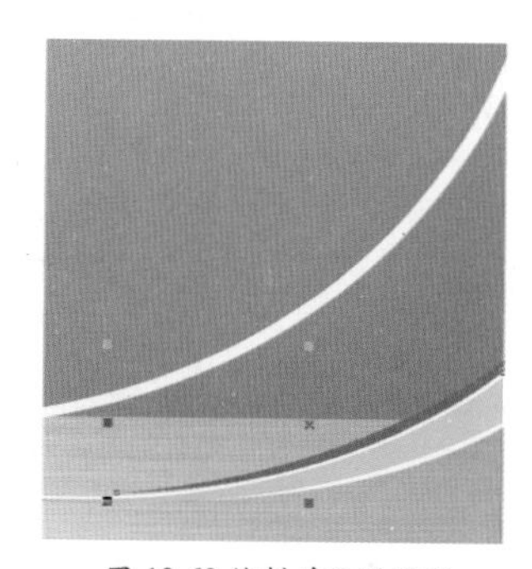

图 12-69 绘制并设置图形

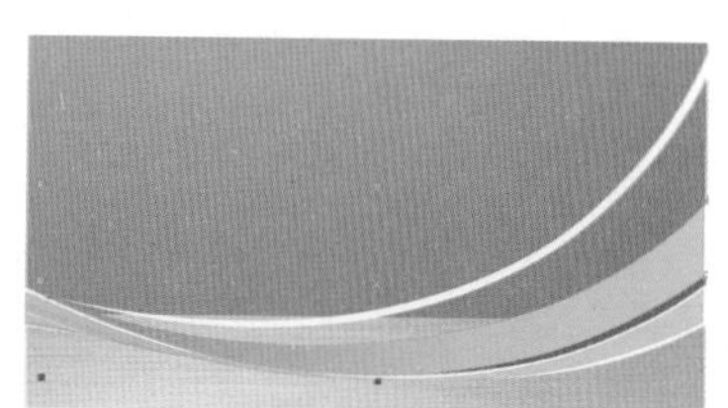

图 12-70 绘制并设置图形

(23)在紧靠上一步骤完成的图形上方绘制一个弯曲的图形，并为其填充颜色，起点为(C：55；M：0；Y：80；K：0)、中间色为(C：73；M：1；Y：100；K：0)、终点为(C：67；M：13；Y：100；K：0)，然后将轮廓线去掉，如图 12-71 所示。

(24)导入素材文件(素材 / 第 12 章 / 手机广告设计 / 手机 .jpg)，放置在如图 12-72 所示的位置。

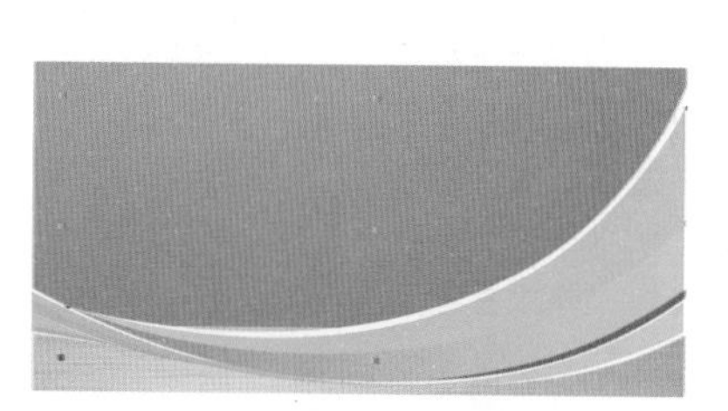

图 12-71 绘制并设置图形

图 12-72 导入并放置素材

（25）使用工具箱中的阴影工具为手机制作阴影，设置其“阴影角度”为 111、“羽化”为 4、“阴影淡出”为 100，效果如图 12-73 所示。

（26）使用钢笔工具绘制一个如图 12-74 所示的图形，并填充颜色为（C：69；M：18；Y：100；K：0），再将轮廓线去掉，如图 12-74 所示。

图 12-73 制作阴影

图 12-74 绘制并设置图形

（27）在上一步骤完成的图形中间绘制一个如图 12-75 所示的图形，并填充颜色为（C：82；M：48；Y：100；K：12），再将轮廓线去掉。

（28）将上一步骤绘制完成的图形群组，执行“排列 / 变化 / 旋转”命令，在打开的泊坞窗中设置“角度”为 60、“H”为 -14、“垂直”为 30.7、“副本”为 6，效果如图 12-76 所示。

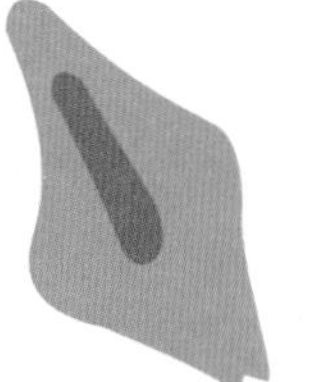
图 12-75　绘制并设置图形

图 12-76　执行“旋转”命令后的效果

（29）将上一步骤绘制完成的图形放置到“手机”图层下面，效果如图 12-77 所示。

（30）使用工具箱中的文本工具分别输入汉字“至”、“达”、“人”、“尚”，并设置前 3 个汉字的字体大小为 35pt、颜色为黑色；设置最后一个汉字的字体大小为 55pt、颜色为（C：15；M：99；Y：100；K：0）；设置 4 个字的字体均为“方正综艺简体”，并进行如图 12-78 所示的排列。

图 12-77 放置图形

图 12-78 输入并设置文字

（31）将所有文字转换为曲线，然后使用形状工具将其变形为如图 12-79 所示的样式。

（32）使用钢笔工具绘制一个“美女剪影”图样，并进行线性渐变填充，设置其“角度”为 -51、“边界”为 13，自定义颜色起点为（C：7；M：0；Y：61；K：0）、终点为（C：36；M：0；Y：68；K：0），然后从起点处拖曳出一个颜色块，设置其位置为 24%，并将轮廓线去掉，如图 12-80 所示。

图 12-79 对文字进行变形

图 12-80 绘制图形

（33）使用钢笔工具在上一步骤完成的图样头发处绘制 4 个头发轮廓的图样，填充颜色为（C：29；M：9；Y：80；K：0），并将轮廓线去掉，如图 12-81 所示。

（34）使用工具箱中的多边形工具绘制一个 5 条边的多边形，然后转换为曲线，使用形状工具将其变形为花朵，再在其中心绘制一个小圆；将整个花朵选中，单击属性栏中的“修剪”按钮，然后将中间的小圆删除，将花朵的颜色填充为（C：32；M：59；Y：100；K：0），将轮廓线去掉，并放置在头发处，如图 12-82 所示。

图 12-81 绘制头发

图 12-82 绘制头饰花朵

（35）使用钢笔工具结合形状工具在“美女剪影”的脖子到胸前的位置绘制一个树藤图形，并填充颜色为（C：51；M：0；Y：82；K：0），将轮廓线去掉，如图 12-83 所示。

（36）使用钢笔工具结合形状工具在上一步骤完成的图样旁绘制“花朵”图样，并填充颜色为（C：13；M：0；Y：61；K：0），将轮廓线去掉，如图 12-84 所示。

图 12-83 绘制树藤图形

图 12-84 绘制花朵

（37）将绘制完成的美女剪影与花朵图像群组，然后放置在步骤 31 的文字图层之下，如图 12-85 所示。

（38）将文字与美女剪影、花朵图像群组，然后放置在如图 12-86 所示的位置。

图 12-85 群组并放置图像

图 12-86 再次群组并放置图像

**提 示**

使用选择工具，按住 Shift 键逐一单击要选择的对象，即可连续选择多个对象。

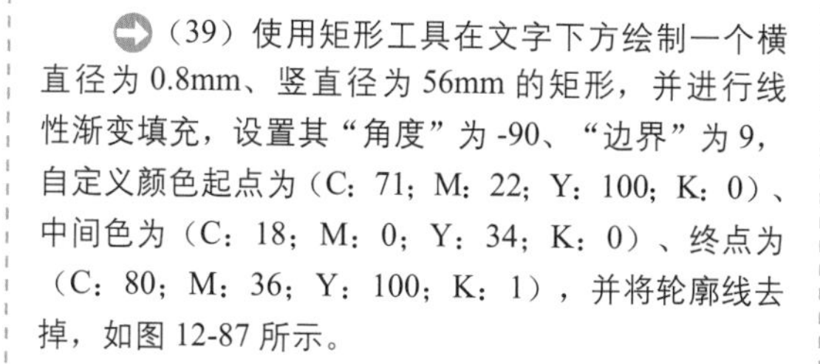

（39）使用矩形工具在文字下方绘制一个横直径为 0.8mm、竖直径为 56mm 的矩形，并进行线性渐变填充，设置其“角度”为 -90、“边界”为 9，自定义颜色起点为（C：71；M：22；Y：100；K：0）、中间色为（C：18；M：0；Y：34；K：0）、终点为（C：80；M：36；Y：100；K：1），并将轮廓线去掉，如图 12-87 所示。

（40）使用文本工具在上一步骤完成的矩形右边输入此款手机的一些功能，并按如图 12-88 所示的方式排列。

图 12-87 绘制并设置矩形

图 12-88 输入并排列文字

（41）使用椭圆工具绘制直径为 1.5mm 的圆，填充颜色为（C：47；M：26；Y：94；K：0），并将轮廓线去掉，将其复制，然后分别放置在上一步骤中完成的文字的前面，如图 12-89 所示。

（42）将已下载的此款手机的不同颜色的效果图或各个不同角度的效果图导入软件，并缩小放置在如图 12-90 所示的位置。

图 12-89 绘制圆

图 12-90 导入素材

(43) 使用阴影工具为上一步骤中的图形制作阴影，设置其“阴影角度”为 270、“羽化”为 13，效果如图 12-91 所示。

(44) 在“小手机”图样和“手机功能”文字处输入此款手机的另外一些概述，或者此公司的简介，效果如图 12-92 所示。

图 12-91 制作阴影

图 12-92 输入文字概述

(45) 在步骤（1）绘制的矩形左上角放置此款手机的品牌，并填充为白色，效果如图 12-93 所示。

(46) 在“小手机”的左边放置此款手机的型号，并按 Ctrl+C 组合键，再按 Ctrl+V 组合键，将“型号”图样原地复制；然后单击属性栏中的“垂直镜像”按钮，在按住 Shift 键的同时向下拖曳复制的图样，效果如图 12-94 所示。

图 12-93 绘制手机品牌

图 12-94 复制并设置手机型号

(47) 使用工具箱中的透明工具将上一步骤中复制的图样透明化，设置其“角度”为 270、“边界”为 24、“类型”为“全部”，效果如图 12-95 所示。

iPhone 4 S

图 12-95 设置透明效果

(48) 将此款手机的标志复制并放置在步骤（11）中设置的“拉丝钢板”的左边，在其右边放置此品牌的一句广告语，并将其颜色填充为（C：71；M：66；Y：62；K：17），效果如图 12-96 所示。

图 12-96 放置标志和广告语

(49) 完成以上设置后，效果如图 12-97 所示。

图 12-97 本例的最终效果

# 实例 03 洗发香波广告设计

**案例说明**

本例将制作一个最终效果如图 12-98 所示的洗发香波广告，在制作过程中需要使用椭圆工具、钢笔工具、形状工具、交互式填充工具、透明度工具和文本工具等基本操作工具，另外，还需要使用“转换为位图”和“高斯式模糊”命令。

图 12-98 实例的最终效果

## 操作步骤

(1) 单击标准栏中的“新建”按钮，新建一个 180mm×255mm 的文档，并命名为“洗发香波广告”，如图 12-99 所示。

(2) 双击工具箱中的矩形工具，新建一个与页面大小相同的矩形，并使用交互式填充工具为其填充辐射渐变，其中起点颜色为（R：6；G：77；B：19）、10% 处的颜色为（R：6；G：78；B：19）、终点颜色为（R：75；G：156；B：38），完成填色后，取消矩形的外部轮廓，如图 12-100 所示。

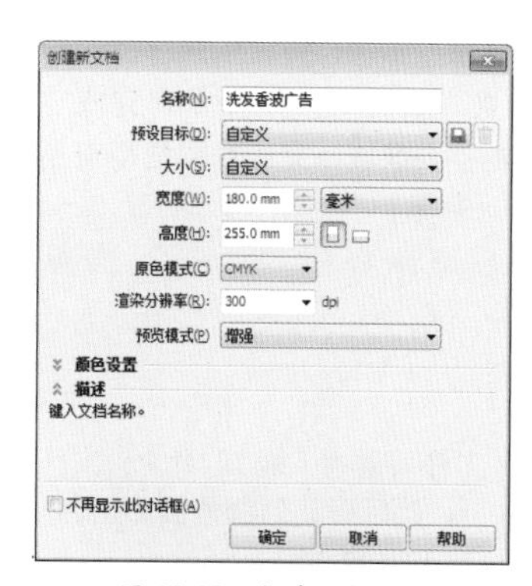


图 12-99 新建文档设置

图 12-100 矩形的填充效果

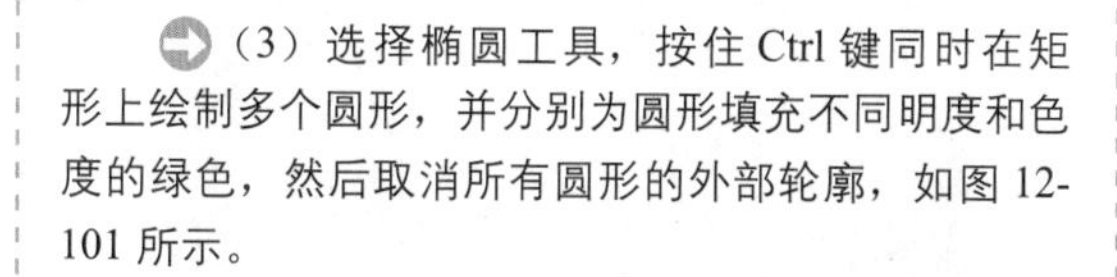

(3) 选择椭圆工具，按住 Ctrl 键同时在矩形上绘制多个圆形，并分别为圆形填充不同明度和色度的绿色，然后取消所有圆形的外部轮廓，如图 12-101 所示。

(4) 分别选择单个的圆形，然后使用透明度工具为各个圆形应用相应的标准透明效果，如图 12-102 所示。

图 12-101 绘制的圆形

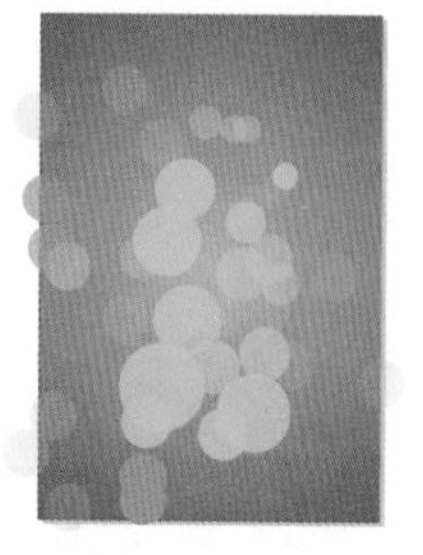

图 12-102 圆形的透明效果

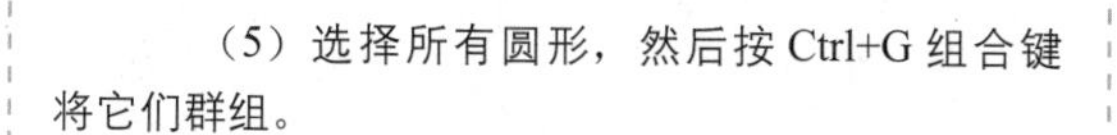

(5) 选择所有圆形，然后按 Ctrl+G 组合键将它们群组。

(6) 保持所有圆形处于选取状态，执行“位图 / 转换为位图”命令，在打开的“转换为位图”对话框中按图 12-103 所示进行设置，完成后单击“确定”按钮，将所有圆形都转换为位图。

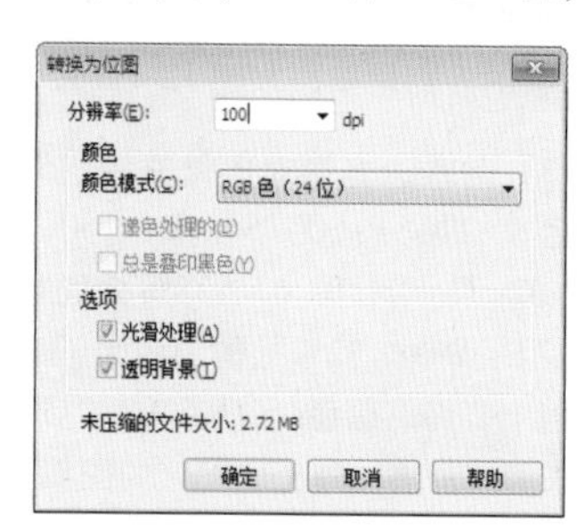


图 12-103 转换为位图设置

(7) 执行“位图 / 模糊 / 高斯式模糊”命令，在打开的“高斯式模糊”对话框中按图 12-104 所示设置半径值，然后单击“确定”按钮，将圆形适当模糊，以增加其边缘的柔化度，如图 12-105 所示。

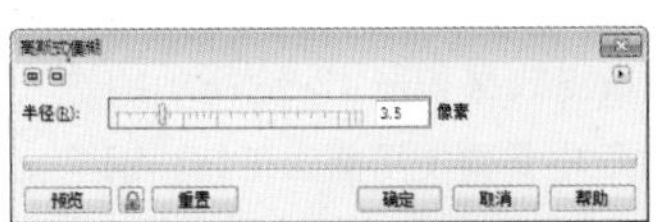
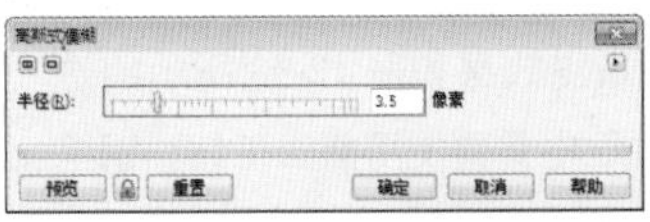

图 12-104　高斯式模糊设置　　图 12-105　图像的模糊效果

(8) 执行“效果 / 图框精确剪裁 / 放置在容器中”命令，在出现黑色箭头图标后单击背景中的矩形，将圆形图像放置在矩形中，如图 12-106 所示。

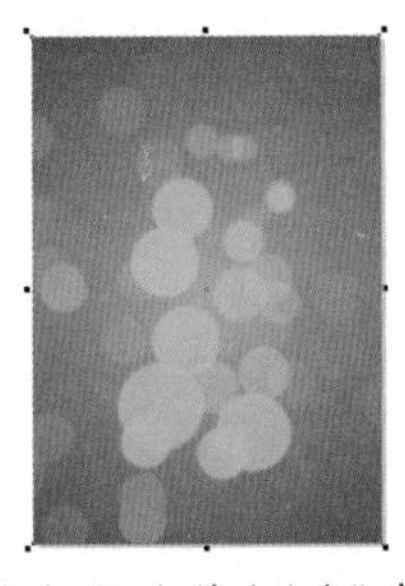

图 12-106　执行“图框精确剪裁”命令后的效果

(9) 按住 Ctrl 键单击矩形，进入矩形容器，然后移动圆形图像的位置，如图 12-107 所示。完成后按住 Ctrl 键图像以外的空白区域，完成对图框精确剪裁的编辑，如图 12-108 所示。

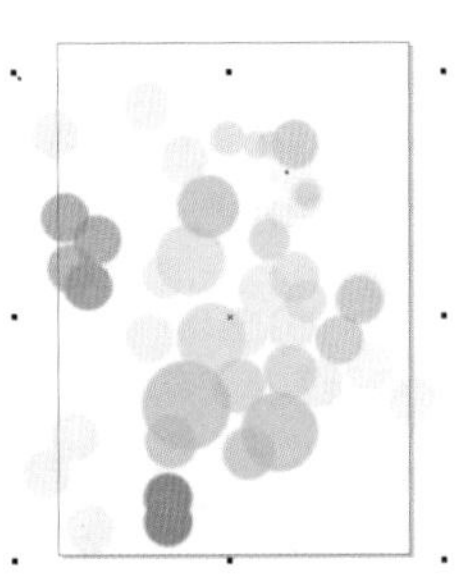

图 12-107　调整图像在容器中的位置

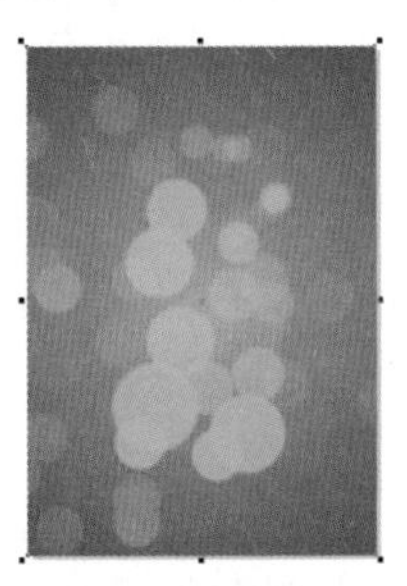

图 12-108　完成剪裁编辑后的效果

(10) 导入素材文件（素材 / 第 12 章 / 洗发香波广告设计 / 瓶盖 .psd），然后移动到背景图形上，并调整其大小和位置，如图 12-109 所示。

(11) 使用钢笔工具绘制瓶身边缘的光影对象，如图 12-110 所示。

图 12-109　导入的瓶盖

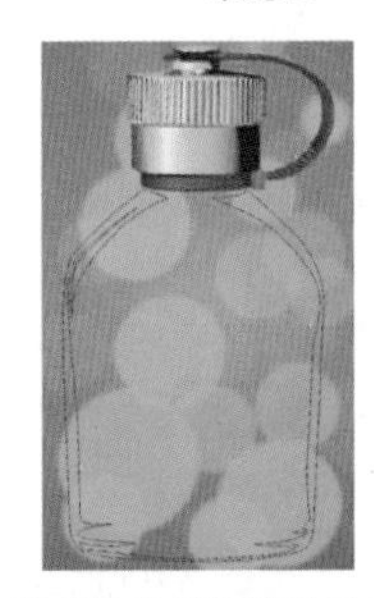

图 12-110 绘制边缘的光影对象

(12) 使用交互式填充工具为上一步绘制的左边光影对象填充线性渐变色，设置起点颜色为（R：7；G：51；B：1）、19% 处的颜色为（R：40；G：137；B：6）、52% 处的颜色为（R：116；G：203；B：98）、79% 处的颜色为（R：169；G：238；B：129）、终点颜色为（R：140；G：204；B：64），并取消该对象的外部轮廓，如图 12-111 所示。

(13) 为右边光影对象填充线性渐变色，设置起点颜色为（R：8；G：54；B：1）、20% 处的颜色为（R：32；G：92；B：6）、38% 处的颜色为（R：45；G：142；B：29）、72% 处的颜色为（R：128；G：217；B：101）、终点颜色为（R：164；G：234；B：109），并取消该对象的外部轮廓，如图 12-112 所示。

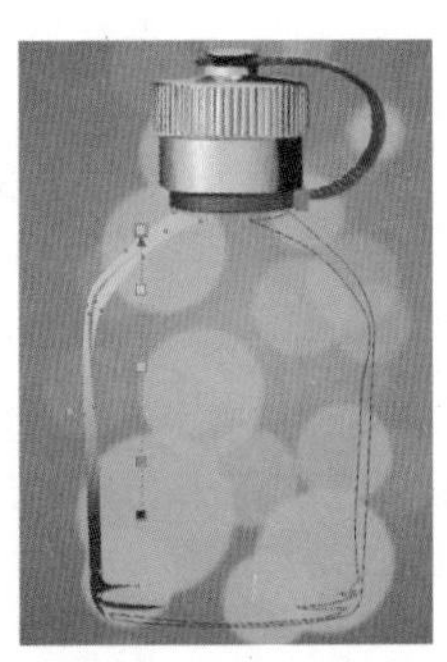

图 12-111　对象的填充效果

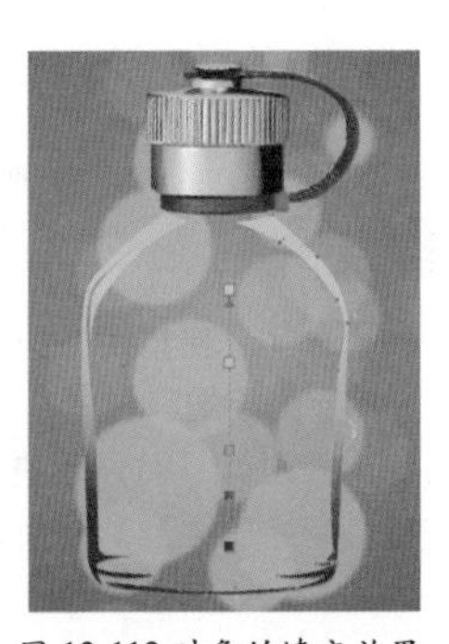

图 12-112 对象的填充效果

(14) 使用透明度工具为边缘光影对象应用如图 12-113 所示的线性透明效果。

(15) 在瓶子两侧的边缘处绘制如图 12-114 所示的两个光影对象，为左边对象填充起点颜色为（R：117；G：199；B：75）、49% 处的颜色为（R：114；G：199；B：95）、终点颜色为（R：111；G：212；B：72）的线性渐变色，为右边对象填充白色，并取消它们的外部轮廓。

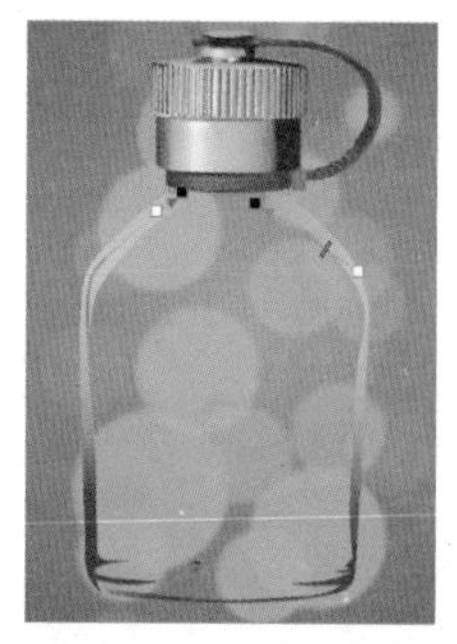
图 12-113 对象的线性透明效果

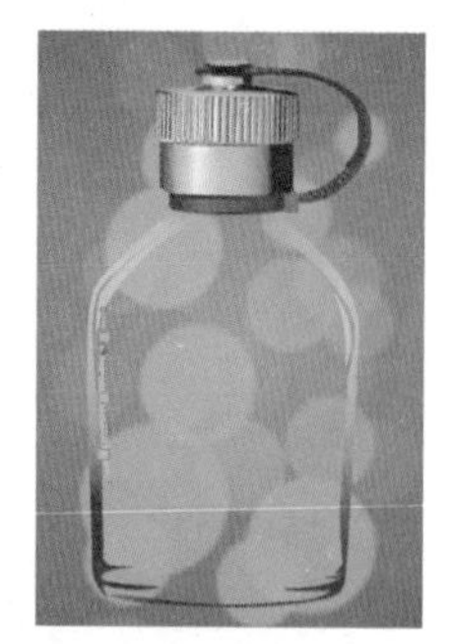
图 12-114 绘制瓶身上的光影对象

(16) 在瓶子上绘制如图 12-115 所示的光影对象。

(17) 将位于上方的光影对象填充为（R：228；G：252；B：148）到（R：111；G：212；B：72）的线性渐变色，下方左边的光影对象填充为（R：209；G：252；B：156）到（R：223；G：252；B：194）的线性渐变色，下方右边的对象填充为白色，并取消它们的外部轮廓，如图 12-116 所示。

(18) 为上方的光影对象应用开始透明度为 18 的标准透明效果，为下方左边的光影对象应用开始透明度为 15 的标准透明效果，为下方右边的光影对象应用开始透明度为 31 的标准透明效果，如图 12-117 所示。

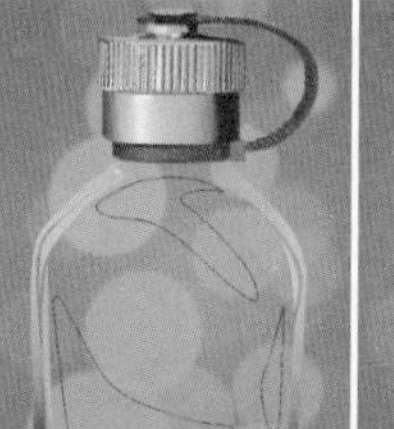
图 12-115 绘制的光影对象

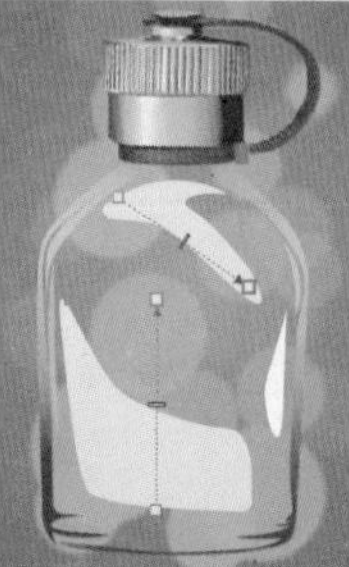
图 12-116 对象的填色效果

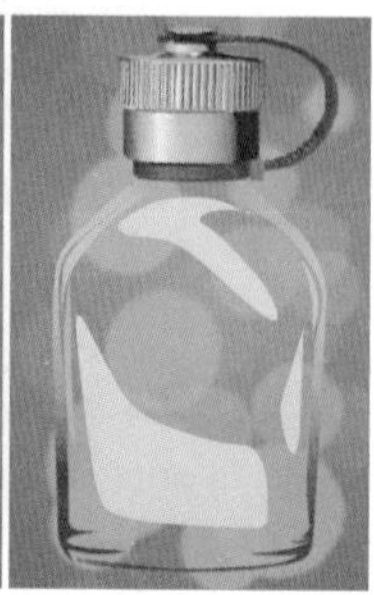
图 12-117 对象的透明效果

(19) 在瓶底绘制如图 12-118 所示的光影对象。

(20) 为位于最上方的对象填充起点颜色为（R：44；G：131；B：37）、50% 处的颜色为（R：3；G：80；B：0）、终点颜色为（R：39；G：160；B：23）的线性渐变色，然后按从上到下的顺序分别为这些对象填充（R：16；G：135；B：3）、（R：130；G：214；B：120）、（R：8；G：94；B：3）的颜色，并取消它们的外部轮廓，如图 12-119 所示。

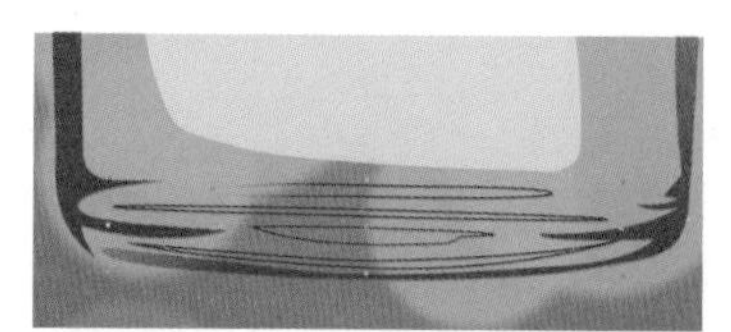
图 12-118 绘制瓶底处的光影

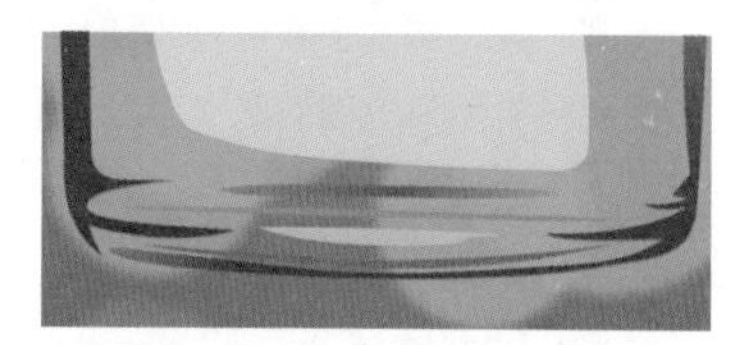
图 12-119 对象的填色效果

(21) 为瓶底最上方的光影对象应用如图 12-120 所示的线性透明效果，并为第 3 个光影对象应用开始透明度为 10 的标准透明效果。

(22) 在瓶颈处绘制如图 12-121 所示的两个光影对象，为位于上方的光影对象填充（R：149；G：232；B：98）的颜色，为位于下方的光影对象填充（R：19；G：83；B：0）的颜色，并取消它们的外部轮廓。

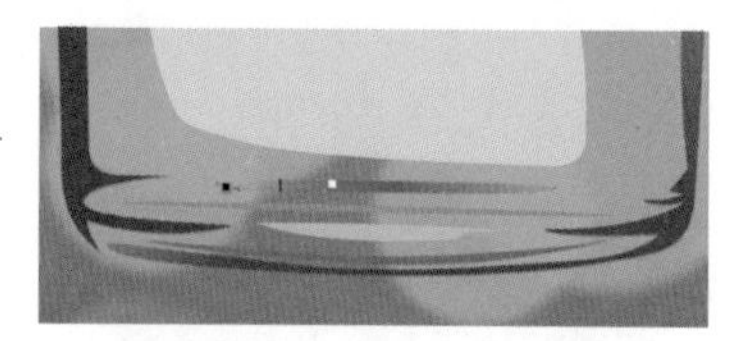
图 12-120 对象的透明效果

图 12-121 瓶颈处的光影对象

（23）同时选择所有的瓶子对象，然后按 Ctrl+G 组合键群组，如图 12-122 所示。

（24）添加广告中的 Logo 和其他文字信息，如图 12-123 所示。

（25）为画面底部的 Logo 文字应用“开始透明度”为 40、“透明度操作”为“异或”的标准透明效果，完成本例的制作，如图 12-124 所示。

图 12-122 群组后的瓶子对象

图 12-123 添加 Logo 和文字信息

图 12-124 为 Logo 制作透明效果

（26）执行“文件 / 保存”命令，将完成的广告文档保存下来。

## 实例 04 奶茶店开业广告设计

**案例说明**

本例将制作一个最终效果如图 12-125 所示的奶茶店开业广告，在制作过程中需要使用矩形工具、钢笔工具、形状工具、艺术笔工具、调和工具、交互式填充工具、椭圆工具、文本工具等基本操作工具，另外，还需要使用“转换为位图”和“高斯式模糊”命令，以及“转换”泊坞窗。

图 12-125 实例的最终效果

## 操作步骤

（1）单击标准栏中的“新建”按钮，新建一个 204mm×263mm 的文档，并将文档命名为“奶茶店开业广告”，如图 12-126 所示。

（2）双击工具箱中的矩形工具，新建一个与页面大小相同的矩形，然后使用交互式填充工具为其填充辐射渐变色，其中起点颜色为（C：38；M：100；Y：93；K：5）、44% 处的颜色为（C：7；M：100；Y：72；K：0）、终点颜色为（C：0；M：100；Y：43；K：0），完成填色后，取消矩形的外部轮廓，如图 12-127 所示。

图 12-126 新建文档设置

图 12-127 绘制的背景矩形

(3) 使用钢笔工具绘制一个奶茶往下滴的形状，为其填充（C：60；M：95；Y：100；K：42）的颜色，并取消外部轮廓，如图 12-128 所示。

(4) 使用钢笔工具绘制如图 12-129 所示的奶滴对象，然后分别为它们填充（C：53；M：90；Y：100；K：35）和（C：43；M：85；Y：100；K：5）的颜色，并取消外部轮廓。

图 12-128 绘制奶茶往下滴的形状

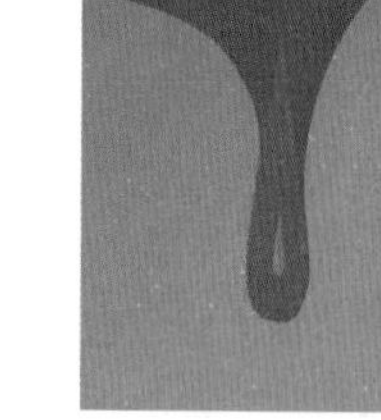

图 12-129 绘制奶滴对象

(5) 使用调和工具在上一步创建的两个对象之间创建调和效果，如图 12-130 所示。

(6) 复制其中一个奶滴对象，然后将其等比例缩小，并修改其填充色为白色到（C：25；M：63；Y：82；K：0）的线性渐变色，如图 12-131 所示。

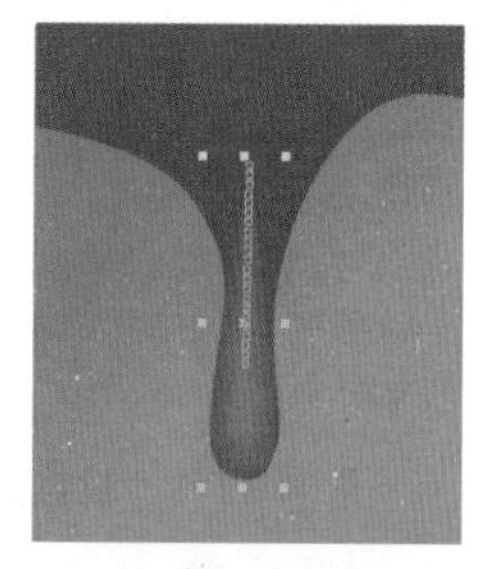

图 12-130 对象的调和效果

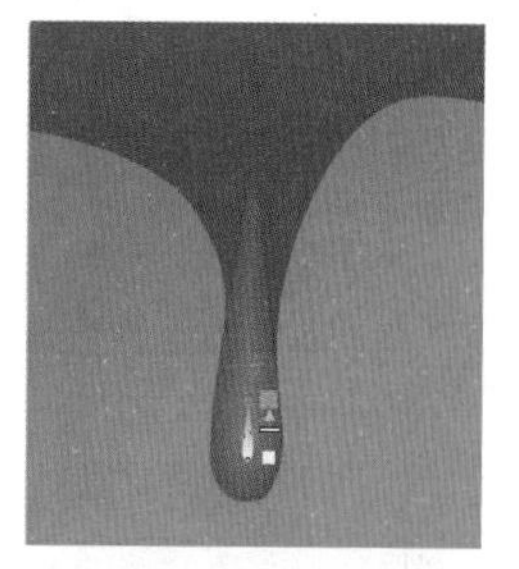

图 12-131 绘制奶滴中的高光对象

(7) 使用调和工具在小的两个奶滴对象之间创建调和效果，以制作奶滴中的高光，如图 12-132 所示。

(8) 将奶滴对象群组，然后将其复制到其他对应的位置，并分别调整它们的大小，完成后如图 12-133 所示。

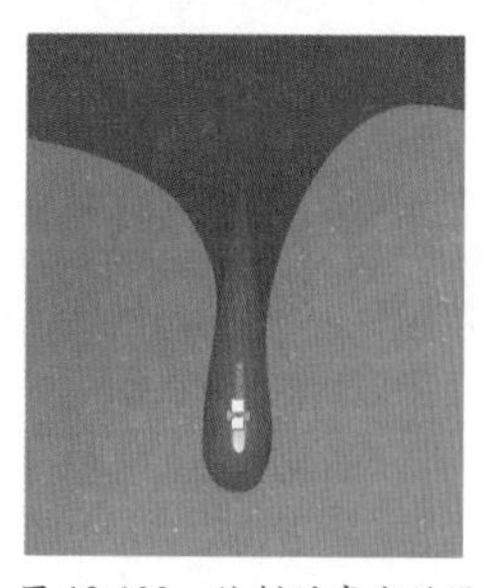

图 12-132 绘制的高光效果

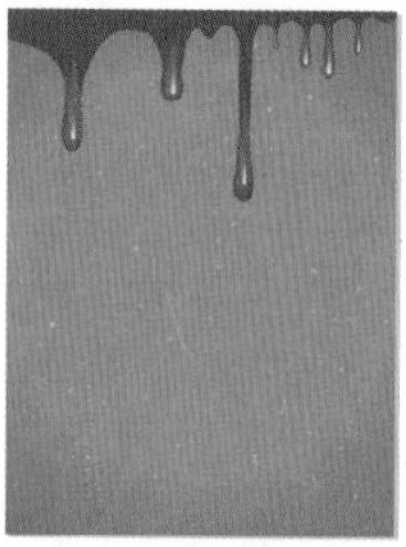

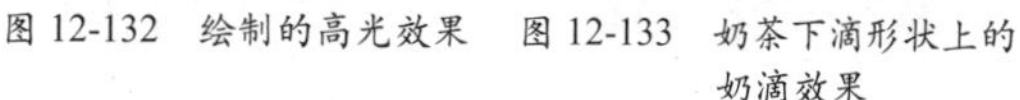

图 12-133 奶茶下滴形状上的奶滴效果

(9) 使用钢笔工具在奶茶形状上绘制如图 12-134 所示的形状，为其填充（C：45；M：100；Y：100；K：15）的颜色，并取消外部轮廓。

(10) 选择上一步绘制的对象，执行“位图/转换为位图”命令，在打开的“转换为位图”对话框中按图 12-135 所示进行设置，然后单击“确定”按钮，将该对象转换为位图。

图 12-134 绘制的对象

图 12-135 转换为位图设置

(11) 执行“位图 / 模糊 / 高斯式模糊”命令，在打开的“高斯式模糊”对话框中按图 12-136 所示进行设置，然后单击“确定”按钮，将该图像进行模糊，如图 12-137 所示。

(12) 使用形状工具将该图像中超出背景以外的区域修剪掉，如图 12-138 所示。

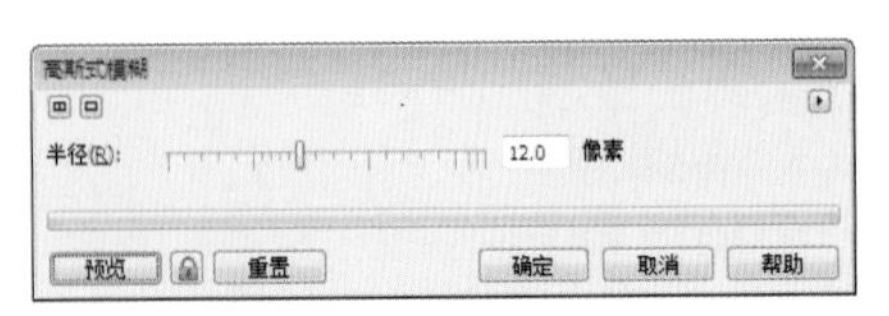


图 12-136 高斯式模糊设置

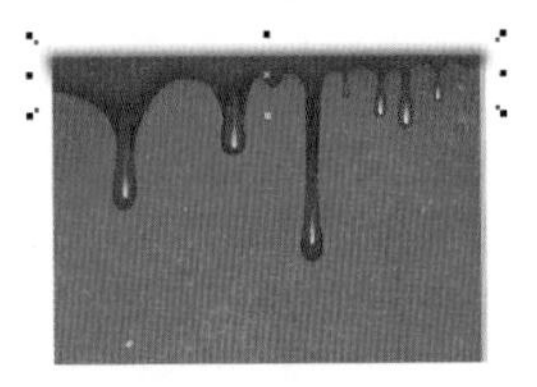

图 12-137 图像的模糊效果

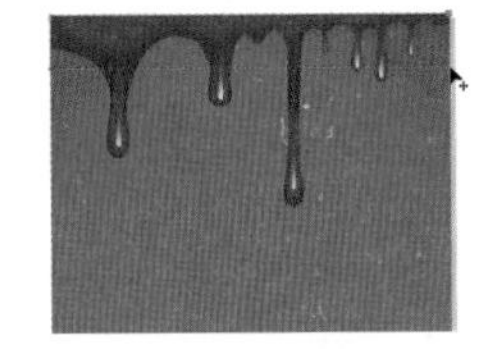

图 12-138 修剪图像边缘多余的图像

(13) 使用钢笔工具绘制一个桃形，然后为其填充（C：13；M：0；Y：76；K：0）的颜色，并取消外部轮廓，如图 12-139 所示。

(14) 使用选择工具在桃形上单击鼠标两次，在出现旋转手控后，将旋转中心点向下移动到如图 12-140 所示的位置。

(15) 执行“窗口 / 泊坞窗 / 变换 / 旋转”命令，打开“转换”泊坞窗中的“旋转”选项设置，然后按图 12-141 所示设置选项参数。

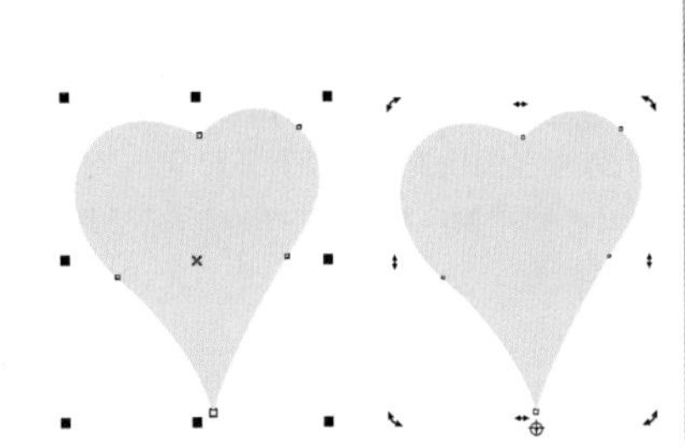

图 12-139 绘制桃形　图 12-140 移动旋转的中心点　图 12-141 “旋转”选项设置

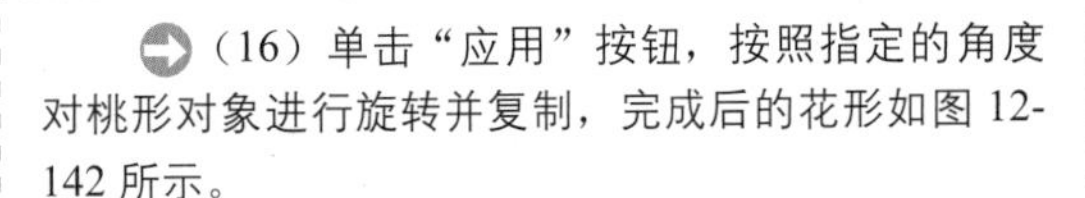

(16) 单击“应用”按钮，按照指定的角度对桃形对象进行旋转并复制，完成后的花形如图 12-142 所示。

(17)选择花形对象，然后单击属性栏中的“合并”按钮，将所选对象合并。

(18) 将合并后的花形对象复制到背景画面中的适当位置，并调整它们的大小，然后修改为相应的颜色，如图 12-143 所示。

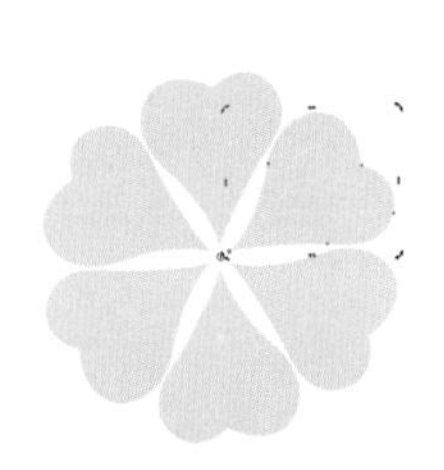

图 12-142 绘制的花形

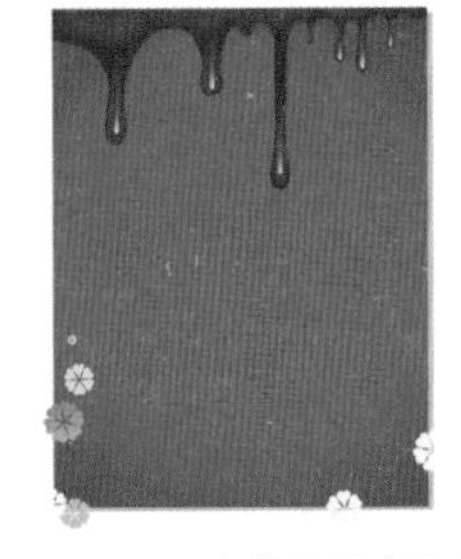

图 12-143 复制花形并修改为其他颜色

(19) 按照前面绘制桃形花形的方法绘制如图 12-144 所示的花形，然后将花形对象合并，并为其填充（C：0；M：82；Y：2；K：0）到（C：3；M：58；Y：0；K：0）的线性渐变色，再取消该对象的外部轮廓，如图 12-145 所示。

图 12-144 绘制另一种花形

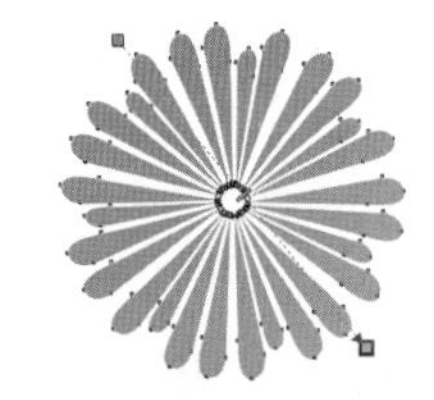

图 12-145 花形的填色效果

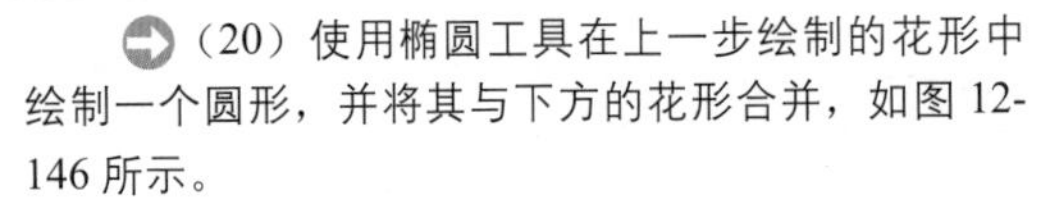

(20) 使用椭圆工具在上一步绘制的花形中绘制一个圆形，并将其与下方的花形合并，如图 12-146 所示。

(21) 将该花形对象移动到背景画面的左下角位置，并调整其大小，然后将该对象复制到背景中的其他位置，并分别修改各个花形对象的填充色，完成后的效果如图 12-147 所示。

图 12-146 在花形中间绘制的圆形

图 12-147 复制花形并修改为其他颜色

（22）绘制如图 12-148 所示的矩形，然后同时选择该矩形和右边的花形对象，单击属性栏中的“修剪”按钮，对花形对象进行修剪，如图 12-149 所示。

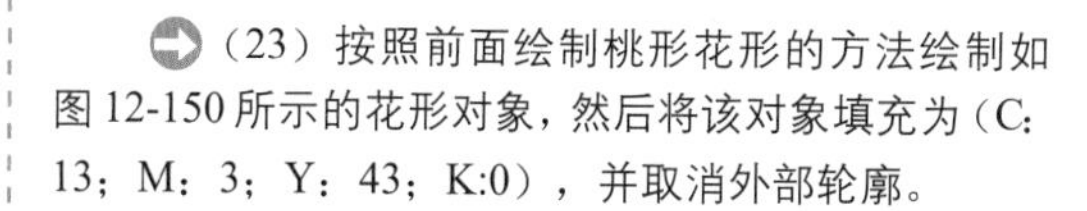

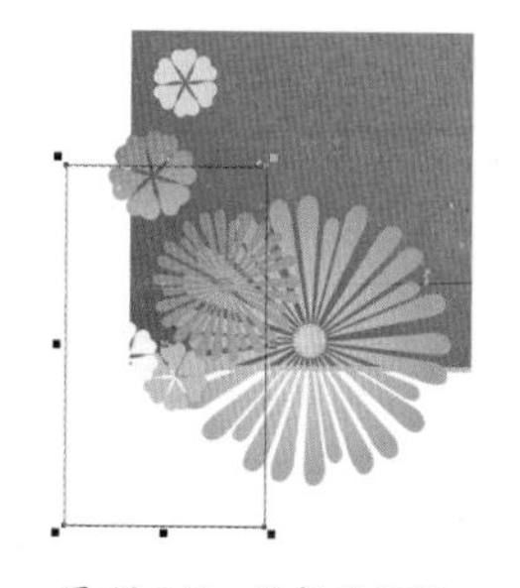

图 12-148　绘制的矩形

图 12-149　对象的修剪效果

（23）按照前面绘制桃形花形的方法绘制如图 12-150 所示的花形对象，然后将该对象填充为（C：13；M：3；Y：43；K:0），并取消外部轮廓。

（24）将该花形对象移动到背景中的左下角位置，并按图 12-151 所示调整大小和上下排列顺序。

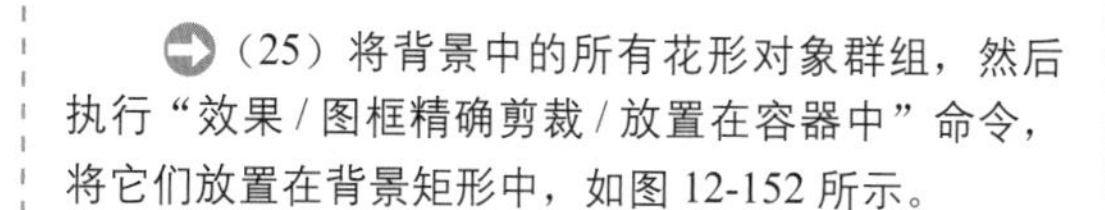

图 12-150 绘制的第 3 种花形　图 12-151　花形在背景中的效果

（25）将背景中的所有花形对象群组，然后执行“效果 / 图框精确剪裁 / 放置在容器中”命令，将它们放置在背景矩形中，如图 12-152 所示。

（26）使用椭圆工具结合“转换”泊坞窗中的“旋转”选项，绘制如图 12-153 所示的两个椭圆，然后将下方的椭圆形填充为（C：53；M：100；Y：100；K：40）的颜色，将上方的椭圆填充为（C：5；M：45；Y：100；K：0）的颜色，并取消它们的外部轮廓。

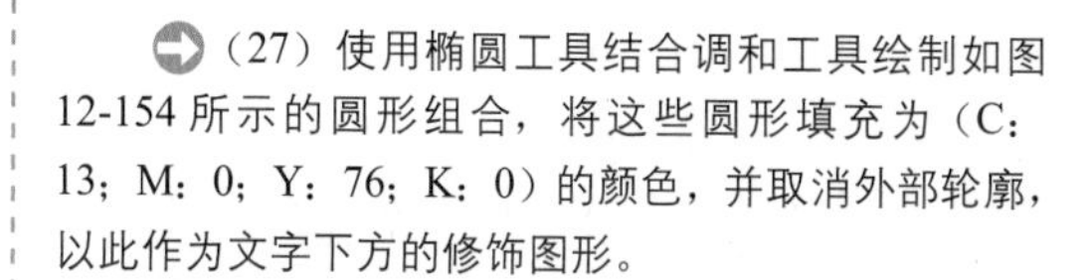

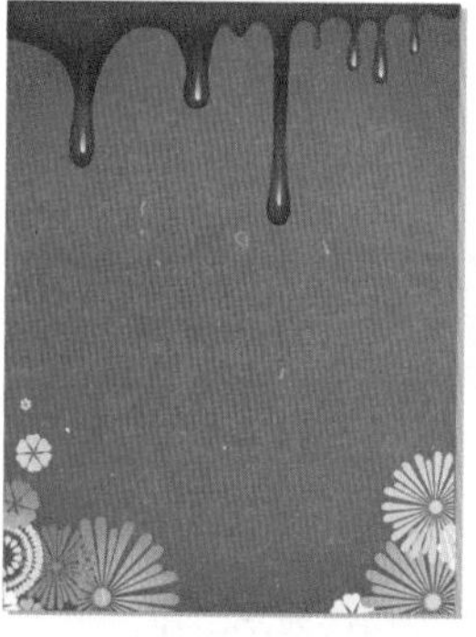

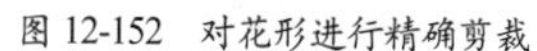

图 12-152　对花形进行精确剪裁　图 12-153　绘制的椭圆

（27）使用椭圆工具结合调和工具绘制如图 12-154 所示的圆形组合，将这些圆形填充为（C：13；M：0；Y：76；K：0）的颜色，并取消外部轮廓，以此作为文字下方的修饰图形。

（28）使用文本工具添加广告中的主体文字，并将文字适当倾斜，然后将店名文字的字体设置为“汉仪黑咪体简”、英文字体设置为“Big Truck”、将文字的颜色设置为白色。接着为店名文字添加颜色为（C：52；M：98；Y：100；K：35）、宽度为 5.5mm 的外部轮廓；为英文添加颜色为（C：52；M：98；Y：100；K：35）、宽度为 4.0mm 的外部轮廓，如图 12-155 所示。

图 12-154　绘制的调和对象　图 12-155　添加的文字和轮廓效果

（29）添加文字“宽巷子奶茶店开业啦！”，设置字体为“汉仪雁翎体简”、文字颜色为白色，并将文字适当倾斜，如图 12-156 所示。然后选择文字，按小键盘上的“+”键将文字复制，并为复制的文字添加颜色为（C：52；M：98；Y：100；K：35）、宽度为 2.6mm 的外部轮廓，然后向下移动一层，并适当向下移动，如图 12-157 所示。

图 12-156 添加的文字和轮廓效果

图 12-157 移动轮廓后的效果

（30）选择艺术笔工具，然后按图 12-158 所示设置属性栏。

图 12-158 艺术笔工具的属性栏设置

（31）使用艺术笔工具绘制如图 12-159 所示的 Logo 图形，并为笔触填充相应的颜色。

（32）选择 Logo 对象，执行“排列 / 拆分艺术笔群组”命令，对 Logo 中的笔触和路径轮廓进行拆分，然后删除笔触中的路径轮廓。接着为 Logo 对象添加颜色为白色、宽度为 2.0mm 的外部轮廓，如图 12-160 所示。

图 12-159 绘制的奶茶店 Logo

图 12-160 为 Logo 添加轮廓

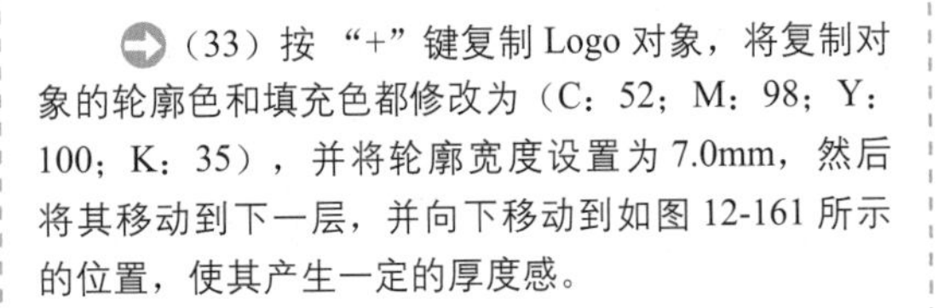

（33）按“+”键复制 Logo 对象，将复制对象的轮廓色和填充色都修改为（C：52；M：98；Y：100；K：35），并将轮廓宽度设置为 7.0mm，然后将其移动到下一层，并向下移动到如图 12-161 所示的位置，使其产生一定的厚度感。

（34）在 Logo 对象的底部轮廓上添加该店的网址，并使用封套工具使文字变形，效果如图 12-162 所示。

图 12-161 继续为 Logo 添加轮廓

图 12-162 添加网址

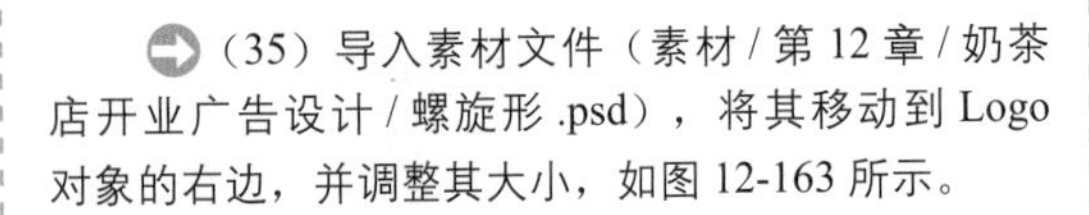

（35）导入素材文件（素材 / 第 12 章 / 奶茶店开业广告设计 / 螺旋形 .psd），将其移动到 Logo 对象的右边，并调整其大小，如图 12-163 所示。

（36）按照前面绘制奶滴对象的方法在螺旋形的周围绘制一些修饰图形，如图 12-164 所示。

图 12-163 导入的螺旋图像

图 12-164 绘制修饰图形

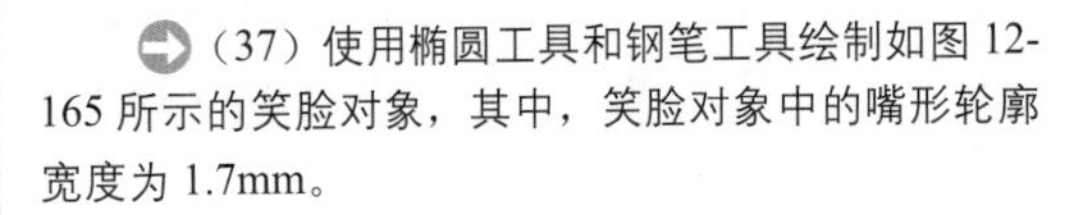

（37）使用椭圆工具和钢笔工具绘制如图 12-165 所示的笑脸对象，其中，笑脸对象中的嘴形轮廓宽度为 1.7mm。

（38）导入素材文件（素材 / 第 12 章 / 奶茶店开业广告设计 / 路牌 .psd），然后添加广告画面中的其他文字信息和修饰图形，完成效果如图 12-166 所示。

图 12-165 绘制一个笑脸图形

图 12-166 添加文字和修饰图形

（39）选择艺术笔工具，并按图 12-167 所示设置其属性栏。

图 12-167　艺术笔工具的属性栏设置

（40）使用艺术笔工具绘制一个杯子对象，并将杯子的颜色填充为白色，如图 12-168 所示，从而完成本例的制作。图 12-169 所示为本例的最终效果。

（41）执行“文件 / 保存”命令，将完成的广告文档保存下来。

图 12-168　绘制的杯子图形

图 12-169　本例的最终效果

## 实例 05　购物广场宣传广告设计

**案例说明**

本例将制作一个最终效果如图 12-170 所示的购物广场宣传广告，在制作过程中需要使用钢笔工具、星形工具、文本工具、形状工具、透明度工具等基本操作工具，另外，还需要使用“转换为曲线”命令和“转换”泊坞窗。

图 12-170　实例的最终效果

## 操作步骤

（1）单击标准栏中的“新建”按钮，新建一个 279mm×168mm 的文档，并将文档命名为“购物广场宣传广告”，如图 12-171 所示。

（2）双击工具箱中的矩形工具，新建一个与页面大小相同的矩形，然后为其填充（C：0；M：50；Y：100；K：0）的颜色，并取消矩形的外部轮廓，如图 12-172 所示。

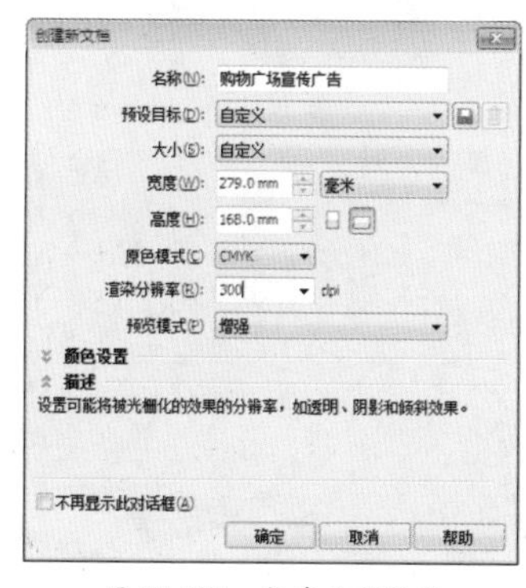


图 12-171　新建文档设置

图 12-172　绘制的背景矩形

(3) 使用钢笔工具绘制如图 12-173 所示的不规则修饰对象，分别为对象填充（C：0；M：80；Y：100；K：0）和（C：0；M：0；Y：100；K：0）的颜色，并取消对象的外部轮廓。

(4) 绘制如图 12-174 所示的不规则修饰对象，分别为对象填充（C：50；M：88；Y：100；K：42）的颜色和白色，并取消对象的外部轮廓。

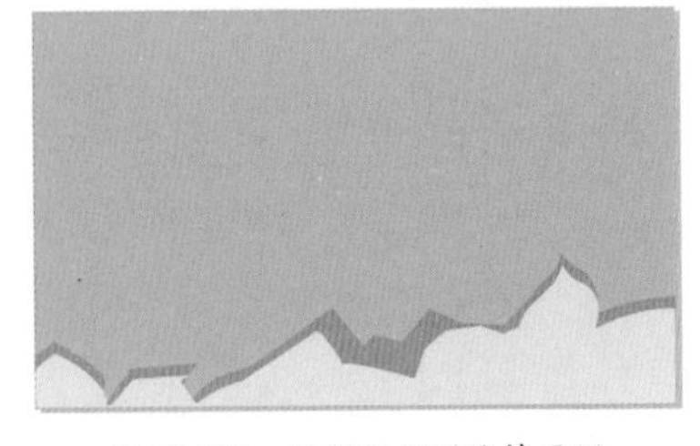

图 12-173　绘制不规则修饰图形

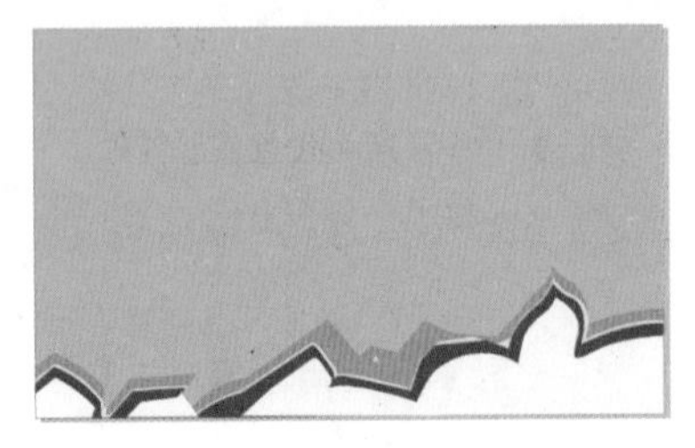

图 12-174　绘制不规则修饰图形

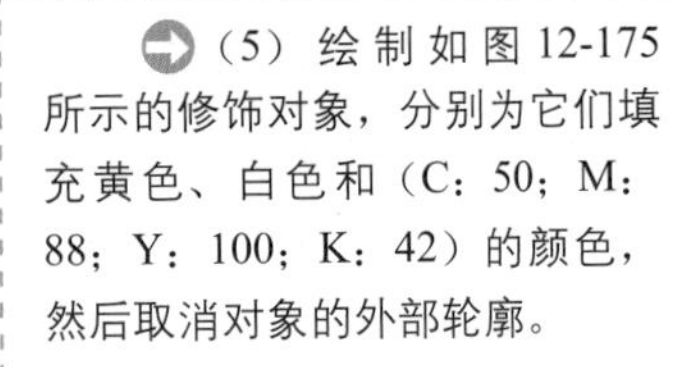

(5) 绘制如图 12-175 所示的修饰对象，分别为它们填充黄色、白色和（C：50；M：88；Y：100；K：42）的颜色，然后取消对象的外部轮廓。

(6) 在画面的右下角绘制如图 12-176 所示的对象，分别为对象填充（C：0；M：80；Y：100；K：0）和（C：0；M：50；Y：100；K：0）的颜色，并取消外部轮廓。

图 12-175　绘制修饰图形

图 12-176　绘制修饰图形

(7) 使用钢笔工具绘制如图 12-177 所示的修饰线条，并设置线条的轮廓色为黄色或橘红色，然后将线条的轮廓宽度设置为 0.7mm。

图 12-177　添加修饰线条

(8) 绘制如图 12-178 所示的矩形，将其填充为（C：0；M：80；Y：100；K：0）的颜色，并取消外部轮廓。

(9) 执行“窗口 / 泊坞窗 / 变换 / 旋转”命令，打开“转换”泊坞窗中的“旋转”选项设置，然后按图 12-179 所示设置选项参数。

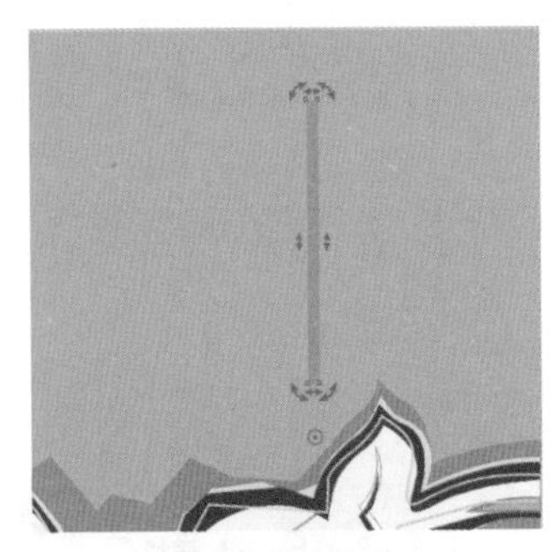

图 12-178　绘制矩形

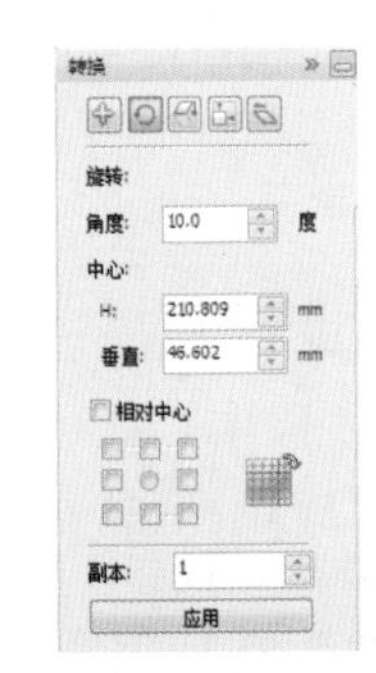


图 12-179 旋转设置

(10) 连续单击“应用”按钮，对该矩形进行复制，复制效果如图 12-180 所示，然后重新选择步骤（8）中绘制的矩形，如图 12-181 所示。

图 12-180　对象的复制效果

图 12-181　选择对象

(11) 在“转换”泊坞窗中修改“旋转”选项中的“角度”值，如图 12-182 所示，然后连续单击“应用”按钮，得到如图 12-183 所示的矩形复制效果。

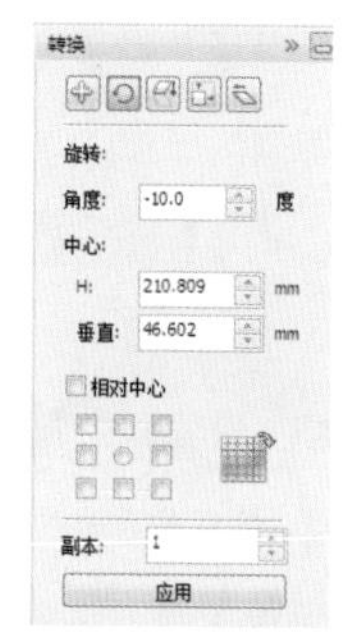


图 12-182 旋转设置

图 12-183 对象的复制效果

(12) 选择步骤 (8) ～步骤 (11) 中创建的所有矩形，单击属性栏中的“合并”按钮将它们合并，并对合并后的对象应用如图 12-184 所示的辐射透明效果。

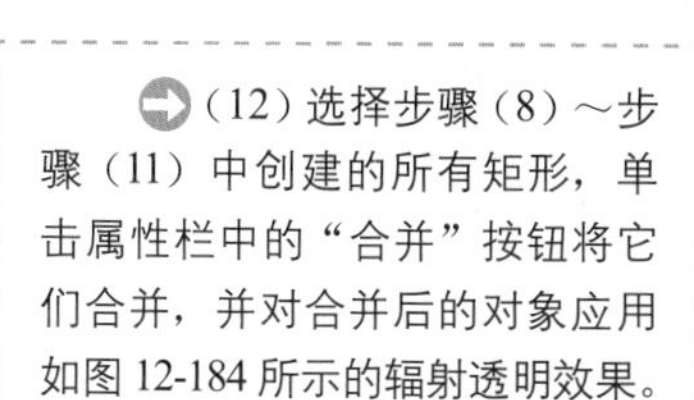

(13) 使用钢笔工具绘制如图 12-185 所示的云朵修饰对象，并按从大到小的顺序为云朵对象填充 (C：0；M：0；Y：60；K：0)、(C：0；M：82；Y：91；K：0)、(C：0；M：60；Y：100；K：0) 和 (C：0；M：88；Y：38；K：0) 的颜色，然后取消它们的外部轮廓。

图 12-184 对象的透明效果

图 12-185 绘制的云朵修饰对象

图 12-186 调整对象的排列顺序

(14) 将上一步绘制的云朵对象按照图 12-186 所示的顺序排列。

(15) 绘制如图 12-187 所示的修饰对象，并将位于上方的两个对象填充为 (C：0；M：90；Y：100；K：0) 的颜色，将下方的对象填充为 (C：32；M：92；Y：16；K：0) 的颜色，并取消它们的外部轮廓。

图 12-187 绘制的对象

(16) 将上一步绘制的修饰对象按照图 12-188 所示的顺序排列。

图 12-188 调整对象的排列顺序

(17) 绘制如图 12-189 所示的云朵修饰对象，并按从大到小的顺序为云朵对象填充（C: 0; M: 60; Y: 100; K: 0）、（C: 0; M: 40; Y: 100; K: 0）、（C: 0; M: 80; Y: 100; K: 0）和（C: 0; M: 70; Y: 100; K: 0）的颜色，然后取消它们的外部轮廓。

(18) 复制上一步绘制的云朵对象，然后按图 12-190 所示调整复制的云朵对象的大小和位置，并将其移动到原云朵对象的下方。

图 12-189　绘制的云朵对象

图 12-190　复制的云朵对象

(19) 导入素材文件（素材 / 第 12 章 / 购物广场宣传广告设计 / 女孩 .psd），然后按图 12-191 所示调整该图像的大小、位置和排列顺序。

图 12-191　添加的女孩图像

(20) 使用星形工具在画面中绘制一些不同大小的星形，并为它们填充适合的颜色，以起到修饰画面的效果，如图 12-192 所示。

图 12-192　绘制的星形

(21) 使用文本工具输入如图 12-193 所示的文字，将中文的字体设置为“黑体”，将英文和数字的字体设置为“Arial”，然后按照该图中的效果进行排列。

图 12-193　添加并排列后的文字

(22) 同时选中所有文字，按 Ctrl+Q 组合键将文字转换为曲线，然后使用形状工具调整文字的形状，完成后的效果如图 12-194 所示。

图 12-194　编辑后的文字形状

(23) 使用钢笔工具在上一步编辑的文字周围绘制一些修饰图形，以增强文字的艺术效果，如图 12-195 所示。

(24) 将文字和上一步绘制的修饰图形群组，然后按“+”键复制该群组对象。

图 12-195　为文字绘制的修饰图形

(25) 将复制的群组对象填充为（C：32；M：97；Y：100；K：2）的颜色，并为其添加相同填充色且宽度为 6.0mm 的外部轮廓，然后将该对象调整到下一层，并适当向上移动，效果如图 12-196 所示。

图 12-196　为文字添加轮廓

(26) 在主体文字的下方添加如图 12-197 所示的文字，将文字的字体设置为“方正粗倩简体”、将颜色设置为白色，然后为文字添加颜色为（C：32；M：97；Y：100；K：2）、宽度为 1.0mm 的外部轮廓。

图 12-197　添加的文字

(27) 绘制如图12-198 所示的两个修饰对象，分别为它们填充（C：0；M：85；Y：40；K：0）和（C：32；M：97；Y：100；K：2）的颜色，并取消外部轮廓。

图 12-198　绘制的对象

(28) 将上一步绘制的两个对象调整到文字和修饰图形的下方，效果如图 12-199 所示。

图 12-199　调整对象的顺序

（29）添加购物广场的 Logo，如图 12-200 所示。

（30）将广告画面中的所有对象群组，然后绘制一个与页面大小相同的矩形，并将广告画面精确剪裁到该矩形对象中，以便将画面中多余的部分隐藏起来，如图 12-201 所示。

（31）执行“文件 / 保存”命令，将完成的广告文档保存下来，完成本例的制作。

图 12-200　添加购物广场 Logo

图 12-201　本例的最终效果

# 实 例 进 阶

## 实例 06 房地产广告设计

**案例说明**

本例将制作效果如图 12-202 所示的房地产广告，主要介绍了钢笔工具、椭圆工具、形状工具、填充工具、透明工具、文本工具、“鱼眼”透镜等的使用。

图 12-202 实例的最终效果

## 步骤提示

（1）双击工具箱中的矩形工具，绘制一个矩形（长：210mm；宽：297mm），将其颜色填充为（C：4；M：3；Y：25；K：0），如图 12-203 所示。

（2）使用工具箱中的矩形工具绘制一个矩形（长：187mm；宽：256mm），将其颜色填充为（C：77；M：75；Y：73；K：46），去掉轮廓线，并放置在步骤 1 中的矩形中心位置偏上的位置，如图 12-204 所示。

图 12-203 绘制矩形

图 12-204 绘制另一矩形

（3）选择工具箱中的基本形状工具，然后在属性栏中设置“完美形状”为“圆环”，在按住 Shift+Ctrl 组合键的同时在上一步骤完成的矩形中心位置绘制一个直径为 8.5mm 的圆环，将其颜色填充为（C：0；M：2；Y：14；K：0），并去掉轮廓线，效果如图 12-205 所示。

（4）使用文本工具输入字母“C”，设置其字体为“Wis 721 Bikcn BT”、大小为 384pt，并放置在如图 12-206 所示的位置。

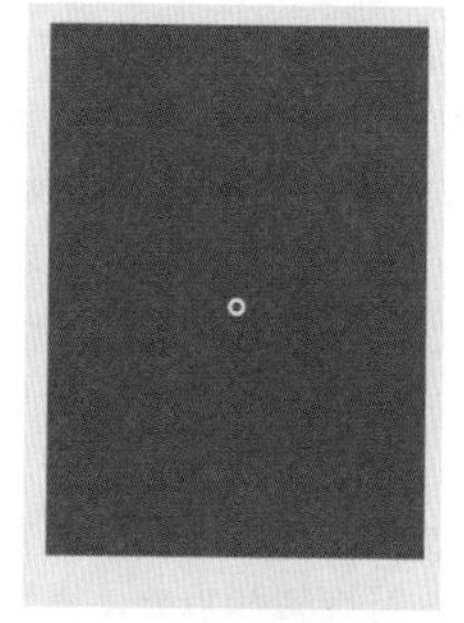

图 12-205 绘制圆环

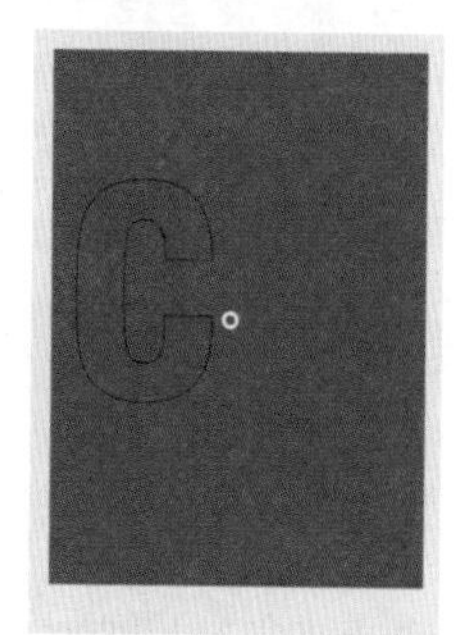

图 12-206 输入并设置文字

（5）导入“城市夜景”图片（素材 / 第 12 章 / 房地产广告设计 / 城市夜景 .jpg），将其置于上一步骤完成的字母中，并执行“图框精确剪裁”命令，然后将字母轮廓线去掉，效果如图 12-207 所示。

（6）将字母原地复制，并将字母内的图片内容提取出来删除，为其添加轮廓线，设置其轮廓颜色为（C：12；M：10；Y：13；K：0），然后将其转换为曲线，使用形状工具进行变形，得到为步骤（4）中的字母添加轮廓线的效果，如图 12-208 所示。

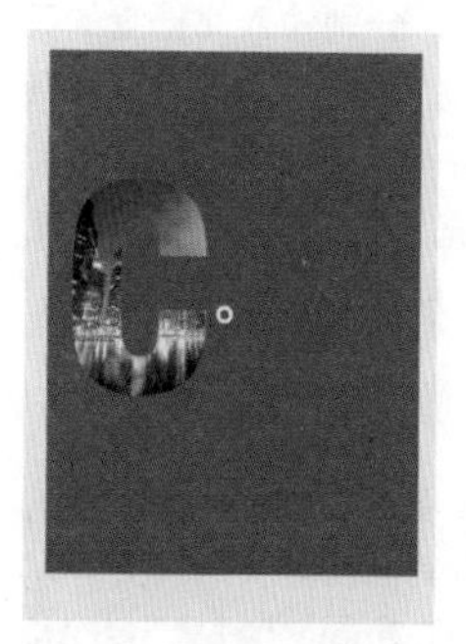

图 12-207 执行“图框精确剪裁”命令

图 12-208 添加轮廓线

（7）使用钢笔工具在步骤（3）绘制的圆环上方绘制一条直线，在右方绘制两条直线，并设置其“线宽”为 0.5mm、“颜色”为（C：4；M：4；Y：18；K：0），然后将圆环复制并缩小，放置在直线的另一边，接着在上方的圆环上输入“North”，在右方的圆环旁输入“East”和“大城南中心”，效果如图 12-209 所示。

（8）在上一步骤完成的直线下方输入“enter”，并设置字体为“Wis 721 Bikcn BT”、大小为 113pt、“颜色”为（C：49；M：52；Y：60；K：0），调整到如图 12-210 所示的位置。

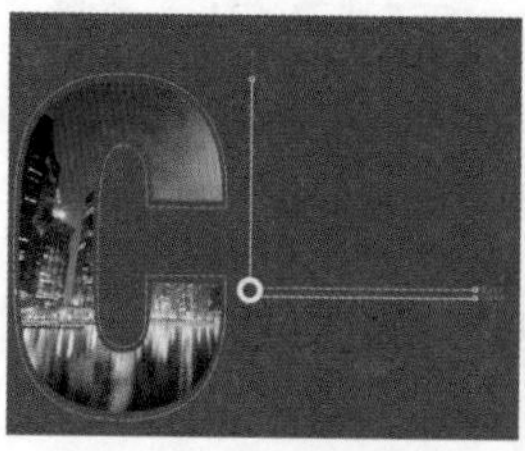

图 12-209 绘制直线

图 12-210 输入并设置文字

(9) 在上一步骤的文字下面输入此楼盘广告的宣传语，在宣传语下方可输入一些楼盘的英文介绍，然后在其下方输入一句宣传语，效果如图 12-211 所示。

(10) 使用工具箱中的矩形工具在上一步骤完成的文字内容下方绘制一个矩形（长：103mm；宽：9mm），并使用钢笔工具在矩形中绘制 3 条直线，将矩形平均分成 4 份，然后在每一个空格里输入此楼盘的一个优势特点，如图 12-212 所示。

图 12-211 输入宣传语

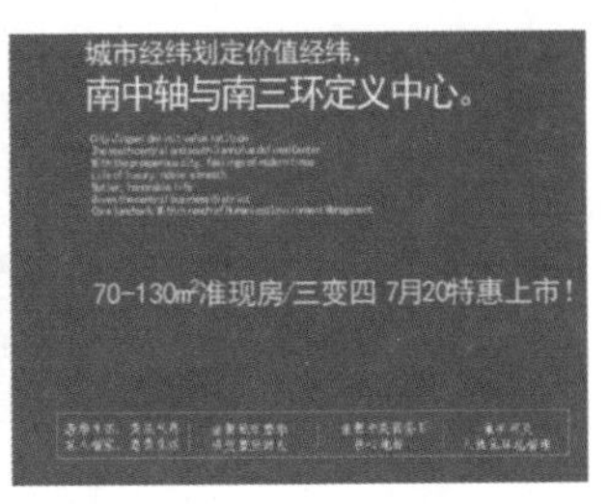

图 12-212 绘制矩形和直线

(11) 使用工具箱中的椭圆工具在文字图层之下绘制一个直径为 112mm 的圆，然后按 F12 键打开“轮廓笔”对话框，设置其颜色为（C：4；M：4；Y：18；K：0）、“线宽”为 0.2mm、“样式”为“虚线”，如图 12-213 所示。设置完成后将圆转换为曲线，使用形状工具将圆进行拆分，并删除一部分，效果如图 12-214 所示。

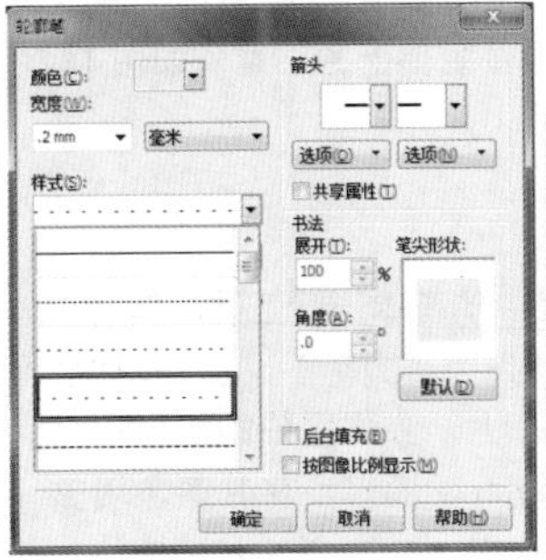

图 12-213 设置参数

图 12-214 拆分并删除圆的一部分

(12) 将上一步骤完成的图形原地复制，并设置其大小为 170mm，然后进行旋转和拆分，得到如图 12-215 所示的效果。

(13) 使用同样的方法绘制两个圆，直径分别为 127mm 和 147mm，并将其拆分。使用文本工具在这两个拆分后的半圆上单击，分别输入此楼盘的英文介绍，并以此半圆为文字的排列方向，然后将大圆上的文字颜色填充为（C：55；M：52；Y：57；K：0），将小圆上的文字颜色填充为（C：7；M：6；Y：7；K：0），效果如图 12-216 所示。

图 12-215 复制并设置圆

图 12-216 绘制并设置圆

(14) 使用步骤（11）的方法绘制一个直径为 100mm 的圆，将其拆分后设置其颜色为（C：54；M：47；Y：54；K：0）、“线宽”为 0.2mm、“样式”为“虚线”（相比步骤（11）中的虚线，此虚线更长一些），如图 12-217 所示，设置完成后的效果如图 12-218 所示。

图 12-217 设置参数

图 12-218 完成设置后的效果

(15) 使用椭圆工具在步骤（11）和（12）中绘制的圆的一端分别绘制两个直径为 2.5mm 的圆，并为其填充相对应的圆的颜色，然后在步骤（3）中绘制的圆环右上侧输入此楼盘的名字，效果如图 12-219 所示。

(16) 将步骤（8）中输入的字母逐个复制，然后放置在背景图层之上的圆环边缘，并将这些字母转换为曲线，再使用形状工具将其变形，使其贴合圆的曲线，效果如图 12-220 所示。

图 12-219 绘制圆

图 12-220 复制并设置字母

(17) 使用钢笔工具结合形状工具绘制一些日常生活中奢侈品的简笔画，并填充颜色为（C：50；M：47；Y：47；K：0），如图 12-221 所示。

图 12-221 绘制简笔画

(18) 将上一步骤完成的图形群组，然后复制一份，进行缩放后，将两份简笔画分别放置在有英文字母的圆的一端，效果如图 12-222 所示。

图 12-222 群组并复制

(19) 使用椭圆工具绘制一个直径为 25.5mm 的圆，将其颜色填充为（C：55；M：49；Y：49；K：0），并将其原地复制，设置大小为 23.5mm、填充颜色为（C：78；M：80；Y：98；K：68）。然后再次将圆原地复制，设置大小为 23mm、填充颜色为白色，再使用透明工具为其制作透明效果，使其逐渐往下透明化，效果如图 12-223 所示。

(20) 在圆的右下角绘制矩形“手把”，设置其颜色为（C：54；M：51；Y：55；K：0），然后将整个“放大镜”群组，再原地复制，填充颜色为（C：71；M：74；Y：84；K：49），按键盘上的方向键“↓”5 次，效果如图 12-224 所示。

图 12-223 绘制并设置圆

图 12-224 绘制手把

(21) 在放大镜的中心绘制一个直径为 23mm 的圆，并去掉轮廓线，执行“效果 / 透镜”命令，在打开的泊坞窗中设置透镜效果为“鱼眼”、比例为 100%。使用文本工具输入汉字“中心”，并填充颜色为（C：7；M：5；Y：18；K：0），设置字体为“黑体”、大小为 37mm，然后将制作好的鱼眼效果的圆放置在文字上，使其中心对齐，将其群组放置在上一步骤完成的放大镜中，并群组，效果如图 12-225 所示。

图 12-225 绘制圆及设置文字

(22) 使用文本工具分别输入“大城南”、“生活圈”，并填充颜色为（C：7；M：5；Y：18；K：0），设置字体为“黑体”、大小为 44pt，然后将放大镜放置在文字的中间，效果如图 12-226 所示。

图 12-226 输入并设置文字

(23) 在上一步骤完成的文字上方输入其英文翻译，然后设置字体为“Embassy BT”、大小为 16pt，将其颜色填充为与汉字的颜色一样，并将其群组，放置在如图 12-227 所示的位置。

(24) 在整个广告页面的下方输入此楼盘的名称、开发商、投资商、地址、电话号码等信息，如图 12-228 所示。

(25) 完成以上步骤后，此广告的最终效果如图 12-229 所示。

图 12-227 输入并设置英文

图 12-228 输入信息

图 12-229 本例的最终效果

# 实例 07 卖场广告设计

**案例说明**

本例将制作一个最终效果如图 12-230 所示的数码卖场广告，在制作过程中需要使用星形工具、钢笔工具、形状工具、文本工具、椭圆工具和透明度工具等基本操作工具。

图 12-230　实例的最终效果

## 步骤提示

(1) 分别使用矩形工具和星形工具绘制一个矩形和星形，并使用透明度工具为星形应用辐射透明效果，如图 12-231 所示。

(2) 使用钢笔工具和星形工具绘制人物剪影和星形对象，然后结合使用矩形工具、形状工具和“合并”命令绘制一个箭头形状，如图 12-232 所示。

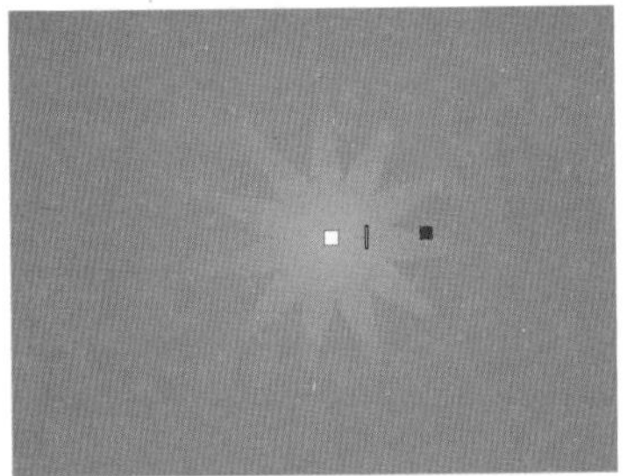

图 12-231　绘制矩形和星形

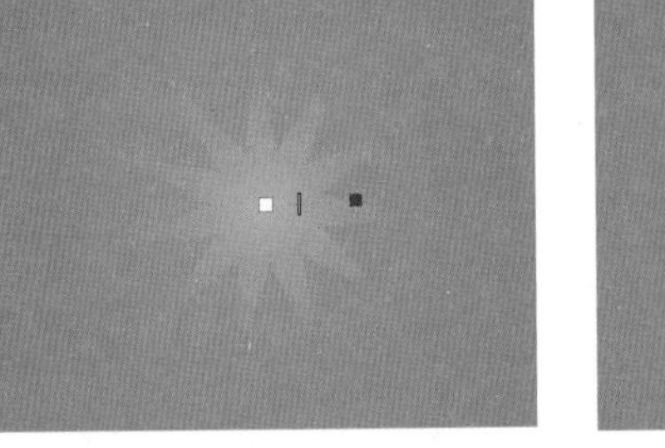

图 12-232　绘制一组图形

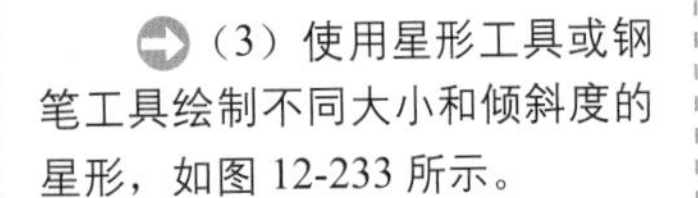

(3) 使用星形工具或钢笔工具绘制不同大小和倾斜度的星形，如图 12-233 所示。

(4) 使用椭圆工具绘制该数码广场的 Logo，如图 12-234 所示。在绘制 Logo 中的同心圆时，可以先按“+”键复制圆形，然后按住 Shift 键调整圆形的大小。

图 12-233　绘制不同倾斜度的星形

图 12-234　绘制卖场 Logo

(5) 添加广告中的文字信息，如图 12-235 所示。

图 12-235　添加文字信息

# 实例 08 汽车广告设计

**案例说明**

本例将制作一个汽车广告，最终效果如图 12-236 所示，在制作过程中需要使用椭圆工具、钢笔工具、星形工具、形状工具、交互式填充工具、透明度工具、阴影工具、文本工具等基本操作工具。

图 12-236 实例的最终效果

## 步骤提示

(1) 使用矩形工具和交互式填充工具绘制背景矩形，然后使用钢笔工具结合“转换”泊坞窗中的“旋转”选项绘制背景中的发散对象，并使用透明度工具为该对象应用辐射透明效果，如图 12-237 所示。

(2) 使用钢笔工具、交互式填充工具并结合“复制”命令绘制如图 12-238 所示的云朵对象。在绘制其中一个云朵对象时，需要使用下方的一个云朵对象对其进行修剪。在绘制另一个云朵对象时，还需要使用“图框精确剪裁”命令。

图 12-237 绘制矩形和发散对象

图 12-238 绘制云朵对象

(3) 使用椭圆工具和透明度工具绘制一个透明的圆形，并使用钢笔工具、透明度工具和“转换”泊坞窗绘制发散对象，然后将发散对象精确剪裁到一个椭圆形中，效果如图 12-239 所示。

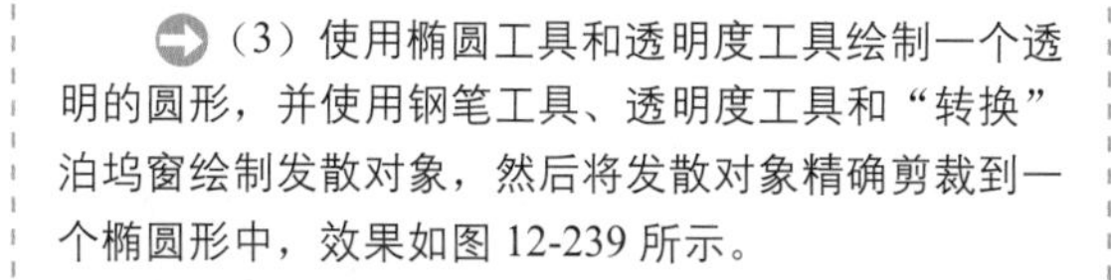

(4) 使用椭圆工具和“复制”命令绘制彩虹的圆环，并绘制一个矩形对圆环进行修剪。使用形状工具选择修剪后的对象底部的一个节点，然后单击属性栏中的“断开曲线连接”按钮，再删除连接底部线条的左、右两个节点，即可绘制出如图 12-240 所示的彩虹效果。

图 12-239 绘制圆形和发散对象

图 12-240 绘制彩虹对象

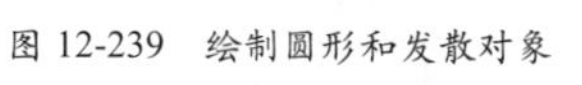

(5) 使用钢笔工具、交互式填充工具、透明度工具和“复制”命令，绘制如图 12-241 所示的蝴蝶对象。

(6) 使用星形工具、透明度工具和“复制”命令绘制背景上的星形，如图 12-242 所示。

图 12-241 绘制蝴蝶对象

图 12-242 绘制星形

（7）使用文本工具添加广告中的Logo和文字信息。在制作画面右下角处的Logo时，需要使用交互式填充工具为Logo填充深灰到浅灰再到深灰的线性渐变色。在添加画面上方的广告语时需要取消文字的填充色，然后为其添加宽度为0.8mm的白色轮廓，如图12-243所示。

（8）绘制一个与页面大小相同的矩形，然后将广告画面精确剪裁到该矩形对象中，如图12-244所示。

图 12-243　添加文字和Logo信息

图 12-244　本例的最终效果

# 实　例　提　高

## 实例 09　美食文化节宣传海报

**案例说明**

本例将制作一个美食文化节的宣传海报，最终效果如图12-245所示，在制作过程中需要使用椭圆工具、钢笔工具、透明度工具、阴影工具、文本工具等基本操作工具。

图 12-245　实例的最终效果

## 实例 10　西餐厅广告设计

**案例说明**

本例将制作一个最终效果如图12-246所示的西餐厅广告，在制作过程中需要使用矩形工具、钢笔工具和文本工具等基本操作工具。

图 12-246　实例的最终效果

# 第 13 章 服装与配饰设计

CorelDRAW 具有强大的绘图功能，能够绘制出各种漂亮的服装款式图。本章将介绍女装上装、裙装，男装上装、裤装，童装上装、裤装、裙装等款式的设计，希望读者学完本章之后能够使用 CorelDRAW 随心所欲地进行服装款式的设计。

儿童 T 恤设计

女童短裤设计（正面）

女士帽子设计

耳坠设计

运动 T 恤设计（正面）

吊带设计

男式毛衣设计（正面）

裙装设计

绘制手表

# 实 例 入 门

## 实例 01 儿童 T 恤设计

**案例说明**

本例将绘制一个最终效果如图 13-1 所示的儿童 T 恤，在绘制过程中需要使用贝塞尔工具、形状工具、对象的镜像等。

图 13-1 实例的最终效果

### 操作步骤

（1）使用工具箱中的贝塞尔工具结合形状工具绘制图形，并填充颜色为浅黄色，如图 13-2 所示。

（2）使用工具箱中的贝塞尔工具绘制衣领，并填充颜色为绿色，如图 13-3 所示。

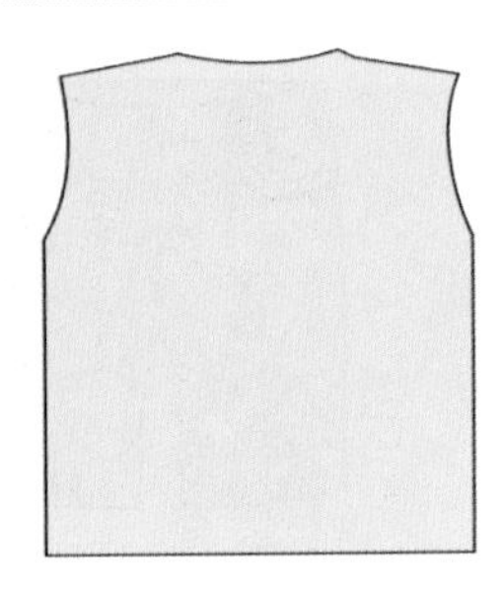

图 13-2 绘制图形

图 13-3 绘制衣领

（3）使用工具箱中的贝塞尔工具绘制袖子，并填充颜色为绿色，如图 13-4 所示。

（4）选中袖子，按小键盘上的“+”键复制袖子。然后单击属性栏中的“水平镜像”按钮对复制的图形进行水平镜像，再将其水平移动到右边，如图 13-5 所示。

图 13-4 绘制袖子

图 13-5 复制袖子

（5）使用工具箱中的贝塞尔工具绘制一条直线，在属性栏中改变直线的样式为虚线，如图 13-6 所示。

（6）按 Ctrl+I 组合键导入素材文件（素材 / 第 13 章 / 儿童 T 恤设计 / 猴子 .cdr），如图 13-7 所示。把素材放到 T 恤中，得到本例的最终效果。

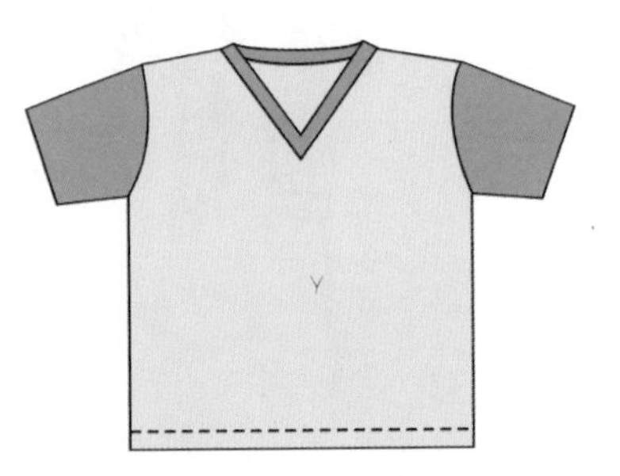

图 13-6 绘制虚线

图 13-7 导入素材

# 实例 02 蛋糕裙设计

**案例说明**

本例将绘制如图 13-8 所示的蛋糕裙，在绘制过程中主要使用了椭圆工具、“轮廓笔”对话框、钢笔工具等。

图 13-8 实例的最终效果

## 操作步骤

(1) 使用工具箱中的钢笔工具绘制裙子的腰头，如图 13-9 所示。然后使用钢笔工具绘制如图 13-10 所示的图形，并填充颜色为（C：100；M：0；Y：0；K：0），如图 13-11 所示。

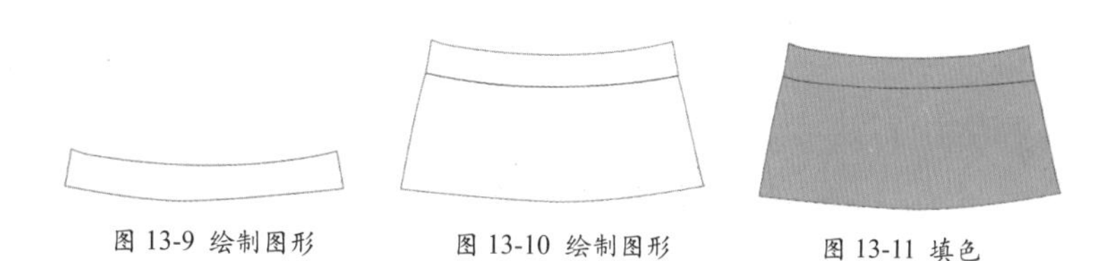

图 13-9 绘制图形　图 13-10 绘制图形　图 13-11 填色

(2) 使用工具箱中的钢笔工具绘制图形，并填充颜色为（C：40；M：0；Y：0；K：0），如图 13-12 所示。然后使用工具箱中的钢笔工具绘制曲线，如图 13-13 所示。

图 13-12 绘制图形并填色

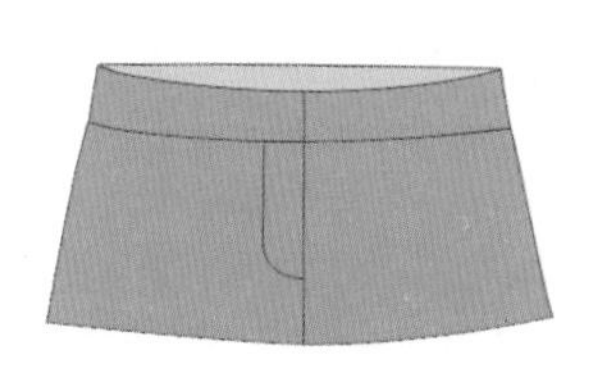

图 13-13 绘制曲线

(3) 按 F7 键激活椭圆工具，在按住 Ctrl 键的同时拖动鼠标绘制一个圆。然后选中圆，按小键盘上的“+”键在原处复制一个圆，再按住 Shift 键向内等比例缩小圆，并填充圆的颜色为（C：20；M：20；Y：0；K：0），如图 13-14 所示。

(4) 使用工具箱中的钢笔工具绘制如图 13-15 所示的图形，并填充颜色为（C：40；M：0；Y：0；K：0）。

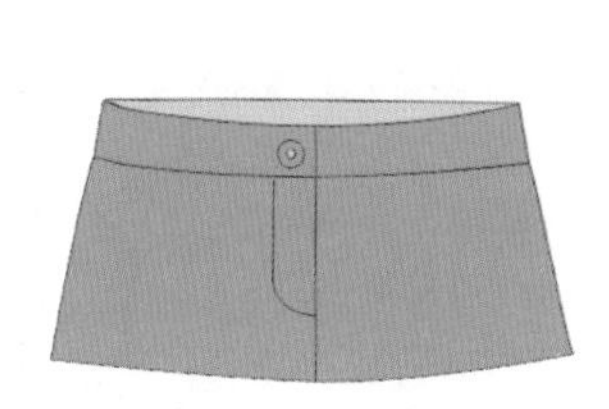

图 13-14 绘制圆

图 13-15 绘制图形

(5) 使用工具箱中的钢笔工具绘制如图 13-16 所示的图形，并填充颜色为（C：40；M：0；Y：0；K：0）。

图 13-16 绘制图形

(6) 选中前面绘制的几个图形，改变它们的轮廓宽度为1mm，如图 13-17 所示。然后使用工具箱中的钢笔工具绘制如图 13-18 所示的曲线。

(7) 使用工具箱中的钢笔工具绘制裙的腰头、下摆等处的线条，如图13-19所示。然后选中曲线，按F12键打开“轮廓笔”对话框，设置轮廓宽度为0.75mm，选择如图13-20所示的样式，单击“确定”按钮，得到本例的最终效果。

图 13-17 改变轮廓宽度

图 13-18 绘制曲线

图 13-19 绘制曲线

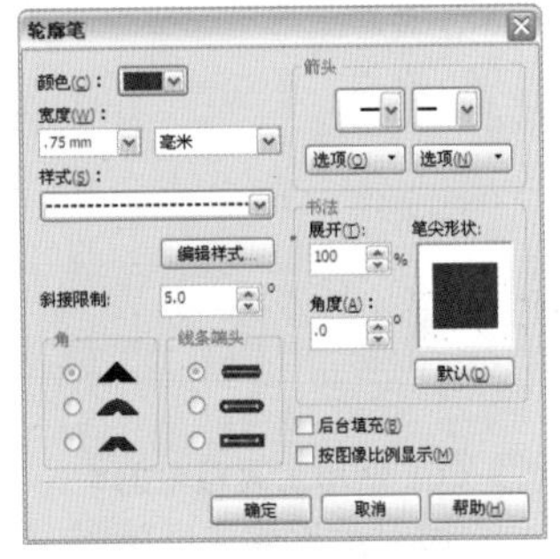


图 13-20 “轮廓笔”对话框

## 实例 03 女士帽子设计

**案例说明**

本例将绘制如图 13-21 所示的帽子，在绘制过程中主要使用了钢笔工具、“轮廓笔”对话框。

图 13-21 实例的最终效果

## 操作步骤

(1) 使用工具箱中的钢笔工具绘制图形，并填充颜色为（C：3；M：46；Y：21；K：0），设置轮廓宽度为 1.4mm，如图 13-22 所示。然后使用钢笔工具绘制两条曲线，轮廓宽度为 0.5mm，如图 13-23 所示。

(2) 使用工具箱中的钢笔工具绘制如图 13-24 所示的图形，填充颜色为（C：3；M：4；Y：12；K：0），并去掉轮廓。

(3) 使用工具箱中的钢笔工具绘制如图 13-25 所示的几条线条。然后选中曲线，按 F12 键打开“轮廓笔”对话框，设置轮廓宽度和样式如图 13-26 所示，单击“确定”按钮，得到如图 13-27 所示的效果。

图 13-22 绘制图形并填色

图 13-23 绘制曲线

图 13-24 绘制图形

图 13-25 绘制曲线

（4）使用工具箱中的钢笔工具绘制如图 13-28 所示的曲线。

（5）按 Ctrl+I 组合键导入素材文件（素材 / 第 13 章 / 女士帽子设计 / 花 .png），然后把花放到帽子上，最终效果如图 13-29 所示。

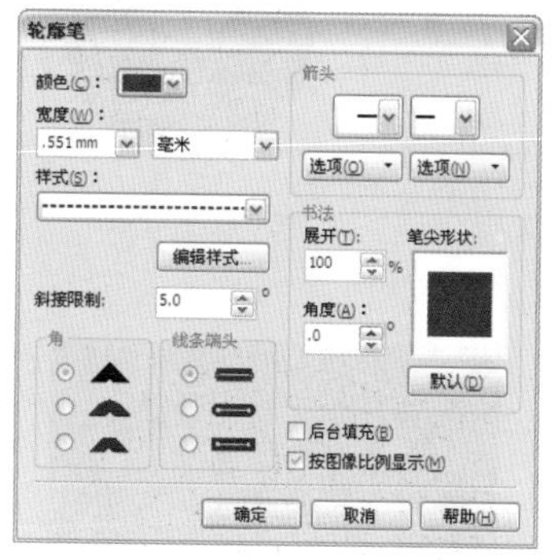


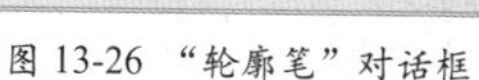
图 13-26 “轮廓笔”对话框

图 13-27 轮廓效果

图 13-28 绘制曲线

图 13-29 最终效果

# 实例 04 耳坠设计

**案例说明**

本例将绘制效果如图 13-30 所示的耳坠，主要介绍了钢笔工具、形状工具、椭圆工具、填充工具等工具的使用方法和技巧。

图 13-30 实例的最终效果

## 操作步骤

（1）选择工具箱中的矩形工具，在按住 Ctrl 键的同时绘制一个正方形（长：115mm；宽：115mm），并将其填充为白色。

（2）选择工具箱中的椭圆工具，在按住 Ctrl 键的同时在正方形图层上绘制一个直径为 55mm 的圆，再以此圆为基础绘制如图 13-31 所示的图形。

（3）图形绘制完成后，将圆删除，然后选中绘制的图形，按 F12 键，在打开的“轮廓笔”对话框中设置其轮廓颜色为（C：65；M：82；Y：96；K：55）、轮廓宽度为“细线”，效果如图 13-32 所示。

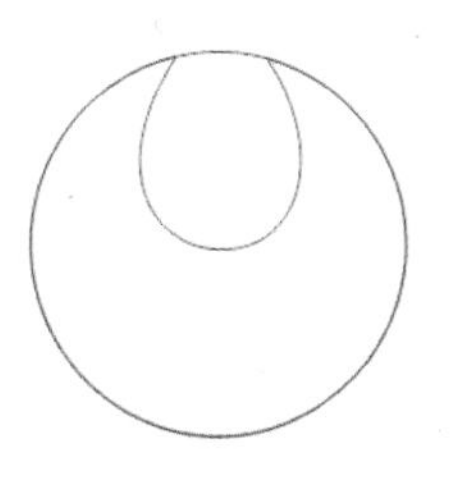
图 13-31 绘制圆

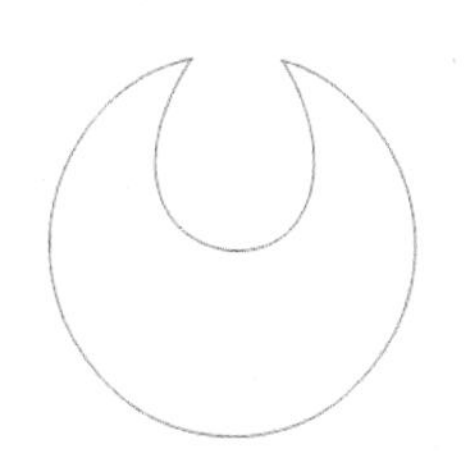
图 13-32 删除圆

(4) 在选中所绘制图形的情况下，按F11键，为其进行渐变填充，设置填充类型为“辐射”，水平位置为-10、垂直位置为-9，自定义颜色起点为（C：81；M：87；Y：89；K：73）、终点为（C：49；M：93；Y：100；K：26），然后从起点拖出一个颜色块，设置其位置为15%，再从终点拖出两个颜色块，放置在如图13-33所示的位置，完成设置后效果如图13-34所示。

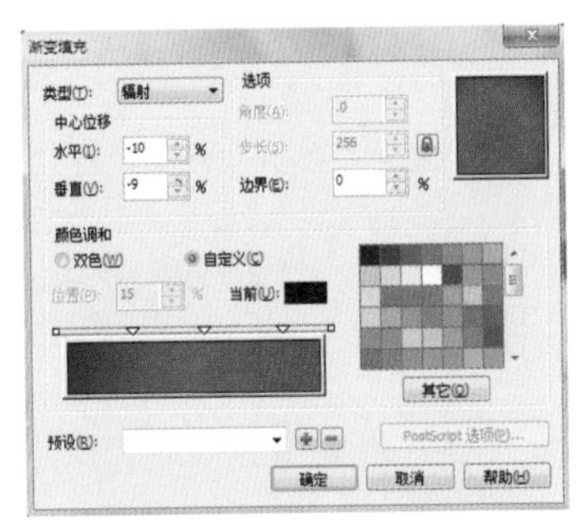


图13-33 参数设置

图13-34 效果图

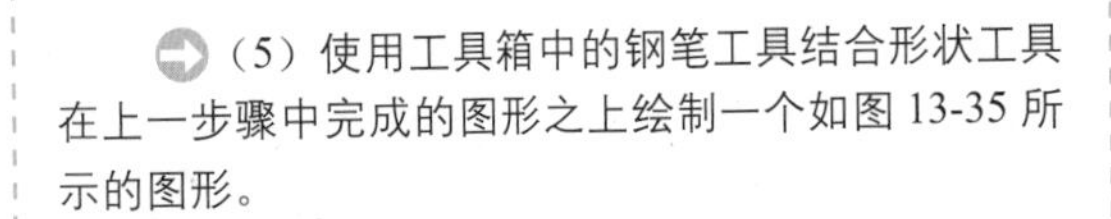

(5) 使用工具箱中的钢笔工具结合形状工具在上一步骤中完成的图形之上绘制一个如图13-35所示的图形。

(6) 使用钢笔工具绘制如图13-36所示的图形。

图13-35 绘制图形

图13-36 使用钢笔工具绘图

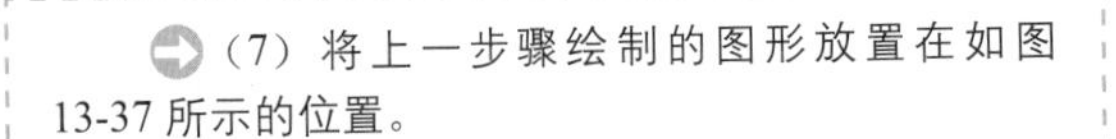

(7) 将上一步骤绘制的图形放置在如图13-37所示的位置。

(8) 使用钢笔工具绘制如图13-38所示的图形。

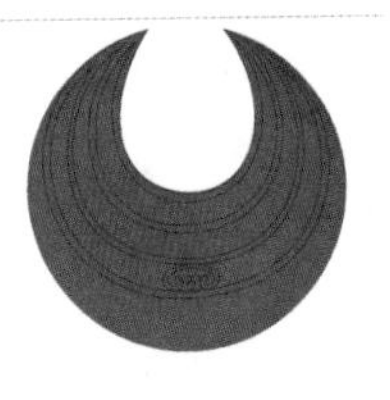

图13-37 放置图形

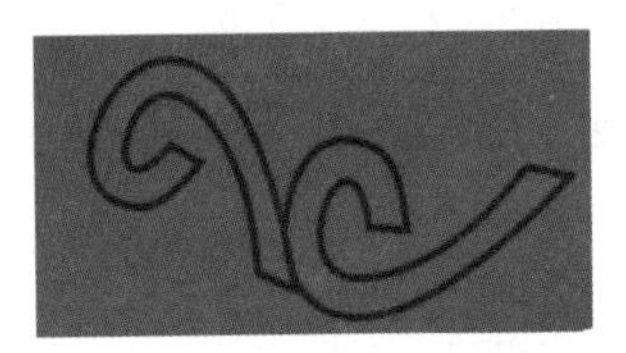

图13-38 使用钢笔工具绘图

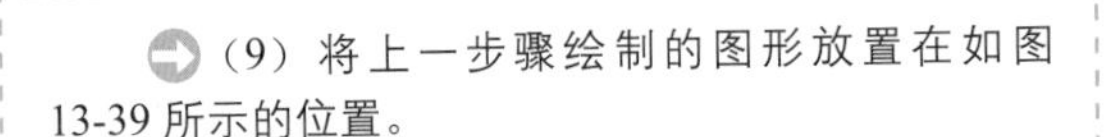

(9) 将上一步骤绘制的图形放置在如图13-39所示的位置。

(10) 将步骤(8)绘制的图形进行多次复制，再分别进行大小、形状的变换，放置在如图13-40所示的位置。

图13-39 放置图形

图13-40 进行复制、变换

(11) 将上一步骤制作好的图形群组，然后复制，再进行大小、形状的变换，并放置在如图13-41所示的位置。

(12) 使用钢笔工具结合形状工具在图形中绘制如图13-42所示的线条，并设置其线宽为0.75mm。

图13-41 变换并放置图形

图13-42 绘制线条

(13) 使用工具箱中的椭圆工具，在按住Ctrl键的同时绘制一个直径为5mm的圆，再将此圆复制，设置其直径为2.5mm，并使所复制圆的中心在原始圆中心偏上的位置。然后将两个圆选中，在其选属性中单击“修剪”按钮，最后将中间修剪出来的小圆删除，效果如图13-43所示。

(14) 以上一步骤完成的空心圆为基准，绘制如图13-44所示的耳环钩图形。

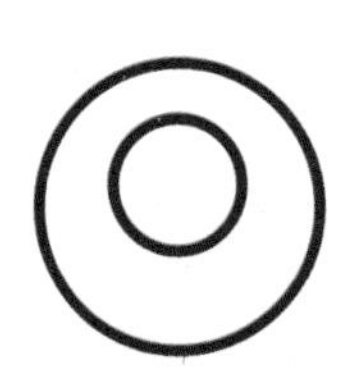

图13-43 绘制圆

图13-44 绘制耳环钩图形

（15）在空心圆的下方绘制如图 13-45 所示的图形。

（16）将空心圆复制 4 个，然后进行大小变换，并放置在如图 13-46 所示的位置。

（17）将上一步骤制作完成的图形群组，放置在步骤（12）完成的图层之下，并放置在如图 13-47 所示的位置。

（18）将步骤（5）至步骤（17）绘制的全部图形选中，进行群组，再按 F11 键，在打开的“渐变填充”对话框中设置填充类型为“线性”、角度为 -47.5、边界为 7；自定义颜色起点为（C：2；M：4；Y：5；K：0），在位置 44% 处添加一个颜色块，设置颜色为（C：32；M：24；Y：31；K：0）；在位置 69% 处添加一个颜色块，设置颜色为（C：11；M：9；Y：11；K：0）；设置终点色为（C：31；M：38；Y：41；K：0），然后从起点拖出一个颜色块，设置其位置为 30%，如图 13-48 所示，完成设置后效果如图 13-49 所示。

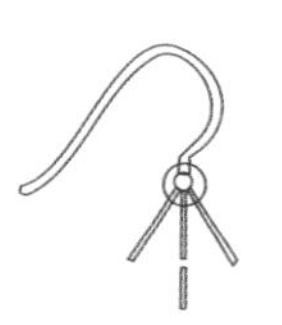

图 13-45 绘制图形

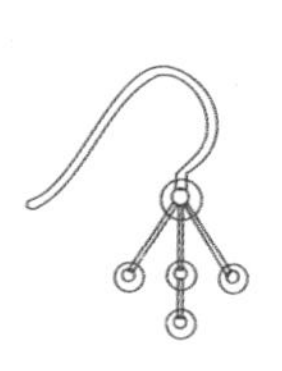

图 13-46 复制并放置空心圆

图 13-47 放置图形

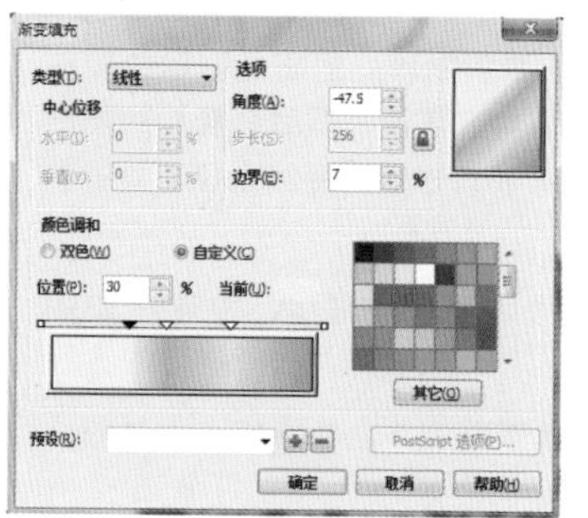


图 13-48 设置参数

图 13-49 完成设置后的效果

（19）按 F12 键，在打开的“轮廓笔”对话框中设置其轮廓线颜色为（C：35；M：27；Y：29；K：0）、轮廓宽度为“细线”，效果如图 13-50 所示。

（20）选中步骤（12）绘制的曲线，按 F12 键，设置其颜色为（C：28；M：21；Y：27；K：0），效果如图 13-51 所示。

图 13-50 设置轮廓

图 13-51 设置曲线

（21）使用椭圆工具绘制一个直径为11.5mm的圆，然后进行渐变填充，设置其填充类型为“辐射”，水平位置为 - 2、垂直位置为18，边界为9，自定义颜色起点为（C：49；M：52；Y：75；K：1），在位置12%处添加一个颜色块，设置颜色为（C：57；M：67；Y：100；K：21）；设置终点色为（C：18；M：12；Y：31；K：0），然后从终点色拖出一个颜色块，设置其位置为55%，从第一个颜色块拖出一个颜色块，位置为38%如图13-52所示，完成设置后效果如图13-53所示。

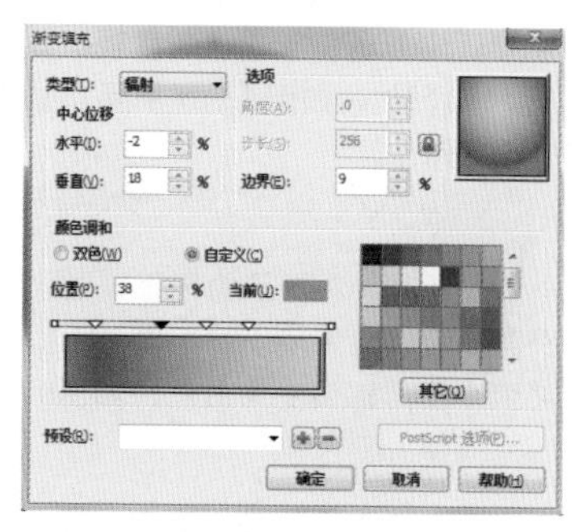


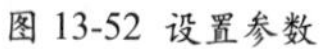

图 13-52 设置参数

图 13-53 设置后的效果图

（22）使用钢笔工具在圆球体上绘制一个如图 13-54 所示的图形，并为其填充颜色（C：30；M：31；Y：31；K：0），再将其轮廓线去掉。

（23）使用透明工具为上一步骤完成的图形制作透明效果，设置其角度边界为 250，效果如图 13-55 所示。

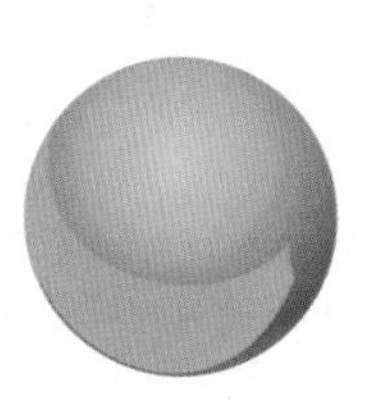

图 13-54 绘制图形

图 13-55 透明效果

（24）绘制一个如图 13-56 所示的图形，并设置其透明度为 100，在其中心位置绘制一个小圆，设置透明度为 0，然后将两个图形都填充为白色。

（25）选择工具箱中的调和工具，单击小圆上的点，并向中心拖曳光标，如图 13-57 所示。

图 13-56 绘制图形

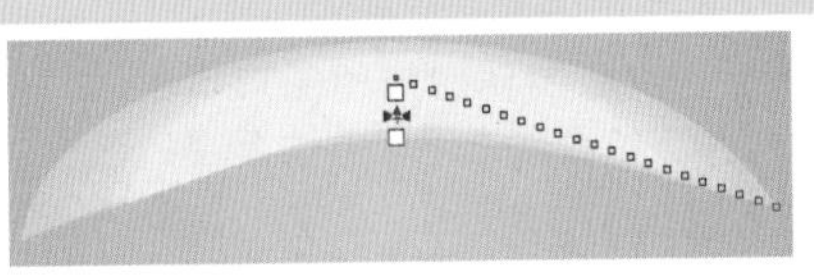
图 13-57 调和效果

（26）将上一步骤制作好的高光图形放置在如图 13-58 所示的位置，并复制，然后将复制的图形进行旋转和大小变换，将珍珠的轮廓线去掉，放置在合适的位置。

（27）将制作好的珍珠群组，放置在如图 13-59 所示的位置。

（28）将珍珠复制一个，并进行大小缩放，放置在如图 13-60 所示的位置。

（29）使用椭圆工具绘制一个直径为 7.5mm 的圆，然后进行渐变填充，设置其填充类型为“辐射”，水平位置为 -8、垂直位置为 25，边界为 9，自定义颜色起点为（C：16；M：35；Y：18；K：0），在位置 12%处添加一个颜色块，设置颜色为（C：39；M：62；Y：32；K：0）；在位置 47%处添加一个颜色块，设置颜色为（C：10；M：27；Y：9；K：0）；设置终点色为（C：6；M：10；Y：10；K：0）。然后从终点色拖出两个颜色块，设置其位置为 76%和 92%，从第一个颜色块向两边各自拖出一个颜色块，位置为 5%和 15%，从第二个颜色块向两边各自拖出一个颜色块，位置为 40%和 53%，如图 13-61 所示，完成设置后效果如图 13-62 所示。

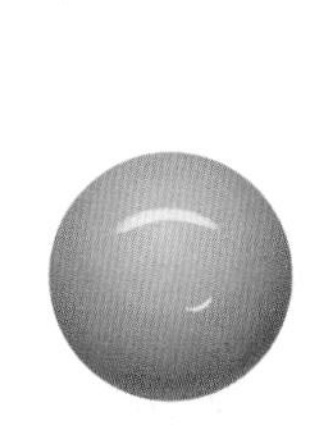
图 13-58 设置高光图形

图 13-59 放置珍珠

图 13-60 复制并放置珍珠

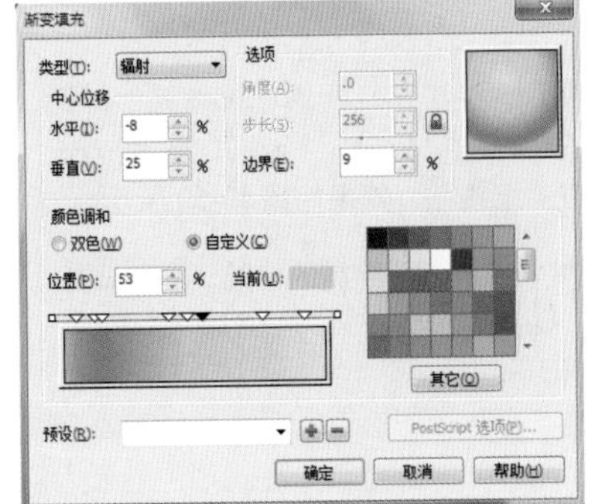

图 13-61 设置参数

图 13-62 设置后的效果

（30）绘制一个如图 13-63 所示的图形，并设置透明度为 100，在其中心位置绘制一个小圆，设置透明度为 0，然后将两个图形都填充为白色，如图 13-63 所示。

（31）选择工具箱中的调和工具，单击小圆上的点，并向中心拖曳光标，如图 13-64 所示。

图 13-63 绘制图形

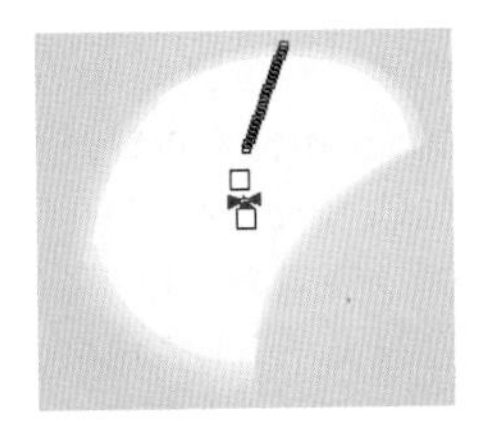
图 13-64 调和工具效果

（32）将上一步骤制作好的高光图形放置在如图 13-65 所示的位置，并复制，然后将复制的图形进行旋转和大小变换，将珍珠的轮廓线去掉，放置在合适的位置。

（33）将制作好的珍珠群组，并复制 3 个，然后将珍珠复制一个，并进行大小缩放，放置在如图 13-66 所示的位置。

图 13-65 调整高光

图 13-66 复制并放置珍珠

（34）使用椭圆工具绘制一个横直径为 4.7mm、竖直径为 3mm 的椭圆，然后进行渐变填充，设置其填充类型为“辐射”，水平位置为 -1、垂直位置为 33，自定义颜色起点为（C：58；M：69；Y：32；K：0），中间色为（C：53；M：83；Y：15；K：0），终点色为（C：4；M：21；Y：0；K：0）。然后从中间色向左拖出一个颜色块，设置其位置为 29%，如图 13-67 所示，完成设置后将其轮廓线去掉，效果如图 13-68 所示。

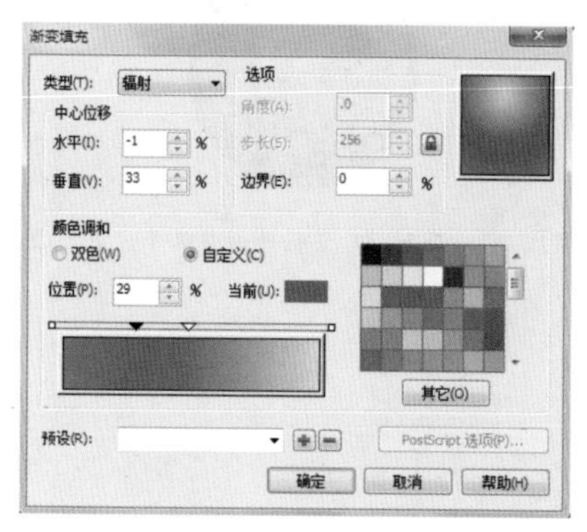


图 13-67 设置参数

图 13-68 去掉轮廓线

（35）使用椭圆工具绘制一个横直径为 1.5mm、竖直径为 0.8mm 的椭圆，然后进行渐变填充，设置其填充类型为“辐射”，自定义颜色起点为（C：56；M：79；Y：22；K：0）、中间色为（C：79；M：100；Y：50；K：10）、终点色为（C：81；M：100；Y：55；K：23）。然后从中间色向左拖出一个颜色块，设置其位置为 13%，从终点色向左拖出一个颜色块，设置其位置为 70，如图 13-69 所示，完成设置后将其轮廓线去掉，效果如图 13-70 所示。

（36）将上一步骤制作完成的珠子多次复制，并进行旋转和大小缩放，放置在如图 13-71 所示的位置。

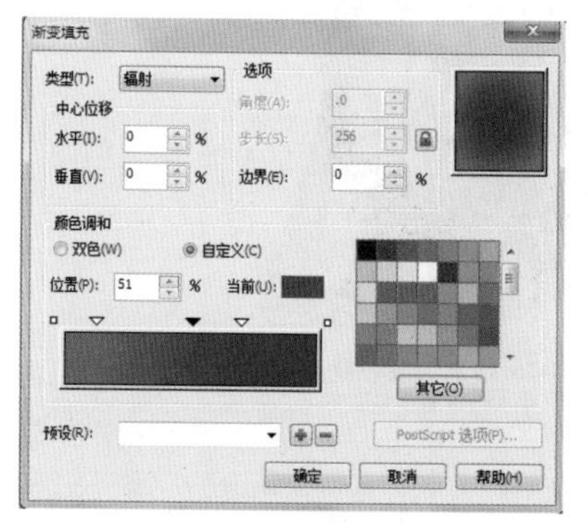


图 13-69 设置参数

图 13-70 去掉轮廓线

图 13-71 复制并调整珠子

（37）使用椭圆工具绘制一个横直径为 3.5mm、竖直径为 2.5mm 的椭圆，然后进行渐变填充，设置其填充类型为“辐射”，水平位置为 6、垂直位置为 -47，自定义颜色起点为（C：45；M：38；Y：54；K：0）、中间色为（C：0；M：0；Y：20；K：0）、终点色为（C：67；M：67；Y：100；K：37）。从终点色向左拖出一个颜色块，设置其位置为 86%，如图 13-72 所示，完成设置后将其轮廓线去掉，效果如图 13-73 所示。

（38）将上一步骤制作完成的珠子多次复制，并进行旋转和大小缩放，放置在如图 13-74 所示的位置。

（39）将制作好的耳环全部选中，进行群组，然后按 Ctrl+C 组合键、Ctrl+V 组合键进行原地复制。然后右击，执行“顺序 / 向后一层”命令，再将其填充为黑色，去掉轮廓线。最后按键盘上的右方向键“→”9 次，效果如图 13-75 所示。

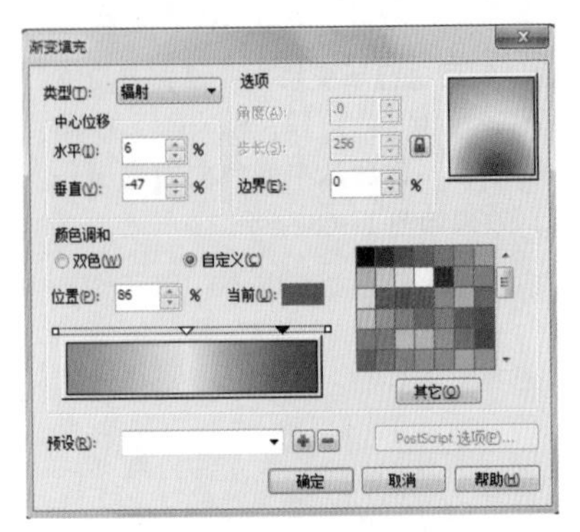


图 13-72 设置参数

图 13-73 去掉轮廓线

图 13-74 复制并调整珠子

图 13-75 进行最后调整

实例

## 05 吊带设计

**案例说明**

本例将绘制如图 13-76 所示的吊带，在绘制过程中主要使用了钢笔工具、颜色的填充、对象的裁剪等。

图 13-76 实例的最终效果

## 操作步骤

(1) 使用工具箱中的钢笔工具绘制如图 13-77 所示的图形。

(2) 选中上面的两个图形，填充它们的颜色为嫩绿色、轮廓色为绿色。选中中间的两个图形，填充它们的颜色为黄色。选中最下面的图形，改变轮廓色为（C：0；M：0；Y：60；K：20），如图 13-78 所示。

图 13-77 绘制图形

图 13-78 填色

（3）使用工具箱中的钢笔工具绘制如图 13-79 所示的图形，填充图形的颜色为黄色。

（4）使用工具箱中的钢笔工具绘制如图 13-80 所示的图形，填充图形的颜色为嫩绿，设置轮廓色为绿色、轮廓宽度为 0.7mm。

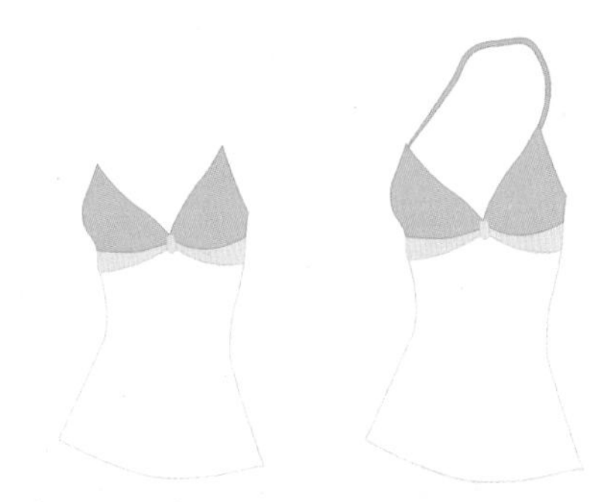

图 13-79 绘制图形　　图 13-80 绘制带子

（5）使用工具箱中的钢笔工具绘制如图 13-81 所示的几条曲线，改变曲线的轮廓色为绿色。

（6）按 Ctrl+I 组合键导入素材文件（素材 / 第 13 章 / 吊带设计 / 图案 .jpg），如图 13-82 所示。

（7）选中位图，按住鼠标右键不放，将其拖动到衣服最下面的图形中，当光标变为⊕形状时松开鼠标，在弹出的快捷菜单中选择“图框精确裁剪内部”命令，得到本例的最终效果。

图 13-81 绘制褶皱

图 13-82 打开素材

# 实 例 进 阶

## 实例 06 时尚女郎春装设计

**案例说明**

本例将绘制如图 13-83 所示的时尚女郎春装，在绘制过程中主要使用了钢笔工具、颜色的填充等。

图 13-83 实例的最终效果

## 步骤提示

(1) 使用工具箱中的钢笔工具绘制线稿，如图13-84所示。

(2) 选中人体，填充颜色为黑色，如图13-85所示。然后选中头发，填充颜色为（C：10；M：22；Y：45；K：0），如图13-86所示。

图 13-84 绘制线稿　　图 13-85 为皮肤填色　　图 13-86 为头发填色

(3) 选中裙子，填充颜色为（C：20；M：0；Y：60；K：0），如图13-87所示。然后选中衣服，填充颜色为（C：4；M：99；Y：100；K：0），填充暗部颜色为（C：47；M：100；Y：100；K：27），如图13-88所示。

图 13-87 为裙子填色

图 13-88 为外套填色

(4) 改变耳环的轮廓色为（C：29；M：70；Y：100；K：0），改变项链的轮廓色为白色，填充扣子的颜色为暗红色，改变扣子的轮廓色为白色，如图13-89所示。

(5) 填充鞋子的颜色为红色，如图13-90所示，然后去掉轮廓，得到本例的最终效果。

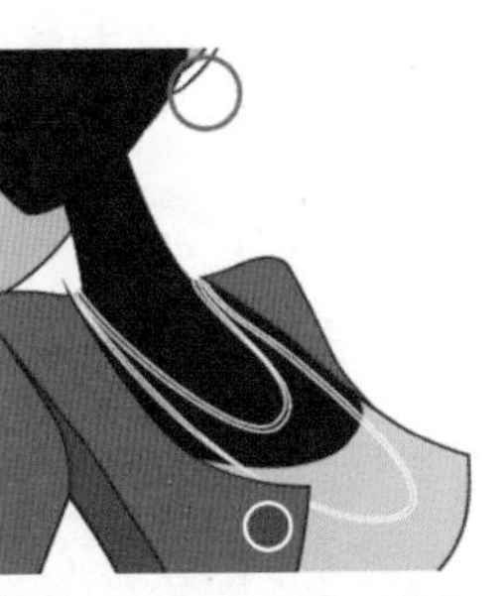

图 13-89 改变装饰物的颜色

图 13-90 为鞋子填色

# 实例 07 女童短裤设计（正面）

**案例说明**

本例将绘制如图 13-91 所示的女童短裤（正面），在绘制过程中主要使用了贝塞尔工具、形状工具、文本工具等。

图 13-91 实例的最终效果

## 步骤提示

(1) 使用工具箱中的贝塞尔工具结合形状工具绘制裤子的基本形状，并填充颜色为冰蓝，如图 13-92 所示。

(2) 使用工具箱中的贝塞尔工具绘制曲线，然后复制曲线，在两条曲线之间创建调和，如图 13-93 所示。

图 13-92 绘制裤子的基本形状

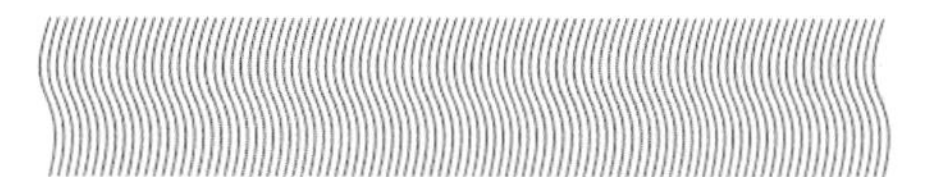

图 13-93 绘制曲线

(3) 将调和曲线裁剪到腰带中，如图 13-94 所示，然后按 Ctrl+I 组合键导入素材文件（素材 / 第 13 章 / 女童短裤设计（正面）/ 格子 .cdr），如图 13-95 所示。使用工具箱中的贝塞尔工具绘制口袋，将素材裁剪到口袋中。

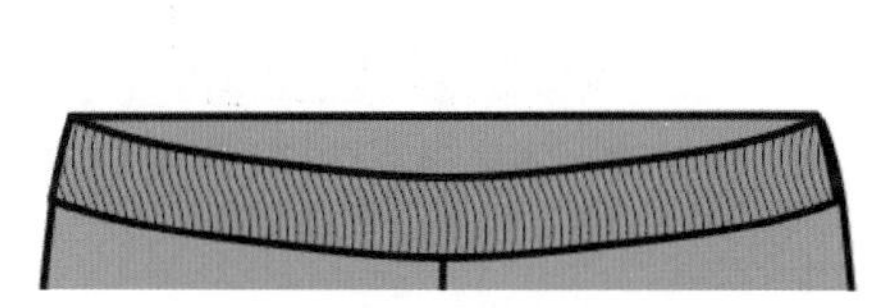

图 13-94 将调和曲线裁剪到腰带中

图 13-95 素材

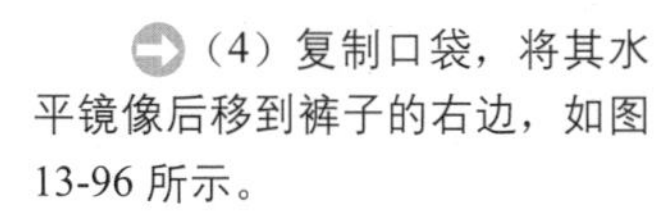

(4) 复制口袋，将其水平镜像后移到裤子的右边，如图 13-96 所示。

(5) 使用工具箱中的贝塞尔工具绘制曲线，并改变曲线的样式为虚线，如图 13-97 所示。

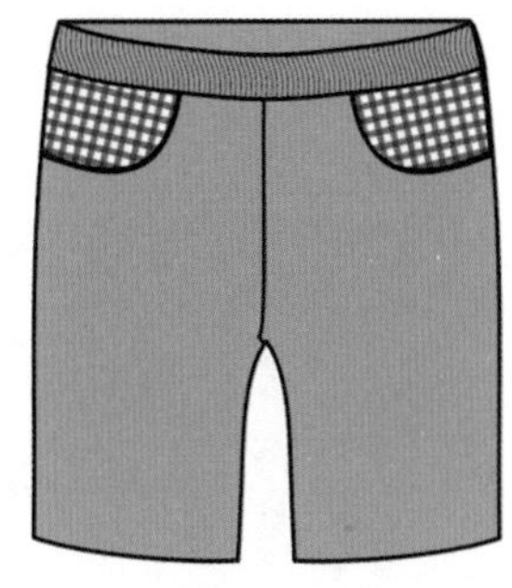

图 13-96 复制口袋

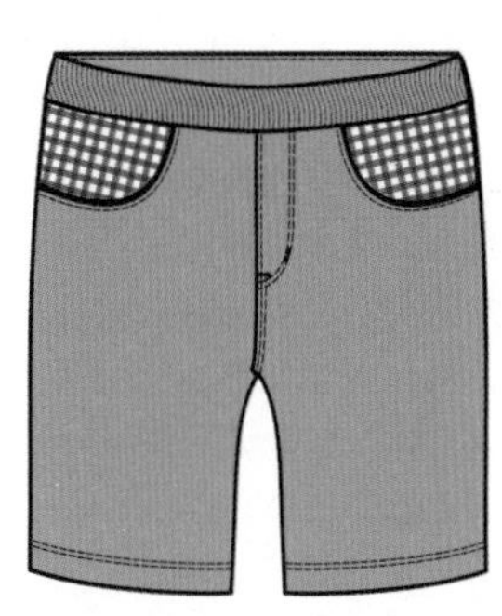

图 13-97 绘制曲线

（6）按 Ctrl+I 组合键导入素材文件（素材 / 第 13 章 / 女童短裤设计（正面）/ 兔子 .cdr），并将兔子放到短裤上，如图 13-98 所示。

（7）按 F8 键激活文本工具，输入装饰文字，方向为竖向，并为文字添加轮廓，得到本例的最终效果。

图 13-98 将兔子放到短裤上

## 实例 08 女童短裤设计（背面）

**案例说明**

本例将绘制如图 13-99 所示的女童短裤设计（背面），在绘制过程中主要使用了文本工具、贝塞尔工具等。

图 13-99 实例的最终效果

## 步骤提示

（1）用绘制短裤正面的方法绘制背面的基本图形，如图 13-100 所示。

（2）按 Ctrl+I 组合键导入素材文件（素材 / 第 13 章 / 女童短裤设计（背面）/ 格子 .cdr）。然后使用工具箱中的贝塞尔工具绘制口袋，将素材裁剪到口袋中，如图 13-101 所示。

（3）使用工具箱中的贝塞尔工具绘制曲线，改变曲线的样式为虚线，如图 13-102 所示。

图 13-100 绘制裤子的基本形状

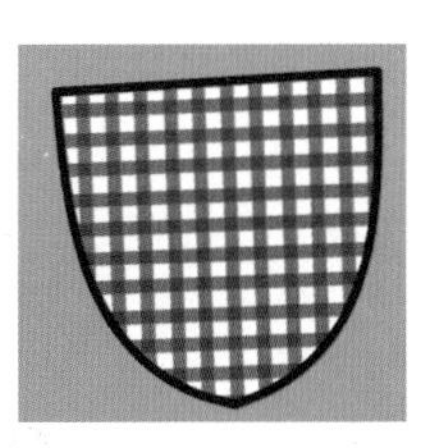

图 13-101 绘制口袋

图 13-102 绘制曲线

（4）按 F8 键激活文本工具，输入文字，颜色为黄色，并将文字旋转一定的角度，如图 13-103 所示。按 F12 键打开“轮廓笔”对话框，设置轮廓宽度和轮廓色，其余参数设置如图 13-104 所示，单击“确定”按钮，得到本例的最终效果。

图 13-103 输入文字

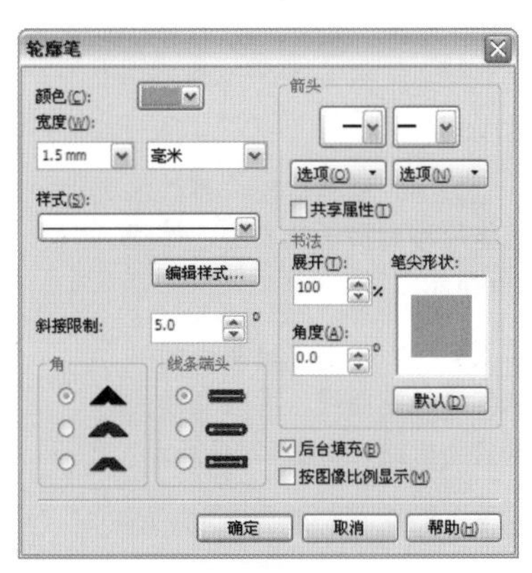


图 13-104 “轮廓笔”对话框

# 实例 09 荷叶边半裙设计

**案例说明**

本例将绘制如图 13-105 所示的荷叶边半裙，在绘制过程中主要使用了椭圆工具、形状工具、贝塞尔工具等。

图 13-105 实例的最终效果

## 步骤提示

(1) 使用工具箱中的贝塞尔工具结合形状工具绘制裙子的基本图形，填充腰部的颜色为绿色、裙子的颜色为黄色，如图 13-106 所示。

(2) 按 F7 键激活椭圆工具，绘制圆，并填充颜色为浅黄色和浅绿色，然后复制多个圆，效果如图 13-107 所示。

图 13-106 绘制裙子的基本图形

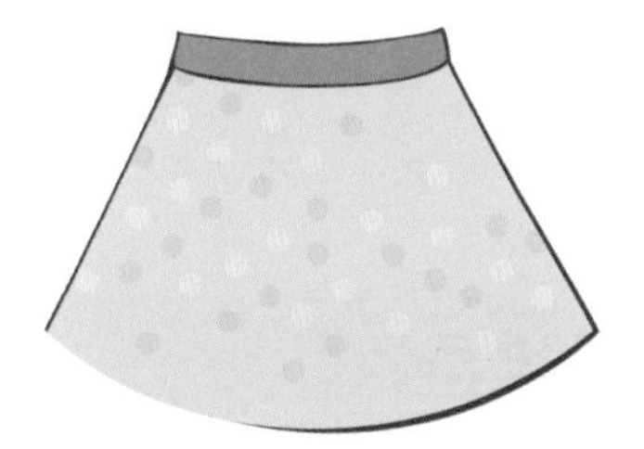

图 13-107 绘制圆

(3) 使用工具箱中的贝塞尔工具结合形状工具绘制裙摆图形，填充图形颜色为黑色，如图 13-108 所示。

(4) 使用工具箱中的贝塞尔工具结合形状工具绘制裙褶图形，填充图形颜色为黄色，如图 13-109 所示。

图 13-108 绘制裙摆图形

图 13-109 绘制裙褶图形

(5) 使用工具箱中的贝塞尔工具结合形状工具绘制第二层裙摆图形，填充图形颜色为黑色，如图 13-110 所示。

(6) 使用工具箱中的贝塞尔工具结合形状工具绘制裙褶图形，填充图形颜色为绿色，如图 13-111 所示。

图 13-110 绘制裙摆图形

图 13-111 绘制裙褶图形

(7) 使用工具箱中的贝塞尔工具和椭圆工具绘制蝴蝶结，然后复制多个蝴蝶结，得到本例的最终效果。

# 实例 10 运动 T 恤设计（正面）

**案例说明**

本例将绘制如图 13-112 所示的运动 T 恤（正面），在绘制过程中主要使用了贝塞尔工具、形状工具、颜色的填充等。

图 13-112 实例的最终效果

## 步骤提示

（1）使用工具箱中的贝塞尔工具结合形状工具绘制运动 T 恤的基本图形，填充图形颜色为白色，如图 13-113 所示。

（2）使用工具箱中的贝塞尔工具结合形状工具绘制肩部的图形，填充图形为红色和蓝色，如图 13-114 所示。

图 13-113 绘制运动 T 恤的基本图形

图 13-114 绘制肩部的图形

（3）使用工具箱中的贝塞尔工具绘制曲线，并改变曲线的样式为虚线，如图 13-115 所示。

（4）按 Ctrl+I 组合键导入素材文件（素材 / 第 13 章 / 运动 T 恤设计（正面）/ 图案 .cdr），如图 13-116 所示。然后把素材放到 T 恤中，得到本例的最终效果。

图 13-115 绘制曲线

图 13-116 素材

# 实例 11 运动 T 恤设计（背面）

**案例说明**

本例将绘制如图 13-117 所示的运动 T 恤（背面）。在绘制过程中主要使用了贝塞尔工具、形状工具、颜色的填充等。

图 13-117 实例的最终效果

## 步骤提示

（1）使用工具箱中的贝塞尔工具结合形状工具绘制运动 T 恤的基本图形，填充图形颜色为白色，如图 13-118 所示。然后选中袖子图形，填充图形颜色为肉色，如图 13-119 所示。

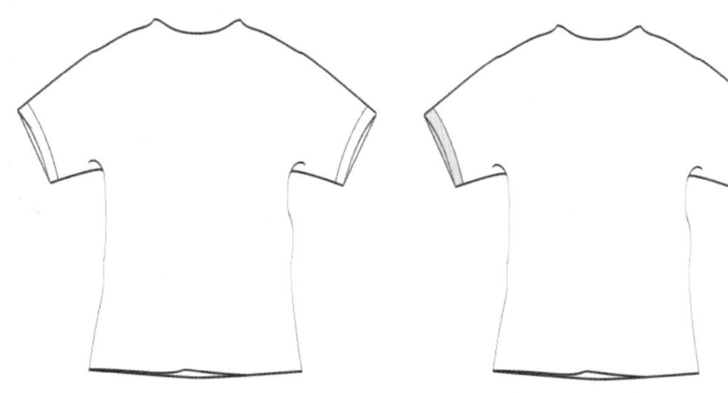

图 13-118 绘制运动 T 恤的基本图形　　图 13-119 为袖口填色

（2）使用工具箱中的贝塞尔工具结合形状工具绘制肩部的图形，填充图形为红色和蓝色，如图 13-120 所示。

（3）使用工具箱中的贝塞尔工具绘制曲线，并改变曲线的样式为虚线，如图 13-121 所示。

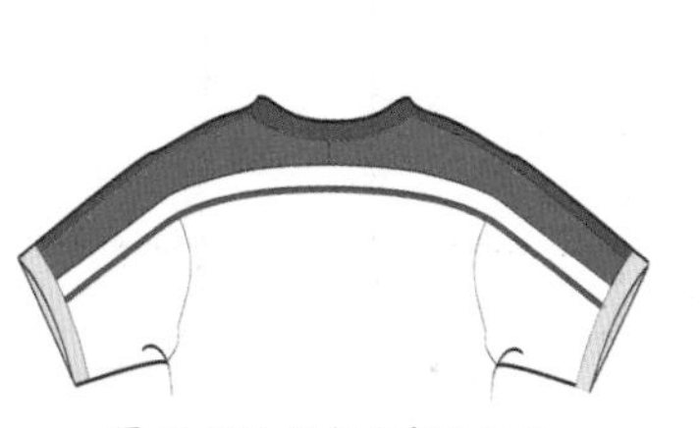

图 13-120 绘制肩部的图形

图 13-121 绘制曲线

# 实例 12 绘制袜子

**案例说明**

本例将绘制如图 13-122 所示的袜子，在绘制过程中主要使用了钢笔工具、文本工具等。

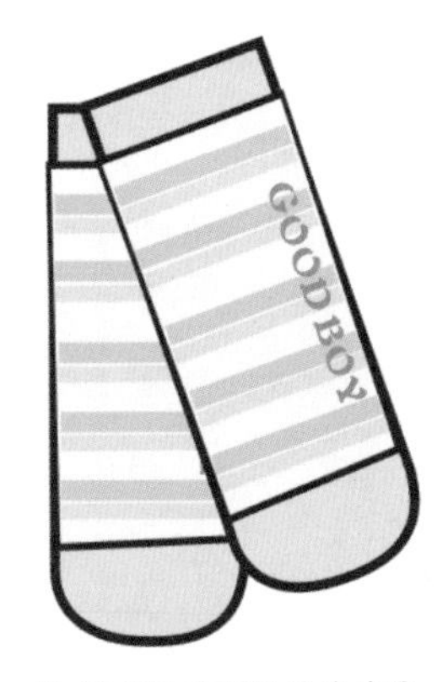


图 13-122 实例的最终效果

## 步骤提示

(1) 按 F6 键激活矩形工具绘制矩形，然后按 Ctrl+Q 组合键将矩形转换为曲线。按 F10 键激活形状工具，调整矩形的形状如图 13-123 所示，然后填充图形的颜色为黄色，设置轮廓宽度为 1mm，如图 13-124 所示。

(2) 使用工具箱中的钢笔工具绘制如图 13-125 所示的图形，填充图形颜色为白色，如图 13-126 所示。

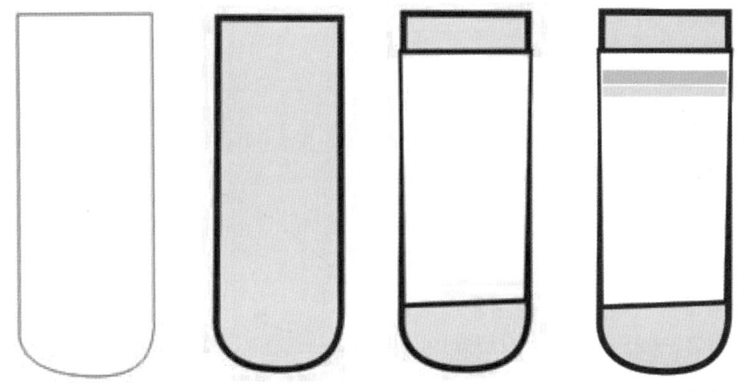

图 13-123 调整矩形形状　图 13-124 填色　图 13-125 绘制图形　图 13-126 绘制直线

(3) 使用工具箱中的钢笔工具绘制两条直线，改变直线的轮廓宽度为 2mm，轮廓色分别为（C：25；M：2；Y：15；K：0）和黄色，如图 13-127 所示。

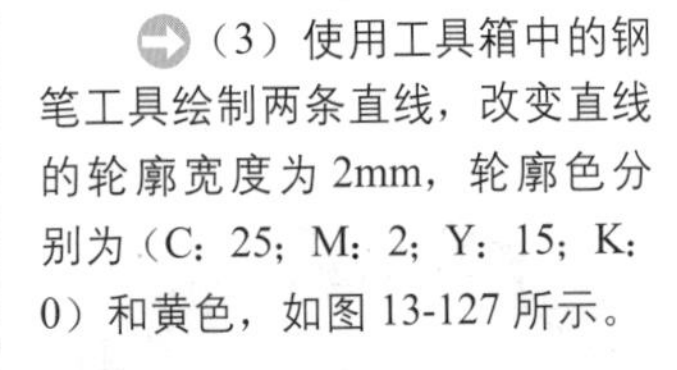

(4) 多次复制刚才绘制的两条直线，然后按 F8 键激活文本工具，输入文字，方向为竖向，字体为“方正剪纸简体”，如图 13-128 所示。

(5) 复制一只袜子，将它们分别旋转一定的角度，完成绘制的效果如图 13-129 所示。

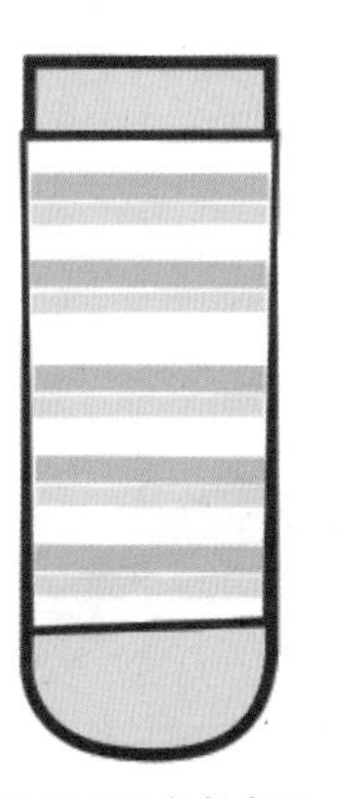

图 13-127 复制直线

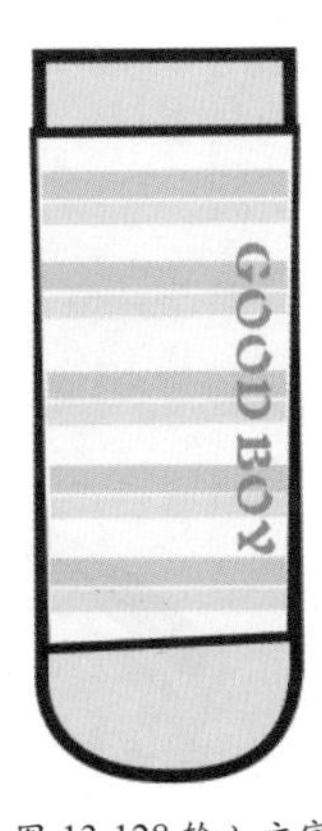


图 13-128 输入文字

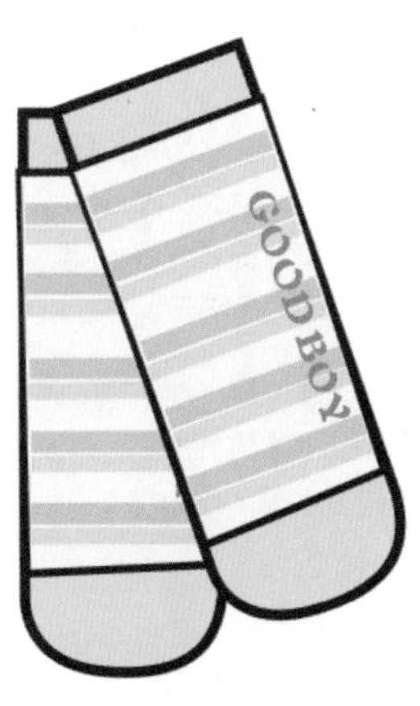


图 13-129 本例的最终效果

# 实 例 提 高

## 13 运动外套设计（正面）

**案例说明**

本例将绘制如图 13-130 所示的运动外套（正面），在绘制过程中主要使用了钢笔工具、形状工具、颜色的填充等。

图 13-130 实例的最终效果

## 14 运动外套设计（背面）

**案例说明**

本例将绘制如图 13-131 所示的运动外套（背面），在绘制过程中主要使用了钢笔工具、形状工具、对象的镜像等。

图 13-131 实例的最终效果

## 15 男式夹克设计

**案例说明**

本例将绘制如图 13-132 所示的男式夹克，在绘制过程中主要使用了椭圆工具、“轮廓笔”对话框、钢笔工具等。

图 13-132 实例的最终效果

## 实例 16 女童中裤设计

**案例说明**

本例将绘制如图 13-133 所示的女童中裤，在绘制过程中主要使用了基本形状工具、“轮廓笔”对话框、钢笔工具等。

图 13-133 实例的最终效果

## 实例 17 男式毛衣设计（正面）

**案例说明**

本例将绘制如图 13-134 所示的男式毛衣（正面），在绘制过程中主要使用了形状工具、颜色的填充、钢笔工具等。

图 13-134 实例的最终效果

## 实例 18 男式毛衣设计（背面）

**案例说明**

本例将绘制如图 13-135 所示的男式毛衣（背面），在绘制过程中主要使用了形状工具、颜色的填充、钢笔工具等。

图 13-135 实例的最终效果

# 19 裙装设计

**案例说明**

本例将绘制如图 13-136 所示的裙装，在绘制过程中主要使用了椭圆工具、“轮廓笔”对话框、钢笔工具等。

图 13-136 实例的最终效果

# 20 运动裤设计

**案例说明**

本例将绘制如图 13-137 所示的运动裤，在绘制过程中主要使用了文本工具、椭圆工具、钢笔工具等。

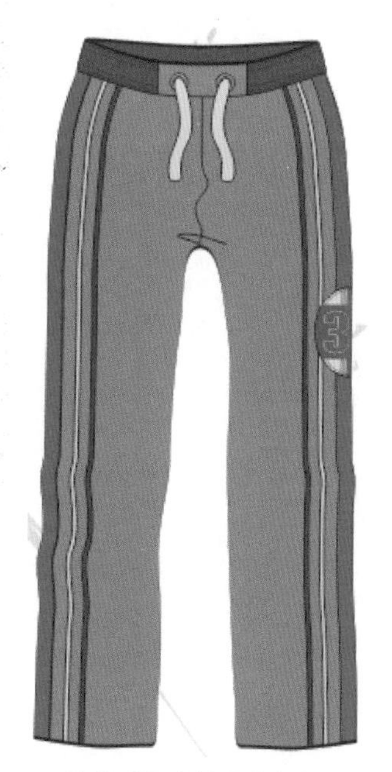

图 13-137 实例的最终效果

## 实例 21 绘制手镯

**案例说明**

本例将绘制如图 13-138 所示的手镯，在绘制过程中主要使用了椭圆工具、钢笔工具等。

图 13-138 实例的最终效果

## 实例 22 绘制手表

**案例说明**

本例将绘制如图 13-139 所示的手表。在绘制过程中主要使用了文本工具、椭圆工具、钢笔工具等。

图 13-139 实例的最终效果

# 第14章 VI设计

本章一起来设计制作企业VI，VI是以标志、标准字、标准色为核心展开的完整的、系统的视觉表达体系，将企业理念、企业文化、服务内容、企业规范等抽象概念转换为具体符号，塑造出独特的企业形象。本章是将读者前面所学的软件知识与设计的真正接轨，对读者今后的学习有着重要的意义。

标志　名片　工作证　出入证

指示牌　桌旗　桌牌　信封

便签　文件袋　文件夹　手提袋

生产车间警示牌　贺卡　经理春秋工作服　企业专用车

# 实 例 入 门

## 实例 01 标志设计

**案例说明**

本例将制作一个 VI 设计的基本要素——标志设计，实例效果如图 14-1 所示。在本例的制作过程中，需要使用钢笔工具、选择工具、矩形工具、透明度工具、文本工具等基本工具，读者要充分了解和掌握这些工具的操作方法和技巧。

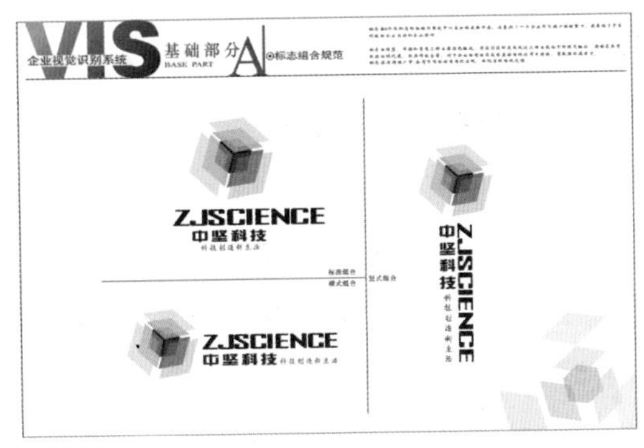


图 14-1 实例的最终效果

### 操作步骤

(1) 使用工具箱中的钢笔工具绘制如图 14-2 所示的 3 个四边形组合，将它们填充为（C：100；M：100；Y：0；K：0）的颜色，并取消轮廓，如图 14-3 所示。

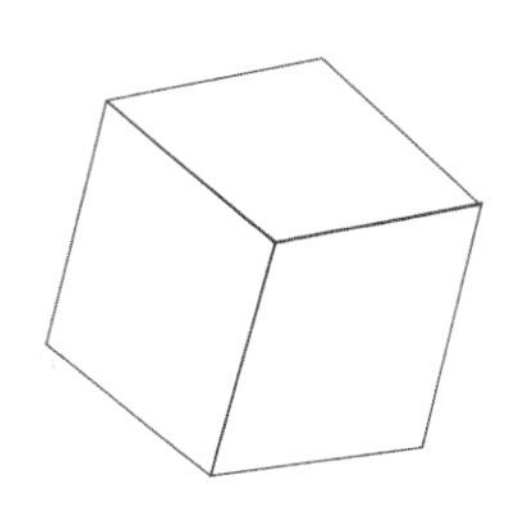

图 14-2 绘制四边形组合的立方体

图 14-3 对象的填充效果

(2) 使用钢笔工具绘制如图 14-4 所示的两个四边形组合，将它们分别填充为（C：70；M：0；Y：10；K：0）和（C：40；M：0；Y：0；K：0）的颜色，并取消轮廓，如图 14-5 所示。

(3) 选择透明度工具，然后为这两个对象分别应用“开始透明度”为 35 和 60 的“标准”透明效果，如图 14-6 所示。

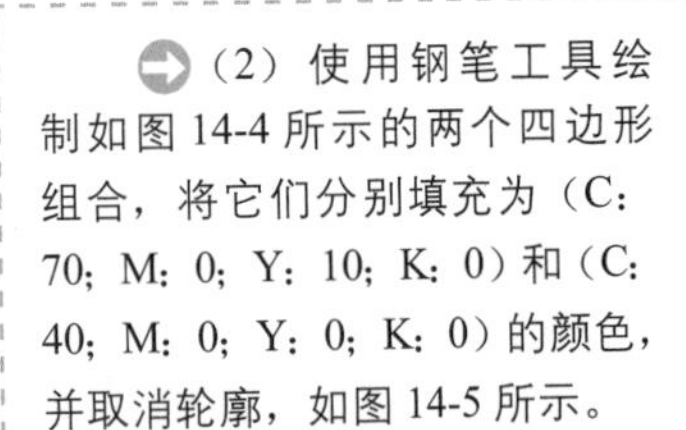

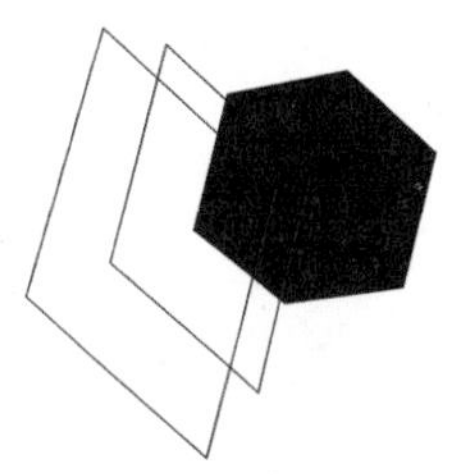

图 14-4 绘制两个四边形

图 14-5 对象的填充效果

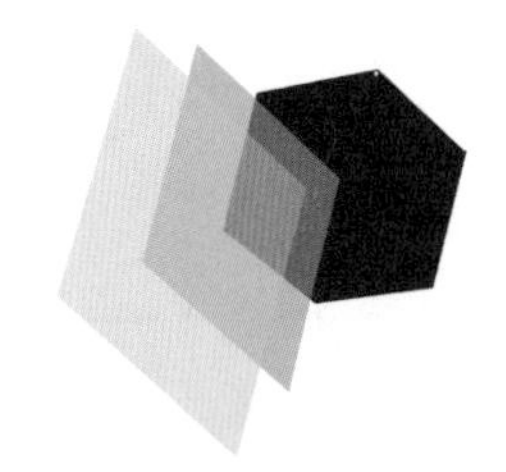

图 14-6 对象的透明效果

(4) 使用钢笔工具绘制如图 14-7 所示的两个四边形组合，将它们分别填充为（C：100；M：70；Y：0；K：0）和（C：40；M：30；Y：0；K：0）的颜色，并取消轮廓，如图 14-8 所示。

(5) 选择透明度工具，然后为这两个对象分别应用“开始透明度”为 25 和 65 的“标准”透明效果，如图 14-9 所示。

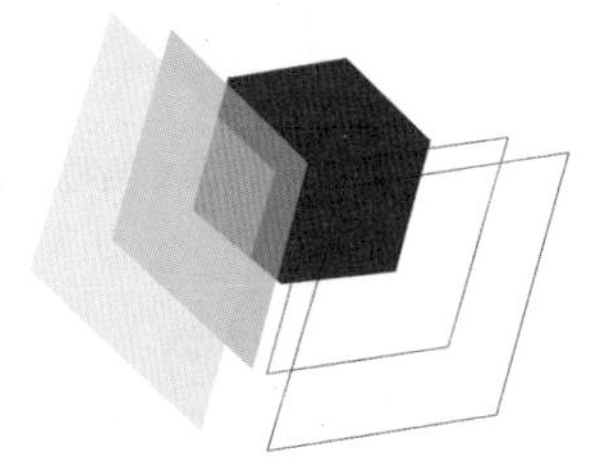

图 14-7 绘制两个四边形

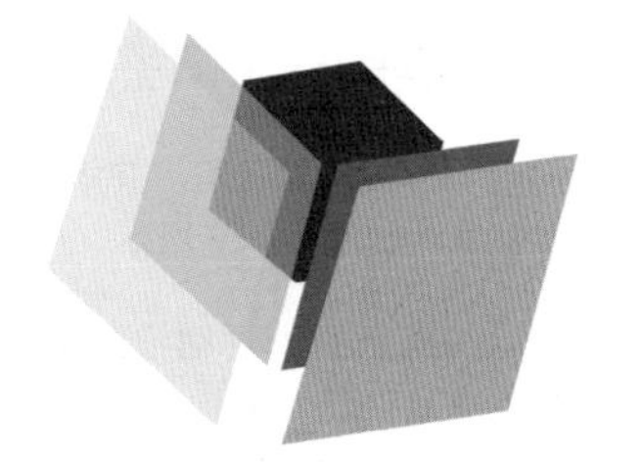

图 14-8 对象的填充效果

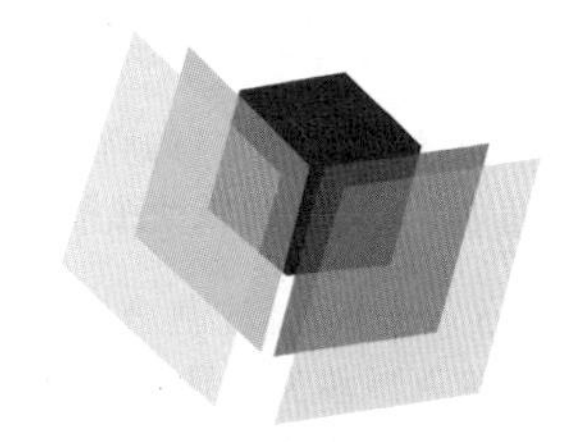

图 14-9 对象的透明效果

（6）使用钢笔工具绘制如图 14-10 所示的两个四边形组合，将它们分别填充为（C：60；M：0；Y：100；K：0）和（C：29；M：0；Y：55；K：0）的颜色，并取消轮廓，如图 14-11 所示。

（7）选择透明度工具，然后为这两个对象分别应用“开始透明度”为 15 和 55 的“标准”透明效果，如图 14-12 所示。

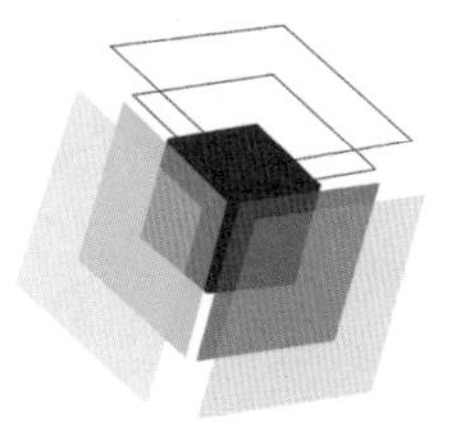

图 14-10 绘制两个四边形

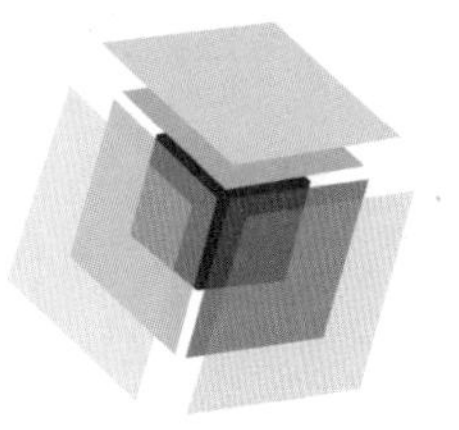

图 14-11 对象的填充效果

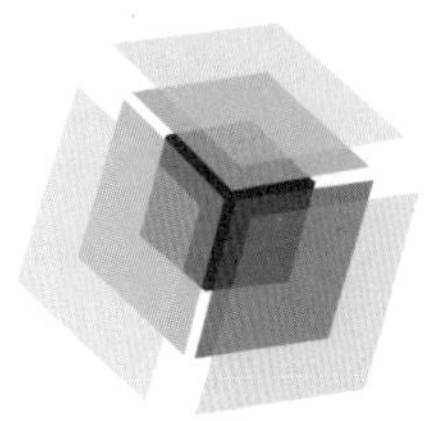

图 14-12 对象的透明效果

（8）使用文本工具字输入如图 14-13 所示的文字，分别设置字体为“TR”、“汉鼎简新艺体”和“楷体”，并分别调整文字的大小。

（9）对标志图形和标准字进行复制，然后按图 14-14 和图 14-15 所示调整标志的组合形式，以指定标志的横式组合和竖式组合。

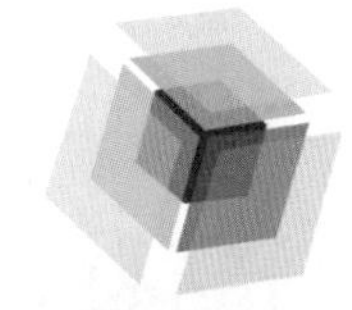

ZJSCIENCE
中坚科技
科技创造新生活

图 14-13 标志的标准组合

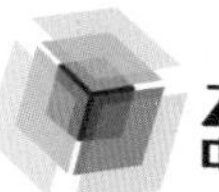

ZJSCIENCE
中坚科技 科技创造新生活

图 14-14 标志的横式组合

ZJSCIENCE
中坚科技
科技创造新生活

图 14-15 标志的竖式组合

（10）使用矩形工具在页面中绘制如图 14-16 所示的矩形，然后按 P 键，将该矩形与页面中心对齐。

（11）复制一个标志图形，然后选择透明度工具，单击属性栏中的“取消透明度”按钮，取消该标志中所有对象的透明效果，并将该标志中的四边形对象按图 14-17 所示进行排列。

（12）同时选择该标志中的所有四边形对象，然后使用透明度工具为该标志应用“开始透明度”为 86 的“标准”透明效果，完成辅助图形的绘制，如图 14-18 所示。

图 14-16 绘制的矩形

图 14-17 重新组合后的四边形

图 14-18 辅助图形效果

（13）同时选择辅助图形中的所有对象，然后按 Ctrl+G 组合键将对象群组。

（14）将辅助图形移动到页面中的矩形对象的右下角，并调整其大小，然后执行“效果 / 图框精确剪裁 / 放置在容器中”命令，将辅助图形放置在矩形中，如图 14-19 所示。

（15）使用文本工具分别输入如图14-20所示的VI说明性文字，并为文字设置相应的字体、大小和颜色。其中，使用交互式填充工具为“VIS”文字填充从（C：100；M：100；Y：0；K：0）到（C：70；M：0；Y：10；K：0）的线性渐变色。

图 14-19 添加的辅助图形

图 14-20 添加的 VI 说明文字

（16）使用手绘工具在按住 Shift 键的同时绘制如图 14-21 所示的修饰线条，并使用文本工具在线条处添加相应的文字。

（17）将前面绘制好的标志组合分别移动到页面中相应的位置，并按图 14-22 所示调整标志的大小，完成标志的设计制作。

图 14-21 添加修饰线条和说明性文字

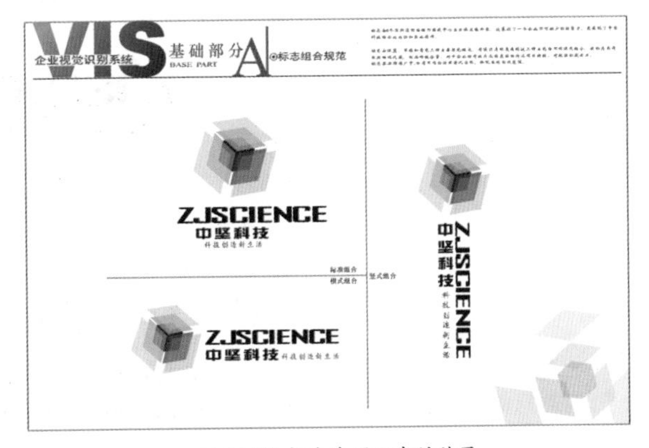


图 14-22 标志在页面中的效果

## 实例 02 名片设计

**案例说明**

本例将绘制一个最终效果如图 14-23 所示的企业名片，在绘制过程中需要使用矩形工具、文本工具、交互式填充工具等基本工具。另外，还需要使用“图框精确剪裁”命令。

图 14-23 实例的最终效果

## 操作步骤

（1）执行“文件/打开”命令，打开本章实例 01 中制作的“标志”文件，然后执行“文件/另存为”命令，将该文件以“名片”为文件名保存。

（2）修改页面顶部的 VI 说明性文字，并将除标准组合以外的其他标志和内容删除，如图 14-24 所示。

图 14-24 名片设计中的说明性文字

（3）按名片大小（90mm×50mm）的长宽比例绘制一个矩形，然后将背景矩形中的辅助图形复制，并调整到适当的大小，将其精确地裁剪到该矩形中，如图 14-25 所示。

图 14-25 绘制的名片背景

（4）将标志移动到名片背景中的左边位置，并调整到适当的大小，然后使用文本工具在名片中添加人名和职务，完成名片正面的设计，如图 14-26 所示。

图 14-26 名片的正面效果

（5）将名片正面中的矩形和标志复制一份到新的位置，然后执行“效果/图框精确剪裁/提取内容”命令，再删除提取出的辅助图形，如图 14-27 所示。

图 14-27 复制的名片对象

（6）选择名片中的背景矩形，然后使用交互式填充工具为其填充（C：100；M：100；Y：0；K：0）到（C：70；M：0；Y：10；K：0）的线性渐变色，并取消轮廓，如图 14-28 所示。

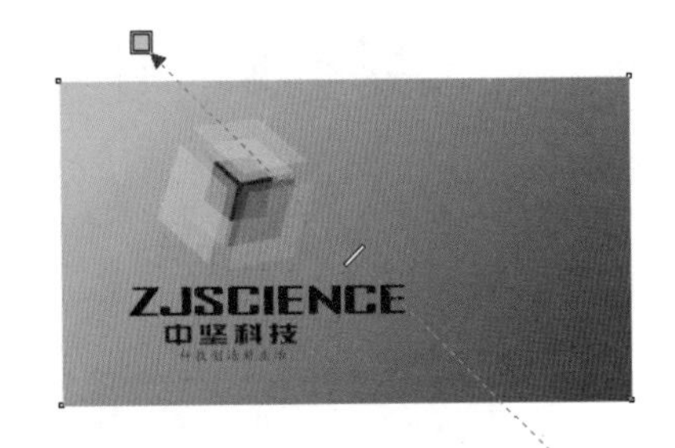


图 14-28 填充背景矩形

（7）将标志中的标准字填充为白色，并移动到名片的右下角位置，然后将标志图形调整到如图 14-29 所示的大小和位置。

图 14-29 调整标志对象的大小和位置

（8）使用文本工具和手绘工具添加名片背面中的文字信息和修饰线条。然后选择文字，单击属性栏中的“文本对齐”按钮，并选择“左”选项，将文本左对齐，完成双面名片的背面制作，如图 14-30 所示。

图 14-30 双面名片的背面效果

（9）复制名片正面中的内容，以制作单面效果的名片。将复制的背景矩形填充为（C：8；M：7；Y：16；K：0）的颜色，并删除该矩形中的辅助图形，然后将名片背面中的文字和背景矩形复制到该矩形上，并按图 14-31 所示分别调整它们的大小和位置，完成单面名片的制作。

图 14-31 单面名片的效果

（10）将制作好的名片移动到页面上，并按图 14-32 所示进行排列，然后使用文本工具在名片的正面和背面对象下方添加说明性文字，完成本实例的制作。

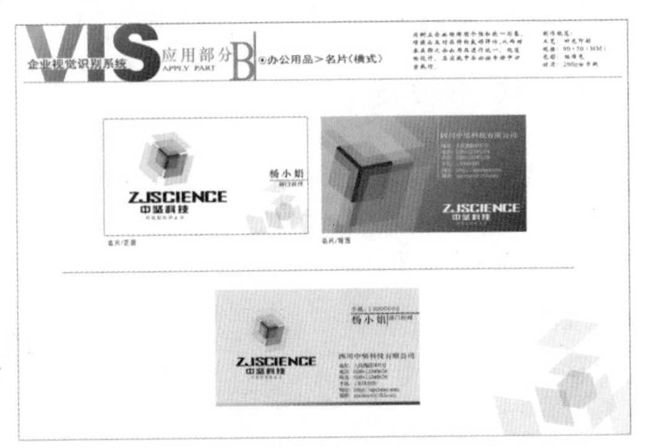


图 14-32 名片设计效果

# 03 工作证设计

**案例说明**

本例将绘制一个最终效果如图 14-33 所示的企业工作证，在绘制过程中需要使用矩形工具、形状工具、钢笔工具、手绘工具、文本工具等基本工具。

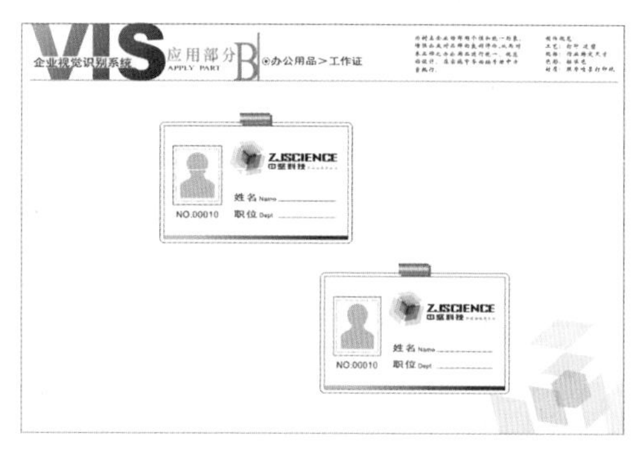

图 14-33 实例的最终效果

## 操作步骤

（1）执行“文件 / 打开”命令，打开本章实例 02 中制作的“名片”文件，然后执行“文件 / 另存为”命令，将该文件以“工作证”为文件名保存。

（2）修改页面顶部的 VI 说明性文字，并将除渐变填充的矩形对象以外的所有名片对象删除，如图 14-34 所示。

图 14-34 工作证设计中的说明性文字

（3）使用矩形工具绘制如图 14-35 所示的 3 个矩形组合，然后将位于上方的一个小矩形对象填充为深灰色到白色的线性渐变色，将下方的一个小矩形对象填充为深灰色，并取消这两个对象的轮廓。

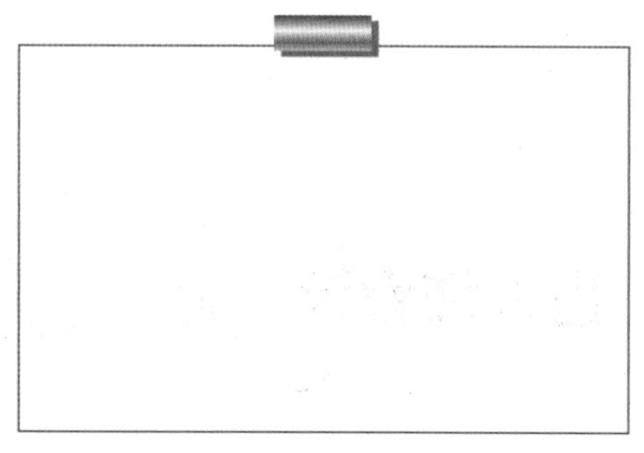

图 14-35 绘制的工作证封套

（4）使用形状工具单击大的矩形对象，然后拖动任意一个顶点，将矩形由直角转换为圆角，如图 14-36 所示。

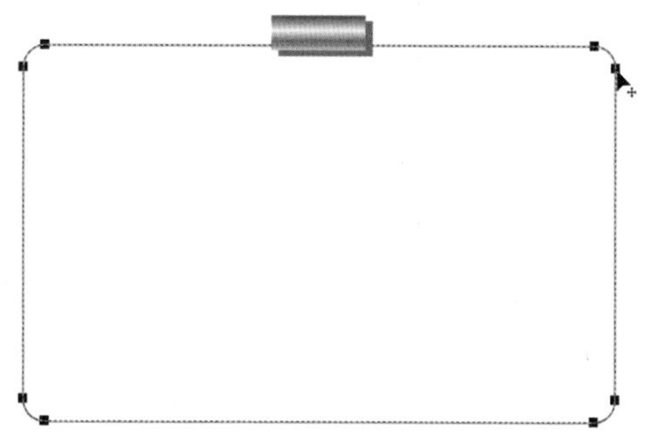

图 14-36 将矩形由直角转换为圆角

（5）在圆角矩形中绘制一个矩形，作为工作证的背景，然后打开实例 01 中制作的“标志”文件，并将横式组合的标志对象复制到“工作证”文档中，按图 14-37 所示进行排列。

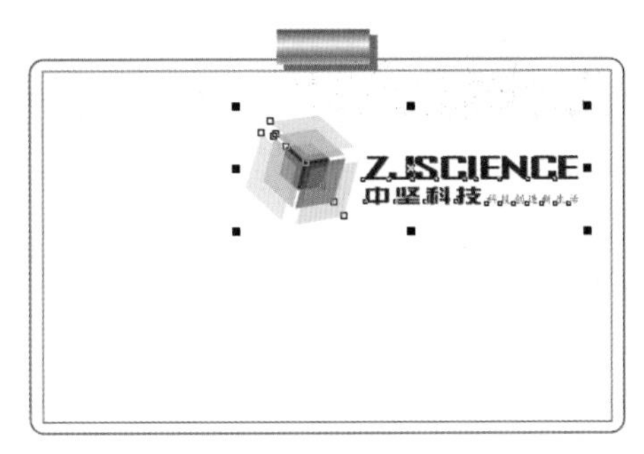

图 14-37 工作证中的标志对象

（6）将之前保留的渐变填充矩形移动到工作证的底部，并调整其大小，然后使用文本工具、矩形工具和钢笔工具添加工作证中的文字和贴照片处的标识，如图 14-38 所示。

图 14-38 制作好的工作证效果

（7）将完成后的工作证对象移动到页面中的适当位置，并调整到适当的大小，然后将其复制到右下方的位置，以展现工作证的双面效果，如图 14-39 所示。

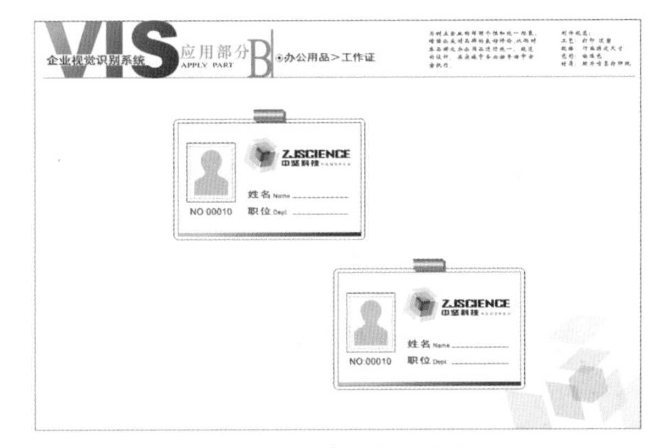

图 14-39 工作证的双面效果

## 实例 04 出入证设计

**案例说明**

本例将绘制一个最终效果如图 14-40 所示的企业出入证，在绘制过程中需要使用矩形工具、形状工具、钢笔工具、交互式填充工具、透明度工具、文本工具等基本工具。

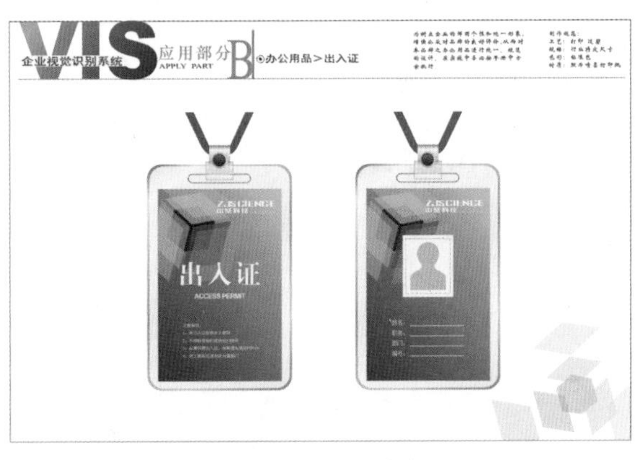

图 14-40 实例的最终效果

## 操作步骤

（1）打开本章实例 03 中制作的“工作证”文件，然后执行“文件 / 另存为”命令，将该文件以“出入证”为文件名保存。

（2）修改页面顶部的 VI 说明性文字，并将除标志和贴照片处的标识对象以外的其他工作证对象删除，如图 14-41 所示。

（3）使用矩形工具和形状工具结合“复制”功能绘制如图 14-42 所示的 3 个圆角矩形，将位于中间的圆角矩形填充为白色，将最下方的圆角矩形填充为深灰色到浅灰色的线性渐变色，并取消这两个矩形的轮廓。

图 14-41 出入证中的文字

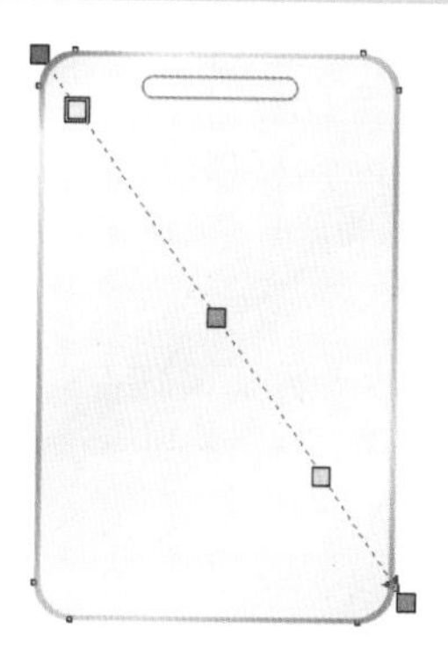

图 14-42 对象的填充效果

（4）绘制如图 14-43 所示的矩形，使用交互式填充工具为其填充中灰色到白色的线性渐变色，并取消轮廓。

（5）绘制如图 14-44 所示的矩形，将其填充为黑色，并保留轮廓，然后使用透明度工具为其应用“开始透明度”为 65 的“标准”透明效果。

（6）使用椭圆工具在按住 Shift 键的同时绘制如图 14-45 所示的圆形，为其填充 60% 黑到白色的“圆锥”渐变色，并设置轮廓色为 40% 黑、轮廓宽度为 0.2mm。

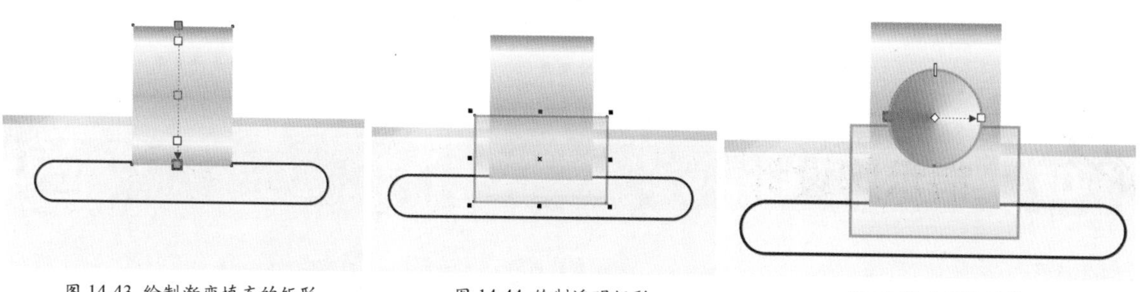

图 14-43 绘制渐变填充的矩形　　图 14-44 绘制透明矩形　　图 14-45 绘制的圆形

（7）复制上一步绘制的圆形，将其按中心等比例缩小，然后修改渐变色为 70% 黑到黑色的线性渐变色，并设置轮廓色为黑色、轮廓宽度为 0.3mm，如图 14-46 所示。

（8）使用钢笔工具和“复制”功能绘制出入证封套上的挂绳，将挂绳对象填充为红色，并取消外部轮廓，然后将其移动到封套对象的下方，如图 14-47 所示。

（9）在出入证封套中绘制如图 14-48 所示的矩形，为其填充从（C：100；M：100；Y：0；K：0）到（C：55；M：0；Y：5；K：0）的线性渐变色，并取消轮廓，作为出入证的背景。

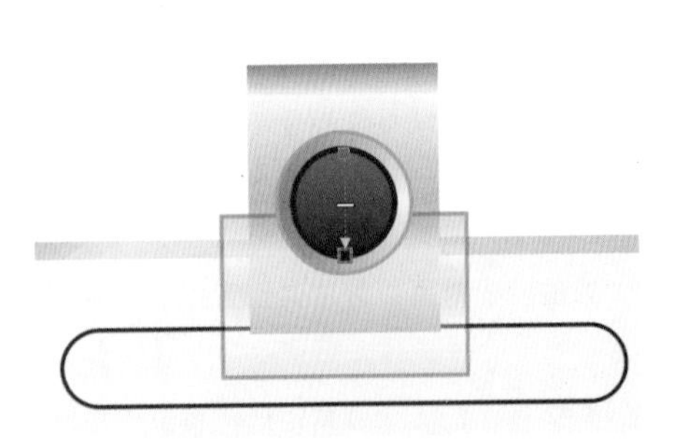

图 14-46 复制并修改圆形的大小和颜色

图 14-47 绘制挂绳

图 14-48 绘制出入证的背景

(10) 将标志图形移动到出入证背景的左上角位置，并调整到适当的大小，然后将其精确剪裁到背景矩形中，如图 14-49 所示。

(11) 添加出入证正面中所需的文字信息，效果如图 14-50 所示。

图 14-49 出入证中的标志图形

图 14-50 添加的文字信息

(12) 将绘制好的出入证正面对象复制一份到右边位置，删除其中不需要的文字，并添加出入证背面中所需的文字，然后将贴照片处的标识对象移动到背面中适当的位置，如图 14-51 所示。

(13) 将绘制好的出入证正面和背面对象移动到页面中，效果如图 14-52 所示。

图 14-51 出入证的背面效果

图 14-52 本例的最终效果

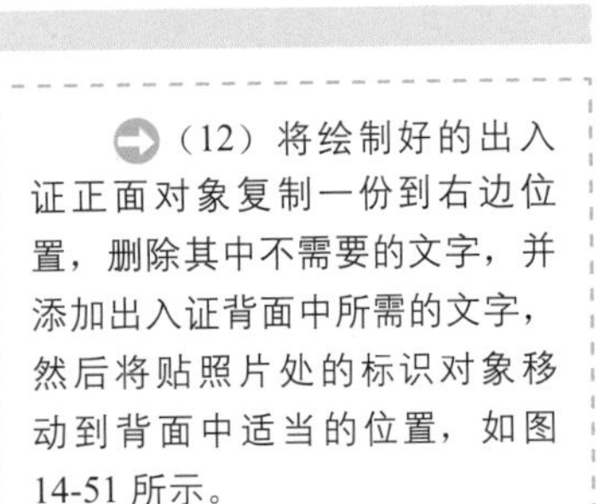

## 实例 05 指示牌设计

**案例说明**

本例将绘制一个最终效果如图 14-53 所示的企业指示牌，在绘制过程中需要使用矩形工具、形状工具、钢笔工具、手绘工具、文本工具等基本工具。

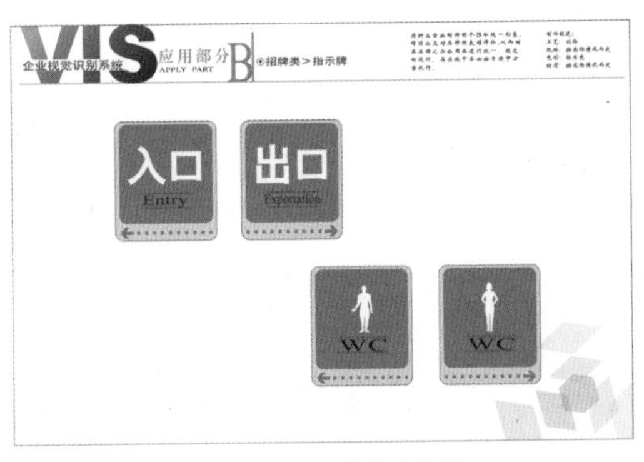


图 14-53 实例的最终效果

## 操作步骤

(1) 打开本章实例 04 中制作的“出入证”文件，然后执行“文件 / 另存为”命令，将该文件以“指示牌”为文件名保存。

(2) 修改页面顶部的 VI 说明性文字，并删除出入证中的所有对象，如图 14-54 所示。

(3) 使用矩形工具和形状工具绘制如图 14-55 所示的两个圆角矩形，将下方的圆角矩形填充为 20% 黑，上方的圆角矩形填充为（C：100；M：30；Y：0；K：0）的颜色，并取消它们的外部轮廓，作为指示牌的背景。

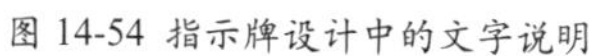

图 14-54 指示牌设计中的文字说明

图 14-55 绘制的圆角矩形

(4) 使用文本工具和手绘工具在指示牌背景中添加文字和线条，如图 14-56 所示。

(5) 使用矩形工具和钢笔工具绘制如图 14-57 所示的指示箭头，并取消它们的轮廓，完成第一个指示牌的制作。

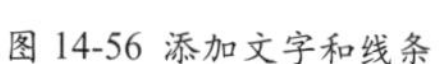

图 14-56 添加文字和线条

图 14-57 绘制指示箭头

(6) 将绘制好的第一个指示牌复制 3 份到不同的位置，然后按图 14-58 所示修改不同指示牌中的文字内容和箭头方向。

图 14-58 其他指示牌中的内容

(7) 使用钢笔工具在“WC”指示牌中分别绘制一个男士和一个女士的人物形状，将形状填充为白色，并取消轮廓，如图 14-59 所示。

图 14-59 绘制人物形状

(8) 将绘制好的各个指示牌移动到页面上，并按图 14-60 所示进行排列，完成本例的制作。

图 14-60 本例的最终效果

# 实例06 桌旗设计

**案例说明**

本例将绘制一个最终效果如图14-61所示的企业桌旗，在绘制过程中需要使用矩形工具、形状工具、交互式填充工具、文本工具、钢笔工具等基本工具。另外，还需要使用“转换为曲线”命令。

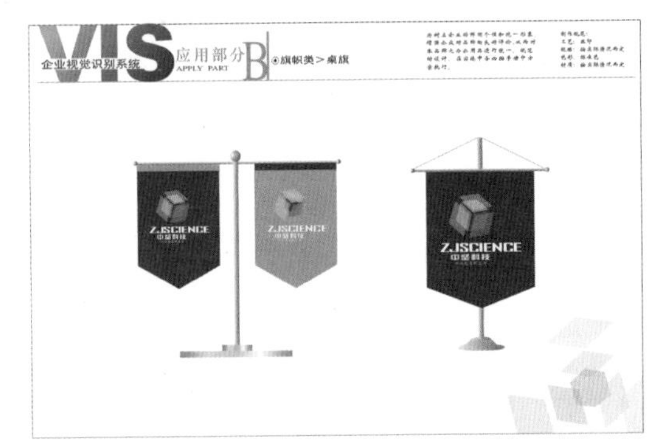

图14-61 实例的最终效果

## 操作步骤

(1) 打开本章实例02中制作的“名片”文件，然后执行“文件/另存为”命令，将该文件以“桌旗”为文件名保存。

(2) 修改页面顶部的VI说明性文字，并删除名片中除标志以外的所有对象，如图14-62所示。

(3) 使用矩形工具绘制如图14-63所示的4个矩形组合，然后分别为矩形填充从不同的深灰色到不同的浅灰色的线性渐变色。

(4)使用椭圆工具和“复制”功能绘制如图14-64所示的圆形，将圆形填充为从深灰色到浅灰色的辐射渐变色。

图14-62 桌旗设计中的文字说明

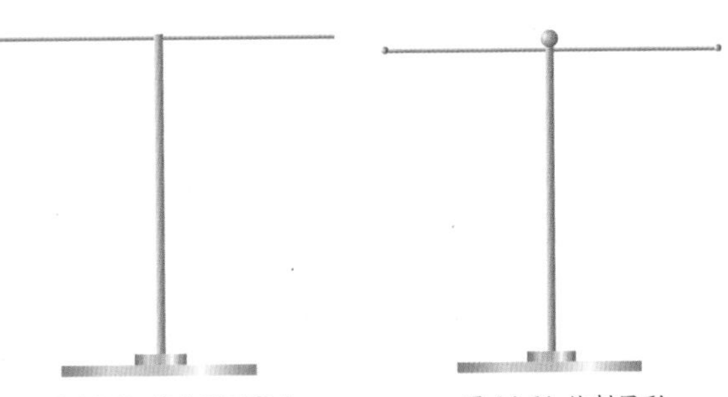

图14-63 填充图形颜色　　图14-64 绘制圆形

(5) 使用矩形工具和“复制”功能绘制如图14-65所示的两个矩形对象，并使用选择工具调整下面一个矩形的高度。然后将上面的矩形对象填充为（C：60；M：0；Y：100；K：0）的颜色，将下面的矩形对象填充为（C：100；M：100；Y：0；K：0）的颜色，并取消它们的外部轮廓。

(6) 选择下面的矩形，按Ctrl+Q组合键将其转换为曲线。使用形状工具在下方边线的中间位置双击，在此添加一个节点，然后将该节点向下移动到如图14-66所示的位置，完成桌旗外形的绘制。

(7) 将标志对象移动到桌旗中居中的位置，并调整到适当的大小，然后将标准字填充为白色，如图14-67所示。

(8) 将绘制好的桌旗对象水平复制到旗杆的右边位置，并将桌旗的上、下背景色互换，如图14-68所示。

图 14-65 绘制矩形组合

图 14-66 编辑桌旗的形状

图 14-67 桌旗中的标志对象

图 14-68 绘制好的桌旗效果

(9) 使用钢笔工具绘制如图 14-69 所示的底座对象，为其填充从浅灰色到深灰色的线性渐变色，并取消外部轮廓。

(10) 将前面绘制的旗杆对象复制到底座对象上，并按图 14-70 所示分别调整旗杆对象的高度和长度。

(11) 将前面绘制好的左边的桌旗对象复制到新绘制的旗杆上，并按图 14-71 所示调整桌旗的大小。

(12) 将绘制好的桌旗对象移动到页面上，并按图 14-72 所示进行排列，完成本例的制作。

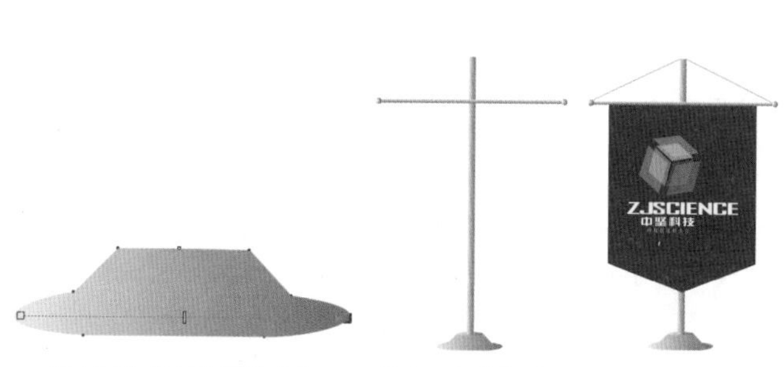


图 14-69 绘制桌旗的底座　图 14-70 旗杆效果　图 14-71 绘制的另一个桌旗

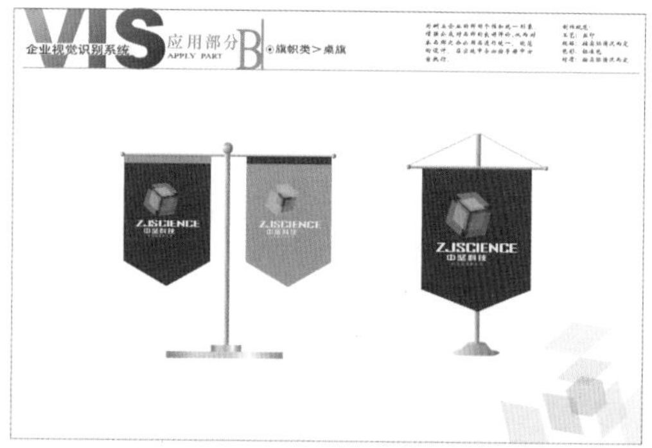


图 14-72 本例的最终效果

## 实例 07 桌牌设计

**案例说明**

本例将绘制一个最终效果如图 14-73 所示的桌牌，在绘制过程中需要使用矩形工具、文本工具、交互式填充工具、透明度工具等基本工具。

图 14-73 实例的最终效果

## 操作步骤

（1）打开本章实例 02 中制作的“名片”文件，然后执行“文件 / 另存为”命令，将该文件以“桌牌”为文件名保存。

（2）修改页面顶部的 VI 说明性文字，并删除除名片背面中背景和标志以外的所有对象，如图 14-74 所示。

（3）将名片中的背景矩形和标志调整到如图 14-75 所示的大小和位置。

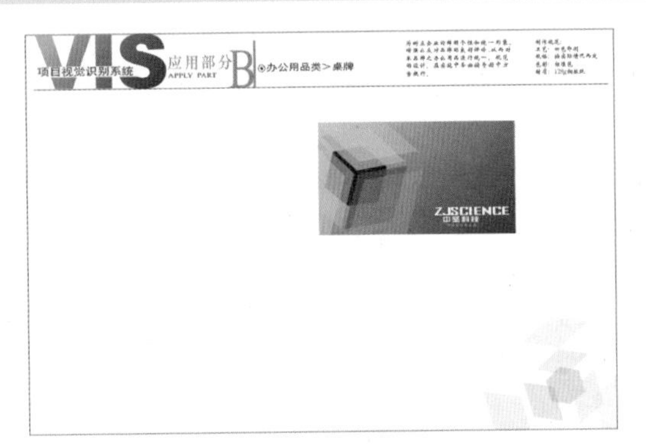


图 14-74 桌牌设计中的说明性文字

图 14-75 桌牌中的背景和标志

（4）使用文本工具输入桌牌中的文字内容，如图 14-76 所示。

（5）使用选择工具选择桌牌中的所有对象，然后单击该对象，并向左拖动下方居中的控制点，将桌牌对象倾斜，如图 14-77 所示。

（6）采用绘制矩形并将其倾斜的方法绘制如图 14-78 所示的桌牌的另一边，将其填充为 60% 黑，并取消轮廓。

图 14-76 完成后的桌牌效果

图 14-77 倾斜桌牌对象

图 14-78 绘制桌牌的另一边

（7）在桌牌的下方绘制如图 14-79 所示的投影对象，将其填充为 60% 黑，并取消轮廓，然后为其应用线性透明效果。

（8）将绘制好的桌牌对象复制一份，然后按图 14-80 所示修改复制的桌牌中的文字内容。

图 14-79 绘制桌牌的投影

图 14-80 制作另一个桌牌

（9）将制作好的桌牌移动到页面中，并按图 14-81 所示进行排列，完成本例的制作。

图 14-81 本例的最终效果

## 实例 08 信封设计

**案例说明**

本例将绘制一个最终效果如图 14-82 所示的企业信封，在绘制过程中需要使用矩形工具、形状工具、文本工具等基本工具，另外，还需要使用“再制”功能。

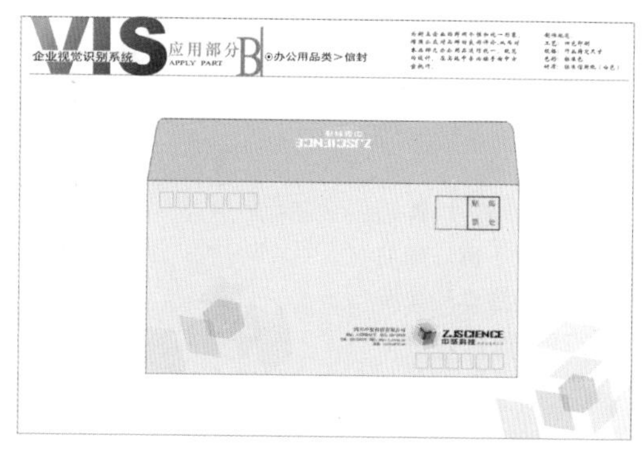


图 14-82 实例的最终效果

## 操作步骤

（1）打开本章实例 02 中制作的“名片”文件，然后执行“文件 / 另存为”命令，将该文件以“信封”为文件名保存。

（2）修改页面顶部的 VI 说明性文字，并删除除辅助图形和标志以外的所有对象，如图 14-83 所示。

（3）绘制如图 14-84 所示的两个矩形对象，将上、下两个矩形分别填充为（C：45；M：0；Y：0；K：0）和（C：10；M：0；Y：0；K：0）的颜色，然后将辅助图形调整到适当的大小，精确剪裁到下一个矩形的左下角，如图 14-85 所示。

图 14-83 信封设计中的说明性文字

图 14-84 绘制的矩形

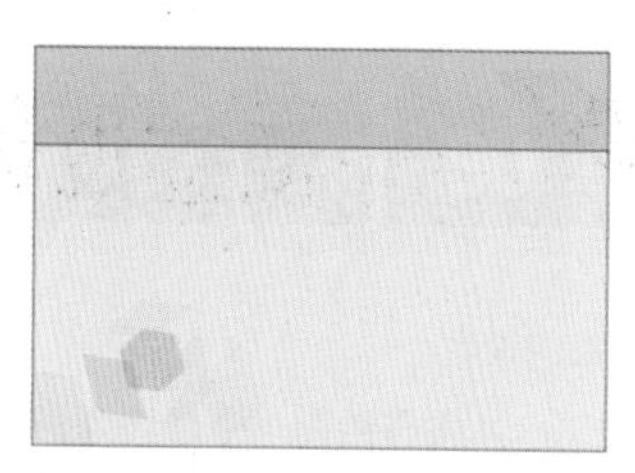

图 14-85 矩形中的辅助图形

(4) 选择上一个矩形，在属性栏中单击“圆角”按钮，并单击“同时编辑所有角”按钮，取消激活该按钮，然后在属性栏中位于上面的两个“圆角半径”数值框中输入 4，如图 14-86 所示。按 Enter 键，即可将该矩形的上方两个直角转换为圆角。

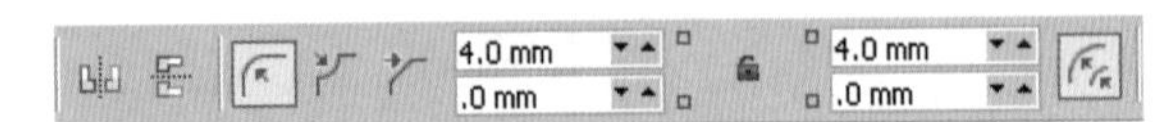
图 14-86 圆角半径设置

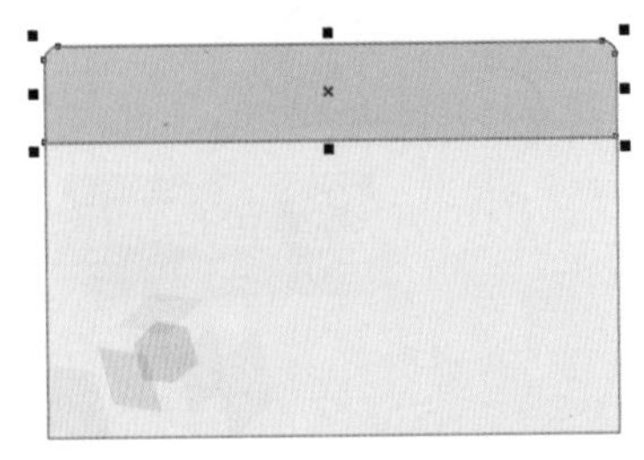
图 14-87 编辑后的圆角效果

图 14-88 调整后的形状

(5) 保持该矩形处于选中状态，然后按 Ctrl+Q 组合键，将该矩形转换为曲线，如图 14-87 所示。

(6) 使用形状工具调整圆角处对应的两个节点的位置，效果如图 14-88 所示。

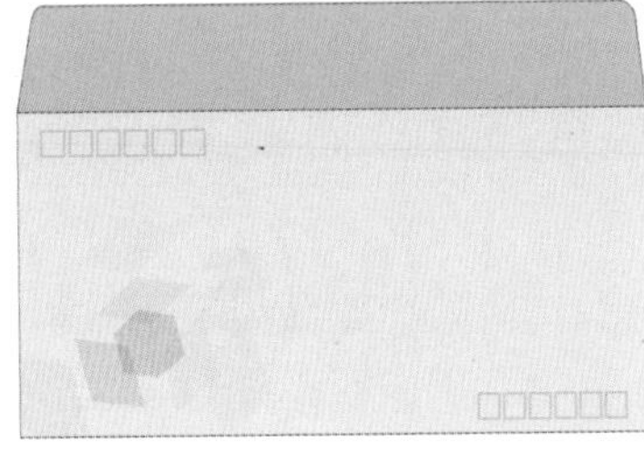
图 14-89 绘制填写邮编的矩形框

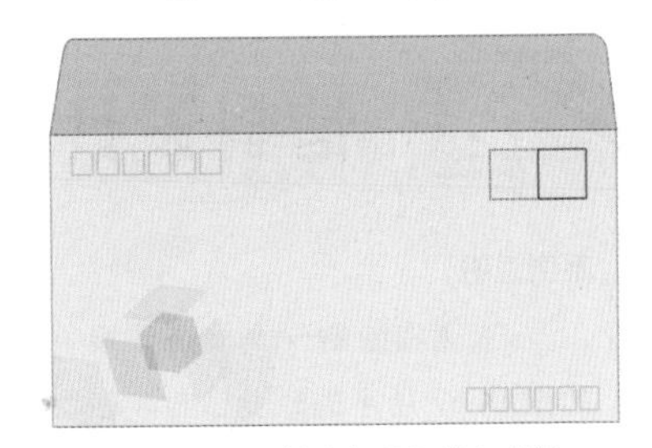
图 14-90 绘制贴邮票处的矩形框

(7) 使用矩形工具和“再制”功能绘制用于填写邮编的矩形框，并设置矩形框的轮廓宽度为 0.6mm、轮廓颜色为（C：45；M：0；Y：0；K：0），如图 14-89 所示。

(8) 使用矩形工具和“复制”功能绘制贴邮票处的两个矩形框，并设置矩形框的轮廓宽度为 0.4mm、轮廓颜色为黑色，然后将前一个矩形框的轮廓样式设置为虚线，如图 14-90 所示。

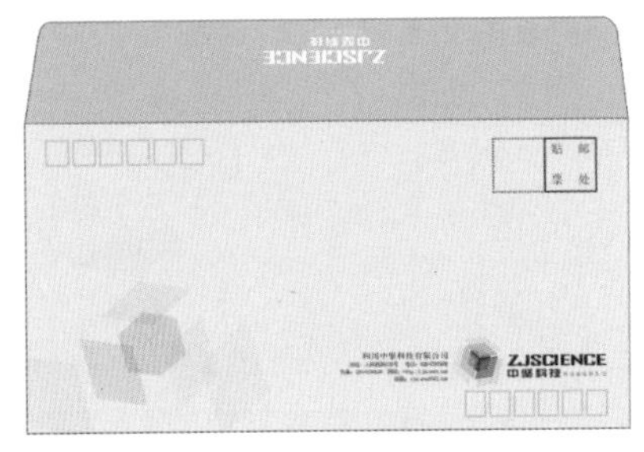

图 14-91 排列图形顺序

(9) 添加信封中的标志和文字信息，如图 14-91 所示，然后将绘制好的信封对象移动到页面中，完成效果如图 14-92 所示。

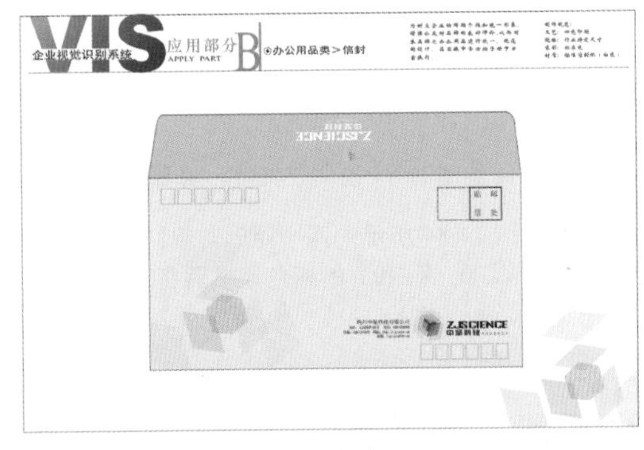

图 14-92 绘制其他图形

## 实例 09 便签设计

**案例说明**

本例将绘制一个最终效果如图 14-93 所示的企业便签，在绘制过程中需要使用矩形工具、钢笔工具、手绘工具、交互式填充工具、文本工具等基本工具。

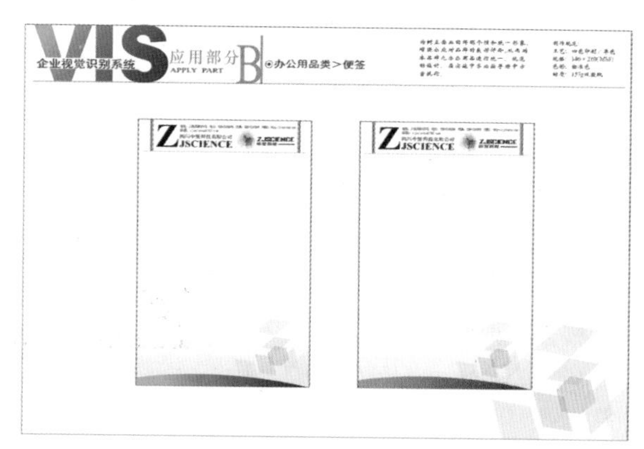

图 14-93　实例的最终效果

## 操作步骤

（1）打开本章实例 02 中制作的“名片”文件，然后执行“文件 / 另存为”命令，将该文件以“便签”为文件名保存。

（2）修改页面顶部的 VI 说明性文字，并删除除辅助图形、标志、公司名称、公司地址和电话等文字以外的所有对象，如图 14-94 所示。

（3）绘制如图 14-95 所示的两个矩形，然后为小矩形填充从（C：25；M：0；Y：0；K：0）到白色的线性渐变色，并取消其轮廓，如图 14-96 所示。

图 14-94　便签设计中的说明性文字

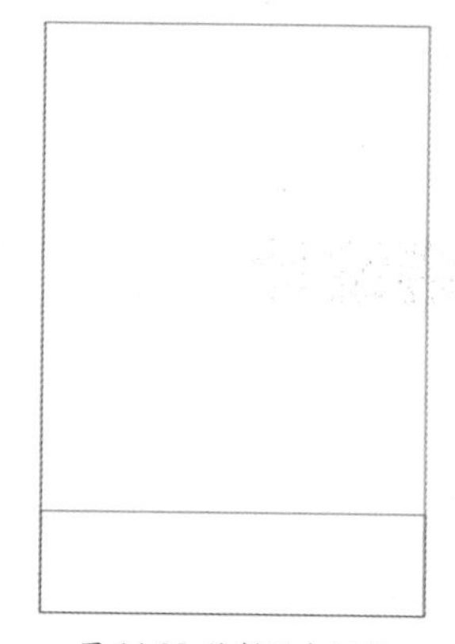

图 14-95　绘制两个矩形

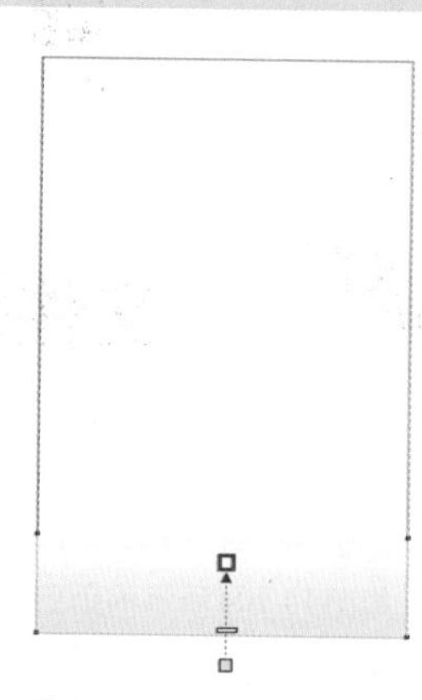

图 14-96　小矩形的填充效果

（4）将 VI 辅助图形移动到矩形的右下角，并调整到适当的大小，然后将辅助图形和小矩形同时精确剪裁到大矩形的右下角，如图 14-97 所示。

（5）使用钢笔工具在矩形的底部绘制如图 14-98 所示的对象，将其填充为从（C：100；M：100；Y：0；K：0）到（C：70；M：10；Y：0；K：0）的线性渐变色，并取消轮廓。

图 14-97　对象的精确剪裁效果

图 14-98　绘制的对象

（6）将名片中保留的标志和文字移动到便签背景的顶部，并删除其中的手机文字信息，然后按图 14-99 所示进行排列。

（7）使用矩形工具和手绘工具绘制如图 14-100 所示的矩形和线条，将矩形的填充色和线条的轮廓色都设置为 70% 黑，并取消矩形的轮廓，以起到修饰文字的效果。

图 14-99 便签中的标志和文字信息

图 14-100 添加的矩形和线条

（8）将绘制好的便签对象复制一份，然后将其中的彩色填充色都修改为“灰度”模型，如图 14-101 所示，以制作单色印刷的便签效果，如图 14-102 所示。

（9）将绘制好的彩色和灰度便签对象移动到页面上，完成本例的制作，效果如图 14-103 所示。

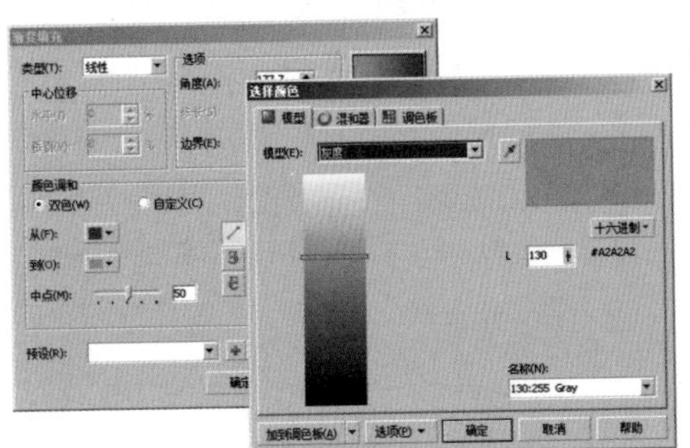


图 14-101 修改颜色模型为“灰度”

图 14-102 修改为“灰度”模型后的效果

图 14-103 本例的最终效果

# 实例 10 文件袋设计

**案例说明**

本例将绘制一个最终效果如图 14-104 所示的企业文件袋，在绘制过程中需要使用椭圆工具、钢笔工具、阴影工具、填充工具等基本工具。

图 14-104 实例的最终效果

## 操作步骤

（1）打开本章实例 09 中制作的“便签”文件，然后执行“文件 / 另存为”命令，将该文件以“文件袋”为文件名保存。

（2）修改页面顶部的 VI 说明性文字，并删除其中的灰度便签对象，如图 14-105 所示。

（3）将保留的便签对象复制一份到新的位置，然后删除除标志以外的其他文字信息，并调整各个对象的大小和位置，完成文件袋正面效果的制作，如图 14-106 所示。

图 14-105 文件袋设计中的说明性文字

图 14-106 文件袋的正面效果

（4）将文件袋正面中除标志以外的其他对象复制一份到新的位置，以制作文件袋的背面效果。将便签中的标志和文字信息移动到复制的文件袋对象上，并按图 14-107 所示进行排列，然后将页面中剩下的便签对象删除。

（5）使用钢笔工具绘制如图 14-108 所示的对象，将其填充为（C：100；M：70；Y：0；K：0）的颜色，并取消轮廓。

（6）绘制如图 14-109 所示的两个圆形，将它们分别填充为白色和（C：100；M：70；Y：0；K：0）的颜色，并取消轮廓。

图 14-107 文件袋背面中的文字信息

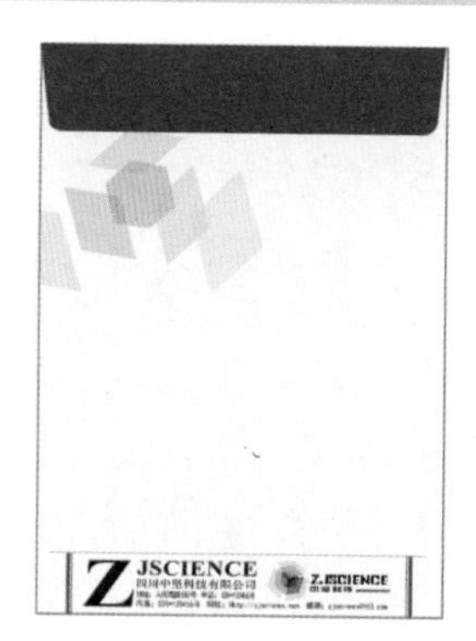


图 14-108 绘制的对象

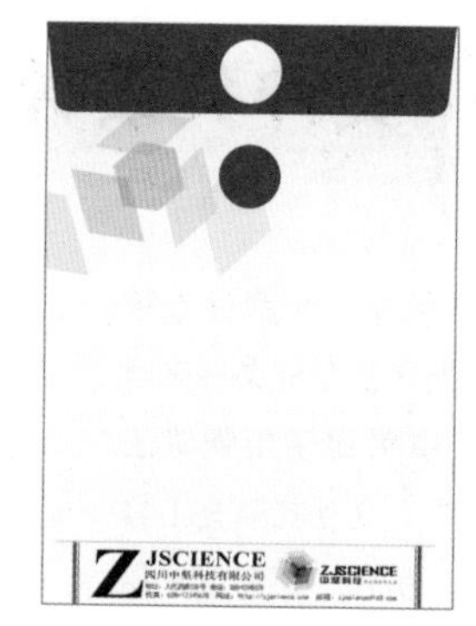


图 14-109 绘制的圆形

（7）将上一步绘制的圆形复制，并按中心缩小到适当的大小，然后将复制的上方的圆形填充为 10% 黑，将下方的圆形填充为白色，如图 14-110 所示。

（8）使用阴影工具分别为上一步制作的两个小圆应用“阴影的不透明度”为 60、“阴影羽化”为 10、“羽化方向”为“向外”的黑色阴影效果，如图 14-111 所示。

（9）分别将圆形中的两个小圆复制，并将复制的圆形适当缩小，然后为上方的小圆填充从 60% 黑到白色的辐射渐变色，为下方的小圆填充从黑色到 70% 黑的辐射渐变色，如图 14-112 所示。

（10）使用钢笔工具绘制如图 14-113 所示的曲线，将曲线的轮廓色设置为 50% 黑、将轮廓宽度设置为 0.3mm，然后将其调整到圆形对象的下方，完成文件袋背面效果的制作。

图 14-110 绘制的圆形

图 14-111 圆形的阴影效果

图 14-112 圆形的渐变填充效果

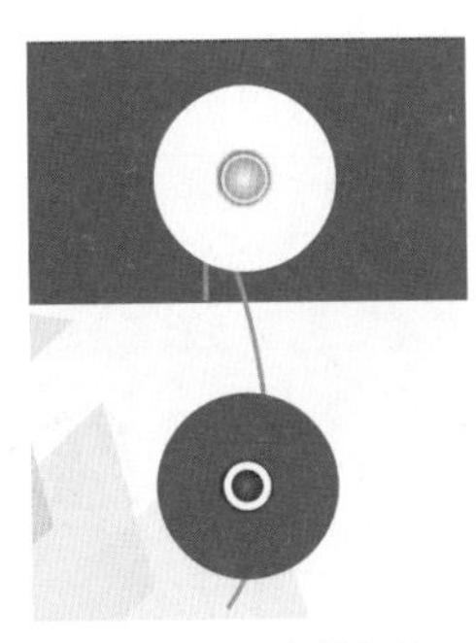

图 14-113 绘制曲线

（11）将制作好的文件袋正面和背面对象移动到页面中，效果如图 14-114 所示。

图 14-114 移入文件袋的正面和背面对象

## 实例 11 文件夹设计

**案例说明**

本例将绘制一个最终效果如图 14-115 所示的企业文件夹，在绘制过程中需要使用钢笔工具、手绘工具、交互式填充工具等基本工具，另外，还需要使用“复制”功能和“水平镜像”命令。

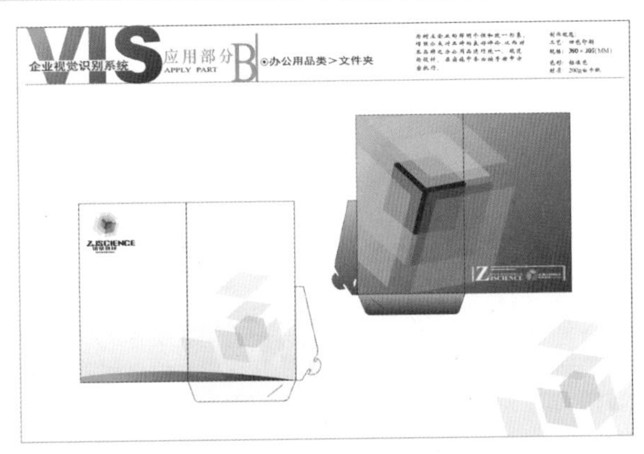


图 14-115 实例的最终效果

## 操作步骤

（1）打开本章实例 10 中制作的“文件袋”文件，然后执行“文件 / 另存为”命令，将该文件以“文件夹”为文件名保存。

（2）修改页面顶部的 VI 说明性文字，并删除文件袋背面中除标志和文字以外的所有对象，如图 14-116 所示。

（3）调整文件夹正面中的背景矩形的大小，并将其他对象按图 14-117 所示进行排列，以制作文件夹的正面效果。

图 14-116 文件夹设计中的说明性文字

图 14-117 调整对象的大小和位置

（4）使用手绘工具并按住 Shift 键在文件夹正面的中心位置绘制一条垂直线，以隔开两个区域，如图 14-118 所示。

（5）使用钢笔工具绘制出文件夹的展开图，以表现文件夹展开后的效果，如图 14-119 所示。

（6）将文件夹正面中除标志以外的所有对象复制一份到新的位置，然后单击属性栏中的“水平镜像”按钮，将对象水平镜像，以制作文件夹的背面效果。

（7）将复制的对象填充为（C：100；M：100；Y：0；K：0）到（C：55；M：0；Y：5；K：0）的线性渐变色，并分别调整渐变角度，如图 14-120 所示。

图 14-118 绘制的垂直线条

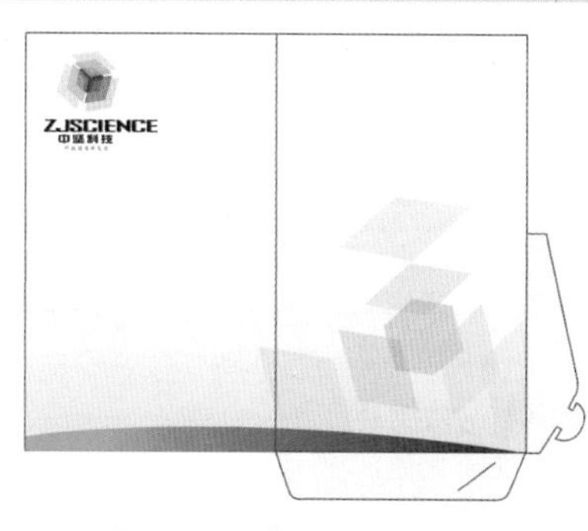


图 14-119 绘制的文件夹展开图

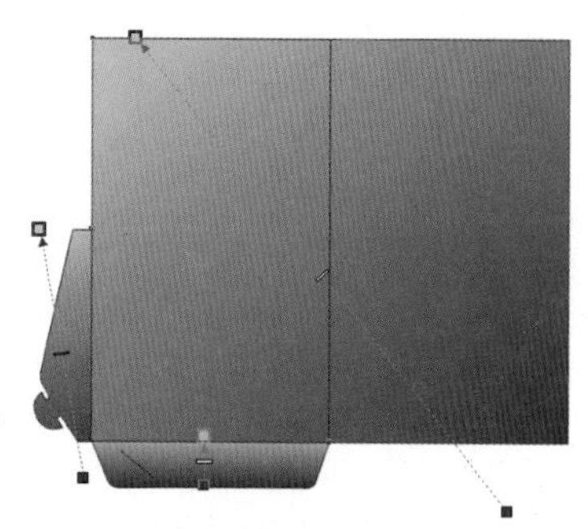

图 14-120 对象的填充效果

（8）将标志图形复制到文件夹背面的左上角位置，并调整到适当的大小，然后将其精确剪裁到背景矩形中，如图 14-121 所示。

（9）将页面中保留的标志和文字信息移动到文件夹背面效果中，并按图 14-122 所示调整它们的排列方式。

（10）将制作好的文件夹正面和背面效果移动到页面中，效果如图 14-123 所示。

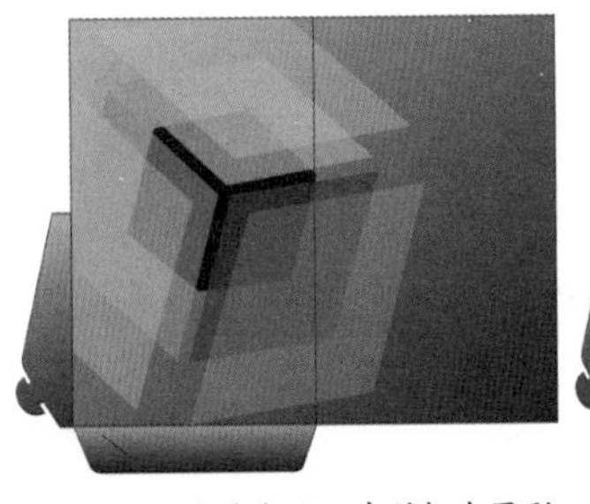

图 14-121 文件夹背面中的标志图形

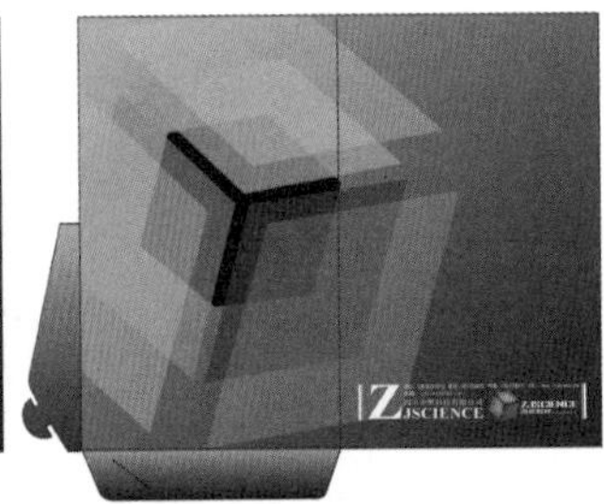

图 14-122 文件夹的背面效果

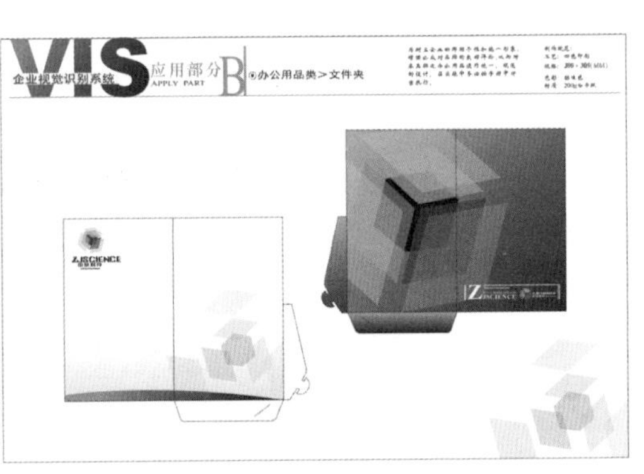


图 14-123 实例的最终效果

# 实 例 进 阶

## 实例 12 纸杯设计

**案例说明**

本例将绘制一个最终效果如图 14-124 所示的纸杯，在绘制过程中需要使用矩形工具、形状工具、贝塞尔工具等基本工具，另外，还需要使用“图框精确剪裁”命令。

图 14-124 实例的最终效果

## 步骤提示

(1) 使用钢笔工具结合形状工具绘制杯口图形，为其填充从 50% 黑到白色的线性渐变色，然后使用贝塞尔工具绘制杯身图形，如图 14-125 所示。

图 14-125 绘制的杯口和杯身对象

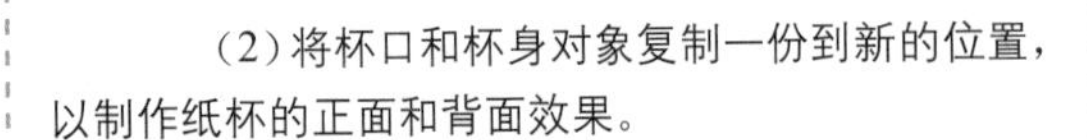

(2) 将杯口和杯身对象复制一份到新的位置，以制作纸杯的正面和背面效果。

(3) 将本章实例 11 中制作的“文件夹”中的标志和部分对象复制到该文档中，并按图 14-126 所示进行排列，完成纸杯正面和背面效果的制作。

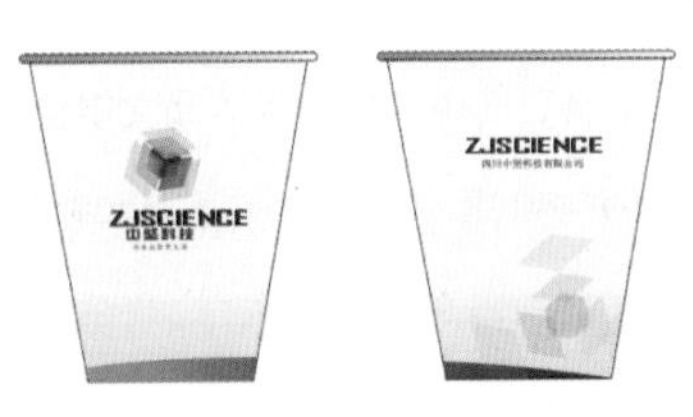


图 14-126 纸杯的正面和背面效果

（4）如果要为纸杯制作投影，可先使用椭圆工具绘制一个椭圆形，并将其旋转一定的角度，然后将其填充为 20% 黑，并取消轮廓，再为其应用如图 14-127 所示的线性透明效果。

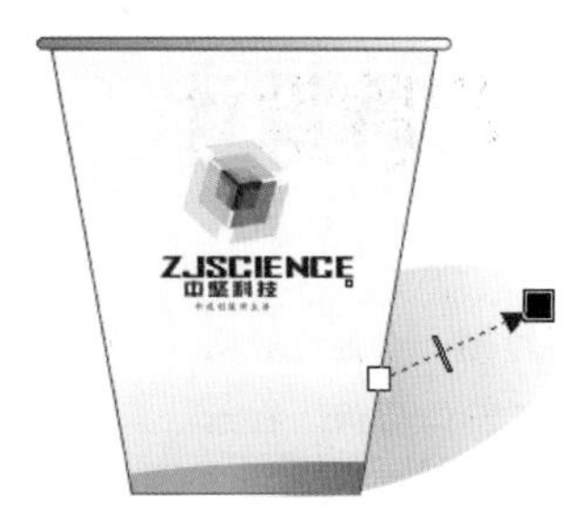

图 14-127 纸杯的投影效果

## 实例 13 手提袋设计

**案例说明**

本例将绘制一个最终效果如图 14-128 所示的手提袋，在绘制过程中需要使用矩形工具、形状工具、钢笔工具等基本工具。

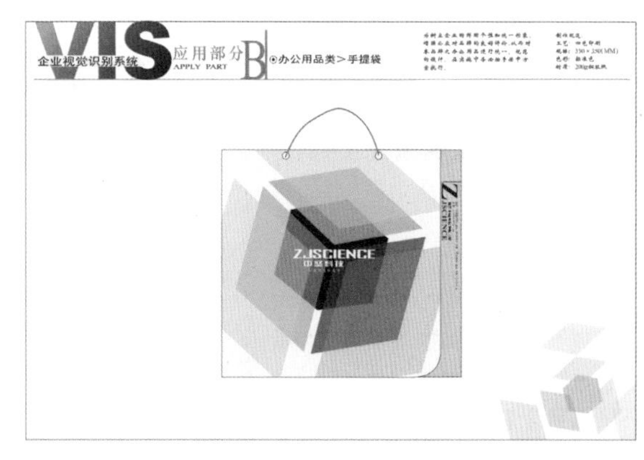

图 14-128 实例的最终效果

## 步骤提示

（1）使用矩形工具结合形状工具绘制如图 14-129 所示的手提袋形状，将手提袋的侧面对象填充为 20% 黑。

（2）将本章实例 11 中制作的“文件夹”中的标志和文字信息复制到手提袋文档中，并按图 14-130 所示调整标志和文字的大小和排列方式，然后将标志图形精确剪裁到下方的手提袋对象中。

图 14-129 绘制的手提袋形状

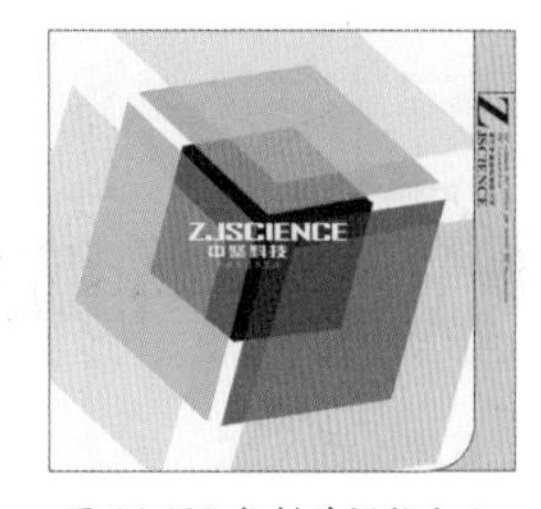

图 14-130 复制并调整大小

（3）使用钢笔工具绘制手提袋上的绳子对象，将绳子对象的轮廓色设置为 70% 黑、将轮廓宽度设置为 0.5mm，如图 14-131 所示。

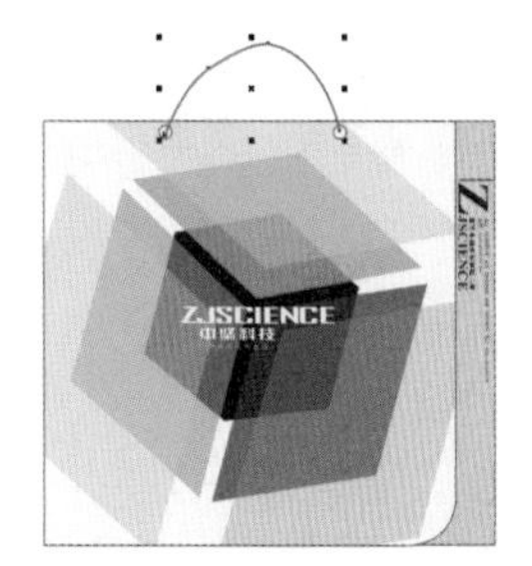

图 14-131 绘制手提袋上的绳子

# 14 门牌设计

**案例说明**

本例将绘制一个最终效果如图 14-132 所示的门牌，在绘制过程中需要使用矩形工具、形状工具、文本工具等基本工具。

图 14-132 实例的最终效果

## 步骤提示

(1) 使用矩形工具绘制如图 14-133 所示的两个矩形，然后使用形状工具编辑矩形的形状，如图 14-134 所示。

图 14-133 绘制的两个矩形

图 14-134 编辑矩形的形状

(2) 将标志中的标准字复制到门牌文档中，将其填充为黑色，然后使用文本工具添加门牌中的文字信息，如图 14-135 所示。

(3) 将门牌对象复制两份，然后分别修改背景中的矩形对象为深绿色和橘红色，并修改对应的文字内容，如图 14-136 所示。

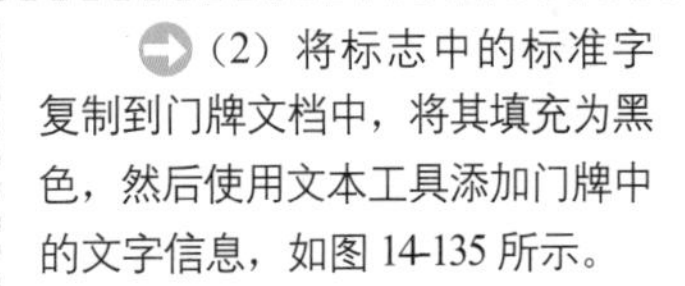

图 14-135 添加标准字和文字信息

图 14-136 完成后的门牌效果

# 15 导航牌设计

**案例说明**

本例将绘制图 14-137 所示的导航牌，在绘制过程中主要使用了手绘工具、钢笔工具、文本工具等基本工具。

图 14-137 实例的最终效果

## 步骤提示

(1) 使用矩形工具结合形状工具绘制矩形组合，分别将矩形填充为（C：100；M：70；Y：0；K：0）和（C：70；M：10；Y：0；K：0）的颜色，并将最下方的矩形填充为黑色，再取消它们的轮廓，如图 14-138 所示。

(2) 添加标志和文字信息，如图 14-139 所示。

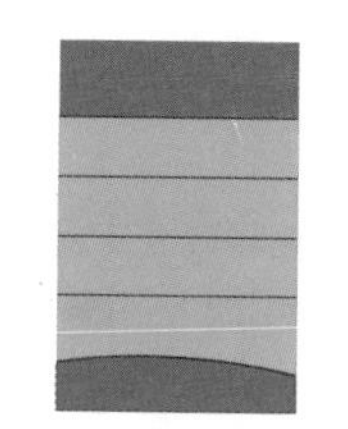

图 14-138 绘制的矩形组合

图 14-139 添加标志和文字信息

(3) 使用手绘工具和钢笔工具绘制导航牌中的箭头，箭头的颜色为白色，如图 14-140 所示。

(4) 使用矩形工具绘制导航牌的支架和底座，分别为它们填充不同灰度的线性渐变色，如图 14-141 所示。

图 14-140 绘制箭头

图 14-141 绘制导航牌的支架和底座

# 实例 16 生产车间警示牌设计

**案例说明**

本例将绘制如图 14-142 所示的生产车间警示牌，在绘制过程中主要使用了矩形工具、形状工具、钢笔工具、椭圆工具、文本工具等基本工具。

图 14-142 实例的最终效果

## 步骤提示

(1) 使用矩形工具结合形状工具和“转换为曲线”命令绘制如图 14-143 所示的警示牌对象，为这两个对象分别填充（C：100；M：30；Y：0；K：0）和（C：100；M：70；Y：0；K：20）的颜色，并取消轮廓。

(2) 添加该警示牌中的标志和文字信息，然后使用选择工具将标志和文字对象适当倾斜，如图 14-144 所示。

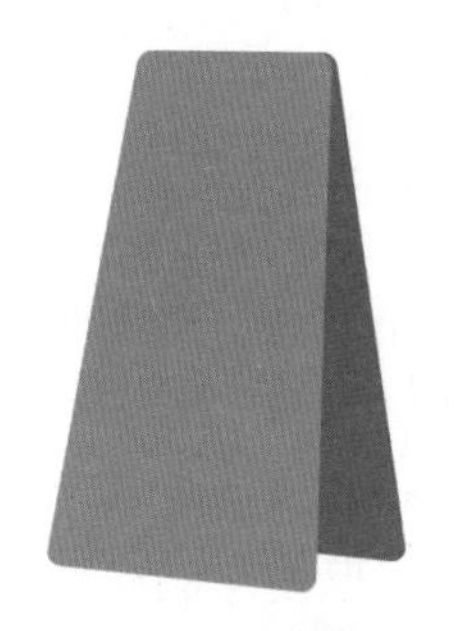

图 14-143 绘制的警示牌对象

图 14-144 倾斜后的标志和文字

（3）使用矩形工具结合形状工具和“复制”功能绘制如图 14-145 所示的圆角矩形，将它们分别填充为 20% 黑和白色，并取消白色圆角矩形的轮廓。

（4）使用椭圆工具、矩形工具和钢笔工具绘制禁烟标识，将标识填充为（C：100；M：30；Y：0；K：0）的颜色，并取消轮廓，如图 14-146 所示。

（5）在复制的圆角矩形上使用椭圆工具和矩形工具绘制静音标识，将标识填充为（C：100；M：30；Y：0；K：0）的颜色，并取消轮廓，如图 14-147 所示。

图 14-145 绘制的圆角矩形

图 14-146 绘制的禁烟标识

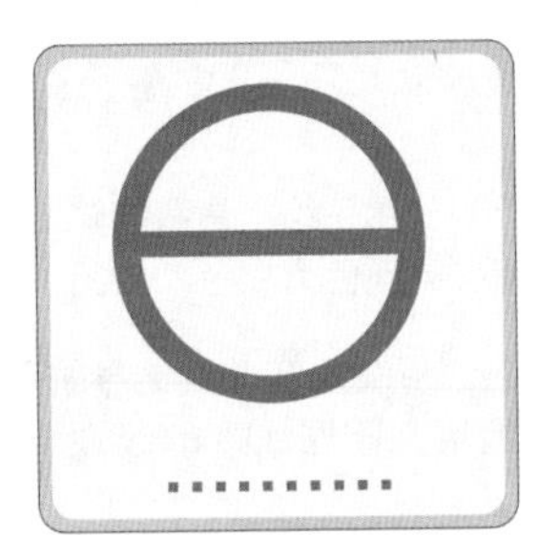

图 14-147 绘制的静音标识

## 实例 17 企业请柬设计

**案例说明**

本例将绘制如图 14-148 所示的企业请柬，在绘制过程中主要使用了矩形工具、椭圆工具、钢笔工具、调和工具、文本工具等基本工具，另外，还使用了“图框精确剪裁”命令。

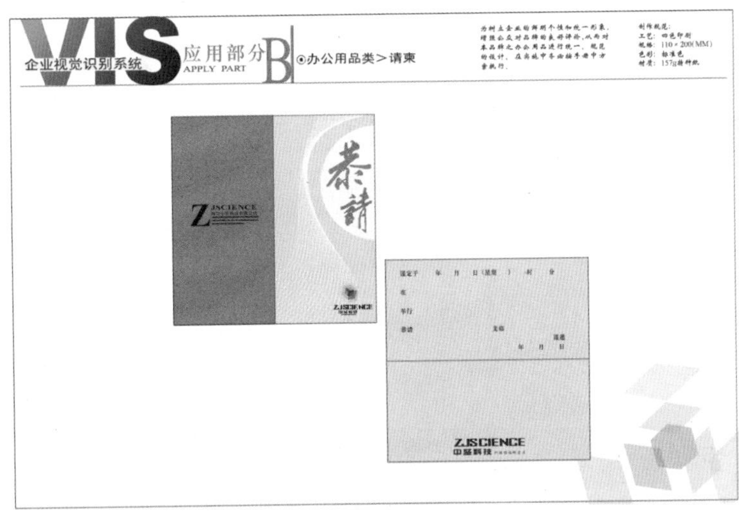


图 14-148 实例的最终效果

## 步骤提示

（1）使用矩形工具和椭圆工具绘制矩形和圆形，为矩形分别填充（C：25；M：45；Y：65；K：0）和（C：8；M：7；Y：18；K：0）的颜色，圆形为白色，然后将圆形精确剪裁到右边的矩形对象中，如图 14-149 所示。

（2）使用钢笔工具绘制如图 14-150 所示的两条曲线，设置曲线的轮廓宽度为 0.1mm，然后使用调和工具在这两条曲线之间创建步数为 20 的调和效果，如图 14-151 所示。

图 14-149 绘制的矩形和圆形

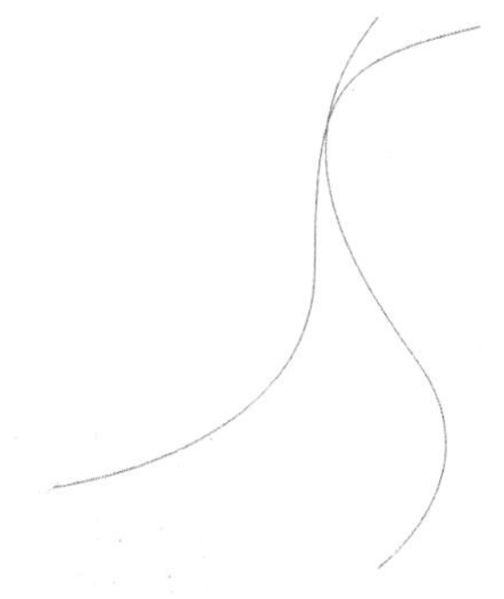
图 14-150 绘制的两条曲线

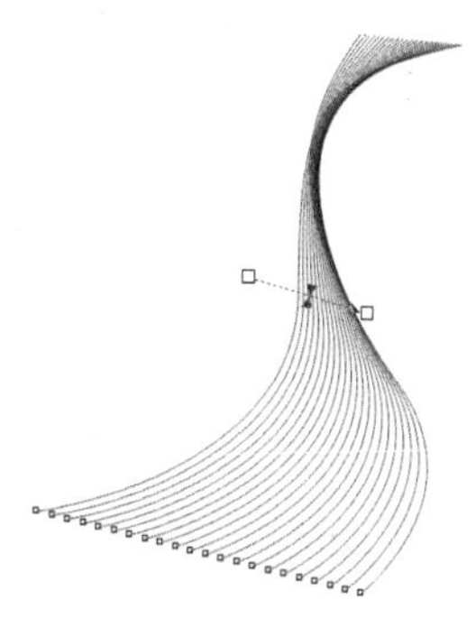
图 14-151 曲线的调和效果

（3）将调和后的曲线对象的轮廓色设置为白色，然后将其精确剪裁到前面绘制的矩形对象中，如图 14-152 所示。

（4）在矩形对象上添加企业标志和所需的文字信息，完成请柬正面效果的制作，如图 14-153 所示。

（5）将请柬正面中的背景对象复制，并将其旋转 90°，然后删除不需要的对象，并将背景矩形填充为（C：8；M：7；Y：18；K：0）的颜色，再添加所需的文字信息，完成请柬背面的制作，如图 14-154 所示。

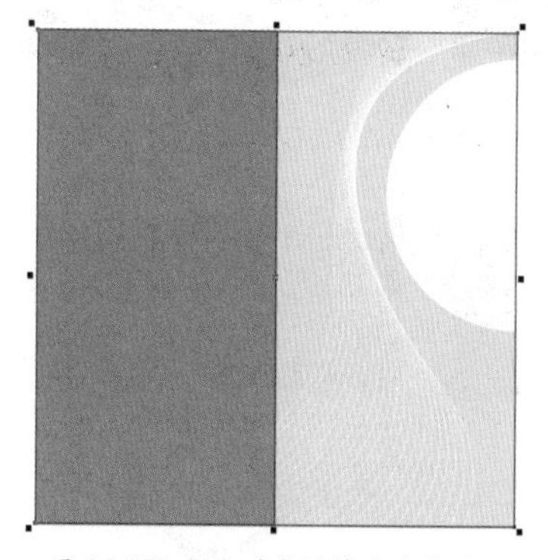
图 14-152 调和对象的精确剪裁效果

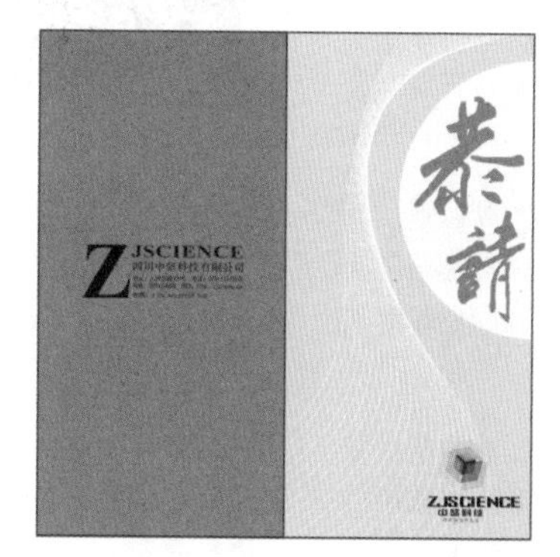

图 14-153 添加的标志和文字

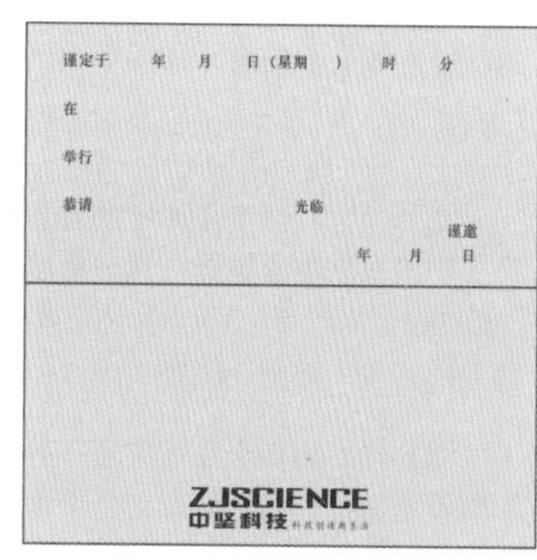

图 14-154 请柬的背面效果

## 实例 18 企业贺卡设计

**案例说明**

本例将绘制如图 14-155 所示的企业贺卡，在绘制过程中主要使用了矩形工具、钢笔工具、文本工具、透明度工具等基本工具，另外，还使用了“修剪”功能、“垂直翻转”和“导入”命令。

图 14-155 实例的最终效果

## 步骤提示

(1) 使用矩形工具和钢笔工具绘制贺卡的外形，将贺卡的外形对象分别填充为白色和从（C：48；M：100；Y：100；K：40）到红色的线性渐变色，并取消它们的轮廓，如图 14-156 所示。

(2) 导入本书配套素材中的“素材 / 第 14 章 / 花纹 .cdr”文件，然后按图 14-157 所示对它们进行排列。

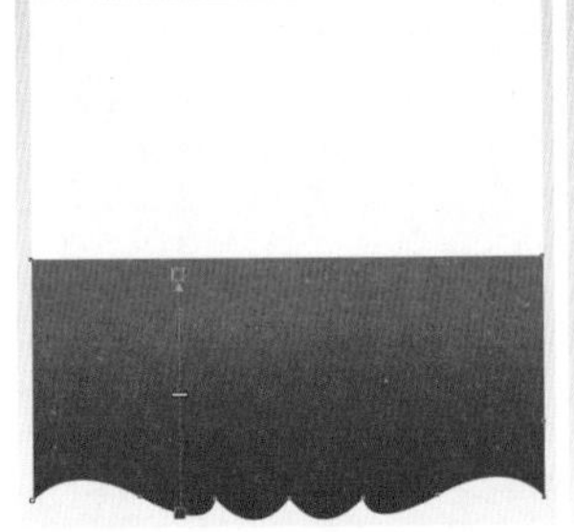

图 14-156 绘制的贺卡外形对象

图 14-157 导入的花纹

(3) 选择异形对象上的花纹，然后使用透明度工具为其应用“透明度操作”为“底纹化”、“开始透明度”为 40 的“标准”透明效果，如图 14-158 所示。

(4) 绘制一个与企业标志图形外形相同的对象，用于对异形对象进行修剪，然后添加贺卡正面中的标准字和文字信息，如图 14-159 所示。

图 14-158 贺卡正面中的花纹效果

图 14-159 贺卡的正面效果

(5) 对贺卡正面中的背景对象进行复制，并将复制的对象垂直镜像，然后修改异形对象的颜色为（C：13；M：35；Y：69；K：0），以此作为贺卡背面的背景，如图 14-160 所示。

(6) 将贺卡正面中位于异形对象上的花纹复制到贺卡背面的白色矩形上，并取消该花纹对象中的透明效果，然后在贺卡背面上添加如图 14-161 所示的企业标志和文字信息。

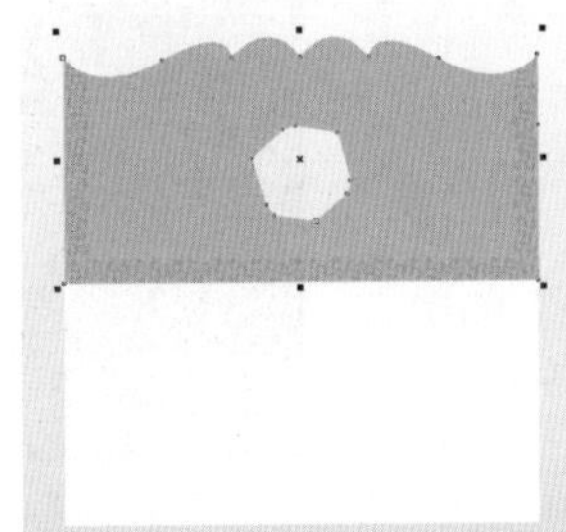

图 14-160 贺卡背面的背景效果

图 14-161 贺卡背面效果

## 实例 19 经理春秋工作服设计

**案例说明**

本例将绘制如图 14-162 所示的员工春秋工作服，在绘制过程中主要使用了钢笔工具、矩形工具、手绘工具和椭圆工具等基本工具。

图 14-162 实例的最终效果

## 步骤提示

(1) 使用钢笔工具绘制如图 14-163 所示的男士工作服外形，将外形对象填充为 30% 黑。

(2) 分别使用钢笔工具、矩形工具、椭圆形工具和手绘工具绘制如图 14-164 所示的衣领、衣包、纽扣和下方的包口外形，将衣领、衣包和纽扣填充为 30% 黑。

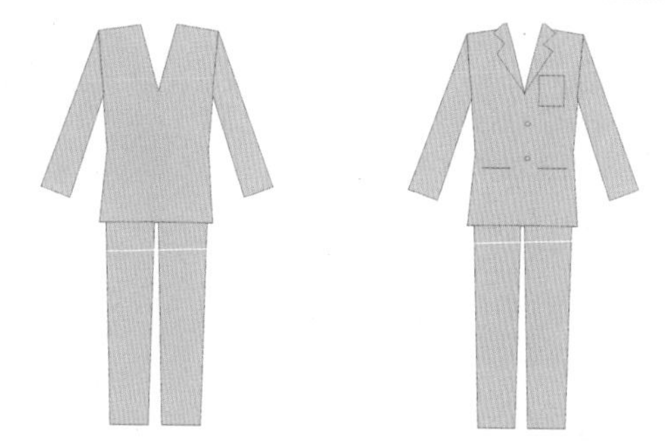

图 14-163 绘制男士工作服的外形 图 14-164 绘制衣服中的细节

(3) 使用钢笔工具绘制如图 14-165 所示的衬衫和领带外形，将衬衫对象填充为白色，将领带对象填充为（C：100；M：65；Y：75；K：30）的颜色，完成男士工作服的绘制。

(4) 使用钢笔工具绘制如图 14-166 所示的女士工作服外形，将外形对象填充为（C：100；M：65；Y：75；K：30）的颜色。

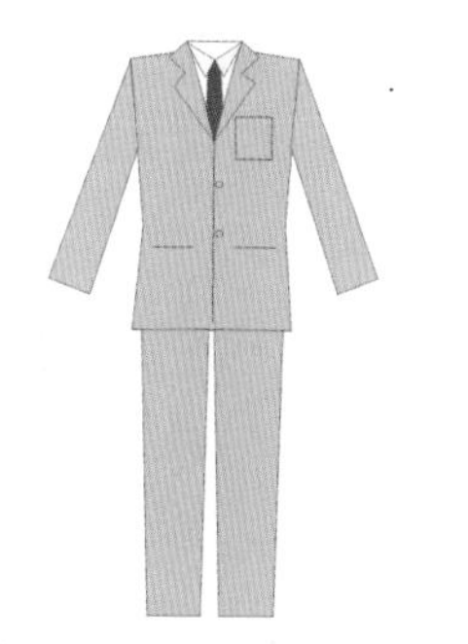

图 14-165 绘制衬衫和领带

图 14-166 绘制女士工作服的外形

(5) 分别使用钢笔工具、椭圆工具和手绘工具绘制如图 14-167 所示的衣领、纽扣等衣服细节，将衣领填充为（C：100；M：65；Y：75；K：30）的颜色，将纽扣填充为白色。

(6) 使用钢笔工具绘制如图 14-168 所示的衬衫外形，将衬衫对象填充为（C：0；M：7；Y：15；K：0）的颜色。然后使用椭圆工具绘制衬衫中的纽扣，将纽扣对象填充为（C：0；M：7；Y：15；K：0）的颜色，完成女士工作服的绘制。

图 14-167 绘制衣服细节

图 14-168 绘制衬衫

## 实例 20 企业专用车设计

**案例说明**

本例将绘制如图 14-169 所示的企业专用车，在绘制过程中主要使用了钢笔工具、矩形工具、形状工具、交互式填充工具、椭圆 工具、文本工具等基本工具，另外，还使用了“修剪”和“复制”功能。

图 14-169 实例的最终效果

## 步骤提示

（1）使用钢笔工具绘制如图 14-170 所示的巴士外形，将外形对象填充为 40% 黑。

（2）使用椭圆工具绘制一个圆形对巴士外形的底部进行修剪，修剪后的效果如图 14-171 所示。

图 14-170 绘制巴士外形

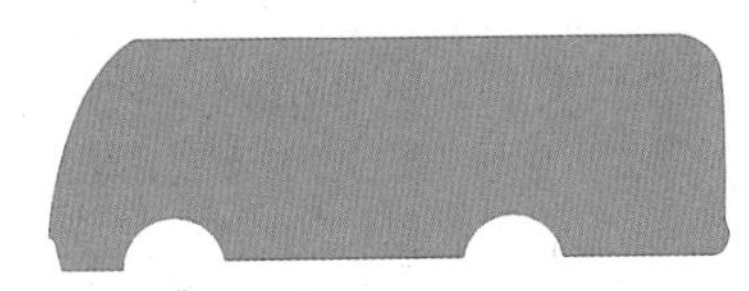

图 14-171 修剪后的巴士外形

（3）将修剪后的巴士外形复制 3 份，然后分别绘制不同的矩形对各个巴士外形对象进行修剪，并为修剪后的对象填充相应的颜色，如图 14-172 所示。

（4）使用椭圆工具绘制如图 14-173 所示的车轮对象，将车轮对象中最大的一个圆形填充为 40% 黑，将其余对象填充为白色。

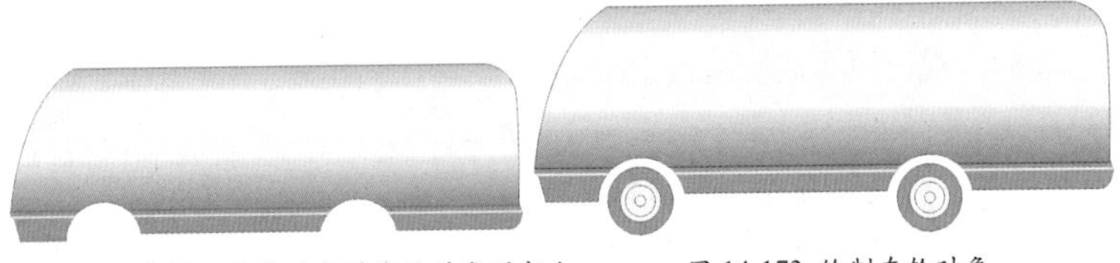

图 14-172 复制、修剪对象并修改对象的颜色　　图 14-173 绘制车轮对象

图 14-174 绘制巴士细节

（5）使用钢笔工具绘制巴士中的车灯、车窗等细节，并为这些对象填充相应的颜色，如图 14-174 所示。

（6）添加车身中的企业标志和文字信息，如图 14-175 所示。

图 14-175 添加车身中的标志和文字信息

（7）将巴士的车身外形复制一份，然后取消其填充色，并将其调整到最上层。接着将车身中的辅助图形精确剪裁到车身对象中，如图 14-176 所示。

（8）使用钢笔工具绘制车尾对象，为其填充相应的线性渐变色。然后使用矩形工具和形状工具绘制车轮对象，将车轮对象分别填充为 40% 黑和白色，如图 14-177 所示。

（9）使用钢笔工具、矩形工具和形状工具为车尾外形添加车窗等细节，并为这些细节对象填充相应的线性渐变色，如图 14-178 所示。

（10）在车尾对象上添加企业标志和文字信息，如图 14-179 所示。

图 14-176 巴士车身广告效果

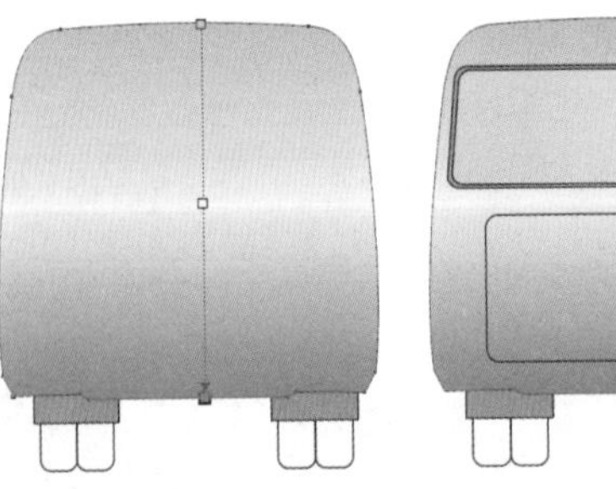

图 14-177 绘制的车尾外形

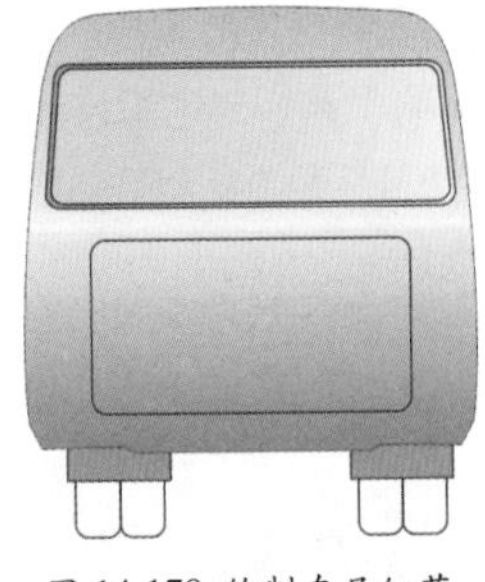

图 14-178 绘制车尾细节

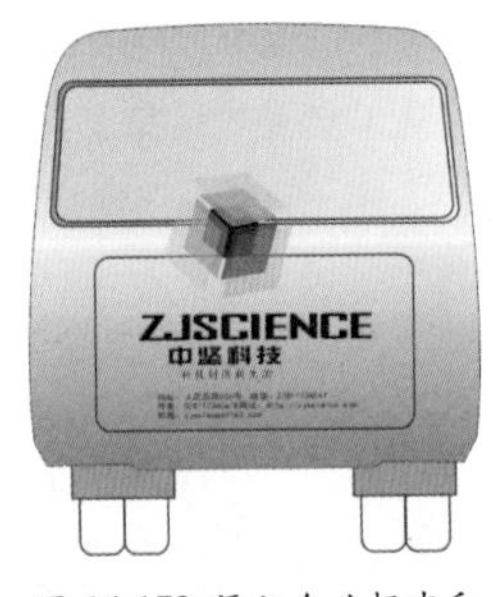


图 14-179 添加企业标志和文字信息

# 实 例 提 高

## 实例 21 太阳伞设计

**案例说明**

本例将绘制如图 14-180 所示的太阳伞，在绘制过程中主要使用了钢笔工具、椭圆工具、手绘工具、填充工具等。

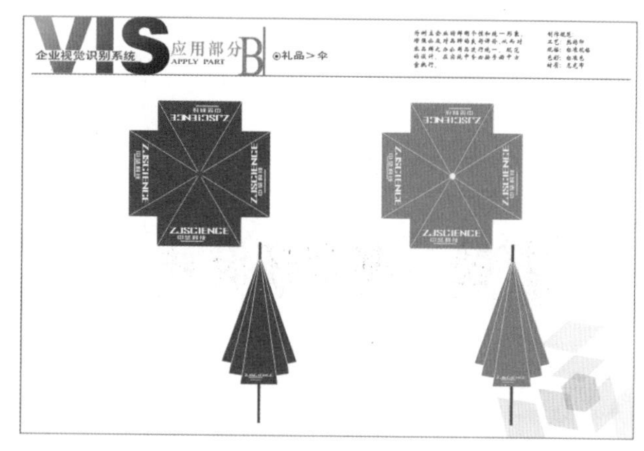


图 14-180 实例的最终效果

## 实例 22 笔记本、钢笔设计

**案例说明**

本例将绘制如图 14-181 所示的笔记本和钢笔。在绘制的过程中主要使用了矩形工具、形状工具、填充工具、椭圆形工具、阴影工具等。

图 14-181 实例的最终效果

## 实例 23 钥匙扣设计

**案例说明**

本例将绘制如图 14-182 所示的钥匙扣，在绘制过程中主要使用了椭圆工具、交互式填充工具、矩形工具、形状工具、透明度工具等，另外，还使用了“修剪”功能。

图 14-182 实例的最终效果

## 实例 24 杯垫、咖啡杯设计

**案例说明**

本例将绘制如图 14-183 所示的杯垫和咖啡杯，在绘制过程中主要使用了椭圆工具、交互式填充工具、矩形工具、形状工具等，另外，还使用了“转换为曲线”、“修剪”和“图框精确剪裁”功能。

图 14-183 实例的最终效果

## 实例 25 打火机设计

**案例说明**

本例将绘制如图 14-184 所示的打火机，在绘制过程中主要使用了矩形工具、形状工具、交互式填充工具、椭圆工具等，另外，还使用了“复制”功能。

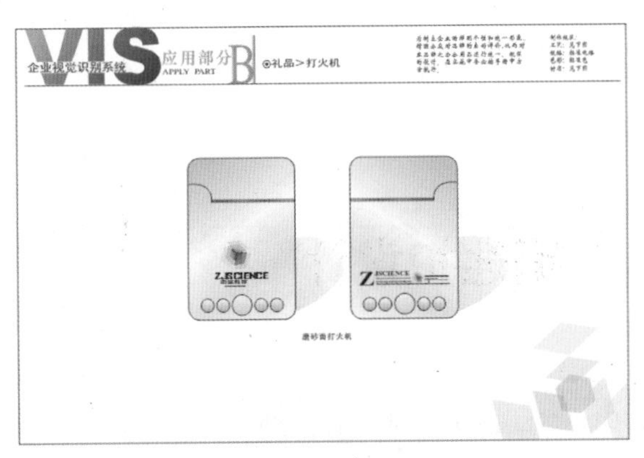


图 14-184 实例的最终效果